液化天然气装备设计技术

LNG板翅式换热器卷

（上）

张周卫　王军强　苏斯君　殷丽　著

化学工业出版社

·北京·

内 容 简 介

本书基于板翅式换热器的 LNG 液化工艺及混合制冷剂换热用板翅式换热器运算法则，主要内容包括当前国际上流行的 LNG 液化工艺流程用各类型 LNG 板翅式换热器设计计算过程，如 30 万立方米每天 DMR 双混合制冷剂 LNG 三级板翅式换热器设计计算、30 万立方米每天三元混合制冷剂预冷 LNG 四级板翅式换热器设计计算、7 万立方米每天天然气膨胀预冷 LNG 两级板翅式换热器设计计算、30 万立方米每天 C3/MR 闭式 LNG 三级板翅式换热器设计计算、60 万立方米每天级联式 PFHE 型 LNG 三级三组板翅式换热器设计计算、100 万立方米每天开式 LNG 液化系统及板翅式换热器设计计算、30 万立方米每天天然气膨胀制冷 LNG 液化四级板翅式换热器设计计算等内容。

本书可供从事天然气、液化天然气（LNG）、化工机械、制冷与低温工程、石油化工、动力工程及工程热物理领域内的研究人员、设计人员、工程技术人员参考，还可供高等学校化工机械、能源化工、石油化工、制冷与低温工程、能源与环境系统工程等相关专业的师生参考。

图书在版编目（CIP）数据

液化天然气装备设计技术. LNG 板翅式换热器卷. 上/张周卫等著. —北京：化学工业出版社，2019.11
ISBN 978-7-122-35815-8

Ⅰ.①液… Ⅱ.①张… Ⅲ.①液化天然气-翅板式换热器-设计 Ⅳ.①TE8

中国版本图书馆 CIP 数据核字（2019）第 256596 号

责任编辑：卢萌萌　　文字编辑：丁海蓉　林　丹
责任校对：边　涛　　装帧设计：王晓宇

出版发行：化学工业出版社（北京市东城区青年湖南街 13 号　邮政编码 100011）
印　　装：涿州市般润文化传播有限公司
787mm×1092mm　1/16　印张 29½　字数 739 千字　2022 年 2 月北京第 1 版第 1 次印刷

购书咨询：010-64518888　　售后服务：010-64518899
网　　址：http://www.cip.com.cn
凡购买本书，如有缺损质量问题，本社销售中心负责调换。

定　　价：198.00 元

前 言
FOREWORD

LNG板翅式换热器主要用于30万立方米每天以上的大型LNG液化系统，是该系统中的核心设备，一般达到$60\times10^4 m^3/d$以上时，可采用并联多套的模块化办法，实行LNG系统的大型化。基于板翅式换热器的LNG液化工艺也是目前非常流行的中小型LNG液化系统的主液化工艺。在LNG领域，30万立方米每天以上大型LNG液化工艺系统多采用以板翅式换热器为主液化装备的PFHE型LNG液化工艺技术，其具有集约化程度高、制冷效率高、占地面积小及非常便于自动化管理等优势，已成为30万～60万立方米每天大型LNG液化工艺装备领域内的标准性主流选择，在世界范围内已广泛应用。

目前，国内的大型LNG工艺系统一般随着成套工艺技术整体进口，包括工艺技术包及主设备专利技术等，系统整体造价昂贵，后期维护及更换设备的费用同样巨大。由于大型LNG系统工艺及主设备大多仍未国产化，即还没有成型的设计标准，因此给LNG液化工艺系统及装备的国产化设计计算带来了难题。自2013年以来，由兰州交通大学张周卫等开始系统研究开发大型LNG混合制冷剂用多股流板翅式换热器，并前后开发了LNG混合制冷剂板翅式换热器、LNG一级三股流板翅式换热器、LNG二级四股流板翅式换热器、LNG三级五股流板翅式换热器等系列LNG板翅式换热器，可应用于20多种国际上流行的LNG液化工艺流程并作为主液化设备。

《液化天然气装备设计技术——LNG板翅式换热器卷》分为上卷和下卷两部分，两卷主要围绕十几类PFHE型LNG液化工艺研究开发LNG板翅式换热器，主要包括当前国际上流行的LNG液化工艺流程用各类型LNG板翅式换热器设计计算过程，如30万立方米每天DMR双混合制冷剂LNG三级板翅式换热器设计计算、30万立方米每天三元混合制冷剂预冷LNG四级板翅式换热器设计计算、7万立方米每天天然气膨胀预冷LNG两级板翅式换热器设计计算、30万立方米每天C3/MR闭式LNG三级板翅式换热器设计计算、60万立方米每天级联式PFHE型LNG三级三组板翅式换热器设计计算、100万立方米每天开式LNG液化系统及板翅式换热器设计计算、30万立方米每天天然气膨胀制冷LNG液化四级板翅式换热器设计计算、30万立方米每天两级氮膨胀LNG低温液化三级板翅式换热器设计计算、60万立方米每天MR闭式LNG液化四级板翅式换热器设计计算、30万立方米每天混合制冷剂LNG液化两级板翅式换热器设计计算、30万立方米每天LNG一级氮预冷膨胀液化两级板翅式换热器设计计算、30万立方米每天天然气膨胀LNG液化两级板翅式换热器设计计算、30万立方米每天 C1-C2-C3 级联式三级板翅式换热器设计计算、30 万立方米每天 FLNG 六元混合制冷剂单级板翅式换热器设计计算、30 万立方米每天 C3/MR+APX 三级 LNG 板翅式换热器设计计算等内容。其内容也涉及 14 类较典型的 LNG 低温液化工艺流程等设计计算技术，可为 LNG 液化等关键环节中所涉及的主要液化工艺技术及相应 LNG 板翅式换热器设计计算提供可参考样例，并有利于推进 LNG 系列板翅式换热器的标准化及相应 LNG 液化工艺技术的国产化研发进程。

《液化天然气装备设计技术——LNG 板翅式换热器卷（上）》主要针对目前国际上流行的 7 类 LNG 液化工艺系统及主液化装备的设计计算技术进行系统的研究与开发，并通过《液化天然气装备设计技术——LNG 板翅式换热器卷（下）》两本书一并呈送相关领域供同行借鉴参考。主要研究 30 万立方米每天以上 LNG 液化领域内具有代表性的 LNG 板翅式换热器的设计计算方法，内容涵盖不同类型 LNG 板翅式换热器计算过程及制冷剂运算法则，也是当前国际上的主流 PFHE 型 LNG 液化工艺主设备。书中所述 7 种 LNG 板翅式换热器设计计算方法属 LNG 装备领域内目前流行的具有一定设计技术难度的 LNG 系统工艺主设备核心技术，主要应用于 LNG、LPG、煤化工、石油化工、低温制冷等领域，从工艺基础研发及设计技术等方面来讲均已成熟，已能够推进 PFHE 型 LNG 液化主设备的设计计算过程及 LNG 系列液化工艺的设计计算进程。

本书第 1 章为绪论部分，主要讲述 LNG 板翅式换热器的特点、国内外发展现状等。

第 2 章主要讲述 30 万立方米每天 DMR 双混合制冷剂 LNG 三级板翅式换热器设计计算过程及涉及 DMR 液化工艺的设计计算过程，内容全面，不但包括液化工艺中涉及的板翅式主换热器的设计计算过程，而且包括混合制冷剂的选用及计算方法、制冷工艺的设计计算过程。

第 3 章及后续章节主要讲述混合制冷剂 LNG 四级板翅式换热器、天然气膨胀预冷 LNG 两级板翅式换热器、C3/MR 闭式 LNG 三级板翅式换热器、级联式 PFHE 型 LNG 三级三组板翅式换热器、开式 LNG 液化系统及板翅式换热器、天然气膨胀制冷 LNG 液化四级板翅式换热器，以便为从事 LNG 液化装备领域内的工程技术人员及研发人员提供必要的参考。

本书共分 8 章。其中，第 1～6 章由张周卫负责撰写并编辑整理，第 7 章由苏斯君负责撰写，第 8 章由殷丽、王军强负责撰写并编辑整理，全书由张周卫统稿。郑涛、王松涛、黄煊、负孝东、唐鹏参与各章节的编排工作，李文振、耿宇阳参与了全书的校正工作。

本书受国家自然科学基金（编号：51666008）、甘肃省财政厅基本科研业务费（编号：214137）、甘肃省重点人才项目（编号：26600101）等支持。

本书按照目前所列 24 种 LNG 液化工艺流程的设计计算进度，重点列出 7 种典型的且具有代表性的 LNG 板翅式换热器进行研究开发，总结设计计算方法，并与相关行业内的研究开发人员共同分享。由于水平与时间有限及其他原因，书中难免存在疏漏及不足之处，希望同行及广大读者批评指正。

兰州交通大学

张周卫　王军强　苏斯君　殷　丽

目 录
CONTENTS

第1章 绪论

第2章 30万立方米每天DMR双混合制冷剂LNG三级板翅式换热器设计计算

第 4 章 7 万立方米每天天然气膨胀预冷 LNG 两级板翅式换热器设计计算

第 5 章 30 万立方米每天 C3/MR 闭式 LNG 三级板翅式换热器设计计算

第 6 章　60 万立方米每天级联式 PFHE 型 LNG 三级三组板翅式换热器设计计算

第 7 章 100 万立方米每天开式 LNG 液化系统及板翅式换热器设计计算

第 8 章　30 万立方米每天天然气膨胀制冷 LNG 液化四级板翅式换热器设计计算

附录

致谢

第1章 绪 论

LNG（液化天然气）板翅式换热器（PFHE）主要用于中小型天然气液化系统，作为LNG液化核心工艺的主设备——LNG冷箱，目的是将天然气在LNG板翅式冷箱中液化为-162℃的LNG液体（图1-1）。当天然气液化为LNG时，需要放出大量的热，通过LNG板翅式换热器内含的低温液化工艺，可降低天然气温度，并最终实现天然气液化。由于板翅式换热器具有结构紧凑（图1-2）、换热效率高、总体质量轻等特点，且在低温工况下容易连接成一整体，便于低温绝热及管理，所以LNG液化工艺中多采用多股流板翅式换热器作为LNG冷箱，所需占地面积小，液化效率高，是中小型LNG液化工艺常采用的最佳核心液化装备。60万立方米每天以上大型LNG液化系统常用缠绕管式主液化装置。

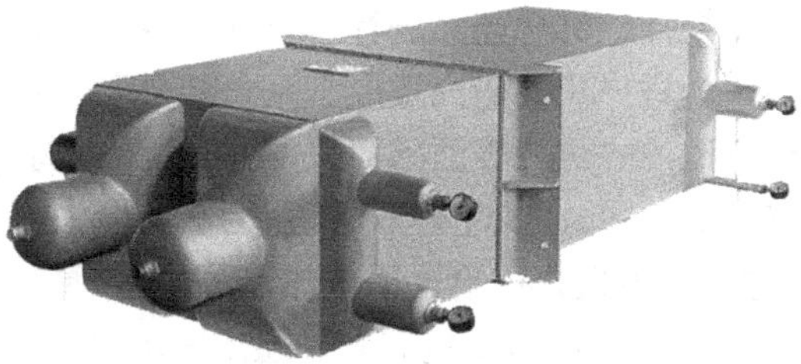

图1-1 板翅式换热器外形结构

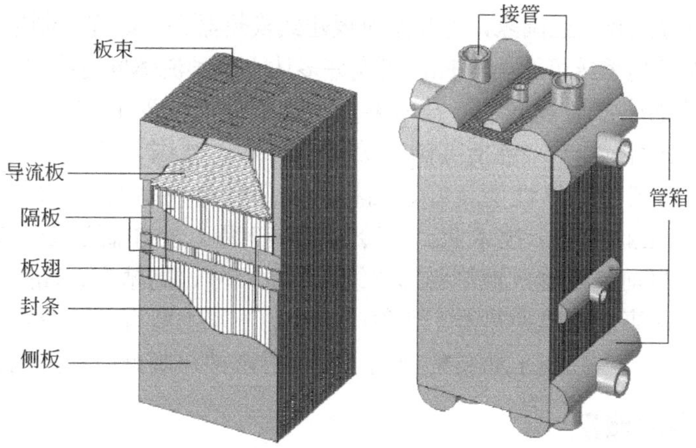

图1-2 板翅式换热器主要部件及内部结构

液化天然气（LNG）是将天然气冷却至-162℃并液化后得到的液态天然气，常压下储存，经远洋运输至LNG接收站，再气化打入天然气管网，或在LNG陆基工厂将陆地开采的天然气直接液化，经LNG槽车运输至接收站，再气化后打入天然气管网，供城镇居民或工业燃气使用。LNG 作为继石油、煤炭、天然气之后的第四类新能源，来源于天然气并成为当今世界能源消耗中的重要部分，是天然气经脱水、脱硫、脱 CO_2 之后的无色透明低温液体，其体积约为气态天然气的 1/630，质量仅为同体积水的 45%左右，通常储存在-162℃、0.1MPa 左右的低温储存罐内。由于天然气主要由甲烷、乙烷、丙烷及其他杂质气体等主要成分构成，不同产地的天然气所含气体成分不同，所用的 LNG 液化工艺及装备因产量及成分不同而有较大差别。

1.1 板翅式换热器的发展概况

1.1.1 国外发展概况

20 世纪 30 年代，英国马尔斯顿・克歇尔公司运用钎焊方法将铜合金融合制成板翅式换热器用于航空发动机的散热。1942 年，美国人诺尔斯顿对平直翅片、波纹翅片、锯齿翅片、多孔翅片、钉状翅片进行了研究，找出了这些翅片的传热因子、摩擦因子与雷诺数之间的关系，为进一步的研究发展打下一定基础。1945 年，美国斯坦福大学组成了斯坦福研究小组，进行紧凑式传热表面的研究，并在此方面获得成功，使板翅式换热器在未来的发展中变得紧凑、高效率。20 世纪 60 年代后，美国海军研究署、美国原子能委员会与“空气研究公司”“通用发电机公司哈罩逊散热器分厂”“莫德林公司”共同使得铝制板翅式换热器获得发展。1947 年，美国海军研究署、通用发动机公司、美国船舶局、美国航天局、斯坦福大学等达成合作，计划共同研究板翅式换热器。后来由凯伦教授和伦敦教授编著了《紧凑式换热器》，该书系统总结了其相关的研究成果，包括 100 多种紧凑式传热表面的实验数据和 56 种板翅式传热表面的实验数据。日本神户制钢所在 20 世纪 60 年代先后从美英等国引进技术、设备，并在夹具、预热温度均匀、炉温控制、钎剂配方、防腐蚀等方面进行实验研究。在研制和操作方面获得了实际经验之后，开始大量生产板翅式换热器。除美国、英国、日本以外，德国、法国、比利时、捷克等主要工业国家，也开始对板翅式换热器进行研究并制造。目前国际上可生产的板翅式换热器最高承压可达 10MPa，可允许多达十多种流体同时换热，重达十吨以上。

板翅式换热器的生产难度较大，技术要求较高，目前世界上有多个国家可以进行大型板翅式换热器的工业化生产，包括英国、美国、日本、法国、德国等。首先，在 20 世纪 30 年代，由于板翅式换热器性能良好、结构紧密、传热效率高，可应用的范围已经大大扩大，包括石油化工业、电子技术业、制冷与低温工程、船舶制造业、动力工程、原子能等领域（图 1-3）。目前，板翅式换热器仍继续向着大尺寸、高精度、高效率、高工作压力等方向发展。国际上从事板翅式换热器工业生产制造的厂家主要有美国查特公司、英国查特公司、德国林德公司、日本住友工业精密株式会社、日本神户制钢所和法国诺顿公司等。

1.1.2 国内发展概况

中国开始从事板翅式换热器的相关研究是在 20 世纪 60 年代中期，主要研发航空冷却用板翅式换热器，并在 20 世纪 70 年代取得突破性进展。1983 年，杭氧和川空两厂开发出了大型中压板翅式换热器，使我国板翅式换热器的技术水平达到了一个新的高度。1991 年杭氧集团引进美国 SW 公司大型真空钎炉和板翅式换热器的制造技术，于 1993 年成功开发了 8.0MPa 高压铝制板翅式换热器。如今杭氧开发出了近 50 种可满足各种换热需求的不同规格、不同形

图 1-3 板翅式换热器加工制造过程

式的翅片，可生产板束最大尺寸为 7500mm×1300mm×1300mm，最高设计压力达到 8.0MPa 的大型板翅式换热器。2005 年，为了满足板翅式换热器生产发展的需要，川空购进了大型真空钎焊炉，生产的板翅式换热器尺寸达到 10000mm×1500mm×1600mm。另外，国内很多企业还建立了板翅式换热器性能测试实验室，为我国从事大型板翅式换热装备的研究、开发及应用提供了良好条件。近年来，由于铝和铝合金钎焊技术的发展和不断完善，产品朝着系列化、标准化、专业化和大型化发展，促使板翅式换热器在 LNG、空分及石油化工等领域得到了广泛的应用。

1.2 板翅式换热器的主要构造及特点

板翅式换热器芯体主要由封条、翅片、隔板三部分组成（图 1-4）。翅片、封条、导流片和两个隔板组成一个夹层，称为通道（图 1-5）。然后将各流道的各个夹层进行不同方式的组合排列，可以构成许多个互相平行的流体通道，再经过钎焊工艺连接到一起，组成一组板束。多组翅片板束钎焊连接到一起，再安装流体出入翅片的封头，就组成了完整的板翅式换热器。在板翅式换热器内可以进行多种不同温度流体之间的热交换过程。冷热流体在相邻的基本单元体的流道中流动，通过翅片及将翅片连接在一起的隔板进行热交换，因此，这样的结构基本单元体也是进行热交换的基本单元。一般情况下从强度、绝热和制造工艺等要求出发，板束顶部和底部还各留有若干层假翅片层，又称强度层或工艺层。翅片是板翅式换热器的最基本单元，冷热流体之间的热交换大部分通过翅片、小部分直接通过隔板来进行，在正常情况下，翅片传热面积为换热器总面积的 60%～80%，翅片与隔板之间的连接均为完整的钎焊，因此大部分热量传给翅片，通过隔板并由翅片传给冷流体。由于翅片传热不像隔板那样直接传热，故翅片又有“二次表面之称”，二次传热面一般比一次传热面效率低。翅片除了承担主要的传热作用以外，还起着隔板之间加强的作用。尽管翅片和隔板材料都很薄，但由此构成的单元体强度很高，能承受很高的压力。为了均匀地把流体引导到各个翅片中或汇集到封头中，一般在翅片的两端都设有导流片，导流片也起到对较薄翅片的保护作用，它的结构与多孔翅片相似。封头的作用就是集聚流体，使板束与工艺管道连接起来。由于板翅式换热器的特殊结构，流体在流道中形成强烈的湍动，使传热边界层不断被破坏，有效降低热阻，提高传热效率。板翅式换热器同时具有结构紧凑、单位体积的传热面积大、体积较小、轻巧牢固、适用性大、经济性好等综合换热优势。

图 1-4　组合式板翅式换热器

图 1-5　平直型板翅式换热器翅片

1.3　液化天然气（LNG）用板翅式换热器特点

LNG 板翅式换热器（PFHE）主要作为 LNG 冷箱使用，是目前多股流 LNG 液化换热领域内的主流换热器之一，主要用于 60 万立方米每天以下 LNG 液化系统并作为主液化设备。根据 LNG 液化工艺的不同，PFHE 型 LNG 液化系统可以有多种形式，或多个板翅式换热器形成一组作为 LNG 冷箱（图 1-6）。以混合制冷剂 LNG 液化工艺为例，PFHE 由三个连贯的

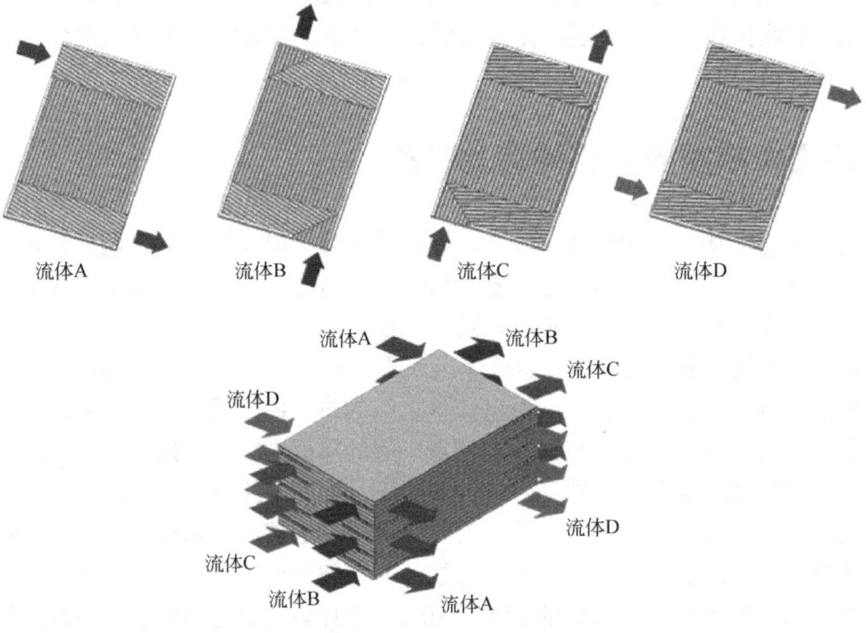

图 1-6　板翅式换热器板片结构

板束组成，即高温板束、中温板束和低温板束形成一整体。天然气离开气体处理单元后，进入 PFHE 的高温板束，经过高温板束冷却至大约-53℃，再经过中温板束冷却至大约-120℃，再进入低温板束冷却至大约-162℃后，天然气被液化。三级板束根据制冷工艺不同，分别采用不同的混合制冷剂制冷。最终，天然气经三级板束后，变成 LNG 并过冷，再送入 LNG 储罐中储存。罐体蒸发和热泄漏产生的蒸气可回收到液化工艺中再次液化。LNG 液化系统由氮气、甲烷、乙烯、丙烷和丁烷等混合物作为混合制冷剂，通过多级节流或膨胀制冷提供冷量，且可通过调节混合制冷剂配比等向 PFHE 中提供最佳的制冷量。

1.3.1 PFHE 型 LNG 液化工艺流程操控

PFHE 型 LNG 液化工艺是基于控制混合制冷剂系统制冷输出，分别调整通过高温、中温、低温 JT 阀的混合制冷剂流量，从而为 PFHE 各级提供冷量。LNG 的产量靠混合制冷剂的制冷剂输出来维持平衡，用设在混合制冷剂管线上的温控阀来控制。以混合制冷剂系统为例，基本控制包括一个液位控制回路和四个流量控制回路：第一个控制回路是 LP 高温 JT 阀，此阀控制低压混合制冷剂分离器的液位；第二个控制回路是 HP 高温 JT 阀，此阀控制进入 PFHE 高温板束的混合制冷剂流量；第三个控制回路是中温 JT 阀，此阀门控制到 PFHE 中温板束的混合制冷剂液体流；第四个控制回路是低温 JT 阀，此阀门控制 PFHE 低温板束的混合制冷剂蒸气流。混合制冷剂制冷系统控制过程主要用于期望产量下优化混合制冷剂制冷系统冷量输出。PFHE 上混合制冷剂的组成、高温端温差、低温端温差和中点温度等指标主要用于工艺调整。混合制冷剂配比确定后，混合制冷剂液体通过 HP 高温 JT 阀和中温 JT 阀的循环量对整体制冷系统影响最大，循环量越大，由系统输出的制冷剂量也就越大。LNG 工艺系统的整体制冷剂流量由 LNG 产量决定，混合制冷剂蒸气-液体比例的改变以及 LNG 产量与可用制冷剂的配比的改变对 LNG 低温制冷温度相当敏感。如果混合制冷剂蒸气相对于液体的量增加，轻组分的浓度也将增加，这将使得循环混合制冷剂更轻，且能输送更低温度的制冷剂，并以此降低 LNG 的温度。混合制冷剂中低温端温差与氮气的含量存在函数关系。过量的氮气将会使温差变大，且导致 LNG 循环效率降低，消耗压缩功增大。氮气的含量可通过调整补充流量来控制。

1.3.2 LNG 板翅式换热器工艺设计

LNG 板翅式换热器的工艺设计主要包括 8 个步骤：①根据原料天然气成分及液化量确定 LNG 液化工艺流程；②由 LNG 液化工艺确定各级在不同压力和温度下的物性参数；③根据各个制冷剂物性参数确定各级所需制冷剂配方；④根据各级制冷剂吸收、放出热量平衡计算各级制冷剂的质量流量；⑤确定各级板翅式换热器换热系数及换热面积；⑥设计总体 PFHE 主换热器；⑦分别计算各级板束压力降；⑧校核流速等参数并最终确定 PFHE 结构。根据设计参数的合理性及总体 PFHE 结构，还需要进行参数调整并反复设计。

通过对大量板翅式换热器设计计算可得出如下结论：①板翅式换热器中流体的流动速度不能太大，流速太大不利于充分换热，而且流体的流动阻力增大，压力降也随之增大，增大的压力降反过来作用于流速，对换热量影响很大；②各流体质量流量、膨胀后换热量的计算相当复杂，应该充分考虑各股冷、热流体的负荷，使流体的制冷量与预冷量平衡；③选择翅片时充分考虑翅片的最高工作压力、传热能力、允许压力降及流体的流动特性、有无相变、流量等，让翅片发挥高效的传热能力。

图 1-7 为混合制冷剂 LNG 板翅式主换热装备的结构示意图。

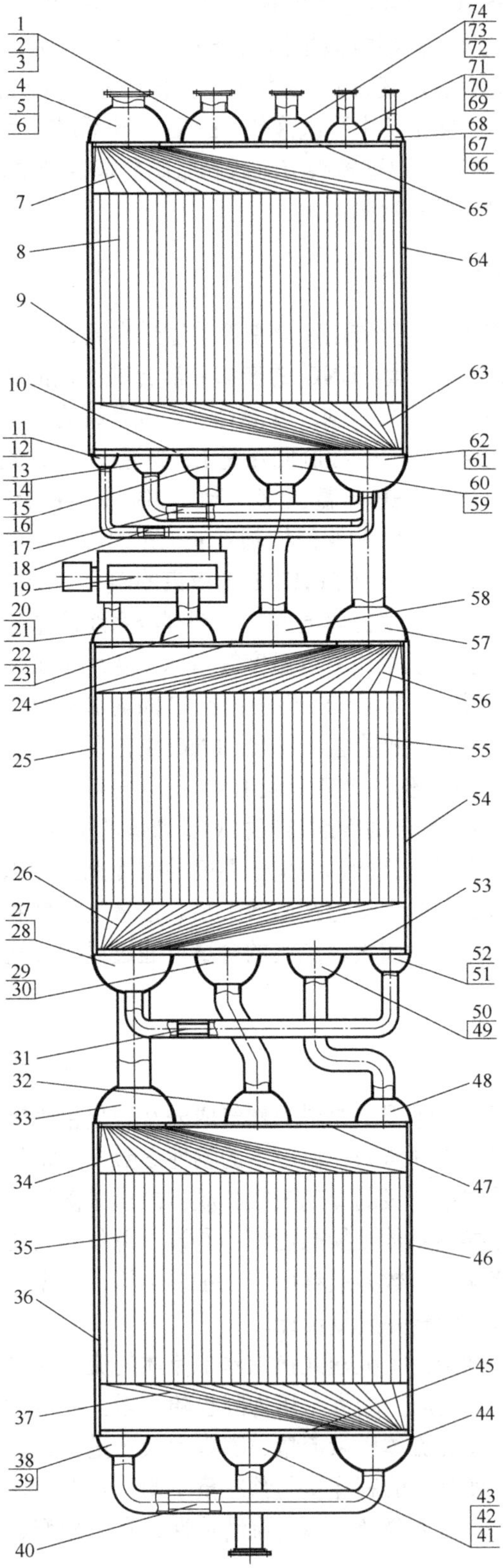

图 1-7 混合制冷剂 LNG 板翅式主换热装备结构

1——一级天然气进口法兰；2——一级天然气进口接管；3——一级天然气进口管箱；4——一级 N_2-CH_4-C_2H_4-C_3H_8-C_4H_{10}-*i*-C_4H_{10} 出口法兰；5——一级 N_2-CH_4-C_2H_4-C_3H_8-C_4H_{10}-*i*-C_4H_{10} 出口接管；6——一级 N_2-CH_4-C_2H_4-C_3H_8-C_4H_{10}-*i*-C_4H_{10} 出口管箱；7——一级 N_2-CH_4-C_2H_4-C_3H_8-C_4H_{10}- *i*-C_4H_{10} 出口导流板；8——一级折板；9——一级左封条；10——一级下封条；11——一级 C_3H_8 出口 U 形接管；12——一级 C_3H_8 出口管箱；13——一级 C_4H_{10}-*i*-C_4H_{10} 出口 U 形接管；14——一级 C_4H_{10}-*i*-C_4H_{10} 出口管箱；15——一级 N_2-CH_4-C_2H_4 出口接管；16——一级 N_2-CH_4-C_2H_4 出口管箱；17——一级 C_4H_{10}-*i*-C_4H_{10} 节流阀；18——一级 C_3H_8 节流阀；19—气液分离器；20—二级 C_2H_4 进口接管；21—二级 C_2H_4 进口管箱；22—二级 N_2-CH_4 进口接管；23—二级 N_2-CH_4 进口管箱；24—二级上封条；25—二级左封条；26—二级 N_2-CH_4-C_2H_4 进口导流板；27—二级 N_2-CH_4-C_2H_4 进口接管；28—二级 N_2-CH_4-C_2H_4 进口管箱；29—二级天然气出口接管；30—二级天然气出口管箱；31—二级 C_2H_4 节流阀；32—三级天然气进口管箱；33—三级节流后 N_2-CH_4 出口管箱；34—三级节流后 N_2-CH_4 出口导流板；35—三级折板；36—三级左封条；37—三级节流后 N_2-CH_4 进口导流板；38—三级 N_2-CH_4 出口 U 形接管；39—三级 N_2-CH_4 出口管箱；40—三级 N_2-CH_4 节流阀；41—三级天然气出口法兰；42—三级天然气出口接管；43—三级天然气出口管箱；44—三级节流后 N_2-CH_4 进口管箱；45—三级下封条；46—三级右封条；47—三级上封条；48—三级 N_2-CH_4 进口管箱；49—二级 N_2-CH_4 出口接管；50—二级 N_2-CH_4 出口管箱；51—二级 C_2H_4 出口 U 形接管；52—二级 C_2H_4 出口管箱；53—二级下封条；54—二级右封条；55—二级折板；56—二级 N_2-CH_4-C_2H_4 出口导流板；57—二级 N_2-CH_4-C_2H_4 出口管箱；58—二级天然气进口管箱；59——一级天然气出口接管；60——一级天然气出口管箱；61——一级 N_2-CH_4-C_2H_4-C_3H_8-C_4H_{10}-*i*-C_4H_{10} 进口接管；62——一级 N_2-CH_4-C_2H_4-C_3H_8-C_4H_{10}-*i*-C_4H_{10} 进口管箱；63——一级 N_2-CH_4-C_2H_4-C_3H_8-C_4H_{10}-*i*-C_4H_{10} 进口导流板；64——一级右封条；65——一级上封条；66——一级 C_3H_8 进口法兰；67——一级 C_3H_8 进口接管；68——一级 C_3H_8 进口管箱；69——一级 C_4H_{10}-*i*-C_4H_{10} 进口法兰；70——一级 C_4H_{10}-*i*-C_4H_{10} 进口接管；71——一级 C_4H_{10}-*i*-C_4H_{10} 进口管箱；72——一级 N_2-CH_4-C_2H_4 进口法兰；73——一级 N_2-CH_4-C_2H_4 进口接管；74——一级 N_2-CH_4-C_2H_4 进口管箱

LNG板翅式主液化装备内含LNG液化工艺，主要应用低温制冷剂氮气、甲烷、乙烯、丙烷、丁烷、异丁烷等通过多级节流制冷，最终将天然气冷却至-162℃并液化。当给热系数大的时候，选用高度低、翅片厚的翅片。当给热系数小的时候，选用高度高、翅片薄的翅片，这样可以弥补给热系数小造成的不足。通过设计计算可以看出，各制冷剂和天然气在翅片内流动时，如果不考虑相变，则通过板翅式换热器时压力损失很少，对于高压板侧的流动，这些压力降可看作是流体静压的波动减少量，对流体的动压没影响，所以流体在板束中的流动速度不需要校正。但是，如果考虑相变的话，流体压力损失比较大，这部分压力损失还得考虑，否则这部分压力损失将对板侧的流动速度产生较大影响，所以还得重新校核流速，使其符合流体相变的速度变化规律。

1.3.3 LNG板翅式换热器结构设计

LNG板翅式换热器的结构紧凑，单位体积传热面积高，相当于同样体积管壳式换热器的几十倍；质量轻，体积小，采用铝合金制造，在传热量相同的情况下，其质量只相当于管壳式换热器的1/10；构造特殊，可在一台设备里同时进行多种介质多股流换热，不限流态，例如气-气型、气-液型、液-液型，同时可用作冷凝器或蒸发器。由于板翅式换热器翅片具有二次传热面，使其传热总面积大大增加，并且翅片还可以被设计成特殊的形状，如开孔、弯曲、开缝等，可进一步破坏流体的边界层，使流体处在紊流状态，从而大大减小传热热阻，进而提高传热效率。在强迫对流的情况下，气态传热系数可达35～350W/（m^2·K），液态传热系数可达到110～1700W/（m^2·K），而水在沸腾时传热系数最高可以达到35000W/（m^2·K）。由于PFHE内部结构复杂，流道狭窄，容易堵塞，不易清洗，因此要求介质清洁，无腐蚀性。根据天然气及混合制冷剂进口压力和传热工况的不同，翅片的厚度一般应在0.5～0.8mm之间，高度一般为8～15mm。

翅片种类繁多，按其形状规格不同，可大致分为平直翅片、多孔翅片、锯齿翅片、百叶式翅片、波纹翅片、钉状翅片等，其中每种翅片都有扩大传热面，增强传热效率的作用，需要根据具体工况选择翅片形式（图1-8）：①平直翅片表面光滑，无特殊加工，其主要作用为扩大传热面积。②多孔翅片由平直翅片开孔制成，加工复杂，开孔一方面有利于破坏边界层，增大传热效率，另一方面也有利于流体再分配。多孔翅片的开孔率一般在5%～10%，孔径和孔距无确定的数学关系。多孔翅片常用于流体的进出口和流体有相变的场合。③锯齿翅片可以增强流体的紊流，破坏边界层，从而提高传热效率。在压力降相同的条件下，锯齿翅片的给热系数要比平直翅片高30%以上，因此锯齿翅片又被称为高效翅片。④波纹翅片由平直翅片冲压制造而成，可以使流体在流动过程中不断改变流动方向，破坏边界层。波纹越密，波幅越大，其传热效率越高。⑤隔板设置在翅片上下两端，起到隔离介质、传热、承压等作用。隔板的厚度与其使用压力有关，常用的厚度为0.8～2.0mm。另外还有一种特殊的隔板，其设置在板翅式换热器的最外侧，除了承受压力之外，还有保护翅片的作用，其厚度一般以5～6mm较为适宜。⑥导流板设置在流体进出口，可用于流体的分配与汇集。导流板的选择通常也影响着换热器性能的好坏。⑦封头按常规结构分为凸形封头、平板形封头、锥形封头等。凸形封头又可分为半球形封头、椭圆形封头、碟形封头、球冠形封头等。封头分为冲压式和拼焊式，拼焊式制造比较简单，但承压能力差，冲压式承压能力较好。⑧封条设置在换热器周边，密封、支撑换热器，常用结构有燕尾形、燕尾槽形、矩形、外凸矩形等。⑨接管通常与封头连接，形成物料通道。接管的尺寸可根据进出口流量进行计算；接管的厚度可根据进出口的压力确定。

图 1-8　不同形式板翅式换热器翅片

1.3.4 LNG 板翅式换热器板束排列

根据实际设计过程，LNG 板束翅片排列有多种形式，尤其是多种流体交叉换热时，更应该科学合理地排列，以利于换热。主要流体流动形式有顺流、逆流、错流、混合流等，一般情况下采用逆流布置，尽量避免顺流。板翅式换热器的通道排列和组合是换热器设计的关键，在设计时要尽量避免温度交叉和热量内耗，而目前通道排列尚无明确的原则和精确的数学模型以及计算方法，通常根据经验布置。英国的哈维尔传热与流体流动事务所为此做了大量的研究，具体的通道排列大致分为隔离性通道排列和局部热负荷平衡型通道排列。在板翅式换热器中，由于冷流体股数通常多于热流体，故经常采用复叠式布置、对称布置，从而使其制冷效果最好。导流片实际上是多孔翅片的一种，通常布置在流体的进出口段，由于其节距大、厚度厚，可以保护内部翅片免受损坏。最后需要组合各级换热器。由于在实际应用中制冷量较大，而板翅式换热器的制造受到目前工艺水平的限制，单个换热器无法满足工业需求，通常我们需要把多个换热器通过串并联的方式加以组合，以满足实际应用的要求。单元组合通常有对称型、对流型和并流型，在组合过程中要注意流体的阻力分配，通常布置成对称型，而避免并流型。

参考文献

[1] 王松汉. 板翅式换热器 [M]. 北京：化学工业出版社，1984.

[2] 余建祖. 换热器原理与设计 [M]. 北京：北京航空航天大学出版社，2006.

[3] 吴业正，朱瑞琪. 制冷与低温技术原理 [M]. 北京：高等教育出版社，2004.

[4] 钱颂文. 换热器手册 [M]. 北京：化学工业出版社，2002.

[5] 苏斯君，张周卫，汪雅红. LNG 系列板翅式换热器的研究与开发 [J]. 化工机械，2018，45 (6)：662-667.

[6] 张周卫. LNG 混合制冷剂多股流板翅式换热器 [P]. 中国：201510051091.6，2015.02.

[7] 张周卫. LNG 低温液化一级制冷五股流板翅式换热器 [P]. 中国：201510040244.7，2015.01.

[8] 张周卫. LNG 低温液化二级制冷四股流板翅式换热器 [P]. 中国：201510042630.X，2015.01.

[9] 张周卫. LNG 低温液化三级制冷三股流板翅式换热器 [P]. 中国：201510040244.7，2015.01.

[10] 张周卫，郭舜之，汪雅红，赵丽. 液化天然气装备设计技术：液化换热卷 [M]. 北京：化学工业出版社，2018.

[11] 张周卫，赵丽，汪雅红，郭舜之. 液化天然气装备设计技术：动力储运卷 [M]. 北京：化学工业出版社，2018.

[12] 张周卫，苏斯君，张梓洲，田源. 液化天然气装备设计技术：通用换热器卷 [M]. 北京：化学工业出版社，2018.

[13] 张周卫，汪雅红，田源，张梓洲. 液化天然气装备设计技术：LNG 低温阀门卷 [M]. 北京：化学工业出版社，2018.

[14] 张周卫，汪雅红，郭舜之，赵丽. 低温制冷装备与技术 [M]. 北京：化学工业出版社，2018.

[15] 张周卫，汪雅红. 空间低温制冷技术 [M]. 兰州：兰州大学出版社，2014.

[16] 张周卫，汪雅红．缠绕管式换热器［M］．兰州：兰州大学出版社，2014．

[17] 张周卫，李连波，李军，等．缠绕管式换热器设计计算软件［Z］．北京：中国版权保护中心，201310358118.7，2011.09．

[18] 张周卫，薛佳幸，汪雅红．LNG 系列缠绕管式换热器的研究与开发［J］．石油机械，2015，43（4）：118-123．

[19] 张周卫，薛佳幸，汪雅红，李跃．缠绕管式换热器的研究与开发［J］．机械设计与制造，2015（9）：12-17．

[20] 张周卫，汪雅红，薛佳幸，李跃．低温甲醇用系列缠绕管式换热器的研究与开发［J］．化工机械，2014，41（6）：705-711．

[21] 张周卫，李跃，汪雅红．低温液氮用系列缠绕管式换热器的研究与开发［J］．石油机械，2015，43（6）：117-122．

[22] 张周卫，薛佳幸，汪雅红．双股流低温缠绕管式换热器设计计算方法研究［J］．低温工程，2014（6）：17-23．

[23] Zhang Zhouwei，Wang Yahong，Li Yue，Xue Jiaxing．Research and development on series of LNG plate-fin heat exchanger［C］．3rd International Conference on Mechatronics，Robotics and Automation（ICMRA 2015），2015（4）：1299-1304．

[24] Zhang Zhouwei，Wang Yahong，Xue Jiaxing．Research and develop on series of LNG coil-wound heat exchanger［J］．Applied Mechanics and Materials，2015，1070-1072：1774-1779．

[25] Zhang Zhouwei，Wang Yahong，Xue Jiaxing．Research and develop on series of cryogenic liquid nitrogen coil-wound heat exchanger［J］．Advanced Materials Research，2015，1070-1072：1817-1822．

[26] Zhang Zhouwei，Wang Yahong，Xue Jiaxing．Research and develop on series of cryogenic methanol coil-wound heat exchanger［J］．Advanced Materials Research，2015，1070-1072：1769-1773．

[27] Zhang Zhouwei，Xue Jiaxing，Wang Yahong．Calculation and design method study of the coil-wound heat exchanger［J］．Advanced Materials Research，2014，1008-1009：850-860．

[28] Xue Jiaxing，Zhang Zhouwei，Wang Yahong．Research on double-stream coil-wound heat exchanger［J］．Applied Mechanics and Materials，2014，672-674：1485-1495．

[29] Zhang Zhouwei，Wang Yahong，Xue Jiaxing．Research on cryogenic characteristics in spatial cold-shield system［J］．Advanced Materials Research，2014，1008-1009 ：873-885．

[30] 张周卫．LNG 低温液化一级制冷四股流螺旋缠绕管式换热装备［P］．中国：201110379518．7，2012．05．

[31] 张周卫．LNG 低温液化二级制冷三股流螺旋缠绕管式换热装备［P］．中国：201110376419．3，2012．08．

[32] 张周卫．LNG 低温液化三级制冷螺旋缠绕管式换热装备［P］．中国：201110373110．9，2012．08．

[33] 张周卫．LNG 低温液化混合制冷剂多股流螺旋缠绕管式主换热装备［P］．中国：201110381579．7，2012．08．

[34] 张周卫，厉彦忠，汪雅红，等．空间低红外辐射液氮冷屏低温特性研究［J］．机械工程学报，2010，46（2）：111-118．

[35] 张周卫，张国珍，周文和，等．双压控制减压节流阀的数值模拟及实验研究［J］．机械工程学报，2010，46（22）：130-135．

[36] 张周卫，厉彦忠，陈光奇，等．空间低温冷屏蔽系统及表面温度分布研究［J］．西安交通大学学报，2009（8）：116-124．

第 2 章

30 万立方米每天 DMR 双混合制冷剂 LNG 三级板翅式换热器设计计算

本章重点介绍了研究开发 30 万立方米每天 DMR 双混合制冷剂 LNG 三级板翅式换热器的设计计算，并根据两段混合制冷剂 LNG 液化工艺流程及三级多股流板翅式换热器（PFHE），将天然气液化为-162℃ LNG。在天然气液化为 LNG 过程中会放出大量热，需要研究开发相应 LNG 液化工艺，构建制冷系统并应用三级 PFHE 来降低天然气温度。传统的 LNG 液化工艺一般运用氮气、甲烷、乙烯、丙烷、丁烷、异丁烷等制冷剂，通过多级换热制冷，最终将天然气在 1atm（1atm=101325Pa）下冷却至-162℃液体状态。由于传统的 LNG 液化工艺系统占地面积大，液化效率低，所以，本章采用两级 PFHE 主液化设备，内含 LNG 液化工艺，其具有结构紧凑、换热效率高等特点，能有效解决液化工艺系统庞大、占地面积大等问题。由于三级 LNG 板翅式换热器（PFHE）主要用于 $30\times10^4m^3/d$ 以上大型 LNG 液化系统，是该系统中的核心设备，一般达到 $60\times10^4m^3/d$ 以上时，采用并联两套的模块化办法，实行 LNG 系统的大型化。基于板翅式换热器的 LNG 液化工艺也是目前非常流行的中小型 LNG 液化系统的主液化工艺，由于采用两级混合制冷剂制冷工艺，LNG 板翅式换热器设计计算复杂，需要确定工艺流程及流程参数，尤其混合制冷剂配比及复合制冷系统工艺计算难度较大。本章根据在研 LNG 项目开发情况，给出了 DMR 双混合制冷剂 LNG 三级板翅式换热器的设计计算模型。

2.1 板翅式换热器简介

一级换热器应用 C_2H_6、C_4H_{10}、异丁烷制冷剂及二级换热器出口 0.48MPa、-73℃的 N_2、CH_4、C_2H_4 在一级四股流板翅式换热器内将 40℃、2.6MPa 的天然气冷却至-73℃，以便进入二级预冷段。应用一级板翅式换热器首先过冷 C_2H_6、C_4H_{10}、异丁烷，再节流至一级制冷剂侧预冷一级天然气侧，一级 N_2、CH_4、C_2H_4 侧，过冷一级 C_2H_6 侧及一级 C_4H_{10}、异丁烷侧，达到一级天然气预冷，N_2、CH_4、C_2H_4 预冷及 C_2H_6、C_4H_{10}、异丁烷节流前过冷目的。

二级换热器应用 C_2H_4 制冷剂及 LNG 三级出口 0.49MPa、-124℃的 N_2-CH_4 混合制冷剂在二级四股流板翅式换热器内将 2.58MPa、-120℃天然气冷却至-120℃并液化，以便进入三级过冷段。应用二级换热器首先过冷二级 C_2H_4 制冷剂，再节流至二级混合制冷剂侧与来自三级的 N_2-CH_4 混合后预冷-120℃二级天然气侧、二级 N_2-CH_4 侧、二级 C_2H_4 侧，达到二级天然气预冷、二级 N_2-CH_4 预冷及 C_2H_4 节流前过冷目的。

三级换热器应用 N_2-CH_4 混合制冷剂在三股流板翅式换热器内将 2.57MPa、-120℃天然气冷却至-162℃并液化，以便 LNG 过冷贮存及方便运输。应用三级换热器首先预冷并液化非共沸 N_2-CH_4 混合制冷剂，N_2-CH_4 液化后再节流至三级混合制冷剂侧冷却来自二级的出口温度为-120℃的天然气、N_2-CH_4 混合制冷剂，使三级天然气侧天然气及三级 N_2-CH_4 侧混合制冷剂均被液化，达到混合制冷剂节流前预冷及天然气低温液化目的。

2.2 板翅式换热器的工艺计算

2.2.1 混合制冷剂参数确定

通过查阅相关资料和国内外对板翅式换热器的设计，确定出本设计所需的制冷剂分别为：

① 一级：正丁烷（n-C_4H_{10}）、异丁烷（iso-C_4H_{10}）、乙烷（C_2H_6）；

② 二级：氮气（N_2）、甲烷（CH_4）、乙烯（C_2H_4）。

各制冷剂的参数都由 REFPROP 8.0 软件查得，具体见表 2-1。

表 2-1　各制冷剂参数

名称	临界压力/MPa	临界温度/℃	饱和压力/MPa
氮气	3.3958	-146.96	1.3826
甲烷	4.5992	-82.59	1.188
乙烯	5.0418	9.20	0.95662
乙烷	4.872	32.17	1.2472
正丁烷	3.796	151.98	0.40786
异丁烷	3.629	134.66	0.41836

2.2.2 板翅式换热器的 LNG 液化流程

30 万立方米每天 DMR 双混合制冷剂 LNG 液化系统流程见图 2-1。

2.2.3 制冷剂温熵图

本设计所需制冷剂和天然气的温熵图见图 2-2～图 2-5。

2.2.4 工艺计算过程

2.2.4.1 一级设备预冷制冷过程

（1）天然气的预冷过程计算（其中天然气的成分定为 97%CH_4，2%C_2H_6，1%C_3H_8）

进口：T_{26}=40℃　　　　p_{26}=2.6MPa

H_{26}=912.90kJ/kg

出口：T_{27}=−73℃　　　　p_{27}=2.58MPa

H_{27}=634.44kJ/kg

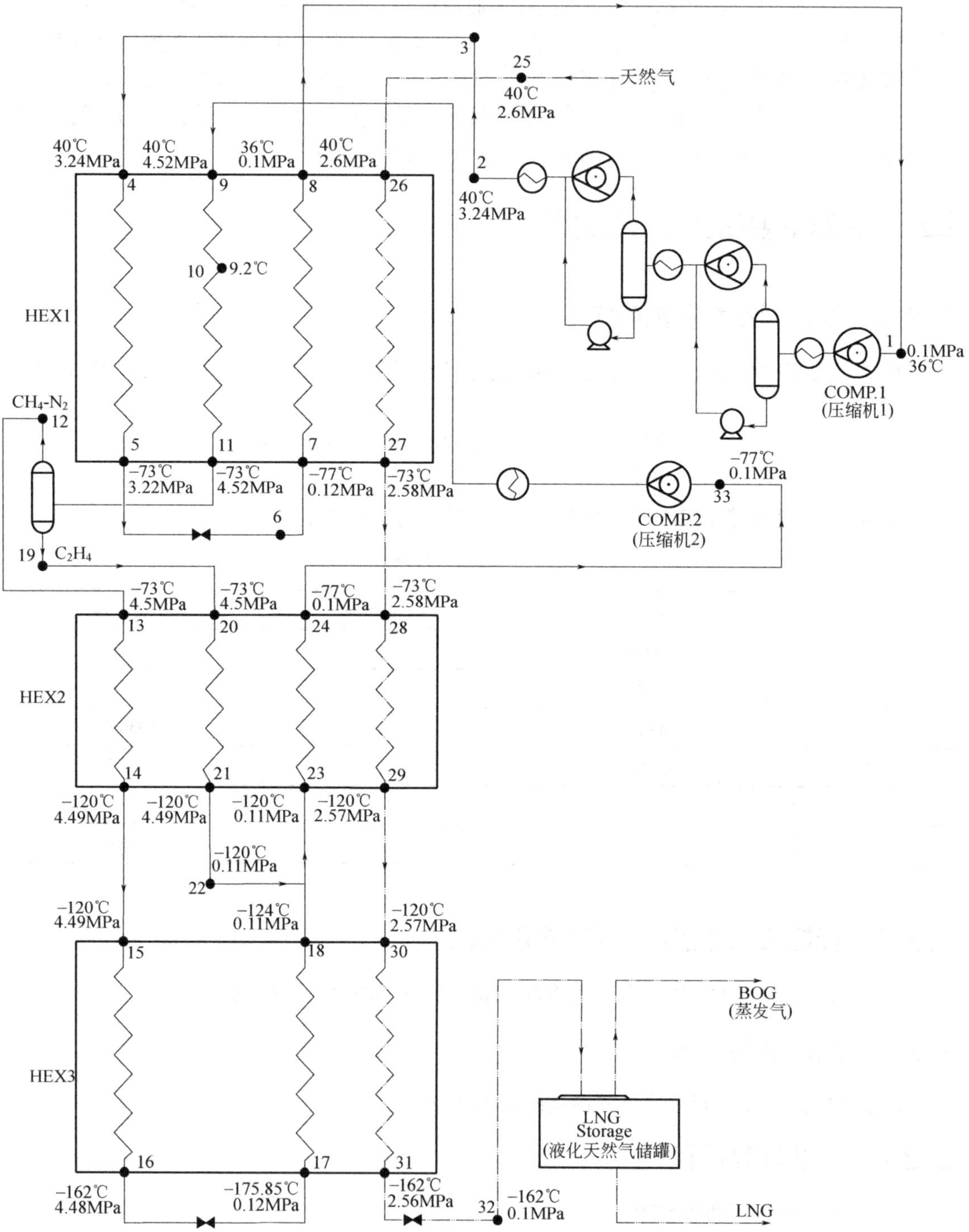

图 2-1　30 万立方米每天 DMR 双混合制冷剂 LNG 液化系统流程

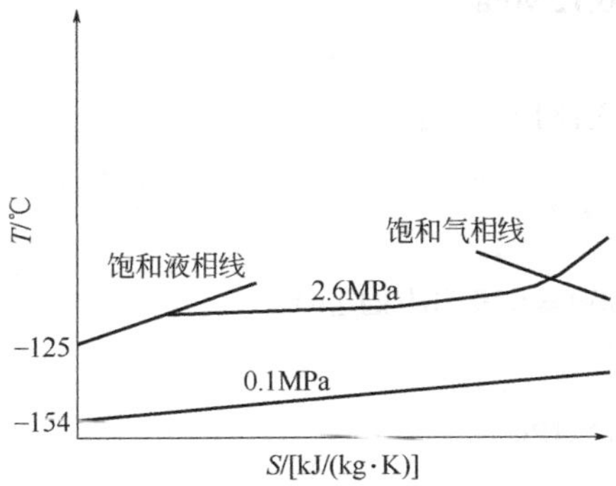

图 2-2　天然气 *T-S* 图

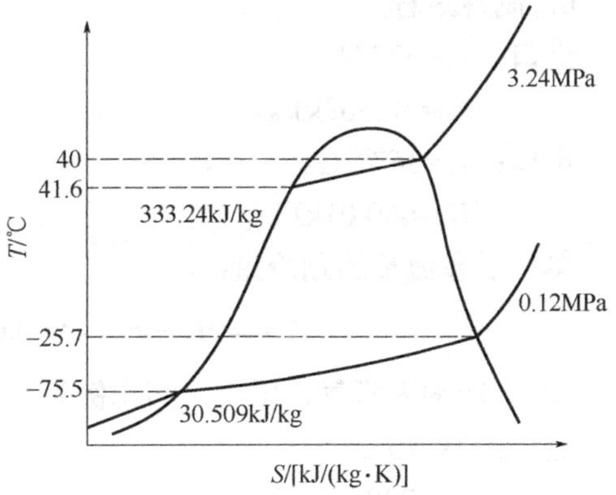

图 2-3　丁烷、异丁烷、乙烷节流前 *T-S* 图

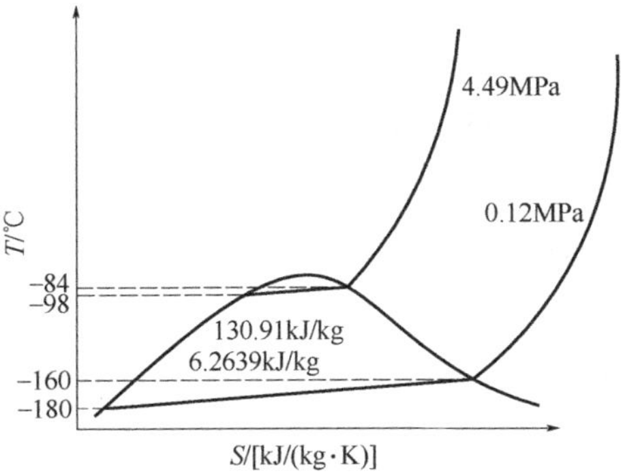

图 2-4　丁烷、异丁烷、乙烷节流后 *T-S* 图

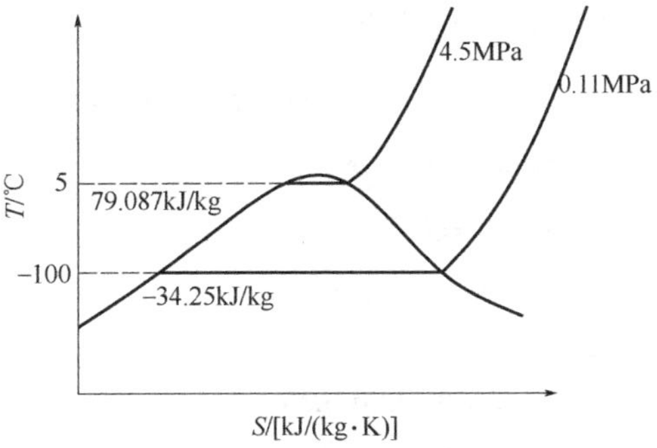

图 2-5　乙烯节流前 *T-S* 图

单位质量流量的预冷量：

$$\Delta H = H_{27} - H_{26} = 634.44 - 912.90 = -278.46\ (\text{kJ/kg})$$

天然气的质量流量：

$$Q = 60 \times 10^4 \div 3600 \div 24 \times 0.67 = 4.653(\text{kg/s})$$

天然气的总预冷量：

$$Q = -278.46 \times 4.653 = -1295.67(\text{kJ/s})$$

（2）混合制冷剂在一级制冷装备里的预冷、再冷过程计算

① 制冷剂为乙烷、正丁烷、异丁烷，其比例为 2∶1∶1。

a．预冷过程

进口：T_4=40℃　　　　p_4=3.24MPa

H_4=333.80kJ/kg

出口：T_5=−73℃　　　　p_5=3.22MPa

H_5=42.604kJ/kg

单位质量流量的预冷量：

$$\Delta H = H_5 - H_4 = 42.604 - 333.80 = -291.196\ (\text{kJ/kg})$$

b．制冷过程

进口：T_7=−77℃　　　　p_7=0.12MPa

H_7=30.509kJ/kg

出口：T_8=36℃　　　　p_8=0.1MPa

H_8=660.01kJ/kg

单位质量流量的预冷量：

$$\Delta H = H_8 - H_7 = 660.01 - 30.509 = 629.501(\text{kJ/kg})$$

② 制冷剂为氮气、甲烷，其比例为 3∶7。

进口：T_9=40℃　　　　p_9=4.52MPa

H_9=728.62kJ/kg

出口：T_{11}=−73℃　　　　p_{11}=4.52MPa

H_{11}=468.81kJ/kg

单位质量流量的预冷量：

$$\Delta H = H_{11} - H_9 = 468.81 - 728.62 = -259.81(\text{kJ/kg})$$

③ 制冷剂为乙烯。

进口：T_9=40℃　　　　p_9=4.52MPa

H_9=604.28kJ/kg

出口：T_{11}=−73℃　　　　p_{11}=4.52MPa

H_{11}=79.067kJ/kg

单位质量流量的预冷量：

$$\Delta H = H_{11} - H_9 = 79.067 - 604.28 = -525.213(\text{kJ/kg})$$

2.2.4.2　二级设备预冷制冷过程

（1）天然气在二级制冷装置中的放热量的计算

进口：T_{28}=−73℃　　　　p_{28}=2.58MPa

H_{28}=634.44kJ/kg

出口：T_{29}=−120℃　　　　p_{29}=2.57MPa

H_{29}=148.86kJ/kg

单位质量流量的预冷量：

$$\Delta H = H_{29} - H_{28} = 148.86 - 634.44 = -485.58(\text{kJ/kg})$$

天然气的总预冷量：

$$Q = -485.58 \times 4.653 = -2259.40(\text{kJ/s})$$

（2）混合制冷剂在二级制冷装备中的再冷、液化及制冷量的计算

① 制冷剂为乙烯。

进口：T_{20}=−73℃　　　　p_{20}=4.5MPa

H_{20}= 79.067kJ/kg

出口：T_{21}=−120℃　　　　p_{21}=4.49MPa

　　H_{21}=−34.255kJ/kg

单位质量流量预冷量。

$$\Delta H = H_{21} - H_{20} = -34.255 - 79.067 = -113.322(\text{kJ/kg})$$

节流过程为等焓过程。

节流前：　T_{21}=−120℃　　　　p_{21}=4.49MPa

　　　　　H_{21}=−34.255kJ/kg

焓值：　　H_{21}=H_{22}=−34.255kJ/kg

则节流后：T_{22}=−120℃　　　　p_{22}=0.11MPa

② 氮气、甲烷混合制冷，比例为 3∶7。

a．预冷过程

进口：T_{13}=−73℃　　　　p_{13}=4.5MPa

　　H_{13}=468.81kJ/kg

出口：T_{14}=−120℃　　　　p_{14}=4.49MPa

　　H_{14}=130.91kJ/kg

单位质量预冷量：

$$\Delta H = H_{14} - H_{13} = 130.91 - 468.81 = -337.9(\text{kJ/kg})$$

b．制冷过程

进口：T_{23}=−120℃　　　　p_{23}=0.11MPa

　　H_{23}=467.19kJ/kg

出口：T_{24}=−77℃　　　　p_{24}=0.1MPa

　　H_{24}=544.37kJ/kg

单位质量制冷量：

$$\Delta H = H_{24} - H_{23} = 544.37 - 467.19 = 77.18(\text{kJ/kg})$$

③ 乙烯+氮气+甲烷制冷。

进口：T_{23}=−120℃　　　　p_{23}=0.11MPa

　　H_{23}=−39.077kJ/kg

出口：T_{24}=−77℃　　　　p_{24}=0.1MPa

　　H_{24}=517.03kJ/kg

单位质量预冷量：

$$\Delta H = H_{24} - H_{23} = 517.03 - (-39.077) = 556.107(\text{kJ/kg})$$

2.2.4.3　三级设备预冷制冷过程

（1）混合制冷剂在三级制冷装置中的制冷量

制冷剂为氮气、甲烷，混合比例 3∶7。

a．预冷过程

进口：T_{15}=−120℃　　　　p_{15}=4.49MPa

　　H_{15}=130.91kJ/kg

出口：T_{16}=−162℃　　　　p_{16}=4.48MPa

H_{16}=−6.2639kJ/kg

单位质量流量的预冷量：

$$\Delta H = H_{16} - H_{15} = -6.2639 - 130.91 = -137.1739(\text{kJ/kg})$$

b．节流过程

节流前：T_{16}=−162℃　　　　p_{16}=4.48MPa

查得：H_{16}=−6.2639kJ/kg

节流前后焓值不变。

焓值：H_{17}=−6.2639kJ/kg　　　　p_{17}=0.12MPa

则节流后：T_{17}=−175.85℃

c．节流后的制冷过程

进口：T_{17}=−175.85℃　　　　p_{17}=0.12MPa

H_{17}=−6.2639kJ/kg

出口：T_{18}=−124℃　　　　p_{18}=0.11MPa

H_{18}=459.98kJ/kg

单位质量流量制冷量：

$$\Delta H = H_{18} - H_{17} = 459.98 - (-6.2639) = 466.2439(\text{kJ/kg})$$

（2）天然气在三级制冷装置中的放热量

过冷过程：

进口：T_{30}=−120℃　　　　p_{30}=2.57MPa

H_{30}=148.86kJ/kg

出口：T_{31}=−162℃　　　　p_{31}=2.56MPa

H_{31}=−2.5972kJ/kg

单位质量流量预冷量：

$$\Delta H = H_{31} - H_{30} = -2.5972 - 148.86 = -151.4572(\text{kJ/kg})$$

天然气的总预冷量为：

$$Q = -151.4572 \times 4.653 = -704.73(\text{kJ/s})$$

2.2.4.4　制冷剂各组分的质量流量

设天然气质量流量为 m_1，氮气+甲烷的质量流量为 m_2，乙烯的质量流量为 m_3，正丁烷+异丁烷+乙烷的质量流量为 m_4。

三级换热器：

$$\Delta H_1 m_1 + \Delta H_2 m_2 = \Delta H_3 m_3$$

即

$$151.4572 m_1 + 137.1739 m_2 = 466.2439 m_3$$

已知 m_1=4.653kg/s，可得 m_2=2.142kg/s， $m_{(CH_4)}$=1.4994kg/s， $m_{(N_2)}$=0.6426kg/s。

二级换热器：

$$\Delta H_1 m_1 + \Delta H_2 m_2 + \Delta H_3 m_3 = \Delta H m_2 + \Delta H m_3$$

即

$$485.58 m_1 + 337.9 m_2 + 113.322 m_3 = 77.18 m_2 + 556.107 m_3$$

可得 m_3=6.364kg/s。

一级换热器：

$$\Delta H_1 m_1 + \Delta H_2 m_2 + \Delta H_3 m_3 + \Delta H_4 m_4 = \Delta H m_4$$

即

$$278.46 m_1 + 259.81 m_2 + 525.213 m_3 + 291.196 m_4 = 629.501 m_4$$

可得 m_4=15.355kg/s， $m_{(n\text{-}C_4H_{10})}$=3.83875kg/s， $m_{(\text{iso-}C_4H_{10})}$=3.83875kg/s， $m_{(C_2H_6)}$=7.6775kg/s。

各级设备各制冷剂单位质量预冷量和制冷量见表 2-2～表 2-4，各制冷剂质量流量如表 2-5。

表 2-2　一级设备各制冷剂单位质量预冷量和制冷量

制冷剂	单位质量预冷量/(kJ/kg)	总预冷量/(kJ/s)	单位制冷量/(kJ/kg)	总制冷量/(kJ/s)
乙烷、正丁烷、异丁烷	−291.196	−4471.31	167.65	9666
天然气	−278.46	−1295.67		
氮气、甲烷	−259.81	−556.51		
乙烯	−525.213	−3342.46		

表 2-3　二级设备各制冷剂单位质量预冷量和制冷量

制冷剂	单位质量预冷量/(kJ/kg)	总预冷量/(kJ/s)	单位制冷量/(kJ/kg)	总制冷量/(kJ/s)
乙烯	−113.322	−721.18	556.107	3539.06
氮气、甲烷	−337.9	−723.78	77.18	165.32
乙烯、氮气、甲烷				3704.38

表 2-4　三级设备各制冷剂单位质量预冷量和制冷量

制冷剂	单位质量预冷量/(kJ/kg)	总预冷量/(kJ/s)	单位制冷量/(kJ/kg)	总制冷量/(kJ/s)
氮气、甲烷	−137.1739	−293.83	466.2439	998.69
天然气	−151.4572	−704.73		

表 2-5　各制冷剂质量流量

制冷剂	乙烷	正丁烷	异丁烷	氮气	甲烷	乙烯	天然气
质量流量/(kg/s)	7.6775	3.83875	3.83875	0.6426	1.4994	6.364	4.653

一级制冷天然气吸收的热量为：$Q = -1295.67\text{kJ/s}$；

一级制冷氮气、甲烷、乙烯吸收的热量为：$Q = -525.213 - 3342.46 = -3867.673(\text{kJ/s})$；

一级制冷乙烷、正丁烷、异丁烷吸收的热量为：$Q = -4471.31\text{kJ/s}$；

一级制冷乙烷、正丁烷、异丁烷放出的冷量为：$Q = 9666\text{kJ/s}$；

二级制冷天然气吸收的热量为：$Q = -704.73\text{kJ/s}$；
二级制冷氮气、甲烷、吸收的热量为：$Q = 723.78\text{kJ/s}$；
二级制冷乙烯吸收的热量为：$Q = -721.18\text{kJ/s}$；
二级制冷氮气、甲烷、乙烯放出的冷量为：$Q = 3704.38\text{kJ/s}$；
三级制冷天然气吸收的热量为：$Q = -704.73\text{kJ/s}$；
三级制冷氮气和甲烷吸收的热量为：$Q = -293.83\text{kJ/s}$；
三级制冷氮气和甲烷放出的冷量为：$Q = 998.69\text{kJ/s}$。

2.3 板翅式换热器翅片

2.3.1 翅片特点

① 传热效率高。由于翅片对流体的扰动使边界层不断破裂，因而具有较大的换热系数，同时由于隔板、翅片很薄，具有高导热性，所以使得板翅式换热器可以达到很高的传热效率。

② 紧凑，比表面积大。由于板翅式换热器具有扩展的二次表面，使得它的比表面积可达到 $1000\text{m}^2/\text{m}^3$。

③ 轻巧。原因为多为铝合金制造，现在钢制、铜制、复合材料等制也已经批量生产。

④ 适应性强。板翅式换热器可适用于：气-气、气-液、液-液、各种流体之间的换热以及发生集态变化的相变换热。通过流道的布置和组合能够适应逆流、错流、多股流、多程流等不同的换热工况。通过单元间串联、并联、串并联的组合可以满足大型设备换热的需要。工业上可以定型、批量生产以降低成本，通过积木式组合扩大互换性。

⑤ 制造工艺要求严格，工艺过程复杂。

⑥ 容易堵塞，不耐腐蚀，清洗检修很困难，故只能用于换热介质干净、无腐蚀、不易结垢、不易沉积、不易堵塞的场合。

2.3.2 翅片结构

换热器通常由隔板、翅片、封条、导流片组成。在相邻两隔板间放置翅片、导流片以及封条组成一夹层，称为通道，将这样的夹层根据流体的不同方式叠置起来，钎焊成一整体便组成板束。板束是板翅式换热器的核心，配以必要的封头、接管、支撑等就组成了板翅式换热器。

2.3.3 初始参数的确定与计算

本次设计所选择的是板翅式换热器，共有五股流（正丁烷、异丁烷、乙烷、乙烯、天然气和氮气）同时参加换热，设计参数确定如下。

型号：（气侧）95ST1702；（液侧）64ST1805。

95ST1702 型平直式翅片，其参数如下：翅片高度 L=9.5mm，翅片厚度 δ=0.2mm，翅片间距 m=1.7mm，通道截面积 f=0.00821m^2，总传热面积 $f_{总}$=12.7m^2，当量直径 D_e=2.58mm，二次传热面积和总传热面积之比为 0.861。

64ST1805 型平直式翅片，其参数如下：翅片高度 L=6.4mm，翅片厚度 δ=0.5mm，翅片间距 m=1.8mm，通道截面积 f=0.00426m^2，总传热面积 $f_{总}$=8.0m^2，当量直径 D_e=2.13mm，二

次传热面积和总传热面积之比为 0.819。

翅片结构见图 2-6。

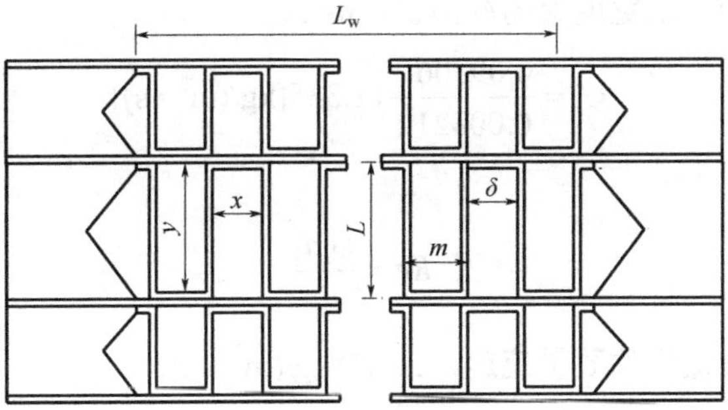

图 2-6　翅片结构图

L—翅片高度（m）；δ—翅片厚度（m）；m—翅片间距（m）；L_w—翅片有效宽度（m）；

x—翅片内距 $x=m-\delta$（m）；y—翅片内高 $y=L-\delta$（m）

翅片特性参数如下。

翅片内距：（气侧）　$x=m-\delta=1.7-0.2=1.5(\mathrm{mm})$

（液侧）　$x=m-\delta=1.8-0.5=1.3(\mathrm{mm})$

翅片内高：（气侧）　$y=L-\delta=9.5-0.2=9.3(\mathrm{mm})$

（液侧）　$y=L-\delta=6.4-0.5=5.9(\mathrm{mm})$

翅片的当量直径（气侧）：

$$D_e=\frac{4f}{u} \tag{2-1}$$

即

$$\frac{2xy}{x+y}=27.9\div10.8=2.58\times10^{-3}(\mathrm{m})$$

翅片的当量直径（液侧）：

$$D_e=\frac{4f}{u}$$

$$\frac{2xy}{x+y}=15.34\div7.2=2.13\times10^{-3}(\mathrm{m})$$

式中　D_e——翅片当量直径，m；

f——浸润面积，m^2；

u——浸润周边长，m。

2.3.4　一级换热器流体参数计算

（1）天然气侧流道的一系列常数的计算：

天然气流道的质量流速：

$$G_i=\frac{W}{f_i} \tag{2-2}$$

式中　G_i——天然气侧流道的质量流速，kg/(m^2·s)；

W——各股流的质量流量，kg/s；

f_i——单层通道一米宽度上的截面积，m^2。

$$G_i=\frac{0.09306}{0.00821}=11.335[\text{kg}/(\text{m}^2\cdot\text{s})]$$

雷诺数：

$$Re=\frac{G_i d_e}{\mu g} \tag{2-3}$$

式中　G_i——天然气侧流道的质量流速，11.335kg/(m^2·s)；

g——重力加速度，9.8m^2/s；

d_e——天然气侧翅片当量直径，m；

μ——天然气的黏度，1.011×10^{-6}kg/(m·s)。

$$Re=\frac{11.335\times 2.58\times 10^{-3}}{1.011\times 10^{-6}\times 9.8}=2951.64$$

普朗特数：

$$Pr=\frac{C\mu}{\lambda} \tag{2-4}$$

式中　μ——流体的黏度，1.011×10^{-6}kg/(m·s)；

C——流体的比热容，2.401×10^{3}J/(kg·s)；

λ——流体的热导率，302.67MW/(m·K)。

$$Pr=\frac{1.011\times 10^{-6}\times 2.401\times 10^3}{302.67\times 10^{-3}}=0.008$$

斯坦顿数 St：

$$St=\frac{j}{Pr^{2/3}} \tag{2-5}$$

式中　j——传热因子。查王松汉著《板翅式换热器》得传热因子为 0.0041。

$$St=\frac{0.0041}{0.008^{2/3}}=0.1025$$

给热系数 α：

$$\alpha=3600St\times C\times G_i \tag{2-6}$$

$$\alpha=\frac{3600\times 0.1025\times 2.401\times 11.335}{4.184}=2400.2[\text{kcal}/(\text{m}^2\cdot\text{h}\cdot{}^\circ\text{C})]$$

天然气侧的 p 值：

$$p=\sqrt{\frac{2\alpha}{\lambda\delta}} \tag{2-7}$$

式中　α——天然气侧流体给热系数，kcal/(m^2·h·℃)；

λ——翅片材料热导率，W/(m^2·K)；

δ——翅厚，mm。

$$p=\sqrt{\frac{2\times 2400.2}{155\times 2\times 10^{-4}}}=393.5$$

天然气侧：

$$b=h/2$$

式中 h——天然气板侧翅高，mm。

$$b=4.75\times 10^{-3}\text{m}$$

查双曲函数表可知：

$$\tanh(pb)=0.9536$$

天然气侧翅片一次面传热效率：

$$\eta_{\text{f}}=\frac{\tanh(pb)}{pb}=0.51 \tag{2-8}$$

天然气侧翅片总传热效率：

$$\eta_0=1-\frac{F_2}{F_0}(1-\eta_{\text{f}})=0.578 \tag{2-9}$$

式中 F_2——天然气侧翅片二次传热面积，m^2；
F_0——天然气侧翅片总传热面积，m^2。

（2）一级制冷剂侧板翅之间一系列常数的计算

氮气、甲烷、乙烯流道的质量流速：

$$G_i=\frac{0.17012}{0.00821}=20.721[\text{kg}/(\text{m}^2\cdot\text{s})]$$

雷诺数：

$$Re=\frac{20.721\times 2.58\times 10^{-3}}{12.159\times 10^{-6}\times 9.8}=448.6$$

普朗特数：

$$Pr=\frac{3.4536\times 10^{3}\times 12.159\times 10^{-6}}{350.63\times 10^{-3}}=0.11976$$

斯坦顿数（查王松汉著《板翅式换热器》得传热因子为 0.0062）：

$$St=\frac{0.0062}{0.11976^{2/3}}=0.0255$$

给热系数：

$$\alpha=\frac{3600\times 0.0255\times 3.4536\times 20.721}{4.184}=1570[\text{kcal}/(\text{m}^2\cdot\text{h}\cdot{^\circ\text{C}})]$$

氮气、甲烷、乙烯侧的 p 值：

$$p=\sqrt{\frac{2\times 1570}{155\times 2\times 10^{-4}}}=318.3$$

氮气、甲烷、乙烯侧：

$$b = h/2$$

式中　h——氮气、甲烷、乙烯板侧翅高，mm。

$$b = 4.75 \times 10^{-3}\,\mathrm{m}$$

查双曲函数表可知：

$$\tanh(pb) = 0.9069$$

氮气、甲烷、乙烯侧翅片一次面传热效率：

$$\eta_\mathrm{f} = \frac{\tanh(pb)}{pb} = 0.6$$

氮气、甲烷、乙烯侧翅片总传热效率：

$$\eta_0 = 1 - \frac{F_2}{F_0}(1-\eta_\mathrm{f}) = 0.656$$

（3）乙烷、正丁烷、异丁烷流道的一系列常数的计算

乙烷、正丁烷、异丁烷流道的质量流速：

$$G_i = \frac{0.3071}{0.00426} = 72.09[\mathrm{kg/(m^2 \cdot s)}]$$

雷诺数：

$$Re = \frac{72.09 \times 2.13 \times 10^{-3}}{12.424 \times 10^{-6} \times 9.8} = 1261.2$$

普朗特数：

$$Pr = \frac{2.5063 \times 10^3 \times 12.424 \times 10^{-6}}{1174.3 \times 10^{-3}} = 0.0265$$

斯坦顿数（查王松汉著《板翅式换热器》得传热因子为 0.0048）：

$$St = \frac{0.0048}{0.0265^{2/3}} = 0.054$$

给热系数：

$$\alpha = \frac{3600 \times 0.054 \times 2.5063 \times 72.09}{4.184} = 8395[\mathrm{kcal/(m^2 \cdot h \cdot ^\circ C)}]$$

乙烷、正丁烷、异丁烷侧的 p 值：

$$p = \sqrt{\frac{2 \times 8395}{155 \times 2 \times 10^{-4}}} = 735.94$$

乙烷、正丁烷、异丁烷侧：

$$b = h/2$$

式中　h——乙烷、正丁烷、异丁烷板侧翅高，mm。

$$b = 3.2 \times 10^{-3}\,\mathrm{m}$$

查双曲函数表可知：

$$\tanh(pb) = 0.9033$$

乙烷、正丁烷、异丁烷侧翅片一次面传热效率：

$$\eta_f = \frac{\tanh(pb)}{pb} = 0.384$$

乙烷、正丁烷、异丁烷侧翅片总传热效率：

$$\eta_0 = 1 - \frac{F_2}{F_0}(1 - \eta_f) = 0.68$$

（4）乙烷、正丁烷、异丁烷流道的一系列常数的计算

乙烷、正丁烷、异丁烷流道的质量流速：

$$G_i = \frac{0.3071}{0.00821} = 37.41[\text{kg}/(\text{m}^2 \cdot \text{s})]$$

雷诺数：

$$Re = \frac{37.41 \times 2.58 \times 10^{-3}}{7.33 \times 10^{-6} \times 9.8} = 1343.62$$

普朗特数：

$$Pr = \frac{1.562 \times 10^3 \times 7.33 \times 10^{-6}}{147.39 \times 10^{-3}} = 0.078$$

斯坦顿数（查王松汉著《板翅式换热器》得传热因子为 0.0085）：

$$St = \frac{0.0085}{0.078^{2/3}} = 0.0466$$

给热系数：

$$\alpha = \frac{3600 \times 0.0466 \times 1.562 \times 37.41}{4.184} = 2343[\text{kcal}/(\text{m}^2 \cdot \text{h} \cdot ℃)]$$

乙烷、正丁烷、异丁烷侧的 p 值：

$$p = \sqrt{\frac{2 \times 2343}{155 \times 2 \times 10^{-4}}} = 388.8$$

乙烷、正丁烷、异丁烷侧：

$$b = h/2$$

式中　h——氮气、甲烷、乙烯板侧翅高，mm。

$$b = 4.75 \times 10^{-3}\text{m}$$

查双曲函数表可知

$$\tanh(pb) = 0.9517$$

乙烷、正丁烷、异丁烷侧翅片一次面传热效率：

$$\eta_f = \frac{\tanh(pb)}{pb} = 0.514$$

乙烷、正丁烷、异丁烷侧翅片总传热效率：

$$\eta_0 = 1 - \frac{F_2}{F_0}(1-\eta_f) = 0.582$$

2.3.5 二级换热器流体参数计算

（1）天然气侧板翅之间一系列常数的计算

天然气侧流道的质量流速：

$$G_i = \frac{0.093}{0.00821} = 11.3[\mathrm{kg/(m^2 \cdot s)}]$$

雷诺数：

$$Re = \frac{11.3 \times 2.58 \times 10^{-3}}{32.626 \times 10^{-6} \times 9.8} = 91.18$$

普朗特数：

$$Pr = \frac{32.626 \times 10^{-6} \times 3.4068 \times 10^{3}}{87.4242 \times 10^{-3}} = 1.271$$

斯坦顿数（查王松汉著《板翅式换热器》得传热因子为 0.0062）：

$$St = \frac{0.0062}{1.271^{2/3}} = 0.00488$$

给热系数：

$$\alpha = \frac{3600 \times 0.00488 \times 3.4068 \times 11.3}{4.184} = 161.64[\mathrm{kcal/(m^2 \cdot h \cdot ℃)}]$$

天然气侧的 p 值：

$$p = \sqrt{\frac{2 \times 161.64}{155 \times 2 \times 10^{-4}}} = 102.12$$

天然气侧：

$$b = h/2$$

式中　h——天然气板侧翅高，9.5mm。

$$b = 4.75 \times 10^{-3}\mathrm{m}$$

查双曲函数表可知：

$$\tanh(pb) = 0.4621$$

天然气侧翅片一次面传热效率：

$$\eta_f = \frac{\tanh(pb)}{pb} = 0.94$$

天然气侧翅片总传热效率：

$$\eta_0 = 1 - \frac{F_2}{F_0}(1-\eta_f) = 0.95$$

（2）二级制冷剂侧板翅之间一系列常数的计算

① 氮气、甲烷侧流道的质量流速：

$$G_i = \frac{0.04284}{0.00821} = 5.22[\mathrm{kg/(m^2 \cdot s)}]$$

雷诺数：

$$Re = \frac{5.22 \times 2.58 \times 10^{-3}}{11.421 \times 10^{-6} \times 9.8} = 120.33$$

普朗特数：

$$Pr = \frac{10.352 \times 11.421}{41.049} = 2.88$$

斯坦顿数（查王松汉著《板翅式换热器》得传热因子为0.0062）：

$$St = \frac{0.0062}{2.88^{2/3}} = 0.00306$$

给热系数：

$$\alpha = \frac{3600 \times 0.00306 \times 10.352 \times 5.22}{4.184} = 142.27[\mathrm{kcal/(m^2 \cdot h \cdot ℃)}]$$

氮气、甲烷侧的 p 值：

$$p = \sqrt{\frac{2 \times 142.27}{155 \times 2 \times 10^{-4}}} = 95.81$$

氮气、甲烷侧：

$$b = h/2$$

式中 h——氮气、甲烷板侧翅高，mm。

$$b = 4.75 \times 10^{-3}\mathrm{m}$$

pb=0.46，查双曲函数表可知：

$$\tanh(pb) = 0.4321$$

氮气、甲烷侧翅片一次面传热效率：

$$\eta_\mathrm{f} = \frac{\tanh(pb)}{pb} = 0.939$$

氮气、甲烷侧翅片总传热效率：

$$\eta_0 = 1 - \frac{F_2}{F_0}(1 - \eta_\mathrm{f}) = 0.95$$

② 乙烯流道的质量流速：

$$G_i = \frac{0.12728}{0.00426} = 29.878[\mathrm{kg/(m^2 \cdot s)}]$$

雷诺数：

$$Re = \frac{29.878 \times 2.13 \times 10^{-3}}{1.6 \times 10^{-6} \times 9.8} = 4058.682$$

普朗特数：

$$Pr = \frac{2.4015 \times 10^3 \times 1.6 \times 10^{-6}}{182.62 \times 10^{-3}} = 0.021$$

斯坦顿数（查王松汉著《板翅式换热器》得传热因子为 0.007）：

$$St = \frac{0.007}{0.021^{2/3}} = 0.092$$

给热系数：

$$\alpha = \frac{3600 \times 0.092 \times 2.4015 \times 29.878}{4.184} = 5679.8[\text{kcal/(m}^2 \cdot \text{h} \cdot ℃)]$$

乙烯侧的 p 值：

$$p = \sqrt{\frac{2 \times 5679.8}{2 \times 10^{-4} \times 155}} = 605.34$$

乙烯侧：

$$b = h / 2$$

式中　h——乙烯板侧翅高，mm。

$$b = 3.2 \times 10^{-3}\,\text{m}$$

pb=1.94，查双曲函数表可知：

$$\tanh(pb) = 0.9595$$

乙烯侧翅片一次面传热效率：

$$\eta_{\text{f}} = \frac{\tanh(pb)}{pb} = 0.495$$

乙烯侧翅片总传热效率：

$$\eta_0 = 1 - \frac{F_2}{F_0}(1 - \eta_{\text{f}}) = 0.586$$

③ 氮气、甲烷、乙烯流道的质量流速：

$$G_i = \frac{0.1701}{0.00426} = 39.93[\text{kg/(m}^2 \cdot \text{s)}]$$

雷诺数：

$$Re = \frac{39.93 \times 2.13 \times 10^{-3}}{6.65 \times 10^{-6} \times 9.8} = 1305.062$$

普朗特数：

$$Pr = \frac{1.406 \times 10^3 \times 6.65 \times 10^{-6}}{15.014 \times 10^{-3}} = 0.623$$

斯坦顿数（查王松汉著《板翅式换热器》得传热因子为 0.009）：

$$St = \frac{0.009}{0.623^{2/3}} = 0.012$$

给热系数：

$$\alpha = \frac{3600 \times 0.012 \times 1.406 \times 39.93}{4.184} = 579.66[\text{kcal}/(\text{m}^2 \cdot \text{h} \cdot ℃)]$$

氮气、甲烷、乙烯侧的 p 值：

$$p = \sqrt{\frac{2 \times 579.66}{2 \times 10^{-4} \times 155}} = 193.384$$

氮气、甲烷、乙烯侧：

$$b = h/2$$

式中　h——氮气、甲烷、乙烯板侧翅高，mm。

$$b = 3.2 \times 10^{-3}\text{m}$$

pb=0.62，查双曲函数表可知：

$$\tanh(pb) = 0.5511$$

氮气、甲烷、乙烯侧翅片一次面传热效率：

$$\eta_{\text{f}} = \frac{\tanh(pb)}{pb} = 0.89$$

氮气、甲烷、乙烯侧翅片总传热效率：

$$\eta_0 = 1 - \frac{F_2}{F_0}(1 - \eta_{\text{f}}) = 0.909$$

2.3.6　三级换热器流体参数计算

（1）三级制冷剂侧板翅之间一系列常数的计算

天然气流道的质量流速：

$$G_i = \frac{0.06647}{0.00426} = 15.603[\text{kg}/(\text{m}^2 \cdot \text{s})]$$

雷诺数：

$$Re = \frac{15.603 \times 2.13 \times 10^{-3}}{87.755 \times 10^{-6} \times 9.8} = 38.64$$

普朗特数：

$$Pr = \frac{3.5159 \times 10^3 \times 87.755 \times 10^{-6}}{163.50 \times 10^{-3}} = 1.887$$

斯坦顿数（查王松汉著《板翅式换热器》得传热因子为 0.0089）：

$$St = \frac{0.0089}{1.887^{2/3}} = 0.00583$$

给热系数：

$$\alpha = \frac{3600 \times 0.00583 \times 3.5159 \times 15.603}{4.184} = 275.18[\text{kJ}/(\text{m}^2 \cdot \text{h} \cdot ℃)]$$

天然气侧的p值：

$$p=\sqrt{\frac{2\times 275.18}{155\times 2\times 10^{-4}}}=133.24$$

天然气侧：

$$b=h/2$$

式中　h——天然气板侧翅高，mm。

$$b=3.2\times 10^{-3}\,\mathrm{m}$$

查双曲函数表可知：

$$\tanh(pb)=0.2913$$

天然气侧翅片一次面传热效率：

$$\eta_{\mathrm{f}}=\frac{\tanh(pb)}{pb}=0.684$$

天然气侧翅片总传热效率：

$$\eta_0=1-\frac{F_2}{F_0}(1-\eta_{\mathrm{f}})=0.976$$

（2）氮气、甲烷流道的一系列常数的计算

氮气、甲烷流道的质量流速：

$$G_i=\frac{0.04798}{0.00668}=7.183[\mathrm{kg/(m^2\cdot s)}]$$

雷诺数：

$$Re=\frac{7.183\times 2.13\times 10^{-3}}{71.107\times 10^{-6}\times 9.8}=21.96$$

普朗特数：

$$Pr=\frac{3.2162\times 10^{3}\times 71.107\times 10^{-6}}{138.11\times 10^{-3}}=1.656$$

斯坦顿数（查王松汉著《板翅式换热器》得传热因子为 0.0089）：

$$St=\frac{0.0089}{1.656^{2/3}}=0.00636$$

给热系数：

$$\alpha=\frac{3600\times 0.00636\times 3.6162\times 7.183}{4.184}=142.14[\mathrm{kJ/(m^2\cdot h\cdot ℃)}]$$

氮气、甲烷侧的p值：

$$p=\sqrt{\frac{2\times 142.14}{155\times 5\times 10^{-4}}}=60.56$$

氮气、甲烷侧：

$$b=h/2$$

式中 h——氮气、甲烷板侧翅高，mm。

$$b = 3.2 \times 10^{-3}\,\text{m}$$

查双曲函数表可知：

$$\tanh(pb) = 0.1974$$

氮气、甲烷侧翅片一次面传热效率：

$$\eta_\text{f} = \frac{\tanh(pb)}{pb} = 0.987$$

氮气、甲烷侧翅片总传热效率：

$$\eta_0 = 1 - \frac{F_2}{F_0}(1 - \eta_\text{f}) = 0.989$$

（3）氮气、甲烷流道的一系列常数的计算（回）

氮气、甲烷流道的质量流速（回）：

$$G_i = \frac{0.0306}{0.00426} = 7.183[\text{kg}/(\text{m}^2 \cdot \text{s})]$$

雷诺数：

$$Re = \frac{7.183 \times 2.13 \times 10^{-3}}{6.0324 \times 10^{-6} \times 9.8} = 258.803$$

普朗特数：

$$Pr = \frac{1.8743 \times 10^3 \times 6.0324 \times 10^{-6}}{12.421 \times 10^{-3}} = 0.91$$

斯坦顿数（查王松汉著《板翅式换热器》得传热因子为0.0089）：

$$St = \frac{0.0089}{0.91^{2/3}} = 0.00948$$

给热系数：

$$\alpha = \frac{3600 \times 0.00948 \times 1.8743 \times 7.183}{4.184} = 113.99[\text{kJ}/(\text{m}^2 \cdot \text{h} \cdot ℃)]$$

氮气、甲烷侧的 p 值：

$$p = \sqrt{\frac{2 \times 113.99}{155 \times 5 \times 10^{-4}}} = 54.24$$

氮气、甲烷侧：

$$b = h / 2$$

式中 h——氮气、甲烷板侧翅高，mm。

$$b = 3.2 \times 10^{-3}\,\text{m}$$

查双曲函数表可知：

$$\tanh(pb) = 0.1974$$

氮气、甲烷侧翅片一次面传热效率：

$$\eta_f = \frac{\tanh(pb)}{pb} = 0.987$$

氮气、甲烷侧翅片总传热效率：

$$\eta_0 = 1 - \frac{F_2}{F_0}(1-\eta_f) = 0.989$$

2.4 板翅式换热器传热面积及压损计算

2.4.1 一级板翅式换热器传热面积及压损计算

2.4.1.1 一级板翅式换热器传热面积计算

（1）混合制冷剂节流侧与天然气侧换热面积的计算

以混合制冷剂节流侧传热面积为基准的总传热系数：

$$K_c = \frac{1}{\frac{1}{\alpha_h \eta_{0h}} \times \frac{F_{oc}}{F_{oh}} + \frac{1}{\alpha_c \eta_{0c}}} \tag{2-10}$$

式中 α_h ——天然气侧给热系数，kcal/(m^2·h·℃)；

η_{0h} ——天然气侧总传热效率；

F_{oc} ——混合制冷剂侧单位面积翅片的总传热面积，m^2；

F_{oh} ——天然气侧单位面积翅片的总传热面积，m^2；

α_c ——混合制冷剂侧给热系数，kcal/(m^2·h·℃)；

η_{0c} ——混合制冷剂侧总传热效率。

$$K_c = \frac{1}{\frac{1}{2400.2 \times 0.578} \times 1 + \frac{1}{2343 \times 0.582}} = 687.68[\text{kcal/(m}^2 \cdot \text{h} \cdot ℃)]$$

以天然气侧传热面积为基准的总传热系数：

$$K_h = \frac{1}{\frac{1}{\alpha_h \eta_{0h}} \times \frac{F_{oc}}{F_{oh}} + \frac{1}{\alpha_c \eta_{0c}}} \tag{2-11}$$

$$K_h = \frac{1}{\frac{1}{2400.2 \times 0.578} + 1 \times \frac{1}{2343 \times 0.582}} = 687.68[\text{kcal/(m}^2 \cdot \text{h} \cdot ℃)]$$

混合节流侧传热面积：

$$A = \frac{3600}{687.68 \times 4} \times \frac{4833}{4.184} = 1511.75(\text{m}^2)$$

对数平均温差取 4℃，经过初步计算，确定板翅式换热器的宽度为 2m，则混合节流侧板束长度：

$$l = \frac{A}{fnb} \tag{2-12}$$

式中　f——混合节流侧单位面积翅片的总传热面积，m^2；

n——流道数，根据初步计算，每组流道数为 5；

b——板翅式换热器宽度，m。

$$l = \frac{1511.75}{12.7 \times 5 \times 2} = 11.90(\mathrm{m})$$

天然气侧传热面积：

$$A = \frac{3600}{687.68 \times 4} \times \frac{1295.67}{4.184} = 405.28(\mathrm{m}^2)$$

天然气侧板束长度：

$$l = \frac{405.28}{12.7 \times 5 \times 2} = 3.19(\mathrm{m})$$

（2）混合制冷剂节流侧与混合制冷剂侧换热面积的计算

以混合制冷剂节流侧传热面积为基准的总传热系数：

$$K_\mathrm{c} = \frac{1}{\frac{1}{1507 \times 0.66} \times 1 + \frac{1}{2343 \times 0.582}} = 571.13[\mathrm{kcal/(m^2 \cdot h \cdot ℃)}]$$

以天然气侧传热面积为基准的总传热系数：

$$K_\mathrm{h} = \frac{1}{\frac{1}{1507 \times 0.66} + 1 \times \frac{1}{2343 \times 0.582}} = 571.13[\mathrm{kcal/(m^2 \cdot h \cdot ℃)}]$$

混合节流侧传热面积：

$$A = \frac{3600}{571.13 \times 4} \times \frac{4474.31}{4.184} = 1685.16(\mathrm{m}^2)$$

对数平均温差为 4℃，经过初步计算，确定板翅式换热器的宽度为 4m，则混合节流侧板束长度：

$$l = \frac{1685.16}{12.7 \times 5 \times 2} = 13.27(\mathrm{m})$$

预冷制冷剂侧传热面积：

$$A = \frac{3600}{571.13 \times 4} \times \frac{3867.67}{4.184} = 1456.68(\mathrm{m}^2)$$

天然气侧板束长度：

$$l = \frac{A}{fnb} = \frac{1456.68}{12.7 \times 5 \times 2} = 11.47(\mathrm{m})$$

（3）混合制冷剂节流侧与混合制冷剂预冷侧换热面积的计算

以混合制冷剂节流侧传热面积为基准的总传热系数：

$$K_c = \frac{1}{\dfrac{1}{8395\times0.68}\times\dfrac{12.7}{8.0}+\dfrac{1}{2343\times0.582}} = 988.7[\mathrm{kcal/(m^2\cdot h\cdot ℃)}]$$

以混合制冷剂预冷侧为基准的总传热系数：

$$K_h = \frac{1}{\dfrac{1}{8395\times0.68}+\dfrac{8.0}{12.7}\times\dfrac{1}{2343\times0.582}} = 1570.53[\mathrm{kcal/(m^2\cdot h\cdot ℃)}]$$

混合节流侧传热面积：

$$A = \frac{3600}{988.7\times4}\times\frac{4833}{4.184} = 1051.49(\mathrm{m^2})$$

对数平均温差为 4℃，经过初步计算，确定板翅式换热器的宽度为 4m，则混合节流侧板束长度：

$$l = \frac{A}{fnb} = \frac{1051.49}{12.7\times5\times2} = 8.28(\mathrm{m})$$

预冷制冷剂侧传热面积：

$$A = \frac{3600}{1570.53\times4}\times\frac{4471.31}{4.184} = 612.41(\mathrm{m^2})$$

天然气侧板束长度：

$$l = \frac{A}{fnb} = \frac{612.41}{12.7\times5\times2} = 4.8(\mathrm{m})$$

综上所述，一级板束长度为 13.2m。

一级换热器每组板侧排列如图 2-7 所示，共包括 25 组，每组之间采用钎焊连接。

天然气
正丁烷、异丁烷、乙烷（回）
氮气、甲烷、乙烯
正丁烷、异丁烷、乙烷（回）
正丁烷、异丁烷、乙烷

图 2-7　一级换热器每组板侧排列

2.4.1.2　一级板翅式换热器压力损失计算

为了简化板翅式换热器的阻力计算，可以把板翅式换热器分成三部分，分别为入口管、出口管和换热器中心部分，如图 2-8 所示。

换热器中心入口的压力损失，即导流片的出口到换热器中心的截面积变化而引起的压力降。计算公式如下：

$$\Delta p_1 = \frac{G^2}{2g_c\rho_1}(1-\sigma^2)+K_c\frac{G^2}{2g_c\rho_1} \tag{2-13}$$

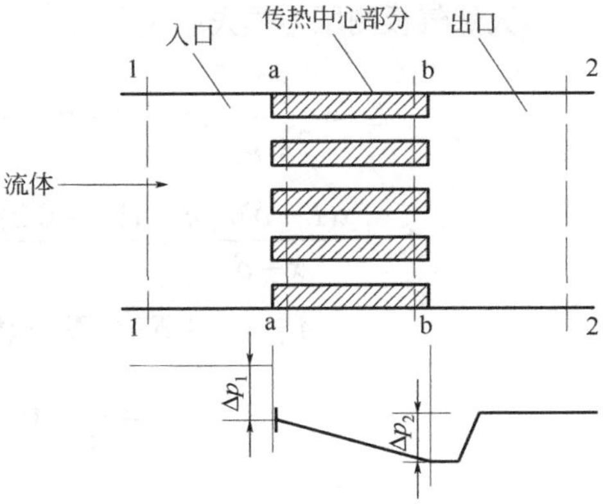

图 2-8　压力降图

式中　Δp_1——入口处压力降，Pa；

G——流体在板束中的质量流量，kg/(m^2·s)；

g_c——重力换算系数，为 1.27×10^8；

ρ_1——流体入口密度，kg/m^3；

σ——板束通道截面积与集气管最大截面积之比；

K_c——收缩阻力系数（由王松汉《板翅式换热器》中图 2-2～图 2-5 查得）。

换热器中心部分出口的压力降，即由于换热器中心部分到导流片入口截面积发生变化引起的压力降，计算公式如下：

$$\Delta p_2=\frac{G^2}{2g_c\rho_2}(1-\sigma^2)-K_e\frac{G^2}{2g_c\rho_2} \tag{2-14}$$

式中　Δp_2——出口处压升，Pa；

ρ_2——流体出口密度，kg/m^3；

K_e——扩大阻力系数（由王松汉《板翅式换热器》中图 4-2～图 4-5 查得）。

换热器中心部分的压力降主要由传热面因形状的改变而产生的阻力和摩擦阻力组成，将这两部分阻力综合考虑，可以看作是作用于总摩擦面积 A 上的等效剪切力。即换热器中心部分压力降可用以下公式计算：

$$\Delta p_3=\frac{4fl}{D_e}\times\frac{G^2}{2g_c\rho_{av}} \tag{2-15}$$

式中　Δp_3——换热器中心部分压力降，Pa；

f——摩擦系数（由王松汉《板翅式换热器》中图 2-22 查得）；

l——换热器中心部分长度，m；

D_e——翅片当量直径，m；

ρ_{av}——进出口流体平均密度，kg/m^3。

流体经过板翅式换热器的总压力降：

$$\Delta p=\frac{G^2}{2g_c\rho_1}\left[(K_c+1-\sigma^2)+2\left(\frac{\rho_1}{\rho_2}-1\right)+\frac{4fl}{D_e}\times\frac{\rho_1}{\rho_{av}}-(1-\sigma^2-K_e)\frac{\rho_1}{\rho_2}\right] \tag{2-16}$$

$$\sigma=\frac{f_a}{A_{fa}};\quad f_a=\frac{x(L-\delta)L_w n}{x+\delta};\quad A_{fa}=(L+\delta_s)L_w N_t$$

式中　δ_s——板翅式换热器翅片隔板厚度，m；

δ——翅片厚，m；

L——翅片高度，m；

L_w——翅片有效宽度，m；

x——翅片内距，m；

N_t——冷热交换总层数；

n——通道层数。

天然气板侧压力损失：

$$\Delta p=\frac{G^2}{2g_c\rho_1}\left[(K_c+1-\sigma^2)+2\left(\frac{\rho_1}{\rho_2}-1\right)+\frac{4fl}{D_e}\times\frac{\rho_1}{\rho_{av}}-(1-\sigma^2-K_e)\frac{\rho_1}{\rho_2}\right]$$

$$f_a=\frac{x(L-\delta)L_w n}{x+\delta}=\frac{(1.7-0.2)\times10^{-3}\times(9.5-0.2)\times10^{-3}\times2\times5}{1.7\times10^{-3}}=0.0821(m^2)$$

$$A_{fa}=(L+\delta_s)L_w N_t=(9.5+1.27)\times10^{-3}\times2\times10=0.2154(m^2)$$

$$\sigma=\frac{f_a}{A_{fa}}=0.38\text{；}\quad K_c=0.47\text{；}\quad K_e=0.54$$

则

$$\Delta p=\frac{(11.335\times3600)^2}{2\times1.27\times10^8\times16.917}\times\left[(0.47+1-0.38^2)+2\times\left(\frac{16.917}{31.287}-1\right)+\frac{4\times0.0094\times13.2}{2.58\times10^{-3}}\times\frac{16.917}{24.102}-(1-0.38^2-0.54)\times\frac{16.917}{31.287}\right]=52.42(Pa)$$

氮气、甲烷、乙烯侧压力损失：

$$\Delta p=\frac{G^2}{2g_c\rho_1}\left[(K_c+1-\sigma^2)+2\left(\frac{\rho_1}{\rho_2}-1\right)+\frac{4fl}{D_e}\times\frac{\rho_1}{\rho_{av}}-(1-\sigma^2-K_e)\frac{\rho_1}{\rho_2}\right]$$

式中：

$$f_a=\frac{x(L-\delta)L_w n}{x+\delta}=\frac{(1.7-0.2)\times10^{-3}\times(9.5-0.2)\times10^{-3}\times2\times5}{1.7\times10^{-3}}=0.0821(m^2)$$

$$A_{fa}=(L+\delta_s)L_w N_t=(9.5+1.27)\times10^{-3}\times2\times10=0.2154(m^2)$$

$$\sigma=\frac{f_a}{A_{fa}}=0.38\text{；}\quad K_c=0.48\text{；}\quad K_e=0.53$$

则

$$\Delta p=\frac{(20.72\times3600)^2}{2\times1.27\times10^8\times50.94}\times\left[(0.48+1-0.38^2)+2\times\left(\frac{50.94}{461.26}-1\right)+\frac{4\times0.024\times13.2}{2.58\times10^{-3}}\times\frac{50.94}{256.1}-(1-0.38^2-0.53)\times\frac{50.94}{461.26}\right]=41.8(Pa)$$

正丁烷、异丁烷、乙烷预冷侧压力损失：

$$\Delta p=\frac{G^2}{2g_c\rho_1}\left[(K_c+1-\sigma^2)+2\left(\frac{\rho_1}{\rho_2}-1\right)+\frac{4fl}{D_e}\times\frac{\rho_1}{\rho_{av}}-(1-\sigma^2-K_e)\frac{\rho_1}{\rho_2}\right]$$

式中：

$$f_a=\frac{x(L-\delta)L_w n}{x+\delta}=\frac{(1.8-0.5)\times10^{-3}\times(6.4-0.5)\times10^{-3}\times2\times5}{1.8\times10^{-3}}=0.0426(m^2)$$

$$A_{fa}=(L+\delta_s)L_w N_t=(6.4+1.625)\times10^{-3}\times2\times10=0.1605(m^2)$$

$$\sigma=\frac{f_a}{A_{fa}}=0.265\text{；}\quad K_c=0.46\text{；}\quad K_e=0.5$$

则

$$\Delta p=\frac{(72.09\times 3600)^2}{2\times 1.27\times 10^8\times 427.14}\times\left[(0.46+1-0.265^2)+2\times\left(\frac{4427.14}{596.36}-1\right)+\frac{4\times 0.0165\times 5.1}{2.13\times 10^{-3}}\times\frac{427.14}{511.75}-(1-0.265^2-0.5)\times\frac{427.14}{596.36}\right]=905.358(\text{Pa})$$

混合制冷剂侧压力损失：

$$\Delta p=\frac{G^2}{2g_c\rho_1}\left[(K_c+1-\sigma^2)+2\left(\frac{\rho_1}{\rho_2}-1\right)+\frac{4fl}{D_e}\times\frac{\rho_1}{\rho_{av}}-(1-\sigma^2-K_e)\frac{\rho_1}{\rho_2}\right]$$

式中：

$$f_a=\frac{x(L-\delta)L_w n}{x+\delta}=\frac{(1.7-0.2)\times 10^{-3}\times(9.5-0.2)\times 10^{-3}\times 2\times 5}{1.7\times 10^{-3}}=0.0821(\text{m}^2)$$

$$A_{fa}=(L+\delta_s)L_w N_t=(9.5+1.27)\times 10^{-3}\times 2\times 10=0.2154(\text{m}^2)$$

$$\sigma=\frac{f_a}{A_{fa}}=0.38；\ K_c=0.475；\ K_e=0.51$$

则

$$\Delta p=\frac{(37.41\times 3600)^2}{2\times 1.27\times 10^8\times 598.11}\times\left[(0.475+1-0.38^2)+2\times\left(\frac{598.11}{1.5597}-1\right)+\frac{4\times 0.017\times 13.2}{2.58\times 10^{-3}}\times\frac{598.11}{299.83}-(1-0.38^2-0.51)\times\frac{598.11}{1.5597}\right]=158.52(\text{Pa})$$

2.4.2　二级板翅式换热器传热面积及压损计算

2.4.2.1　二级板翅式换热器传热面积计算

（1）混合制冷剂侧与天然气侧换热面积的计算

以混合制冷剂侧传热面积为基准的总传热系数：

$$K_c=\frac{1}{\frac{1}{\alpha_h\eta_{0h}}\times\frac{F_{oc}}{F_{oh}}+\frac{1}{\alpha_c\eta_{0c}}}=\frac{1}{\frac{1}{676.312\times 0.95}\times\frac{12.7}{8.0}+\frac{1}{2425.56\times 0.909}}=341.95[\text{kcal/(m}^2\cdot\text{h}\cdot{}^\circ\text{C)}]$$

以天然气侧传热面积为基准的总传热系数：

$$K_h=\frac{1}{\frac{1}{\alpha_h\eta_{0h}}+\frac{F_{oh}}{F_{oc}}\times\frac{1}{\alpha_c\eta_{0c}}}=\frac{1}{\frac{1}{676.312\times 0.95}+\frac{8.0}{12.7}\times\frac{1}{2425.56\times 0.909}}=566.79[\text{kcal/(m}^2\cdot\text{h}\cdot{}^\circ\text{C)}]$$

对数平均温差Δt_m=4℃。

混合侧传热面积：

$$A=\frac{3600}{341.95\times 2\times 4}\times\frac{704.73}{4.184}=221.66(\text{m}^2)$$

经过初步计算，确定板翅式换热器的宽度为 2m，则混合侧板束长度：

$$l=\frac{A}{fnb}=\frac{221.66}{12.7\times5\times2}=1.75(\mathrm{m})$$

天然气侧传热面积：

$$A=\frac{3600}{566.79\times2\times4}\times\frac{704.73}{4.184}=133.73(\mathrm{m}^2)$$

天然气侧板束长度：

$$l=\frac{A}{fnb}=\frac{133.73}{8.0\times5\times2}=1.67(\mathrm{m})$$

（2）混合制冷剂侧与氮气、甲烷侧换热面积的计算

以混合制冷剂侧传热面积为基准的总传热系数：

$$K_\mathrm{c}=\frac{1}{\frac{1}{\alpha_\mathrm{h}\eta_\mathrm{0h}}\times\frac{F_\mathrm{oc}}{F_\mathrm{oh}}+\frac{1}{\alpha_\mathrm{c}\eta_\mathrm{0c}}}=\frac{1}{\frac{1}{595.276\times0.947}\times\frac{8.0}{12.7}+\frac{1}{2425.56\times0.909}}=636.55[\mathrm{kcal/(m^2\cdot h\cdot ℃)}]$$

以氮气、甲烷侧传热面积为基准的总传热系数：

$$K_\mathrm{h}=\frac{1}{\frac{1}{\alpha_\mathrm{h}\eta_\mathrm{0h}}+\frac{F_\mathrm{oh}}{F_\mathrm{oc}}\times\frac{1}{\alpha_\mathrm{c}\eta_\mathrm{0c}}}=\frac{1}{\frac{1}{595.276\times0.947}+\frac{12.7}{8.0}\times\frac{1}{2425.276\times0.909}}=400.96[\mathrm{kcal/(m^2\cdot h\cdot ℃)}]$$

对数平均温差Δt_m=4℃。

混合侧传热面积：

$$A=\frac{3600}{636.55\times4}\times\frac{723.78}{4.184}=244.58(\mathrm{m}^2)$$

经过初步计算，确定板翅式换热器的宽度为 2m，则混合侧板束长度为：

$$l=\frac{A}{fnb}=\frac{244.58}{8.0\times5\times2}=3.06(\mathrm{m})$$

氮气、甲烷侧传热面积：

$$A=\frac{3600}{400.96\times4}\times\frac{723.78}{4.184}=388.29(\mathrm{m}^2)$$

氮气、甲烷侧板束长度：

$$l=\frac{A}{fnb}=\frac{388.29}{12.7\times5\times2}=3.06(\mathrm{m})$$

（3）混合制冷剂侧与乙烯侧换热面积的计算

以混合制冷剂侧传热面积为基准的总传热系数：

$$K_\mathrm{c}=\frac{1}{\frac{1}{\alpha_\mathrm{h}\eta_\mathrm{0h}}\times\frac{F_\mathrm{oc}}{F_\mathrm{oh}}+\frac{1}{\alpha_\mathrm{c}\eta_\mathrm{0c}}}=\frac{1}{\frac{1}{23764.268\times0.586}\times\frac{8.0}{8.0}+\frac{1}{2425.56\times0.909}}=1903.46[\mathrm{kcal/(m^2\cdot h\cdot ℃)}]$$

以乙烯侧传热面积为基准的总传热系数：

$$K_h=\frac{1}{\frac{1}{\alpha_h\eta_{0h}}+\frac{F_{oh}}{F_{oc}}\times\frac{1}{\alpha_c\eta_{0c}}}=\frac{1}{\frac{1}{23764.268\times0.586}+\frac{8.0}{8.0}\times\frac{1}{2425.56\times0.909}}=1903.46[\mathrm{kcal/(m^2\cdot h\cdot ℃)}]$$

对数平均温差 $\Delta t=4℃$ 。

混合制冷剂侧传热面积：

$$A=\frac{3600}{1903.46\times4}\times\frac{721.18}{4.184}=81.5(\mathrm{m^2})$$

经过初步计算，确定板翅式换热器的宽度为 2m，则混合制冷剂侧板束长度为：

$$l=\frac{A}{fnb}=\frac{81.5}{8\times5\times2}=1.02(\mathrm{m})$$

乙烯侧传热面积：

$$A=\frac{3600}{1903.46\times4}\times\frac{721.18}{4.184}=81.5(\mathrm{m^2})$$

乙烯侧板束长度：

$$l=\frac{A}{fnb}=\frac{81.5}{8\times5\times2}=1.02(\mathrm{m})$$

综上所述，二级板束长度为 3.1m。

二级换热器每组板侧排列如图 2-9 所示，共包括 25 组，每组之间采用钎焊连接。

N_2-CH_4
混合制冷剂
N_2H_4
混合制冷剂
天然气

图 2-9　二级换热器每组板侧排列

2.4.2.2　二级板翅式换热器压力损失计算

天然气侧压力损失：

$$\Delta p=\frac{G^2}{2g_c\rho_1}\left[(K_c+1-\sigma^2)+2\left(\frac{\rho_1}{\rho_2}-1\right)+\frac{4fl}{D_e}\times\frac{\rho_1}{\rho_{av}}-(1-\sigma^2-K_e)\frac{\rho_1}{\rho_2}\right]$$

式中：

$$f_a=\frac{x(L-\delta)L_wn}{x+\delta}=\frac{(9.5-0.2)\times10^{-3}\times1.5\times10^{-3}\times2\times5}{1.7\times10^{-3}}=0.08(\mathrm{m^2})$$

$$A_{fa}=(L+\delta_s)L_wN_t=(9.5+1.27)\times10^{-3}\times2\times20=0.4308(\mathrm{m^2})$$

$$\sigma=\frac{f_a}{A_{fa}}=0.19\text{；}\quad K_c=0.79\text{；}\quad K_e=0.56$$

则

$$\Delta p = \frac{(11.3\times 3600)^2}{2\times 1.27\times 10^8\times 31.287}\times\left[(0.79+1-0.19^2)+2\times\left(\frac{31.287}{361.33}-1\right)+\frac{4\times 0.05\times 8.6}{2.58\times 10^{-3}}\times\frac{31.287}{196.31}-\right.$$

$$\left.(1-0.19^2-0.56)\times\frac{31.287}{361.33}\right]=22.1(\text{Pa})$$

乙烯侧压力损失：

$$\Delta p = \frac{G^2}{2g_c\rho_1}\left[(K_c+1-\sigma^2)+2\left(\frac{\rho_1}{\rho_2}-1\right)+\frac{4fl}{D_e}\times\frac{\rho_1}{\rho_{av}}-(1-\sigma^2-K_e)\frac{\rho_1}{\rho_2}\right]$$

式中：

$$f_a = \frac{x(L-\delta)L_w n}{x+\delta} = \frac{(6.4-0.5)\times 10^{-3}\times 1.3\times 10^{-3}\times 2\times 5}{1.8\times 10^{-3}} = 0.043(\text{m}^2)$$

$$A_{fa} = (L+\delta_s)L_w N_t = (6.4+1.625)\times 10^{-3}\times 2\times 20 = 0.321(\text{m}^2)$$

$$\sigma = \frac{f_a}{A_{fa}} = 0.13\text{；}\quad K_c = 0.4\text{；}\quad K_e = 0.2$$

则

$$\Delta p = \frac{(29.878\times 3600)^2}{2\times 1.27\times 10^8\times 527.38}\times\left[(0.4+1-0.13^2)+2\times\left(\frac{527.38}{593.93}-1\right)+\frac{4\times 0.01\times 8.6}{2.13\times 10^{-3}}\times\frac{527.38}{560.66}-\right.$$

$$\left.(1-0.13^2-0.2)\times\frac{527.38}{593.93}\right]=13.2(\text{Pa})$$

氮气、甲烷侧压力损失：

$$\Delta p = \frac{G^2}{2g_c\rho_1}\left[(K_c+1-\sigma^2)+2\left(\frac{\rho_1}{\rho_2}-1\right)+\frac{4fl}{D_e}\times\frac{\rho_1}{\rho_{av}}-(1-\sigma^2-K_e)\frac{\rho_1}{\rho_2}\right]$$

式中：

$$f_a = \frac{x(L-\delta)L_w n}{x+\delta} = \frac{(9.5-0.2)\times 10^{-3}\times 1.5\times 10^{-3}\times 2\times 5}{1.7\times 10^{-3}} = 0.082(\text{m}^2)$$

$$A_{fa} = (L+\delta_s)L_w N_t = (9.5+1.625)\times 10^{-3}\times 2\times 15 = 0.334(\text{m}^2)$$

$$\sigma = \frac{f_a}{A_{fa}} = 0.246\text{；}\quad K_c = 0.79\text{；}\quad K_e = 0.57$$

则

$$\Delta p = \frac{(5.22\times 3600)^2}{2\times 1.27\times 10^8\times 69.158}\times\left[(0.79+1-0.246^2)+2\times\left(\frac{69.158}{386.34}-1\right)+\frac{4\times 0.05\times 8.6}{2.58\times 10^{-3}}\times\frac{69.158}{227.749}-\right.$$

$$\left.(1-0.246^2-0.57)\times\frac{69.158}{386.34}\right]=4.1(\text{Pa})$$

混合制冷剂侧压力损失：

$$\Delta p=\frac{G^2}{2g_c\rho_1}\left[(K_c+1-\sigma^2)+2\left(\frac{\rho_1}{\rho_2}-1\right)+\frac{4fl}{D_e}\times\frac{\rho_1}{\rho_{av}}-(1-\sigma^2-K_e)\frac{\rho_1}{\rho_2}\right]$$

式中：

$$f_a=\frac{x(L-\delta)L_w n}{x+\delta}=\frac{(6.4-0.5)\times10^{-3}\times1.3\times10^{-3}\times2\times10}{1.8\times10^{-3}}=0.085(m^2)$$

$$A_{fa}=(L+\delta_s)L_w N_t=(6.4+1.625)\times10^{-3}\times2\times10=0.16(m^2)$$

$$\sigma=\frac{f_a}{A_{fa}}=0.531;\quad K_c=0.42;\quad K_e=0.18$$

则

$$\Delta p=\frac{(39.934\times3600)^2}{2\times1.27\times10^8\times4.6871}\times\left[(0.42+1-0.531^2)+2\times\left(\frac{4.6871}{1.5413}-1\right)+\frac{4\times0.015\times8.6}{2.13\times10^{-3}}\times\frac{4.6871}{3.1142}-\right.$$

$$\left.(1-0.531^2-0.18)\times\frac{4.6871}{1.5413}\right]=6391.88(Pa)$$

2.4.3　三级板翅式换热器传热面积及压损计算

2.4.3.1　三级板翅式换热器传热面积计算

（1）混合制冷剂侧与天然气侧换热面积的计算

以混合制冷剂侧传热面积为基准的总传热系数：

$$K_c=\frac{1}{\frac{1}{\alpha_h\eta_{0h}}\times\frac{F_{oc}}{F_{oh}}+\frac{1}{\alpha_c\eta_{0c}}}=\frac{1}{\frac{1}{459.93\times0.976}\times\frac{8.0}{8.0}+\frac{1}{594.73\times0.989}}=254.59[kcal/(m^2\cdot h\cdot ℃)]$$

以天然气侧传热面积为基准的总传热系数：

$$K_h=\frac{1}{\frac{1}{\alpha_h\eta_{0h}}+\frac{F_{oh}}{F_{oc}}\times\frac{1}{\alpha_c\eta_{0c}}}=\frac{1}{\frac{1}{459.93\times0.976}+\frac{8.0}{8.0}\times\frac{1}{594.73\times0.989}}=254.59[kcal/(m^2\cdot h\cdot ℃)]$$

对数平均温差 $\Delta t=4℃$。

混合制冷剂侧传热面积：

$$A=\frac{3600}{254.59\times4}\times\frac{704.73}{4.184}=595.43(m^2)$$

经过初步计算，确定板翅式换热器的宽度为 2m，则混合制冷剂侧板束长度：

$$l=\frac{A}{fnb}=\frac{595.43}{8\times5\times2}=7.44(m)$$

天然气侧传热面积：

$$A=\frac{3600}{254.59\times4}\times\frac{704.73}{4.184}=595.43(m^2)$$

经过初步计算，确定板翅式换热器的宽度为 2m，则天然气侧板束长度：

$$l=\frac{A}{fnb}=\frac{595.43}{8\times5\times2}=7.44(\mathrm{m})$$

（2）混合制冷剂侧与氮气、甲烷侧换热面积的计算

以混合制冷剂侧传热面积为基准的总传热系数：

$$K_{\mathrm{c}}=\frac{1}{\dfrac{1}{\alpha_{\mathrm{h}}\eta_{0\mathrm{h}}}\times\dfrac{F_{\mathrm{oc}}}{F_{\mathrm{oh}}}+\dfrac{1}{\alpha_{\mathrm{c}}\eta_{0\mathrm{c}}}}=\frac{1}{\dfrac{1}{459.93\times0.976}\times\dfrac{8.0}{8.0}+\dfrac{1}{459.47\times0.989}}=225.82[\mathrm{kcal/(m^2\cdot h\cdot ℃)}]$$

以氮气、甲烷侧传热面积为基准的总传热系数：

$$K_{\mathrm{h}}=\frac{1}{\dfrac{1}{\alpha_{\mathrm{h}}\eta_{0\mathrm{h}}}+\dfrac{F_{\mathrm{oh}}}{F_{\mathrm{oc}}}\times\dfrac{1}{\alpha_{\mathrm{c}}\eta_{0\mathrm{c}}}}=\frac{1}{\dfrac{1}{459.93\times0.976}+\dfrac{8.0}{8.0}\times\dfrac{1}{459.47\times0.989}}=225.82[\mathrm{kcal/(m^2\cdot h\cdot ℃)}]$$

对数平均温差 $\Delta t=4℃$。

混合制冷剂侧传热面积：

$$A=\frac{3600}{225.82\times4}\times\frac{704.73}{4.184}=671.3(\mathrm{m^2})$$

经过初步计算，确定板翅式换热器的宽度为 2m，则混合制冷剂侧板束长度：

$$l=\frac{A}{fnb}=\frac{671.3}{8\times5\times2}=8.4(\mathrm{m})$$

氮气、甲烷侧传热面积：

$$A=\frac{3600}{225.82\times4}\times\frac{704.73}{4.184}=671.3(\mathrm{m^2})$$

经过初步计算，确定板翅式换热器的宽度为 2m，则氮气、甲烷侧板束长度：

$$l=\frac{A}{fnb}=\frac{671.3}{8\times5\times2}=8.4(\mathrm{m})$$

综上所述，三级板束长度为 8.4m。

三级换热器每组板侧排列如图 2-10 所示，共包括 35 组，每组之间采用钎焊连接。

氮气、甲烷
混合制冷剂
天然气
氮气、甲烷
混合制冷剂

图 2-10　三级换热器每组板侧排列

2.4.3.2　三级板翅式换热器压力损失计算

① 天然气侧压力损失：

$$\Delta p=\frac{G^2}{2g_{\mathrm{c}}\rho_1}\left[(K_{\mathrm{c}}+1-\sigma^2)+2\left(\frac{\rho_1}{\rho_2}-1\right)+\frac{4fl}{D_{\mathrm{e}}}\times\frac{\rho_1}{\rho_{\mathrm{av}}}-(1-\sigma^2-K_{\mathrm{e}})\frac{\rho_1}{\rho_2}\right]$$

式中：

$$f_a=\frac{x(L-\delta)L_w n}{x+\delta}=\frac{(6.4-0.5)\times10^{-3}\times1.3\times10^{-3}\times2\times10}{1.8\times10^{-3}}=0.0852(\text{m}^2)$$

$$A_{fa}=(L+\delta_s)L_w N_t=(6.4+1.27)\times10^{-3}\times2\times20=0.3068(\text{m}^2)$$

$$\sigma=\frac{f_a}{A_{fa}}=0.278；\quad K_c=0.72；\quad K_e=0.06$$

则

$$\Delta p=\frac{(15.603\times3600)^2}{2\times1.27\times10^8\times399}\times\left[(0.72+1-0.278^2)+2\times\left(\frac{361.33}{430.48}-1\right)+\frac{4\times0.04\times8.4}{2.13\times10^{-3}}\times\frac{361.33}{395.91}-(1-0.278^2-0.06)\times\frac{361.33}{430.48}\right]=17.95(\text{Pa})$$

② 氮气、甲烷侧压力损失：

$$\Delta p=\frac{G^2}{2g_c\rho_1}\left[(K_c+1-\sigma^2)+2\left(\frac{\rho_1}{\rho_2}-1\right)+\frac{4fl}{D_e}\times\frac{\rho_1}{\rho_{av}}-(1-\sigma^2-K_e)\frac{\rho_1}{\rho_2}\right]$$

式中：

$$f_a=\frac{x(L-\delta)L_w n}{x+\delta}=\frac{(6.4-0.5)\times10^{-3}\times1.3\times10^{-3}\times2\times10}{1.8\times10^{-3}}=0.0852(\text{m}^2)$$

$$A_{fa}=(L+\delta_s)L_w N_t=(6.4+1.625)\times10^{-3}\times2\times10=0.16(\text{m}^2)$$

$$\sigma=\frac{f_a}{A_{fa}}=0.5325；\quad K_c=0.71；\quad K_e=0.05$$

则

$$\Delta p=\frac{(7.183\times3600)^2}{2\times1.27\times10^8\times386.34}\times\left[(0.71+1-0.5325^2)+2\times\left(\frac{386.34}{482.12}-1\right)+\frac{4\times0.01\times8.4}{2.13\times10^{-3}}\times\frac{386.34}{434.23}-(1-0.5325^2-0.05)\times\frac{386.34}{482.12}\right]=96(\text{Pa})$$

③ 混合制冷剂侧压力损失：

$$\Delta p=\frac{G^2}{2g_c\rho_1}\left[(K_c+1-\sigma^2)+2\left(\frac{\rho_1}{\rho_2}-1\right)+\frac{4fl}{D_e}\times\frac{\rho_1}{\rho_{av}}-(1-\sigma^2-K_e)\frac{\rho_1}{\rho_2}\right]$$

式中：

$$f_a=\frac{x(L-\delta)L_w n}{x+\delta}=\frac{(6.4-0.5)\times10^{-3}\times1.3\times10^{-3}\times2\times10}{1.8\times10^{-3}}=0.085(\text{m}^2)$$

$$A_{fa}=(L+\delta_s)L_w N_t=(6.4+0.813)\times10^{-3}\times2\times10=0.144(\text{m}^2)$$

$$\sigma=\frac{f_a}{A_{fa}}=0.5904；\quad K_c=0.72；\quad K_e=0.06$$

则

$$\Delta p=\frac{(7.183\times3600)^2}{2\times1.27\times10^8\times17.075}\times\left[(0.72+1-0.5904^2)+2\times\left(\frac{17.075}{1.6556}-1\right)+\frac{4\times0.04\times8.4}{2.13\times10^{-3}}\times\frac{17.075}{9.3653}-\right.$$

$$\left.(1-0.5904^2-0.06)\times\frac{17.075}{1.6556}\right]=176.43(\mathrm{Pa})$$

通过前面的计算可以看出，各制冷剂和天然气在翅片内流动时，如果不考虑相变，则通过板翅式换热器时压力损失很少，对于高压板侧的流动，这些压力降可看作是流体静压的波动减少量，对流体的动压没影响，所以流体在板束中的流动速度不需要校正。但是，如果考虑相变的话，流体压力损失比较大，这部分压力损失还得考虑，否则这部分压力损失将对板侧的流动速度产生较大影响，所以还得重新校核流速，使其符合流体相变的速度变化规律。

2.5 板翅式换热器结构设计

2.5.1 封头设计

封头也叫作端盖，是筒体（芯体）与接管的过渡段。封头主要分为三类：凸形封头、平板形封头、锥形封头。凸形封头又分为半球形封头、椭圆形封头、碟形封头、球冠形封头。这些封头在不同设计中的选择是不同的，根据各自的需求进行选择。

本设计选择的封头为平板形封头，主要进行封头内径的选择，封头壁厚、端板壁厚的计算与选择。

2.5.1.1 封头选择

（1）封头壁厚

当接管直径/封头内径（d_i/D_i）≤0.5 时，可由下式计算出封头的壁厚：

$$\delta=\frac{pR_i}{[\sigma]'\varphi-0.6p}+C \tag{2-17}$$

式中 R_i ——弧形端面端板内半径，mm；

p ——流体压力，MPa；

$[\sigma]'$ ——试验温度下的许用应力，MPa；

φ ——焊接接头系数，其中φ=0.6；

C ——壁厚附加量，mm。

（2）端板壁厚

半圆形平板最小厚度：

$$\delta_{\mathrm{p}}=R_{\mathrm{p}}\sqrt{\frac{0.44p}{[\sigma]^{\mathrm{t}}\sin\alpha}}+C \tag{2-18}$$

其中，45° ≤α≤90° ；$[\sigma]^{\mathrm{t}}$ ——设计温度下的许用应力，MPa。

本设计根据各制冷剂的质量流量和换热器尺寸大小按照比例选取封头直径。封头内径见

表 2-6。

表 2-6　封头内径

封头代号	1	2	3	4	5
封头内径/mm	1070	350	875	100	100

2.5.1.2　一级换热器各个板侧封头壁厚计算

（1）混合制冷剂侧封头壁厚

根据规定内径 D_i=1070mm 得内径 R_i=535mm，则封头壁厚：

$$\delta=\frac{pR_i}{[\sigma]^t\varphi-0.6p}+C=\frac{0.11\times535}{51\times0.6+0.6\times0.11}+0.25=2.2(\text{mm})$$

圆整壁厚[δ]=5mm。

端板壁厚：

$$\delta_p=R_p\sqrt{\frac{0.44p}{[\sigma]^t\sin\alpha}}+C=535\sqrt{\frac{0.44\times0.11}{51}}+0.68=17.16(\text{mm})$$

圆整壁厚[δ_p]=20mm。因为端板厚度应大于等于封头厚度，则端板厚度为 20mm。

（2）天然气侧封头壁厚

根据规定内径 D_i=350mm 得内径 R_i=175mm，则封头壁厚：

$$\delta=\frac{pR_i}{[\sigma]^t\varphi-0.6p}+C=\frac{2.59\times175}{51\times0.6+0.6\times2.59}+0.75=14.8(\text{mm})$$

圆整壁厚[δ]=20mm。

端板壁厚：

$$\delta_p=R_p\sqrt{\frac{0.44p}{[\sigma]^t\sin\alpha}}+C=175\sqrt{\frac{0.44\times2.59}{51}}+0.6=26.8(\text{mm})$$

圆整壁厚[δ_p]=30mm。因为端板厚度应大于等于封头厚度，则端板厚度为 30mm。

（3）氮气-甲烷-乙烯预冷侧封头壁厚

根据规定内径 D_i=875mm 得内径 R_i=437.5mm，则封头壁厚：

$$\delta=\frac{pR_i}{[\sigma]^t\varphi-0.6p}+C=\frac{4.51\times437.5}{51\times0.6+0.6\times4.51}+0.57=59.8(\text{mm})$$

圆整壁厚[δ]=60mm。

端板壁厚：

$$\delta_p=R_p\sqrt{\frac{0.44p}{[\sigma]^t\sin\alpha}}+C=437.5\sqrt{\frac{0.44\times4.51}{51}}+0.83=87.1(\text{mm})$$

圆整壁厚[δ_p]=90mm。因为端板厚度应大于等于封头厚度，则端板厚度为 90mm。

（4）正丁烷-异丁烷预冷侧封头壁厚

根据规定内径 D_i=875mm 得内径 R_i=437.5mm，则封头壁厚：

$$\delta=\frac{pR_i}{[\sigma]^t\varphi-0.6p}+C=\frac{3.23\times437.5}{51\times0.6+0.6\times3.23}+0.57=43.98(\mathrm{mm})$$

圆整壁厚[δ]=50mm。

端板壁厚：

$$\delta_{\mathrm{p}}=R_{\mathrm{p}}\sqrt{\frac{0.44p}{[\sigma]^{\mathrm{t}}\sin\alpha}}+C=437.5\sqrt{\frac{0.44\times3.23}{51}}+0.83=73.87(\mathrm{mm})$$

圆整壁厚[δ_p]=80mm，因为端板厚度应大于等于封头厚度，则端板厚度为 80mm。

2.5.1.3　二级换热器各个板侧封头壁厚计算

（1）混合制冷剂侧封头壁厚

根据规定内径 D_i=1070mm 得内径 R_i=535mm，则封头壁厚：

$$\delta=\frac{pR_i}{[\sigma]^t\varphi-0.6p}+C=\frac{0.105\times535}{51\times0.6+0.6\times0.105}+0.25=2.1(\mathrm{mm})$$

圆整壁厚[δ]=5mm。

端板壁厚：

$$\delta_{\mathrm{p}}=R_{\mathrm{p}}\sqrt{\frac{0.44p}{[\sigma]^{\mathrm{t}}\sin\alpha}}+C=437.5\sqrt{\frac{0.44\times0.105}{51}}+0.68=13.8(\mathrm{mm})$$

圆整壁厚[δ_p]=20mm。因为端板厚度应大于等于封头厚度，则端板厚度为 20mm。

（2）天然气侧封头壁厚

根据规定内径 D_i=350mm 得内径 R_i=175mm，则封头壁厚：

$$\delta=\frac{pR_i}{[\sigma]^t\varphi-0.6p}+C=\frac{2.575\times175}{51\times0.6+0.6\times2.575}+0.68=14.7(\mathrm{mm})$$

圆整壁厚[δ]=20mm。

端板壁厚：

$$\delta_{\mathrm{p}}=R_{\mathrm{p}}\sqrt{\frac{0.44p}{[\sigma]^{\mathrm{t}}\sin\alpha}}+C=175\sqrt{\frac{0.44\times2.575}{51}}+0.75=26.8(\mathrm{mm})$$

圆整壁厚[δ_p]=30mm。因为端板厚度应大于等于封头厚度，则端板厚度为 30mm。

（3）氮气-甲烷制冷剂侧封头壁厚

根据规定内径 D_i=875mm 得内径 R_i=437.5mm，则封头壁厚：

$$\delta=\frac{pR_i}{[\sigma]^t\varphi-0.6p}+C=\frac{4.495\times437.5}{51\times0.6+0.6\times4.495}+0.57=59.6(\text{mm})$$

圆整壁厚[δ]=65mm。

端板壁厚：

$$\delta_{\text{p}}=R_{\text{p}}\sqrt{\frac{0.44p}{[\sigma]^{\text{t}}\sin\alpha}}+C=437.5\sqrt{\frac{0.44\times4.495}{51}}+0.83=86.9(\text{mm})$$

圆整壁厚[δ_{p}]=90mm。因为端板厚度应大于等于封头厚度，则端板厚度为 90mm。

（4）乙烯制冷剂侧封头壁厚

根据规定内径 D_i=350mm 得内径 R_i=175mm，则封头壁厚：

$$\delta=\frac{pR_i}{[\sigma]^t\varphi-0.6p}+C=\frac{4.495\times175}{51\times0.6+0.6\times4.495}+0.5=24.1(\text{mm})$$

圆整壁厚[δ]=30mm。

端板壁厚：

$$\delta_{\text{p}}=R_{\text{p}}\sqrt{\frac{0.44p}{[\sigma]^{\text{t}}\sin\alpha}}+C=175\sqrt{\frac{0.44\times4.495}{51}}+0.68=35.4(\text{mm})$$

圆整壁厚[δ_{p}]=40mm。因为端板厚度应大于等于封头厚度，则端板厚度为 40mm。

2.5.1.4　三级换热器各个板侧封头壁厚计算

（1）混合制冷剂侧封头壁厚

根据规定内径 D_i=1070mm 得内径 R_i=535mm，则封头壁厚：

$$\delta=\frac{pR_i}{[\sigma]^t\varphi-0.6p}+C=\frac{0.115\times535}{51\times0.6+0.6\times0.115}+0.25=2.3(\text{mm})$$

圆整壁厚[δ]=5mm。

端板壁厚：

$$\delta_{\text{p}}=R_{\text{p}}\sqrt{\frac{0.44p}{[\sigma]^{\text{t}}\sin\alpha}}+C=535\sqrt{\frac{0.44\times0.115}{51}}+0.68=17.5(\text{mm})$$

圆整壁厚[δ_{p}]=20mm。因为端板厚度应大于等于封头厚度，则端板厚度为 20mm。

（2）天然气侧封头壁厚

根据规定内径 D_i=350mm 得内径 R_i=175mm，则封头壁厚：

$$\delta=\frac{pR_i}{[\sigma]^t\varphi-0.6p}+C=\frac{2.565\times175}{51\times0.6+0.6\times2.565}+0.68=14.6(\text{mm})$$

圆整壁厚[δ]=20mm。

端板壁厚：

$$\delta_{\mathrm{p}} = R_{\mathrm{p}}\sqrt{\frac{0.44p}{[\sigma]^{\mathrm{t}}\sin\alpha}} + C = 17\sqrt{\frac{0.44\times 2.565}{51}} + 0.75 = 26.8(\mathrm{mm})$$

圆整壁厚$[\delta_{\mathrm{p}}]$=30mm。因为端板厚度应大于等于封头厚度，则端板厚度为 30mm。

（3）氮气-甲烷制冷剂侧封头壁厚

根据规定内径 D_i=875mm 得内径 R_i=437.5mm，则封头壁厚：

$$\delta = \frac{pR_i}{[\sigma]^{t}\varphi - 0.6p} + C = \frac{4.485\times 437.5}{51\times 0.6 + 0.6\times 4.485} + 0.57 = 59.5(\mathrm{mm})$$

圆整壁厚$[\delta]$=65mm。

端板壁厚：

$$\delta_{\mathrm{p}} = R_{\mathrm{p}}\sqrt{\frac{0.44p}{[\sigma]^{\mathrm{t}}\sin\alpha}} + C = 437.5\sqrt{\frac{0.44\times 4.485}{51}} + 0.83 = 86.9(\mathrm{mm})$$

圆整壁厚$[\delta_{\mathrm{p}}]$=90mm。因为端板厚度应大于等于封头厚度，则端板厚度为 90mm。

各级换热器封头与端板壁厚统计见表 2-7～表 2-9。

表 2-7　一级换热器封头与端板的壁厚

项目	混合制冷剂侧	天然气侧	氮气-甲烷-乙烯预冷侧	正丁烷-异丁烷预冷侧
封头内径/mm	1070	350	875	875
封头计算壁厚/mm	2.2	14.8	59.8	43.98
封头实际壁厚/mm	5	20	60	50
端板计算壁厚/mm	17.2	26.8	87.1	73.87
端板实际壁厚/mm	20	30	90	80

表 2-8　二级换热器封头与端板的壁厚

项目	混合制冷剂侧	天然气侧	氮气-甲烷制冷剂侧	乙烯制冷剂侧
封头内径/mm	1070	350	875	350
封头计算壁厚/mm	2.1	14.7	59.6	24.1
封头实际壁厚/mm	5	20	65	30
端板计算壁厚/mm	16.8	26.8	86.9	35.4
端板实际壁厚/mm	20	30	90	40

表 2-9　三级换热器封头与端板的壁厚

项目	混合制冷剂侧	天然气侧	氮气-甲烷制冷剂侧
封头内径/mm	1070	350	875
封头计算壁厚/mm	2.3	14.6	59.5
封头实际壁厚/mm	5	20	65
端板计算壁厚/mm	17.5	26.8	86.9
端板实际壁厚/mm	20	30	90

2.5.2 液压试验

2.5.2.1　液压试验目的

本设计板翅式换热器中压力较高，压力最高为 4.52MPa。为了能够安全合理地进行设计，进行压力测试是进行其他步骤的前提条件，液压试验则是压力测试中的一种，除了液压测试外，还有气压测试以及气密性测试。

本章计算是对液压测试前封头壁厚的校核计算。

2.5.2.2　内压通道

（1）液压试验压力

$$p_{\mathrm{T}} = 1.3p \times \frac{[\sigma]}{[\sigma]^{\mathrm{t}}} \tag{2-19}$$

式中　p_{T} ——试验压力，MPa；

p ——设计压力，MPa；

$[\sigma]$ ——试验温度下的许用应力，MPa；

$[\sigma]^{\mathrm{t}}$ ——设计温度下的许用应力，MPa。

（2）封头的应力校核

$$\sigma_{\mathrm{T}} = \frac{p_{\mathrm{T}}(R_i + 0.5\delta_{\mathrm{e}})}{\delta_{\mathrm{e}}} \tag{2-20}$$

式中　σ_{T} ——试验压力下封头的应力，MPa；

R_i ——封头的内半径，mm；

p_{T} ——试验压力，MPa；

δ_{e} ——封头的有效厚度，mm。

当满足 $\sigma_{\mathrm{T}} \leqslant 0.9\varphi\sigma_{\mathrm{p0.2}}$（$\sigma_{\mathrm{p0.2}}$ 为试验温度下的规定残余延伸应力时，数值为 170MPa），则校核正确，否则需重新选取尺寸计算。

$$0.9\varphi\sigma_{\mathrm{p0.2}} = 0.9 \times 0.6 \times 170 = 91.8$$

将各级封头壁厚校核列于表 2-10～表 2-12 中。

表 2-10　一级封头壁厚校核

项目	混合制冷剂	天然气	氮气-甲烷-乙烯混合制冷剂	正丁烷-异丁烷混合制冷剂
封头内径/mm	1070	350	875	100
设计压力/MPa	0.11	2.59	4.51	3.23
封头实际壁厚/mm	5	20	60	10
厚度附加量/mm	0.3	0.8	0.6	0.3

表 2-11 二级封头壁厚校核

项目	混合制冷剂	天然气	氮气-甲烷混合制冷剂	乙烯制冷剂
封头内径/mm	1070	350	875	350
设计压力/MPa	0.105	2.575	4.495	4.495
封头计算壁厚/mm	5	20	65	30
厚度附加量/mm	0.3	0.7	0.6	0.5

表 2-12 三级封头壁厚校核

项目	混合制冷剂	天然气	氮气-甲烷混合制冷剂
封头内径/mm	1070	350	875
设计压力/MPa	0.115	2.565	4.485
封头计算壁厚/mm	5	20	65
厚度附加量/mm	0.3	0.7	0.6

（3）封头尺寸校核计算

① 一级封头尺寸校核：

$$p_{\mathrm{T}}=1.3\times0.11\times\frac{51}{51}=0.143(\mathrm{MPa})\text{；}\quad\sigma_{\mathrm{T}}=\frac{0.143\times(535+0.5\times4.7)}{4.7}=16.35(\mathrm{MPa})$$

校核值小于允许值，则尺寸合适。

$$p_{\mathrm{T}}=1.3\times2.59\times\frac{51}{51}=3.367(\mathrm{MPa})\text{；}\quad\sigma_{\mathrm{T}}=\frac{3.367\times(175+0.5\times19.2)}{19.2}=32.37(\mathrm{MPa})$$

校核值小于允许值，则尺寸合适。

$$p_{\mathrm{T}}=1.3\times4.51\times\frac{51}{51}=5.863(\mathrm{MPa})\text{；}\quad\sigma_{\mathrm{T}}=\frac{5.863\times(437.5+0.5\times59.4)}{59.4}=46.1(\mathrm{MPa})$$

校核值小于允许值，则尺寸合适。

$$p_{\mathrm{T}}=1.3\times3.23\times\frac{51}{51}=4.199(\mathrm{MPa})\text{；}\quad\sigma_{\mathrm{T}}=\frac{4.199\times(50+0.5\times9.7)}{9.7}=23.7(\mathrm{MPa})$$

校核值小于允许值，则尺寸合适。

② 二级封头尺寸校核：

$$p_{\mathrm{T}}=1.3\times0.105\times\frac{51}{51}=0.14(\mathrm{MPa})\text{；}\quad\sigma_{\mathrm{T}}=\frac{0.14\times(535+0.5\times4.7)}{4.7}=16.01(\mathrm{MPa})$$

校核值小于允许值，则尺寸合适。

$$p_{\mathrm{T}}=1.3\times2.575\times\frac{51}{51}=3.35(\mathrm{MPa})\text{；}\quad\sigma_{\mathrm{T}}=\frac{3.35\times(175+0.5\times19.3)}{19.3}=32.05(\mathrm{MPa})$$

校核值小于允许值，则尺寸合适。

$$p_{\mathrm{T}}=1.3\times4.495\times\frac{51}{51}=5.84(\mathrm{MPa})\text{；}\quad\sigma_{\mathrm{T}}=\frac{5.84\times(437.5+0.5\times64.4)}{64.4}=42.59(\mathrm{MPa})$$

校核值小于允许值，则尺寸合适。

$$p_T = 1.3\times 4.495\times\frac{51}{51} = 5.84(\text{MPa})；\quad \sigma_T = \frac{5.84\times(175+0.5\times 29.5)}{29.5} = 37.56(\text{MPa})$$

校核值小于允许值，则尺寸合适。

③ 三级封头尺寸校核：

$$p_T = 1.3\times 0.115\times\frac{51}{51} = 0.15(\text{MPa})；\quad \sigma_T = \frac{0.15\times(535+0.5\times 4.7)}{4.7} = 17.15(\text{MPa})$$

校核值小于允许值，则尺寸合适。

$$p_T = 1.3\times 2.565\times\frac{51}{51} = 3.33(\text{MPa})；\quad \sigma_T = \frac{3.33\times(175+0.5\times 29.3)}{29.3} = 21.55(\text{MPa})$$

校核值小于允许值，则尺寸合适。

$$p_T = 1.3\times 4.485\times\frac{51}{51} = 5.83(\text{MPa})；\quad \sigma_T = \frac{5.83\times(437.5+0.5\times 64.4)}{64.4} = 42.52(\text{MPa})$$

校核值小于允许值，则尺寸合适。

2.5.3 接管确定

接管为物料进出通道，它的尺寸大小与进出物料的流量有关。其壁厚的取值则需要知道物料进出接管的压力状况，进行压力校核选取合适的壁厚。

本设计采用标准接管，只需进行接管壁厚的校核计算，满足设计需求压力即可。

2.5.3.1 接管尺寸确定

当为圆筒或球壳开孔时，开孔处的计算厚度按照壳体计算厚度取值。接管厚度计算公式如下：

$$\delta = \frac{p_c D_i}{2[\sigma]^t\varphi - p_c} + C \tag{2-21}$$

设计可根据标准管径选取管径大小，只需进行校核确定。表 2-13 为标准 6063 接管尺寸，表 2-14 为接管规格。

表 2-13　标准 6063 接管尺寸

6×1	8×1	8×2	10×1	10×2
14×2	15×1.5	16×2	16×3	16×5
20×2	20×3	20×3.5	20×4	20×5
24×5	20×1.5	25×2	25×2.5	25×3
27×3.5	28×1.5	28×5	30×1.5	30×2
30×6.5	30×10	32×2	32×3	32×4
35×3	35×5	36×2	36×3	37×2.5/3
40×4	40×5	40×10	42×3	42×4
45×6	46×2	48×8	50×2.8	50×3.5/4
55×9	55×10	60×3	60×5	60×10

续表

72×14	75×5	65×5	65×4	80×4
85×10	90×10/5	90×15	95×10	100×10
120×7	125×20	106×15	106×10	105×12.5
135×10	136×6	140×20	140×7	120×3
160×20	155×15/30	50×15	170×8.5	180×10
210×45	230×16	230×17.5	230×25	230×30
250×10	310×30	315×35	356×10	508×8
300×30	535×10	515×45	355×55	226×28
12×1	12×2	12×2.5	14×0.8	
18×1	18×2	18×3.5	20×1	22×1
22×3	22×3	22×4	24×2	25×1
25×5	25×5	26×2	26×3	28×1
30×4	30×4	30×5	30×6	36×2.5
34×1	34×1	34×2.5	35×2.5	45×7
38×3	38×3	38×4	38×5	56×16
42×6	42×6	45×2	45×2.5	50×15
50×5	50×7	52×6	55×8	66×13
62×6	66×6	70×5	70×10	190×25
80×5	80×6	80×10/20	85×5	125×10
110×15	120×10	120×20	125×4	165×9.5
115×5	105×5	100×8	130×10	170×10
120×5	150×10	153×13	160×7	182×25
180.×.9.5	192×6	200×10	200×20	180×30
230×38	230×20	230×25	245×40	380×40
270×40	268×8	500×45	355×10	
		340×10		

表 2-14　接管规格

ϕ508×8	ϕ155×30	ϕ200×20	ϕ45×6	ϕ45×6

2.5.3.2　一级换热器接管壁厚

混合制冷剂侧接管壁厚：

$$\delta=\frac{p_c D_i}{2[\sigma]^t\varphi-p_c}+C=\frac{0.11\times 492}{2\times 51\times 0.6-0.11}+0.13=1.02(\mathrm{mm})$$

天然气侧接管壁厚：

$$\delta=\frac{p_c D_i}{2[\sigma]^t\varphi-p_c}+C=\frac{2.59\times 95}{2\times 51\times 0.6-2.59}+0.48=4.68(\mathrm{mm})$$

氮气-甲烷-乙烯制冷剂侧接管壁厚：

$$\delta=\frac{p_c D_i}{2[\sigma]^t\varphi-p_c}+C=\frac{4.51\times160}{2\times51\times0.6-4.51}+0.28=13.01(\text{mm})$$

正丁烷-异丁烷制冷剂侧接管壁厚：

$$\delta=\frac{p_c D_i}{2[\sigma]^t\varphi-p_c}+C=\frac{3.23\times160}{2\times51\times0.6-3.23}+0.28=9.17(\text{mm})$$

2.5.3.3　二级换热器接管壁厚

混合制冷剂侧接管壁厚：

$$\delta=\frac{p_c D_i}{2[\sigma]^t\varphi-p_c}+C=\frac{0.105\times492}{2\times51\times0.6-0.105}+0.13=0.98(\text{mm})$$

天然气侧接管壁厚：

$$\delta=\frac{p_c D_i}{2[\sigma]^t\varphi-p_c}+C=\frac{2.575\times95}{2\times51\times0.6-2.575}+0.48=4.65(\text{mm})$$

氮气-甲烷制冷剂侧接管壁厚：

$$\delta=\frac{p_c D_i}{2[\sigma]^t\varphi-p_c}+C=\frac{4.495\times160}{2\times51\times0.6-4.495}+0.28=12.96(\text{mm})$$

乙烯制冷剂侧接管壁厚：

$$\delta=\frac{p_c D_i}{2[\sigma]^t\varphi-p_c}+C=\frac{4.495\times95}{2\times51\times0.6-4.495}+0.48=8.01(\text{mm})$$

2.5.3.4　三级换热器接管壁厚

混合制冷剂侧接管壁厚：

$$\delta=\frac{p_c D_i}{2[\sigma]^t\varphi-p_c}+C=\frac{0.115\times492}{2\times51\times0.6-0.115}+0.13=1.06(\text{mm})$$

天然气侧接管壁厚：

$$\delta=\frac{p_c D_i}{2[\sigma]^t\varphi-p_c}+C=\frac{2.565\times95}{2\times51\times0.6-2.565}+0.48=4.64(\text{mm})$$

氮气-甲烷制冷剂侧接管壁厚：

$$\delta=\frac{p_c D_i}{2[\sigma]^t\varphi-p_c}+C=\frac{4.485\times160}{2\times51\times0.6-4.485}+0.28=12.93(\text{mm})$$

各级换热器接管壁厚统计于表 2-15～表 2-17。

表 2-15　一级换热器接管壁厚

项目	混合制冷剂	天然气	氮气-甲烷-乙烯混合制冷剂	正丁烷-异丁烷混合制冷剂
接管规格/mm	ϕ508×8	ϕ155×30	ϕ200×20	ϕ200×20
接管计算壁厚/mm	1.02	4.68	13.01	9.17
接管实际壁厚/mm	8	30	20	20

表 2-16　二级换热器接管壁厚

项目	混合制冷剂	天然气	氮气-甲烷混合制冷剂	乙烯
接管规格/mm	ϕ508×8	ϕ155×30	ϕ200×20	ϕ155×30
接管计算壁厚/mm	0.98	4.65	12.96	8.01
接管实际壁厚/mm	8	30	20	30

表 2-17　三级换热器接管壁厚

项目	混合制冷剂	天然气	氮气-甲烷混合制冷剂
接管规格/mm	ϕ508×8	ϕ155×30	ϕ200×20
接管计算壁厚/mm	1.06	4.64	12.93
接管实际壁厚/mm	8	30	20

2.5.4 接管补强

2.5.4.1 补强方式

补强方式应根据具体的情况进行选择。补强方式可分为：加强圈补强、接管全焊透补强、翻边或凸颈补强以及整体补强等。

本设计封头尺寸大小各异，补强方式也不同，但条件允许的情况下尽量以接管全焊透方式代替补强圈补强，尤其是封头尺寸较小的情况下。在选择补强方式前要进行补强面积的计算，确定补强面积的大小以及是否需要补强。

2.5.4.2 补强计算

以全焊透方法将接管与壳体相焊，主要补强方式有补强圈补强与接管补强，在条件许可的情况下尽量使用接管补强方式，尤其是在筒体半径较小时。首先要进行开孔所需补强面积的计算，用来确定封头是否需要进行补强。

（1）封头开孔所需补强面积

封头开孔所需补强面积：

$$A = d\delta \tag{2-22}$$

（2）有效补强范围

① 有效宽度　有效宽度取两者中较大值：

$$B = \max\begin{cases} 2d \\ d + 2\delta_n + 2\delta_{nt} \end{cases} \tag{2-23}$$

② 有效高度　按下式计算，分别取两式中较小值。

外侧有效补强高度：

$$h_1 = \min\begin{cases} \sqrt{d\delta_{nt}} \\ \text{接管实际外伸长度} \end{cases} \tag{2-24}$$

内侧有效补强高度：

$$h_2 = \min\begin{cases}\sqrt{d\delta_{nt}} \\ \text{接管实际内伸长度}\end{cases} \tag{2-25}$$

（3）补强面积

在有效补强范围内，可作为补强的截面积计算如下（如图 2-11）：

$$A_e = A_1 + A_2 + A_3 \tag{2-26}$$

$$A_1 = (B-d)(\delta_e - \delta) - 2\delta_t(\delta_e - \delta)$$

$$A_2 = 2h_1(\delta_{et} - \delta_t) + 2h_2(\delta_{et} - \delta_t)$$

本设计焊接长度取 6mm。若 $A_e \geqslant A$，则开孔不需要另加补强；若 $A_e < A$，则开孔需要另加补强，按下式计算：

$$A_4 \geqslant A - A_e \tag{2-27}$$

$$d = \text{接管内径} + 2C$$

$$\delta_e = \delta_n - C$$

式中　A_1 ——壳体有效厚度减去计算厚度之外的多余面积，mm^2；

A_2 ——接管有效厚度减去计算厚度之外的多余面积，mm^2；

A_3 ——焊接金属截面积，mm^2；

A_4 ——有效补强范围内另加补强面积，mm^2；

δ ——壳体开孔处的计算厚度，mm；

δ_n ——壳体名义厚度，mm；

d ——接管直径，mm；

δ_e ——壳体有效厚度，mm；

δ_{et} ——接管有效厚度，mm；

δ_t ——接管计算厚度，mm；

δ_{nt} ——接管名义厚度，mm。

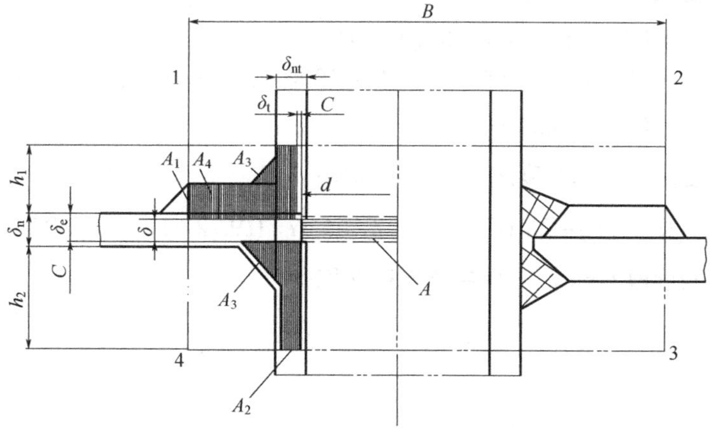

图 2-11　补强面积示意图

2.5.4.3　一级补强面积的计算

① 氮气、甲烷、乙烯补强面积计算参数见表 2-18。

表 2-18　一级封头接管尺寸（氮气、甲烷、乙烯）

项目	封头	接管
内径/mm	875	160
计算厚度/mm	59.8	13.1
名义厚度/mm	65	20
厚度附加量/mm	0.57	0.28

封头开孔所需补强面积：

$$A = d\delta = 160.56 \times 59.8 = 9601.488(\text{mm}^2)$$

有效宽度按下式计算，取两者中较大值：

$$B = \max\begin{cases} 2 \times 160.56 = 321.12(\text{mm}) \\ 160.56 + 2 \times 65 + 2 \times 20 = 330.56(\text{mm}) \end{cases}$$

$$B(\max) = 321.12\text{mm}$$

有效高度按下式计算，分别取两式中较小值。

外侧有效补强高度：

$$h_1 = \min\begin{cases} \sqrt{160.56 \times 20} = 56.67(\text{mm}) \\ 150\text{mm} \end{cases}$$

$$h_1(\min) = 56.67\text{mm}$$

内侧有效补强高度：

$$h_2 = \min\begin{cases} \sqrt{160.56 \times 20} = 56.67(\text{mm}) \\ 0 \end{cases}$$

$$h_2(\min) = 0$$

壳体有效厚度减去计算厚度之外的多余面积：

$$\begin{aligned} A_1 &= (B-d)(\delta_e - \delta) - 2\delta_t(\delta_e - \delta) \\ &= (321.12 - 160.56) \times (64.43 - 59.8) - 2 \times 13.1 \times (64.43 - 59.8) \\ &= 622.09(\text{mm}^2) \end{aligned}$$

接管有效厚度减去计算厚度之外的多余面积：

$$A_2 = 2h_1(\delta_{et} - \delta_t) + 2h_2(\delta_{et} - \delta_t) = 2 \times 56.67 \times (19.72 - 13.1) = 750.31(\text{mm}^2)$$

本设计焊接长度取 6mm，则焊接金属截面积：

$$A_3 = \frac{1}{2} \times 2 \times 6 \times 6 = 36(\text{mm}^2)$$

补强面积：

$$A_e = A_1 + A_2 + A_3 = 622.09 + 750.31 + 36 = 1408.4(\text{mm}^2)$$

$A_e < A$，开孔需要另加补强：

$$A_4 \geqslant A - A_e$$

$$A_4 \geqslant 9601.488 - 1408.4 = 8193.09(\text{mm}^2)$$

② 混合制冷剂补强面积计算参数见表 2-19。

表 2-19　一级封头接管尺寸（混合制冷剂）

项目	封头	接管
内径/mm	875	492
计算厚度/mm	43.98	18.94
名义厚度/mm	50	30
厚度附加量/mm	0.57	0.28

封头开孔所需补强面积：

$$A = d\delta = 492.56 \times 43.98 = 21662.79(\text{mm}^2)$$

有效宽度按下式计算，取两者中较大值：

$$B = \max\begin{cases} 2 \times 492.56 = 985.12(\text{mm}) \\ 492.56 + 2 \times 50 + 2 \times 30 = 652.56(\text{mm}) \end{cases}$$

$$B(\max) = 985.12\text{mm}$$

有效高度按下式计算，分别取两式中较小值。

外侧有效补强高度：

$$h_1 = \min\begin{cases} \sqrt{492.56 \times 30} = 121.56(\text{mm}) \\ 150\text{mm} \end{cases}$$

$$h_1(\min) = 121.56\text{mm}$$

内侧有效补强高度：

$$h_2 = \min\begin{cases} \sqrt{492.56 \times 30} = 121.56(\text{mm}) \\ 0 \end{cases}$$

$$h_2(\min) = 0$$

壳体有效厚度减去计算厚度之外的多余面积：

$$\begin{aligned} A_1 &= (B-d)(\delta_e - \delta) - 2\delta_t(\delta_e - \delta) \\ &= (985.12 - 492.56) \times (49.43 - 43.98) - 2 \times 18.94 \times (49.43 - 43.98) \\ &= 2412.85(\text{mm}^2) \end{aligned}$$

接管有效厚度减去计算厚度之外的多余面积：

$$A_2 = 2h_1(\delta_{et} - \delta_t) + 2h_2(\delta_{et} - \delta_t) = 2 \times 121.56 \times (29.72 - 18.94) = 2620.83(\text{mm}^2)$$

本设计焊接长度取 6mm，则焊接金属截面积：

$$A_3 = \frac{1}{2} \times 2 \times 6 \times 6 = 36(\text{mm}^2)$$

补强面积：

$$A_e = A_1 + A_2 + A_3 = 2412.85 + 2620.83 + 36 = 5069.68(\text{mm}^2)$$

$A_e < A$，开孔需要另加补强：

$$A_4 \geqslant A - A_e$$

即

$$A_4 \geqslant 21662.79 - 5069.68 = 26732.47(\text{mm}^2)$$

③ 天然气补强面积计算参数见表 2-20。

表 2-20　一级封头接管尺寸（天然气）

项目	封头	接管
内径/mm	350	95
计算厚度/mm	14.8	4.68
名义厚度/mm	20	20
厚度附加量/mm	0.75	0.48

封头开孔所需补强面积：

$$A = d\delta = 95.96 \times 14.8 = 1420.208(\text{mm}^2)$$

有效宽度 B 按下式计算，取两者中较大值：

$$B = \max\begin{cases} 2 \times 95.96 = 191.92(\text{mm}) \\ 95.96 + 2 \times 20 + 2 \times 20 = 175.96(\text{mm}) \end{cases}$$

$$B(\max) = 191.92\text{mm}$$

有效高度按下式计算，分别取两式中较小值。

外侧有效补强高度：

$$h_1 = \min\begin{cases} \sqrt{95.96 \times 20} = 43.81(\text{mm}) \\ 150\text{mm} \end{cases}$$

$$h_1(\min) = 43.81\text{mm}$$

内侧有效补强高度：

$$h_2 = \min\begin{cases} \sqrt{95.96 \times 30} = 53.65(\text{mm}) \\ 0 \end{cases}$$

$$h_2(\min) = 0$$

壳体有效厚度减去计算厚度之外的多余面积：

$$\begin{aligned} A_1 &= (B - d)(\delta_e - \delta) - 2\delta_t(\delta_e - \delta) \\ &= (191.92 - 95.96) \times (19.25 - 14.8) - 2 \times 4.68 \times (19.25 - 14.8) \\ &= 385.37(\text{mm}^2) \end{aligned}$$

接管有效厚度减去计算厚度之外的多余面积：

$$A_2 = 2h_1(\delta_{et} - \delta_t) + 2h_2(\delta_{et} - \delta_t) = 2 \times 43.81 \times (19.52 - 4.68) = 1300.28(\text{mm}^2)$$

本设计焊接长度取 6mm，焊接金属截面积：

$$A_3 = \frac{1}{2} \times 2 \times 6 \times 6 = 36(\text{mm}^2)$$

补强面积：

$$A_e = A_1 + A_2 + A_3 = 385.37 + 1300.28 + 36 = 1721.65(\text{mm}^2)$$

$A < A_e$，开孔无需另加补强。

④ 混合制冷剂、两股同向流补强面积计算参数见表2-21。

表2-21 一级封头接管尺寸（混合制冷剂、两股同向流）

项目	封头	接管
内径/mm	1070	492
计算厚度/mm	2.2	1.02
名义厚度/mm	5	8
厚度附加量/mm	0.25	0.13

封头开孔所需补强面积：

$$A = d\delta = 492.26 \times 2.2 = 1082.972(\text{mm}^2)$$

有效宽度 B 按下式计算，取两者中较大值：

$$B = \max\begin{cases} 2 \times 492.26 = 984.52(\text{mm}) \\ 492.26 + 2 \times 5 + 2 \times 8 = 518.26(\text{mm}) \end{cases}$$

$$B(\max) = 984.52\text{mm}$$

有效高度按下式计算，分别取两式中较小值。

外侧有效补强高度：

$$h_1 = \min\begin{cases} \sqrt{492.26 \times 8} = 62.75(\text{mm}) \\ 150\text{mm} \end{cases}$$

$$h_1(\min) = 62.75\text{mm}$$

内侧有效补强高度：

$$h_2 = \min\begin{cases} \sqrt{492.26 \times 8} = 62.75(\text{mm}) \\ 0 \end{cases}$$

$$h_2(\min) = 0$$

壳体有效厚度减去计算厚度之外的多余面积：

$$\begin{aligned} A_1 &= (B - d)(\delta_e - \delta) - 2\delta_t(\delta_e - \delta) \\ &= (984.52 - 492.26) \times (4.75 - 2.2) - 2 \times 1.02 \times (4.75 - 2.2) \\ &= 1250.06(\text{mm}^2) \end{aligned}$$

接管有效厚度减去计算厚度之外的多余面积：

$$A_2 = 2h_1(\delta_{et} - \delta_t) + 2h_2(\delta_{et} - \delta_t) = 2 \times 62.75 \times (7.87 - 1.02) = 859.675(\text{mm}^2)$$

本设计焊接长度取6mm，焊接金属截面积：

$$A_3 = \frac{1}{2} \times 2 \times 6 \times 6 = 36(\text{mm}^2)$$

补强面积：

$$A_e = A_1 + A_2 + A_3 = 1250.06 + 859.675 + 36 = 2145.735(\text{mm}^2)$$

$A < A_e$，开孔无需另加补强。

2.5.4.4　二级补强面积的计算

① 混合制冷剂补强面积计算参数见表 2-22。

表 2-22　二级封头接管尺寸（混合制冷剂）

项目	封头	接管
内径/mm	1070	492
计算厚度/mm	2.1	0.98
名义厚度/mm	5	8
厚度附加量/mm	0.25	0.13

封头开孔所需补强面积：

$$A = d\delta = 492.26 \times 2.1 = 1033.75(\text{mm}^2)$$

有效宽度 B 按下式计算，取两者中较大值：

$$B = \max\begin{cases} 2 \times 492.26 = 984.52(\text{mm}) \\ 492.26 + 2 \times 5 + 2 \times 8 = 518.26(\text{mm}) \end{cases}$$

$$B(\max) = 984.52\text{mm}$$

有效高度按下式计算，分别取两式中较小值。

外侧有效补强高度：

$$h_1 = \min\begin{cases} \sqrt{492.26 \times 8} = 62.75(\text{mm}) \\ 150\text{mm} \end{cases}$$

$$h_1(\min) = 62.75\text{mm}$$

内侧有效补强高度：

$$h_2 = \min\begin{cases} \sqrt{492.26 \times 8} = 62.75(\text{mm}) \\ 0 \end{cases}$$

$$h_2(\min) = 0$$

壳体有效厚度减去计算厚度之外的多余面积：

$$\begin{aligned} A_1 &= (B-d)(\delta_e - \delta) - 2\delta_t(\delta_e - \delta) \\ &= (984.52 - 492.26) \times (4.75 - 2.1) - 2 \times 0.98 \times (4.75 - 2.1) \\ &= 1299.3(\text{mm}^2) \end{aligned}$$

接管有效厚度减去计算厚度之外的多余面积：

$$A_2 = 2h_1(\delta_{et} - \delta_t) + 2h_2(\delta_{et} - \delta_t) = 2 \times 62.75 \times (7.87 - 0.98) = 864.7(\text{mm}^2)$$

本设计焊接长度取 6mm，焊接金属截面积：

$$A_3 = \frac{1}{2} \times 2 \times 6 \times 6 = 36(\text{mm}^2)$$

补强面积：

$$A_e = A_1 + A_2 + A_3 = 1299.3 + 864.7 + 36 = 2200(\text{mm}^2)$$

$A < A_e$，开孔无需另加补强。

② 乙烯制冷剂补强面积计算参数见表 2-23。

表 2-23　二级封头接管尺寸（乙烯制冷剂）

项目	封头	接管
内径/mm	350	95
计算厚度/mm	24.1	8.01
名义厚度/mm	30	30
厚度附加量/mm	0.5	0.48

封头开孔所需补强面积：

$$A = d\delta = 95.96 \times 24.1 = 2312.64\text{mm}^2$$

有效宽度 B 按下式计算，取两者较大值：

$$B = \max\begin{cases} 2 \times 95.96 = 191.92 \\ 95.96 + 2 \times 30 + 2 \times 30 = 215.96 \end{cases}$$

$$B(\max) = 215.96\text{mm}$$

有效高度按下式计算，分别取两式中较小值。

外侧有效补强高度：

$$h_1 = \min\begin{cases} \sqrt{95.96 \times 30} = 53.65(\text{mm}) \\ 150\text{mm} \end{cases}$$

$$h_1(\min) = 53.39\text{mm}$$

内侧有效补强高度：

$$h_2 = \min\begin{cases} \sqrt{95.96 \times 30} = 53.65(\text{mm}) \\ 0 \end{cases}$$

$$h_2(\min) = 0$$

壳体有效厚度减去计算厚度之外的多余面积：

$$\begin{aligned} A_1 &= (B - d)(\delta_e - \delta) - 2\delta_t(\delta_e - \delta) \\ &= (215.96 - 95.96) \times (29.5 - 24.1) - 2 \times 8.01 \times (29.5 - 24.1) \\ &= 561.49(\text{mm}^2) \end{aligned}$$

接管有效厚度减去计算厚度之外的多余面积：

$$A_2 = 2h_1(\delta_{et} - \delta_t) + 2h_2(\delta_{et} - \delta_t) = 2 \times 53.65 \times (29.52 - 8.01) = 2308.02(\text{mm}^2)$$

本设计焊接长度取 6mm，焊接金属截面积：

$$A_3 = \frac{1}{2} \times 2 \times 6 \times 6 = 36(\text{mm}^2)$$

补强面积：

$$A_e = A_1 + A_2 + A_3 = 561.49 + 2308.02 + 36 = 2905.51(\mathrm{mm}^2)$$

$A_e > A$，开孔无需另加补强。

③ 氮气-甲烷混合制冷剂补强面积计算参数见表 2-24。

表 2-24　二级封头接管尺寸（氮气-甲烷混合制冷剂）

项目	封头	接管
内径/mm	875	160
计算厚度/mm	59.6	12.96
名义厚度/mm	65	20
厚度附加量/mm	0.57	0.28

封头开孔所需补强面积：

$$A = d\delta = 160.56 \times 59.6 = 9569.38(\mathrm{mm}^2)$$

有效宽度 B 按下式计算，取两者中较大值：

$$B = \max\begin{cases} 2 \times 160.56 = 331.12(\mathrm{mm}) \\ 160.56 + 2 \times 65 + 2 \times 20 = 330.56(\mathrm{mm}) \end{cases}$$

$$B(\max) = 331.12\mathrm{mm}$$

有效高度按下式计算，分别取两式中较小值。

外侧有效补强高度：

$$h_1 = \min\begin{cases} \sqrt{160.56 \times 20} = 56.67(\mathrm{mm}) \\ 150\,\mathrm{mm} \end{cases}$$

$$h_1(\min) = 56.67\mathrm{mm}$$

内侧有效补强高度：

$$h_2 = \min\begin{cases} \sqrt{160.56 \times 20} = 56.67(\mathrm{mm}) \\ 0 \end{cases}$$

$$h_2(\min) = 0$$

壳体有效厚度减去计算厚度之外的多余面积：

$$\begin{aligned} A_1 &= (B - d)(\delta_e - \delta) - 2\delta_t(\delta_e - \delta) \\ &= (331.12 - 160.56) \times (64.43 - 59.6) - 2 \times 12.96 \times (64.43 - 59.6) \\ &= 698.61(\mathrm{mm}^2) \end{aligned}$$

接管有效厚度减去计算厚度之外的多余面积：

$$A_2 = 2h_1(\delta_{et} - \delta_t) + 2h_2(\delta_{et} - \delta_t) = 2 \times 56.67 \times (19.72 - 12.96) = 766.18(\mathrm{mm}^2)$$

本设计焊接长度取 6mm，焊接金属截面积：

$$A_3 = \frac{1}{2} \times 2 \times 6 \times 6 = 36(\mathrm{mm}^2)$$

补强面积：

$$A_e = A_1 + A_2 + A_3 = 698.61 + 766.18 + 36 = 1500.79(\mathrm{mm}^2)$$

$A_e < A$，开孔需要另加补强：

$$A_4 \geqslant A - A_e$$

$$A_4 \geqslant 9569.38 - 1500.79 = 8068.59(\mathrm{mm}^2)$$

④ 天然气补强面积计算参数见表 2-25。

表 2-25　二级封头接管尺寸（天然气）

项目	封头	接管
内径/mm	350	95
计算厚度/mm	14.7	4.65
名义厚度/mm	20	30
厚度附加量/mm	0.68	0.48

封头开孔所需补强面积：

$$A = d\delta = 95.96 \times 14.7 = 1410.61(\mathrm{mm}^2)$$

有效宽度 B 按下式计算，取两者中较大值：

$$B = \max\begin{cases} 2 \times 95.96 = 191.92(\mathrm{mm}) \\ 95.96 + 2 \times 20 + 2 \times 30 = 195.96(\mathrm{mm}) \end{cases}$$

$$B(\max) = 195.96\mathrm{mm}$$

有效高度按下式计算，分别取两式中较小值。

外侧有效补强高度：

$$h_1 = \min\begin{cases} \sqrt{95.96 \times 30} = 53.65(\mathrm{mm}) \\ 150\mathrm{mm} \end{cases}$$

$$h_1(\min) = 53.65\mathrm{mm}$$

内侧有效补强高度：

$$h_2 = \min\begin{cases} \sqrt{95.96 \times 30} = 53.65(\mathrm{mm}) \\ 0 \end{cases}$$

$$h_2(\min) = 0$$

壳体有效厚度减去计算厚度之外的多余面积：

$$\begin{aligned} A_1 &= (B-d)(\delta_e - \delta) - 2\delta_t(\delta_e - \delta) \\ &= (195.96 - 95.96) \times (19.32 - 14.7) - 2 \times 4.65 \times (19.32 - 14.7) \\ &= 419.03(\mathrm{mm}^2) \end{aligned}$$

接管有效厚度减去计算厚度之外的多余面积：

$$A_2 = 2h_1(\delta_{et} - \delta_t) + 2h_2(\delta_{et} - \delta_t) = 2 \times 53.65 \times (29.52 - 4.65) = 2668.55(\mathrm{mm}^2)$$

本设计焊接长度取 6mm，焊接金属截面积：

$$A_3=\frac{1}{2}\times 2\times 6\times 6=36(\text{mm}^2)$$

补强面积：

$$A_e=A_1+A_2+A_3=419.03+2668.55+36=3123.58(\text{mm}^2)$$

$A<A_e$，开孔无需另加补强。

2.5.4.5　三级补强面积的计算

① 天然气补强面积计算参数见表 2-26。

表 2-26　三级封头接管尺寸（天然气）

项目	封头	接管
内径/mm	350	95
计算厚度/mm	14.6	4.64
名义厚度/mm	20	30
厚度附加量/mm	0.68	0.48

封头开孔所需补强面积：

$$A=d\delta=95.96\times 14.6=1401.02(\text{mm}^2)$$

有效宽度 B 按下式计算，取两者中较大值：

$$B=\max\begin{cases}2\times 95.96=191.92(\text{mm})\\95.96+2\times 20+2\times 30=195.96(\text{mm})\end{cases}$$

$$B(\max)=195.96\text{mm}$$

有效高度按下式计算，分别取两式中较小值。

外侧有效补强高度：

$$h_1=\min\begin{cases}\sqrt{95.96\times 30}=53.65(\text{mm})\\150\text{mm}\end{cases}$$

$$h_1(\min)=53.65\text{mm}$$

内侧有效补强高度：

$$h_2=\min\begin{cases}\sqrt{95.96\times 30}=53.65(\text{mm})\\0\end{cases}$$

$$h_2(\min)=0$$

壳体有效厚度减去计算厚度之外的多余面积：

$$\begin{aligned}A_1&=(B-d)(\delta_e-\delta)-2\delta_t(\delta_e-\delta)\\&=(195.96-95.96)\times(19.32-14.6)-2\times 4.64\times(19.32-14.6)\\&=428.2(\text{mm}^2)\end{aligned}$$

接管有效厚度减去计算厚度之外的多余面积：

$$A_2 = 2h_1(\delta_{et} - \delta_t) + 2h_2(\delta_{et} - \delta_t) = 2 \times 53.65 \times (29.52 - 4.64) = 2669.62(\text{mm}^2)$$

本设计焊接长度取 6mm，焊接金属截面积：

$$A_3 = \frac{1}{2} \times 2 \times 6 \times 6 = 36(\text{mm}^2)$$

补强面积：

$$A_e = A_1 + A_2 + A_3 = 428.2 + 2669.62 + 36 = 3133.82(\text{mm}^2)$$

$A < A_e$，开孔无需另加补强。

② 氮气-甲烷混合制冷剂补强面积计算参数见表 2-27。

表 2-27　封头接管尺寸（氮气-甲烷混合制冷剂）

项目	封头	接管
内径/mm	875	160
计算厚度/mm	59.6	12.96
名义厚度/mm	65	20
厚度附加量/mm	0.57	0.28

封头开孔所需补强面积：

$$A = d\delta = 160.56 \times 59.6 = 9569.38(\text{mm}^2)$$

有效宽度 B 按下式计算，取两者中较大值：

$$B = \max\begin{cases} 2 \times 160.56 = 331.12(\text{mm}) \\ 160.56 + 2 \times 65 + 2 \times 20 = 330.56(\text{mm}) \end{cases}$$

$$B(\max) = 331.12\text{mm}$$

有效高度按下式计算，分别取两式中较小值。

外侧有效补强高度：

$$h_1 = \min\begin{cases} \sqrt{160.56 \times 20} = 56.67(\text{mm}) \\ 150\text{mm} \end{cases}$$

$$h_1(\min) = 56.67\text{mm}$$

内侧有效补强高度：

$$h_2 = \min\begin{cases} \sqrt{160.56 \times 20} = 56.67(\text{mm}) \\ 0 \end{cases}$$

$$h_2(\min) = 0$$

壳体有效厚度减去计算厚度之外的多余面积：

$$\begin{aligned} A_1 &= (B - d)(\delta_e - \delta) - 2\delta_t(\delta_e - \delta) \\ &= (331.12 - 160.56) \times (64.43 - 59.6) - 2 \times 12.96 \times (64.43 - 59.6) \\ &= 698.61(\text{mm}^2) \end{aligned}$$

接管有效厚度减去计算厚度之外的多余面积：

$$A_2 = 2h_1(\delta_{et} - \delta_t) + 2h_2(\delta_{et} - \delta_t) = 2\times 56.67\times(19.72-12.96) = 766.18(\text{mm}^2)$$

本设计焊接长度取 6mm，焊接金属截面积：

$$A_3 = \frac{1}{2}\times 2\times 6\times 6 = 36(\text{mm}^2)$$

补强面积：

$$A_e = A_1 + A_2 + A_3 = 698.61 + 766.18 + 36 = 1500.79(\text{mm}^2)$$

$A_e < A$，开孔需要另加补强：

$$A_4 \geqslant A - A_e$$

$$A_4 = 9569.38 - 1500.79 = 8068.59(\text{mm}^2)$$

③ 混合制冷剂补强面积计算参数见表 2-28。

表 2-28　三级封头接管尺寸（混合制冷剂）

项目	封头	接管
内径/mm	1070	492
计算厚度/mm	2.3	1.06
名义厚度/mm	5	8
厚度附加量/mm	0.25	0.13

封头开孔所需补强面积：

$$A = d\delta = 492.26\times 2.3 = 1132.2(\text{mm}^2)$$

有效宽度 B 按下式计算，取两者中较大值：

$$B = \max\begin{cases} 2\times 492.26 = 984.52(\text{mm}) \\ 492.26 + 2\times 5 + 2\times 8 = 518.26(\text{mm}) \end{cases}$$

$$B(\max) = 984.52\text{mm}$$

有效高度按下式计算，分别取两式中较小值。

外侧有效补强高度：

$$h_1 = \min\begin{cases} \sqrt{492.26\times 8} = 62.75(\text{mm}) \\ 150\text{mm} \end{cases}$$

$$h_1(\min) = 62.75\text{mm}$$

内侧有效补强高度：

$$h_2 = \min\begin{cases} \sqrt{492.26\times 8} = 62.75(\text{mm}) \\ 0 \end{cases}$$

$$h_2(\min) = 0$$

壳体有效厚度减去计算厚度之外的多余面积：

$$\begin{aligned} A_1 &= (B-d)(\delta_e - \delta) - 2\delta_t(\delta_e - \delta) \\ &= (984.52 - 492.26)\times(4.75-2.3) - 2\times 1.06\times(4.75-2.3) \\ &= 1200.84(\text{mm}^2) \end{aligned}$$

接管有效厚度减去计算厚度之外的多余面积：

$$A_2 = 2h_1(\delta_{et} - \delta_t) + 2h_2(\delta_{et} - \delta_t) = 2 \times 62.75 \times (7.87 - 1.06) = 854.66(\text{mm}^2)$$

本设计焊接长度取 6mm，焊接金属截面积：

$$A_3 = \frac{1}{2} \times 2 \times 6 \times 6 = 36(\text{mm}^2)$$

补强面积：

$$A_e = A_1 + A_2 + A_3 = 1200.84 + 854.66 + 36 = 2091.5(\text{mm}^2)$$

$A_e > A$，则开孔不需要另加补强。

根据计算结果与设计要求需要进行焊接的接管可按图 2-12 的形式连接。

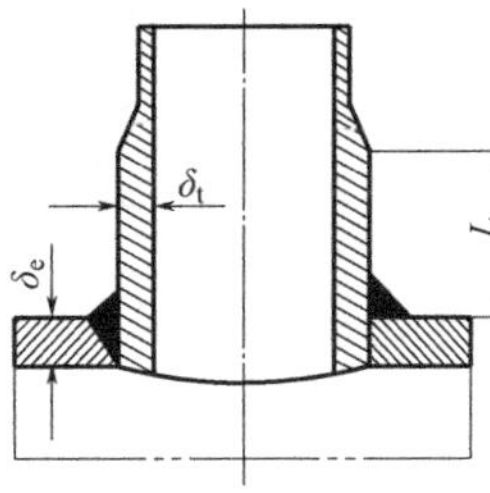

适用于壳体直径DN<800mm，δ_t=2/3δ_e，L不小于15~30mm的情况

图 2-12　接管连接方式

2.5.5　法兰与垫片选择

2.5.5.1　法兰与垫片

法兰是连接设计设备接管与外接管的设备元件，法兰的尺寸需要根据接管的尺寸、设计压力的大小以及设计所需法兰的形式进行选择。配套选择所需的螺栓与垫片，只需依据标准选择法兰型号即可。

2.5.5.2　法兰与垫片型号选择

根据国家标准 GB/T 9124.1—2019 和 GB/T 9124.4—2019 确定法兰尺寸。凹凸面对焊钢制管法兰见图 2-13，垫圈形式如图 2-14 所示。

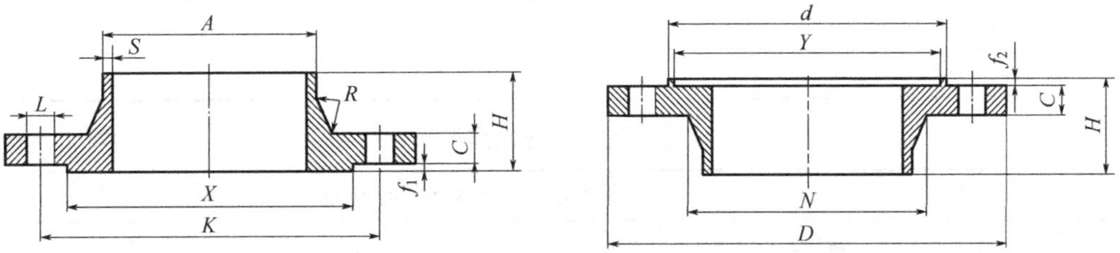

A型钢制管法兰　　B型钢制管法兰

图 2-13　凹凸面对焊钢制管法兰

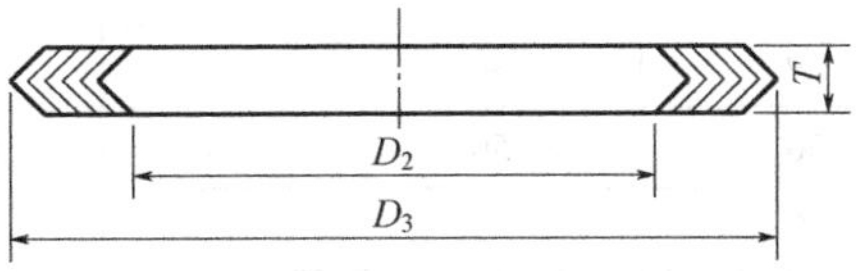

A型缠绕垫圈

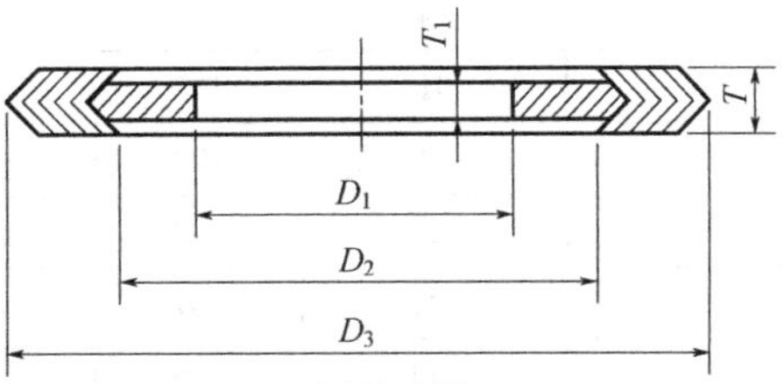

B型缠绕垫圈

图 2-14

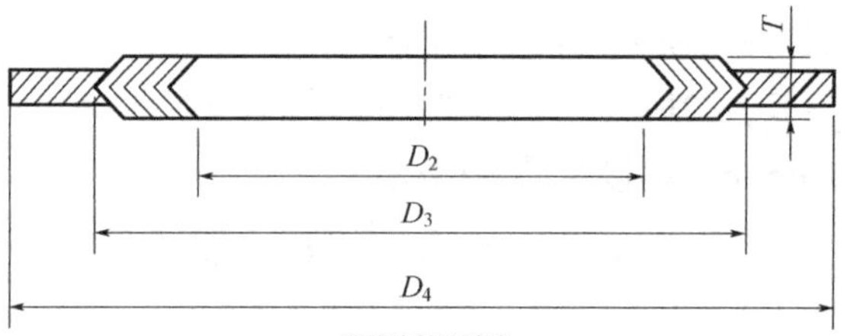

C型缠绕垫圈

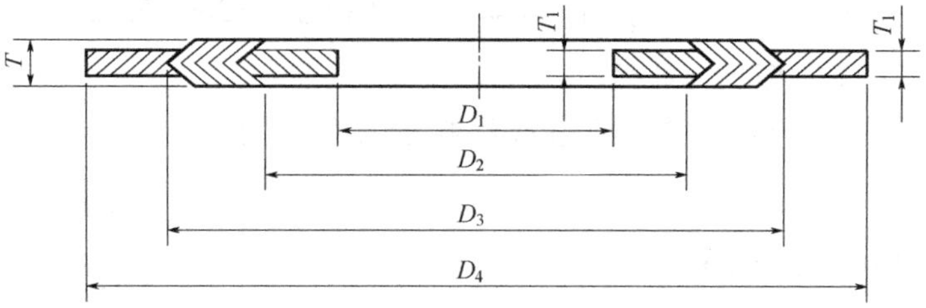

D型缠绕垫圈

图 2-14　垫圈形式

垫片类型和型号见表 2-29～表 2-31。

表 2-29　垫片类型

垫片类型	代号	适用密封面形式
基本型	A	榫槽面
带内环型	B	凹凸面
带外环型	C	凸面
带内外环型	D	

表 2-30　垫片型号（一）　　单位：mm

公称通径 DN	公称压力 PN　2.5MPa，4.0MPa						
	内环内径 D_1	缠绕垫内径 D_2	缠绕垫内径 D_3	外环外径 D_4		缠绕垫内径 T	外环厚度 T_1
				2.5MPa	4.0MPa		
10	14	24	36	46	46	3.2 及 4.5	2 及 3
15	18	29	40	51	51		
20	25	36	50	61	61		
25	32	43	57	71	71		
32	38	51	67	82	82		
40	45	58	74	92	92		
50	57	73	91	107	107		
65	76	89	109	127	127		
80	89	102	122	142	142		
100	108	127	147	167	167		
125	133	152	174	195	195		
150	159	179	201	225	225		

续表

公称通径 DN	公称压力 PN 2.5MPa，4.0MPa						
	内环内径 D_1	缠绕垫内径 D_2	缠绕垫内径 D_3	外环外径 D_4		缠绕垫内径 T	外环厚度 T_1
				2.5MPa	4.0MPa		
200	219	228	254	285	290	3.2 及 4.5	2 及 3
250	273	282	310	340	351		
300	325	334	362	400	416		
350	377	387	417	456	476		
400	426	436	468	516	544		
450	480	491	527	566	569		
500	530	541	577	619	628		
600	630	642	678	731	741		

表 2-31　垫片型号（二）

公称通径 DN	公称压力 PN 4.0MPa，6.3MPa，16.0MPa				
	内环内径 D_1	缠绕垫内径 D_2	缠绕垫内径 D_3	缠绕垫内径 T	外环厚度 T_1
10	14	24	34	3.2 及 4.5	2 及 3
15	18	29	39		
20	25	36	50		
25	32	43	57		
32	38	51	65		
40	45	61	75		
50	57	73	87		
65	76	95	109		
80	89	106	120		
100	108	129	149		
125	133	155	175		
150	159	183	203		
200	219	239	259		
250	273	292	312		
300	325	343	363		
350	377	395	421		
400	426	447	473		
450	480	497	523		
500	530	549	575		

2.5.6　隔板、封条及导流片的选择

2.5.6.1　隔板厚度计算

$$t = m\sqrt{\frac{3p}{4[\sigma_b]}} + C \tag{2-28}$$

式中 m——翅片间距，mm；

C——腐蚀余量，一般取 0.2mm；

$[\sigma_b]$——室温下力学性能保证值，翅片材料采用 6030，则$[\sigma_b]$=205Pa；

p——设计压力，MPa。

天然气：

$$t=10\times1.7\sqrt{\frac{3\times2.6}{4\times205}}+0.2=1.86$$

氮气-甲烷-乙烯：

$$t=10\times1.7\sqrt{\frac{3\times4.52}{4\times205}}+0.2=2.4$$

正丁烷、异丁烷、乙烷：

$$t=10\times1.8\sqrt{\frac{3\times3.24}{4\times205}}+0.2=2.2$$

正丁烷、异丁烷、乙烷（回）：

$$t=10\times1.7\sqrt{\frac{3\times0.12}{4\times205}}+0.2=0.56$$

根据翅片规格表 2-32 得出隔板厚度应取 3mm。

表 2-32　翅片规格

翅片代号	天然气	氮气-甲烷-乙烯	正丁烷-异丁烷	正丁烷-异丁烷（回）
翅距/mm	1.7	1.7	1.8	1.7
设计压力/MPa	2.6	4.52	3.24	0.12
隔板厚度/mm	1.86	2.4	2.2	0.56
翅片代号	混合制冷剂	天然气	氮气-甲烷	乙烯
翅距/mm	1.8	1.7	1.7	1.7
设计压力/MPa	0.105	2.575	4.495	4.495
隔板厚度/mm	0.75	2.05	2.58	2.58

2.5.6.2　封条选择

根据 NB/T 47006 标准可知封条宽度可依据封头的厚度以及焊接的合理性进行选择。封条样式见图 2-15，封条选型见表 2-33。

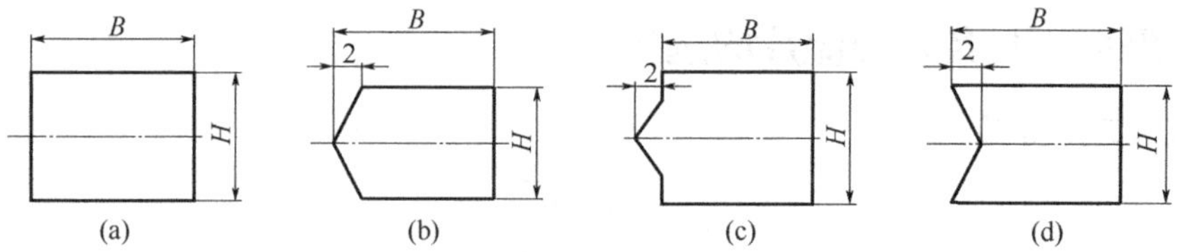

图 2-15　封条样式

表 2-33　封条选型

封条高度 H/mm	1.8	1.7	1.7	1.7
封条宽度 B/mm	1.25	9.22	12.18	12.18

2.5.6.3　导流片选择

导流片根据板束的厚度以及导流片在板束中的开口位置与方向进行选择。导流片样式见图 2-16。

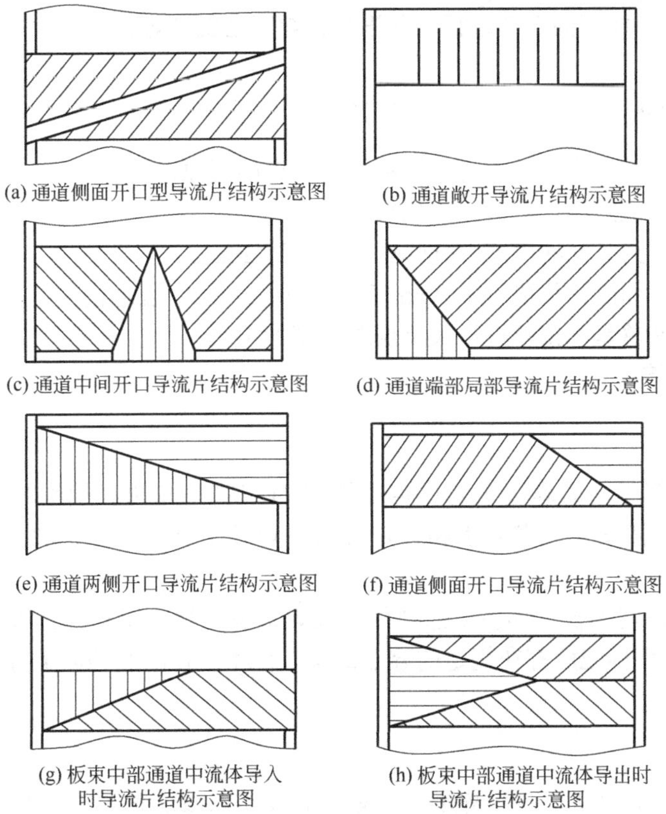

(a) 通道侧面开口型导流片结构示意图　(b) 通道敞开导流片结构示意图

(c) 通道中间开口导流片结构示意图　(d) 通道端部局部导流片结构示意图

(e) 通道两侧开口导流片结构示意图　(f) 通道侧面开口导流片结构示意图

(g) 板束中部通道中流体导入时导流片结构示意图　(h) 板束中部通道中流体导出时导流片结构示意图

图 2-16　导流片样式

2.5.7　换热器的成型安装

2.5.7.1　换热器板束

（1）组装要求

① 钎焊元件的尺寸偏差和形位公差应符合图样或相关技术文件的要求；组装前不得有毛刺，且表面不得有严重磕、划、碰伤等缺陷；组装前应进行清洗，以除去油迹、锈斑等杂质，清洗后应进行干燥处理。

② 组装前的翅片和导流片的翅形应保持规整，不得被挤压、拉伸和扭曲；翅片、导流片和封条的几何形状有局部形变时，应进行整形。

③ 隔板应保持平整，不得有弯曲、拱起、小角翘起和无包覆层的白边存在；板面上的

局部凹印深度不得超过板厚的 10%，且深不大于 0.15mm。

④ 组装时每一层的钎焊元件应互相靠紧，但不得重叠。设计压力 $p \leqslant 2.5\text{MPa}$ 时，钎焊元件的拼接间隙应不大于 1.5mm，局部不得大于 3mm；设计压力 $p > 2.5\text{MPa}$ 时，钎焊元件的拼接间隙应不大于 1mm，局部不得大于 2mm。拼接间隙的特殊要求应在图样中注明。

（2）钎焊工艺

钎焊工艺应针对相应的工艺进行，并进行钎焊工艺的评定。

（3）板束的外观

① 板束焊缝应饱满平滑，不得有钎料堵塞通道的现象；
② 导流片翅形应规整，不得露出隔板；
③ 相邻上下层封条间的内凹、外弹量不得超过 2mm；
④ 板束上下平面的错位量每 100mm 高不大于 1.5mm，且总错位量不大于 8mm；
⑤ 侧板的下凹总量不得超过板束叠层总厚度的 1%。

2.5.7.2 换热器焊接

（1）焊接工艺

① 热交换器施工前的焊接工艺评定应按 JB/T 4734—2002 的附录 B 进行。热交换器的焊接工艺文件应按图样技术要求和评定合格的焊接工艺并参照 JB/T 4734—2002 的附录 E 制定。

② 焊接工艺评定报告、焊接工艺规程、施焊记录的焊工识别标记等文件的保存期不得少于 7 年。焊工识别标记应打在规定的容器部位，但不得在耐腐蚀面上打钢印。

（2）焊接形式

① 焊接接头表面的形状尺寸及外观要求、焊接接头返修要求应符合 JB/T 4734—2002 的有关规定。

② 受压元件的 A、B、C、D 类焊接接头及钎焊缝的补焊应采用钨极氩弧焊、熔化极氩弧焊或采用通过实验可保证焊接质量的其他焊接方法，并符合 JB/T 4734—2002 的有关规定。

2.5.7.3 封头要求

成型后封头的壁厚减薄量不得大于图样规定的 10%，且不大于 3mm。

2.5.7.4 换热器试验、检验

在换热器制造出来后应进行试验与检测，在技术部门检验合格后才能出厂。

（1）耐压强度试验

热交换器的压力试验除符合标准和设计图样规定外，还应符合《压力容器安全技术检查规程》的规定。

（2）液压试验

热交换器的液压试验一般应采用水作试验介质，水应是洁净、对工件无腐蚀的。

（3）气压试验

热交换器的气压试验应采用干燥、无油、洁净的空气、氮气或惰性气体作为试验介质，试验压力按照有关规定确定。采用气压试验时，应有可靠的防护措施。

2.5.7.5 换热器的安装

安装换热器时应注意换热器的碰损，在固定安装完成后应对管道进行隔热保冷的处理。

2.5.7.6 换热器绝热要求

一般选用聚氨酯泡沫作为绝热材料供换热器保冷使用，厚度应满足保冷的需求。

根据图2-17保冷层厚度选择350mm。

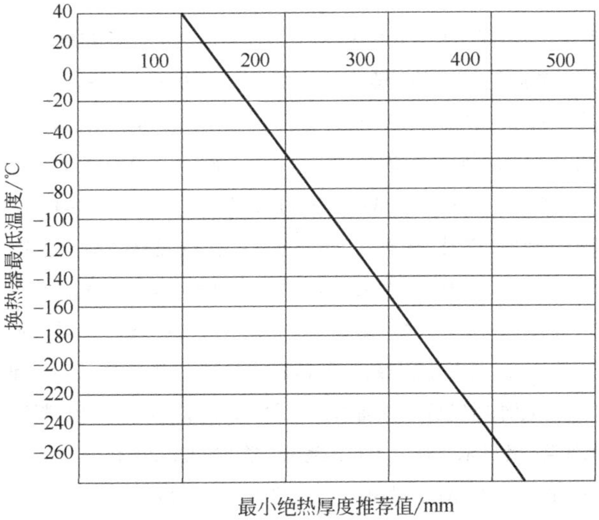

图2-17 管道绝热层厚度

本章小结

通过研究开发30万立方米每天DMR双混合制冷剂LNG板翅式换热器设计计算方法，并根据两级混合制冷剂LNG液化工艺流程及三级多股流板翅式换热器（PFHE）特点进行主设备设计计算，就可突破-162℃ LNG工艺设计计算方法及DMR主设备PFHE设计计算方法。设计过程中采用三级PFHE换热，其具有结构紧凑、换热效率高等特点，能有效解决液化工艺系统庞大、占地面积大等问题，并克服传统的LNG液化工艺缺陷，通过三级PFHE连续制冷，可最终实现LNG液化工艺整合计算过程。三级PFHE结构紧凑，便于多股流大温差换热，也是LNG液化过程中可选用的高效制冷设备之一。本章采用PFHE型MDR天然气液化系统，由两段制冷系统及三个连贯的板束组成，包括一次预冷板束、二次深冷板束及三次过冷板束，结构简洁，层次分明，易于设计计算，该工艺也是目前LNG液化工艺系统的主要选择之一。

参考文献

[1] 王松汉．板翅式换热器［M］．北京：化学工业出版社，1984.

[2] 吴业正，朱瑞琪．制冷与低温技术原理［M］．北京：高等教育出版社，2004.

[3] 钱寅国，文顺清．板翅式换热器的传热计算［J］．期刊论文，2006.

[4] GB 150.1～150.4—2011 压力容器［S］.

[5] 魏巍，汪荣顺．国内外液化天然气输运容器发展状态［J］．低温与超导，2005（2）：40，41.

[6] JB/T 4734—2002 铝制焊接容器［S］.

[7] NB/T 47006—2009（JB/T 4757）铝制板翅式换热器［S］.

[8] GB/T 3198—2003 铝及铝合金箔［S］.

[9] JB/T 4700～4707—2000 压力容器法兰［S］.

[10] GB/T 151—2014 热交换器［S］.

[11] JB/T 90—1994 金属缠绕垫片［S］.

[12] 苏斯君，张周卫，汪雅红．LNG 系列板翅式换热器的研究与开发［J］．化工机械，2018，45（6）：662-667.

[13] 张周卫．LNG 混合制冷剂多股流板翅式换热器［P］．中国：201510051091．6，2015．02.

[14] 张周卫．LNG 低温液化一级制冷五股流板翅式换热器［P］．中国：201510040244．7，2015．01.

[15] 张周卫．LNG 低温液化二级制冷四股流板翅式换热器［P］．中国：201510042630．X，2015．01.

[16] 张周卫．LNG 低温液化三级制冷三股流板翅式换热器［P］．中国：201510040244．7，2015．01.

[17] 张周卫，郭舜之，汪雅红，赵丽．液化天然气装备设计技术：液化换热卷［M］．北京：化学工业出版社，2018.

[18] 张周卫，赵丽，汪雅红，郭舜之．液化天然气装备设计技术：动力储运卷［M］．北京：化学工业出版社，2018.

[19] 张周卫，苏斯君，张梓洲，田源．液化天然气装备设计技术：通用换热器卷［M］．北京：化学工业出版社，2018.

[20] 张周卫，汪雅红，田源，张梓洲．液化天然气装备设计技术：LNG 低温阀门卷［M］．北京：化学工业出版社，2018.

[21] 张周卫，汪雅红，郭舜之，赵丽．低温制冷装备与技术［M］．北京：化学工业出版社，2018.

[22] 张周卫，汪雅红．空间低温制冷技术［M］．兰州：兰州大学出版社，2014.

[23] 张周卫，汪雅红．缠绕管式换热器［M］．兰州：兰州大学出版社，2014.

[24] 张周卫，薛佳幸，汪雅红．LNG 系列缠绕管式换热器的研究与开发［J］．石油机械，2015，43（4）：118-123.

[25] Zhang Zhouwei，Wang Yahong，Li Yue，Xue Jiaxing．Research and development on series of LNG plate-fin heat exchanger［C］．3rd International Conference on Mechatronics，Robotics and Automation（ICMRA 2015），2015（4）：1299-1304.

第 3 章 30万立方米每天三元混合制冷剂预冷LNG四级板翅式换热器设计计算

本章重点研究开发 30 万立方米每天三元混合制冷剂预冷 LNG 四级板翅式换热器设计计算方法，并根据 DMR 混合制冷剂 LNG 液化工艺流程及四级多股流板翅式换热器（PFHE）特点，将天然气液化为-162℃ LNG。在天然气液化为 LNG 过程中会放出大量热，需要研究开发相应三级三元混合制冷剂预冷工艺及三元一级 LNG 液化工艺，构建制冷系统并应用四级 PFHE 来降低天然气温度。传统的 DMR 液化工艺采用一级 PFHE 预冷，二级 PFHE 深冷工艺，最终将天然气在 1atm 下冷却至-162℃液体状态。本章采用三级 PFHE 预冷及一级 PFHE 液化工艺的四级 PFHE 主液化设备，内含 LNG 液化工艺，其具有结构紧凑、换热效率高等特点。

3.1 板翅式换热器的工艺计算

3.1.1 混合制冷剂参数确定

通过查阅相关资料和国内外对板翅式换热器的设计，确定出本设计所需的制冷剂分别为：氮气（N_2）、甲烷（CH_4）、乙烯（C_2H_4）、丙烷（C_3H_8）、异丁烷（iso-C_4H_{10}）。各制冷剂的参数都由 REFPROP 8.0 软件查得，具体见表 3-1。

表 3-1 传统六元制冷剂参数对应数据

名称	临界压力/MPa	临界温度/K	饱和压力/MPa	饱和温度/K
氮气	3.3958	126.19	1.3826	109
甲烷	4.5992	190.56	1.188	153
乙烯	5.0418	282.35	0.95662	220
丙烷	4.2512	369.89	1.2472	309
正丁烷	4.0051	419.29	0.40786	309
异丁烷	4.0098	418.09	0.41836	309

3.1.2 LNG 液化流程

30 万立方米每天混合制冷剂三级预冷 LNG 液化工艺流程见图 3-1。

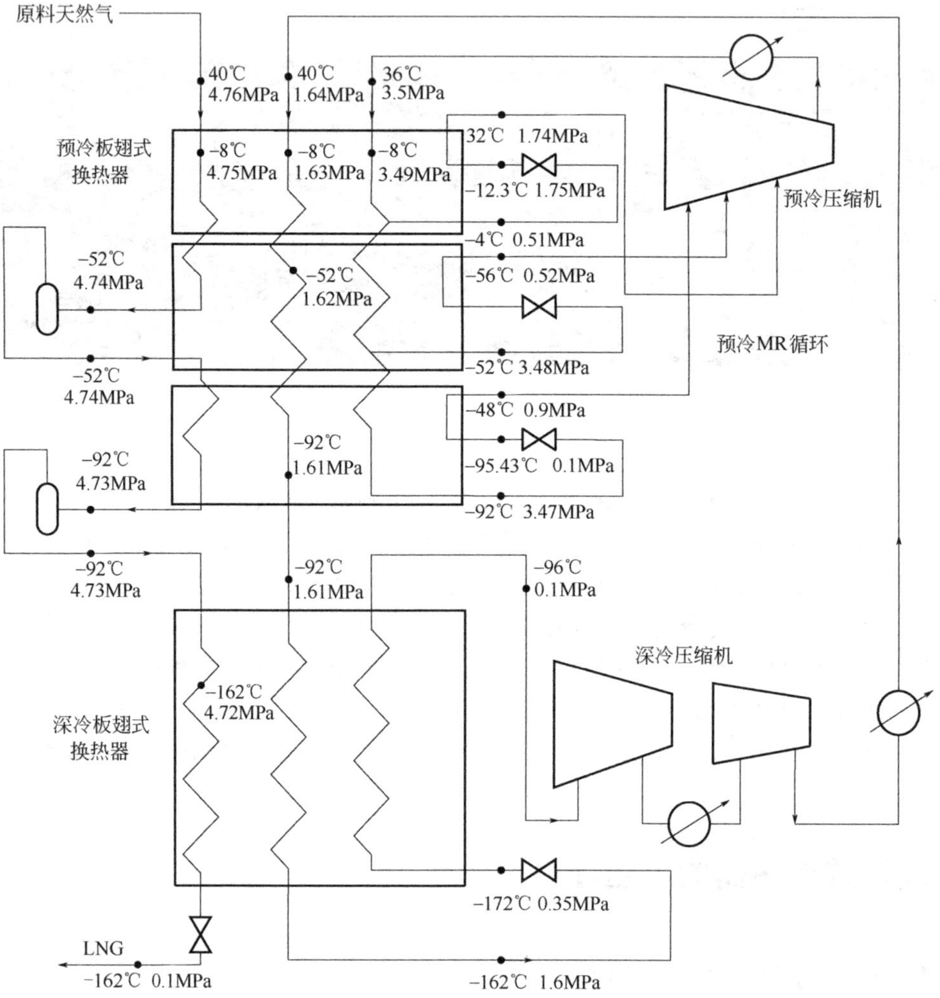

图 3-1 30 万立方米每天混合制冷剂三级预冷 LNG 液化工艺流程

3.1.3 各过程质量流量的计算

预冷换热器采用乙烯、丙烷、异丁烷为制冷剂，深冷换热器采用氮气、甲烷、乙烯为制冷剂。原料天然气进口温度为 40℃，经过三次节流出口温度达到-71℃。

3.1.3.1 深冷过程质量流量的计算

深冷过程制冷剂为氮气：甲烷：乙烯=3：5：2，假设制冷剂的质量流量为 m_2，T=20℃，p=0.1MPa，ρ=0.68257kg/m³。

天然气的质量流量：

$$Q = \frac{300000}{24 \times 3600} \times 0.68257 = 2.37(\text{kg/s})$$

天然气的深冷过程计算如下。

初态：T_1=−92℃　　p_1=4.73MPa

焓值：H_1=259.88kJ/kg

终态：T_2=−162℃　　p_2=4.72MPa

焓值：H_2=−4.0199kJ/kg

单位质量流量的预冷量：

$$H = H_2 - H_1 = -4.0199 - 259.88 = -263.8999(\text{kJ/kg})$$

$$Q = -263.8999 \times 2.37 = -625.443(\text{kJ/s})$$

初态：T_1=−92℃　　p_1=1.61MPa

焓值：H_1=354.34kJ/kg

终态：T_2=−162℃　　p_2=1.6MPa

焓值：H_2=−39.977kJ/kg

制冷剂的过冷过程制冷量：

$$H = H_2 - H_1 = -39.977 - 354.34 = -394.317(\text{kJ/kg})$$

$$Q_{制冷剂1} = 394.317m_2$$

初态：T_1=172℃　　p_1=0.35MPa

焓值：H_1=−39.977kJ/kg

终态：T_2=−88℃　　p_2=0.34MPa

焓值：H_2=427.89kJ/kg

制冷剂的深冷过程制冷量：

$$H = H_2 - H_1 = 427.89 - (-39.977) = 467.867(\text{kJ/kg})$$

$$Q_{制冷剂2} = 467.867m_2$$

冷量平衡计算：

$$Q_{天然气} + Q_{制冷剂1} = Q_{制冷剂2}$$

$$625.443 + 394.317m_2 = 467.867m_2$$

$$m_2 = 8.504\text{kg/s}$$

3.1.3.2　节流过程质量流量的计算

预冷过程制冷剂为乙烯∶丙烷∶异丁烷=6∶3∶1。

（1）一次节流过程

① 天然气

初态：T_1=40℃　　p_1=4.76MPa　　H_1=883.09kJ/kg

终态：T_2=−8℃　　p=4.75MPa　　H_2=759.81kJ/kg

一次预冷量：

$$H = H_2 - H_1 = 759.81 - 883.09 = -123.28(\text{kJ/kg})$$

$$Q_{天然气} = -123.28 \times 2.37 = -292.1736(\text{kJ/s})$$

② 深冷制冷剂

初态：T_1=40℃　p_1=1.64MPa　H_1=631.11kJ/kg

终态：T_2=−8℃　p_2=1.63MPa　H_2=551.19kJ/kg

一次节流预冷量：

$$H = H_2 - H_1 = 551.19 - 631.11 = -79.92(\text{kJ/kg})$$

$$Q_{制冷剂} = -79.92 \times 8.504 = -679.64(\text{kJ/s})$$

③ 预冷制冷剂

初态：T_1=36℃　p_1 =3.5MPa　H_1=448.11kJ/kg

制冷：T_1' =32℃　p_1' =1.74MPa　H_1' =612.86kJ/kg

终态：T_2=−8℃　p_2=3.49MPa　H_2=215.07kJ/kg

节流：T_2' =−12.3℃　p_2' =1.75MPa　H_2' =215.07kJ/kg

一次节流预冷量：

$$H = H_2 - H_1 = 215.07 - 448.11 = 233.04(\text{kJ/kg})$$

$$Q_{预冷制冷剂1} = 233.04m_3$$

一次节流制冷量：

$$H = H_1' - H_2' = 612.86 - 215.07 = 397.79(\text{kJ/kg})$$

$$Q_{预冷制冷剂2} = 397.79m_3$$

平衡计算：

$$Q_{天然气} + Q_{深冷制冷剂} + Q_{预冷制冷剂1} = Q_{预冷制冷剂2}$$

$$292.1736 + 679.64 + 233.04m_3 = 397.79m_3$$

$$m_3 = 5.9\text{kg/s}$$

（2）二次节流过程

① 天然气

初态：T_1=−8℃　p_1=4.75MPa　H_1=759.81kJ/kg

终态：T_2=−52℃　p_2=4.74MPa　H_2=629.14kJ/kg

二次预冷量：

$$H = H_2 - H_1 = 629.14 - 759.81 = -130.67(\text{kJ/kg})$$

$$Q_{制冷剂} = -130.67 \times 2.37 = -309.6879(\text{kJ/s})$$

② 深冷制冷剂

初态：T_1=−8℃　p_1=1.63MPa　H_1=551.19kJ/kg

终态：T_2=−52℃　p_2=1.62MPa　H_2=478.15kJ/kg

二次节流预冷量：

$$H = H_2 - H_1 = 478.15 - 551.19 = -73.04(\text{kJ/kg})$$

$$Q_{制冷剂} = -73.04 \times 8.504 = -621.13216(\text{kJ/s})$$

③ 预冷制冷剂

初态：T_1=−8℃　　p_1=3.49MPa　　H_1=215.07kJ/kg

制冷：T_1'=−4℃　　p_1'=0.51MPa　　H_1'=582.91kJ/kg

终态：T_2=−52℃　　p_2=3.48MPa　　H_2=106.77kJ/kg

节流：T_2'=−56℃　　p_2'=0.52MPa　　H_2'=106.77kJ/kg

二次节流预冷量：

$$H = H_2 - H_1 = 106.77 - 215.07 = -108.3(\text{kJ/kg})$$

$$Q_{预冷制冷剂1} = 108.3m_3'$$

二次节流制冷量：

$$H = H_1' - H_2' = 582.91 - 106.77 = 476.14(\text{kJ/kg})$$

$$Q_{预冷制冷剂2} = 476.14m_3'$$

平衡计算：

$$Q_{天然气} + Q_{深冷制冷剂} + Q_{预冷制冷剂1} = Q_{预冷制冷剂2}$$

$$309.6879 + 621.13216 + 108.3m_3' = 476.14m_3'$$

$$m_3' = 2.53\text{kg/s}$$

（3）三次节流过程

① 天然气

初态：T_1=−52℃　　p_1=4.74MPa　　H_1=629.14kJ/kg

终态：T_2=−92℃　　p_2=4.73MPa　　H_2=259.88kJ/kg

三次预冷量：

$$H = H_2 - H_1 = 259.88 - 629.14 = -369.26(\text{kJ/kg})$$

$$Q_{天然气} = -369.26 \times 2.37 = -875.1462(\text{kJ/s})$$

② 深冷制冷剂

初态：T_1=52℃　　p_1=1.62MPa　　H_1=478.15kJ/kg

终态：T_2=−92℃　　p_2=1.61MPa　　H_2=354.34kJ/kg

三次节流预冷量：

$$H = H_2 - H_1 = 354.34 - 478.15 = -123.81(\text{kJ/kg})$$

$$Q_{制冷剂} = -123.81 \times 8.504 = -1052.9(\text{kJ/s})$$

② 预冷制冷剂

初态：$T_1 = -52$℃　　$p_1 = 3.48$MPa　　$H_1 = 106.77$kJ/kg

制冷：$T_1' = -48$℃　　$p_1' = 0.09$MPa　　$H_1' = 531.10$kJ/kg

终态：T_2=−92℃　　p_2=3.47MPa　　H_2=16.825kJ/kg

节流：T_2'=−95.43℃　　p_2'=0.1MPa　　H_2'=16.825kJ/kg

三次节流预冷量：

$$H = H_2 - H_1 = 16.825 - 106.77 = -89.945(\text{kJ/kg})$$

$$Q_{预冷制冷剂1} = 89.945m_3''$$

三次节流制冷量：

$$H = H_1' - H_2' = 531.1 - 16.825 = 514.275(\mathrm{kJ/kg})$$

$$Q_{预冷制冷剂2} = 514.275m_3''$$

平衡计算：

$$Q_{天然气} + Q_{深冷制冷剂} + Q_{预冷制冷剂1} = Q_{预冷制冷剂2}$$

$$875.1462 + 1052.9 + 89.945m_3'' = 514.275m_3''$$

$$m_3'' = 4.54\mathrm{kg/s}$$

各级设备各制冷剂单位质量预冷量和制冷量见表 3-2～表 3-5。各制冷剂质量流量见表 3-6。各级设备各制冷剂预冷量和制冷量见表 3-7～表 3-10。各级换热器进出口参数见表 3-11。

表 3-2　一级设备各制冷剂单位质量预冷量和制冷量

制冷剂	单位预冷量/(kJ/kg)	单位制冷量/(kJ/kg)	单位净制冷量/(kJ/kg)
天然气	-123.28		
氮气、甲烷、乙烯（深冷过程）	-79.92		
乙烯、丙烷、异丁烷（预冷过程）	-233.04	397.79	164.75

表 3-3　二级设备各制冷剂单位质量预冷量和制冷量

制冷剂	单位预冷量/(kJ/kg)	单位制冷量/(kJ/kg)	单位净制冷量/(kJ/kg)
天然气	-130.67		
氮气、甲烷、乙烯（深冷过程）	-73.04		
乙烯、丙烷、异丁烷（预冷过程）	-108.3	476.14	367.84

表 3-4　三级设备各制冷剂单位质量预冷量和制冷量

制冷剂	单位预冷量/(kJ/kg)	单位制冷量/(kJ/kg)	单位净制冷量/(kJ/kg)
天然气	-369.26		
氮气、甲烷、乙烯（深冷过程）	-123.81		
乙烯、丙烷、异丁烷（预冷过程）	-89.945	514.275	424.33

表 3-5　深冷设备各制冷剂单位质量深冷量和制冷量

制冷剂	单位深冷量/(kJ/kg)	单位制冷量/(kJ/kg)	单位净制冷量/(kJ/kg)
天然气	-263.8999		
氮气、甲烷、乙烯（深冷过程）	-394.317	467.867	73.55

表 3-6　各制冷剂质量流量

项目	氮气、甲烷、乙烯（深冷过程）	乙烯、丙烷、异丁烷（预冷过程）			天然气
质量流量/(kg/s)	8.504	一级	二级	三级	2.37
		5.9	2.53	4.54	

表 3-7　一级设备各制冷剂预冷量和制冷量

制冷剂	预冷量/(kJ/s)	制冷量/(kJ/s)	净制冷量/(kJ/s)
天然气	−292.1736		
氮气、甲烷、乙烯（深冷过程）	−679.64		
乙烯、丙烷、异丁烷（预冷过程）	−1235.112	2108.287	873.175

表 3-8　二级设备各制冷剂预冷量和制冷量

制冷剂	预冷量/(kJ/s)	制冷量/(kJ/s)	净制冷量/(kJ/s)
天然气	−309.6879		
氮气、甲烷、乙烯（深冷过程）	−621.13216		
乙烯、丙烷、异丁烷（预冷过程）	−273.999	1204.6342	930.6352

表 3-9　三级设备各制冷剂预冷量和制冷量

制冷剂	预冷量/(kJ/s)	制冷量/(kJ/s)	净制冷量/(kJ/s)
天然气	−875.1462		
氮气、甲烷、乙烯（预冷）	−1052.9		
乙烯、丙烷、异丁烷（预冷）	−408.3503	2334.8085	1926.4582

表 3-10　深冷设备各制冷剂深冷量和制冷量

制冷剂	深冷量/(kJ/s)	制冷量/(kJ/s)	净制冷量/(kJ/k)
天然气	−625.443		
氮气、甲烷、乙烯（深冷）	−3353.2718	3978.741	625.459

表 3-11　各级换热器进出口参数

阶段			温度/℃	压力/MPa	焓/(kJ/kg)	熵/(J/K)
天然气（预冷段）	一级	进口	40	4.76	883.09	4.6076
		出口	−8	4.75	729.81	4.1809
	二级	进口	−8	4.75	729.81	4.1809
		出口	−52	4.74	629.14	3.6406
	三级	进口	−52	4.74	629.14	3.6406
		出口	−92	4.73	259.88	1.7732
氮气、甲烷、乙烯预冷侧	一级	进口	40	1.64	631.11	2.7248
		出口	−8	1.63	551.19	5.0757
	二级	进口	−8	1.63	551.19	5.0757
		出口	−52	1.62	478.15	4.7765
	三级	进口	−52	1.62	478.15	4.7765
		出口	−92	1.61	354.34	4.1397
乙烯、丙烷、异丁烷预冷侧	一级	进口	36	3.5	448.11	2.0126
		出口	−8	3.49	215.07	1.2180

续表

阶段			温度/℃	压力/MPa	焓/(kJ/kg)	熵/(J/K)
乙烯、丙烷、异丁烷预冷侧	二级	进口	−8	3.49	215.07	1.2180
		出口	−52	3.48	106.77	0.77235
	三级	进口	−52	3.48	106.77	0.77235
		出口	−92	3.47	16.825	0.32423
	一级	节流前	−8	3.49	215.07	1.2180
		节流后	−12.3	1.75	214.95	1.2315
	二级	节流前	−52	3.48	106.77	0.77235
		节流后	−56	0.52	109.55	0.80999
	三级	节流前	−92	3.47	16.825	0.32423
		节流后	−95.43	0.1	16.770	0.35544
氮气、甲烷、乙烯深冷侧	进口		−92	1.61	35.34	4.1397
	出口		−162	1.60	−39.977	1.4734
	节流前		−162	1.60	−39.977	1.4734
	节流后		−172	0.35	−38.045	1.5316
	制冷前		−172	0.35	−38.045	1.5316
	制冷后		−96	0.34	427.89	5.0801
天然气（深冷段）	进口		−92	4.73	259.88	1.7732
	出口		−162	4.72	−4.0199	−0.042943
乙烯、丙烷、异丁烷预冷制冷侧	一级	制冷前	−12.3	1.75	214.95	1.2315
		制冷后	32	1.74	612.86	2.6538
	二级	制冷前	−56	0.52	109.55	0.80999
		制冷后	−4	0.51	582.91	2.8005
	三级	制冷前	−95.43	0.1	16.770	0.35544
		制冷后	−48	0.9	329.91	1.8587

多股流板翅式换热器一、二、三级翅片剖面局部图如图 3-2～图 3-4 所示。

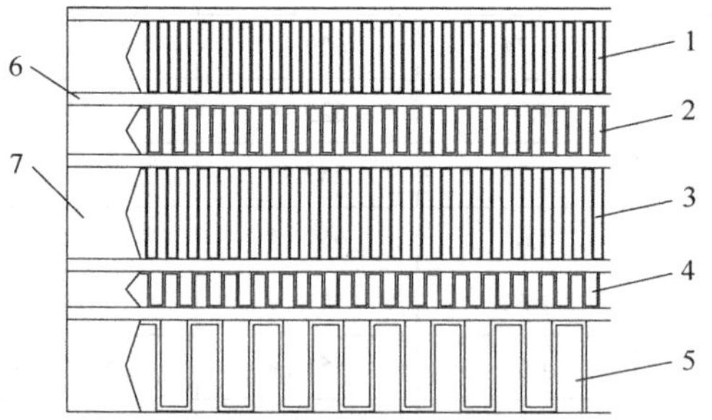

图 3-2　多股流板翅式换热器一级翅片剖面局部图

1—混合制冷剂侧翅片；2—天然气侧翅片；
3—氮气、甲烷、乙烯侧翅片；4—正丁烷、异丁烷侧翅片；
5—丙烷侧翅片；6—隔板；7—封条

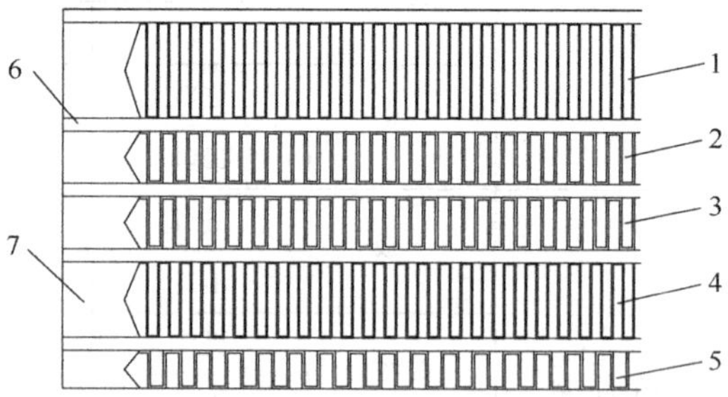

图 3-3　多股流板翅式换热器二级翅片剖面局部图

1—混合制冷剂侧翅片；2—天然气侧翅片；
3—天然气侧翅片；4—氮气、甲烷侧翅片；
5—乙烯侧翅片；6—隔板；7—封条

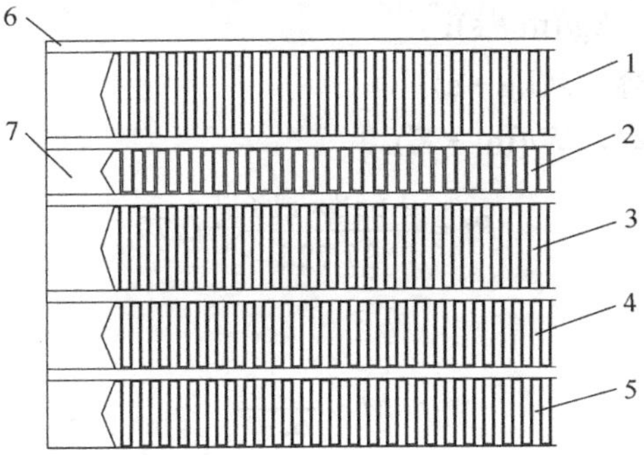

图 3-4　多股流板翅式换热器三级翅片剖面局部图

1—混合制冷剂侧翅片；2—天然气侧翅片；3—混合制冷剂侧翅片；4—氮气、甲烷侧翅片；
5—氮气、甲烷侧翅片；6—隔板；7—封条

3.2　板翅式换热器各参数及传热面积计算

3.2.1　天然气侧流体参数计算

（1）天然气预冷段一级流道参数计算

$$G_i = \frac{W}{f_i} \tag{3-1}$$

式中　G_i ——天然气侧流道的质量流速，kg/(m² • s)；

W——各股流的质量流量，kg/s；

f_i ——单层通道一米宽度上的截面积，m²。

$$G_i = \frac{2.37}{5.27 \times 0.005} = 89.94[\mathrm{kg/(m^2 \cdot s)}]$$

雷诺数：

$$Re = \frac{G_i d_e}{\mu g} \tag{3-2}$$

式中　G_i ——天然气侧流道的质量流速，kg/(m² • s)；

g ——重力加速度，m/s²；

d_e ——天然气侧翅片当量直径，m；

μ ——天然气的黏度，kg/(m • s)。

$$Re = \frac{89.94 \times 2.67}{11.6 \times 10^{-3}} = 20701.7$$

普朗特数：

$$Pr = \frac{C\mu}{\lambda} \tag{3-3}$$

式中　μ——流体的黏度，kg/(m·s)；

C——流体的比热容，J/(kg·s)；

λ——流体的热导率，W/(m²·K)。

$$Pr=\frac{2.558\times 11.6}{37.734}=0.79$$

斯坦顿数 St：

$$St=\frac{j}{Pr^{2/3}} \tag{3-4}$$

式中　j——传热因子，查王松汉著《板翅式换热器》得其数值为 0.0032。

$$St=\frac{0.0032}{0.79^{2/3}}=0.0037$$

给热系数 α：

$$\alpha=3600\times St\times C\times G_i \tag{3-5}$$

$$\alpha=\frac{3600\times 0.0037\times 2.558\times 89.94}{4.184}=732.4[\text{kcal}/(\text{m}^2\cdot\text{h}\cdot{}^\circ\text{C})]$$

天然气侧的 p 值：

$$p=\sqrt{\frac{2\alpha}{\lambda\delta}} \tag{3-6}$$

式中　α——天然气侧流体给热系数，kcal/(m²·h·℃)；

λ——翅片材料热导率，W/(m²·K)；

δ——翅厚，mm。

$$p=\sqrt{\frac{2\times 732.4}{165\times 3\times 10^{-4}}}=172$$

天然气侧：

$$b=h/2$$

式中　h——天然气板侧翅高，m。

$$b=6.5\times 10^{-3}\text{m}$$

查双曲函数表可知：

$$\cosh(pb)=1.6685\text{；}\quad \tanh(pb)=0.8005$$

天然气侧翅片一次面传热效率：

$$\eta_\text{f}=\frac{\tanh(pb)}{pb}=0.72 \tag{3-7}$$

天然气侧翅片总传热效率：

$$\eta_0=1-\frac{F_2}{F_0}(1-\eta_\text{f})=0.772 \tag{3-8}$$

式中　F_2——天然气侧翅片二次传热面积，mm²；

F_0——天然气侧翅片总传热面积，mm^2。

（2）天然气侧预冷段二级流道参数计算

质量流速：

$$G_i = \frac{2.37}{5.27 \times 10^{-3} \times 6} = 75[\mathrm{kg/(m^2 \cdot s)}]$$

雷诺数：

$$Re = \frac{75 \times 2.67 \times 10^{-3}}{10.38 \times 10^{-6}} = 19291.91$$

普朗特数：

$$Pr = \frac{3.6246 \times 10^3 \times 10.38 \times 10^{-6}}{31.6035 \times 10^{-3}} = 0.95$$

斯坦顿数 St（查王松汉著《板翅式换热器》得传热因子为 0.0035）：

$$St = \frac{0.0035}{0.95^{2/3}} = 0.0036$$

给热系数：

$$\alpha = \frac{3600 \times 0.0036 \times 3.6246 \times 75}{4.184} = 842[\mathrm{kcal/(m^2 \cdot h \cdot ℃)}]$$

天然气侧的 p 值：

$$p = \sqrt{\frac{2 \times 842}{165 \times 3 \times 10^{-4}}} = 184.45$$

天然气侧：

$$b = h_1$$

式中　h_1——天然气板侧翅高，m。

$$b = 6.5 \times 10^{-3}\mathrm{m}$$

查双曲函数表可知：

$$\tanh(pb) = 0.8243$$

天然气侧翅片一次面传热效率：

$$\eta_f = \frac{\tanh(pb)}{pb} = 0.7$$

天然气侧翅片总传热效率：

$$\eta_0 = 1 - \frac{F_2}{F_0}(1 - \eta_f) = 0.7645$$

（3）天然气侧预冷段三级流道参数计算

① 过冷段参数计算

质量流速：

$$G_i = 89.94\text{kg/(m}^2 \cdot \text{s)}$$

雷诺数：

$$Re = \frac{89.94 \times 2.67 \times 10^{-3}}{31.797 \times 10^{-6}} = 7552.3$$

普朗特数：

$$Pr = \frac{6.2716 \times 10^3 \times 31.797 \times 10^{-6}}{87.286 \times 10^{-3}} = 2.28$$

天然气侧的 p 值：

$$p = \sqrt{\frac{2 \times 1164.8}{165 \times 3 \times 10^{-4}}} = 216.94$$

天然气侧翅片一次面传热效率：

$$\eta_\text{f} = \frac{\tanh(pb)}{pb} = 0.63$$

天然气侧翅片总传热效率：

$$\eta_0 = 1 - \frac{F_2}{F_0}(1 - \eta_\text{f}) = 0.71$$

② 过热段参数计算

质量流速：

$$G_i = \frac{2.37}{5.27 \times 0.005} = 89.94[\text{kg/(m}^2 \cdot \text{s)}]$$

雷诺数：Re=24305

普朗特数：

$$Pr = \frac{4.2052 \times 10^3 \times 9.88 \times 10^{-6}}{32.401 \times 10^{-3}} = 1.28$$

斯坦顿数：

$$St = \frac{0.0036}{1.28^{2/3}} = 0.0031$$

给热系数：

$$\alpha = 3600 \times St \times C \times G_i = 1009\text{kcal/(m}^2 \cdot \text{h} \cdot ℃)$$

天然气侧的 p 值：

$$p = \sqrt{\frac{2 \times 1009}{165 \times 3 \times 10^{-4}}} = 202$$

天然气侧翅片一次面传热效率：

$$\eta_\text{f} = \frac{\tanh(pb)}{pb} = 0.66$$

天然气侧翅片总传热效率：

$$\eta_0 = 1 - \frac{F_2}{F_0}(1-\eta_f) = 0.73$$

（4）天然气侧深冷段流道参数计算

质量流速：

$$G_i = \frac{2.37}{5.27\times10^{-3}\times3\times2} = 75[\mathrm{kg/(m^2\cdot s)}]$$

雷诺数：

$$Re = \frac{75\times2.67\times10^{-3}}{70.61\times10^{-6}} = 2836$$

普朗特数：

$$Pr = \frac{3.6246\times10^{3}\times70.61\times10^{-6}}{145.54\times10^{-3}} = 1.76$$

斯坦顿数 St：

$$St = \frac{0.0052}{1.76^{2/3}} = 0.0036$$

给热系数：

$$\alpha = \frac{3600\times0.0036\times3.6246\times75}{4.184} = 842[\mathrm{kcal/(m^2\cdot h\cdot ℃)}]$$

天然气侧的 p 值：

$$p = \sqrt{\frac{2\times842}{165\times3\times10^{-4}}} = 184.4$$

查双曲函数表可知：

$$\tanh(pb) = 0.7064$$

$$\eta_f = \frac{\tanh(pb)}{pb} = 0.81$$

天然气侧翅片总传热效率：

$$\eta_0 = 1 - \frac{F_2}{F_0}(1-\eta_f) = 0.85$$

3.2.2　氮气-甲烷-乙烯侧参数计算

根据流体的允许压力降和冷热流体的温差选取翅片类型为 9.5PZ14015，其参数见表 3-12。氮气-甲烷-乙烯在平均温度下的物性参数见表 3-13。

表 3-12　翅片参数

翅型	翅高 L/mm	翅厚 δ/mm	翅距 m/mm	当量直径 D_e/mm	通道截面积 f/m²	总传热面积 F/m²	二次传热面积与总传热面积之比
平直翅片	9.5	0.2	1.4	2.12	0.00797	15	0.885

表 3-13 氮气-甲烷-乙烯在平均温度下的物性参数

项目	一级	二级	三级	深冷过程	制冷
比热容 C_p/[kJ/(kg·K)]	1.6645	1.6581	1.7645	2.722	1.566
黏度 μ/[kg/(m·s)]	12.821×10^{-6}	11.223×10^{-6}	9.672×10^{-6}	97.915×10^{-6}	7.8×10^{-6}

（1）氮气-甲烷-乙烯侧预冷一级流道参数计算

质量流速：

$$G_i=\frac{8.5685}{7.97\times10^{-3}\times5}=215.02[\text{kg/(m}^2\cdot\text{s)}]$$

雷诺数：

$$Re=\frac{215.02\times2.12\times10^{-3}}{12.821\times10^{-6}}=35554.36$$

普朗特数：

$$Pr=\frac{1.6645\times10^{3}\times12.821\times10^{-6}}{35.734\times10^{-3}}=0.597$$

斯坦顿数 St：

$$St=\frac{0.0033}{0.597^{2/3}}=0.0047$$

给热系数：

$$\alpha=\frac{3600\times0.0047\times1.6645\times215.02}{4.184}=1447.3[\text{kcal/(m}^2\cdot\text{h}\cdot℃)]$$

氮气-甲烷-乙烯侧的 p 值：

$$p=\sqrt{\frac{2\times1447.3}{165\times2\times10^{-4}}}=418.8$$

查双曲函数表可知：

$$\tanh(pb)=0.9993\text{；}\ \cosh(pb)=25.9773$$

氮气-甲烷-乙烯侧翅片一次面传热效率：

$$\eta_1=\frac{1}{2}\times\left[1+\frac{1}{\cosh(pb)}\right]=0.519$$

氮气-甲烷-乙烯侧翅片二次面传热效率：

$$\eta_2=\frac{\tanh(pb)}{pb}=0.251$$

氮气-甲烷-乙烯侧翅片总传热效率：

$$\eta_0=\frac{F_1\eta_1+F_2\eta_2}{F_0}=0.27$$

（2）氮气-甲烷-乙烯侧预冷二级流道参数计算

质量流速：

$$G_i=\frac{15.705}{7.97\times10^{-3}\times5}=394.1[\text{kg/(m}^2\cdot\text{s)}]$$

雷诺数：

$$Re=\frac{394.1\times2.12\times10^{-3}}{11.223\times10^{-6}}=74444.62$$

普朗特数：

$$Pr=\frac{3.0309\times10^{3}\times11.223\times10^{-6}}{57.65\times10^{-3}}=0.59$$

斯坦顿数 St：

$$St=\frac{0.00148}{0.59^{2/3}}=0.0021$$

给热系数：

$$\alpha=\frac{3600\times0.0021\times3.0309\times394.1}{4.184}=2158.3[\text{kcal/(m}^2\cdot\text{h}\cdot\text{℃)}]$$

氮气-甲烷-乙烯侧的 p 值：

$$p=\sqrt{\frac{2\times2158.3}{165\times2\times10^{-4}}}=361.67$$

查双曲函数表可知：

$$\tanh(pb)=0.9919\text{；}\quad\cosh(pb)=7.8533$$

氮气-甲烷-乙烯侧翅片一次面传热效率：

$$\eta_1=\frac{1}{2}\left[1+\frac{1}{\cosh(pb)}\right]=0.56$$

氮气-甲烷-乙烯侧翅片二次面传热效率：

$$\eta_2=\frac{\tanh(pb)}{pb}=0.36$$

氮气-甲烷-乙烯侧翅片总传热效率：

$$\eta_0=\frac{F_1\eta_1+F_2\eta_2}{F_0}=0.37$$

（3）氮气-甲烷-乙烯侧预冷三级流道参数计算

质量流速：

$$G_i=\frac{8.5685}{7.97\times10^{-3}\times5\times1}=215.02[\text{kg/(m}^2\cdot\text{s)}]$$

雷诺数：

$$Re = \frac{215.02 \times 2.12 \times 10^{-3}}{9.672 \times 10^{-6}} = 47130.12$$

普朗特数：

$$Pr = \frac{1.7645 \times 10^{3} \times 9.672 \times 10^{-6}}{35.921 \times 10^{-3}} = 0.475$$

斯坦顿数：

$$St = \frac{0.0032}{0.475^{2/3}} = 0.0053$$

给热系数：

$$\alpha = \frac{3600 \times 0.0053 \times 1.7645 \times 215.02}{4.184} = 1730.2[\text{kcal/(m}^2 \cdot \text{h} \cdot ℃)]$$

氮气-甲烷-乙烯侧的 p 值：

$$p = \sqrt{\frac{2 \times 1730.2}{165 \times 2 \times 10^{-4}}} = 324$$

$$\tanh(pb) = 0.9959$$

$$\cosh(pb) = 11.1215$$

氮气-甲烷-乙烯侧翅片一次面传热效率：

$$\eta_1 = \frac{1}{2} \times \left[1 + \frac{1}{\cosh(pb)}\right] = 0.545$$

氮气-甲烷-乙烯侧翅片二次面传热效率：

$$\eta_2 = \frac{\tanh(pb)}{pb} = 0.32$$

氮气-甲烷-乙烯侧翅片总传热效率：

$$\eta_0 = \frac{F_1\eta_1 + F_2\eta_2}{F_0} = 0.33$$

（4）氮气-甲烷-乙烯侧深冷流道参数计算

质量流速：

$$G_i = \frac{8.504}{7.97 \times 10^{-3} \times 3 \times 2} = 177.83[\text{kg/(m}^2 \cdot \text{s)}]$$

雷诺数：

$$Re = \frac{177.83 \times 2.12 \times 10^{-3}}{97.915 \times 10^{-6}} = 3850.3$$

普朗特数：

$$Pr = \frac{2.772 \times 10^{3} \times 97.915 \times 10^{-6}}{149.97 \times 10^{-3}} = 1.81$$

斯坦顿数：

$$St = \frac{0.0051}{1.81^{2/3}} = 0.0034$$

给热系数：

$$\alpha = \frac{3600 \times 0.0034 \times 2.772 \times 177.83}{4.184} = 1442.07[\text{kcal}/(\text{m}^2 \cdot \text{h} \cdot ℃)]$$

氮气-甲烷-乙烯侧的 p 值：

$$p = \sqrt{\frac{2 \times 1442.07}{165 \times 2 \times 10^{-4}}} = 295.63$$

查双曲函数表可知：

$$\tanh(pb) = 0.7574$$

氮气-甲烷-乙烯侧翅片二次面传热效率：

$$\eta_2 = \frac{\tanh(pb)}{pb} = 0.684$$

氮气-甲烷-乙烯侧翅片总传热效率：

$$\eta_0 = \frac{F_1\eta_1 + F_2\eta_2}{F_0} = 0.67$$

3.2.3　乙烯-丙烷-异丁烷侧参数计算

根据流体的允许压力降和冷热流体的温差选取翅片类型为 12PZ4206，其参数见表 3-14。乙烯-丙烷-异丁烷在平均温度下的物性参数见表 3-15。

表 3-14　翅片类型参数

翅型	翅高 L/mm	翅厚 δ/mm	翅距 m/mm	当量直径 D_e/mm	通道截面积 f/m^2	总传热面积 F/m^2	二次传热面积与总传热面积之比
平直翅片	3.2	0.3	4.2	3.33	0.00269	3.44	0.426

表 3-15　乙烯-丙烷-异丁烷在平均温度下的物性参数

项目	一级	二级	三级	一次制冷	二次制冷	三次制冷
比热容 C_p/[kJ/(kg・K)]	3.0309	2.5284	2.2440	2.0226	1.5965	2.2606
黏度 μ/[kg/(m・s)]	72.185×10^{-6}	106.85×10^{-6}	189.38×10^{-6}	9.8552×10^{-6}	8.1759×10^{-6}	187.28×10^{-6}
热导率 λ	91.629	114.73	154.12	18.786	13.897	151.76

（1）过冷段各参数的计算

乙烯-丙烷-异丁烷侧流道的质量流速：

$$G_i = \frac{5.3}{2.69 \times 10^{-3} \times 5 \times 1} = 394.1[\text{kg}/(\text{m}^2 \cdot \text{s})]$$

雷诺数：

$$Re=\frac{394.1\times3.33\times10^{-3}}{72.185\times10^{-6}}=18180$$

普朗特数：

$$Pr=\frac{3.0309\times10^{3}\times72.185\times10^{-6}}{91.629\times10^{-3}}=2.39$$

斯坦顿数 St：

$$St=\frac{0.0037}{2.39^{2/3}}=0.0021$$

给热系数：

$$\alpha=\frac{3600\times0.0021\times3.0309\times394.1}{4.184}=2158.3[\mathrm{kcal/(m^2\cdot h\cdot ℃)}]$$

乙烯-丙烷-异丁烷侧的 p 值：

$$p=\sqrt{\frac{2\times2158.3}{165\times3\times10^{-4}}}=295.3$$

乙烯-丙烷-异丁烷侧：

$$b=\left(L_1+L_2+L_3\right)/2$$

其中，L_i 为天然气板侧翅高；$b=9.6\times10^{-3}$m。

查双曲函数表可知：

$$\tanh(pb)=0.9933$$

乙烯-丙烷-异丁烷侧翅片一次面传热效率：

$$\eta_\mathrm{f}=\frac{\tanh(pb)}{pb}=0.35$$

乙烯-丙烷-异丁烷侧翅片总传热效率：

$$\eta_0=1-\frac{F_2}{F_0}(1-\eta_\mathrm{f})=0.72$$

（2）预冷二级各参数的计算

乙烯-丙烷-异丁烷侧流道的质量流速：

$$G_i=\frac{2.53}{2.69\times10^{-3}\times5\times1}=188.1[\mathrm{kg/(m^2\cdot s)}]$$

雷诺数：

$$Re=\frac{188.1\times3.33\times10^{-3}}{106.85\times10^{-6}}=5862.2$$

普朗特数：

$$Pr=\frac{2.5284\times10^{3}\times106.85\times10^{-6}}{114.962\times10^{-3}}=2.35$$

斯坦顿数 St：

$$St = \frac{0.0043}{2.35^{2/3}} = 0.0024$$

给热系数 α：

$$\alpha = \frac{3600 \times 0.0024 \times 2.5284 \times 188.1}{4.184} = 982.10[\text{kcal/(m}^2 \cdot \text{h} \cdot ℃)]$$

乙烯-丙烷-异丁烷侧的 p 值：

$$p = \sqrt{\frac{2 \times 982.1}{165 \times 3 \times 10^{-4}}} = 199.2$$

乙烯-丙烷-异丁烷侧：

$$b=(L_1+L_2+L_3)/2$$

式中，L_i 为天然气板侧翅高，m；$b=6.5\times10^{-3}$m。
查双曲函数表可知：

$$\tanh(pb) = 0.9571$$

乙烯-丙烷-异丁烷侧翅片一次面传热效率：

$$\eta_f = \frac{\tanh(pb)}{pb} = 0.5$$

乙烯-丙烷-异丁烷侧翅片总传热效率：

$$\eta_0 = 1 - \frac{F_2}{F_0}(1 - \eta_f) = 0.79$$

（3）预冷三级各参数的计算

乙烯-丙烷-异丁烷侧流道的质量流速：

$$G_i = \frac{4.54}{2.69 \times 10^{-3} \times 5 \times 1} = 337.55[\text{kg/(m}^2 \cdot \text{s)}]$$

雷诺数：

$$Re = \frac{337.55 \times 3.33 \times 10^{-3}}{189.38 \times 10^{-6}} = 5935.4$$

普朗特数：

$$Pr = \frac{2.244 \times 10^3 \times 189.38 \times 10^{-6}}{154.12 \times 10^{-3}} = 2.76$$

斯坦顿数：

$$St = \frac{0.0041}{2.76^{2/3}} = 0.0021$$

给热系数：

$$\alpha=\frac{3600\times0.0021\times2.244\times337.55}{4.184}=1368.6[\text{kcal/(m}^2\cdot\text{h}\cdot\text{℃)}]$$

乙烯-丙烷-异丁烷侧的 p 值：

$$p=\sqrt{\frac{2\times1368.6}{165\times3\times10^{-4}}}=235$$

乙烯-丙烷-异丁烷侧：

$$b=(L_1+L_2+L_3)/2$$

式中，L_i 为天然气板侧翅高，m；$b=6.5\times10^{-3}$m。

查双曲函数表可知：

$$\tanh(pb)=0.9780$$

乙烯-丙烷-异丁烷侧翅片一次面传热效率：

$$\eta_{\text{f}}=\frac{\tanh(pb)}{pb}=0.43$$

乙烯-丙烷-异丁烷侧翅片总传热效率：

$$\eta_0=1-\frac{F_2}{F_0}(1-\eta_{\text{f}})=0.76$$

（4）一级制冷各参数的计算

乙烯-丙烷-异丁烷侧流道的质量流速：

$$G_i=\frac{5.3}{2.69\times10^{-3}\times5\times1}=394[\text{kg/(m}^2\cdot\text{s)}]$$

雷诺数：

$$Re=\frac{394\times3.33\times10^{-3}}{9.8552\times10^{-6}}=133129.72$$

普朗特数：

$$Pr=\frac{2.0226\times10^3\times9.8552\times10^{-6}}{18.786\times10^{-3}}=1.06$$

斯坦顿数 St：

$$St=\frac{0.001}{1.06^{2/3}}=0.001$$

给热系数 α：

$$\alpha=\frac{3600\times0.001\times2.0226\times394}{4.184}=685.67[\text{kcal/(m}^2\cdot\text{h}\cdot\text{℃)}]$$

乙烯-丙烷-异丁烷侧的 p 值：

$$p=\sqrt{\frac{2\times685.67}{165\times3\times10^{-4}}}=166.44$$

乙烯-丙烷-异丁烷侧：

$$b=(L_1+L_2+L_3)/2$$

式中，L_i为天然气板侧翅高，m；b=6.5×10^{-3}m。

查双曲函数表可知：

$$\tanh(pb)=0.9217$$

乙烯-丙烷-异丁烷侧翅片一次面传热效率：

$$\eta_{\mathrm{f}}=\frac{\tanh(pb)}{pb}=0.31$$

乙烯-丙烷-异丁烷侧翅片总传热效率：

$$\eta_0=1-\frac{F_2}{F_0}(1-\eta_{\mathrm{f}})=0.71$$

（5）二级制冷各参数的计算

乙烯-丙烷-异丁烷侧流道的质量流速：

$$G_i=\frac{2.53}{2.69\times10^{-3}\times5\times1}=188.1[\mathrm{kg/(m^2\cdot s)}]$$

雷诺数：

$$Re=\frac{188.1\times3.33\times10^{-3}}{8.1759\times10^{-6}}=76612.1$$

普朗特数：

$$Pr=\frac{1.5965\times10^{3}\times8.1759\times10^{-6}}{13.897\times10^{-3}}=0.94$$

斯坦顿数 St：

$$St=\frac{0.0015}{0.94^{2/3}}=0.0016$$

给热系数：

$$\alpha=\frac{3600\times0.0016\times1.5965\times188.1}{4.184}=413.42[\mathrm{kcal/(m^2\cdot h\cdot ℃)}]$$

乙烯-丙烷-异丁烷侧的 p 值：

$$p=\sqrt{\frac{2\times413.42}{165\times3\times10^{-4}}}=129.24$$

乙烯-丙烷-异丁烷侧：

$$b=(L_1+L_2+L_3)/2$$

式中，L_i为天然气板侧翅高，m；b=6.5×10^{-3}m。

查双曲函数表可知：

$$\tanh(pb)=0.8455$$

乙烯-丙烷-异丁烷侧翅片一次面传热效率：

$$\eta_f = \frac{\tanh(pb)}{pb} = 0.41$$

乙烯-丙烷-异丁烷侧翅片总传热效率：

$$\eta_0 = 1 - \frac{F_2}{F_0}(1 - \eta_f) = 0.74$$

（6）三级制冷各参数的计算

乙烯-丙烷-异丁烷侧流道的质量流速：

$$G_i = \frac{4.54}{2.69\times10^{-3}\times5\times1} = 337.55[\mathrm{kg/(m^2 \cdot s)}]$$

雷诺数：

$$Re = \frac{337.55\times3.33\times10^{-3}}{187.28\times10^{-6}} = 6001.93$$

普朗特数：

$$Pr = \frac{2.2606\times10^3\times187.28\times10^{-6}}{151.76\times10^{-3}} = 2.79$$

斯坦顿数 St：

$$St = \frac{0.0042}{2.79^{2/3}} = 0.0021$$

给热系数：

$$\alpha = \frac{3600\times0.0021\times2.2606\times337.55}{4.184} = 1378.771[\mathrm{kcal/(m^2 \cdot h \cdot ℃)}]$$

乙烯-丙烷-异丁烷侧的 p 值：

$$p = \sqrt{\frac{2\times1378.771}{165\times3\times10^{-4}}} = 236.03$$

乙烯-丙烷-异丁烷侧：

$$b=(L_1+L_2+L_3)/2$$

式中，L_i 为天然气板侧翅高，m；b=6.5×10^{-3}m。
查双曲函数表可知：

$$\tanh(pb) = 0.9154$$

乙烯-丙烷-异丁烷侧翅片一次面传热效率：

$$\eta_f = \frac{\tanh(pb)}{pb} = 0.28$$

乙烯-丙烷-异丁烷侧翅片总传热效率：

$$\eta_0 = 1 - \frac{F_2}{F_0}(1 - \eta_f) = 0.7$$

3.2.4　一级板翅式换热器传热面积计算

（1）氮气-甲烷-乙烯侧与天然气侧换热面积的计算

以混氮气-甲烷-乙烯传热面积为基准的总传热系数：

$$K_c = \frac{1}{\dfrac{1}{\alpha_h \eta_{0h}} \times \dfrac{F_{oc}}{F_{oh}} + \dfrac{1}{\alpha_c \eta_{0c}}} \tag{3-9}$$

式中　α_h ——天然气侧给热系数，kcal/(m^2 • h • ℃)；

η_{0h} ——天然气侧总传热效率；

η_{0c} ——混合制冷剂侧总传热效率；

F_{oc} ——混合制冷剂侧单位面积翅片的总传热面积，m^2；

F_{oh} ——天然气侧单位面积翅片的总传热面积，m^2；

α_c ——混合制冷剂侧给热系数，kcal/(m^2 • h • ℃)。

$$K_c = \frac{1}{\dfrac{1}{486.78 \times 0.78} \times \dfrac{15}{6.6} + \dfrac{1}{692.56 \times 0.27}} = 88.23[\text{kcal/(m}^2 \cdot \text{h} \cdot ℃)]$$

以天然气侧传热面积为基准的总传热系数：

$$K_h = \frac{1}{\dfrac{1}{\alpha_h \eta_{0h}} + \dfrac{F_{oh}}{F_{oc}} \times \dfrac{1}{\alpha_c \eta_{0c}}} \tag{3-10}$$

$$K_h = \frac{1}{\dfrac{1}{486.78 \times 0.78} + \dfrac{6.6}{15} \times \dfrac{1}{692.56 \times 0.27}} = 200.53[\text{kcal/(m}^2 \cdot \text{h} \cdot ℃)]$$

对数平均温差：

$$\Delta t_m = \frac{(40-32)-[-8-(-12.3)]}{\ln \dfrac{8}{4.3}} = 5.96(℃)$$

氮气-甲烷-乙烯侧传热面积：

$$A = \frac{Q}{K\Delta t} = \frac{\dfrac{292.1736}{4.184} \times 3600}{88.23 \times 5.96} = 478.1(\text{m}^2)$$

经过初步计算，确定板翅式换热器的宽度为 1 m，则氮气-甲烷-乙烯侧板束长度：

$$l = \frac{A}{fnb} \tag{3-11}$$

式中　f ——混合侧单位面积翅片的总传热面积，mm^2；

n ——流道数，根据初步计算，每组流道数为 20；

b ——板翅式换热器宽度，mm。

$$l=\frac{478.1}{15\times20\times1}=1.59(\text{m})$$

天然气侧传热面积：

$$A=\frac{Q}{K\Delta t}=\frac{\dfrac{292.1736}{4.184}\times3600}{200.53\times5.96}=210(\text{m}^2)$$

天然气侧板束长度：

$$l=\frac{A}{fnb}=\frac{210}{6.6\times10\times1}=3.2(\text{m})$$

（2）乙烯-丙烷-异丁烷侧与天然气侧换热面积的计算

以乙烯-丙烷-异丁烷侧传热面积为基准的总传热系数：

$$K_\text{c}=\frac{1}{\dfrac{1}{1227.3\times0.78}\times\dfrac{3.44}{7.9}+\dfrac{1}{2399.86\times0.72}}=967.49[\text{kcal/(m}^2\cdot\text{h}\cdot℃)]$$

以天然气侧传热面积为基准的总传热系数：

$$K_\text{h}=\frac{1}{\dfrac{1}{1227.3\times0.78}+\dfrac{7.9}{3.44}\times\dfrac{1}{2399.86\times0.72}}=421.29[\text{kcal/(m}^2\cdot\text{h}\cdot℃)]$$

对数平均温差：

$$\Delta t_\text{m}=\frac{(40-32)-[-8-(-12.3)]}{\ln\dfrac{8}{4.3}}=5.96(℃)$$

乙烯-丙烷-异丁烷侧传热面积：

$$A=\frac{Q}{K\Delta t}=\frac{\dfrac{292.1736}{4.184}\times3600}{967.49\times5.96}=43.6(\text{m}^2)$$

经过初步计算，确定板翅式换热器的宽度为 1m，则乙烯-丙烷-异丁烷侧板束长度：

$$l=\frac{43.6}{3.44\times5\times1}=2.5(\text{m}^2)$$

天然气侧传热面积：

$$A=\frac{Q}{K\Delta t}=\frac{\dfrac{292.1736}{4.184}\times3600}{421.29\times5.96}=100.12(\text{m}^2)$$

天然气侧板束长度：

$$l=\frac{A}{fnb}=\frac{100.12}{7.9\times5\times1}=2.5(\text{m})$$

（3）乙烯-丙烷-异丁烷侧与氮气-甲烷-乙烯侧换热面积的计算

以乙烯-丙烷-异丁烷侧传热面积为基准的总传热系数：

$$K_c = \frac{1}{\dfrac{1}{2124.8 \times 0.27} \times \dfrac{3.44}{15} + \dfrac{1}{3288.8 \times 0.72}} = 1216.462[\text{kcal/(m}^2 \cdot \text{h} \cdot ℃)]$$

以乙烯-丙烷-异丁烷侧传热面积为基准的总传热系数：

$$K_h = \frac{1}{\dfrac{1}{2124.8 \times 0.27} + \dfrac{15}{3.44} \times \dfrac{1}{3288.8 \times 0.72}} = 278.98[\text{kcal/(m}^2 \cdot \text{h} \cdot ℃)]$$

对数平均温差：

$$\Delta t_m = \frac{(40-32)-[-8-(-12.3)]}{\ln\dfrac{8}{4.3}} = 5.96(℃)$$

乙烯-丙烷-异丁烷侧传热面积：

$$A = \frac{Q}{K\Delta t} = \frac{\dfrac{679.64}{4.184} \times 3600}{1216.462 \times 5.96} = 81(\text{m}^2)$$

经过初步计算，确定板翅式换热器的宽度为 1m，则乙烯-丙烷-异丁烷侧板束长度：

$$l = \frac{81}{3.44 \times 5 \times 1} = 4.7(\text{m})$$

乙烯-丙烷-异丁烷侧传热面积：

$$A = \frac{Q}{K\Delta t} = \frac{\dfrac{679.64}{4.184} \times 3600}{278.98 \times 5.96} = 351.7(\text{m}^2)$$

则乙烯-丙烷-异丁烷侧板束长度：

$$l = \frac{A}{fnb} = \frac{351.7}{15 \times 5 \times 1} = 4.69(\text{m})$$

（4）氮气-甲烷-乙烯侧与乙烯-丙烷-异丁烷侧换热面积的计算

以乙烯-丙烷-异丁烷侧传热面积为基准的总传热系数：

$$K_c = \frac{1}{\dfrac{1}{2124.8 \times 0.27} \times \dfrac{3.44}{15} + \dfrac{1}{3288.8 \times 0.72}} = 1216.462[\text{kcal/(m}^2 \cdot \text{h} \cdot ℃)]$$

以氮气-甲烷-乙烯侧传热面积为基准的总传热系数：

$$K_h = \frac{1}{\dfrac{1}{2124.8 \times 0.27} + \dfrac{15}{3.44} \times \dfrac{1}{3288.8 \times 0.72}} = 278.98[\text{kcal/(m}^2 \cdot \text{h} \cdot ℃)]$$

对数平均温差：

$$\Delta t_m = \frac{(40-32)-[-8-(-12.3)]}{\ln\dfrac{8}{4.3}} = 5.96(℃)$$

乙烯-丙烷-异丁烷侧传热面积：

$$A=\frac{Q}{K\Delta t}=\frac{\frac{679.64}{4.184}\times 3600}{1216.462\times 5.96}=81(\text{m}^2)$$

经过初步计算，确定板翅式换热器的宽度为 1m，则乙烯-丙烷-异丁烷侧板束长度：

$$l=\frac{81}{3.44\times 5\times 1}=4.7(\text{m})$$

氮气-甲烷-乙烯侧传热面积：

$$A=\frac{Q}{K\Delta t}=\frac{\frac{679.64}{4.184}\times 3600}{278.98\times 5.96}=351.7(\text{m}^2)$$

氮气-甲烷-乙烯侧板束长度：

$$l=\frac{A}{fnb}=\frac{351.7}{15\times 5\times 1}=4.69(\text{m})$$

（5）乙烯-丙烷-异丁烷上侧与乙烯-丙烷-异丁烷下侧换热面积的计算

以乙烯-丙烷-异丁烷上侧传热面积为基准的总传热系数：

$$K_c=\frac{1}{\frac{1}{2399.86\times 0.54}\times\frac{3.44}{3.44}+\frac{1}{3017.82\times 0.72}}=811.77[\text{kcal/(m}^2\cdot\text{h}\cdot℃)]$$

以乙烯-丙烷-异丁烷下侧传热面积为基准的总传热系数：

$$K_h=\frac{1}{\frac{1}{2399.86\times 0.27}+\frac{3.44}{3.44}\times\frac{1}{3017.82\times 0.72}}=499.12[\text{kcal/(m}^2\cdot\text{h}\cdot℃)]$$

对数平均温差：

$$\Delta t_m=\frac{(40-32)-[-8-(-12.3)]}{\ln\frac{8}{4.3}}=5.96(℃)$$

乙烯-丙烷-异丁烷侧传热面积：

$$A=\frac{Q}{K\Delta t}=\frac{\frac{1235.112}{4.184}\times 3600}{811.77\times 5.96}=220(\text{m}^2)$$

经过初步计算，确定板翅式换热器的宽度为 1m，则乙烯-丙烷-异丁烷上侧板束长度：

$$l=\frac{220}{3.44\times 5\times 1}=12.8(\text{m})$$

乙烯-丙烷-异丁烷下侧传热面积：

$$A=\frac{Q}{K\Delta t}=\frac{\frac{1235.112}{4.184}\times 3600}{499.12\times 5.96}=357.2(\text{m}^2)$$

经过初步计算，确定板翅式换热器的宽度为 1m，则乙烯-丙烷-异丁烷下侧板束长度：

$$l=\frac{A}{fnb}=\frac{357.2}{3.44\times5\times1}=20.8(\mathrm{m})$$

3.2.5　二级板翅式换热器传热面积计算

（1）乙烯-丙烷-异丁烷侧与天然气侧换热面积的计算

以乙烯-丙烷-异丁烷侧传热面积为基准的总传热系数：

$$K_{\mathrm{c}}=\frac{1}{\dfrac{1}{1282.94\times0.76}\times\dfrac{3.44}{7.9}+\dfrac{1}{1136.9\times0.79}}=641.03[\mathrm{kcal/(m^2\cdot h\cdot ^\circ C)}]$$

以天然气侧传热面积为基准的总传热系数：

$$K_{\mathrm{h}}=\frac{1}{\dfrac{1}{1282.94\times0.76}+\dfrac{7.9}{3.44}\times\dfrac{1}{1136.9\times0.79}}=279.13[\mathrm{kcal/(m^2\cdot h\cdot ^\circ C)}]$$

对数平均温差：

$$\Delta t_{\mathrm{m}}=\frac{(40-32)-[-8-(-12.3)]}{\ln\dfrac{8}{4.3}}=5.96(^\circ\mathrm{C})$$

乙烯-丙烷-异丁烷侧传热面积：

$$A=\frac{Q}{K\Delta t}=\frac{\dfrac{309.6879}{4.184}\times3600}{614.03\times5{,}96}=72.8(\mathrm{m^2})$$

经过初步计算，确定板翅式换热器的宽度为 1m，则乙烯-丙烷-异丁烷侧板束长度：

$$l=\frac{72.8}{3.44\times5\times1}=4.23(\mathrm{m})$$

天然气侧传热面积：

$$A=\frac{Q}{K\Delta t}=\frac{\dfrac{309.6879}{4.184}\times3600}{279.13\times5.96}=160.2(\mathrm{m^2})$$

天然气侧板束长度：

$$l=\frac{A}{fnb}=\frac{160.2}{7.9\times5\times1}=4.1(\mathrm{m})$$

（2）乙烯-丙烷-异丁烷侧与氮气-甲烷-乙烯侧换热面积的计算

以乙烯-丙烷-异丁烷侧传热面积为基准的总传热系数：

$$K_{\mathrm{c}}=\frac{1}{\dfrac{1}{1136.9\times0.79}\times\dfrac{3.44}{15}+\dfrac{1}{2085.98\times0.37}}=657.99[\mathrm{kcal/(m^2\cdot h\cdot ^\circ C)}]$$

以氮气-甲烷-乙烯侧传热面积为基准的总传热系数：

$$K_h = \frac{1}{\frac{1}{1136.9 \times 0.79} + \frac{15}{3.44} \times \frac{1}{2085.98 \times 0.37}} = 147.86[\mathrm{kcal/(m^2 \cdot h \cdot ℃)}]$$

对数平均温差：

$$\Delta t_m = \frac{(40-32)-[-8-(-12.3)]}{\ln \frac{8}{4.3}} = 5.96(℃)$$

乙烯-丙烷-异丁烷侧传热面积：

$$A = \frac{Q}{K\Delta t} = \frac{\frac{621.132}{4.184} \times 3600}{657.99 \times 5.96} = 136.28(\mathrm{m^2})$$

经过初步计算，确定板翅式换热器的宽度为 1m，则乙烯-丙烷-异丁烷侧板束长度：

$$l = \frac{136.28}{3.44 \times 5 \times 1} = 7.9(\mathrm{m})$$

氮气-甲烷-乙烯侧传热面积：

$$A = \frac{Q}{K\Delta t} = \frac{\frac{621.132}{4.184} \times 3600}{147.86 \times 5.96} = 606(\mathrm{m^2})$$

氮气-甲烷-乙烯侧板束长度：

$$l = \frac{A}{fnb} = \frac{606}{7.9 \times 5 \times 1} = 15.3(\mathrm{m})$$

（3）乙烯-丙烷-异丁烷侧与氮气-甲烷-乙烯下侧换热面积的计算

以乙烯-丙烷-异丁烷侧传热面积为基准的总传热系数：

$$K_c = \frac{1}{\frac{1}{1136.9 \times 0.79} \times \frac{3.44}{15} + \frac{1}{2085.98 \times 0.37}} = 644.75[\mathrm{kcal/(m^2 \cdot h \cdot ℃)}]$$

以氮气-甲烷-乙烯下侧传热面积为基准的总传热系数：

$$K_h = \frac{1}{\frac{1}{1136.9 \times 0.79} + \frac{15}{3.44} \times \frac{1}{2085.98 \times 0.37}} = 147.86[\mathrm{kcal/(m^2 \cdot h \cdot ℃)}]$$

对数平均温差：

$$\Delta t_m = \frac{(40-32)-[-8-(-12.3)]}{\ln \frac{8}{4.3}} = 5.96(℃)$$

乙烯-丙烷-异丁烷侧传热面积：

$$A = \frac{Q}{K\Delta t} = \frac{\frac{621.132}{4.184} \times 3600}{644.75 \times 5.96} = 139.1(\mathrm{m^2})$$

经过初步计算，确定板翅式换热器的宽度为 1m，则乙烯-丙烷-异丁烷侧板束长度：

$$l = \frac{139.1}{3.44 \times 5 \times 1} = 8.1(\text{m})$$

氮气-甲烷-乙烯下侧传热面积：

$$A = \frac{Q}{K\Delta t} = \frac{\frac{621.132}{4.184} \times 3600}{147.86 \times 5.96} = 606(\text{m}^2)$$

氮气-甲烷-乙烯下侧板束长度：

$$l = \frac{A}{fnb} = \frac{606}{7.9 \times 5 \times 1} = 15.3(\text{m})$$

（4）乙烯-丙烷-异丁烷上侧与氮气-甲烷-乙烯下侧换热面积的计算

以乙烯-丙烷-异丁烷上侧传热面积为基准的总传热系数：

$$K_\text{c} = \frac{1}{\frac{1}{1136.9 \times 0.62} \times \frac{3.44}{3.44} + \frac{1}{2399.86 \times 0.79}} = 513.84[\text{kcal/(m}^2 \cdot \text{h} \cdot ℃)]$$

以氮气-甲烷-乙烯下侧传热面积为基准的总传热系数：

$$K_\text{h} = \frac{1}{\frac{1}{2399.86 \times 0.79} + \frac{3.44}{3.44} \times \frac{1}{1136.9 \times 0.67}} = 543.4[\text{kcal/(m}^2 \cdot \text{h} \cdot ℃)]$$

对数平均温差：

$$\Delta t_\text{m} = \frac{(40-32)-[-8-(-12.3)]}{\ln \frac{8}{4.3}} = 5.96(℃)$$

乙烯-丙烷-异丁烷上侧传热面积：

$$A = \frac{Q}{K\Delta t} = \frac{\frac{273.999}{4.184} \times 3600}{513.84 \times 5.96} = 77(\text{m}^2)$$

经过初步计算，确定板翅式换热器的宽度为 3m，则乙烯-丙烷-异丁烷上侧板束长度：

$$l = \frac{77}{3.44 \times 5 \times 1} = 4.48(\text{m})$$

氮气-甲烷-乙烯下侧传热面积：

$$A = \frac{Q}{K\Delta t} = \frac{\frac{273.999}{4.184} \times 3600}{543.4 \times 5.96} = 72.8(\text{m}^2)$$

经过初步计算，确定板翅式换热器的宽度为 3.5m，则氮气-甲烷-乙烯下侧板束长度：

$$l = \frac{A}{fnb} = \frac{72.8}{3.44 \times 5 \times 1} = 4.2(\text{m})$$

3.2.6 三级板翅式换热器传热面积计算

（1）乙烯-丙烷-异丁烷侧与天然气侧换热面积的计算

以乙烯-丙烷-异丁烷侧传热面积为基准的总传热系数：

$$K_c=\frac{1}{\frac{1}{1989.87\times0.67}\times\frac{3.44}{7.9}+\frac{1}{2954.5\times0.76}}=1295.4[\text{kcal/(m}^2\cdot\text{h}\cdot℃)]$$

以天然气侧传热面积为基准的总传热系数：

$$K_h=\frac{1}{\frac{1}{1989.87\times0.67}+\frac{7.9}{3.44}\times\frac{1}{2954.5\times0.76}}=564.1[\text{kcal/(m}^2\cdot\text{h}\cdot℃)]$$

对数平均温差：

$$\Delta t_m=\frac{(40-32)-[-8-(-12.3)]}{\ln\frac{8}{4.3}}=5.96(℃)$$

乙烯-丙烷-异丁烷侧传热面积：

$$A=\frac{Q}{K\Delta t}=\frac{\frac{292.1736}{4.184}\times3600}{1295.4\times5.96}=32.56(\text{m}^2)$$

经过初步计算，确定板翅式换热器的宽度为 1m，则乙烯-丙烷-异丁烷侧板束长度：

$$l=\frac{32.56}{3.44\times5\times1}=1.89(\text{m})$$

天然气侧传热面积：

$$A=\frac{Q}{K\Delta t}=\frac{\frac{292.1736}{4.184}\times3600}{564.1\times5.96}=74.8(\text{m}^2)$$

天然气侧板束长度：

$$l=\frac{A}{fnb}=\frac{74.8}{7.9\times5\times1}=1.9(\text{m})$$

（2）乙烯-丙烷-异丁烷侧与氮气-甲烷-乙烯侧换热面积的计算

以乙烯-丙烷-异丁烷侧传热面积为基准的总传热系数：

$$K_c=\frac{1}{\frac{1}{5979.66\times0.67}\times\frac{3.44}{15}+\frac{1}{2954.51\times0.76}}=1989.69[\text{kcal/(m}^2\cdot\text{h}\cdot℃)]$$

以氮气-甲烷-乙烯侧传热面积为基准的总传热系数：

$$K_h=\frac{1}{\frac{1}{5979.66\times0.67}+\frac{15}{3.44}\times\frac{1}{2954.51\times0.76}}=456.3[\text{kcal/(m}^2\cdot\text{h}\cdot℃)]$$

对数平均温差：

$$\Delta t_{\mathrm{m}}=\frac{(40-32)-[-8-(-12.3)]}{\ln\frac{8}{4.3}}=5.96(℃)$$

乙烯-丙烷-异丁烷侧传热面积：

$$A=\frac{Q}{K\Delta t}=\frac{\frac{679.64}{4.184}\times 3600}{1989.69\times 5.96}=49.3(\mathrm{m}^2)$$

经过初步计算，确定板翅式换热器的宽度为 1m，则乙烯-丙烷-异丁烷侧板束长度：

$$l=\frac{49.3}{3.44\times 5\times 1}=2.9(\mathrm{m})$$

氮气-甲烷-乙烯侧传热面积：

$$A=\frac{Q}{K\Delta t}=\frac{\frac{679.64}{4.184}\times 3600}{456.3\times 5.96}=215.03(\mathrm{m}^2)$$

则氮气-甲烷-乙烯侧板束长度：

$$l=\frac{A}{fnb}=\frac{215.03}{15\times 5\times 1}=2.87(\mathrm{m})$$

（3）氮气-甲烷-乙烯侧与乙烯-丙烷-异丁烷侧换热面积的计算

以乙烯-丙烷-异丁烷侧传热面积为基准的总传热系数：

$$K_{\mathrm{c}}=\frac{1}{\frac{1}{5979.66\times 0.67}\times\frac{3.44}{15}+\frac{1}{2954.51\times 0.79}}=2058.97[\mathrm{kcal/(m^2\cdot h\cdot ℃)}]$$

以氮气-甲烷-乙烯侧传热面积为基准的总传热系数：

$$K_{\mathrm{h}}=\frac{1}{\frac{1}{5979.66\times 0.67}+\frac{15}{3.44}\times\frac{1}{2954.51\times 0.79}}=472.19[\mathrm{kcal/(m^2\cdot h\cdot ℃)}]$$

对数平均温差：

$$\Delta t_{\mathrm{m}}=\frac{(40-32)-[-8-(-12.3)]}{\ln\frac{8}{4.3}}=5.96(℃)$$

乙烯-丙烷-异丁烷侧传热面积：

$$A=\frac{Q}{K\Delta t}=\frac{\frac{679.64}{4.184}\times 3600}{2058.97\times 5.96}=47.7(\mathrm{m}^2)$$

经过初步计算，确定板翅式换热器的宽度为 1m，则乙烯-丙烷-异丁烷侧板束长度：

$$l=\frac{47.7}{3.44\times 5\times 1}=2.8(\mathrm{m})$$

氮气-甲烷-乙烯侧传热面积：

$$A=\frac{Q}{K\Delta t}=\frac{\frac{679.64}{4.184}\times 3600}{472.19\times 5.96}=207.79(\mathrm{m}^2)$$

则氮气-甲烷-乙烯侧板束长度：

$$l=\frac{A}{fnb}=\frac{207.79}{15\times 5\times 1}=2.8(\mathrm{m})$$

3.2.7 深冷板翅式换热器传热面积计算

（1）氮气-甲烷-乙烯侧与天然气侧换热面积的计算

以氮气-甲烷-乙烯侧传热面积为基准的总传热系数：

$$K_{\mathrm{c}}=\frac{1}{\frac{1}{842\times 0.85}\times\frac{15}{7.9}+\frac{1}{1118.98\times 0.67}}=250.8[\mathrm{kcal/(m^2\cdot h\cdot ℃)}]$$

以天然气侧传热面积为基准的总传热系数：

$$K_{\mathrm{h}}=\frac{1}{\frac{1}{842\times 0.85}+\frac{7.9}{15}\times\frac{1}{1118.98\times 0.67}}=476.25[\mathrm{kcal/(m^2\cdot h\cdot ℃)}]$$

对数平均温差：

$$\Delta t_{\mathrm{m}}=\frac{(40-32)-[-8-(-12.3)]}{\ln\frac{8}{4.3}}=5.96(℃)$$

氮气-甲烷-乙烯侧传热面积：

$$A=\frac{Q}{K\Delta t}=\frac{\frac{625.443}{4.184}\times 3600}{250.8\times 5.96}=360(\mathrm{m}^2)$$

经过初步计算，确定板翅式换热器的宽度为 1m，则氮气-甲烷-乙烯侧板束长度：

$$l=\frac{360}{15\times 3\times 2}=4(\mathrm{m})$$

天然气侧传热面积：

$$A=\frac{Q}{K\Delta t}=\frac{\frac{625.443}{4.184}\times 3600}{476.25\times 5.96}=189.6(\mathrm{m}^2)$$

则天然气侧板束长度：

$$l=\frac{A}{fnb}=\frac{189.6}{7.9\times 3\times 2}=4.0(\mathrm{m})$$

（2）氮气-甲烷-乙烯下侧与氮气-甲烷-乙烯上侧换热面积的计算

以氮气-甲烷-乙烯下侧传热面积为基准的总传热系数：

$$K_{\mathrm{c}}=\frac{1}{\frac{1}{1118.98\times 0.67}\times\frac{15}{15}+\frac{1}{1442.07\times 0.79}}=452[\mathrm{kcal/(m^2\cdot h\cdot ℃)}]$$

以氮气-甲烷-乙烯上侧传热面积为基准的总传热系数：

$$K_h = \frac{1}{\frac{1}{1118.98 \times 0.67} + \frac{15}{15} \times \frac{1}{1442.07 \times 0.79}} = 452[\text{kcal}/(\text{m}^2 \cdot \text{h} \cdot ℃)]$$

对数平均温差：

$$\Delta t_m = \frac{(40-32)-[-8-(-12.3)]}{\ln \frac{8}{4.3}} = 5.96(℃)$$

氮气-甲烷-乙烯下侧传热面积：

$$A = \frac{Q}{K\Delta t} = \frac{\frac{3353.2718}{4.184} \times 3600}{452 \times 5.96} = 1071(\text{m}^2)$$

经过初步计算，确定板翅式换热器的宽度为 1m，则氮气-甲烷-乙烯下侧板束长度：

$$l = \frac{1071}{15 \times 2 \times 3} = 11.9(\text{m})$$

氮气-甲烷-乙烯上侧传热面积：

$$A = \frac{Q}{K\Delta t} = \frac{\frac{3353.2718}{4.184} \times 3600}{452 \times 5.96} = 1071(\text{m}^2)$$

氮气-甲烷-乙烯上侧板束长度：

$$l = \frac{A}{fnb} = \frac{1071}{15 \times 2 \times 3} = 11.9(\text{m})$$

3.3　压力损失计算

3.3.1　一级压力损失计算

为了简化板翅式换热器的阻力计算，可以把板翅式换热器分成三部分，如图 3-5 所示。

① 换热器中心入口的压力损失　即导流片出口到换热器中心的截面积变化引起的压力降。计算公式如下：

$$\Delta p_1 = \frac{G^2}{2g_c\rho_1}(1-\sigma^2) + K_c \frac{G^2}{2g_c\rho_1} \qquad (3\text{-}12)$$

式中　Δp_1 ——入口处压力降，Pa；

G ——流体在板束中的质量流量，kg/(m^2 • s)；

g_c ——重力换算系数，为 1.27×10^8；

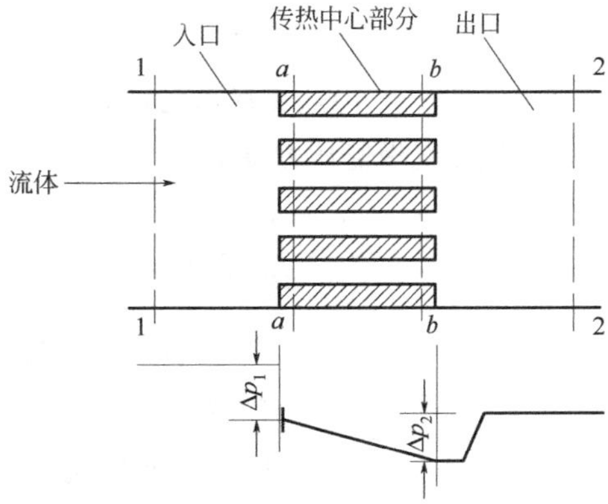

图 3-5　一级换热器压力降示意图

ρ_1 ——流体入口密度，kg/m³；

σ ——板束通道截面积与集气管最大截面积之比；

K_c ——收缩阻力系数（由王松汉《板翅式换热器》中图4-2～图4-5查得）。

② 换热器中心部分出口的压力降　即由换热器中心部分到导流片入口截面积发生变化引起的压力降，计算公式如下：

$$\Delta p_2=\frac{G^2}{2g_c\rho_2}(1-\sigma^2)-K_e\frac{G^2}{2g_c\rho_2} \tag{3-13}$$

式中　Δp_2 ——出口处压升，Pa；

ρ_2 ——流体出口密度，kg/m³；

K_e ——扩大阻力系数（由王松汉《板翅式换热器》中图4-2～图4-5查得）。

③ 换热器中心部分的压力降　换热器中心部分的压力降主要由传热面形状的改变而产生的阻力和摩擦阻力组成，将这两部分阻力综合考虑，可以看作是作用于总摩擦面积A上的等效剪切力。即换热器中心部分压力降可用以下公式计算：

$$\Delta p_3=\frac{4fl}{D_e}\times\frac{G^2}{2g_c\rho_{av}} \tag{3-14}$$

式中　Δp_3 ——换热器中心部分压力降，Pa；

f ——摩擦系数（由王松汉《板翅式换热器》中图2-22查得）；

l ——换热器中心部分长度，m；

D_e ——翅片当量直径，m；

ρ_{av} ——进出口流体平均密度，kg/m³。

流体经过板翅式换热器的总压力降：

$$\Delta p=\frac{G^2}{2g_c\rho_1}\left[(K_c+1-\sigma^2)+2\left(\frac{\rho_1}{\rho_2}-1\right)+\frac{4fl}{D_e}\times\frac{\rho_1}{\rho_{av}}-(1-\sigma^2-K_e)\frac{\rho_1}{\rho_2}\right] \tag{3-15}$$

$$\sigma=\frac{f_a}{A_{fa}};\quad f_a=\frac{x(L-\delta)L_w n}{x+\delta};\quad A_{fa}=(L+\delta_s)L_w N_t$$

式中　δ_s ——板翅式换热器翅片隔板厚度，m；

L ——翅片高度，m；

L_w ——有效宽度，m；

N_t ——冷热交换总层数。

天然气板侧压力损失：

$$\Delta p=\frac{G^2}{2g_c\rho_1}\left[(K_c+1-\sigma^2)+2\left(\frac{\rho_1}{\rho_2}-1\right)+\frac{4fl}{D_e}\times\frac{\rho_1}{\rho_{av}}-(1-\sigma^2-K_e)\frac{\rho_1}{\rho_2}\right]$$

$$f_a=\frac{x(L-\delta)L_w n}{x+\delta}=\frac{(2-0.3)\times10^{-3}\times(6.5-0.3)\times10^{-3}\times1\times5}{3\times10^{-3}}=0.018(\text{m}^2)$$

$$A_{fa}=(L+\delta_s)L_w N_t=(6.5+2)\times10^{-3}\times1\times25=0.213(\text{m}^2)$$

$$\sigma=\frac{f_a}{A_{fa}}=0.085;\quad K_c=0.41;\quad K_e=0.8;\quad f=0.007$$

$$\Delta p=\frac{(89.94\times 3600)^2}{2\times 1.27\times 10^8\times 32.668}\times\left[(0.41+1-0.085^2)+2\times\left(\frac{32.668}{41.398}-1\right)+\right.$$

$$\left.\frac{4\times 0.007\times 19.3}{2.67\times 10^{-3}}\times\frac{32.668}{36.38}-(1-0.085^2-0.8)\times\frac{32.668}{41.398}\right]=15390.94(\text{Pa})$$

丙烷-乙烯-异丁烷上侧压力损失：

$$\Delta p=\frac{G^2}{2g_c\rho_1}\left[(K_c+1-\sigma^2)+2\left(\frac{\rho_1}{\rho_2}-1\right)+\frac{4fl}{D_e}\times\frac{\rho_1}{\rho_{av}}-(1-\sigma^2-K_e)\frac{\rho_1}{\rho_2}\right]$$

$$f_a=\frac{x(L-\delta)L_w n}{x+\delta}=\frac{(4.2-0.3)\times 10^{-3}\times(3.2-0.3)\times 10^{-3}\times 1\times 5}{4.2\times 10^{-3}}=0.013(\text{m}^2)$$

$$A_{fa}=(L+\delta_s)L_w N_t=(3.2+2)\times 10^{-3}\times 1\times 25=0.13(\text{m}^2)$$

$$\sigma=\frac{f_a}{A_{fa}}=0.1;\quad K_e=0.79;\quad K_c=0.4;\quad f=0.001$$

$$\Delta p=\frac{(337.55\times 3600)^2}{2\times 1.27\times 10^8\times 319.23}\times\left[(0.4+1-0.1^2)+2\times\left(\frac{319.23}{28.95}-1\right)+\right.$$

$$\left.\frac{4\times 0.001\times 11.4}{3.33\times 10^{-3}}\times\frac{319.23}{49.388}-(1-0.1^2-0.79)\times\frac{319.23}{28.95}\right]=1962.35(\text{Pa})$$

氮气-甲烷-乙烯上侧压力损失：

$$\Delta p=\frac{G^2}{2g_c\rho_1}\left[(K_c+1-\sigma^2)+2\left(\frac{\rho_1}{\rho_2}-1\right)+\frac{4fl}{D_e}\times\frac{\rho_1}{\rho_{av}}-(1-\sigma^2-K_e)\frac{\rho_1}{\rho_2}\right]$$

$$f_a=\frac{x(L-\delta)L_w n}{x+\delta}=\frac{(1.4-0.2)\times 10^{-3}\times(9.5-0.2)\times 10^{-3}\times 1\times 5}{1.4\times 10^{-3}}=0.0399(\text{m}^2)$$

$$A_{fa}=(L+\delta_s)L_w N_t=(9.5+2)\times 10^{-3}\times 1\times 25=0.29(\text{m}^2)$$

$$\sigma=\frac{f_a}{A_{fa}}=0.14;\quad K_e=0.73;\quad K_c=0.42;\quad f=0.001$$

$$\Delta p=\frac{(215.02\times 3600)^2}{2\times 1.27\times 10^8\times 31.056}\times\left[(0.42+1-0.14^2)+2\times\left(\frac{31.056}{38.336}-1\right)+\right.$$

$$\left.\frac{4\times 0.001\times 19.3}{2.12\times 10^{-3}}\times\frac{31.056}{34.287}-(1-0.14^2-0.73)\times\frac{31.056}{38.336}\right]=2567.54(\text{Pa})$$

丙烷-乙烯-异丁烷下侧压力损失：

$$\Delta p=\frac{G^2}{2g_c\rho_1}\left[(K_c+1-\sigma^2)+2\left(\frac{\rho_1}{\rho_2}-1\right)+\frac{4fl}{D_e}\times\frac{\rho_1}{\rho_{av}}-(1-\sigma^2-K_e)\frac{\rho_1}{\rho_2}\right]$$

$$f_a=\frac{x(L-\delta)L_w n}{x+\delta}=\frac{(4.2-0.3)\times 10^{-3}\times(3.2-0.3)\times 10^{-3}\times 1\times 5}{4.2\times 10^{-3}}=0.013(\text{m}^2)$$

$$A_{fa}=(L+\delta_s)L_w N_t=(3.2+2)\times 10^{-3}\times 1\times 25=0.13(\text{m}^2)$$

$$\sigma=\frac{f_a}{A_{fa}}=0.1;\quad K_e=0.79;\quad K_c=0.4;\quad f=0.001$$

$$\Delta p=\frac{(337.55\times3600)^2}{2\times1.27\times10^8\times319.23}\times\left[(0.4+1-0.1^2)+2\times\left(\frac{319.23}{28.95}-1\right)+\right.$$

$$\left.\frac{4\times0.001\times11.4}{3.33\times10^{-3}}\times\frac{319.23}{49.388}-(1-0.1^2-0.79)\times\frac{319.23}{28.95}\right]=1962.35(\text{Pa})$$

氮气-甲烷-乙烯下侧压力损失：

$$\Delta p=\frac{G^2}{2g_c\rho_1}\left[(K_c+1-\sigma^2)+2\left(\frac{\rho_1}{\rho_2}-1\right)+\frac{4fl}{D_e}\times\frac{\rho_1}{\rho_{av}}-(1-\sigma^2-K_e)\frac{\rho_1}{\rho_2}\right]$$

$$f_a=\frac{x(L-\delta)L_w n}{x+\delta}=\frac{(4.2-0.3)\times10^{-3}\times(3.2-0.3)\times10^{-3}\times1\times5}{4.2\times10^{-3}}=0.013(\text{m}^2)$$

$$A_{fa}=(L+\delta_s)L_w N_t=(3.2+2)\times10^{-3}\times1\times25=0.13(\text{m}^2)$$

$$\sigma=\frac{f_a}{A_{fa}}=0.1\text{；}\quad K_e=0.8\text{；}\quad K_c=0.46\text{；}\quad f=0.005$$

$$\Delta p=\frac{(394.1\times3600)^2}{2\times1.27\times10^8\times425.94}\times\left[(0.46+1-0.1^2)+2\times\left(\frac{425.94}{488.82}-1\right)+\right.$$

$$\left.\frac{4\times0.005\times19.3}{3.33\times10^{-3}}\times\frac{425.94}{460.77}-(1-0.1^2-0.8)\times\frac{425.94}{488.82}\right]=2011.61(\text{Pa})$$

3.3.2 二级压力损失计算

天然气板侧压力损失：

$$\Delta p=\frac{G^2}{2g_c\rho_1}\left[(K_c+1-\sigma^2)+2\left(\frac{\rho_1}{\rho_2}-1\right)+\frac{4fl}{D_e}\times\frac{\rho_1}{\rho_{av}}-(1-\sigma^2-K_e)\frac{\rho_1}{\rho_2}\right]$$

$$f_a=\frac{x(L-\delta)L_w n}{x+\delta}=\frac{(2-0.3)\times10^{-3}\times(6.5-0.3)\times10^{-3}\times1\times5}{3\times10^{-3}}=0.018(\text{m}^2)$$

$$A_{fa}=(L+\delta_s)L_w N_t=(6.5+2)\times10^{-3}\times1\times25=0.2125(\text{m}^2)$$

$$\sigma=\frac{f_a}{A_{fa}}=0.018/0.2125=0.085\text{；}\quad K_c=0.45\text{；}\quad K_e=0.81\text{；}\quad f=0.005$$

$$\Delta p=\frac{(89.94\times3600)^2}{2\times1.27\times10^8\times41.398}\times\left[(0.45+1-0.085^2)+2\times\left(\frac{41.398}{59.445}-1\right)+\right.$$

$$\left.\frac{4\times0.005\times17.9}{2.67\times10^{-3}}\times\frac{41.398}{48.091}-(1-0.085^2-0.81)\times\frac{41.398}{59.445}\right]=1157.82(\text{Pa})$$

乙烯-丙烷-异丁烷上侧压力损失：

$$\Delta p=\frac{G^2}{2g_c\rho_1}\left[\left(K_c+1-\sigma^2\right)+2\left(\frac{\rho_1}{\rho_2}-1\right)+\frac{4fl}{D_e}\times\frac{\rho_1}{\rho_{av}}-(1-\sigma^2-K_e)\frac{\rho_1}{\rho_2}\right]$$

$$f_a=\frac{x(L-\delta)L_w n}{x+\delta}=\frac{(4.2-0.3)\times10^{-3}\times(3.2-0.3)\times10^{-3}\times1\times5}{4.2\times10^{-3}}=0.013(\text{m}^2)$$

$$A_{fa}=(L+\delta_s)L_wN_t=(3.2+2)\times10^{-3}\times1\times25=0.13(\text{m}^2)$$

$$\sigma=\frac{f_a}{A_{fa}}=0.1\text{；}\ K_c=0.42\text{；}\ K_e=0.8\text{；}\ f=0.001$$

$$\Delta p=\frac{(188.1\times3600)^2}{2\times1.27\times10^8\times178.39}\times\left[(0.42+1-0.1^2)+2\times\left(\frac{178.39}{8.7894}-1\right)+\right.$$

$$\left.\frac{4\times0.001\times17.9}{3.33\times10^{-3}}\times\frac{178.39}{93.59}-(1-0.1^2-0.8)\times\frac{178.39}{8.7894}\right]=780.55(\text{Pa})$$

氮气-甲烷-乙烯侧压力损失：

$$\Delta p=\frac{G^2}{2g_c\rho_1}\left[\left(K_c+1-\sigma^2\right)+2\left(\frac{\rho_1}{\rho_2}-1\right)+\frac{4fl}{D_e}\times\frac{\rho_1}{\rho_{av}}-(1-\sigma^2-K_e)\frac{\rho_1}{\rho_2}\right]$$

$$f_a=\frac{x(L-\delta)L_wn}{x+\delta}=\frac{(1.4-0.2)\times10^{-3}\times(9.5-0.2)\times10^{-3}\times1\times5}{1.4\times10^{-3}}=0.0399(\text{m}^2)$$

$$A_{fa}=(L+\delta_s)L_wN_t=(9.5+0.2)\times10^{-3}\times1\times25=0.2425(\text{m}^2)$$

$$\sigma=\frac{f_a}{A_{fa}}=0.165\text{；}\ K_c=0.43\text{；}\ K_e=0.64\text{；}\ f=0.002$$

$$\Delta p=\frac{(215.02\times3600)^2}{2\times1.27\times10^8\times38.336}\times\left[(0.64+1-0.165^2)+2\times\left(\frac{38.336}{50.753}-1\right)+\right.$$

$$\left.\frac{4\times0.002\times17.9}{2.12\times10^{-3}}\times\frac{38.336}{43.469}-(1-0.165^2-0.43)\times\frac{38.336}{50.753}\right]=3709.6(\text{Pa})$$

乙烯-丙烷-异丁烷下侧压力损失：

$$\Delta p=\frac{G^2}{2g_c\rho_1}\left[\left(K_c+1-\sigma^2\right)+2\left(\frac{\rho_1}{\rho_2}-1\right)+\frac{4fl}{D_e}\times\frac{\rho_1}{\rho_{av}}-(1-\sigma^2-K_e)\frac{\rho_1}{\rho_2}\right]$$

$$f_a=\frac{x(L-\delta)L_wn}{x+\delta}=\frac{(4.2-0.3)\times10^{-3}\times(3.2-0.3)\times10^{-3}\times1\times5}{4.2\times10^{-3}}=0.013(\text{m}^2)$$

$$A_{fa}=(L+\delta_s)L_wN_t=(3.2+2)\times10^{-3}\times1\times25=0.13(\text{m}^2)$$

$$\sigma=\frac{f_a}{A_{fa}}=0.1\text{；}\ K_c=0.48\text{；}\ K_e=0.8\text{；}\ f=0.0088$$

$$\Delta p=\frac{(188.1\times3600)^2}{2\times1.27\times10^8\times322.669}\times\left[(0.48+1-0.1^2)+2\times\left(\frac{322.669}{553.86}-1\right)+\right.$$

$$\left.\frac{4\times0.0088\times17.9}{3.33\times10^{-3}}\times\frac{322.669}{438.26}-(1-0.1^2-0.8)\times\frac{322.669}{553.86}\right]=782.35(\text{Pa})$$

乙烯-丙烷-异丁烷上侧压力损失：

$$\Delta p=\frac{G^2}{2g_c\rho_1}\left[(K_c+1-\sigma^2)+2\left(\frac{\rho_1}{\rho_2}-1\right)+\frac{4fl}{D_e}\times\frac{\rho_1}{\rho_{av}}-(1-\sigma^2-K_e)\frac{\rho_1}{\rho_2}\right]$$

$$A_{fa}=(L+\delta_s)L_wN_t=(3.2+2)\times10^{-3}\times1\times25=0.13(\text{m}^2)$$

$$f_{\mathrm{a}}=\frac{x(L-\delta)L_{\mathrm{w}}n}{x+\delta}=\frac{(4.2-0.3)\times10^{-3}\times(3.2-0.3)\times10^{-3}\times1\times5}{4.2\times10^{-3}}=0.013(\mathrm{m}^2)$$

$$\sigma=\frac{f_{\mathrm{a}}}{A_{\mathrm{fa}}}=0.1\text{；}\quad K_{\mathrm{c}}=0.42\text{；}\quad K_{\mathrm{e}}=0.8\text{；}\quad f=0.001$$

$$\Delta p=\frac{(188.1\times3600)^2}{2\times1.27\times10^8\times178.39}\times\left[(0.42+1-0.1^2)+2\times\left(\frac{178.39}{8.7894}-1\right)+\frac{4\times0.001\times17.9}{3.33\times10^{-3}}\times\frac{178.39}{93.59}-(1-0.1^2-0.8)\times\frac{178.39}{8.7894}\right]=780.55(\mathrm{Pa})$$

3.3.3 深冷压力损失计算

天然气板侧压力损失：

$$\Delta p=\frac{G^2}{2g_{\mathrm{c}}\rho_1}\left[(K_{\mathrm{c}}+1-\sigma^2)+2\left(\frac{\rho_1}{\rho_2}-1\right)+\frac{4fl}{D_{\mathrm{e}}}\times\frac{\rho_1}{\rho_{\mathrm{av}}}-(1-\sigma^2-K_{\mathrm{e}})\frac{\rho_1}{\rho_2}\right]$$

$$f_{\mathrm{a}}=\frac{x(L-\delta)L_{\mathrm{w}}n}{x+\delta}=\frac{(2-0.3)\times10^{-3}\times(6.5-0.3)\times10^{-3}\times1\times5}{3\times10^{-3}}=0.018(\mathrm{m}^2)$$

$$A_{\mathrm{fa}}=(L+\delta_{\mathrm{s}})L_{\mathrm{w}}N_{\mathrm{t}}=(6.5+2)\times10^{-3}\times1\times25=0.2125(\mathrm{m}^2)$$

$$\sigma=\frac{f_{\mathrm{a}}}{A_{\mathrm{fa}}}=0.018/0.2125=0.085\text{；}\quad K_{\mathrm{c}}=0.49\text{；}\quad K_{\mathrm{e}}=0.82\text{；}\quad f=0.011$$

$$\Delta p=\frac{(149.9\times3600)^2}{2\times1.27\times10^8\times307.16}\times\left[(0.49+1-0.085^2)+2\times\left(\frac{307.16}{438.22}-1\right)+\frac{4\times0.011\times37.4}{2.67\times10^{-3}}\times\frac{307.16}{385.43}-(1-0.085^2-0.82)\times\frac{307.16}{438.22}\right]=1836.19(\mathrm{Pa})$$

氮气-甲烷-乙烯下侧压力损失：

$$\Delta p=\frac{G^2}{2g_{\mathrm{c}}\rho_1}\left[(K_{\mathrm{c}}+1-\sigma^2)+2\left(\frac{\rho_1}{\rho_2}-1\right)+\frac{4fl}{D_{\mathrm{e}}}\times\frac{\rho_1}{\rho_{\mathrm{av}}}-(1-\sigma^2-K_{\mathrm{e}})\frac{\rho_1}{\rho_2}\right]$$

$$A_{\mathrm{fa}}=(L+\delta_{\mathrm{s}})L_{\mathrm{w}}N_{\mathrm{t}}=(9.5+0.2)\times10^{-3}\times1\times25=0.2425(\mathrm{m}^2)$$

$$f_{\mathrm{a}}=\frac{x(L-\delta)L_{\mathrm{w}}n}{x+\delta}=\frac{(1.4-0.2)\times10^{-3}\times(9.5-0.2)\times10^{-3}\times1\times5}{1.4\times10^{-3}}=0.0399(\mathrm{m}^2)$$

$$\sigma=\frac{f_{\mathrm{a}}}{A_{\mathrm{fa}}}=0.165\text{；}\quad K_{\mathrm{c}}=0.48\text{；}\quad K_{\mathrm{e}}=0.7\text{；}\quad f=0.0091$$

$$\Delta p=\frac{(355.67\times3600)^2}{2\times1.27\times10^8\times30.661}\times\left[(0.48+1-0.165^2)+2\times\left(\frac{30.661}{559.43}-1\right)+\frac{4\times0.0091\times37.4}{2.12\times10^{-3}}\times\frac{30.661}{295.05}-(1-0.165^2-0.7)\times\frac{30.661}{559.43}\right]=13952.5(\mathrm{Pa})$$

氮气-甲烷-乙烯上侧压力损失：

$$\Delta p=\frac{G^2}{2g_{\mathrm{c}}\rho_1}\left[(K_{\mathrm{c}}+1-\sigma^2)+2\left(\frac{\rho_1}{\rho_2}-1\right)+\frac{4fl}{D_{\mathrm{e}}}\times\frac{\rho_1}{\rho_{\mathrm{av}}}-(1-\sigma^2-K_{\mathrm{e}})\frac{\rho_1}{\rho_2}\right]$$

$$f_{\mathrm{a}}=\frac{x(L-\delta)L_{w}n}{x+\delta}=\frac{(1.4-0.2)\times10^{-3}\times(9.5-0.2)\times10^{-3}\times1\times5}{1.4\times10^{-3}}=0.0399(\mathrm{m}^2)$$

$$A_{\mathrm{fa}}=(L+\delta_{\mathrm{s}})L_{\mathrm{w}}N_{\mathrm{t}}=(9.5+0.2)\times10^{-3}\times1\times25=0.2425(\mathrm{m}^2)$$

$$\sigma=\frac{f_{\mathrm{a}}}{A_{\mathrm{fa}}}=0.165;\quad K_c=0.42;\quad K_{\mathrm{e}}=0.7;\quad f=0.001$$

$$\Delta p=\frac{(355.67\times3600)^2}{2\times1.27\times10^8\times65.087}\times\left[(0.42+1-0.165^2)+2\times\left(\frac{65.087}{5.3}-1\right)+\frac{4\times0.001\times37.4}{2.12\times10^{-3}}\times\frac{65.087}{45.1715}-(1-0.165^2-0.7)\times\frac{65.087}{5.3}\right]=12126.4(\mathrm{Pa})$$

3.4　板翅式换热器结构设计

3.4.1　封头结构设计

封头也叫作端盖，是筒体（芯体）与接管的过渡段。封头主要分为三类：凸形封头、平板形封头、锥形封头。凸形封头又分为：半球形封头、椭圆形封头、碟形封头、球冠形封头。这些封头在不同设计中的选择是不同的，根据各自的需求进行选择。

本设计选择的封头为平板形封头，主要进行封头内径的选择，封头壁厚、端板壁厚的计算与选择。

3.4.1.1　封头选择

（1）封头壁厚

当 $d_i/D_i \leqslant 0.5$ 时，可由下式计算出封头的厚度：

$$\delta=\frac{pR_i}{[\sigma]'\varphi-0.6p}+C \tag{3-16}$$

式中　R_i ——弧形端面端板内半径，mm；
p ——流体压力，MPa；
$[\sigma]'$ ——试验温度下的许用应力，MPa；
φ ——焊接接头系数，其中 φ=0.6；
C ——壁厚附加量，mm。

（2）端板壁厚

半圆形平板最小厚度：

$$\delta_{\mathrm{p}}=R_{\mathrm{p}}\sqrt{\frac{0.44p}{[\sigma]^{\mathrm{t}}\sin\alpha}}+C \tag{3-17}$$

其中，$45° \leqslant \alpha \leqslant 90°$；$[\sigma]^{\mathrm{t}}$ ——设计温度下的许用应力，MPa。

本设计根据各制冷剂的质量流量和换热器尺寸大小按照比例选取封头直径，封头内径见

表 3-16。

表 3-16 封头内径

封头代号	1	2	3	4	5
封头内径/mm	1070	350	875	100	100

3.4.1.2　一级换热器封头计算

（1）乙烯-丙烷-异丁烷制冷剂下侧封头壁厚

根据规定内径 D_i=1070mm 得内径 R_i=535mm，则封头壁厚：

$$\delta=\frac{pR_i}{[\sigma]'\varphi-0.6p}+C=\frac{3.5\times535}{51\times0.6-0.6\times3.5}+0.25=65.95(\mathrm{mm})$$

圆整壁厚[δ]=70mm。

端板壁厚：

$$\delta_{\mathrm{p}}=R_{\mathrm{p}}\sqrt{\frac{0.44p}{[\sigma]^{\mathrm{t}}\sin\alpha}}+C=535\sqrt{\frac{0.44\times3.5}{51}}+0.68=93.6(\mathrm{mm})$$

圆整壁厚[δ_{p}]=95mm。

因为端板厚度应大于等于封头厚度，则端板厚度为 95mm。

（2）天然气侧封头壁厚

根据规定内径 D_i=350mm 得内径 R_i=175mm，则封头壁厚：

$$\delta=\frac{pR_i}{[\sigma]'\varphi-0.6p}+C=\frac{4.76\times175}{51\times0.6-0.6\times4.76}+0.75=30.77(\mathrm{mm})$$

圆整壁厚[δ]=35mm。

端板壁厚：

$$\delta_{\mathrm{p}}=R_{\mathrm{p}}\sqrt{\frac{0.44p}{[\sigma]^{\mathrm{t}}\sin\alpha}}+C=175\sqrt{\frac{0.44\times4.76}{51}}+0.6=36.1(\mathrm{mm})$$

圆整壁厚[δ_{p}]=40mm。

因为端板厚度应大于等于封头厚度，则端板厚度为 40mm。

（3）氮气-甲烷-乙烯制冷剂侧封头壁厚

根据规定内径 D_i=875mm 得内径 R_i=437.5mm，则封头壁厚：

$$\delta=\frac{pR_i}{[\sigma]'\varphi-0.6p}+C=\frac{1.64\times437.5}{51\times0.6-0.6\times1.64}+0.57=24.8(\mathrm{mm})$$

圆整壁厚[δ]=25mm。

端板壁厚：

$$\delta_{\mathrm{p}}=R_{\mathrm{p}}\sqrt{\frac{0.44p}{[\sigma]^{\mathrm{t}}\sin\alpha}}+C=437.5\sqrt{\frac{0.44\times1.64}{51}}+0.83=52.87(\mathrm{mm})$$

圆整壁厚[δ_{p}]=55mm。

因为端板厚度应大于等于封头厚度，则端板厚度为 55mm。

（4）乙烯-丙烷-异丁烷制冷剂上侧封头壁厚

根据规定内径 D_i=1070mm 得内径 R_i=535mm，则封头壁厚：

$$\delta=\frac{pR_i}{[\sigma]^t\varphi-0.6p}+C=\frac{1.75\times535}{51\times0.6-0.6\times1.75}+0.25=31.9(\mathrm{mm})$$

圆整壁厚[δ]=35mm。

端板壁厚：

$$\delta_\mathrm{p}=R_\mathrm{p}\sqrt{\frac{0.44p}{[\sigma]^\mathrm{t}\sin\alpha}}+C=535\sqrt{\frac{0.44\times1.75}{51}}+0.68=66.4(\mathrm{mm})$$

圆整壁厚[δ_p]=70mm。

因为端板厚度应大于等于封头厚度，则端板厚度为 70mm。

（5）乙烯-丙烷-异丁烷制冷剂上侧封头壁厚

根据规定内径 D_i=1070mm 得内径 R_i=535mm，则封头壁厚：

$$\delta=\frac{pR_i}{[\sigma]^t\varphi-0.6p}+C=\frac{1.75\times535}{51\times0.6-0.6\times1.75}+0.25=31.9(\mathrm{mm})$$

圆整壁厚[δ]=35mm。

端板壁厚：

$$\delta_\mathrm{p}=R_\mathrm{p}\sqrt{\frac{0.44p}{[\sigma]^\mathrm{t}\sin\alpha}}+C=535\sqrt{\frac{0.44\times1.75}{51}}+0.68=66.4(\mathrm{mm})$$

圆整壁厚[δ_p]=70mm。

因为端板厚度应大于等于封头厚度，则端板厚度为 70mm。

3.4.1.3　二级换热器封头计算

（1）天然气侧封头壁厚

根据规定内径 D_i=350mm 得内径 R_i=175mm，则封头壁厚：

$$\delta=\frac{pR_i}{[\sigma]^t\varphi-0.6p}+C=\frac{4.75\times175}{51\times0.6-0.6\times4.75}+0.68=30.6(\mathrm{mm})$$

圆整壁厚[δ]=35mm。

端板壁厚：

$$\delta_\mathrm{p}=R_\mathrm{p}\sqrt{\frac{0.44p}{[\sigma]^\mathrm{t}\sin\alpha}}+C=175\sqrt{\frac{0.44\times4.75}{51}}+0.75=36.18(\mathrm{mm})$$

圆整壁厚[δ_p]=40mm。

因为端板厚度应大于等于封头厚度，则端板厚度为 40mm。

（2）乙烯-丙烷-异丁烷上侧封头壁厚

根据规定内径 D_i=1070mm 得内径 R_i=535mm，则封头壁厚：

$$\delta=\frac{pR_i}{[\sigma]^t\varphi-0.6p}+C=\frac{0.52\times535}{51\times0.6-0.6\times0.52}+0.25=9.4(\text{mm})$$

圆整壁厚[δ]=10mm。

端板壁厚：

$$\delta_\text{p}=R_\text{p}\sqrt{\frac{0.44p}{[\sigma]^\text{t}\sin\alpha}}+C=535\sqrt{\frac{0.44\times0.52}{51}}+0.68=36.5(\text{mm})$$

圆整壁厚[δ_p]=40mm。

因为端板厚度应大于等于封头厚度，则端板厚度为 40mm。

（3）氮气-甲烷-乙烯制冷剂侧封头壁厚

根据规定内径 D_i=875mm 得内径 R_i=437.5mm，则封头壁厚：

$$\delta=\frac{pR_i}{[\sigma]^t\varphi-0.6p}+C=\frac{1.63\times437.5}{51\times0.6-0.6\times1.63}+0.57=24.64(\text{mm})$$

圆整壁厚[δ]=30mm。

端板壁厚：

$$\delta_\text{p}=R_\text{p}\sqrt{\frac{0.44p}{[\sigma]^\text{t}\sin\alpha}}+C=437.5\sqrt{\frac{0.44\times1.63}{51}}+0.83=52.7(\text{mm})$$

圆整壁厚[δ_p]=55mm。

因为端板厚度应大于等于封头厚度，则端板厚度为 55mm。

（4）乙烯-丙烷-异丁烷制冷剂上侧封头壁厚

根据规定内径 D_i=1070mm 得内径 R_i=535mm，则封头壁厚：

$$\delta=\frac{pR_i}{[\sigma]^t\varphi-0.6p}+C=\frac{0.52\times535}{51\times0.6-0.6\times0.52}+0.25=9.4(\text{mm})$$

圆整壁厚[δ]=10mm。

端板壁厚：

$$\delta_\text{p}=R_\text{p}\sqrt{\frac{0.44p}{[\sigma]^\text{t}\sin\alpha}}+C=535\sqrt{\frac{0.44\times0.52}{51}}+0.68=36.5(\text{mm})$$

圆整壁厚[δ_p]=40mm。

因为端板厚度应大于等于封头厚度，则端板厚度为 40mm。

（5）乙烯-丙烷-异丁烷制冷剂下侧封头壁厚

根据规定内径 D_i=1070mm 得内径 R_i=535mm，则封头壁厚：

$$\delta = \frac{pR_i}{[\sigma]'\varphi - 0.6p} + C = \frac{3.49 \times 535}{51 \times 0.6 - 0.6 \times 3.49} + 0.25 = 65.75(\text{mm})$$

圆整壁厚[δ]=70mm。

端板壁厚：

$$\delta_{\text{p}} = R_{\text{p}} \sqrt{\frac{0.44p}{[\sigma]^{\text{t}} \sin\alpha}} + C = 535\sqrt{\frac{0.44 \times 3.49}{51}} + 0.68 = 93.5(\text{mm})$$

圆整壁厚[δ_{p}]=95mm。

因为端板厚度应大于等于封头厚度，则端板厚度为 95mm。

3.4.1.4　三级换热器封头计算

（1）乙烯-丙烷-异丁烷制冷剂下侧封头壁厚

根据规定内径 D_i=1070mm 得内径 R_i=535mm，则封头壁厚：

$$\delta = \frac{pR_i}{[\sigma]'\varphi - 0.6p} + C = \frac{3.48 \times 535}{51 \times 0.6 - 0.6 \times 3.48} + 0.25 = 65.54(\text{mm})$$

圆整壁厚[δ]=70mm。

端板壁厚：

$$\delta_{\text{p}} = R_{\text{p}} \sqrt{\frac{0.44p}{[\sigma]^{\text{t}} \sin\alpha}} + C = 535\sqrt{\frac{0.44 \times 3.48}{51}} + 0.6 = 93.4(\text{mm})$$

圆整壁厚[δ_{p}]=95mm。

因为端板厚度应大于等于封头厚度，则端板厚度为 95mm。

（2）天然气侧封头壁厚

根据规定内径 D_i=350mm 得内径 R_i=175mm，则封头壁厚：

$$\delta = \frac{pR_i}{[\sigma]'\varphi - 0.6p} + C = \frac{4.73 \times 175}{51 \times 0.6 - 0.6 \times 4.73} + 0.75 = 30.56(\text{mm})$$

圆整壁厚[δ]=35mm。

端板壁厚：

$$\delta_{\text{p}} = R_{\text{p}} \sqrt{\frac{0.44p}{[\sigma]^{\text{t}} \sin\alpha}} + C = 175\sqrt{\frac{0.44 \times 4.73}{51}} + 0.6 = 35.9(\text{mm})$$

圆整壁厚[δ_{p}]=40mm。

因为端板厚度应大于等于封头厚度，则端板厚度为 40mm。

（3）氮气-甲烷-乙烯制冷剂侧封头壁厚

根据规定内径 D_i=875mm 得内径 R_i=437.5mm，则封头壁厚：

$$\delta = \frac{pR_i}{[\sigma]'\varphi - 0.6p} + C = \frac{1.62 \times 437.5}{51 \times 0.6 - 0.6 \times 1.62} + 0.57 = 24.49(\text{mm})$$

圆整壁厚[δ]=25mm。

端板壁厚：

$$\delta_{\text{p}}=R_{\text{p}}\sqrt{\frac{0.44p}{[\sigma]^{\text{t}}\sin\alpha}}+C=437.5\sqrt{\frac{0.44\times1.62}{51}}+0.83=52.6(\text{mm})$$

圆整壁厚[δ_p]=55mm。

因为端板厚度应大于等于封头厚度，则端板厚度为 55mm。

（4）乙烯-丙烷-异丁烷制冷剂上侧封头壁厚

根据规定内径 D_i=1070mm 得内径 R_i=535mm，则封头壁厚：

$$\delta=\frac{pR_i}{[\sigma]'\varphi-0.6p}+C=\frac{0.1\times535}{51\times0.6-0.6\times0.1}+0.25=2(\text{mm})$$

圆整壁厚[δ]=5mm。

端板壁厚：

$$\delta_{\text{p}}=R_{\text{p}}\sqrt{\frac{0.44p}{[\sigma]^{\text{t}}\sin\alpha}}+C=535\sqrt{\frac{0.44\times0.1}{51}}+0.68=16.4(\text{mm})$$

圆整壁厚[δ_p]=20mm。

因为端板厚度应大于等于封头厚度，则端板厚度为 20mm。

（5）乙烯-丙烷-异丁烷制冷剂上侧封头壁厚

根据规定内径 D_i=1070mm 得内径 R_i=535mm，则封头壁厚：

$$\delta=\frac{pR_i}{[\sigma]'\varphi-0.6p}+C=\frac{0.1\times535}{51\times0.6-0.6\times0.1}+0.25=2(\text{mm})$$

圆整壁厚[δ]=5mm。

端板壁厚：

$$\delta_{\text{p}}=R_{\text{p}}\sqrt{\frac{0.44p}{[\sigma]^{\text{t}}\sin\alpha}}+C=535\sqrt{\frac{0.44\times0.1}{51}}+0.68=16.4(\text{mm})$$

圆整壁厚[δ_p]=20mm。

因为端板厚度应大于等于封头厚度，则端板厚度为 20mm。

3.4.1.5 深冷换热器各个板侧封头壁厚计算

（1）天然气侧封头壁厚

根据规定内径 D_i=350mm 得内径 R_i=175mm，则封头壁厚：

$$\delta=\frac{pR_i}{[\sigma]'\varphi-0.6p}+C=\frac{4.73\times175}{51\times0.6-0.6\times4.73}+0.68=30.5(\text{mm})$$

圆整壁厚[δ]=35mm。

端板壁厚：

$$\delta_p = R_p\sqrt{\frac{0.44p}{[\sigma]^t \sin\alpha}} + C = 175\sqrt{\frac{0.44\times4.73}{51}} + 0.75 = 36.1(\text{mm})$$

圆整壁厚[δ_p]=40mm。
因为端板厚度应大于等于封头厚度，则端板厚度为 40mm。

（2）氮气-甲烷-乙烯制冷剂下侧封头壁厚

根据规定内径 D_i=875mm 得内径 R_i=437.5mm，则封头壁厚：

$$\delta = \frac{pR_i}{[\sigma]'\varphi - 0.6p} + C = \frac{1.61\times437.5}{51\times0.6 - 0.6\times1.61} + 0.57 = 24.34(\text{mm})$$

圆整壁厚[δ]=25mm。
端板壁厚：

$$\delta_p = R_p\sqrt{\frac{0.44p}{[\sigma]^t \sin\alpha}} + C = 437.5\sqrt{\frac{0.44\times1.61}{51}} + 0.83 = 52.4(\text{mm})$$

圆整壁厚[δ_p]=55mm。
因为端板厚度应大于等于封头厚度，则端板厚度为 55mm。

（3）氮气-甲烷-乙烯制冷剂上侧封头壁厚

根据规定内径 D_i=875mm 得内径 R_i=437.5mm，则封头壁厚：

$$\delta = \frac{pR_i}{[\sigma]'\varphi - 0.6p} + C = \frac{0.35\times437.5}{51\times0.6 - 0.6\times0.35} + 0.57 = 56.1(\text{mm})$$

圆整壁厚[δ]=60mm。
端板壁厚：

$$\delta_p = R_p\sqrt{\frac{0.44p}{[\sigma]^t \sin\alpha}} + C = 437.5\sqrt{\frac{0.44\times0.35}{51}} + 0.83 = 24.87(\text{mm})$$

圆整壁厚[δ_p]=25mm。
因为端板厚度应大于等于封头厚度，则端板厚度为 60mm。
各级换热器封头与端板壁厚统计见表 3-17～表 3-20。

表 3-17　一级换热器封头与端板的壁厚

项目	天然气侧	乙烯-丙烷-异丁烷上侧	氮气-甲烷-乙烯侧	乙烯-丙烷-异丁烷上侧	乙烯-丙烷-异丁烷下侧
封头内径/mm	350	1070	875	1077	1070
封头计算壁厚/mm	30.77	31.9	24.8	31.9	65.95
封头实际壁厚/mm	35	35	25	35	70
端板计算壁厚/mm	36.1	66.4	52.87	66.4	93.6
端板实际壁厚/mm	40	70	55	70	95

表 3-18　二级换热器封头与端板的壁厚

项目	天然气侧	乙烯-丙烷-异丁烷上侧	氮气-甲烷-乙烯侧	乙烯-丙烷-异丁烷上侧	乙烯-丙烷-异丁烷下侧
封头内径/mm	350	1070	875	1070	1070
封头计算壁厚/mm	30.6	9.4	24.64	9.4	65.75
封头实际壁厚/mm	35	10	30	10	70
端板计算壁厚/mm	36.18	36.5	52.7	36.5	93.5
端板实际壁厚/mm	40	40	55	40	95

表 3-19　三级换热器封头与端板的壁厚

项目	天然气侧	乙烯-丙烷-异丁烷上侧	氮气-甲烷-乙烯侧	乙烯-丙烷-异丁烷上侧	乙烯-丙烷-异丁烷下侧
封头内径/mm	350	1070	875	1070	1070
封头计算壁厚/mm	30.56	2	24.49	2	65.54
封头实际壁厚/mm	35	5	25	5	70
端板计算壁厚/mm	35.9	16.4	52.6	16.4	93.4
端板实际壁厚/mm	40	20	55	20	95

表 3-20　深冷换热器封头与端板的壁厚

项目	天然气侧	氮气-甲烷-乙烯下侧	氮气-甲烷-乙烯上侧
封头内径/mm	350	875	875
封头计算壁厚/mm	30.5	24.34	56.1
封头实际壁厚/mm	35	25	60
端板计算壁厚/mm	36.1	52.4	24.87
端板实际壁厚/mm	40	55	25

3.4.2　液压试验

本设计板翅式换热器中压力较高，压力最高为 6.1MPa。为了能够安全合理地进行设计，进行压力测试是进行其他步骤的前提条件，液压试验则是压力测试中的一种。除了液压测试外，还有气压测试以及气密性测试。

3.4.2.1　内压通道

液压试验压力：

$$p_T = 1.3p \times \frac{[\sigma]}{[\sigma]^t} \tag{3-18}$$

式中　p_T ——试验压力，MPa；

p ——设计压力，MPa；

$[\sigma]$ ——试验温度下的许用应力，MPa；

$[\sigma]^t$ ——设计温度下的许用应力，MPa。

封头的应力校核：

$$\sigma_T = \frac{p_T(R_i + 0.5\delta_e)}{\delta_e} \tag{3-19}$$

式中 σ_T——试验压力下封头的应力，MPa；

R_i——封头的内径，mm；

p_T——试验压力，MPa；

δ_e——封头的有效厚度，mm。

当满足 $\sigma_T \leqslant 0.9\varphi\sigma_{p0.2}$（$\sigma_{p0.2}$为试验温度下的规定残余延伸应力，数值为170MPa）时，则校核正确，否则需重新选取尺寸计算：

$$0.9\varphi\sigma_{p0.2} = 0.9 \times 0.6 \times 170 = 91.8(\text{MPa})$$

各级封头壁厚校核见表3-21～表3-24。

表3-21 一级封头壁厚校核

项目	乙烯-丙烷-异丁烷下侧	天然气侧	氮气-甲烷-乙烯侧	乙烯-丙烷-异丁烷上侧	乙烯-丙烷-异丁烷上侧
封头内径/mm	1070	350	875	1070	1070
设计压力/MPa	3.5	4.76	1.64	1.75	1.75
实际壁厚/mm	70	35	25	35	35
厚度附加量/mm	0.25	0.75	0.57	0.25	0.25
有效厚度/mm	69.75	34.25	24.43	34.75	34.75

表3-22 二级封头壁厚校核

项目	天然气侧	丙烷-乙烯-异丁烷下侧	氮气-甲烷-乙烯侧	丙烷-乙烯-异丁烷上侧
封头内径/mm	350	1070	875	1077
设计压力/MPa	4.75	3.49	1.63	0.52
封头实际壁厚/mm	35	70	30	10
厚度附加量/mm	0.75	0.68	0.83	0.68

表3-23 三级封头壁厚校核

项目	乙烯-丙烷-异丁烷下侧	天然气侧	氮气-甲烷-乙烯侧	乙烯-丙烷-异丁烷上侧	乙烯-丙烷-异丁烷上侧
封头内径/mm	1070	350	875	1070	1070
设计压力/MPa	3.48	4.73	1.62	0.1	0.1
封头实际壁厚/mm	70	35	25	5	5
厚度附加量/mm	0.25	0.6	0.57	0.25	0.25
有效厚度/mm	69.75	34.4	24.43	4.75	4.75

表3-24 深冷封头壁厚校核

项目	天然气侧	氮气-甲烷-乙烯下侧	氮气-甲烷-乙烯上侧
封头内径/mm	350	875	875

续表

项目	天然气侧	氮气-甲烷-乙烯下侧	氮气-甲烷-乙烯上侧
设计压力/MPa	4.73	1.61	0.35
封头实际壁厚/mm	30	25	60
厚度附加量/mm	0.75	0.83	0.57

3.4.2.2 尺寸校核计算

（1）一级尺寸校核计算

一级封头壁厚校核信息见表 3-25。

表 3-25 一级封头壁厚校核信息

项目	天然气侧	乙烯-丙烷-异丁烷上侧	氮气-甲烷-乙烯侧	乙烯-丙烷-异丁烷上侧	乙烯-丙烷-异丁烷下侧
封头内径/mm	350	1070	875	1070	1070
设计压力/MPa	4.76	1.75	1.64	1.75	3.5
封头实际壁厚/mm	35	35	25	35	70
厚度附加量/mm	0.75	0.25	0.57	0.25	0.25
有效厚度/mm	34.25	34.75	24.43	34.75	69.75

乙烯-丙烷-异丁烷下侧尺寸校核：

$$p_T = 1.3 \times 3.5 = 4.55(\text{MPa})\text{；}\quad \sigma_T = \frac{4.55 \times (535 + 0.5 \times 69.75)}{69.75} = 37.17(\text{MPa})$$

校核值小于允许值，则尺寸合适。

天然气侧的尺寸校核：

$$p_T = 1.3 \times 4.76 = 6.188(\text{MPa})\text{；}\quad \sigma_T = \frac{6.188 \times (175 + 0.5 \times 34.25)}{34.25} = 34.71(\text{MPa})$$

校核值小于允许值，则尺寸合适。

氮气-甲烷-乙烯侧的尺寸校核：

$$p_T = 1.3 \times 1.64 = 2.132(\text{MPa})\text{；}\quad \sigma_T = \frac{2.132 \times \left(437.5 + 0.5 \times 24.43\right)}{24.43} = 39.2(\text{MPa})$$

校核值小于允许值，则尺寸合适。

（2）二级尺寸校核计算

二级封头壁厚校核信息见表 3-26。

表 3-26 二级封头壁厚校核信息

项目	天然气侧	乙烯-丙烷-异丁烷上侧	氮气-甲烷-乙烯侧	乙烯-丙烷-异丁烷上侧	乙烯-丙烷-异丁烷下侧
封头内径/mm	350	1070	875	1070	1070
设计压力/MPa	4.75	0.52	1.63	0.52	3.49

续表

项目	天然气侧	乙烯-丙烷-异丁烷上侧	氮气-甲烷-乙烯侧	乙烯-丙烷-异丁烷上侧	乙烯-丙烷-异丁烷下侧
封头实际壁厚/mm	35	10	30	10	70
厚度附加量/mm	0.68	0.25	0.57	0.25	0.25
有效厚度/mm	34.32	9.75	29.43	9.75	69.75

天然气侧尺寸校核：

$$p_{\mathrm{T}} = 1.3 \times 4.75 = 6.18(\mathrm{MPa})\ ;\quad \sigma_{\mathrm{T}} = \frac{6.18 \times (175 + 0.5 \times 34.32)}{34.32} = 34.5(\mathrm{MPa})$$

校核值小于允许值，则尺寸合适。

丙烷-乙烯-异丁烷上侧尺寸校核：

$$p_{\mathrm{T}} = 1.3 \times 0.52 = 0.676(\mathrm{MPa})\ ;\quad \sigma_{\mathrm{T}} = \frac{0.676 \times (535 + 0.5 \times 9.75)}{9.75} = 37.4(\mathrm{MPa})$$

校核值小于允许值，则尺寸合适。

氮气-甲烷-乙烯侧尺寸校核：

$$p_{\mathrm{T}} = 1.3 \times 1.63 = 2.12(\mathrm{MPa})\ ;\quad \sigma_{\mathrm{T}} = \frac{2.12 \times (437.5 + 0.5 \times 29.43)}{29.43} = 32.6(\mathrm{MPa})$$

校核值小于允许值，则尺寸合适。

丙烷-乙烯-异丁烷上侧尺寸校核：

$$p_{\mathrm{T}} = 1.3 \times 0.52 = 0.676(\mathrm{MPa})\ ;\quad \sigma_{\mathrm{T}} = \frac{0.676 \times (535 + 0.5 \times 9.75)}{9.75} = 37.4(\mathrm{MPa})$$

校核值小于允许值，则尺寸合适。

丙烷-乙烯-异丁烷下侧尺寸校核：

$$p_{\mathrm{T}} = 1.3 \times 3.49 \times \frac{51}{51} = 4.54(\mathrm{MPa})\ ;\quad \sigma_{\mathrm{T}} = \frac{4.54 \times (535 + 0.5 \times 69.75)}{69.75} = 37.1(\mathrm{MPa})$$

校核值小于允许值，则尺寸合适。

（3）三级尺寸校核计算

三级封头壁厚校核信息见表 3-27。

表 3-27　三级封头壁厚校核信息

项目	天然气侧	乙烯-丙烷-异丁烷上侧	氮气-甲烷-乙烯侧	乙烯-丙烷-异丁烷上侧	乙烯-丙烷-异丁烷下侧
封头内径/mm	350	1070	875	1070	1070
设计压力/MPa	4.73	0.1	1.62	0.1	3.48
封头实际壁厚/mm	35	5	25	5	70
厚度附加量/mm	0.6	0.25	0.57	0.25	0.25
有效厚度/mm	34.4	4.75	24.43	4.75	69.75

天然气侧尺寸校核：

$$p_T = 1.3 \times 4.73 \times \frac{51}{51} = 6.149(\text{MPa})；\quad \sigma_T = \frac{6.149 \times (175 + 0.5 \times 34.25)}{34.25} = 34.5(\text{MPa})$$

校核值小于允许值，则尺寸合适。

乙烯-丙烷-异丁烷上侧尺寸校核：

$$p_T = 1.3 \times 0.1 \times \frac{51}{51} = 0.13(\text{MPa})；\quad \sigma_T = \frac{0.13 \times (535 + 0.5 \times 4.75)}{4.75} = 14.7(\text{MPa})$$

校核值小于允许值，则尺寸合适。

氮气-甲烷-乙烯侧尺寸校核：

$$p_T = 1.3 \times 1.62 \times \frac{51}{51} = 2.106(\text{MPa})；\quad \sigma_T = \frac{2.106 \times (437.5 + 0.5 \times 24.43)}{24.43} = 38.77(\text{MPa})$$

校核值小于允许值，则尺寸合适。

乙烯-丙烷-异丁烷上侧尺寸校核：

$$p_T = 1.3 \times 0.1 \times \frac{51}{51} = 0.13(\text{MPa})；\quad \sigma_T = \frac{0.13 \times (535 + 0.5 \times 4.75)}{4.75} = 14.7(\text{MPa})$$

校核值小于允许值，则尺寸合适。

丙烷-乙烯-异丁烷下侧尺寸校核：

$$p_T = 1.3 \times 3.48 \times \frac{51}{51} = 4.524(\text{MPa})；\quad \sigma_T = \frac{4.524 \times (535 + 0.5 \times 69.75)}{69.75} = 37(\text{MPa})$$

校核值小于允许值，则尺寸合适。

（4）深冷尺寸校核计算

深冷封头壁厚校核信息见表 3-28。

表 3-28 深冷封头壁厚校核信息

项目	天然气侧	氮气-甲烷-乙烯下侧	氮气-甲烷-乙烯上侧
封头规格/mm	350	875	875
设计压力/MPa	4.73	1.61	0.35
封头计算壁厚/mm	30	25	60
厚度附加量/mm	0.75	0.57	0.57
有效厚度/mm	29.25	24.43	59.43

天然气侧尺寸校核：

$$p_T = 1.3 \times 4.73 \times \frac{51}{51} = 6.15(\text{MPa})；\quad \sigma_T = \frac{6.15 \times (175 + 0.5 \times 29.25)}{29.25} = 39.87(\text{MPa})$$

校核值小于允许值，则尺寸合适。

氮气-甲烷-乙烯下侧尺寸校核：

$$p_T = 1.3 \times 1.61 \times \frac{51}{51} = 2.09(\text{MPa})；\quad \sigma_T = \frac{2.09 \times (437.5 + 0.5 \times 24.43)}{24.43} = 38.47(\text{MPa})$$

校核值小于允许值，则尺寸合适。

氮气-甲烷-乙烯上侧尺寸校核：

$$p_{\mathrm{T}}=1.3\times0.35\times\frac{51}{51}=0.46(\mathrm{MPa})\text{；}\quad \sigma_{\mathrm{T}}=\frac{0.46\times(437.5+0.5\times59.43)}{59.43}=3.62(\mathrm{MPa})$$

校核值小于允许值，则尺寸合适。

3.4.3　接管确定

3.4.3.1　接管尺寸确定

当为圆筒或球壳开孔时，开孔处的计算厚度按照壳体计算厚度取值。

接管厚度计算：

$$\delta=\frac{p_{\mathrm{c}}D_i}{2[\sigma]^{\mathrm{t}}\varphi-p_{\mathrm{c}}}+C \tag{3-20}$$

设计可根据标准管径选取管径大小，只需进行校核确定尺寸。

表 3-29 为标准 6063 接管尺寸，表 3-30 为接管规格。

表 3-29　标准 6063 接管尺寸

6×1	8×1	8×2	10×1	10×2
14×2	15×1.5	16×2	16×3	16×5
20×2	20×3	20×3.5	20×4	20×5
24×5	20×1.5	25×2	25×2.5	25×3
27×3.5	28×1.5	28×5	30×1.5	30×2
30×6.5	30×10	32×2	32×3	32×4
35×3	35×5	36×2	36×3	37×2.5/3
40×4	40×5	40×10	42×3	42×4
45×6	46×2	48×8	50×2.8	50×3.5/4
55×9	55×10	60×3	60×5	60×10
72×14	75×5	65×5	65×4	80×4
85×10	90×10/5	90×15	95×10	100×10
120×7	125×20	106×15	106×10	105×12.5
135×10	136×6	140×20	140×7	120×3
160×20	155×15/30	50×15	170×8.5	180×10
210×45	230×16	230×17.5	230×25	230×30
250×10	310×30	315×35	356×10	508×8
300×30	535×10	515×45	355×55	226×28
12×1	12×2	12×2.5	14×0.8	
18×1	18×2	18×3.5	20×1	22×1
22×3	22×3	22×4	24×2	25×1
25×5	25×5	26×2	26×3	28×1

续表

30×4	30×4	30×5	30×6	36×2.5
34×1	34×1	34×2.5	35×2.5	45×7
38×3	38×3	38×4	38×5	56×16
42×6	42×6	45×2	45×2.5	50×15
50×5	50×7	52×6	55×8	66×13
62×6	66×6	70×5	70×10	190×25
80×5	80×6	80×10/20	85×5	125×10
110×15	120×10	120×20	125×4	165×9.5
115×5	105×5	100×8	130×10	170×10
120×5	150×10	153×13	160×7	182×25
180. ×.9.5	192×6	200×10	200×20	180×30
230×38	230×20	230×25	245×40	380×40
270×40	268×8	500×45	355×10	
		340×10		

表 3-30　接管规格

乙烯-丙烷-异丁烷侧	天然气侧	氮气-甲烷-乙烯侧	乙烯-丙烷-异丁烷侧	乙烯-丙烷-异丁烷侧
153×13	125×10	355×10	153×13	153×13

3.4.3.2　一级换热器接管计算

天然气侧接管壁厚：

$$\delta=\frac{p_c D_i}{2[\sigma]^t\varphi-p_c}+C=\frac{4.76\times105}{2\times51\times0.6-4.76}+0.48=9.33(\text{mm})$$

乙烯-丙烷-异丁烷制冷剂上侧接管壁厚：

$$\delta=\frac{p_c D_i}{2[\sigma]^t\varphi-p_c}+C=\frac{1.75\times127}{2\times51\times0.6-1.75}+0.13=5.7(\text{mm})$$

氮气-甲烷-乙烯制冷剂侧接管壁厚：

$$\delta=\frac{p_c D_i}{2[\sigma]^t\varphi-p_c}+C=\frac{1.64\times335}{2\times51\times0.6-1.64}+0.28=9.5(\text{mm})$$

乙烯-丙烷-异丁烷制冷剂上侧接管壁厚：

$$\delta=\frac{p_c D_i}{2[\sigma]^t\varphi-p_c}+C=\frac{1.75\times127}{2\times51\times0.6-1.75}+0.13=5.7(\text{mm})$$

乙烯-丙烷-异丁烷制冷剂下侧接管壁厚：

$$\delta=\frac{p_c D_i}{2[\sigma]^t\varphi-p_c}+C=\frac{3.5\times127}{2\times51\times0.6-3.5}+0.13=7.7(\text{mm})$$

3.4.3.3　二级换热器接管计算

天然气侧接管壁厚：

$$\delta=\frac{p_c D_i}{2[\sigma]^t\varphi-p_c}+C=\frac{4.75\times105}{2\times51\times0.6-4.75}+0.48=9.31(\text{mm})$$

乙烯-丙烷-异丁烷制冷剂上侧接管壁厚：

$$\delta=\frac{p_c D_i}{2[\sigma]^t\varphi-p_c}+C=\frac{0.52\times127}{2\times51\times0.6-0.52}+0.13=1.76(\text{mm})$$

氮气-甲烷-乙烯制冷剂侧接管壁厚：

$$\delta=\frac{p_c D_i}{2[\sigma]^t\varphi-p_c}+C=\frac{1.63\times335}{2\times51\times0.6-1.63}+0.28=9.45(\text{mm})$$

乙烯-丙烷-异丁烷制冷剂上侧接管壁厚：

$$\delta=\frac{p_c D_i}{2[\sigma]^t\varphi-p_c}+C=\frac{0.52\times127}{2\times51\times0.6-0.52}+0.13=1.76(\text{mm})$$

乙烯-丙烷-异丁烷制冷剂下侧接管壁厚：

$$\delta=\frac{p_c D_i}{2[\sigma]^t\varphi-p_c}+C=\frac{3.49\times127}{2\times51\times0.6-3.49}+0.13=7.8(\text{mm})$$

3.4.3.4　三级换热器接管计算

天然气侧接管壁厚：

$$\delta=\frac{p_c D_i}{2[\sigma]^t\varphi-p_c}+C=\frac{4.73\times105}{2\times51\times0.6-4.73}+0.48=9.3(\text{mm})$$

乙烯-丙烷-异丁烷制冷剂上侧接管壁厚：

$$\delta=\frac{p_c D_i}{2[\sigma]^t\varphi-p_c}+C=\frac{0.1\times127}{2\times51\times0.6-0.1}+0.13=0.34(\text{mm})$$

氮气-甲烷-乙烯制冷剂侧接管壁厚：

$$\delta=\frac{p_c D_i}{2[\sigma]^t\varphi-p_c}+C=\frac{1.62\times335}{2\times51\times0.6-1.62}+0.28=9.39(\text{mm})$$

乙烯-丙烷-异丁烷制冷剂上侧接管壁厚：

$$\delta=\frac{p_c D_i}{2[\sigma]^t\varphi-p_c}+C=\frac{0.1\times127}{2\times51\times0.6-0.1}+0.13=0.34(\text{mm})$$

乙烯-丙烷-异丁烷制冷剂下侧接管壁厚：

$$\delta=\frac{p_c D_i}{2[\sigma]^t\varphi-p_c}+C=\frac{3.49\times127}{2\times51\times0.6-3.49}+0.13=7.8(\text{mm})$$

3.4.3.5　深冷换热器接管计算

天然气侧接管壁厚：

$$\delta=\frac{p_c D_i}{2[\sigma]^t\varphi-p_c}+C=\frac{4.73\times105}{2\times51\times0.6-4.73}+0.48=9.3(\text{mm})$$

氮气-甲烷-乙烯制冷剂下侧接管壁厚：

$$\delta=\frac{p_c D_i}{2[\sigma]^t\varphi-p_c}+C=\frac{1.61\times335}{2\times51\times0.6-1.61}+0.28=9.33(\text{mm})$$

氮气-甲烷-乙烯制冷剂上侧接管壁厚：

$$\delta=\frac{p_c D_i}{2[\sigma]^t\varphi-p_c}+C=\frac{0.35\times335}{2\times51\times0.6-0.35}+0.28=2.21(\text{mm})$$

各级接管尺寸总结见表 3-31～表 3-34。

表 3-31 一级换热器接管壁厚

项目	天然气侧	乙烯-丙烷-异丁烷上侧	氮气-甲烷-乙烯侧	乙烯-丙烷-异丁烷上侧	乙烯-丙烷-异丁烷下侧
接管规格/mm	125×10	153×13	355×10	153×13	153×13
接管计算壁厚/mm	9.33	5.7	9.5	5.7	7.7
接管实际壁厚/mm	10	13	10	13	13

表 3-32 二级换热器接管壁厚

项目	天然气侧	乙烯-丙烷-异丁烷上侧	氮气-甲烷-乙烯侧	乙烯-丙烷-异丁烷上侧	乙烯-丙烷-异丁烷下侧
接管规格/mm	125×10	153×13	355×10	153×13	153×13
接管计算壁厚/mm	9.31	1.76	9.45	1.76	7.8
接管实际壁厚/mm	10	13	10	13	13

表 3-33 三级换热器接管壁厚

项目	天然气侧	乙烯-丙烷-异丁烷上侧	氮气-甲烷-乙烯侧	乙烯-丙烷-异丁烷上侧	乙烯-丙烷-异丁烷下侧
接管规格/mm	125×10	153×13	355×10	153×13	153×13
接管计算壁厚/mm	9.3	0.34	9.39	0.34	7.8
接管实际壁厚/mm	10	13	10	13	13

表 3-34 深冷换热器接管壁厚

项目	天然气侧	氮气-甲烷-乙烯下侧	氮气-甲烷-乙烯上侧
接管规格/mm	125×10	355×10	355×10
接管计算壁厚/mm	9.3	9.33	2.21
接管实际壁厚/mm	10	10	10

3.4.4 接管补强

3.4.4.1 补强方式

封头的补强方式应根据具体的情况进行选择，补强方式可分为：加强圈补强、接管全焊透补强、翻边或凸颈补强以及整体补强等。

本设计封头尺寸大小各异，补强方式也不同，但条件允许的情况下尽量以接管全焊透方式代替补强圈补强，尤其是封头尺寸较小的情况下。在选择补强方式前要进行补强面积的计算，确定补强面积的大小以及是否需要补强。

3.4.4.2 补强计算

以全焊透方法将接管与壳体相焊，主要补强方式有补强圈补强与接管补强，在条件许可的情况下尽量使用接管补强方式，尤其是在筒体半径较小的时候。首先要进行开孔所需补强面积的计算，确定封头是否需要进行补强。

（1）封头开孔所需补强面积

封头开孔所需补强面积按下式计算：

$$A = d\delta \tag{3-21}$$

（2）有效补强范围

① 有效宽度　有效宽度取两者中较大值：

$$B = \max\begin{cases} 2d \\ d + 2\delta_{\mathrm{n}} + 2\delta_{\mathrm{nt}} \end{cases} \tag{3-22}$$

② 有效补强高度　有效补强高度按下式计算，分别取两式中较小值。
外侧有效补强高度：

$$h_1 = \min\begin{cases} \sqrt{d\delta_{\mathrm{nt}}} \\ \text{接管实际外伸长度} \end{cases} \tag{3-23}$$

内侧有效补强高度：

$$h_2 = \min\begin{cases} \sqrt{d\delta_{\mathrm{nt}}} \\ \text{接管实际内伸长度} \end{cases} \tag{3-24}$$

（3）补强面积

在有效补强范围内，可作为补强的截面积计算如下：

$$A_{\mathrm{e}} = A_1 + A_2 + A_3 \tag{3-25}$$

$$A_1 = (B-d)(\delta_{\mathrm{e}} - \delta) - 2\delta_{\mathrm{t}}(\delta_{\mathrm{e}} - \delta)$$

$$A_2 = 2h_1(\delta_{\mathrm{et}} - \delta_{\mathrm{t}}) + 2h_2(\delta_{\mathrm{et}} - \delta_{\mathrm{t}})$$

本设计焊接长度取 6mm。若 $A_{\mathrm{e}} \geqslant A$，则开孔不需要另加补强；若 $A_{\mathrm{e}} < A$，则开孔需要另加补强，按下式计算：

$$A_4 \geqslant A - A_{\mathrm{e}} \tag{3-26}$$

$$d=\text{接管内径}+2C$$

$$\delta_{\mathrm{e}} = \delta_{\mathrm{n}} - C$$

式中　A_1——壳体有效厚度减去计算厚度之外的多余面积，mm^2；
A_2——接管有效厚度减去计算厚度之外的多余面积，mm^2；
A_3——焊接金属截面积，mm^2；
A_4——有效补强范围内另加补强面积，mm^2；
δ——壳体开孔处的计算厚度，mm；
δ_{n}——壳体名义厚度，mm；

d ——接管直径，mm；

δ_e ——壳体有效厚度，mm；

δ_{et} ——接管有效厚度，mm；

δ_t ——接管计算厚度，mm；

δ_{nt} ——接管名义厚度，mm。

3.4.4.3 一级换热器所需补强面积计算

① 天然气侧补强面积计算所需参数见表 3-35。

表 3-35 一级换热器封头、接管尺寸（天然气侧）

项目	封头	接管
内径/mm	1070	127
计算厚度/mm	66.2	7.7
名义厚度/mm	70	13
厚度附加量/mm	0.25	0.13

封头开孔所需补强面积：

$$A = d\delta = 127.26 \times 66.2 = 8424.612(\text{mm}^2)$$

有效宽度 B 按下式计算，取两者中较大值：

$$B = \max\begin{cases} 2\times127.26 = 254.52(\text{mm}) \\ 127.26 + 2\times70 + 2\times13 = 293.26(\text{mm}) \end{cases}$$

$$B(\max)=293.26\text{mm}$$

有效高度按下式计算，分别取两式中较小值。

外侧有效补强高度：

$$h_1 = \min\begin{cases} \sqrt{127.26\times13} = 40.67(\text{mm}) \\ 150\,\text{mm} \end{cases}$$

$$h_1(\min)=40.67\text{mm}$$

内侧有效补强高度：

$$h_2 = \min\begin{cases} \sqrt{127.26\times13} = 40.67(\text{mm}) \\ 0 \end{cases}$$

$$h_2(\min) = 0$$

$$\begin{aligned} A_1 &= (B-d)(\delta_e-\delta) - 2\delta_t(\delta_e-\delta) \\ &= (293.26-127.26)\times(69.75-66.2) - 2\times7.7\times(69.75-66.2) \\ &= 534.63(\text{mm}^2) \end{aligned}$$

$$A_2 = 2h_1(\delta_{et}-\delta_t) + 2h_2(\delta_{et}-\delta_t) = 2\times150\times(12.87-7.7)+2\times40\times(12.87-7.7) = 1964.6(\text{mm}^2)$$

本设计焊接长度取 6mm：

$$A_3 = \frac{1}{2}\times2\times6\times6 = 36(\text{mm}^2)$$

$$A_e = A_1 + A_2 + A_3 = 534.63+1964.6+36 = 2535(\text{mm}^2)$$

$A_e < A$，开孔需要另加补强：

$$A_4 \geqslant A - A_e$$

$$A_4 \geqslant 8424.612 - 2535 = 5889.612(\text{mm}^2)$$

② 乙烯-丙烷-异丁烷上侧补强面积计算所需参数见表 3-36。

表 3-36　一级换热器封头、接管尺寸（乙烯-丙烷-异丁烷上侧）

项目	封头	接管
内径/mm	350	105
计算厚度/mm	30.77	9.33
名义厚度/mm	35	10
厚度附加量/mm	0.75	0.48

封头开孔所需补强面积：

$$A = d\delta = 105.96 \times 30.77 = 3260.4(\text{mm}^2)$$

有效宽度 B 按下式计算，取两者中较大值：

$$B = \max\begin{cases} 2\times105.96 = 211.92(\text{mm}) \\ 105.96 + 2\times35 + 2\times10 = 195.96(\text{mm}) \end{cases}$$

$$B(\max) = 211.92\text{mm}$$

有效高度按下式计算，分别取两式中较小值。

外侧有效补强高度：

$$h_1 = \min\begin{cases} \sqrt{105.96\times10} = 32.6(\text{mm}) \\ 150\text{mm} \end{cases}$$

$$h_1(\min) = 32.6\text{mm}$$

内侧有效补强高度：

$$h_2 = \min\begin{cases} \sqrt{105.96\times10} = 32.6(\text{mm}) \\ 0 \end{cases}$$

$$h_2(\min) = 0$$

$$\begin{aligned} A_1 &= (B-d)(\delta_e - \delta) - 2\delta_t(\delta_e - \delta) \\ &= (211.92 - 105.96)\times(34.25 - 30.77) - 2\times11\times(34.25 - 30.77) \\ &= 292.2(\text{mm}^2) \end{aligned}$$

$$A_2 = 2h_1(\delta_{et} - \delta_t) + 2h_2(\delta_{et} - \delta_t) = 2\times32.6\times(9.52 - 9.33) = 12.388(\text{mm}^2)$$

本设计焊接长度取 6mm：

$$A_3 = \frac{1}{2}\times2\times6\times6 = 36(\text{mm}^2)$$

$$A_e = A_1 + A_2 + A_3 = 292.2 + 12.4 + 36 = 340.6(\text{mm}^2)$$

$A_e < A$，开孔需要另加补强：

$$A_4 \geqslant A - A_e$$

$$A_4 \geqslant 3260.4 - 340.6 = 2919.8(\text{mm}^2)$$

③ 氮气-甲烷-乙烯制冷剂侧补强面积计算所需参数见表 3-37。

表 3-37　一级换热器封头、接管尺寸（氮气-甲烷-乙烯侧）

项目	封头	接管
内径/mm	875	335
计算厚度/mm	24.5	9.5
名义厚度/mm	25	10
厚度附加量/mm	0.57	0.28

封头开孔所需补强面积：

$$A = d\delta = 335.56 \times 24.5 = 8221.22(\text{mm}^2)$$

有效宽度 B 按下式计算，取两者中较大值：

$$B = \max\begin{cases} 2 \times 335.56 = 671.2(\text{mm}) \\ 335.56 + 2 \times 25 + 2 \times 10 = 405.6(\text{mm}) \end{cases}$$

$$B(\max) = 617.2\text{mm}$$

有效高度按下式计算，分别取两式中较小值。

外侧有效补强高度：

$$h_1 = \min\begin{cases} \sqrt{338.6 \times 10} = 57.93(\text{mm}) \\ 150\text{mm} \end{cases}$$

$$h_1(\min) = 57.93\text{mm}$$

内侧有效补强高度：

$$h_2 = \min\begin{cases} \sqrt{338.6 \times 10} = 57.93(\text{mm}) \\ 0 \end{cases}$$

$$h_2(\min) = 0$$

$$\begin{aligned} A_1 &= (B - d)(\delta_e - \delta) - 2\delta_t(\delta_e - \delta) \\ &= (671.2 - 335.56) \times (24.4 - 19.25) - 2 \times 8.02 \times (24.4 - 19.25) \\ &= 1645.734(\text{mm}^2) \end{aligned}$$

$$A_2 = 2h_1(\delta_{et} - \delta_t) + 2h_2(\delta_{et} - \delta_t) = 2 \times 57.93 \times (9.7 - 8.02) = 194.65(\text{mm}^2)$$

本设计焊接长度取 6mm：

$$A_3 = \frac{1}{2} \times 2 \times 6 \times 6 = 36(\text{mm}^2)$$

$$A_e = A_1 + A_2 + A_3 = 1645.734+194.65+36 = 1876.384(\text{mm}^2)$$

$A_e<A$，开孔需要另加补强：

$$A_4 \geqslant A - A_e$$

$$A_4 \geqslant 8221.22 - 1876.384 = 6344.836(\text{mm}^2)$$

④ 乙烯-丙烷-异丁烷制冷剂上侧补强面积计算所需参数见表 3-38。

表 3-38　一级换热器封头、接管尺寸（乙烯-丙烷-异丁烷上侧）

项目	封头	接管
内径/mm	1070	127
计算厚度/mm	31.9	7.7
名义厚度/mm	35	13
厚度附加量/mm	0.25	0.13

封头开孔所需补强面积：

$$A = d\delta = 127.26 \times 31.9 = 4059.6(\text{mm}^2)$$

有效宽度 B 按下式计算，取两者中较大值：

$$B = \max\begin{cases} 2\times127.26 = 254.52(\text{mm}) \\ 127 + 2\times35 + 2\times13 = 223(\text{mm}) \end{cases}$$

$$B(\max)=254.52\text{mm}$$

有效高度按下式计算，分别取两式中较小值。

外侧有效补强高度：

$$h_1 = \min\begin{cases} \sqrt{127.26\times13} = 40.67(\text{mm}) \\ 150\text{mm} \end{cases}$$

$$h_1(\min)=40.67\text{mm}$$

内侧有效补强高度：

$$h_2 = \min\begin{cases} \sqrt{127.26\times13} = 40.67(\text{mm}) \\ 0 \end{cases}$$

$$h_2(\min) = 0$$

$$\begin{aligned} A_1 &= (B-d)(\delta_e-\delta) - 2\delta_t(\delta_e-\delta) \\ &= (254.52-127.26)\times(34.75-31.9) - 2\times7.7\times(34.75-31.9) \\ &= 318.8(\text{mm}^2) \end{aligned}$$

$$A_2 = 2h_1(\delta_{et}-\delta_t) + 2h_2(\delta_{et}-\delta_t) = 2\times40.67\times(12.87-7.7) = 420.5(\text{mm}^2)$$

本设计焊接长度取 6mm：

$$A_3 = \frac{1}{2}\times2\times6\times6 = 36(\text{mm}^2)$$

$$A_e = A_1 + A_2 + A_3 = 318.8+420.5+36 = 775.3(\text{mm}^2)$$

$A_e < A$，开孔需要另加补强：

$$A_4 \geqslant A - A_e$$

$$A_4 \geqslant 4059.6 - 775.3 = 3284.3(\text{mm}^2)$$

⑤ 乙烯-丙烷-异丁烷制冷剂下侧补强面积计算所需参数见表 3-39。

表 3-39　一级换热器封头、接管尺寸（乙烯-丙烷-异丁烷下侧）

项目	封头	接管
内径/mm	1070	127
计算厚度/mm	31.9	7.7
名义厚度/mm	35	13
厚度附加量/mm	0.25	0.13

封头开孔所需补强面积：

$$A = d\delta = 127.26 \times 31.9 = 4059.6(\text{mm}^2)$$

有效宽度 B 按下式计算，取两者中较大值：

$$B = \max\begin{cases} 2\times127.26 = 254.52(\text{mm}) \\ 127 + 2\times35 + 2\times13 = 223(\text{mm}) \end{cases}$$

$$B(\max)=254.52(\text{mm})$$

有效高度按下式计算，分别取两式中较小值。

外侧有效补强高度：

$$h_1 = \min\begin{cases} \sqrt{127.26\times13} = 40.67(\text{mm}) \\ 150\text{mm} \end{cases}$$

$$h_1(\min)=40.67\text{mm}$$

内侧有效补强高度：

$$h_2 = \min\begin{cases} \sqrt{127.26\times13} = 40.67(\text{mm}) \\ 0 \end{cases}$$

$$h_2(\min) = 0$$

$$\begin{aligned} A_1 &= (B-d)(\delta_e - \delta) - 2\delta_t(\delta_e - \delta) \\ &= (254.52 - 127.26)\times(34.75 - 31.9) - 2\times7.7\times(34.75 - 31.9) \\ &= 318.8(\text{mm}^2) \end{aligned}$$

$$A_2 = 2h_1(\delta_{et} - \delta_t) + 2h_2(\delta_{et} - \delta_t) = 2\times40.67\times(12.87 - 7.7) = 420.5(\text{mm}^2)$$

本设计焊接长度取 6mm：

$$A_3 = \frac{1}{2}\times2\times6\times6 = 36(\text{mm}^2)$$

$$A_e = A_1 + A_2 + A_3 = 318.8+420.5+36 = 775.3(\text{mm}^2)$$

$A_e < A$，开孔需要另加补强：

$$A_4 \geqslant A - A_e$$

$$A_4 \geqslant 4059.6 - 775.3 = 3284.3(\text{mm}^2)$$

3.4.4.4　二级换热器所需补强面积计算

① 天然气侧补强面积计算所需参数见表 3-40。

表 3-40　二级换热器封头、接管尺寸（天然气侧）

项目	封头	接管
内径/mm	350	105
计算厚度/mm	30.6	9.31
名义厚度/mm	35	10
厚度附加量/mm	0.68	0.48

封头开孔所需补强面积：

$$A = d\delta = 105.96 \times 30.6 = 3242.4(\text{mm}^2)$$

有效宽度 B 按下式计算，取两者中较大值：

$$B = \max\begin{cases} 2 \times 105.96 = 211.92 \\ 105.96 + 2 \times 35 + 2 \times 10 = 195.96 \end{cases}$$

$$B(\max)=211.92\text{mm}$$

有效高度按下式计算，分别取两式中较小值。

外侧有效补强高度：

$$h_1 = \min\begin{cases} \sqrt{105.96 \times 10} = 32.6(\text{mm}) \\ 150\text{mm} \end{cases}$$

$$h_1(\min)=32.6\text{mm}$$

内侧有效补强高度：

$$h_2 = \min\begin{cases} \sqrt{105.96 \times 10} = 32.6(\text{mm}) \\ 0 \end{cases}$$

$$h_2(\min) = 0$$

$$\begin{aligned} A_1 &= (B-d)(\delta_e - \delta) - 2\delta_t(\delta_e - \delta) \\ &= (211.92 - 105.96) \times (34.32 - 30.6) - 2 \times 9.31 \times (34.32 - 30.6) \\ &= 324.9(\text{mm}^2) \end{aligned}$$

$$A_2 = 2h_1\left(\delta_{et} - \delta_t\right) + 2h_2\left(\delta_{et} - \delta_t\right) = 2 \times 32.6 \times (9.52 - 9.31) = 13.692(\text{mm}^2)$$

本设计焊接长度取 6mm：

$$A_3 = \frac{1}{2} \times 2 \times 6 \times 6 = 36(\text{mm}^2)$$

$$A_e = A_1 + A_2 + A_3 = 324.9+13.692+36 = 374.592(\text{mm}^2)$$

A_e<A，开孔需要另加补强：

$$A_4 \geqslant A - A_e$$

$$A_4 \geqslant 3242.4 - 374.592 \geqslant 2867.808(\text{mm}^2)$$

② 乙烯-丙烷-异丁烷上侧补强面积计算所需参数见表 3-41。

表 3-41　二级换热器封头、接管尺寸（乙烯-丙烷-异丁烷上侧）

项目	封头	接管
内径/mm	1070	127
计算厚度/mm	9.4	1.76
名义厚度/mm	10	10
厚度附加量/mm	0.25	0.13

封头开孔所需补强面积：

$$A = d\delta = 127.26 \times 9.4 = 1196.244(\text{mm}^2)$$

有效宽度 B 按下式计算，取两者中较大值：

$$B = \max\begin{cases} 2\times127.26 = 245.52(\text{mm}) \\ 127.26 + 2\times10 + 2\times10 = 167.26(\text{mm}) \end{cases}$$

$$B(\max)=245.52\text{mm}$$

有效高度按下式计算，分别取两式中较小值。

外侧有效补强高度：

$$h_1 = \min\begin{cases} \sqrt{127.26\times10} = 35.67(\text{mm}) \\ 150\text{mm} \end{cases}$$

$$h_1(\min)=35.67\text{mm}$$

内侧有效补强高度：

$$h_2 = \min\begin{cases} \sqrt{127.26\times10} = 35.67(\text{mm}) \\ 0 \end{cases}$$

$$h_2(\min) = 0$$

$$\begin{aligned} A_1 &= (B-d)(\delta_e - \delta) - 2\delta_t(\delta_e - \delta) \\ &= (245.52 - 127.26)\times(9.75 - 9.4) - 2\times1.76\times(9.75 - 9.4) \\ &= 40.159(\text{mm}^2) \end{aligned}$$

$$A_2 = 2h_1(\delta_{et} - \delta_t) + 2h_2(\delta_{et} - \delta_t)=2\times35.67\times(9.87 - 1.76)=578.57(\text{mm}^2)$$

本设计焊接长度取 6mm：

$$A_3 = \frac{1}{2}\times2\times6\times6 = 36(\text{mm}^2)$$

$$A_e = A_1 + A_2 + A_3 = 40.159 + 578.57 + 36 = 654.73(\text{mm}^2)$$

$A_e<A$，开孔需要另加补强：

$$A_4 \geqslant A - A_e$$

$$A_4 \geqslant 1196.244 - 654.73 = 541.5(\text{mm}^2)$$

③ 氮气-甲烷-乙烯侧补强面积计算所需参数见表 3-42。

表 3-42　二级换热器封头、接管尺寸（氮气-甲烷-乙烯侧）

项目	封头	接管
内径/mm	875	335
计算厚度/mm	24.64	9.45
名义厚度/mm	30	10
厚度附加量/mm	0.57	0.28

封头开孔所需补强面积：

$$A = d\delta = 335.56 \times 24.64 = 8668.2(\text{mm}^2)$$

有效宽度 B 按下式计算，取两者中较大值：

$$B = \max\begin{cases} 2 \times 335.56 = 671.12(\text{mm}) \\ 335.56 + 2 \times 30 + 2 \times 10 = 415.56(\text{mm}) \end{cases}$$

$$B(\max)=671.12\text{mm}$$

有效高度按下式计算，分别取两式中较小值。

外侧有效补强高度：

$$h_1 = \min\begin{cases} \sqrt{335.56 \times 10} = 57.93(\text{mm}) \\ 150\text{mm} \end{cases}$$

$$h_1(\min)=57.93\text{mm}$$

内侧有效补强高度：

$$h_2 = \min\begin{cases} \sqrt{335.56 \times 10} = 57.93(\text{mm}) \\ 0 \end{cases}$$

$$h_2(\min) = 0$$

$$\begin{aligned} A_1 &= (B - d)(\delta_e - \delta) - 2\delta_t(\delta_e - \delta) \\ &= (671.12 - 335.56) \times (29.43 - 24.64) - 2 \times 9.45 \times (29.43 - 24.64) \\ &= 1516.8(\text{mm}^2) \end{aligned}$$

$$A_2 = 2h_1(\delta_{et} - \delta_t) + 2h_2(\delta_{et} - \delta_t) = 2 \times 57.93 \times (9.72 - 9.45) = 31.2882(\text{mm}^2)$$

本设计焊接长度取 6mm：

$$A_3 = \frac{1}{2} \times 2 \times 6 \times 6 = 36(\text{mm}^2)$$

$$A_e = A_1 + A_2 + A_3 = 1516.8+31.2882+36 = 1584.1(\text{mm}^2)$$

$A_e<A$，开孔需要另加补强：

$$A_4 \geqslant A - A_e$$

$$A_4 \geqslant 8668.2 - 1584.1 = 7084.1(\text{mm}^2)$$

④ 乙烯-丙烷-异丁烷下侧补强面积计算所需参数见表 3-43。

表 3-43 二级换热器封头、接管尺寸（乙烯-丙烷-异丁烷下侧）

项目	封头	接管
内径/mm	1070	127
计算厚度/mm	9.4	1.76
名义厚度/mm	10	13
厚度附加量/mm	0.25	0.13

封头开孔所需补强面积：

$$A = d\delta = 127.26 \times 9.4 = 1196.244(\text{mm}^2)$$

有效宽度 B 按下式计算，取两者中较大值：

$$B = \max\begin{cases} 2 \times 127.26 = 245.52(\text{mm}) \\ 127.26 + 2 \times 10 + 2 \times 10 = 167.26(\text{mm}) \end{cases}$$

$$B(\max)=245.52\text{mm}$$

有效高度按下式计算，分别取两式中较小值。

外侧有效补强高度：

$$h_1 = \min\begin{cases} \sqrt{127.26 \times 10} = 35.67(\text{mm}) \\ 150\text{mm} \end{cases}$$

$$h_1(\min)=35.67\text{mm}$$

内侧有效补强高度：

$$h_2 = \min\begin{cases} \sqrt{127.26 \times 10} = 35.67(\text{mm}) \\ 0 \end{cases}$$

$$h_2(\min) = 0$$

$$\begin{aligned} A_1 &= (B - d)(\delta_e - \delta) - 2\delta_t(\delta_e - \delta) \\ &= (245.52 - 127.26) \times (9.75 - 9.4) - 2 \times 1.76 \times (9.75 - 9.4) \\ &= 40.159(\text{mm}^2) \end{aligned}$$

$$A_2 = 2h_1(\delta_{et} - \delta_t) + 2h_2(\delta_{et} - \delta_t) = 2 \times 35.67 \times (9.87 - 1.76) = 578.57(\text{mm}^2)$$

本设计焊接长度取 6mm：

$$A_3 = \frac{1}{2} \times 2 \times 6 \times 6 = 36(\text{mm}^2)$$

$$A_e = A_1 + A_2 + A_3 = 40.159 + 578.57 + 36 = 654.73(\text{mm}^2)$$

$A_e < A$，开孔需要另加补强：

$$A_4 \geqslant A - A_e$$

$$A_4 \geqslant 1196.244 - 654.73 = 541.51(\text{mm}^2)$$

封头开孔所需补强面积：

$$A = d\delta = 127.26 \times 65.75 = 8367.3(\text{mm}^2)$$

有效宽度 B 按下式计算，取两者中较大值：

$$B = \max\begin{cases} 2\times 127.26 = 245.52(\text{mm}) \\ 127.26 + 2\times 70 + 2\times 13 = 293.26(\text{mm}) \end{cases}$$

$$B(\max)=293.26\text{mm}$$

有效高度按下式计算，分别取两式中较小值。

外侧有效补强高度：

$$h_1 = \min\begin{cases} \sqrt{127.26\times 13} = 40.67(\text{mm}) \\ 150\text{mm} \end{cases}$$

$$h_1(\min)=40.67\text{mm}$$

内侧有效补强高度：

$$h_2 = \min\begin{cases} \sqrt{127.26\times 13} = 40.67(\text{mm}) \\ 0 \end{cases}$$

$$h_2(\min) = 0$$

$$\begin{aligned} A_1 &= (B-d)(\delta_e - \delta) - 2\delta_t(\delta_e - \delta) \\ &= (293.26 - 127.26)\times(69.75 - 65.75) - 2\times 7.8\times(69.75 - 65.75) \\ &= 601.6(\text{mm}^2) \end{aligned}$$

$$A_2 = 2h_1(\delta_{et} - \delta_t) + 2h_2(\delta_{et} - \delta_t) = 2\times 40.67\times(15.97 - 7.8) = 420.53(\text{mm}^2)$$

本设计焊接长度取 6mm：

$$A_3 = \frac{1}{2}\times 2\times 6\times 6 = 36(\text{mm}^2)$$

$$A_e = A_1 + A_2 + A_3 = 601.6 + 420.53 + 36 = 1058.13(\text{mm}^2)$$

$A_e < A$，开孔需要另加补强：

$$A_4 \geqslant A - A_e$$

$$A_4 \geqslant 8367.3 - 1058.13 \geqslant 7309.2(\text{mm}^2)$$

3.4.4.5　三级换热器所需补强面积计算

① 天然气侧补强面积计算所需参数见表 3-44。

表 3-44　三级换热器封头、接管尺寸（天然气侧）

项目	封头	接管
内径/mm	350	105
计算厚度/mm	30.56	9.3
名义厚度/mm	35	10
厚度附加量/mm	0.75	0.48

封头开孔所需补强面积：

$$A = d\delta = 105.96 \times 30.56 = 3238.14(\text{mm}^2)$$

有效宽度 B 按下式计算，取两者中较大值：

$$B = \max\begin{cases} 2 \times 105.96 = 211.92(\text{mm}) \\ 105.96 + 2 \times 35 + 2 \times 10 = 195.96(\text{mm}) \end{cases}$$

$$B(\max) = 211.92\,\text{mm}$$

有效高度按下式计算，分别取两式中较小值。

外侧有效补强高度：

$$h_1 = \min\begin{cases} \sqrt{105.96 \times 10} = 32.55(\text{mm}) \\ 150\text{mm} \end{cases}$$

$$h_1(\min)=32.55\text{mm}$$

内侧有效补强高度：

$$h_2 = \min\begin{cases} \sqrt{105.96 \times 10} = 32.55(\text{mm}) \\ 0 \end{cases}$$

$$h_2(\min) = 0$$

$$\begin{aligned} A_1 &= (B-d)(\delta_e - \delta) - 2\delta_t(\delta_e - \delta) \\ &= (211.92 - 105.96) \times (34.25 - 30.56) - 2 \times 9.3 \times (34.25 - 30.56) \\ &= 327.6(\text{mm}^2) \end{aligned}$$

$$A_2 = 2h_1(\delta_{et} - \delta_t) + 2h_2(\delta_{et} - \delta_t) = 2 \times 32.55 \times (9.5 - 9.3) = 13.02(\text{mm}^2)$$

本设计焊接长度取 6mm：

$$A_3 = \frac{1}{2} \times 2 \times 6 \times 6 = 36(\text{mm}^2)$$

$$A_e = A_1 + A_2 + A_3 = 327.6+13.02+36 = 376.62(\text{mm}^2)$$

$A_e < A$，开孔需要另加补强：

$$A_4 \geqslant A - A_e$$

$$A_4 \geqslant 3238.14 - 376.62=2861.52(\text{mm}^2)$$

② 乙烯-丙烷-异丁烷侧补强面积计算所需参数见表 3-45。

表 3-45　三级换热器封头、接管尺寸（乙烯-丙烷-异丁烷侧）

项目	封头	接管
内径/mm	1070	127
计算厚度/mm	2	0.34
名义厚度/mm	5	13
厚度附加量/mm	0.48	0.48

封头开孔所需补强面积：

$$A = d\delta = 127.96\times 2 = 255.92(\text{mm}^2)$$

有效宽度 B 按下式计算，取两者中较大值：

$$B = \max\begin{cases} 2\times 127.96 = 255.92(\text{mm}) \\ 127.96 + 2\times 5 + 2\times 13 = 163.92(\text{mm}) \end{cases}$$

$$B(\max)=255.92\text{mm}$$

有效高度按下式计算，分别取两式中较小值。

外侧有效补强高度：

$$h_1 = \min\begin{cases} \sqrt{127.96\times 13} = 40.79(\text{mm}) \\ 150\text{mm} \end{cases}$$

$$h_1(\min)=40.79\text{mm}$$

内侧有效补强高度：

$$h_2 = \min\begin{cases} \sqrt{127.96\times 13} = 40.79(\text{mm}) \\ 0 \end{cases}$$

$$h_2(\min) = 0$$

$$\begin{aligned} A_1 &= (B-d)(\delta_e - \delta) - 2\delta_t(\delta_e - \delta) \\ &= (255.92 - 127.96)\times(4.52-2) - 2\times 0.34\times(4.52-2) \\ &= 320.75(\text{mm}^2) \end{aligned}$$

$$A_2 = 2h_1(\delta_{et} - \delta_t) + 2h_2(\delta_{et} - \delta_t) = 2\times 40.79\times(12.52-0.34) = 993.64(\text{mm}^2)$$

本设计焊接长度取 6mm：

$$A_3 = \frac{1}{2}\times 2\times 6\times 6 = 36(\text{mm}^2)$$

$$A_e = A_1 + A_2 + A_3 = 320.75+993.64+36 = 1350.39(\text{mm}^2)$$

$A_e > A$，开孔不需要另加补强。

③ 氮气-甲烷-乙烯侧补强面积计算所需参数见表 3-46。

表 3-46　三级换热器封头、接管尺寸（氮气-甲烷-乙烯侧）

项目	封头	接管
内径/mm	875	355
计算厚度/mm	24.49	9.39
名义厚度/mm	25	10
厚度附加量/mm	0.48	0.3

封头开孔所需补强面积：

$$A = d\delta = 355.6\times 24.49 = 8708.64(\text{mm}^2)$$

有效宽度 B 按下式计算，取两者中较大值：

$$B = \max\begin{cases} 2\times 355.6 = 711.2(\text{mm}) \\ 355.6 + 2\times 25 + 2\times 10 = 425.6(\text{mm}) \end{cases}$$

$$B(\max)=711.2\text{mm}$$

有效高度按下式计算，分别取两式中较小值。

外侧有效补强高度：

$$h_1 = \min\begin{cases}\sqrt{355.6\times10} = 59.63(\text{mm})\\ 150\text{mm}\end{cases}$$

$$h_1(\min)=59.63\text{mm}$$

内侧有效补强高度：

$$h_2 = \min\begin{cases}\sqrt{355.6\times10} = 59.63(\text{mm})\\ 0\end{cases}$$

$$h_2(\min) = 0$$

$$\begin{aligned}A_1 &= (B-d)(\delta_e-\delta)-2\delta_t(\delta_e-\delta)\\ &=(711.2-355.6)\times(24.52-24.49)-2\times9.39\times(24.52-24.49)\\ &=10.1(\text{mm}^2)\end{aligned}$$

$$A_2 = 2h_1(\delta_{et}-\delta_t)+2h_2(\delta_{et}-\delta_t) = 2\times59.63\times(9.7-9.39) = 36.97(\text{mm})$$

本设计焊接长度取 6mm：

$$A_3 = \frac{1}{2}\times2\times6\times6 = 36(\text{mm})$$

$$A_e = A_1 + A_2 + A_3 = 10.1+36.97+36 = 83.07(\text{mm})$$

$A_e < A$，开孔需要另加补强：

$$A_4 \geqslant A - A_e$$

$$A_4 \geqslant 8708.64 - 83.07 = 8625.57(\text{mm}^2)$$

④ 乙烯-丙烷-异丁烷上侧补强面积计算所需参数见表 3-47。

表 3-47　三级换热器封头、接管尺寸（乙烯-丙烷-异丁烷上侧）

项目	封头	接管
内径/mm	1070	127
计算厚度/mm	2	0.34
名义厚度/mm	5	13
厚度附加量/mm	0.48	0.48

封头开孔所需补强面积：

$$A = d\delta = 2\times127.96 = 255.92(\text{mm}^2)$$

有效宽度 B 按下式计算，取两者中较大值：

$$B = \max\begin{cases}2\times127.96 = 255.92(\text{mm})\\ 127.96+2\times5+2\times13 = 163.92(\text{mm})\end{cases}$$

$$B(\max)=255.92\text{mm}$$

有效高度按下式计算，分别取两式中较小值。

外侧有效补强高度：

$$h_1 = \min\begin{cases}\sqrt{127.96\times 13} = 40.79(\text{mm}) \\ 150\text{mm}\end{cases}$$

$$h_1(\min)=40.79\text{mm}$$

内侧有效补强高度：

$$h_2 = \min\begin{cases}\sqrt{127.96\times 13} = 40.79(\text{mm}) \\ 0\end{cases}$$

$$h_2(\min) = 0$$

$$\begin{aligned}A_1 &= (B-d)(\delta_e-\delta)-2\delta_t(\delta_e-\delta) \\ &= (255.92-127.96)\times(4.52-2)-2\times 0.34\times(4.52-2) \\ &= 320.75(\text{mm}^2)\end{aligned}$$

$$A_2 = 2h_1(\delta_{et}-\delta_t)+2h_2(\delta_{et}-\delta_t) = 2\times 40.79\times(12.52-0.34) = 993.64(\text{mm}^2)$$

本设计焊接长度取 6mm：

$$A_3 = \frac{1}{2}\times 2\times 6\times 6 = 36\,(\text{mm}^2)$$

$$A_e = A_1 + A_2 + A_3 = 320.75+993.64+36 = 1350.39\,(\text{mm}^2)$$

$A_e > A$，开孔不需要另加补强。

⑤ 乙烯-丙烷-异丁烷下侧补强面积计算所需参数见表 3-48。

表 3-48　三级换热器封头、接管尺寸（乙烯-丙烷-异丁烷下侧）

项目	封头	接管
内径/mm	1070	127
计算厚度/mm	65.54	7.8
名义厚度/mm	70	13
厚度附加量/mm	0.48	0.48

封头开孔所需补强面积：

$$A = d\delta = 2\times 127.96 = 255.92(\text{mm}^2)$$

有效宽度 B 按下式计算，取两者中较大值：

$$B = \max\begin{cases}2\times 127.96 = 255.92(\text{mm}) \\ 127.96+2\times 70+2\times 13 = 293.96(\text{mm})\end{cases}$$

$$B(\max)=293.96\text{mm}$$

有效高度按下式计算，分别取两式中较小值。

外侧有效补强高度：

$$h_1 = \min\begin{cases}\sqrt{127.96\times 13} = 40.79(\text{mm}) \\ 150\text{mm}\end{cases}$$

$$h_1(\min)=40.79\text{mm}$$

内侧有效补强高度：

$$h_2=\min\begin{cases}\sqrt{127.96\times 13}=40.79(\text{mm})\\ 0\end{cases}$$

$$h_2(\min)=0$$

$$\begin{aligned}A_1&=(B-d)(\delta_e-\delta)-2\delta_t(\delta_e-\delta)\\&=(293.96-127.96)\times(69.52-65.54)-2\times 7.8\times(69.52-65.54)\\&=598.592(\text{mm}^2)\end{aligned}$$

$$A_2=2h_1(\delta_{et}-\delta_t)+2h_2(\delta_{et}-\delta_t)=2\times 40.79\times(12.52-7.8)=385.06(\text{mm}^2)$$

本设计焊接长度取 6mm：

$$A_3=\frac{1}{2}\times 2\times 6\times 6=36\,(\text{mm}^2)$$

$$A_e=A_1+A_2+A_3=598.592+385.06+36=1019.652\,(\text{mm}^2)$$

$A_e>A$，开孔不需要另加补强。

3.4.4.6 深冷部分补强面积计算

① 天然气侧补强面积计算所需参数见表 3-49。

表 3-49 深冷部分封头、接管尺寸（天然气侧）

项目	封头	接管
内径/mm	350	105
计算厚度/mm	30.5	9.3
名义厚度/mm	35	10
厚度附加量/mm	0.75	0.48

封头开孔所需补强面积：

$$A=d\delta=105.96\times 30.5=3231.78(\text{mm}^2)$$

有效宽度 B 按下式计算，取两者中较大值：

$$B=\max\begin{cases}2\times 105.96=211.92(\text{mm})\\ 105.96+2\times 35+2\times 10=195.96(\text{mm})\end{cases}$$

$$B(\max)=211.92\text{mm}$$

有效高度按下式计算，分别取两式中较小值。

外侧有效补强高度：

$$h_1=\min\begin{cases}\sqrt{105.96\times 10}=32.55(\text{mm})\\ 150\text{mm}\end{cases}$$

$$h_1(\min)=32.55\text{mm}$$

内侧有效补强高度：

$$h_2 = \min\begin{cases}\sqrt{105.96\times 10} = 32.55(\text{mm}) \\ 0\end{cases}$$

$$h_2(\min) = 0$$

$$\begin{aligned}A_1 &= (B-d)(\delta_e-\delta) - 2\delta_t(\delta_e-\delta) \\ &= (211.92-105.96)\times(34.25-30.5) - 2\times 9.3\times(34.25-30.5) \\ &= 327.6(\text{mm}^2)\end{aligned}$$

$$A_2 = 2h_1(\delta_{et}-\delta_t) + 2h_2(\delta_{et}-\delta_t) = 2\times 32.55\times(9.52-9.3) = 14.322(\text{mm}^2)$$

本设计焊接长度取 6mm：

$$A_3 = \frac{1}{2}\times 2\times 6\times 6 = 36(\text{mm}^2)$$

$$A_e = A_1 + A_2 + A_3 = 327.6 + 14.322 + 36 = 377.92\ (\text{mm}^2)$$

$A_e < A$，开孔需要另加补强：

$$A_4 \geqslant A - A_e$$

$$A_4 \geqslant 3231.78 - 377.92 = 2853.86(\text{mm}^2)$$

② 深冷部分氮气-甲烷-乙烯上侧补强面积计算所需参数见表 3-50。

表 3-50　深冷部分封头、接管尺寸（氮气-甲烷-乙烯上侧）

项目	封头	接管
内径/mm	875	355
计算厚度/mm	24.34	9.33
名义厚度/mm	25	10
厚度附加量/mm	0.6	0.48

封头开孔所需补强面积：

$$A = d\delta = 355.96\times 24.34 = 8664.07(\text{mm}^2)$$

有效宽度 B 按下式计算，取两者中较大值：

$$B = \max\begin{cases}2\times 355.96 = 711.92(\text{mm}) \\ 355.96 + 2\times 25 + 2\times 10 = 425.96(\text{mm})\end{cases}$$

$$B(\max) = 711.92\text{mm}$$

有效高度按下式计算，分别取两式中较小值。

外侧有效补强高度：

$$h_1 = \min\begin{cases}\sqrt{355.96\times 10} = 59.66(\text{mm}) \\ 150\text{mm}\end{cases}$$

$$h_1(\min) = 59.66\text{mm}$$

内侧有效补强高度：

$$h_2 = \min\begin{cases}\sqrt{355.96\times 10} = 59.66(\text{mm})\\ 0\end{cases}$$

$$h_2(\min) = 0$$

$$\begin{aligned}A_1 &= (B-d)(\delta_e-\delta)-2\delta_t(\delta_e-\delta)\\ &= (711.92-355.96)\times(24.4-24.34)-2\times 9.52\times(24.4-24.34)\\ &= 20.22(\text{mm}^2)\end{aligned}$$

$$A_2 = 2h_1(\delta_{et}-\delta_t)+2h_2(\delta_{et}-\delta_t) = 2\times 20.22\times(9.52-9.33) = 7.68(\text{mm}^2)$$

本设计焊接长度取 6mm：

$$A_3 = \frac{1}{2}\times 2\times 6\times 6 = 36(\text{mm}^2)$$

$$A_e = A_1 + A_2 + A_3 = 20.22+7.68+36 = 63.9(\text{mm}^2)$$

$A_e < A$，开孔需要另加补强：

$$A_4 \geqslant A - A_e$$

$$A_4 \geqslant 8664.07 - 63.9 = 8600.17(\text{mm}^2)$$

③ 深冷部分氮气-甲烷-乙烯下侧补强面积计算所需参数见表 3-51。

表 3-51　深冷部分封头、接管尺寸（氮气-甲烷-乙烯下侧）

项目	封头	接管
内径/mm	875	355
计算厚度/mm	56.1	2.21
名义厚度/mm	60	10
厚度附加量/mm	0.6	0.48

封头开孔所需补强面积：

$$A = d\delta = 355.96\times 56.1 = 19969.36(\text{mm}^2)$$

有效宽度 B 按下式计算，取两者中较大值：

$$B = \max\begin{cases}2\times 355.96 = 711.92(\text{mm})\\ 355.96+2\times 60+2\times 10 = 495.96(\text{mm})\end{cases}$$

$$B(\max)=711.92\text{mm}$$

有效高度按下式计算，分别取两式中较小值。

外侧有效补强高度：

$$h_1 = \min\begin{cases}\sqrt{355.96\times 10} = 59.66(\text{mm})\\ 150\text{mm}\end{cases}$$

$$h_1(\min)=59.66\text{mm}$$

内侧有效补强高度：

$$h_2 = \min\begin{cases}\sqrt{96.36\times 30} = 53.39(\text{mm})\\ 0\end{cases}$$

$$h_2(\min)=0$$

$$\begin{aligned}A_1&=(B-d)(\delta_e-\delta)-2\delta_t(\delta_e-\delta)\\&=(711.92-355.96)\times(59.4-56.1)-2\times2.21\times(59.4-56.1)\\&=1160.08(\text{mm}^2)\end{aligned}$$

$$A_2=2h_1(\delta_{et}-\delta_t)+2h_2(\delta_{et}-\delta_t)=2\times59.66\times(9.52-2.21)=872.23(\text{mm}^2)$$

本设计焊接长度取 6mm：

$$A_3=\frac{1}{2}\times2\times6\times6=36(\text{mm}^2)$$

$$A_e=A_1+A_2+A_3=1160.08+872.23+36=2068.31(\text{mm}^2)$$

$A_e<A$，开孔需要另加补强：

$$A_4\geqslant A-A_e$$

$$A_4\geqslant19969.36-2068.31=17901.05(\text{mm}^2)$$

本章小结

通过研究开发 30 万立方米每天三元混合制冷剂预冷 LNG 四级板翅式换热器设计计算方法，并根据 DMR 混合制冷剂 LNG 液化工艺流程及四级多股流板翅式换热器（PFHE）特点进行设备设计计算，就可突破-162℃ LNG 工艺设计计算方法及四级 PFHE 主设备设计计算方法。设计过程中采用三级 PFHE 预冷及一级 PFHE 液化工艺，其具有结构紧凑、换热效率高等特点，能有效解决液化工艺系统庞大、占地面积大等问题，并克服传统的 LNG 液化工艺缺陷，通过多级连续制冷，可最终实现 LNG 液化工艺整合计算过程。四级 PFHE 结构紧凑，便于多股流大温差换热，也是 LNG 液化过程中可选用的高效制冷设备之一。本章采用四级 PFHE 型 LNG 液化系统，由两段制冷系统及四个连贯的板束组成，包括一次预冷三级板束及二次液化过冷一级板束，结构简洁，层次分明，易于设计计算，该工艺也是 LNG 液化工艺系统的主要选择之一。

参考文献

[1] 王松汉. 板翅式换热器［M］. 北京：化学工业出版社，1984.
[2] 余建祖. 换热器原理与设计［M］. 北京：北京航空航天大学出版社，2006.
[3] 贺匡国. 化工容器及设备简明设计手册［M］. 2 版. 北京：化学工业出版社，2002.
[4] GB 150—2005 钢制压力容器［S］.
[5] 番家祯. 压力容器材料实用手册——碳钢及合金钢［M］. 北京：化学工业出版社，2000.
[6] HG/T 20592～20635—2009 钢制管法兰、垫片、紧固件［S］.
[7] JB/T 4712.1～4712.4—2007 容器支座［S］.
[8] JB/T 4736—2002 补强圈［S］.
[9] 苏斯君，张周卫，汪雅红. LNG 系列板翅式换热器的研究与开发［J］. 化工机械，2018，45（6）：662-667.
[10] 张周卫. LNG 混合制冷剂多股流板翅式换热器［P］. 中国：201510051091. 6，2015. 02.
[11] 张周卫. LNG 低温液化一级制冷五股流板翅式换热器［P］. 中国：201510040244. 7，2015. 01.

［12］张周卫．LNG 低温液化二级制冷四股流板翅式换热器［P］．中国：201510042630．X，2015．01．

［13］张周卫．LNG 低温液化三级制冷三股流板翅式换热器［P］．中国：201510040244．7，2015．01．

［14］张周卫，郭舜之，汪雅红，赵丽．液化天然气装备设计技术：液化换热卷［M］．北京：化学工业出版社，2018．

［15］张周卫，苏斯君，张梓洲，田源．液化天然气装备设计技术：通用换热器卷［M］．北京：化学工业出版社，2018．

［16］张周卫，汪雅红，郭舜之，赵丽．低温制冷装备与技术［M］．北京：化学工业出版社，2018．

［17］Zhang Zhouwei，Wang Yahong，Li Yue，Xue Jiaxing．Research and development on series of LNG plate-fin heat exchanger［C］．3rd International Conference on Mechatronics，Robotics and Automation（ICMRA 2015），2015（4）：1299-1304．

第 4 章 7 万立方米每天天然气膨胀预冷 LNG 两级板翅式换热器设计计算

本章重点研究开发 7 万立方米每天天然气膨胀预冷 LNG 两级板翅式换热器设计计算方法，并根据天然气自膨胀 LNG 液化工艺流程及两级多股流板翅式换热器（PFHE）特点，将天然气液化为-162℃ LNG。基于天然气自膨胀制冷及两级板翅式主液化装备的 LNG 液化工艺也是目前非常流行的中小型 LNG 液化系统的主液化工艺。设计过程中采用了开式天然气膨胀预冷两级 LNG 板翅式换热器及与开式天然气节流制冷相结合的先膨胀预冷再节流过冷工艺，使 LNG 液化工艺设计计算较级联式液化更加简单，但天然气膨胀及节流制冷过程复合平衡计算难度较大，使 PFHE 设计计算难度加大。本章采用两级 PFHE 主液化设备，内含 LNG 自膨胀液化工艺，其结构紧凑，能有效解决液化工艺系统庞大、占地面积大等问题。

4.1 板翅式换热器的工艺计算

4.1.1 混合制冷剂参数确定

通过查阅相关资料和国内外对板翅式换热器的设计，确定出本设计所需的制冷剂是甲烷。甲烷制冷剂的参数都由 REFPROP 8.0 软件查得，具体如表 4-1 所示。甲烷各状态温熵图见图 4-1～图 4-4。

表 4-1 甲烷制冷剂参数

名称	临界压力/MPa	临界温度/K	饱和压力/MPa	饱和温度/K
甲烷	1.6	160.12	1.62	160.12

4.1.2 LNG 液化天然气工艺流程

7 万立方米每天天然气膨胀预冷两级 LNG 液化工艺流程图见图 4-5。

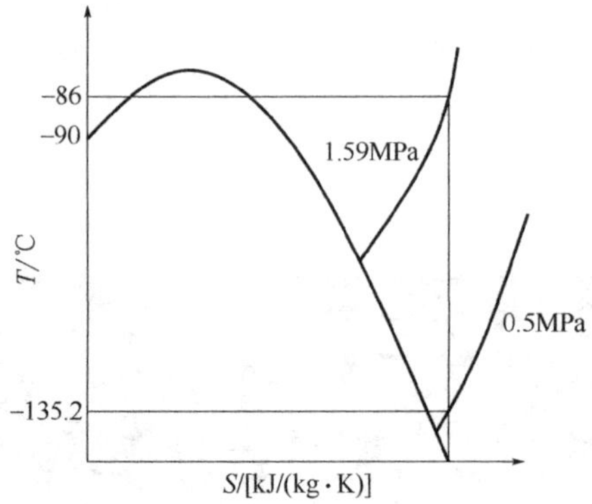

图 4-1　等熵膨胀图

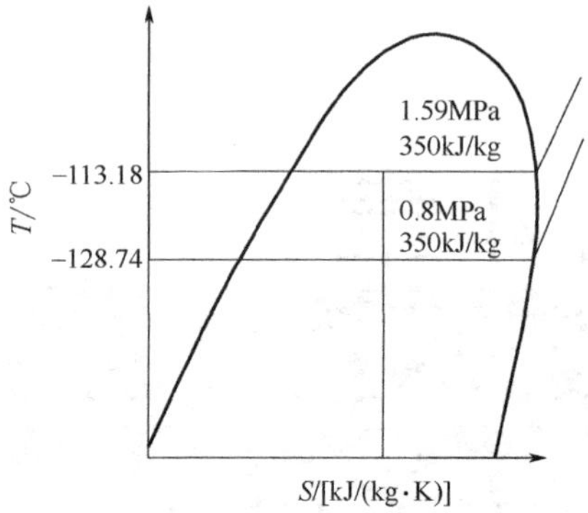

图 4-2　第一次等焓节流图

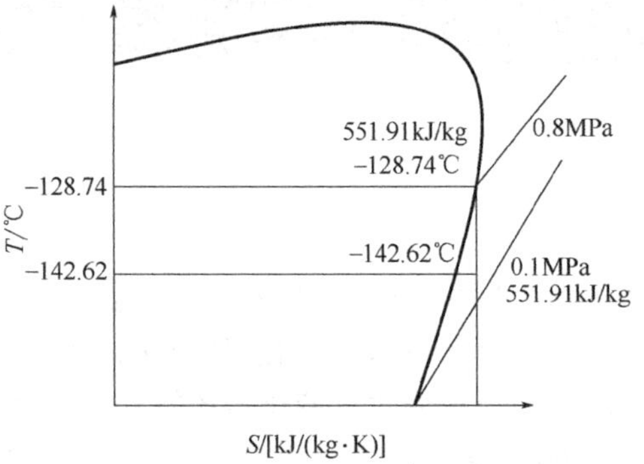

图 4-3　第二次等焓节流图

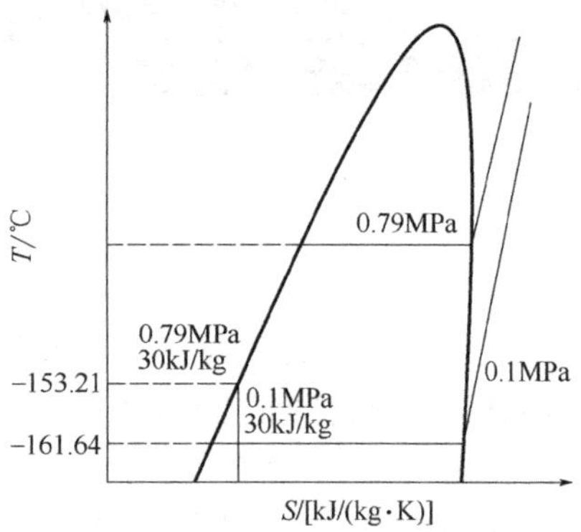

图 4-4　第三次等焓节流图

4.1.3　一级设备预冷制冷过程

一级板翅式换热器（EX1）预冷制冷过程见图 4-6。

（1）天然气的预冷过程

初状态：T_{w1}=40℃　p_1=1.6MPa　焓值 H_{w1}=930.19kJ/kg

终状态：T_{g1}=－86℃　p_1=1.59MPa　焓值 H_{g1}=634.63kJ/kg

天然气的质量流量：$Q=(70000\times10.092)/(24\times3600)=8.18(\text{kg/s})$

单位质量流量的预冷量：$H_1=H_{g1}-H_{w1}=634.63-930.19=-295.56(\text{kJ/kg})$

天然气总预冷量：

$$Q=-295.56\times8.18=-2417.6807(\text{kJ/s})$$

（2）制冷剂在一级制冷装备里的预冷、再冷及制冷量计算过程

a．甲烷的预冷过程

初状态：T_{w1}=40℃　p_1=1.6MPa　焓值 H_{w1}=930.19kJ/kg

终状态：T_{g1}=－86℃　p_1=1.59MPa　焓值 H_{g1}=634.63kJ/kg

单位质量流量的预冷量：$H=H_{g1}-H_{w1}=634.63-930.19=-295.56(\text{kJ/kg})$

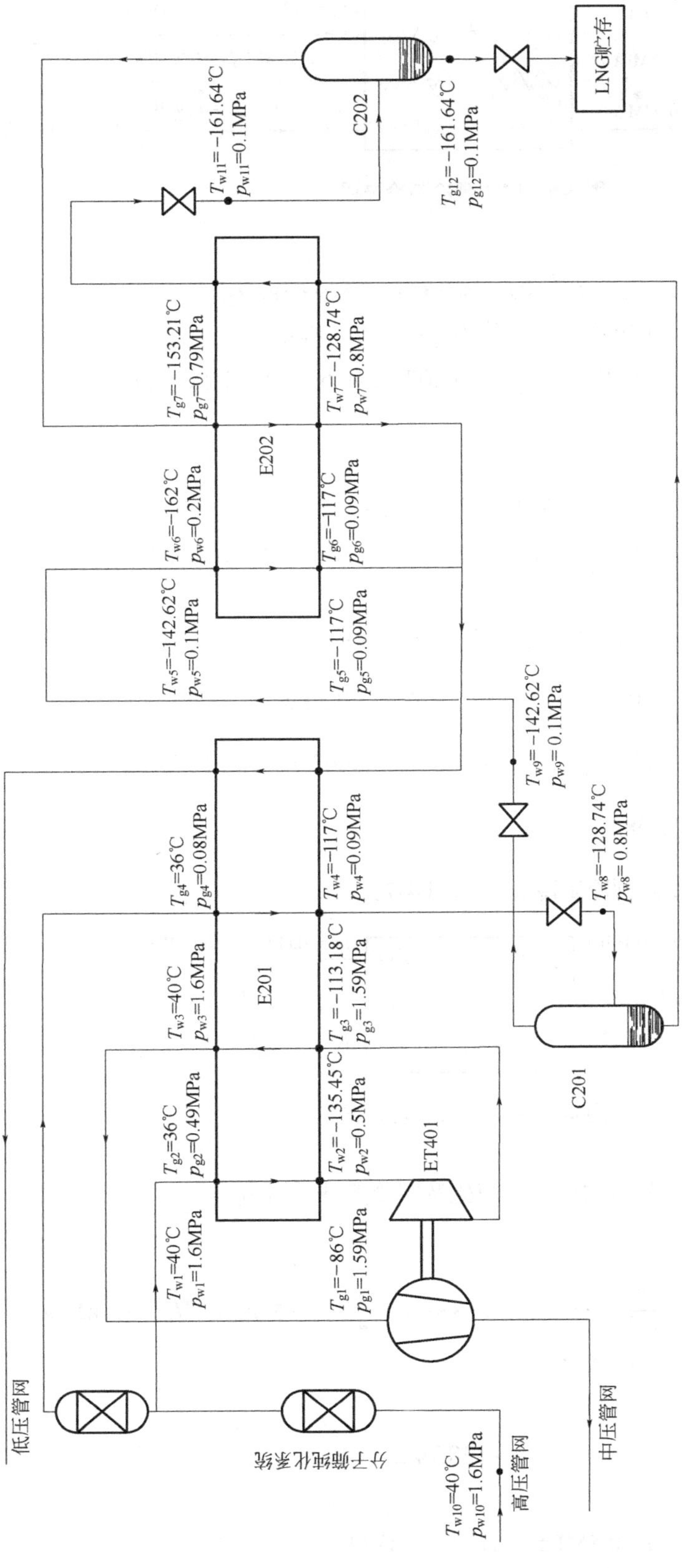

图 4-5　7 万立方米每天天然气膨胀预冷两级 LNG 液化工艺流程图

E201—高压板翅式液化器；E202—过冷器；C201、C202—气液分离器；ET401—高压膨胀机

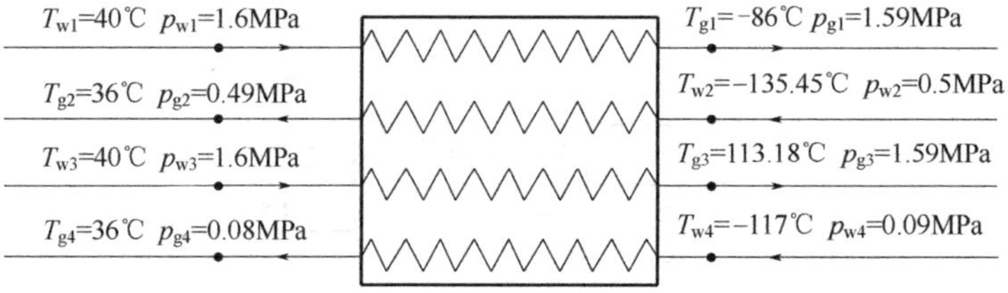

图 4-6 EX1 预冷制冷过程

b．甲烷的制冷过程

初状态：$T_{w2}=-135.45℃$ p_2=0.5MPa 焓值 H_{w2}=549.63kJ/kg

终状态：T_{g2}=36℃ p_2=0.49MPa 焓值 H_{g2}=931.07kJ/kg

单位质量流量的预冷量：$H=H_{g2}-H_{w2}=931.07-549.63=381.44$(kJ/kg)

c．甲烷的预冷过程

初状态：T_{w3}=40℃ p_1=1.6MPa 焓值 H_{w3}=930.19kJ/kg

终状态：$T_{g3}=-113.18℃$ p_3=1.59MPa 焓值 H_{g3}=350kJ/kg

单位质量流量的预冷量：$H=H_{g3}-H_{w3}=350-930.19=-580.19$(kJ/kg)

d．甲烷的制冷过程

初状态：$T_{w4}=-117℃$ p_4=0.09MPa 焓值 H_{w4}=606.68kJ/kg

终状态：T_{g4}=36℃ p_4=0.08MPa 焓值 H_{g4}=934.84kJ/kg

单位质量流量的预冷量：$H=H_{g4}-H_{w4}=934.84-606.68=-328.16$(kJ/kg)

4.1.4 二级设备预冷制冷过程

二级板翅式换热器（EX2）预冷制冷过程见图 4-7。

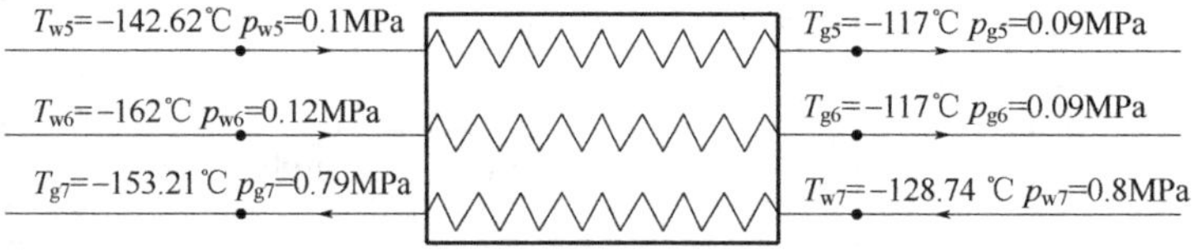

图 4-7 EX2 预冷制冷过程

（1）制冷剂在二级制冷装备里的再冷、液化及制冷量计算过程

节流过程：

节流前：$G_4=\dfrac{1.052/(1\times1)}{10\times4.87\times10^{-3}}=21.6[\text{kg}/(\text{m}^2\cdot\text{s})]$，$p_{g3}$=1.59MPa，$H_{g3}$=350kJ/kg

节流后：H=350kJ/kg，p=0.8MPa

查得：

$$T_{w8}=-128.74℃$$

节流过程：

节流前：$T=-128.74℃$，p=0.8MPa，H=551.91kJ/kg

节流后：H=551.91kJ/kg，p=0.1MPa

查得：

$$T_{w9}=-142.62℃$$

a．甲烷：

制冷过程：

初状态：$T_{w5}=-142.62℃$，p_4=0.1MPa，H_{w5}=551.91kJ/kg

终状态：$T_{g5}=-117℃$，p_5=0.09MPa，H_{g5}=606.68kJ/kg

单位质量流量的预冷量：$H=H_{g5}-H_{w5}$=606.68－551.91 =54.77(kJ/kg)

b．天然气：

预冷过程：

初状态：$T_{w7}=-128.74℃$，p_{w7}=0.8MPa，H_{w7}=120.33kJ/kg

终状态：$T_{g7}=-153.21℃$，p_{g7}=0.79MPa，H_{g7}=30kJ/kg

单位质量流量的预冷量：$H=H_{g7}-H_{w7}$=30－120.33 =－90.33(kJ/kg)

节流过程：

节流前：$T=-153.21℃$，p=0.79MPa，H=30kJ/kg

节流后：H=30kJ/kg，p=0.1MPa

查得：

$$T_{w9}=-161.64℃$$

制冷过程：

初状态：$T_{w6}=-161.64℃$，p_{w6}=0.1MPa，H_{w6}=－510.56kJ/kg

终状态：$T_{g6}=-117℃$，p_{g6}=0.79MPa，H_{g6}=606.68kJ/kg

单位质量流量的预冷量：$H=H_{g6}-H_{w6}$=606.68－510.56 = 96.12(kJ/kg)

（2）天然气在二级制冷装置里的放热量

过冷过程：

初状态：$T_{w7}=-128.74℃$，p_{w7}=0.8MPa，H_{w7}=120.3kJ/kg

终状态：$T_{g7}=-153.21℃$，p_{g7}=0.79MPa，H_{g7}=30kJ/kg

单位质量流量的预冷量：$H=H_{g7}-H_{w7}$=30－120.33 =－90.33(kJ/kg)

天然气的总预冷量：

$$Q=-90.33\times 8.18=-738.8994(\text{kJ/s})$$

根据二级制冷装置中吸热量等于放热量得：

$$G_{CH_4 5}+G_{CH_4 7}=G_{CH_4 3}$$

$$G_{CH_4 5}+G_{CH_4 6}=G_{CH_4 4}$$

根据气液分离器 C201 分离出来的气体所占的比例为 53.22%，气液分离器 C202 分离出来的气体所占的比例为 29.2%，计算结果见表 4-2。

表 4-2　各种参数值

EX1					
类别	出口焓值/(kJ/kg)	进口焓值/(kJ/kg)	焓差/(kJ/kg)	流量/(kg/s)	热量/(kJ/s)
甲烷 1	634.63	930.19	−295.56	6.607	−1952.76492
甲烷 2	931.07	549.63	381.44	6.607	2520.17408
甲烷 3	350	930.19	−580.19	1.573	−912.63887
甲烷 4	934.84	606.68	328.16	1.052	345.22971
热平衡	0				
EX2					
类别	出口焓值/(kJ/kg)	进口焓值/(kJ/kg)	焓差/(kJ/kg)	流量/(kg/s)	热量/(kJ/s)
甲烷 5	606.68	551.91	54.77	0.8371506	45.8507384
甲烷 6	606.68	510.56	96.12	0.21487	20.6529031
甲烷 7	30	120.33	−90.33	0.7358494	−66.469276
热平衡	0.034365151				

4.1.5　一级换热器流体参数计算

常见标准翅片参数见表 4-3。

表 4-3　常见标准翅片参数

翅型	翅高 L/mm	翅厚 δ/mm	翅距 m/mm	当量直径 D_e/mm	通道截面积 F/m^2	总传热面积 F_0/m^2	二次传热面积与总传热面积之比
平直翅片	Δ12	0.15	1.4	2.26	0.01058	18.7	0.904
	9.5	0.2	1.4	2.12	0.00797	15.0	0.885
	9.5	0.2	1.7	2.58	0.00821	12.7	0.861
	9.5	0.2	2.0	3.02	0.00837	11.1	0.838
	Δ6.5	0.3	1.4	1.87	0.00487	10.23	0.850
	Δ6.5	0.3	1.7	2.28	0.00511	8.94	0.816
	6.5	0.3	2.0	2.67	0.00527	7.9	0.785
	Δ6.5	0.5	1.4	1.56	0.00386	9.86	0.869
	4.7	0.3	2.0	2.45	0.00374	6.10	0.722
	Δ3.2	0.3	4.2	3.33	0.00269	3.44	0.426
	Δ12	0.15	1.4	2.26	0.01058	17.01	0.895
	Δ12	0.6	4.2	5.47	0.00977	6.6	0.770
	Δ9.5	0.2	1.7	2.58	0.00821	11.61	0.850

根据表 4-4，选择板翅式换热器为铝质材料，10 股，宽 1m，一流道。

表 4-4　各种参数的计算结果

名称	翅高 L/mm	翅厚 δ/mm	翅距 /mm	当量直径 d_e/mm	通道截面积 F/m^2	总传热面积 F_0/m^2	二次传热面积与总传热面积之比
翅片 1	9.5	0.2	2	3.2	0.00837	11.1	0.838
翅片 2	9.5	0.2	2	3.2	0.00837	11.1	0.838
翅片 3	6.5	0.3	1.7	2.28	0.00511	8.94	0.816

续表

名称	翅高 L/mm	翅厚 δ/mm	翅距 /mm	当量直径 d_e /mm	通道截面积 F/m²	总传热面积 F_0/m²	二次传热面积与总传热面积之比
翅片 4	6.5	0.3	1.4	1.87	0.00487	10.23	0.85
翅片 5	6.5	0.3	1.4	1.87	0.00487	10.23	0.85
翅片 6	4.7	0.3	2	2.45	0.00374	6.1	0.722
翅片 7	6.5	0.5	1.4	1.56	0.00386	9.86	0.869

各股流体流道的质量流速：

$$G_i = \frac{W/(1\times1)}{nf_i} \tag{4-1}$$

式中　G_i——各股流体流道的质量流速，kg/(m² • s)；

W——各股流体的质量流量，kg/s；

f_i——单层通道一米宽度上的截面积，m²。

1 通道：

$$G_1 = \frac{6.607/(1\times1)}{10\times8.37\times10^{-3}} = 78.94[\text{kg/(m}^2\cdot\text{s)}]$$

2 通道：

$$G_2 = \frac{6.607/(1\times1)}{10\times8.37\times10^{-3}} = 78.94[\text{kg/(m}^2\cdot\text{s)}]$$

3 通道：

$$G_3 = \frac{1.573/(1\times1)}{10\times5.11\times10^{-3}} = 30.78[\text{kg/(m}^2\cdot\text{s)}]$$

4 通道：

$$G_4 = \frac{1.052/(1\times1)}{10\times4.87\times10^{-3}} = 21.6[\text{kg/(m}^2\cdot\text{s)}]$$

各股流体的雷诺数：

$$Re = \frac{G_i d_e}{\mu g} \tag{4-2}$$

式中　G_i——各股流体流道的质量流速，kg/(m² • s)；

g——重力加速度，m²/s；

d_e——各股流侧翅片当量直径，m；

μ——各股流体的黏度，kg/(m • s)。

1 通道：

$$Re = \frac{78.94\times3.0\times10^{-3}}{9.724\times10^{-6}\times9.81} = 2483.35$$

2 通道：

$$Re = \frac{78.94\times3.0\times10^{-3}}{8.67\times10^{-6}\times9.81} = 2784.39$$

3 通道：

$$Re = \frac{30.78 \times 2.3 \times 10^{-3}}{9.261 \times 10^{-6} \times 9.81} = 779.24$$

4 通道：

$$Re = \frac{21.6 \times 1.9 \times 10^{-3}}{8.866 \times 10^{-6} \times 9.81} = 471.19$$

各股流体的普朗特数：

$$Pr = \frac{C\mu}{\lambda} \tag{4-3}$$

式中 μ ——流体的黏度，kg/(m・s)；

C ——流体的比热容，kJ/(kg・K)；

λ ——流体的热导率；W/(m・K)。

1 通道：

$$Pr = 9.724 \times 10^{-6} \times 2300.2 / 0.028971 = 0.772$$

2 通道：

$$Pr = 8.67 \times 10^{-6} \times 2169.8 / 0.025021 = 0.752$$

3 通道：

$$Pr = 9.261 \times 10^{-6} \times 2315.3 / 0.027414 = 0.782$$

4 通道：

$$Pr = 8.866 \times 10^{-6} \times 2124 / 0.025504 = 0.738$$

查图 4-8 和图 4-9 得传热因子为 j： $j_1 = 0.003$ ； $j_2 = 0.0032$ ； $j_3 = 0.006$ ； $j_4 = 0.0088$ 。

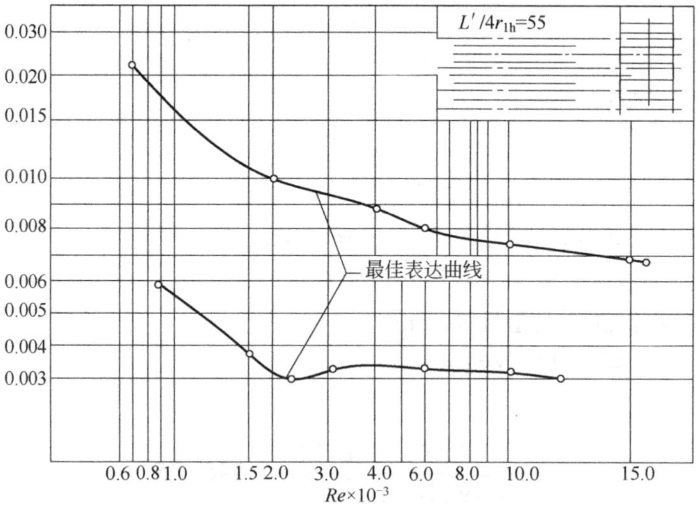

图 4-8 平直翅片（一）

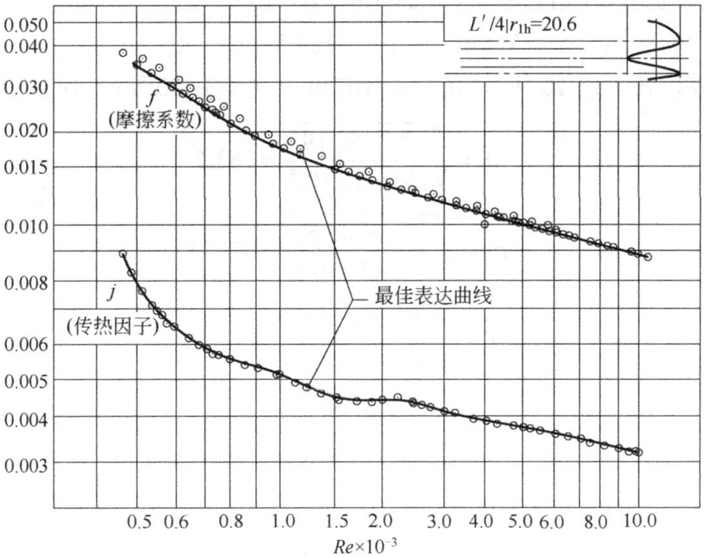

图 4-9　平直翅片（二）

各股流体的斯坦登数：

$$St=\frac{j}{Pr^{2/3}} \tag{4-4}$$

1 通道：

$$St_1=0.003/0.772^{\frac{2}{3}}=0.0036$$

2 通道：

$$St_2=0.0032/0.752^{\frac{2}{3}}=0.0039$$

3 通道：

$$St_3=0.006/0.782^{\frac{2}{3}}=0.0071$$

4 通道：

$$St_4=0.0088/0.738^{\frac{2}{3}}=0.0108$$

各股流体的给热系数：

$$\alpha=3600\times St\times C\times G_i \tag{4-5}$$

$$\alpha_1=3600\times3.56\times10^{-3}\times2300.2\times10^{-3}\times78.94/4.184=556.19[\mathrm{kcal/(m^2\cdot h\cdot ℃)}]$$

$$\alpha_2=3600\times3.87\times10^{-3}\times2169.8\times10^{-3}\times78.94/4.184=570.35[\mathrm{kcal/(m^2\cdot h\cdot ℃)}]$$

$$\alpha_3=3600\times7.07\times10^{-3}\times2315.3\times10^{-3}\times30.78/4.184=433.52[\mathrm{kcal/(m^2\cdot h\cdot ℃)}]$$

$$\alpha_4=3600\times1.08\times10^{-2}\times2124\times10^{-3}\times30.78/4.184=607.52[\mathrm{kcal/(m^2\cdot h\cdot ℃)}]$$

各股流的 p 值：

$$p=\sqrt{\frac{2\alpha}{\lambda\delta}} \tag{4-6}$$

式中　α——各股流侧流体给热系数，kcal/(m^2·h·℃)；

λ——翅片材料热导率，W/(m^2·K)，λ=165W/(m^2·K)；

δ——翅厚，$\delta_1 = 2\times10^{-4}$m，$\delta_2 = 2\times10^{-4}$m，$\delta_3 = 3\times10^{-4}$m，$\delta_4 = 3\times10^{-4}$m。

$$p_1 = \sqrt{\frac{2\times556.19}{165\times2\times10^{-4}}} = 183.6$$

$$p_2 = \sqrt{\frac{2\times570.35}{165\times2\times10^{-4}}} = 185.92$$

$$p_3 = \sqrt{\frac{2\times433.52}{165\times3\times10^{-4}}} = 132.35$$

$$p_4 = \sqrt{\frac{2\times607.52}{165\times3\times10^{-4}}} = 156.67$$

翅片效率：

$$\eta_f = \frac{\tanh\left(\frac{pL}{2}\right)}{\frac{pL}{2}} \tag{4-7}$$

式中　L——翅片的高度，m；

$\tanh\left(\frac{pL}{2}\right)$——双曲正切函数，查双曲函数表可得。

翅片表面效率：

$$\eta_0 = 1 - \frac{F_2}{F_0}(1-\eta_f) \tag{4-8}$$

式中　F_2——天然气侧翅片二次传热面积，m^2；

F_0——天然气侧翅片总传热面积，m^2。

1 股流侧：

$$L_1 = 9.5\times10^{-3}\,\text{m}$$

$$\frac{F_2}{F_0} = 0.838$$

$$\frac{pL_1}{2} = \frac{183.6\times9.5\times10^{-3}}{2} = 0.8725$$

查双曲函数表可知：

$$\tanh\left(\frac{pL}{2}\right) = 0.70625$$

1 股流侧翅片一次面传热效率按公式（4-7）计算：

$$\eta_{f1} = 0.8095$$

1 股流侧翅片总传热效率按公式（4-8）计算：

$$\eta_0 = 1 - \frac{F_2}{F_0}(1-\eta_f) = 1 - 0.838\times(1-0.8095) = 0.8404$$

2 股流侧：

$$L_2 = 9.5 \times 10^{-3}\,\mathrm{m}$$

$$\frac{F_2}{F_0} = 0.838$$

$$\frac{pL_2}{2} = \frac{185.9 \times 9.5 \times 10^{-3}}{2} = 0.88284$$

查双曲函数表可知：

$$\tanh\left(\frac{pL}{2}\right) = 0.70785$$

2 股流侧翅片一次面传热效率按公式（4-7）计算：

$$\eta_{f2} = 0.8018$$

2 股流侧翅片总传热效率按公式（4-8）计算：

$$\eta_0 = 1 - \frac{F_2}{F_0}(1-\eta_f) = 1 - 0.838 \times (1 - 0.8018) = 0.8339$$

3 股流侧：

$$L_3 = 6.5 \times 10^{-3}\,\mathrm{m}$$

$$\frac{F_2}{F_0} = 0.816$$

$$\frac{pL_3}{2} = \frac{132.35 \times 6.5 \times 10^{-3}}{2} = 0.43001$$

查双曲函数表可知：

$$\tanh\left(\frac{pL}{2}\right) = 0.4051$$

3 股流侧翅片一次面传热效率按公式（4-7）计算：

$$\eta_{f3} = 0.9421$$

3 股流侧翅片总传热效率按公式（4-8）计算：

$$\eta_0 = 1 - \frac{F_2}{F_0}(1-\eta_f) = 1 - 0.816 \times (1 - 0.9412) = 0.952$$

4 股流侧：

$$L_4 = 6.5 \times 10^{-3}\,\mathrm{m}\text{；}\ \frac{F_2}{F_0} = 0.85$$

$$\frac{pL_4}{2} = \frac{156.67 \times 6.5 \times 10^{-3}}{2} = 0.509$$

查双曲函数表可知：

$$\tanh\left(\frac{pL}{2}\right) = 0.40174$$

4 股流侧翅片一次面传热效率按公式（4-7）计算：

$$\eta_{f4} = 0.9431$$

4 股流侧翅片总传热效率按公式（4-8）计算：

$$\eta_0 = 1 - \frac{F_2}{F_0}(1-\eta_f) = 1 - 0.85 \times (1 - 0.9431) = 0.9516$$

4.1.6 二级换热器流体参数计算

选择板翅式换热器为铝质材料，5 股，宽 0.5m，一流道。

各股流体流道的质量流速：

$$G_i = \frac{W/(0.5 \times 1)}{nf_i} \tag{4-9}$$

式中 G_i——各股流体流道的质量流速，kg/(m^2 • s)；

W——各股流体的质量流量，kg/s；

f_i——单层通道一米宽度上的截面积，m^2。

1 通道：

$$G_1 = \frac{0.837/(0.5 \times 1)}{5 \times 4.87 \times 10^{-3}} = 68.75[\text{kg/(m}^2 \cdot \text{s)}]$$

2 通道：

$$G_2 = \frac{0.736/(0.5 \times 1)}{5 \times 3.86 \times 10^{-3}} = 76.27[\text{kg/(m}^2 \cdot \text{s)}]$$

3 通道：

$$G_3 = \frac{0.215/(0.5 \times 1)}{5 \times 3.74 \times 10^{-3}} = 22.99[\text{kg/(m}^2 \cdot \text{s)}]$$

各股流的雷诺数：

$$Re = \frac{G_i d_e}{\mu g} \tag{4-10}$$

式中 G_i——各股流体流道的质量流速，kg/(m^2 • s)；

g——重力加速度，m^2/s

d_e——各股流侧翅片当量直径，m；

μ——各股流体的黏度，kg/(m • s)。

1 通道：

$$Re_1 = \frac{68.75 \times 1.87 \times 10^{-3}}{5.854 \times 10^{-6} \times 9.81} = 2238.68$$

2 通道：

$$Re_2 = \frac{76.27 \times 1.56 \times 10^{-3}}{68.6 \times 10^{-6} \times 9.81} = 176.8$$

3 通道：

$$Re_3 = \frac{22.99 \times 2.45 \times 10^{-3}}{5.45 \times 10^{-6} \times 9.81} = 1053.74$$

各股流体的普朗特数：

$$Pr = \frac{C\mu}{\lambda} \tag{4-11}$$

式中　μ——流体的黏度，kg/(m·s)；

C——流体的比热容，kJ/(kg·K)；

λ——流体的热导率；W/(m·K)。

1 通道：

$$Pr_1 = \frac{5.854 \times 10^{-6} \times 2114.6}{0.01587} = 0.7799$$

2 通道：

$$Pr_2 = \frac{68.6 \times 10^{-6} \times 3791}{0.14485} = 1.795$$

3 通道：

$$Pr_3 = \frac{5.45 \times 10^{-6} \times 2125.4}{0.014632} = 0.7917$$

查图 4-8 和图 4-9 得传热因子 j：$j_1 = 0.0042$；$j_2 = 0.012$；$j_3 = 0.005$。

各股流体的斯坦顿数：

$$St = \frac{j}{Pr^{2/3}} \tag{4-12}$$

1 通道：

$$St_1 = \frac{0.0042}{0.7799^{2/3}} = 0.004957$$

2 通道：

$$St_2 = \frac{0.012}{1.795^{2/3}} = 0.008124$$

3 通道：

$$St_3 = \frac{0.005}{0.7917^{2/3}} = 0.005843$$

各股流体的给热系数：

$$\alpha = 3600 \times St \times C \times G_i \tag{4-13}$$

$$\alpha_1 = 3600 \times 4.957 \times 10^{-3} \times 2114.6 \times 10^{-3} \times 68.747/4.186 = 619.732[\text{kcal}/(\text{m}^2 \cdot \text{h} \cdot ℃)]$$

$$\alpha_2 = 3600 \times 8.124 \times 10^{-3} \times 3791 \times 10^{-3} \times 76.269/4.186 = 2020.11[\text{kcal}/(\text{m}^2 \cdot \text{h} \cdot ℃)]$$

$$\alpha_3 = 3600 \times 5.843 \times 10^{-3} \times 2125.4 \times 10^{-3} \times 22.995/4.186 = 245.59[\text{kcal}/(\text{m}^2 \cdot \text{h} \cdot ℃)]$$

各股流体的 p 值：

$$p = \sqrt{\frac{2\alpha}{\lambda\delta}} \tag{4-14}$$

式中 α——各股流侧流体给热系数，kcal/(m^2 • h • ℃)；

λ——翅片材料热导率，W/(m^2 • K)，λ=165W/(m^2 • K)；

δ——翅厚，$\delta_1 = 3\times10^{-4}$m，$\delta_2 = 5\times10^{-4}$m，$\delta_3 = 3\times10^{-4}$m。

$$p_1 = \sqrt{\frac{2\times619.732}{165\times3\times10^{-4}}} = 158.24$$

$$p_2 = \sqrt{\frac{2\times2020.11}{165\times5\times10^{-4}}} = 221.3$$

$$p_3 = \sqrt{\frac{2\times245.59}{165\times3\times10^{-4}}} = 99.61$$

翅片效率：

$$\eta_f = \frac{\tanh\left(\dfrac{pL}{2}\right)}{\dfrac{pL}{2}} \tag{4-15}$$

式中 L——翅片的高度，m；

$\tanh\left(\dfrac{PL}{2}\right)$——双曲正切函数，查双曲函数表可得。

翅片表面效率：

$$\eta_0 = 1 - \frac{F_2}{F_0}(1-\eta_f) \tag{4-16}$$

式中 F_2——天然气侧翅片二次传热面积，m^2；

F_0——天然气侧翅片总传热面积，m^2。

1 股流侧：

$$L_1 = 6.5\times10^{-3}\text{m}$$

$$\frac{F_2}{F_0} = 0.85$$

$$\frac{pL_1}{2} = \frac{158.24\times6.5\times10^{-3}}{2} = 0.51428$$

查双曲函数表可知：

$$\tanh\left(\frac{pL}{2}\right) = 0.47458$$

1 股流侧翅片一次面传热效率按公式（4-15）计算：

$$\eta_{f1} = 0.92278$$

1 股流侧翅片总传热效率按公式（4-16）计算：

$$\eta_0 = 1 - \frac{F_2}{F_0}(1-\eta_f) = 1 - 0.85\times(1-0.92278) = 0.9344$$

2 股流侧：

$$L_2 = 6.5\times10^{-3}\,\text{m}$$

$$\frac{F_2}{F_0} = 0.869$$

$$\frac{pL_2}{2} = \frac{221.3\times6.5\times10^{-3}}{2} = 0.71923$$

查双曲函数表可知：

$$\tanh\left(\frac{pL}{2}\right) = 0.73925$$

2 股流侧翅片一次面传热效率按公式（4-15）计算：

$$\eta_{f2} = 1.028$$

2 股流侧翅片总传热效率按公式（4-16）计算：

$$\eta_0 = 1 - \frac{F_2}{F_0}(1-\eta_f) = 1 - 0.869\times(1-1.028) = 1.024$$

3 股流侧：

$$L_3 = 4.7\times10^{-3}\,\text{m}$$

$$\frac{F_2}{F_0} = 0.722$$

$$\frac{pL_3}{2} = \frac{99.61\times4.7\times10^{-3}}{2} = 0.2341$$

查双曲函数表可知：

$$\tanh\left(\frac{pL}{2}\right) = 0.73925$$

3 股流侧翅片一次面传热效率按公式（4-15）计算：

$$\eta_{f3} = 0.9979$$

3 股流侧翅片总传热效率按公式（4-16）计算：

$$\eta_0 = 1 - \frac{F_2}{F_0}(1-\eta_f) = 1 - 0.722\times(1-0.9979) = 0.9985$$

4.1.7 一级板翅式换热器传热面积计算

① 以甲烷 1 侧传热面积为基准的总传热系数：

$$K_c = \frac{1}{\dfrac{1}{\alpha_h\eta_{0h}}\times\dfrac{F_{oc}}{F_{oh}} + \dfrac{1}{\alpha_c\eta_{0c}}} \tag{4-17}$$

式中　K_c——总传热系数，kcal/(m^2 • h • ℃)；

α_h ——甲烷 1 预冷侧给热系数，kcal/(m^2 • h • ℃)；

η_{0h} ——甲烷 1 预冷侧总传热效率；

η_{0c} ——甲烷 1 侧总传热效率；

F_{oc} ——甲烷 1 侧单位面积翅片的总传热面积，m^2；

F_{oh} ——甲烷 1 预冷侧单位面积翅片的总传热面积，m^2；

α_c ——甲烷 1 侧给热系数，kcal/(m^2 • h • ℃)。

$$K_c = \frac{1}{\dfrac{1}{570.35\times0.8339}\times\dfrac{11.11}{11.11}+\dfrac{1}{556.19\times0.8404}} = 235.74[\text{kcal}/(\text{m}^2\cdot\text{h}\cdot℃)]$$

以天然气侧传热面积为基准的总传热系数：

$$K_h = \frac{1}{\dfrac{1}{\alpha_h\eta_{0h}}+\dfrac{F_{oh}}{F_{oc}}\times\dfrac{1}{\alpha_c\eta_{0c}}} \tag{4-18}$$

$$K_h = \frac{1}{\dfrac{1}{570.35\times0.8339}+\dfrac{11.11}{11.11}\times\dfrac{1}{556.19\times0.8404}} = 235.74[\text{kcal}/(\text{m}^2\cdot\text{h}\cdot℃)]$$

对数平均温差：

$$\Delta t_m = \frac{49.45-4}{\ln\dfrac{49.45}{4}} = 18.07(℃)$$

甲烷 1 侧传热面积：

$$A = \frac{Q}{K\Delta t} \tag{4-19}$$

式中 Q——传热负荷，W/(m^2 • K)；

K——给热系数，kcal/(m^2 • h • ℃)；

Δt——对数平均温差，℃。

$$A = \frac{1952.765\times3600}{4.18\times235.74\times18.07} = 394.81(\text{m}^2)$$

经过初步计算，确定板翅式换热器的宽度为 1m。

甲烷 1 侧板束长度：

$$l = \frac{A}{fnb} \tag{4-20}$$

式中 f ——甲烷 1 侧单位面积翅片的总传热面积，m^2；

n ——流道数；

b ——板翅式换热器宽度，m。

$$L = \frac{394.81}{11.11\times1\times1\times10} = 3.55(\text{m})$$

天然气侧传热面积：

$$A=\frac{Q}{K\Delta t}$$

$$A=\frac{2520.174\times3600}{4.18\times235.74\times18.07}=509.52(\mathrm{m}^2)$$

天然气侧板束长度：

$$l=\frac{A}{fnb}$$

$$L=\frac{509.52}{11.11\times1\times1\times10}=4.586(\mathrm{m})$$

② 以甲烷 3 侧传热面积为基准的总传热系数：

$$K_\mathrm{c}=\frac{1}{\dfrac{1}{\alpha_\mathrm{h}\eta_{0\mathrm{h}}}\times\dfrac{F_\mathrm{oc}}{F_\mathrm{oh}}+\dfrac{1}{\alpha_\mathrm{c}\eta_{0\mathrm{c}}}}\tag{4-21}$$

式中　K_c ——总传热系数，kcal/(m^2 • h • ℃)；

α_h ——甲烷 3 预冷侧给热系数，kcal/(m^2 • h • ℃)；

$\eta_{0\mathrm{h}}$ ——甲烷 3 预冷侧总传热效率；

$\eta_{0\mathrm{c}}$ ——甲烷 3 侧总传热效率；

F_oc ——甲烷 3 侧单位面积翅片的总传热面积，m^2；

F_oh ——甲烷 3 预冷侧单位面积翅片的总传热面积，m^2；

α_c ——甲烷 3 侧给热系数，kcal/(m^2 • h • ℃)。

$$K_\mathrm{c}=\frac{1}{\dfrac{1}{433.52\times0.952}\times\dfrac{11.11}{8.94}+\dfrac{1}{570.35\times0.8339}}=195.55[\mathrm{kcal/(m^2\cdot h\cdot ℃)}]$$

以甲烷 3 预冷侧传热面积为基准的总传热系数：

$$K_\mathrm{h}=\frac{1}{\dfrac{1}{\alpha_\mathrm{h}\eta_{0\mathrm{h}}}+\dfrac{F_\mathrm{oh}}{F_\mathrm{oc}}\times\dfrac{1}{\alpha_\mathrm{c}\eta_{0\mathrm{c}}}}$$

$$K_\mathrm{h}=\frac{1}{\dfrac{1}{433.52\times0.952}+\dfrac{8.94}{11.11}\times\dfrac{1}{570.35\times0.8339}}=243.02[\mathrm{kcal/(m^2\cdot h\cdot ℃)}]$$

对数平均温差：

$$\Delta t_\mathrm{m}=\frac{22.27-4}{\ln\dfrac{22.27}{4}}=10.64(℃)$$

甲烷 3 侧传热面积：

$$A=\frac{Q}{K\Delta t}\tag{4-22}$$

式中　Q——传热负荷，W/(m^2 • K)；

K——给热系数，kcal/(m^2 • h • ℃)；

Δt ——对数平均温差，℃。

$$A=\frac{912.629\times 3600}{4.18\times 195.55\times 10.64}=377.76(\mathrm{m}^2)$$

经过初步计算，确定板翅式换热器的宽度为 1m。

甲烷 3 侧板束长度：

$$l=\frac{A}{fnb} \tag{4-23}$$

式中 f ——甲烷 3 侧单位面积翅片的总传热面积，m^2；

n ——流道数；

b ——板翅式换热器宽度，m。

$$l=\frac{377.76}{11.11\times 1\times 1\times 10}=3.4(\mathrm{m})$$

甲烷 3 预冷侧传热面积：
$$A=\frac{Q}{K\Delta t}$$

$$A=\frac{912.639\times 3600}{4.18\times 243.02\times 10.64}=304(\mathrm{m}^2)$$

甲烷 3 预冷侧板束长度：

$$l=\frac{A}{fnb}$$

$$l=\frac{304}{8.94\times 1\times 1\times 10}=3.4(\mathrm{m})$$

③ 以甲烷 4 预冷侧传热面积为基准的总传热系数：

$$K_\mathrm{c}=\frac{1}{\dfrac{1}{\alpha_\mathrm{h}\eta_\mathrm{0h}}\times\dfrac{F_\mathrm{oc}}{F_\mathrm{oh}}+\dfrac{1}{\alpha_\mathrm{c}\eta_\mathrm{0c}}} \tag{4-24}$$

式中 K_c ——总传热系数，kcal/(m² • h • ℃)；

α_h ——天然气回气侧给热系数，kcal/(m² • h • ℃)；

η_0h ——天然气回气侧总传热效率；

η_0c ——甲烷 4 预冷侧总传热效率；

F_oc ——甲烷 4 预冷侧单位面积翅片的总传热面积，m^2；

F_oh ——天然气回气侧单位面积翅片的总传热面积，m^2；

α_c ——甲烷 4 预冷侧给热系数，kcal/(m² • h • ℃)。

$$K_\mathrm{c}=\frac{1}{\dfrac{1}{433.52\times 0.9516}\times\dfrac{8.94}{10.23}+\dfrac{1}{433.52\times 0.952}}=220.2[\mathrm{kcal/(m^2\cdot h\cdot ℃)}]$$

以天然气回气侧传热面积为基准的总传热系数：

$$K_\mathrm{h}=\frac{1}{\dfrac{1}{\alpha_\mathrm{h}\eta_\mathrm{0h}}+\dfrac{F_\mathrm{oh}}{F_\mathrm{oc}}\times\dfrac{1}{\alpha_\mathrm{c}\eta_\mathrm{0c}}} \tag{4-25}$$

$$K_h = \frac{1}{\frac{1}{433.52 \times 0.9516} + \frac{10.23}{8.94} \times \frac{1}{433.52 \times 0.952}} = 192.4[\text{kcal}/(\text{m}^2 \cdot \text{h} \cdot ℃)]$$

对数平均温差：

$$\Delta t_m = \frac{4-3.82}{\ln \frac{4}{3.82}} = 3.909(℃)$$

甲烷 4 预冷侧传热面积：

$$A = \frac{Q}{K\Delta t} \tag{4-26}$$

式中　Q——传热负荷，$\text{W}/(\text{m}^2 \cdot \text{k})$；

K——给热系数，$\text{kcal}/(\text{m}^2 \cdot \text{h} \cdot ℃)$；

Δt ——对数平均温差，℃。

$$A = \frac{912.639 \times 3600}{4.18 \times 220.2 \times 3.909} = 913.15(\text{m}^2)$$

经过初步计算，确定板翅式换热器的宽度为 1m。

甲烷 4 预冷侧板束长度：

$$l = \frac{A}{fnb} \tag{4-27}$$

式中　f ——甲烷 4 预冷侧单位面积翅片的总传热面积，m^2；

n ——流道数；

b ——板翅式换热器宽度，m。

$$l = \frac{913.15}{8.94 \times 1 \times 1 \times 10} = 10.21(\text{m})$$

天然气回气侧传热面积：

$$A = \frac{Q}{K\Delta t}$$

$$A = \frac{345.23 \times 3600}{4.18 \times 192.4 \times 3.909} = 395.33(\text{m}^2)$$

天然气回气侧板束长度：

$$l = \frac{A}{fnb}$$

$$l = \frac{395.33}{10.23 \times 1 \times 1 \times 10} = 3.86(\text{m})$$

综上所述，对各计算长度取整，得到 EX1 长度为 11m，各侧换热面积见表 4-5。

表 4-5　EX1 各侧换热面积

换热侧	面积/m^2
甲烷 1 侧	394.81
天然气侧	509.52

续表

换热侧	面积/m^2
甲烷 3 侧	377.76
天然气侧	304
甲烷 4 侧	913.15
天然气回气侧	395.33
总换热面积	2894.57

EX1 每组板侧排列如图 4-10 所示，共四组，每组之间采用钎焊连接。

甲烷预冷
甲烷制冷
甲烷预冷
甲烷制冷

图 4-10　EX1 每组板侧排列

4.1.8　二级板翅式换热器传热面积计算

① 以甲烷 5 侧传热面积为基准的总传热系数：

$$K_c=\frac{1}{\dfrac{1}{\alpha_h\eta_{0h}}\times\dfrac{F_{oc}}{F_{oh}}+\dfrac{1}{\alpha_c\eta_{0c}}}\tag{4-28}$$

式中　K_c ——总传热系数，kcal/(m^2 • h • ℃)；

α_h ——天然气侧给热系数，kcal/(m^2 • h • ℃)；

η_{0h} ——天然气侧总传热效率；

η_{0c} ——甲烷 5 侧总传热效率；

F_{oc} ——甲烷 5 侧单位面积翅片的总传热面积，m^2；

F_{oh} ——天然气侧单位面积翅片的总传热面积，m^2；

α_c ——甲烷 5 侧给热系数，kcal/(m^2 • h • ℃)。

$$K_c=\frac{1}{\dfrac{1}{2020.11\times1.024}\times\dfrac{10.23}{9.86}+\dfrac{1}{619.732\times0.9344}}=448.74[\text{kcal}/(\text{m}^2\cdot\text{h}\cdot℃)]$$

以天然气侧传热面积为基准的总传热系数：

$$K_h=\frac{1}{\dfrac{1}{\alpha_h\eta_{0h}}+\dfrac{F_{oh}}{F_{oc}}\times\dfrac{1}{\alpha_c\eta_{0c}}}\tag{4-29}$$

$$K_h=\frac{1}{\dfrac{1}{2020.11\times1.024}+\dfrac{9.86}{10.23}\times\dfrac{1}{619.732\times0.9344}}=465.58[\text{kcal}/(\text{m}^2\cdot\text{h}\cdot℃)]$$

对数平均温差：

$$\Delta t_m=\frac{11.74-10.59}{\ln\dfrac{11.74}{10.59}}=11.47(℃)$$

甲烷 5 侧传热面积：

$$A=\frac{Q}{K\Delta t} \tag{4-30}$$

式中 Q——传热负荷，$W/(m^2 \cdot k)$；

K——给热系数，$kcal/(m^2 \cdot h \cdot ℃)$；

Δt ——对数平均温差，℃。

$$A=\frac{45.85\times 3600}{4.18\times 448.74\times 11.47}=7.67(m^2)$$

经过初步计算，确定板翅式换热器的宽度为 1m。

甲烷 5 侧板束长度：

$$l=\frac{A}{fnb} \tag{4-31}$$

式中 f ——甲烷 5 侧单位面积翅片的总传热面积，m^2；

n ——流道数；

b ——板翅式换热器宽度，m。

$$l=\frac{7.67}{10.23\times 0.5\times 1\times 5}=0.3(m)$$

天然气侧传热面积：

$$A=\frac{66.47\times 3600}{4.18\times 465.58\times 11.47}=10.72(m^2)$$

天然气侧板束长度：

$$l=\frac{10.72}{9.86\times 0.5\times 1\times 5}=0.435(m)$$

② 以甲烷 6 侧传热面积为基准的总传热系数：

$$K_c=\frac{1}{\frac{1}{\alpha_h\eta_{0h}}\times\frac{F_{oc}}{F_{oh}}+\frac{1}{\alpha_c\eta_{0c}}} \tag{4-32}$$

式中 K_c ——总传热系数，$kcal/(m^2 \cdot h \cdot ℃)$；

α_h ——天然气侧给热系数，$kcal/(m^2 \cdot h \cdot ℃)$；

η_{0h} ——天然气侧总传热效率；

η_{0c} ——甲烷 6 侧总传热效率；

F_{oc} ——甲烷 6 侧单位面积翅片的总传热面积，m^2；

F_{oh} ——天然气侧单位面积翅片的总传热面积，m^2；

α_c ——甲烷 6 侧给热系数，$kcal/(m^2 \cdot h \cdot ℃)$。

$$K_c=\frac{1}{\frac{1}{245.59\times 0.9985}\times\frac{9.86}{6.1}+\frac{1}{2020.11\times 1.024}}=141.34[kcal/(m^2 \cdot h \cdot ℃)]$$

以天然气侧传热面积为基准的总传热系数：

$$K_h=\frac{1}{\dfrac{1}{\alpha_h\eta_{0h}}+\dfrac{F_{oh}}{F_{oc}}\times\dfrac{1}{\alpha_c\eta_{0c}}} \tag{4-33}$$

$$K_h=\frac{1}{\dfrac{1}{245.59\times0.9985}+\dfrac{6.1}{9.86}\times\dfrac{1}{2020.11\times1.024}}=228.47[\text{kcal}/(\text{m}^2\cdot\text{h}\cdot℃)]$$

对数平均温差：

$$\Delta t_m=\frac{11.74-8.43}{\ln\dfrac{11.74}{8.43}}=9.994(℃)$$

甲烷 6 侧传热面积：

$$A=\frac{Q}{K\Delta t} \tag{4-34}$$

式中 Q——传热负荷，W/(m^2 • K)；

K——给热系数，kcal/(m^2 • h • ℃)；

Δt ——对数平均温差，℃。

$$A=\frac{66.47\times3600}{4.18\times141.34\times9.994}=13.82(\text{m}^2)$$

经过初步计算，确定板翅式换热器的宽度为 1m。

甲烷 6 侧板束长度：

$$l=\frac{A}{fnb} \tag{4-35}$$

式中 f ——甲烷 6 侧单位面积翅片的总传热面积，m^2；

n ——流道数；

b ——板翅式换热器宽度，m。

$$l=\frac{13.82}{9.86\times0.5\times1\times5}=0.56(\text{m})$$

天然气侧传热面积：

$$A=\frac{20.6\times3600}{4.18\times228.47\times9.994}=7.77(\text{m}^2)$$

天然气侧板束长度：

$$l=\frac{7.77}{6.1\times0.5\times1\times5}=0.51(\text{m})$$

综上所述，对各计算长度取整，得到 EX2 长度为 1m，各侧换热面积见表 4-6。

表 4-6　EX2 各侧换热面积

换热侧	面积/m^2
甲烷 5 侧	7.67
天然气侧	10.72

续表

换热侧	面积/m^2
甲烷6侧	13.82
天然气侧	7.77
总换热面积	39.98

EX2每组板侧排列如图4-11所示，共三组，每组之间采用钎焊连接。

甲烷预冷
甲烷制冷
甲烷预冷

图4-11　EX2每组板侧排列

4.1.9　换热器压力损失的计算

（1）EX1换热器压力损失的计算

① 换热器中心入口的压力损失　即导流片出口到换热器中心的截面积变化而引起的压力降：

$$\Delta p_1=\frac{G^2}{2g_c\rho_1}(1-\sigma^2)+K_c\frac{G^2}{2g_c\rho_1} \tag{4-36}$$

式中　Δp_1——入口处压力降，Pa；

G——流体在板束中的质量流速，kg/（$m^2 \cdot h$）；

g_c——重力换算系数，为1.27×10^8；

ρ_1——流体入口密度，kg/m^3；

σ——板束通道截面积与集气管最大截面积之比；

K_c——收缩阻力系数（由王松汉《板翅式换热器》中图4-2～图4-5查得）。

② 换热器中心部分出口的压力降　即由换热器中心部分到导流片入口截面积发生变化引起的压力降：

$$\Delta p_2=\frac{G^2}{2g_c\rho_2}(1-\sigma^2)-K_e\frac{G^2}{2g_c\rho_2} \tag{4-37}$$

式中　Δp_2——出口处压升，Pa；

ρ_2——流体出口密度，kg/m^3；

K_e——扩大阻力系数（由王松汉《板翅式换热器》中图4-2～图4-5查得）。

③ 换热器中心部分的压力降　换热器中心部分的压力降主要由传热面形状的改变而产生的阻力和摩擦阻力组成，将这两部分阻力综合考虑，可以看作是作用于总摩擦面积A上的等效剪切力。即换热器中心部分压力降：

$$\Delta p_3=\frac{4fl}{D_e}\times\frac{G^2}{2g_c\rho_{av}} \tag{4-38}$$

式中 Δp_3——换热器中心部分压力降，Pa；

f——摩擦系数（由王松汉《板翅式换热器》中图 2-22 查得）；

l——换热器长度，m；

D_e——翅片当量直径，m；

ρ_{av}——进出口流体平均密度，kg/m^3。

流体经过板翅式换热器的总压力降：

$$\Delta p=\frac{G^2}{2g_c\rho_1}\left[\left(K_c+1-\sigma^2\right)+2\left(\frac{\rho_1}{\rho_2}-1\right)+\frac{4fl}{D_e}\times\frac{\rho_1}{\rho_{av}}-\left(1-\sigma^2-K_e\right)\frac{\rho_1}{\rho_2}\right] \tag{4-39}$$

$$\sigma=\frac{f_a}{A_{fa}}$$

$$f_a=\frac{x(L-\delta)L_w n}{x+\delta}$$

$$A_{fa}=(L+\delta_s)L_w N_t \tag{4-40}$$

式中 δ_s——板翅式换热器翅片隔板厚度，m；

δ——翅片厚，m；

L——翅片高度，m；

L_w——翅片有效宽度，$L_w=2m$，m；

x——翅片内距，$x=m-\delta$，m；

N_t——冷热交换总层数，m；

n——通道层数。

各流侧雷诺数、质量流速、出入口密度的统计见表 4-7。

表 4-7 各流侧雷诺数、质量流速、出入口密度的统计

各流侧	雷诺数	质量流速/[kg/(m²·s)]	入口处密度/(kg/m³)	出口处密度/(kg/m³)	平均温度下的密度/(kg/m³)
甲烷预冷侧	2499.058	78.937	7.8109	3.081	4.0484
甲烷制冷侧	2802.739	78.937	10.087	21.55	13.41
甲烷预冷侧	772.539	30.783	10.087	25.345	13.817
甲烷制冷侧	464.442	21.602	1.1253	0.56248	0.70734

甲烷预冷板侧压力损失：

$$\Delta p=\frac{G^2}{2g_c\rho_1}\left[\left(K_c+1-\sigma^2\right)+2\left(\frac{\rho_1}{\rho_2}-1\right)+\frac{4fl}{D_e}\times\frac{\rho_1}{\rho_{av}}-\left(1-\sigma^2-K_e\right)\frac{\rho_1}{\rho_2}\right]$$

$$f_a=\frac{x(L-\delta)L_w n}{x+\delta}=\frac{(m-\delta)(L-\delta)L_w n}{m}=\frac{(2-0.2)\times(9.5-0.2)\times10^{-3}\times1\times10}{2}=0.0837(\mathrm{m}^2)$$

$$A_{fa}=(L+\delta_s)L_w N_t=(9.5+0.32)\times1\times10=0.0982(\mathrm{m}^2)$$

$$\sigma=\frac{f_a}{A_{fa}}=\frac{0.0837}{0.0982}=0.8523$$

$$Re=2802.739$$

查图得 $K_c=0.1$，$K_e=-0.07$，摩擦系数 $f=0.0094$，故：

$$\Delta p=\frac{(78.937\times 3600)^2}{2\times 1.27\times 10^8\times 7.8109}\times\left[(0.1+1-0.8523^2)+2\times\left(\frac{7.8109}{3.081}-1\right)+\frac{4\times 0.0094\times 9.5}{0.001\times 3.02}\times\frac{7.8109}{4.0484}-(1-0.8523^2+0.07)\times\frac{7.8109}{3.081}\right]=9393.402(\text{Pa})$$

表 4-8 为翅片部分参数。

表 4-8　翅片部分参数

名称	平直翅片
翅高 L/mm	6.5
翅厚/mm	0.3
翅距 m/mm	1.7
通道截面积/m²	0.00511
当量直径 D_e/mm	2.28

天然气板侧压力损失：

$$\Delta p=\frac{G^2}{2g_c\rho_1}\left[(K_c+1-\sigma^2)+2\left(\frac{\rho_1}{\rho_2}-1\right)+\frac{4fl}{D_e}\times\frac{\rho_1}{\rho_{av}}-(1-\sigma^2-K_e)\frac{\rho_1}{\rho_2}\right]$$

$$f_a=\frac{x(L-\delta)L_w n}{x+\delta}=\frac{(m-\delta)(L-\delta)L_w n}{m}=\frac{(1.7-0.3)\times(6.5-0.3)\times 10^{-3}\times 1\times 10}{1.7}=0.051(\text{m}^2)$$

$$A_{fa}=(L+\delta_s)L_w N_t=(6.5+0.32)\times 10^{-3}\times 1\times 10=0.0682(\text{m}^2)$$

$$\sigma=\frac{f_a}{A_{fa}}=\frac{0.051}{0.0682}=0.748$$

$$Re=772.539$$

查图得 $K_c=0.46$，$K_e=-0.14$，摩擦系数 $f=0.0023$，故：

$$\Delta p=\frac{(78.937\times 3600)^2}{2\times 1.27\times 10^8\times 10.087}\times\left[(0.46+1-0.748^2)+2\times\left(\frac{10.087}{21.55}-1\right)+\frac{4\times 0.0023\times 6.5}{0.001\times 2.28}\times\frac{10.087}{13.41}-(1-0.748^2+0.14)\times\frac{10.087}{21.55}\right]=6204.56(\text{Pa})$$

甲烷板侧压力损失：

$$\Delta p=\frac{G^2}{2g_c\rho_1}\left[(K_c+1-\sigma^2)+2\left(\frac{\rho_1}{\rho_2}-1\right)+\frac{4fl}{D_e}\times\frac{\rho_1}{\rho_{av}}-(1-\sigma^2-K_e)\frac{\rho_1}{\rho_2}\right]$$

$$f_a=\frac{x(L-\delta)L_w n}{x+\delta}=\frac{(m-\delta)(L-\delta)L_w n}{m}=\frac{(1.7-0.3)\times(6.5-0.3)\times 10^{-3}\times 1\times 10}{1.7}=0.051(\text{m}^2)$$

$$A_{fa}=(L+\delta_s)L_w N_t=(6.5+0.32)\times 10^{-3}\times 1\times 10=0.0682(\text{m}^2)$$

$$\sigma=\frac{f_{\mathrm{a}}}{A_{\mathrm{fa}}}=\frac{0.051}{0.0682}=0.748$$

$$Re=772.539$$

查图得 $K_{\mathrm{c}}=0.46$， $K_{\mathrm{e}}=-0.14$，摩擦系数 $f=0.009$，故：

$$\Delta p=\frac{(30.783\times3600)^2}{2\times1.27\times10^8\times10.087}\times\left[(0.46+1-0.748^2)+2\times\left(\frac{10.087}{21.55}-1\right)+\left(\frac{4\times0.009\times6.5}{0.001\times2.28}\right)\times\right.$$
$$\left.\frac{10.087}{13.41}-(1-0.748^2+0.14)\times\frac{10.087}{21.55}\right]=367.95(\mathrm{Pa})$$

天然气板侧压力损失：

$$\Delta p=\frac{G^2}{2g_{\mathrm{c}}\rho_1}\left[(K_{\mathrm{c}}+1-\sigma^2)+2\left(\frac{\rho_1}{\rho_2}-1\right)+\frac{4fl}{D_{\mathrm{e}}}\times\frac{\rho_1}{\rho_{\mathrm{av}}}-(1-\sigma^2-K_{\mathrm{e}})\frac{\rho_1}{\rho_2}\right]$$

$$f_{\mathrm{a}}=\frac{x(L-\delta)L_{\mathrm{w}}n}{x+\delta}=\frac{(m-\delta)(L-\delta)L_{\mathrm{w}}n}{m}=\frac{(1.4-0.3)\times(6.5-0.3)\times10^{-3}\times1\times10}{1.4}=0.0487(\mathrm{m}^2)$$

$$A_{\mathrm{fa}}=(L+\delta_{\mathrm{s}})L_{\mathrm{w}}N_{\mathrm{t}}=(6.5+0.32)\times10^{-3}\times1\times10=0.0682(\mathrm{m}^2)$$

$$\sigma=\frac{f_{\mathrm{a}}}{A_{\mathrm{fa}}}=\frac{0.0487}{0.0682}=0.714$$

$$Re=464.42$$

查图得 $K_{\mathrm{c}}=0.52$， $K_{\mathrm{e}}=-0.18$，摩擦系数 $f=0.038$，故：

$$\Delta p=\frac{(21.602\times3600)^2}{2\times1.27\times10^8\times1.1253}\times\left[(0.52+1-0.714^2)+2\times\left(\frac{1.1253}{0.56248}-1\right)+\frac{4\times0.038\times6.5}{0.001\times1.87}\times\right.$$
$$\left.\frac{1.1253}{0.707}-(1-0.714^2+0.18)\times\frac{1.1253}{0.56248}\right]=17828.62(\mathrm{Pa})$$

（2）EX2 换热器压力损失的计算

甲烷板侧压力损失：

$$\Delta p=\frac{G^2}{2g_{\mathrm{c}}\rho_1}\left[(K_{\mathrm{c}}+1-\sigma^2)+2\left(\frac{\rho_1}{\rho_2}-1\right)+\frac{4fl}{D_{\mathrm{e}}}\times\frac{\rho_1}{\rho_{\mathrm{av}}}-(1-\sigma^2-K_{\mathrm{e}})\frac{\rho_1}{\rho_2}\right]$$

$$f_{\mathrm{a}}=\frac{x(L-\delta)L_{\mathrm{w}}n}{x+\delta}=\frac{(m-\delta)(L-\delta)L_{\mathrm{w}}n}{m}=\frac{(1.4-0.3)\times(6.5-0.3)\times10^{-3}\times0.5\times5}{1.4}=0.0122(\mathrm{m}^2)$$

$$A_{\mathrm{fa}}=(L+\delta_{\mathrm{s}})L_{\mathrm{w}}N_{\mathrm{t}}=(6.5+0.3)\times10^{-3}\times0.5\times5=0.017(\mathrm{m}^2)$$

$$\sigma=\frac{f_{\mathrm{a}}}{A_{\mathrm{fa}}}=\frac{0.0122}{0.017}=0.7176$$

$$Re=2356.209$$

查图得 $K_{\mathrm{c}}=0.28$， $K_{\mathrm{e}}=0.01$，摩擦系数 $f=0.012$，故：

$$\Delta p=\frac{(68.747\times3600)^2}{2\times1.27\times10^8\times1.5116}\times\left[(0.28+1-0.7176^2)+2\times\left(\frac{1.516}{1.1253}-1\right)+\frac{4\times0.012\times6.5}{0.001\times1.87}\times\frac{1.5116}{1.2995}-(1-0.7176^2-0.01)\times\frac{1.5116}{1.1253}\right]=31092.726(\text{Pa})$$

天然气板侧压力损失：

$$\Delta p=\frac{G^2}{2g_c\rho_1}\left[(K_c+1-\sigma^2)+2\left(\frac{\rho_1}{\rho_2}-1\right)+\frac{4fl}{D_e}\times\frac{\rho_1}{\rho_{av}}-(1-\sigma^2-K_e)\frac{\rho_1}{\rho_2}\right]$$

$$f_a=\frac{x(L-\delta)L_wn}{x+\delta}=\frac{(m-\delta)(L-\delta)L_wn}{m}=\frac{(1.4-0.5)\times(6.5-0.5)\times10^{-3}\times0.5\times5}{1.4}=0.009643(\text{m}^2)$$

$$A_{fa}=(L+\delta_s)L_wN_t=(6.5+0.5)\times10^{-3}\times0.5\times5=0.0175(\text{m}^2)$$

$$\sigma=\frac{f_a}{A_{fa}}=\frac{0.009643}{0.0175}=0.551\qquad Re=154.495$$

查图得 $K_c=0.68$，$K_e=0$，摩擦系数 $f=0.05$，故：

$$\Delta p=\frac{(76.269\times3600)^2}{2\times1.27\times10^8\times12.587}\times\left[(0.68+1-0.511^2)+2\times\left(\frac{12.587}{410.66}-1\right)+\frac{4\times0.05\times6.5}{0.001\times1.56}\times\frac{12.587}{390.98}-(1-0.511^2-0)\times\frac{12.587}{410.66}\right]=618.84(\text{Pa})$$

甲烷板侧压力损失：

$$\Delta p=\frac{G^2}{2g_c\rho_1}\left[(K_c+1-\sigma^2)+2\left(\frac{\rho_1}{\rho_2}-1\right)+\frac{4fl}{D_e}\times\frac{\rho_1}{\rho_{av}}-(1-\sigma^2-K_e)\frac{\rho_1}{\rho_2}\right]$$

$$f_a=\frac{x(L-\delta)L_wn}{x+\delta}=\frac{(m-\delta)(L-\delta)L_wn}{m}=\frac{(2-0.3)\times(4.7-0.3)\times10^{-3}\times0.5\times5}{2}=0.00935(\text{m}^2)$$

$$A_{fa}=(L+\delta_s)L_wN_t=(4.7+0.3)\times10^{-3}\times0.5\times5=0.0125(\text{m}^2)$$

$$\sigma=\frac{f_a}{A_{fa}}=\frac{0.00935}{0.0125}=0.748$$

$$Re=1105.001$$

查图得 $K_c=0.42$，$K_e=0.11$，摩擦系数 $f=0.012$，故：

$$\Delta p=\frac{(22.995\times3600)^2}{2\times1.27\times10^8\times1.7946}\times\left[(0.42+1-0.748^2)+2\times\left(\frac{1.7946}{1.1253}-1\right)+\frac{4\times0.012\times4.7}{0.001\times2.45}\times\frac{1.7946}{1.3968}-(1-0.748^2-0.11)\times\frac{1.7946}{1.1253}\right]=1801.5(\text{Pa})$$

4.2　板翅式换热器结构设计

封头也叫作端盖，是筒体（芯体）与接管的过渡段。封头主要分为三类：凸形封头、平板形封头、锥形封头。凸形封头又分为：半球形封头、椭圆形封头、碟形封头、球冠形封头。这些封头在不同设计中的选择是不同的，根据各自的需求进行选择。

本次设计选择的封头为平板形封头，主要进行封头内径的选择，封头壁厚、端板壁厚的计算与选择。

4.2.1 封头选择

（1）封头壁厚

当 $d_i/D_i \leqslant 0.5$ 时，可由下式计算出封头的厚度：

$$\delta = \frac{pR_i}{[\sigma]'\varphi - 0.6p} + C \tag{4-41}$$

式中 R_i——弧形端面端板内半径，mm；

p——流体压力，MPa；

$[\sigma]'$——试验温度下许用应力，MPa；

φ——焊接接头系数，φ=0.6；

C——壁厚附加量，mm。

（2）端板壁厚

半圆形平板最小厚度：

$$\delta_{\mathrm{p}} = R_{\mathrm{p}}\sqrt{\frac{0.44p}{[\sigma]^{\mathrm{t}}\sin\alpha}} + C \tag{4-42}$$

其中，$45^\circ \leqslant \alpha \leqslant 90^\circ$；$[\sigma]^{\mathrm{t}}$——设计温度下许用应力，MPa。

本设计根据各制冷剂的质量流量和换热器尺寸大小，按照比例选取封头直径。常用封头内径见表 4-9。

表 4-9 常用封头内径

封头代号	1	2	3	4	5
封头内径/mm	1070	350	875	100	100

4.2.2 EX1 各个板侧封头壁厚计算

（1）甲烷预冷侧封头壁厚

根据规定内径 $D_i = 350\text{mm}$，内径 $R_i = 175\text{mm}$，则封头壁厚：

$$\delta = \frac{pR_i}{[\sigma]'\varphi - 0.6p} + C = \frac{1.6\times175}{51\times0.6 + 0.6\times1.6} + 0.25 = 9.12(\text{mm})$$

圆整壁厚 $[\delta] = 10\text{mm}$。

端板壁厚：

$$\delta_{\mathrm{p}} = R_{\mathrm{p}}\sqrt{\frac{0.44p}{[\sigma]^{\mathrm{t}}\sin\alpha}} + C = 175\times\sqrt{\frac{0.44\times1.6}{51}} + 0.68 = 21.24(\mathrm{mm})$$

圆整壁厚$[\delta_{\mathrm{p}}] = 25\mathrm{mm}$。端板厚度应大于等于封头厚度，则端板厚度为 25mm。

（2）甲烷制冷侧封头壁厚

根据规定内径$D_i = 875\mathrm{mm}$，内径$R_i = 437.5\mathrm{mm}$，则封头壁厚：

$$\delta = \frac{pR_i}{[\sigma]'\varphi - 0.6p} + C = \frac{0.5\times437.5}{51\times0.6 + 0.6\times0.5} + 0.25 = 7.33(\mathrm{mm})$$

圆整壁厚$[\delta] = 10\mathrm{mm}$。

端板壁厚：

$$\delta_{\mathrm{p}} = R_{\mathrm{p}}\sqrt{\frac{0.44p}{[\sigma]^{\mathrm{t}}\sin\alpha}} + C = 437.5\times\sqrt{\frac{0.44\times0.5}{51}} + 0.68 = 29.41(\mathrm{mm})$$

圆整壁厚$[\delta_{\mathrm{p}}] = 30\mathrm{mm}$。端板厚度应大于等于封头厚度，则端板厚度为 30mm。

（3）甲烷预冷侧封头壁厚

根据规定内径$D_i = 350\mathrm{mm}$，内径$R_i = 175\mathrm{mm}$，则封头壁厚：

$$\delta = \frac{pR_i}{[\sigma]'\varphi - 0.6p} + C = \frac{1.6\times175}{51\times0.6 + 0.6\times1.6} + 0.25 = 9.12(\mathrm{mm})$$

圆整壁厚$[\delta] = 10\mathrm{mm}$。

端板壁厚：

$$\delta_{\mathrm{p}} = R_{\mathrm{p}}\sqrt{\frac{0.44p}{[\sigma]^{\mathrm{t}}\sin\alpha}} + C = 175\times\sqrt{\frac{0.44\times1.6}{51}} + 0.68 = 21.24(\mathrm{mm})$$

圆整壁厚$[\delta_{\mathrm{p}}] = 25\mathrm{mm}$。端板厚度应大于等于封头厚度，则端板厚度为 25mm。

（4）甲烷制冷侧封头壁厚

根据规定内径$D_i = 1070\mathrm{mm}$，内径$R_i = 535\mathrm{mm}$，则封头壁厚：

$$\delta = \frac{pR_i}{[\sigma]'\varphi - 0.6p} + C = \frac{0.085\times535}{51\times0.6 + 0.6\times0.085} + 0.25 = 1.73(\mathrm{mm})$$

圆整壁厚$[\delta] = 5\mathrm{mm}$。

端板壁厚：

$$\delta_{\mathrm{p}} = R_{\mathrm{p}}\sqrt{\frac{0.44p}{[\sigma]^{\mathrm{t}}\sin\alpha}} + C = 535\times\sqrt{\frac{0.44\times0.085}{51}} + 0.68 = 15.17(\mathrm{mm})$$

圆整壁厚$[\delta_{\mathrm{p}}] = 20\mathrm{mm}$。端板厚度应大于等于封头厚度，则端板厚度为 20mm。

一级换热器封头与端板壁厚统计见表 4-10。

表 4-10　EX1 换热器封头与端板的壁厚统计

项目	甲烷预冷	甲烷制冷	甲烷预冷	甲烷制冷
封头内径/mm	350	875	350	1070
封头计算壁厚/mm	9.12	7.33	9.12	1.73
封头实际壁厚/mm	10	10	10	5
端板计算壁厚/mm	21.24	29.41	21.24	15.27
端板实际壁厚/mm	25	30	25	20

4.2.3　EX2 各个板侧封头壁厚计算

（1）甲烷预冷侧封头壁厚

根据规定内径 $D_i = 1070\text{mm}$，内径 $R_i = 535\text{mm}$，则封头壁厚：

$$\delta = \frac{pR_i}{[\sigma]^t\varphi - 0.6p} + C = \frac{0.095 \times 535}{51 \times 0.6 + 0.6 \times 0.095} + 0.25 = 1.91(\text{mm})$$

圆整壁厚 $[\delta] = 5\text{mm}$。

端板壁厚：

$$\delta_\text{p} = R_\text{p}\sqrt{\frac{0.44p}{[\sigma]^\text{t}\sin\alpha}} + C = 535 \times \sqrt{\frac{0.44 \times 0.095}{51}} + 0.68 = 15.99(\text{mm})$$

圆整壁厚 $[\delta_\text{p}] = 20\text{mm}$。端板厚度应大于等于封头厚度，则端板厚度为 20mm。

（2）甲烷制冷侧封头壁厚

根据规定内径 $D_i = 875\text{mm}$，内径 $R_i = 437.5\text{mm}$，则封头壁厚：

$$\delta = \frac{pR_i}{[\sigma]^t\varphi - 0.6p} + C = \frac{0.795 \times 437.5}{51 \times 0.6 + 0.6 \times 0.795} + 0.25 = 0.93(\text{mm})$$

圆整壁厚 $[\delta] = 5\text{mm}$。

端板壁厚：

$$\delta_\text{p} = R_\text{p}\sqrt{\frac{0.44p}{[\sigma]^\text{t}\sin\alpha}} + C = 437.5 \times \sqrt{\frac{0.44 \times 0.795}{51}} + 0.68 = 36.91(\text{mm})$$

圆整壁厚 $[\delta_\text{p}] = 40\text{mm}$。端板厚度应大于等于封头厚度，则端板厚度为 40mm。

（3）甲烷预冷侧封头壁厚

根据规定内径 $D_i = 1070\text{mm}$，内径 $R_i = 535\text{mm}$，则封头壁厚：

$$\delta = \frac{pR_i}{[\sigma]^t\varphi - 0.6p} + C = \frac{0.095 \times 535}{51 \times 0.6 + 0.6 \times 0.095} + 0.25 = 1.91(\text{mm})$$

圆整壁厚 $[\delta] = 5\text{mm}$。

端板壁厚：

$$\delta_{\mathrm{p}} = R_{\mathrm{p}}\sqrt{\frac{0.44p}{[\sigma]^{\mathrm{t}}\sin\alpha}} + C = 535\times\sqrt{\frac{0.44\times0.095}{51}} + 0.68 = 15.99(\mathrm{mm})$$

圆整壁厚 $[\delta_{\mathrm{p}}] = 20\mathrm{mm}$ 。端板厚度应大于等于封头厚度，则端板厚度为 20mm。

二级换热器封头与端板壁厚统计见表 4-11。

表 4-11　EX2 换热器封头与端板的壁厚统计

项目	甲烷预冷	甲烷制冷	甲烷预冷
封头内径/mm	1070	875	1070
封头计算壁厚/mm	1.91	0.93	1.91
封头实际壁厚/mm	5	5	5
端板计算壁厚/mm	15.99	36.91	15.99
端板实际壁厚/mm	20	40	20

4.3　液压试验

本设计板翅式换热器中压力较高，压力最高为 1.6MPa。为了能够安全合理地进行设计，进行压力测试是进行其他步骤的前提条件，液压试验则是压力测试中的一种。除了液压测试外，还有气压测试以及气密性测试。本章计算是对液压测试前封头壁厚的校核计算。

4.3.1　内压通道

（1）液压试验压力计算

$$p_{\mathrm{T}} = 1.3p\times\frac{[\sigma]}{[\sigma]^{\mathrm{t}}} \tag{4-43}$$

式中　p_{T} ——试验压力，MPa；

p ——设计压力，MPa；

$[\sigma]$ ——试验温度下的许用应力，MPa；

$[\sigma]^{\mathrm{t}}$ ——设计温度下的许用应力，MPa。

（2）封头应力校核计算

$$\sigma_{\mathrm{T}} = \frac{p_{\mathrm{T}}(R_i + 0.5\delta_{\mathrm{e}})}{\delta_{\mathrm{e}}} \tag{4-44}$$

式中　σ_{T} ——试验压力下封头的应力，MPa；

R_i ——封头的内半径，mm；

p_{T} ——试验压力，MPa；

δ_{e} ——封头的有效厚度，mm；

当满足 $\sigma_T \leqslant 0.9\varphi\sigma_{p0.2}$ 时则校核正确，否则需重新选取尺寸计算。其中，φ 为焊接系数；$\sigma_{p0.2}$ 为试验温度下的规定残余延伸应力，MPa，此处取 170MPa。

$$0.9\varphi\sigma_{p0.2} = 0.9\times0.6\times170 = 91.8(\text{MPa})$$

（3）一级换热器尺寸校核计算

一级换热器封头壁厚校核按表 4-12 进行。

表 4-12　EX1 封头壁厚校核

项目	甲烷预冷	甲烷制冷	甲烷预冷	甲烷制冷
封头内径/mm	350	875	350	1070
设计压力/MPa	1.6	0.5	1.6	0.085
封头实际壁厚/mm	10	10	10	5
厚度附加量/mm	0.3	0.75	0.6	0.3

甲烷预冷：

$$p_T = 1.3\times1.6\times\frac{51}{51} = 2.08(\text{MPa})$$

$$\sigma_T = \frac{2.08\times(175+0.5\times9.7)}{9.7} = 38.57(\text{MPa})$$

校核值小于允许值，则尺寸合适。
甲烷制冷：

$$p_T = 1.3\times0.5\times\frac{51}{51} = 0.65(\text{MPa})$$

$$\sigma_T = \frac{0.65\times(437.5+0.5\times9.7)}{9.7} = 29.64(\text{MPa})$$

校核值小于允许值，则尺寸合适。
甲烷预冷：

$$p_T = 1.3\times1.6\times\frac{51}{51} = 2.08(\text{MPa})$$

$$\sigma_T = \frac{2.08\times(175+0.5\times9.7)}{9.7} = 38.57(\text{MPa})$$

校核值小于允许值，则尺寸合适。
甲烷制冷：

$$p_T = 1.3\times0.085\times\frac{51}{51} = 0.1105(\text{MPa})$$

$$\sigma_T = \frac{0.1105\times(535+0.5\times9.7)}{9.7} = 6.15(\text{MPa})$$

校核值小于允许值，则尺寸合适。

（4）二级换热器尺寸校核计算

二级换热器封头壁厚校核按表 4-13 进行校核。

表 4-13　EX2 封头壁厚校核

项目	甲烷预冷	甲烷制冷	甲烷预冷
封头内径/mm	1070	875	1070
设计压力/MPa	0.095	0.795	0.095
封头实际壁厚/mm	5	5	5
厚度附加量/mm	0.3	0.75	0.6

甲烷预冷：

$$p_{\mathrm{T}}=1.3\times0.095\times\frac{51}{51}=0.1235(\mathrm{MPa})$$

$$\sigma_{\mathrm{T}}=\frac{0.1235\times(535+0.5\times9.7)}{9.7}=6.87(\mathrm{MPa})$$

校核值小于允许值，则尺寸合适。

甲烷制冷：

$$p_{\mathrm{T}}=1.3\times0.795\times\frac{51}{51}=1.0335(\mathrm{MPa})$$

$$\sigma_{\mathrm{T}}=\frac{1.0335\times(437.5+0.5\times9.7)}{9.7}=47.11(\mathrm{MPa})$$

校核值小于允许值，则尺寸合适。

甲烷预冷：

$$p_{\mathrm{T}}=1.3\times0.095\times\frac{51}{51}=0.1235(\mathrm{MPa})$$

$$\sigma_{\mathrm{T}}=\frac{0.1235\times(535+0.5\times9.7)}{9.7}=6.87(\mathrm{MPa})$$

校核值小于允许值，则尺寸合适。

4.3.2　接管

接管为物料进出通道，它的尺寸大小与进出物料的流量有关，壁厚的取值则需要知道物料进出接管的压力状况，进行压力校核选取合适的壁厚。

本设计采用标准接管，只需进行接管壁厚的校核计算，满足设计需求压力即可。表 4-14 为标准 6063 接管尺寸。

表 4-14　标准 6063 接管尺寸

6×1	8×1	8×2	10×1	10×2
14×2	15×1.5	16×2	16×3	16×5
20×2	20×3	20×3.5	20×4	20×5
24×5	20×1.5	25×2	25×2.5	25×3

续表

27×3.5	28×1.5	28×5	30×1.5	30×2
30×6.5	30×10	32×2	32×3	32×4
35×3	35×5	36×2	36×3	37×2.5/3
40×4	40×5	40×10	42×3	42×4
45×6	46×2	48×8	50×2.8	50×3.5/4
55×9	55×10	60×3	60×5	60×10
72×14	75×5	65×5	65×4	80×4
85×10	90×10/5	90×15	95×10	100×10
120×7	125×20	106×15	106×10	105×12.5
135×10	136×6	140×20	140×7	120×3
160×20	155×15/30	50×15	170×8.5	180×10
210×45	230×16	230×17.5	230×25	230×30
250×10	310×30	315×35	356×10	508×8
300×30	535×10	515×45	355×55	226×28
12×1	12×2	12×2.5	14×0.8	
18×1	18×2	18×3.5	20×1	22×1
22×3	22×3	22×4	24×2	25×1
25×5	25×5	26×2	26×3	28×1
30×4	30×4	30×5	30×6	36×2.5
34×1	34×1	34×2.5	35×2.5	45×7
38×3	38×3	38×4	38×5	56×16
42×6	42×6	45×2	45×2.5	50×15
50×5	50×7	52×6	55×8	66×13
62×6	66×6	70×5	70×10	190×25
80×5	80×6	80×10/20	85×5	125×10
110×15	120×10	120×20	125×4	165×9.5
115×5	105×5	100×8	130×10	170×10
120×5	150×10	153×13	160×7	182×25
180. ×.9.5	192×6	200×10	200×20	180×30
230×38	230×20	230×25	245×40	380×40
270×40	268×8	500×45	355×10	
		340×10		

当为圆筒或球壳开孔时，开孔处的计算厚度按照壳体计算厚度取值。

（1）接管厚度计算

$$\delta=\frac{p_{\mathrm{c}}D_i}{2[\sigma]^{\mathrm{t}}\varphi-p_{\mathrm{c}}}+C \tag{4-45}$$

设计可根据标准管径选取管径大小，只需进行校核确定尺寸。

（2）EX1接管壁厚的计算

接管规格选取参照相应的封头的内半径（表4-15）。

表4-15　EX1接管规格（外径×壁厚）　单位：mm

ϕ155×30	ϕ355×10	ϕ155×30	ϕ508×8

甲烷预冷侧接管壁厚：

$$\delta = \frac{p_c D_i}{2[\sigma]^t \varphi - p_c} + C = \frac{1.6 \times 95}{2 \times 51 \times 0.6 - 1.6} + 0.13 = 2.68(\text{mm})$$

甲烷制冷侧接管壁厚：

$$\delta = \frac{p_c D_i}{2[\sigma]^t \varphi - p_c} + C = \frac{0.5 \times 335}{2 \times 51 \times 0.6 - 0.5} + 0.48 = 3.24(\text{mm})$$

甲烷预冷侧接管壁厚：

$$\delta = \frac{p_c D_i}{2[\sigma]^t \varphi - p_c} + C = \frac{1.6 \times 95}{2 \times 51 \times 0.6 - 1.6} + 0.28 = 2.83(\text{mm})$$

甲烷制冷侧接管壁厚：

$$\delta = \frac{p_c D_i}{2[\sigma]^t \varphi - p_c} + C = \frac{0.085 \times 492}{2 \times 51 \times 0.6 - 0.085} + 0.48 = 1.16(\text{mm})$$

一级换热器接管壁厚统计于表4-16中。

表4-16　EX1接管壁厚

项目	甲烷预冷	甲烷制冷	甲烷预冷	甲烷制冷
接管规格/mm	155×30	355×10	155×30	508×8
接管计算壁厚/mm	2.68	3.24	2.83	1.16
接管实际壁厚/mm	30	10	30	8

（3）EX2接管壁厚的计算

接管规格选取参照相应的封头的内半径（表4-17）。

表4-17　EX2接管规格（外径×壁厚）　单位：mm

ϕ508×8	ϕ355×10	ϕ508×8

甲烷预冷侧接管壁厚：

$$\delta = \frac{p_c D_i}{2[\sigma]^t \varphi - p_c} + C = \frac{0.095 \times 492}{2 \times 51 \times 0.6 - 0.095} + 0.13 = 0.89(\text{mm})$$

甲烷制冷侧接管壁厚：

$$\delta = \frac{p_c D_i}{2[\sigma]^t \varphi - p_c} + C = \frac{0.795 \times 335}{2 \times 51 \times 0.6 - 0.795} + 0.48 = 4.89(\text{mm})$$

甲烷预冷侧接管壁厚：

$$\delta=\frac{p_c D_i}{2[\sigma]^t\varphi-p_c}+C=\frac{0.095\times 492}{2\times 51\times 0.6-1.095}+0.28=1.04(\mathrm{mm})$$

二级换热器接管壁厚统计于表 4-18 中。

表 4-18 EX2 接管壁厚

项目	甲烷预冷	甲烷制冷	甲烷预冷
接管规格/mm	508×8	355×10	508×8
接管计算壁厚/mm	0.89	4.89	1.04
接管实际壁厚/mm	8	10	8

4.4 接管补强

封头的补强方式应根据具体的情况进行选择，补强方式可分为：加强圈补强、接管全焊透补强、翻边或凸颈补强以及整体补强等。

本设计封头尺寸大小各异，补强方式也不同，但条件允许的情况下尽量以接管全焊透方式代替补强圈补强，尤其是封头尺寸较小的情况下。在选择补强方式前要进行补强面积的计算，确定补强面积的大小以及是否需要补强。

4.4.1 换热器接管计算

以全焊透方法将接管与壳体相焊，主要补强方式有补强圈补强与接管补强，在条件许可的情况下尽量使用接管补强方式，尤其是在筒体半径较小的时候。首先要进行开孔所需补强面积的计算，确定封头是否需要进行补强。

（1）封头开孔所需补强面积

封头开孔所需补强面积按下式计算：

$$A=d\delta \tag{4-46}$$

（2）有效补强范围

有效宽度 B 按下式计算，取两者中较大值：

$$B=\max\begin{cases}2d\\ d+2\delta_{\mathrm{n}}+2\delta_{\mathrm{nt}}\end{cases} \tag{4-47}$$

有效高度按下式计算，分别取两式中较小值。

外侧有效补强高度：

$$h_1=\min\begin{cases}\sqrt{d\delta_{\mathrm{nt}}}\\ \text{接管实际外伸长度}\end{cases} \tag{4-48}$$

内侧有效补强高度：

$$h_2 = \min\begin{cases}\sqrt{d\delta_{nt}} \\ \text{接管实际内伸长度}\end{cases} \tag{4-49}$$

（3）补强面积

在有效补强范围内，可作为补强的截面积：

$$A_e = A_1 + A_2 + A_3 \tag{4-50}$$

$$A_1 = (B-d)(\delta_e - \delta) - 2\delta_t(\delta_e - \delta) \tag{4-51}$$

$$A_2 = 2h_1(\delta_{et} - \delta_t) + 2h_2(\delta_{et} - \delta_t) \tag{4-52}$$

本设计焊接长度取 6mm。若 $A_e \geqslant A$，则开孔不需要另加补强；若 $A_e < A$，则开孔需要另加补强，按下式计算：

$$A_4 \geqslant A - A_e \tag{4-53}$$

$$d = \text{接管内径} + 2C$$

$$\delta_e = \delta_n - C$$

式中　A_1——壳体有效厚度减去计算厚度之外的多余面积，mm^2；

A_2——接管有效厚度减去计算厚度之外的多余面积，mm^2；

A_3——焊接金属截面积，mm^2；

A_4——为有效补强范围内另加补强面积，mm^2；

δ——壳体开孔处的计算厚度，mm；

δ_n——壳体名义厚度，mm；

d——接管直径，mm；

δ_e——壳体有效厚度，mm；

δ_{et}——接管有效厚度，mm；

δ_t——接管计算厚度，mm；

δ_{nt}——接管名义厚度，mm。

4.4.2　一级换热器补强面积计算

① 甲烷预冷侧补强面积计算所需参数见表 4-19。

表 4-19　EX1 甲烷预冷侧封头、接管尺寸

项目	封头	接管
内径/mm	350	95
计算厚度/mm	9.12	2.68
名义厚度/mm	10	30
厚度附加量/mm	0.75	0.28

根据公式（4-46）得封头开孔所需补强面积：

$$A = d\delta = 95.56 \times 9.12 = 871.51(mm^2)$$

有效宽度 B 按公式（4-47）计算，取两者中较大值：

$$B = \max\begin{cases} 2\times 95.56 = 191.12(\text{mm}) \\ 95.56 + 2\times 10 + 2\times 30 = 175.56(\text{mm}) \end{cases}$$

$$B(\max) = 191.12\text{mm}$$

有效高度按式（4-48）和式（4-49）计算，分别取两式中较小值。

外侧有效补强高度：

$$h_1 = \min\begin{cases} \sqrt{95.56\times 30} = 53.54(\text{mm}) \\ 150\text{mm} \end{cases}$$

$$h_1(\min) = 53.54\text{mm}$$

内侧有效补强高度：

$$h_2 = \min\begin{cases} \sqrt{95.56\times 30} = 53.54(\text{mm}) \\ 0 \end{cases}$$

$$h_2(\min) = 0$$

各补强面积根据式（4-51）和式（4-52）计算：

$$\begin{aligned} A_1 &= (B-d)(\delta_e-\delta) - 2\delta_t(\delta_e-\delta) \\ &= (191.12-95.56)\times(9.25-9.12) - 2\times 2.68\times(9.25-9.12) \\ &= 11.73(\text{mm}^2) \end{aligned}$$

$$A_2 = 2h_1(\delta_{et}-\delta_t) + 2h_2(\delta_{et}-\delta_t) = 2\times 53.54\times(29.72-2.68) = 2895.44(\text{mm}^2)$$

本设计焊接长度取 6mm：

$$A_3 = \frac{1}{2}\times 2\times 6\times 6 = 36(\text{mm}^2)$$

在有效补强范围内，可作为补强的截面积根据公式（4-50）计算：

$$A_e = A_1 + A_2 + A_3 = 11.73 + 2895.44 + 36 = 2943.17(\text{mm}^2)$$

由于 $A_e > A$，故开孔不需要另加补强。

② 甲烷制冷侧补强面积计算所需参数见表 4-20。

表 4-20 EX1 甲烷制冷侧封头、接管尺寸

项目	封头	接管
内径/mm	875	335
计算厚度/mm	7.33	3.24
名义厚度/mm	10	10
厚度附加量/mm	0.75	0.28

封头开孔所需补强面积根据公式（4-46）得：

$$A = d\delta = 335.56\times 7.33 = 2459.65(\text{mm})$$

有效宽度 B 按公式（4-47）计算，取两者中较大值：

$$B = \max\begin{cases} 2\times 335.56 = 671.12(\text{mm}) \\ 335.56 + 2\times 10 + 2\times 10 = 375.56(\text{mm}) \end{cases}$$

$$B(\max)=671.12\text{mm}$$

有效高度按式（4-48）和式（4-49）计算，分别取两式中较小值。

外侧有效补强高度：

$$h_1=\min\begin{cases}\sqrt{335.56\times10}=57.9(\text{mm})\\150\text{mm}\end{cases}$$

$$h_1(\min)=57.9\text{mm}$$

内侧有效补强高度：

$$h_2=\min\begin{cases}\sqrt{335.56\times10}=57.9(\text{mm})\\0\end{cases}$$

$$h_2(\min)=0$$

各补强面积根据式（4-51）和式（4-52）计算：

$$\begin{aligned}A_1&=(B-d)(\delta_e-\delta)-2\delta_t(\delta_e-\delta)\\&=(671.12-335.56)\times(9.25-7.33)-2\times3.24\times(9.25-7.33)\\&=631.8(\text{mm}^2)\end{aligned}$$

$$A_2=2h_1(\delta_{et}-\delta_t)+2h_2(\delta_{et}-\delta_t)=2\times57.9\times(10-0.28-3.24)=750.38(\text{mm}^2)$$

本设计焊接长度取 6mm：

$$A_3=\frac{1}{2}\times2\times6\times6=36(\text{mm}^2)$$

在有效补强范围内，可作为补强的截面积根据公式（4-50）计算：

$$A_e=A_1+A_2+A_3=631.8+750.38+36=1418.18(\text{mm}^2)$$

由于 $A_e<A$，故开孔需要另加补强，根据公式（4-53）得：

$$A_4\geqslant A-A_e$$

$$A_4\geqslant2459.65-1418.18=1041.47(\text{mm}^2)$$

③ 甲烷预冷侧补强面积计算所需参数见表 4-21。

表 4-21　EX1 甲烷预冷侧封头、接管尺寸

项目	封头	接管
内径/mm	350	95
计算厚度/mm	9.12	2.83
名义厚度/mm	10	30
厚度附加量/mm	0.6	0.48

封头开孔所需补强面积根据公式（4-46）得：

$$A=d\delta=95.96\times9.12=875.16(\text{mm}^2)$$

有效宽度 B 按公式（4-47）计算，取两者中较大值：

$$B=\max\begin{cases}2\times95.96=191.92(\text{mm})\\95.96+2\times10+2\times30=175.56(\text{mm})\end{cases}$$

$$B(\max)=191.92\text{mm}$$

有效高度按式（4-48）和式（4-49）计算，分别取两式中较小值。

外侧有效补强高度：

$$h_1=\min\begin{cases}\sqrt{95.96\times30}=42.41(\text{mm})\\150\text{mm}\end{cases}$$

$$h_1(\min)=42.41\text{mm}$$

内侧有效补强高度：

$$h_2=\min\begin{cases}\sqrt{95.96\times30}=42.41(\min)\\0\end{cases}$$

$$h_2(\min)=0$$

各补强面积根据式（4-51）和式（4-52）计算：

$$\begin{aligned}A_1&=(B-d)(\delta_e-\delta)-2\delta_t(\delta_e-\delta)\\&=(191.92-95.96)\times(26.69-9.12)-2\times2.83\times(26.69-9.12)\\&=1586.57(\text{mm}^2)\end{aligned}$$

$$A_2=2h_1(\delta_{et}-\delta_t)+2h_2(\delta_{et}-\delta_t)=2\times42.41\times(29.52-2.83)=2263.85(\text{mm}^2)$$

本设计焊接长度取 6mm：

$$A_3=\frac{1}{2}\times2\times6\times6=36(\text{mm}^2)$$

在有效补强范围内，可作为补强的截面积根据公式（4-50）计算：

$$A_e=A_1+A_2+A_3=1586.57+2263.85+36=3886.42(\text{mm}^2)$$

由于 $A_e>A$，故开孔不需要另加补强。

④ 甲烷制冷侧补强面积计算所需参数见表 4-22。

表 4-22 EX1 甲烷制冷侧封头、接管尺寸

项目	封头	接管
内径/mm	1070	492
计算厚度/mm	1.73	1.16
名义厚度/mm	5	8
厚度附加量/mm	0.3	0.48

封头开孔所需补强面积根据公式（4-46）得：

$$A=d\delta=492.96\times1.73=852.82(\text{mm}^2)$$

有效宽度 B 按公式（4-47）计算，取两者中较大值：

$$B = \max\begin{cases} 2\times 492.96 = 985.92(\text{mm}) \\ 492.96 + 2\times 5 + 2\times 8 = 518.96(\text{mm}) \end{cases}$$

$$B(\max) = 985.92\text{mm}$$

有效高度按式（4-48）和式（4-49）计算，分别取两式中较小值。

外侧有效补强高度：

$$h_1 = \min\begin{cases} \sqrt{492.96\times 8} = 62.8(\text{mm}) \\ 150\text{mm} \end{cases}$$

$$h_1(\min) = 62.8\text{mm}$$

内侧有效补强高度：

$$h_2 = \min\begin{cases} \sqrt{492.96\times 8} = 62.8(\text{mm}) \\ 0 \end{cases}$$

$$h_2(\min) = 0$$

各补强面积根据式（4-51）和式（4-52）计算：

$$\begin{aligned} A_1 &= (B-d)(\delta_e-\delta) - 2\delta_t(\delta_e-\delta) \\ &= (985.92-492.96)\times(4.7-1.73) - 2\times 1.16\times(4.7-1.73) \\ &= 1457.2(\text{mm}^2) \end{aligned}$$

$$A_2 = 2h_1(\delta_{et}-\delta_t) + 2h_2(\delta_{et}-\delta_t) = 2\times 62.8\times(7.52-1.16) = 798.82(\text{mm}^2)$$

本设计焊接长度取 6mm：

$$A_3 = \frac{1}{2}\times 2\times 6\times 6 = 36(\text{mm}^2)$$

在有效补强范围内，可作为补强的截面积根据公式（4-50）计算：

$$A_e = A_1 + A_2 + A_3 = 1457.2 + 798.82 + 36 = 2292.02(\text{mm}^2)$$

由于 $A_e > A$，故开孔不需要另加补强。

4.4.3　二级换热器补强面积计算

① 甲烷预冷侧补强面积计算所需参数见表 4-23。

表 4-23　EX2 甲烷预冷侧封头、接管尺寸

项目	封头	接管
内径/mm	1070	492
计算厚度/mm	1.91	0.89
名义厚度/mm	5	8
厚度附加量/mm	0.75	0.28

封头开孔所需补强面积根据公式（4-46）得：

$$A = d\delta = 492.56\times 1.91 = 940.79(\text{mm}^2)$$

有效宽度 B 按公式（4-47）计算，取两者中较大值：

$$B=\max\begin{cases}2\times 492.56=985.12(\text{mm})\\492.56+2\times 5+2\times 8=518.56(\text{mm})\end{cases}$$

$$B(\max)=985.12\text{mm}$$

有效高度按式（4-48）和式（4-49）计算，分别取两式中较小值。

外侧有效补强高度：

$$h_1=\min\begin{cases}\sqrt{492.56\times 8}=62.77(\text{mm})\\150\text{mm}\end{cases}$$

$$h_1(\min)=62.77\text{mm}$$

内侧有效补强高度：

$$h_2=\min\begin{cases}\sqrt{492.56\times 8}=62.77(\text{mm})\\0\end{cases}$$

$$h_2(\min)=0$$

各补强面积按式（4-51）和式（4-52）计算：

$$\begin{aligned}A_1&=(B-d)(\delta_e-\delta)-2\delta_t(\delta_e-\delta)\\&=(985.12-492.56)\times(4.25-1.91)-2\times 0.89\times(4.25-1.91)\\&=1148.43(\text{mm}^2)\end{aligned}$$

$$A_2=2h_1(\delta_{et}-\delta_t)+2h_2(\delta_{et}-\delta_t)=2\times 62.77\times(8-0.28-0.89)=857.44(\text{mm}^2)$$

本设计焊接长度取 6mm：

$$A_3=\frac{1}{2}\times 2\times 6\times 6=36(\text{mm}^2)$$

在有效补强范围内，可作为补强的截面积根据公式（4-50）计算：

$$A_e=A_1+A_2+A_3=1148.43+857.44+36=2041.87(\text{mm}^2)$$

由于 $A_e>A$，故开孔不需要另加补强。

② 甲烷制冷侧补强面积计算所需参数见表 4-24。

表 4-24　EX2 甲烷制冷侧封头、接管尺寸

项目	封头	接管
内径/mm	875	335
计算厚度/mm	0.93	4.89
名义厚度/mm	5	10
厚度附加量/mm	0.75	0.28

封头开孔所需补强面积根据公式（4-46）得：

$$A=d\delta=335.56\times 0.93=312.07(\text{mm}^2)$$

有效宽度 B 按公式（4-47）计算，取两者中较大值：

$$B=\max\begin{cases}2\times 335.56=671.12(\text{mm})\\335.56+2\times 5+2\times 5=365.56(\text{mm})\end{cases}$$

$$B(\max)=671.12\text{mm}$$

有效高度按式（4-48）和式（4-49）计算，分别取两式中较小值。

外侧有效补强高度：

$$h_1=\min\begin{cases}\sqrt{335.56\times 10}=57.93(\text{mm})\\150\text{mm}\end{cases}$$

$$h_1(\min)=57.93\text{mm}$$

内侧有效补强高度：

$$h_2=\min\begin{cases}\sqrt{335.56\times 10}=57.93(\text{mm})\\0\end{cases}$$

$$h_2(\min)=0$$

各补强面积根据式（4-51）和式（4-52）计算：

$$\begin{aligned}A_1&=(B-d)(\delta_e-\delta)-2\delta_t(\delta_e-\delta)\\&=(671.12-335.56)\times(4.25-0.93)-2\times 4.89\times(4.25-0.93)\\&=1081.59(\text{mm}^2)\end{aligned}$$

$$A_2=2h_1(\delta_{et}-\delta_t)+2h_2(\delta_{et}-\delta_t)=2\times 57.93\times(10-0.28-4.89)=559.6(\text{mm}^2)$$

本设计焊接长度取 6mm：

$$A_3=\frac{1}{2}\times 2\times 6\times 6=36(\text{mm}^2)$$

在有效补强范围内，可作为补强的截面积根据公式（4-50）计算：

$$A_e=A_1+A_2+A_3=1081.59+559.6+36=1677.19(\text{mm}^2)$$

由于 $A_e > A$，故开孔不需要另加补强。

③ 甲烷预冷侧补强面积计算所需参数见表 4-25。

表 4-25　EX2 甲烷预冷侧封头、接管尺寸

项目	封头	接管
内径/mm	1070	492
计算厚度/mm	1.91	1.04
名义厚度/mm	5	8
厚度附加量/mm	0.6	0.48

封头开孔所需补强面积根据公式（4-46）得：

$$A=d\delta=492.96\times 1.91=941.95(\text{mm}^2)$$

有效宽度 B 按公式（4-47）计算，取两者中较大值：

$$B = \max\begin{cases} 2\times 492.96 = 985.92(\text{mm}) \\ 492.96 + 2\times 5 + 2\times 8 = 518.96(\text{mm}) \end{cases}$$

$$B(\max) = 985.92\text{mm}$$

有效高度按式（4-48）和式（4-49）计算，分别取两式中较小值。

外侧有效补强高度：

$$h_1 = \begin{cases} \sqrt{492.96\times 8} = 62.8(\text{mm}) \\ 150\text{mm} \end{cases}$$

$$h_1(\min) = 62.8\text{mm}$$

内侧有效补强高度：

$$h_2 = \begin{cases} \sqrt{492.96\times 8} = 62.8(\text{mm}) \\ 0 \end{cases}$$

$$h_2(\min) = 0$$

各补强面积根据式（4-51）和式（4-52）计算：

$$\begin{aligned} A_1 &= (B-d)(\delta_e-\delta) - 2\delta_t(\delta_e-\delta) \\ &= (985.92-492.96)\times(4.4-1.91) - 2\times 1.04\times(4.4-1.91) \\ &= 1222.29(\text{mm}^2) \end{aligned}$$

$$A_2 = 2h_1(\delta_{et}-\delta_t) + 2h_2(\delta_{et}-\delta_t) = 2\times 62.8\times(7.52-1.04) = 813.89(\text{mm}^2)$$

本设计焊接长度取 6mm：

$$A_3 = \frac{1}{2}\times 2\times 6\times 6 = 36(\text{mm}^2)$$

在有效补强范围内，可作为补强的截面积根据公式（4-50）计算：

$$A_e = A_1 + A_2 + A_3 = 1222.29 + 813.89 + 36 = 2072.18(\text{mm}^2)$$

由于 $A_e > A$，故开孔不需要另加补强。

本章小结

通过研究开发 7 万立方米每天天然气膨胀预冷 LNG 两级板翅式换热器设计计算方法，并根据天然气自膨胀 LNG 液化工艺流程及两级多股流板翅式换热器（PFHE）特点进行主液化设备设计计算，就可突破-162℃ LNG 工艺设计计算方法及主设备 PFHE 设计计算方法。设计过程中采用两级 PFHE 换热，其结构紧凑，能有效解决液化工艺系统庞大、占地面积大等问题，并克服传统的 LNG 液化工艺缺陷，通过两级连续制冷，可最终实现天然气自膨胀 LNG 液化工艺及主设备复合计算过程。两级 PFHE 结构紧凑，便于多股流大温差换热，也是 LNG 液化过程中可选用的高效制冷设备之一。采用天然气自膨胀 PFHE 型天然气液化系统，由两段制冷系统及两个连贯的板束组成，包括一次预冷板束、二次液化板束，结构简洁，层次分明，易于设计计算，该工艺装备也是目前小型 LNG 液化工艺系统的主要选择之一。

参考文献

［1］王松汉．板翅式换热器［M］．北京：化学工业出版社，1984．

［2］吴业正，朱瑞琪．制冷与低温技术原理［M］．北京：高等教育出版社，2005．

［3］钱寅国，文顺清．板翅式换热器的传热计算［J］．深冷技术，2011．

［4］张周卫，汪雅红．缠绕管式换热器［M］．兰州：兰州大学出版社，2014．

［5］敬加强，梁光川．液化天然气技术问答［M］．北京：化学工业出版社，2006，12．

［6］徐烈．我国低温绝热与贮运技术的发展与应用［J］．低温工程，2001（2）：1-8．

［7］李兆慈，徐烈，张洁，孙恒．LNG 槽车贮槽绝热结构设计［J］．天然气工业，2004（2）：85-87．

［8］魏巍，汪荣顺．国内外液化天然气输运容器发展状态［J］．低温与超导，2005（2）：40，41．

［9］董大勤，袁凤隐．压力容器设计手册［M］．2 版．北京：化学工业出版社，2014．

［10］王志文，蔡仁良．化工容器设计［M］．3 版．北京：化学工业出版社，2011．

［11］JB/T 4700～4707—2000 压力容器法兰［S］．

［12］TSG R0005—2011 移动式压力容器安全技术监察规程［S］．

［13］贺匡国．化工容器及设备简明设计手册［M］．2 版．北京：化学工业出版社，2002．

［14］GB 150—2005 钢制压力容器［S］．

［15］番家祯．压力容器材料实用手册——碳钢及合金钢［M］．北京：化学工业出版社，2000．

［16］HG/T 20592～20635—2009 钢制管法兰、垫片、紧固件［S］．

［17］JB/T 4712.1～4712.4—2007 容器支座［S］．

［18］JB/T 4736—2002 补强圈［S］．

［19］苏斯君，张周卫，汪雅红．LNG 系列板翅式换热器的研究与开发［J］．化工机械，2018，45（6）：662-667．

［20］张周卫．LNG 混合制冷剂多股流板翅式换热器［P］．中国：201510051091．6，2015．02．

［21］张周卫．LNG 低温液化一级制冷五股流板翅式换热器［P］．中国：201510040244．7，2015．01．

［22］张周卫．LNG 低温液化二级制冷四股流板翅式换热器［P］．中国：201510042630．X，2015．01．

［23］张周卫．LNG 低温液化三级制冷三股流板翅式换热器［P］．中国：201510040244．7，2015．01．

［24］张周卫，郭舜之，汪雅红，赵丽．液化天然气装备设计技术：液化换热卷［M］．北京：化学工业出版社，2018．

［25］张周卫，苏斯君，张梓洲，田源．液化天然气装备设计技术：通用换热器卷［M］．北京：化学工业出版社，2018．

［26］张周卫，汪雅红，郭舜之，赵丽．低温制冷装备与技术［M］．北京：化学工业出版社，2018．

［27］Zhang Zhouwei，Wang Yahong，Li Yue，Xue Jiaxing．Research and development on series of LNG plate-fin heat exchanger［C］．3rd International Conference on Mechatronics，Robotics and Automation（ICMRA 2015），2015（4）：1299-1304．

第 5 章

30 万立方米每天 C3/MR 闭式 LNG 三级板翅式换热器设计计算

本章重点研究开发 30 万立方米每天 C3/MR 闭式 LNG 三级板翅式换热器设计计算方法，并根据级联式混合制冷剂 LNG 液化工艺流程及三级多股流板翅式换热器（PFHE），将天然气液化为-162℃ LNG。在天然气液化为 LNG 过程中会放出大量热，需要构建 C3/MR 闭式 LNG 三级板翅式换热器制冷系统并应用三级 PFHE 来降低天然气温度，最终将天然气冷却至-162℃液体状态。本章采用三级 PFHE 主液化设备，内含混合制冷剂 LNG 液化工艺，其具有结构紧凑、计算过程简单等特点，能有效解决液化工艺及主设备设计计算复杂等问题。本章主要研究闭式多元混合制冷剂预冷分凝过程及三级 PFHE 设计计算方法，并结合丙烷预冷及混合制冷剂复合计算过程等供同行参考。

5.1 板翅式换热器的工艺计算

30 万立方米每天 C3/MR 闭式 LNG 三级板翅式换热器工艺流程见图 5-1。

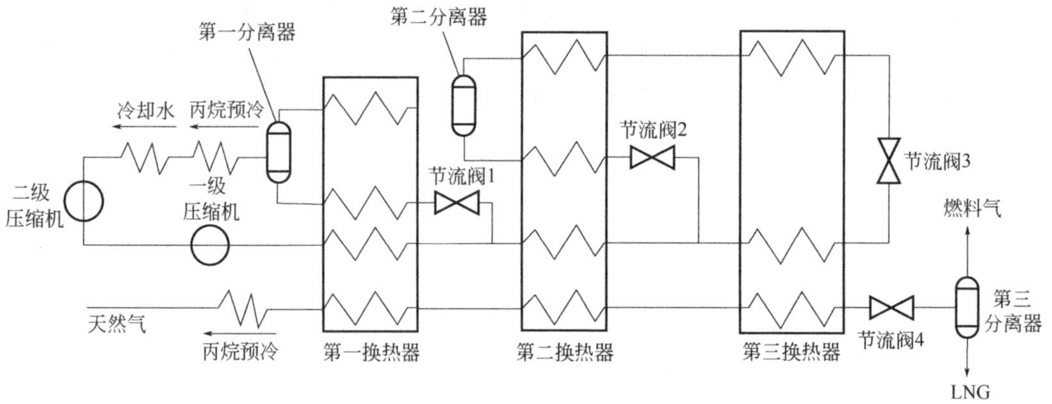

图 5-1　30 万立方米每天 C3/MR 闭式 LNG 三级板翅式换热器工艺流程

5.1.1　混合制冷剂参数确定

通过查阅相关资料和国内外对板翅式换热器的设计，确定出本设计所需的制冷剂分别为：氮气（N_2）、甲烷（CH_4）、乙烯（C_2H_4）、丙烷（C_3H_8）。各制冷剂的参数都由 REFPROP 8.0 软件查得，具体见表 5-1。

表 5-1　各制冷剂参数

名称	临界压力/MPa	临界温度/K	饱和压力/MPa	饱和温度/℃
氮气	3.3958	126.19	1.5659	-162
甲烷	4.5992	190.56	0.097079	-162
			1.1959	-120
乙烯	5.0418	282.35	0.0347	-120
			0.28409	-84
丙烷	4.2512	369.89	0.009944	-84
			0.13723	-35

5.1.2　LNG 液化流程

一级换热器应用 C_3H_8 制冷剂及 LNG 二级出口 0.1MPa、-90℃的 N_2-CH_4 -C_2H_4 将-35℃、4.76MPa 天然气冷却至-84℃以便进入二级预冷段。应用一级板翅式换热器首先过冷 C_3H_8，再节流至混合一级制冷剂侧与一级 N_2-CH_4-C_2H_4 混合后预冷一级天然气侧、一级 N_2-CH_4-C_2H_4 侧、过冷一级 C_3H_8 侧，达到一级天然气预冷、N_2-CH_4-C_2H_4 预冷及 C_3H_8 节流前过冷目的。

二级换热器应用 C_2H_4 制冷剂及 LNG 三级出口 0.1MPa、-126℃的 N_2-CH_4 混合制冷剂将 4.74MPa、-84℃天然气冷却至-120℃并液化，以便进入三级过冷段。应用二级换热器首先过冷二级 C_2H_4 制冷剂，再节流至二级混合制冷剂侧与来自三级的 N_2-CH_4 混合后预冷-84℃二级天然气侧、二级 N_2-CH_4 侧、二级 C_2H_4 侧，达到二级天然气预冷、二级 N_2-CH_4 预冷及 C_2H_4 节流前过冷目的。

三级换热器应用 N_2-CH_4 混合制冷剂将 4.72MPa、-120℃天然气冷却至-162℃并液化，以便 LNG 过冷贮存及方便运输。应用三级换热器首先预冷并液化非共沸 N_2-CH_4 混合制冷剂，N_2-CH_4 液化后再节流至三级混合制冷剂侧冷却来自二级的出口温度为-120℃的天然气、N_2-CH_4 混合制冷剂，使三级天然气侧天然气及三级 N_2-CH_4 侧混合制冷剂均被液化，达到混合制冷剂节流前预冷及天然气低温液化目的。

5.1.3　天然气的预冷过程

以下所有物性参数都来自制冷通用物性查询软件（REFPROP 8.0）。

初态：$T_1 = 20℃$　　　$p_1 = 4.76\text{MPa}$

查得：$H_1 = 832.41\text{kJ/kg}$

终态：$T_2 = -35℃$　　　$p_2 = 4.76\text{MPa}$

查得：$H_2 = 683.87\text{kJ/kg}$

单位质量流量的预冷量：$H = H_2 - H_1 = 683.87 - 832.41 = -148.54(\text{kJ/kg})$

天然气的质量流量：$Q=\dfrac{300000}{24\times 3600}\times 0.68257=2.37(\mathrm{kg/s})$

天然气的总预冷量：$Q=-148.54\times 2.37=-352.0398(\mathrm{kJ/s})$

5.1.4 一级设备预冷制冷过程

（1）丙烷预冷过程

初态：$T_3=-35℃$　　$p_3=1.5\mathrm{MPa}$

查得：$H_3=117.7\mathrm{kJ/kg}$

终态：$T_4=-84℃$　　$p_4=1.48\mathrm{MPa}$

查得：$H_4=11.223\mathrm{kJ/kg}$

节流后温度：$T=-83.3℃$

单位质量流量制冷量：

$$H=H_4-H_3=11.223-117.7=-106.477(\mathrm{kJ/kg})$$

（2）CH_4-N_2-C_2H_4 混合预冷过程

初态：$T_5=-35℃$　　$p_5=1.50\mathrm{MPa}$

查得：$H_5=596.15\mathrm{kJ/kg}$

终态：$T_6=-84°\mathrm{C}$　　$p_6=1.48\mathrm{MPa}$

查得：$H_6=501.25\mathrm{kJ/kg}$

单位质量流量的预冷量：

$$H=H_6-H_5=501.25-596.15=-94.9(\mathrm{kJ/kg})$$

（3）CH_4-C_2H_4-N_2-C_3H_8 混合制冷过程

① 丙烷

初态：$T_7=-40℃$　　$H_7=1.3669\mathrm{kJ/kg}$

终态：$T_8=-88℃$　　$H_8=530.52\mathrm{kJ/kg}$

单位质量流量制冷量：

$$H=H_8-H_7=530.52-1.3669=529.15(\mathrm{kJ/kg})$$

② 甲烷-氮气-乙烯

初态：$T_9=-88℃$　　$H_9=520.79\mathrm{kJ/kg}$

终态：$T_{10}=-40℃$　　$H_{10}=605.85\mathrm{kJ/kg}$

单位质量流量制冷量：

$$H=H_{10}-H_9=605.85-520.79=85.06(\mathrm{kJ/kg})$$

（4）天然气在一级制冷装备中的放热过程

天然气的过冷过程：

初态：$T_1=-35℃$　　$p_1=4.76\text{MPa}$

查得：$H_1=683.87\text{kJ/kg}$

终态：$T_2=-84℃$　　$p_2=4.74\text{MPa}$

查得：$H_2=305.67\text{kJ/kg}$

单位质量流量的预冷量：

$$H=H_2-H_1=305.67-683.87=-378.2(\text{kJ/kg})$$

天然气的质量流量：

$$G=\frac{300000}{24\times3600}\times0.68257=2.37(\text{kg/s})$$

天然气的总预冷量：

$$Q=-378.2\times2.37=-896.334(\text{kJ/s})$$

根据一级制冷装备吸热量等于放热量，设丙烷的质量流量为x kg/s，则有：

$$106.477x+94.9\times12.836+896.334=85.06\times12.836+529.15x$$

解得：$x=2.42\text{kg/s}$。

所以，甲烷的质量流量为7.997kg/s，氮气的质量流量为3.499kg/s，乙烯的质量流量为1.34kg/s，丙烷的质量流量为2.42kg/s。

混合制冷剂的摩尔组分比为：丙烷 7.55%；甲烷 68.7%；氮气 17.2%；乙烯 6.55%。

5.1.5 二级设备预冷制冷过程

（1）乙烯预冷过程

初态：$T_1=-84℃$　　$p_1=1.48\text{MPa}$

查得：$H_1=49.451\text{kJ/kg}$

终态：$T_2=-120℃$　　$p_2=1.46\text{MPa}$

查得：$H_2=-37.598\text{kJ/kg}$

节流后温度：$T=119.38℃$

单位质量流量制冷量：

$$H=H_2-H_1=-37.598-49.451=-87.049(\text{kJ/kg})$$

（2）CH_4-N_2混合预冷过程

初态：$T_3=-84℃$　　$p_3=1.48\text{MPa}$

查得：$H_3=505.71\text{kJ/kg}$

终态：$T_4=-120℃$　　$p_4=1.46\text{MPa}$

查得：$H_4=424.70\text{kJ/kg}$

单位质量流量的预冷量：

$$H=H_4-H_3=424.70-505.71=-81.01(\text{kJ/kg})$$

（3）CH_4-C_2H_4-N_2 混合制冷过程

① 乙烯

初态：$T_5 = -124℃$　　$H_5 = -48.702\text{kJ/kg}$

终态：$T_6 = -90℃$　　$H_6 = 500.25\text{kJ/kg}$

单位质量流量制冷量：

$$H = H_6 - H_5 = 500.25 - (-48.702) = 548.952(\text{kJ/kg})$$

② 甲烷-氮气

初态：$T_7 = -124℃$　　$H_7 = 458.54\text{kJ/kg}$

终态：$T_8 = -90℃$　　$H_8 = 519.31\text{kJ/kg}$

单位质量流量制冷量：

$$H = H_8 - H_7 = 519.31 - 458.54 = 60.77(\text{kJ/kg})$$

（4）天然气在二级制冷装备中的放热过程

过冷过程：

初态：$T_9 = -84℃$　　$p_9 = 4.74\text{MPa}$

查得：$H_9 = 305.67\text{kJ/kg}$

终态：$T_{10} = -120℃$　　$p_{10} = 4.72\text{MPa}$

查得：$H_{10} = 142.64\text{kJ/kg}$

单位质量流量的预冷量：

$$H = H_{10} - H_9 = 142.64 - 305.67 = -163.03(\text{kJ/kg})$$

天然气的质量流量：

$$G = \frac{300000}{24 \times 3600} \times 0.68257 = 2.37(\text{kg/s})$$

天然气的总预冷量：

$$Q = -163.03 \times 2.37 = -386.38(\text{kJ/s})$$

根据二级制冷装备吸热量等于放热量：

$$87.049x + 81.01 \times (7.997 + 3.499) + 163.03 \times 2.37 = 548.952x + 60.77 \times (7.997 + 30499)$$

解得 $x = 1.34\text{kg/s}$ 。

所以，甲烷的质量流量：7.997kg/s；氮气的质量流量：3.499kg/s；乙烯的质量流量：1.34kg/s。

5.1.6 三级设备预冷制冷过程

（1）CH_4-N_2 预冷过程

初态：$T_1 = -120℃$　　$p_1 = 1.46\text{MPa}$

查得：$H_1 = 424.70\text{kJ/kg}$

终态：$T_2 = -162℃$　　$p_2 = 1.44\text{MPa}$

查得：$H_2 = -9.967\text{kJ/kg}$

所以单位质量流量的预冷量：

$$H = H_2 - H_1 = -9.967 - 424.70 = -434.667(\text{kJ/kg})$$

（2）CH_4-N_2制冷过程

初态：$T_3 = -178℃$　　　　$p_3 = 0.1\text{MPa}$

查得：$H_3 = -9.967\text{kJ/kg}$

终态：$T_4 = -126℃$　　　　$p_4 = 0.1\text{MPa}$

查得：$H_4 = 454.94\text{kJ/kg}$

所以单位质量流量的制冷量：

$$H = H_4 - H_3 = 454.94 - (-9.967) = 464.907(\text{kJ/kg})$$

（3）天然气在三级制冷装备中的放热过程

过冷过程：

初态：$T_5 = -120℃$　　　　$p_5 = 4.72\text{MPa}$

查得：$H_5 = 142.64\text{kJ/kg}$

终态：$T_6 = -162℃$　　　　$p_6 = 4.70\text{MPa}$

查得：$H_6 = -4.0498\text{kJ/kg}$

天然气单位质量流量的过冷量：

$$H = H_6 - H_5 = -4.0498 - 142.64 = -146.6898(\text{kJ/kg})$$

天然气的质量流量：

$$G = \frac{300000}{24 \times 3600} \times 0.68257 = 2.37(\text{kg/s})$$

天然气的总过冷量：

$$Q = -146.6898 \times 2.37 = -347.65(\text{kJ/s})$$

根据三级制冷装备吸热量等于放热量得：总质量流量 $m_1 = 11.496\text{kg/s}$ 。

由甲烷和氮气的摩尔组分比为 8∶2 计算可得甲烷的质量流量为 7.997kg/s，氮气的质量流量为 3.499kg/s。

各级设备各制冷剂单位质量预冷量和制冷量统计于表 5-2～表 5-4 中；各制冷剂质量流量见表 5-5；各级设备各制冷剂预冷量和制冷量统计于表 5-6～表 5-8 中。

表 5-2　一级设备各制冷剂单位质量预冷量和制冷量

制冷剂	单位质量预冷量/(kJ/kg)	单位质量制冷量/(kJ/kg)	单位质量净制冷量/(kJ/kg)
天然气	−378.2		
甲烷-乙烯-氮气	−94.9	85.06	
丙烷	−106.477	529.15	

表 5-3　二级设备各制冷剂单位质量预冷量和制冷量

制冷剂	单位质量预冷量/(kJ/kg)	单位质量制冷量/(kJ/kg)	单位质量净制冷量/(kJ/kg)
乙烯	−87.049	548.952	
氮气-甲烷	−81.01	60.77	
天然气	−304.24		

表 5-4　三级设备各制冷剂单位质量预冷量和制冷量

制冷剂	单位质量预冷量/(kJ/kg)	单位质量制冷量/(kJ/kg)	单位质量净制冷量/(kJ/kg)
氮气-甲烷	−434.667	464.907	
天然气	−146.6898		

表 5-5　各制冷剂质量流量

成分	氮气	甲烷	乙烯	丙烷
流量/(kg/s)	3.499	7.997	1.34	2.42

表 5-6　一级设备各制冷剂预冷量和制冷量

制冷剂	预冷量/(kJ/s)	制冷量/(kJ/s)	净制冷量/(kJ/s)
天然气	−896.33		
氮气-甲烷-乙烯	−1218.14	1091.83	
丙烷	−257.67	1280.54	1022.87

表 5-7　二级设备各制冷剂预冷量和制冷量

制冷剂	预冷量/(kJ/s)	制冷量/(kJ/s)	净制冷量/(kJ/s)
乙烯	−116.65	735.60	618.95
氮气-甲烷	−1218.14	698.61	
天然气	−257.67		

表 5-8　三级设备各制冷剂预冷量和制冷量

制冷剂	预冷量/(kJ/s)	制冷量/(kJ/s)	净制冷量/(kJ/s)
氮气-甲烷	−4996.93	5379.06	
天然气	−347.65		

一级制冷天然气吸收的热量：$Q=-896.33\text{kJ/s}$。

一级制冷氮气-甲烷-乙烯吸收的热量：$Q=-1218.14\text{kJ/s}$。

一级制冷丙烷吸收的热量：$Q=-257.67\text{kJ/s}$。

一级制冷氮气-甲烷-乙烯放出的冷量：$Q=1091.83\text{kJ/s}$。

一级制冷丙烷放出的冷量：$Q=1280.54\text{kJ/s}$。

二级制冷天然气吸收的热量：$Q=-257.67\text{kJ/s}$。

二级制冷氮气-甲烷吸收的热量：$Q=-1218.14\text{kJ/s}$。

二级制冷乙烯吸收的热量：$Q=-116.65\text{kJ/s}$。

二级制冷氮气-甲烷放出的冷量：$Q=698.61\text{kJ/s}$。

二级制冷乙烯放出的冷量：$Q = 735.60\text{kJ/s}$。

三级制冷天然气吸收的热量：$Q = -347.65\text{kJ/s}$。

三级制冷氮气-甲烷吸收的热量：$Q = -4996.93\text{kJ/s}$。

三级制冷氮气-甲烷放出的冷量：$Q = 5379.06\text{kJ/s}$。

5.1.7　一级换热器流体参数计算（单层通道）

5.1.7.1　天然气侧板翅之间的一系列常数的计算

天然气侧流道的质量流速：

$$G_i = \frac{W}{nf_i L_w} \tag{5-1}$$

式中　G_i——天然气侧流道的质量流速，kg/(m^2 • s)；

W——各股流体的质量流量，kg/s；

f_i——单层通道一米宽度上的截面积，m^2；

n——通道层数；

L_w——翅片有效宽度，m。

$$G_1 = \frac{2.37}{8.21\times10^{-3}\times2\times5} = 28.87\ [\text{kg/(m}^2 \cdot \text{s)}]$$

雷诺数：

$$Re = \frac{G_i d_e}{\mu} \tag{5-2}$$

式中　G_i——天然气侧流道的质量流速，kg/(m^2 • s)；

d_e——天然气侧翅片当量直径，m；

μ——天然气的黏度，kg/(m • s)。

$$Re = \frac{28.87\times2.28\times10^{-3}}{9.8953\times10^{-6}} = 6652$$

普朗特数：$Pr = 1.2725$。

斯坦顿数 St：

$$St = \frac{j}{Pr^{2/3}} \tag{5-3}$$

式中　j——传热因子，查王松汉著《板翅式换热器》得传热因子为 0.0034。

给热系数 α：

$$St = \frac{0.0034}{1.2725^{2/3}} = 0.0029$$

$$\alpha = 3600St\times C\times G_i \tag{5-4}$$

$$\alpha = \frac{3600\times0.0029\times3.5059\times28.85}{4.184} = 252.38[\text{kcal/(m}^2 \cdot \text{h} \cdot ℃)]$$

天然气侧的 p 值：

$$p = \sqrt{\frac{2\alpha}{\lambda\delta}} \tag{5-5}$$

式中　α ——天然气侧流体给热系数，kcal/(m^2·h·℃)；

λ ——翅片材料热导率，W/(m·K)；

δ ——翅厚，m。

$$p=\sqrt{\frac{2\times 252.38}{155\times 0.2\times 10^{-4}}}=403.517$$

天然气侧：

$$b=\frac{h_1}{2} \tag{5-6}$$

式中　h_1——天然气板侧翅高，m。

$$b=1.29\times 10^{-3}\,\mathrm{m}$$

查双曲函数表可知：$\tanh(pb)=0.477$。

天然气侧翅片一次面传热效率：

$$\eta_{\mathrm{f}}=\frac{\tanh(pb)}{pb}=0.917 \tag{5-7}$$

天然气侧翅片总传热效率：

$$\eta_0=1-\frac{F_2}{F_0}(1-\eta_{\mathrm{f}})=0.929 \tag{5-8}$$

式中　F_2 ——天然气侧翅片二次传热面积，m^2；

F_0 ——天然气侧翅片总传热面积，m^2。

5.1.7.2　氮气-甲烷-乙烯侧板翅之间的一系列常数的计算

氮气-甲烷-乙烯流道的质量流速：

$$G_2=\frac{W}{f_2 L_{\mathrm{w}} n}$$

式中　G_2 ——流体的质量流速，kg/(m^2·s)；

W ——氮气-甲烷-乙烯的质量流量，kg/s；

f_2 ——单层通道一米宽度上的截面积，m^2；

n ——通道层数；

L_{w} ——翅片有效宽度，m。

$$G_2=\frac{12.836}{0.01058\times 2\times 20}=30.33[\mathrm{kg/(m^2\cdot s)}]$$

雷诺数 Re：

$$Re=\frac{G_2 d_{\mathrm{e}}}{\mu}$$

式中　G_2 ——流体的质量流速，kg/(m^2·s)；

d_{e} ——氮气-甲烷-乙烯侧翅片当量直径，m；

μ ——流体的黏度，kg/(m·s)。

$$Re=\frac{30.33\times2.26\times10^{-3}}{9.5393\times10^{-6}}=7186$$

普朗特数：$Pr=0.725$。

斯坦顿数 St：

$$St=\frac{j}{Pr^{2/3}}$$

式中 j——传热因子，查王松汉著《板翅式换热器》得传热因子为 0.0041。

$$St=\frac{0.0041}{0.725^{2/3}}=0.0051$$

给热系数 α：

$$\alpha=3600St\times C\times G_i$$

$$\alpha=\frac{3600\times0.0051\times4.87\times30.33}{4.184}=648.16[\text{kcal/(m}^2\cdot\text{h}\cdot\text{℃)}]$$

氮气-甲烷-乙烯侧的 p 值：

$$p=\sqrt{\frac{2\alpha}{\lambda\delta}}$$

式中 α——氮气-甲烷-乙烯侧流体给热系数，$\text{kcal/(m}^2\cdot\text{h}\cdot\text{℃)}$；

λ——翅片材料热导率，W/(m·K)；

δ——翅厚，m。

$$p=\sqrt{\frac{2\times648.16}{155\times1.5\times10^{-4}}}=236.126$$

氮气-甲烷-乙烯侧：

$$b=\frac{h_1}{2}$$

式中 h_1——氮气-甲烷-乙烯板侧翅高，m。

$$b=6\times10^{-3}\text{m}$$

查双曲函数表可知：$\tanh(pb)=0.8886$。

氮气-甲烷-乙烯侧翅片一次面传热效率：

$$\eta_f=\frac{\tanh(pb)}{pb}=0.627$$

氮气-甲烷-乙烯侧翅片总传热效率：

$$\eta_0=1-\frac{F_2}{F_0}(1-\eta_f)=0.666$$

式中 F_2——氮气-甲烷-乙烯侧翅片二次传热面积，m^2；

F_0——氮气-甲烷-乙烯侧总传热面积，m^2。

5.1.7.3 丙烷侧板翅之间的一系列常数的计算

丙烷流道的质量流速：

$$G_3 = \frac{W}{f_3 L_w n}$$

式中　G_3——流体的质量流速，kg/(m^2・s)；

W——丙烷的质量流量，kg/s；

f_3——单层通道一米宽度上的截面积，m^2；

n——通道层数；

L_w——翅片有效宽度，m。

$$G_3 = \frac{1.34}{0.01058 \times 2 \times 1} = 63.33[\text{kg/(m}^2 \cdot \text{s)}]$$

雷诺数 Re：

$$Re = \frac{G_3 d_e}{\mu}$$

式中　G_3——流体的质量流速，kg/(m^2・s)；

d_e——丙烷侧翅片当量直径，m；

μ——流体的黏度，kg/(m・s)。

$$Re = \frac{63.33 \times 2.26 \times 10^{-3}}{245 \times 10^{-6}} = 584$$

普朗特数：$Pr = 3.788$。

$$St = \frac{j}{Pr^{2/3}}$$

式中　j——传热因子，查王松汉著《板翅式换热器》得传热因子为 0.0078。

$$St = \frac{0.0078}{3.788^{2/3}} = 0.0032$$

$$\alpha = 3600 St \times C \times G_i$$

$$\alpha = 3600 \times 0.0032 \times 0.43 \times 63.33 = 313.71[\text{kcal/(m}^2 \cdot \text{h} \cdot ℃)]$$

丙烷侧的 p 值：

$$p = \sqrt{\frac{2\alpha}{\lambda\delta}}$$

式中　α——丙烷侧流体给热系数，kcal/(m^2・h・℃)；

λ——翅片材料热导率，W/(m・K)；

δ——翅厚，m。

$$p = \sqrt{\frac{2 \times 313.71}{155 \times 1.5 \times 10^{-4}}} = 164.27$$

丙烷侧：

$$b = \frac{h_1}{2}$$

式中　h_1——丙烷板侧翅高，m。

$$b = 6\times10^{-3}\,\mathrm{m}$$

查双曲函数表可知：$\tanh(pb) = 0.7553$。

丙烷侧翅片一次面传热效率：

$$\eta_{\mathrm{f}} = \frac{\tanh(pb)}{pb} = 0.77$$

丙烷侧翅片总传热效率：

$$\eta_0 = 1 - \frac{F_2}{F_0}(1-\eta_{\mathrm{f}}) = 0.794$$

式中 F_2——丙烷侧二次传热面积，$\mathrm{m^2}$；

F_0——丙烷侧总传热面积，$\mathrm{m^2}$。

5.1.7.4 氮气-甲烷-乙烯-丙烷侧板翅之间的一系列常数的计算

各股流体流道的质量流速：

$$G_4 = \frac{W}{f_4 L_{\mathrm{w}} n}$$

式中 G_4——流体的质量流速，$\mathrm{kg/(m^2 \cdot s)}$；

W——流体的质量流量，kg/s；

f_4——单层通道一米宽度上的截面积，$\mathrm{m^2}$；

n——通道层数；

L_{w}——翅片有效宽度，m。

$$G_4 = \frac{7.328}{0.00821\times2\times25} = 17.85[\mathrm{kg/(m^2 \cdot s)}]$$

雷诺数：

$$Re = \frac{G_i d_{\mathrm{e}}}{\mu}$$

式中 G_i——流体的质量流速，$\mathrm{kg/(m^2 \cdot s)}$；

d_{e}——当量直径，m；

μ——流体的黏度，$\mathrm{kg/(m \cdot s)}$。

$$Re = \frac{17.85\times2.58\times10^{-3}}{8.703\times10^{-6}} = 5291.62$$

普朗特数：$Pr = 0.687$。

$$St = \frac{j}{Pr^{2/3}}$$

式中 j——传热因子，查王松汉著《板翅式换热器》得传热因子为0.0034。

$$St = \frac{0.0034}{0.687^{2/3}} = 0.0044$$

$$\alpha = 3600 St \times C \times G_i$$

$$\alpha = \frac{3600\times0.0044\times5.5948\times18.58}{4.184} = 393.54[\mathrm{kcal/(m^2 \cdot h \cdot ^\circ C)}]$$

氮气-甲烷-乙烯-丙烷侧的p值：

$$p=\sqrt{\frac{2\alpha}{\lambda\delta}}$$

式中 α——氮气-甲烷-乙烯-丙烷侧流体给热系数，kcal/(m^2•h•℃)；

λ——翅片材料热导率，W/(m•K)；

δ——翅厚，m。

$$p=\sqrt{\frac{2\times393.54}{155\times2\times10^{-4}}}=159.34$$

氮气-甲烷-乙烯-丙烷侧：

$$b=\frac{h_1}{2}$$

式中 h_1——氮气-甲烷-乙烯-丙烷板侧翅高，m。

$$b=4.75\times10^{-3}\,\mathrm{m}$$

查双曲函数表可知：$\tanh(pb)=0.6393$。

氮气-甲烷-乙烯-丙烷侧翅片一次面传热效率：

$$\eta_\mathrm{f}=\frac{\tanh(pb)}{pb}=0.85$$

氮气-甲烷-乙烯-丙烷侧翅片总传热效率：

$$\eta_0=1-\frac{F_2}{F_0}(1-\eta_\mathrm{f})=0.866$$

式中 F_2——氮气-甲烷-乙烯-丙烷侧二次传热面积，m^2；

F_0——氮气-甲烷-乙烯-丙烷侧总传热面积，m^2。

5.1.7.5 一级板翅式换热器传热面积计算

（1）混合制冷剂侧与天然气侧总传热系数的计算

以混合制冷剂侧传热面积为基准的总传热系数：

$$K_\mathrm{c}=\frac{1}{\frac{1}{\alpha_\mathrm{h}\eta_{0\mathrm{h}}}\times\frac{F_\mathrm{oc}}{F_\mathrm{oh}}+\frac{1}{\alpha_\mathrm{c}\eta_{0\mathrm{c}}}} \tag{5-9}$$

式中 α_h——天然气侧给热系数，kcal/(m^2•h•℃)；

$\eta_{0\mathrm{h}}$——天然气侧总传热效率；

$\eta_{0\mathrm{c}}$——混合制冷剂侧总传热效率；

F_oc——混合制冷剂侧单位面积翅片的总传热面积，m^2；

F_oh——天然气侧单位面积翅片的总传热面积，m^2；

α_c——混合制冷剂侧给热系数，kcal/(m^2•h•℃)。

$$K_\mathrm{c}=\frac{1}{\frac{1}{252.38\times0.917}\times\frac{12.7}{8.94}+\frac{1}{313.7\times0.794}}=98.49[\mathrm{kcal/(m^2\cdot h\cdot ^\circ C)}]$$

以天然气侧传热面积为基准的总传热系数：

$$K_h = \frac{1}{\frac{1}{\alpha_h \eta_{0h}} + \frac{F_{oh}}{F_{oc}} \times \frac{1}{\alpha_c \eta_{0c}}} = \frac{1}{\frac{1}{648.16 \times 0.666} + \frac{8.94}{12.7} \times \frac{1}{252.38 \times 0.929}} \tag{5-10}$$

$$= 188.01[\text{kcal}/(\text{m}^2 \cdot \text{h} \cdot ℃)]$$

（2）混合制冷剂侧与天然气侧对数平均温差的计算

$$\Delta t_m = \frac{\Delta t_1 - \Delta t_2}{\ln \frac{\Delta t_1}{\Delta t_2}} \tag{5-11}$$

式中 Δt_1 ——换热器进、出口温差中数值大的温差，$\Delta t_1 = 5$ ℃；

Δt_2 ——换热器进、出口温差中数值小的温差，$\Delta t_2 = 4$ ℃。

$$\Delta t_m = \frac{-35-(-40)-(-84)-(-88)}{\ln \frac{-35-(-40)}{-84-(-88)}} = 4.48(℃)$$

（3）混合制冷剂侧与天然气侧传热面积计算

混合制冷剂侧传热面积：

$$A = \frac{Q}{K\Delta t} = \frac{\frac{896.334}{4.184} \times 3600}{98.49 \times 4.48} = 1747.9(\text{m}^2) \tag{5-12}$$

经过初步计算，确定板翅式换热器的宽度为3m，则混合制冷剂侧板束长度：

$$l = \frac{A}{fnb} \tag{5-13}$$

式中 f ——混合制冷剂侧单位面积翅片的总传热面积，m^2；

n ——流道数，根据初步计算，每组流道数为5；

b ——板翅式换热器宽度，m。

$$l = \frac{1747.9}{12.7 \times 5 \times 3} = 9.2(\text{m})$$

天然气侧传热面积：

$$A = \frac{Q}{K\Delta t} = \frac{\frac{896.334}{4.184} \times 3600}{188.01 \times 4.48} = 915.6(\text{m}^2)$$

天然气侧板束长度：

$$l = \frac{A}{fnb} = \frac{915.6}{8.94 \times 5 \times 3} = 6.8(\text{m})$$

5.1.7.6 混合制冷剂侧与氮气-甲烷-乙烯侧换热面积的计算

（1）混合制冷剂侧与氮气-甲烷-乙烯侧总传热系数的计算

以混合制冷剂侧传热面积为基准的总传热系数：

$$K_c=\frac{1}{\dfrac{1}{\alpha_h\eta_{0h}}\times\dfrac{F_{oc}}{F_{oh}}+\dfrac{1}{\alpha_c\eta_{0c}}}$$

式中 α_h ——氮气-甲烷-乙烯侧给热系数，kcal/(m^2•h•℃)；

η_{0h} ——氮气-甲烷-乙烯侧总传热效率；

η_{0c} ——混合制冷剂侧总传热效率；

F_{oc} ——混合制冷剂侧单位面积翅片的总传热面积，m^2；

F_{oh} ——氮气-甲烷-乙烯侧单位面积翅片的总传热面积，m^2；

α_c ——混合制冷剂侧给热系数，kcal/(m^2•h•℃)。

$$K_c=\frac{1}{\dfrac{1}{648.16\times0.666}\times\dfrac{12.7}{18.7}+\dfrac{1}{393.54\times0.866}}=221.85[\text{kcal/(m}^2\cdot\text{h}\cdot{}^\circ\text{C)}]$$

以氮气-甲烷-乙烯侧传热面积为基准的总传热系数：

$$K_h=\frac{1}{\dfrac{1}{\alpha_h\eta_{0h}}+\dfrac{F_{oh}}{F_{oc}}\times\dfrac{1}{\alpha_c\eta_{0c}}}=\frac{1}{\dfrac{1}{648.16\times0.666}+\dfrac{18.7}{12.7}\times\dfrac{1}{393.45\times0.866}}=150.65[\text{kcal/(m}^2\cdot\text{h}\cdot{}^\circ\text{C)}]$$

（2）混合制冷剂侧与氮气-甲烷-乙烯侧对数平均温差的计算

$$\Delta t_m=\frac{\Delta t_1-\Delta t_2}{\ln\dfrac{\Delta t_1}{\Delta t_2}}$$

式中 Δt_1 ——换热器进、出口温差中数值大的温差，$\Delta t_1=5$ ℃；

Δt_2 ——换热器进、出口温差中数值小的温差，$\Delta t_2=5$ ℃。

$$\Delta t_m=\frac{\Delta t_1-\Delta t_2}{\ln\dfrac{\Delta t_1}{\Delta t_2}}=\frac{-35-(-40)-(-84)-(-88)}{\ln\dfrac{-35-(-40)}{-84-(-88)}}=4.48(^\circ\text{C})$$

经过校核计算，压力降在允许压力降范围之内。

（3）混合制冷剂侧与氮气-甲烷-乙烯侧传热面积计算

混合制冷剂侧传热面积：

$$A=\frac{Q}{K\Delta t}=\frac{\dfrac{1841.7}{4.184}\times3600}{221.85\times4.48}=1594.38(\text{m}^2)$$

经过初步计算，确定板翅式换热器的宽度为 3m，则混合制冷剂侧板束长度：

$$l=\frac{A}{fnb}$$

式中 f ——混合制冷剂侧单位面积翅片的总传热面积，m^2；

n ——流道数，根据初步计算，每组流道数为 10；

b ——板翅式换热器宽度，m。

$$l=\frac{1594.38}{12.7\times10\times3}=4.18(\text{m})$$

氮气-甲烷-乙烯侧传热面积：

$$A=\frac{Q}{K\Delta t}=\frac{\dfrac{1841.7}{4.184}\times3600}{150.65\times4.48}=2347.92(\text{m}^2)$$

氮气-甲烷-乙烯侧板束长度：

$$l=\frac{A}{fnb}=\frac{2347.92}{18.7\times10\times3}=4.18(\text{m})$$

5.1.7.7　混合制冷剂侧与甲烷侧换热面积的计算

（1）混合制冷剂侧与甲烷侧总传热系数的计算

以混合制冷剂侧传热面积为基准的总传热系数：

$$K_{\text{c}}=\frac{1}{\dfrac{1}{\alpha_{\text{h}}\eta_{0\text{h}}}\times\dfrac{F_{\text{oc}}}{F_{\text{oh}}}+\dfrac{1}{\alpha_{\text{c}}\eta_{0\text{c}}}}$$

式中　α_{h} ——甲烷侧给热系数，kcal/(m² • h • ℃)；

$\eta_{0\text{h}}$ ——甲烷侧总传热效率；

$\eta_{0\text{c}}$ ——混合制冷剂侧总传热效率；

F_{oc} ——混合制冷剂侧单位面积翅片的总传热面积，m^2；

F_{oh} ——甲烷侧单位面积翅片的总传热面积，m^2；

α_{c} ——混合制冷剂侧给热系数，kcal/(m² • h • ℃)。

$$K_{\text{c}}=\frac{1}{\dfrac{1}{393.54\times0.866}\times\dfrac{12.7}{6.1}+\dfrac{1}{313.7\times0.794}}=98.78[\text{kcal/(m}^2\cdot\text{h}\cdot{^\circ\text{C}})]$$

以甲烷侧传热面积为基准的总传热系数：

$$K_{\text{h}}=\frac{1}{\dfrac{1}{\alpha_{\text{h}}\eta_{0\text{h}}}+\dfrac{F_{\text{oh}}}{F_{\text{oc}}}\times\dfrac{1}{\alpha_{\text{c}}\eta_{0\text{c}}}}=\frac{1}{\dfrac{1}{393.54\times0.866}+\dfrac{6.1}{12.7}\times\dfrac{1}{313.7\times0.794}}=205.65[\text{kcal/(m}^2\cdot\text{h}\cdot{^\circ\text{C}})]$$

（2）混合制冷剂侧与甲烷侧对数平均温差的计算

$$\Delta t_{\text{m}}=\frac{\Delta t_1-\Delta t_2}{\ln\dfrac{\Delta t_1}{\Delta t_2}}$$

式中　Δt_1 ——换热器进、出口温差中数值大的温差，$\Delta t_1=5$ ℃；

Δt_2 ——换热器进、出口温差中数值小的温差，$\Delta t_2=4$ ℃。

$$\Delta t_{\text{m}}=\frac{-35-(-40)-(-84)-(-88)}{\ln\dfrac{-35-(-40)}{-84-(-88)}}=4.48(^\circ\text{C})$$

（3）混合制冷剂侧与甲烷侧传热面积计算

混合制冷剂侧传热面积：

$$A=\frac{Q}{K\Delta t}=\frac{\frac{623.56}{4.184}\times 3600}{98.78\times 4.48}=1212.39(\mathrm{m}^2)$$

经过初步计算，确定板翅式换热器的宽度为 3m，则混合制冷剂侧板束长度：

$$l=\frac{A}{fnb}$$

式中　f ——混合制冷剂侧单位面积翅片的总传热面积，m^2；

n ——流道数，根据初步计算，每组流道数为 10；

b ——板翅式换热器宽度，m。

$$l=\frac{1212.39}{12.7\times 10\times 3}=3.18(\mathrm{m})$$

甲烷侧传热面积：

$$A=\frac{Q}{K\Delta t}=\frac{\frac{623.56}{4.184}\times 3600}{205.65\times 4.48}=582.35(\mathrm{m}^2)$$

甲烷侧板束长度：

$$l=\frac{A}{fnb}=\frac{582.35}{6.1\times 10\times 3}=3.18(\mathrm{m})$$

5.1.7.8　一级换热器板侧的排列及组数

一级换热器每组板侧排列如图 5-2 所示，共包括 50 组，每组之间采用钎焊连接。

混合制冷剂
天然气
N_2-CH_4-C_2H_4
CH_4
C_3H_8

图 5-2　一级换热器每组板侧排列

5.1.7.9　一级换热器压力损失的计算

为了简化板翅式换热器的阻力计算，可以把板翅式换热器分成三部分，分别为入口管、出口管和换热器中心部分，如图 5-3 所示。各项阻力分别用以下公式计算。

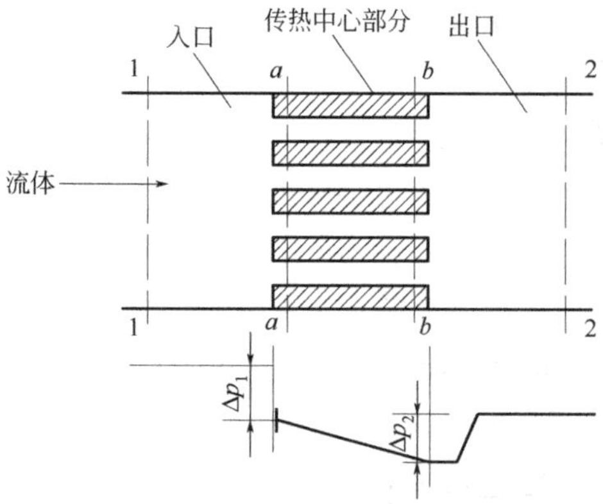

图 5-3　压力降图

（1）换热器中心入口的压力损失

换热器中心入口的压力损失，即导流片的出口到换热器中心的截面积变化而引起的压力降。计算公式如下：

$$\Delta p_1 = \frac{G^2}{2g_c\rho_1}(1-\sigma^2) + K_c\frac{G^2}{2g_c\rho_1} \tag{5-14}$$

式中　Δp_1——入口处压力降，Pa；

G——流体在板束中的质量流量，kg/m²·s；

g_c——重力换算系数，为 1.27×10^8；

ρ_1——流体入口密度，kg/m³；

σ——板束通道截面积与集气管最大截面积之比；

K_c——收缩阻力系数（由王松汉《板翅式换热器》中图 2-2～图 2-5 查得）。

（2）换热器中心部分出口的压力降

换热器中心部分出口的压力降，即由换热器中心部分到导流片入口截面积发生变化引起的压力降，计算公式如下：

$$\Delta p_2 = \frac{G^2}{2g_c\rho_2}(1-\sigma^2) - K_e\frac{G^2}{2g_c\rho_2} \tag{5-15}$$

式中　Δp_2——出口处压升，Pa；

ρ_2——流体出口密度，kg/m³；

K_e——扩大阻力系数（由王松汉《板翅式换热器》中图 4-2～图 4-5 查得）。

（3）换热器中心部分的压力降

换热器中心部分的压力降主要由传热面形状改变产生的阻力和摩擦阻力组成，将这两部分阻力综合考虑，可以看作是作用于总摩擦面积 A 上的等效剪切力。即换热器中心部分压力降可用以下公式计算：

$$\Delta p_3 = \frac{4fl}{D_e}\times\frac{G^2}{2g_c\rho_{av}} \tag{5-16}$$

式中　Δp_3——换热器中心部分压力降，Pa；

f——摩擦系数（由王松汉《板翅式换热器》中图 2-22 查得）；

l——换热器中心部分长度，m；

D_e——翅片当量直径，m；

ρ_{av}——进出口流体平均密度，kg/m³。

流体经过板翅式换热器的总压力降可表示为：

$$\Delta p = \frac{G^2}{2g_c\rho_1}\left[(K_c+1-\sigma^2)+2\left(\frac{\rho_1}{\rho_2}-1\right)+\frac{4fl}{D_e}\times\frac{\rho_1}{\rho_{av}}-(1-\sigma^2-K_e)\frac{\rho_1}{\rho_2}\right] \tag{5-17}$$

$$\sigma = \frac{f_a}{A_{fa}} \tag{5-18}$$

$$f_a = \frac{x(L-\delta)L_w n}{x+\delta} \tag{5-19}$$

$$A_{fa} = (L+\delta_s)L_w N_t \tag{5-20}$$

式中 δ_s ——板翅式换热器翅片隔板厚度，m；

L ——翅片高度，m；

L_w ——翅片有效宽度，m；

N_t ——冷热交换总层数。

（4）天然气板侧压力损失的计算

$$\Delta p=\frac{G^2}{2g_c\rho_1}\left[(K_c+1-\sigma^2)+2\left(\frac{\rho_1}{\rho_2}-1\right)+\frac{4fl}{D_e}\times\frac{\rho_1}{\rho_{av}}-(1-\sigma^2-K_e)\frac{\rho_1}{\rho_2}\right]$$

$$f_a=\frac{x(L-\delta)L_w n}{x+\delta}=\frac{(1.7-0.3)\times10^{-3}\times(6.5-0.3)\times10^{-3}\times2\times10}{1.7\times10^{-3}}=0.102(\mathrm{m}^2)$$

$$A_{fa}=(L+\delta_s)L_w N_t=(6.5+1.7)\times10^{-3}\times2\times5=0.082(\mathrm{m}^2)$$

$$\sigma=\frac{f_a}{A_{fa}}=1.24\text{；}\quad K_c=0.49\text{；}\quad K_e=0.44$$

$$\Delta p=\frac{(2.37\times3600)^2}{2\times1.27\times10^8\times50.309}\times\left[(0.49+1-1.24^2)+2\times\left(\frac{50.309}{274.35}-1\right)+\right.$$

$$\left.\frac{4\times0.012\times5.1}{2.28\times10^{-3}}\times\frac{50.309}{274.35}-(1-1.24^2-0.44)\times\frac{50.309}{274.35}\right]=0.1036(\mathrm{Pa})$$

经过校核计算，压力降在允许压力降范围之内。

（5）丙烷侧压力损失的计算

$$\Delta p=\frac{G^2}{2g_c\rho_1}\left[(K_c+1-\sigma^2)+2\left(\frac{\rho_1}{\rho_2}-1\right)+\frac{4fl}{D_e}\times\frac{\rho_1}{\rho_{av}}-(1-\sigma^2-K_e)\frac{\rho_1}{\rho_2}\right]$$

$$f_a=\frac{x(L-\delta)L_w n}{x+\delta}=\frac{(4.2-0.6)\times10^{-3}\times(12-0.6)\times10^{-3}\times2\times10}{4.2\times10^{-3}}=0.195(\mathrm{m}^2)$$

$$A_{fa}=(L+\delta_s)L_w N_t=(12+2)\times10^{-3}\times2\times10=0.28(\mathrm{m}^2)$$

$$\sigma=\frac{f_a}{A_{fa}}=0.696\text{；}\quad K_c=1.14\text{；}\quad K_e=0.14$$

$$\Delta p=\frac{(2.42\times3600)^2}{2\times1.27\times10^8\times574.27}\times\left[(1.14+1-0.696^2)+2\times\left(\frac{574.27}{628.08}-1\right)+\right.$$

$$\left.\frac{4\times0.019\times5.1}{5.47\times10^{-3}}\times\frac{574.27}{628.08}-(1-0.696^2-0.14)\times\frac{574.27}{628.08}\right]=0.0343(\mathrm{Pa})$$

经过校核计算，压力降在允许压力降范围之内。

（6）混合制冷剂侧压力损失的计算

$$\Delta p=\frac{G^2}{2g_c\rho_1}\left[(K_c+1-\sigma^2)+2\left(\frac{\rho_1}{\rho_2}-1\right)+\frac{4fl}{D_e}\times\frac{\rho_1}{\rho_{av}}-(1-\sigma^2-K_e)\frac{\rho_1}{\rho_2}\right]$$

$$f_{\mathrm{a}}=\frac{x(L-\delta)L_{\mathrm{w}}n}{x+\delta}=\frac{(1.7-0.2)\times10^{-3}\times(9.5-0.2)\times10^{-3}\times2\times10}{1.7\times10^{-3}}=0.164(\mathrm{m}^2)$$

$$A_{\mathrm{fa}}=(L+\delta_{\mathrm{s}})L_{\mathrm{w}}N_{\mathrm{t}}=(9.5+2)\times10^{-3}\times2\times10=0.23(\mathrm{m}^2)$$

$$\sigma=\frac{f_{\mathrm{a}}}{A_{\mathrm{fa}}}=0.713\text{；}\ K_{\mathrm{c}}=0.46\text{；}\ K_{\mathrm{e}}=0.41$$

$$\Delta p=\frac{(15.256\times3600)^2}{2\times1.27\times10^8\times1.3797}\times\left[(0.46+1-0.713^2)+2\times\left(\frac{1.3797}{1.0888}-1\right)+\frac{4\times0.09\times5.1}{2.58\times10^{-3}}\times\frac{1.3797}{1.0888}-(1-0.713^2-0.41)\times\frac{1.3797}{1.0888}\right]=7775.17(\mathrm{Pa})$$

经过校核计算，压力降在允许压力降范围之内。

（7）氮气-甲烷-乙烯侧压力损失的计算

$$\Delta p=\frac{G^2}{2g_{\mathrm{c}}\rho_1}\left[(K_{\mathrm{c}}+1-\sigma^2)+2\left(\frac{\rho_1}{\rho_2}-1\right)+\frac{4fl}{D_{\mathrm{e}}}\times\frac{\rho_1}{\rho_{\mathrm{av}}}-(1-\sigma^2-K_{\mathrm{e}})\frac{\rho_1}{\rho_2}\right]$$

$$f_{\mathrm{a}}=\frac{x(L-\delta)L_{\mathrm{w}}n}{x+\delta}=\frac{(1.4-0.15)\times10^{-3}\times(12-0.15)\times10^{-3}\times2\times10}{1.4\times10^{-3}}=0.212(\mathrm{m}^2)$$

$$A_{\mathrm{fa}}=(L+\delta_{\mathrm{s}})L_{\mathrm{w}}N_{\mathrm{t}}=(12+2)\times10^{-3}\times2\times10=0.28(\mathrm{m}^2)$$

$$\sigma=\frac{f_{\mathrm{a}}}{A_{\mathrm{fa}}}=0.757\text{；}\ K_{\mathrm{c}}=0.52\text{；}\ K_{\mathrm{e}}=0.32$$

$$\Delta p=\frac{(12.836\times3600)^2}{2\times1.27\times10^8\times15.285}\times\left[(0.52+1-0.757^2)+2\times\left(\frac{15.285}{20.267}-1\right)+\frac{4\times0.016\times5.1}{2.26\times10^{-3}}\times\frac{15.285}{20.267}-(1-0.757^2-0.32)\times\frac{15.285}{20.267}\right]=60.1138(\mathrm{Pa})$$

经过校核计算，压力降在允许压力降范围之内。

通过前面的计算可以看出，各制冷剂和天然气在翅片内流动时，如果不考虑相变，则通过板翅式换热器时压力损失很少，对于高压板侧的流动，这些压力降可看作是流体静压的波动减少量，对流体的动压没影响，所以流体在板束中的流动速度不需要校正。但是，如果考虑相变的话，流体压力损失比较大，这部分压力损失还得考虑，否则这部分压力损失将对板侧的流动速度产生较大影响，所以还得重新校核流速，使其符合流体相变的速度变化规律。

5.1.8　二级换热器流体参数计算（单层通道）

5.1.8.1　天然气侧板翅之间的一系列常数的计算

各股流体流道的质量流速：

$$G_i=\frac{W}{nf_iL_{\mathrm{w}}}$$

式中　G_i——流体的质量流速，kg/(m^2 • s)；

W——各股流体的质量流量，kg/s；

f_i ——单层通道一米宽度上的截面积，m^2；

n ——通道层数；

L_w——翅片有效宽度，m。

$$G_i = \frac{2.37}{5.11\times10^{-3}\times2\times5} = 46.38[\text{kg}/(\text{m}^2\cdot\text{s})]$$

雷诺数：

$$Re = \frac{G_i d_e}{\mu}$$

式中 G_i——流体的质量流速，kg/(m^2 • s)；

d_e——当量直径，m；

μ——流体的黏度，kg/(m • s)。

$$Re = \frac{46.38\times2.28\times10^{-3}}{24.49\times10^{-6}} = 4317.94$$

普朗特数：$Pr = 2.087$ 。

斯坦顿数：

$$St = \frac{j}{Pr^{2/3}}$$

式中 j——传热因子，查王松汉著《板翅式换热器》得传热因子为 0.0038。

$$St = \frac{0.0038}{2.087^{2/3}} = 0.0023$$

$$\alpha = 3600 St\times C\times G_i$$

$$\alpha = \frac{3600\times0.0023\times1.55\times46.38}{4.184} = 142.27[\text{kcal}/(\text{m}^2\cdot\text{h}\cdot{}^\circ\text{C})]$$

天然气侧的 p 值：

$$p = \sqrt{\frac{2\alpha}{\lambda\delta}}$$

式中 α——天然气侧流体给热系数，kcal/(m^2 • h • ℃)；

λ ——翅片材料热导率，W/(m • K)；

δ ——翅厚，m。

$$p = \sqrt{\frac{2\times142.27}{155\times3\times10^{-4}}} = 78.22$$

天然气侧：

$$b = \frac{h_1}{2}$$

式中 h_1——天然气板侧翅高，m。

$$b = 6.5\times10^{-3}\text{m}$$

查双曲函数表可知：$\tanh(pb)=0.4699$。

天然气侧翅片一次面传热效率：

$$\eta_f=\frac{\tanh(pb)}{pb}=0.924$$

天然气侧翅片总传热效率：

$$\eta_0=1-\frac{F_2}{F_0}(1-\eta_f)=0.94$$

式中 F_2——天然气侧二次传热面积，m^2；

F_0——天然气侧总传热面积，m^2。

5.1.8.2 氮气-甲烷侧板翅之间的一系列常数的计算

各股流体流道的质量流速：

$$G_i=\frac{W}{nf_iL_w}$$

式中 G_i——流体的质量流速，$kg/(m^2 \cdot s)$；

W——各股流体的质量流量，kg/s；

f_i——单层通道一米宽度上的截面积，m^2；

n——通道层数；

L_w——翅片有效宽度，m。

$$G_i=\frac{11.496}{0.00821\times2\times20}=35[kg/(m^2 \cdot s)]$$

雷诺数：

$$Re=\frac{G_id_e}{\mu}$$

式中 G_i——流体的质量流速，$kg/(m^2 \cdot s)$；

d_e——当量直径，m；

μ——流体的黏度，$kg/(m \cdot s)$。

$$Re=\frac{35\times2.58\times10^{-3}}{11.52\times10^{-6}}=7838.54$$

普朗特数：$Pr=0.94$。

斯坦顿数：

$$St=\frac{j}{Pr^{2/3}}$$

式中 j——传热因子，查王松汉著《板翅式换热器》得传热因子为 0.004。

$$St=\frac{0.004}{0.94^{2/3}}=0.0042$$

$$\alpha=3600St\times C\times G_i$$

$$\alpha=\frac{3600\times0.0042\times4.593\times35}{4.184}=580.93[kcal/(m^2 \cdot h \cdot ℃)]$$

氮气-甲烷侧的 p 值：

$$p=\sqrt{\frac{2\alpha}{\lambda\delta}}$$

式中 α——氮气-甲烷侧流体给热系数，kcal/(m^2·h·℃)；

λ——翅片材料热导率，W/(m·K)；

δ——翅厚，m。

$$p=\sqrt{\frac{2\times 580.93}{155\times 2\times 10^{-4}}}=193.6$$

氮气-甲烷侧：

$$b=\frac{h_1+h_2+h_3}{2}$$

式中 h_1——天然气侧翅高，m；

h_2——氮气-甲烷侧翅高，m；

h_3——乙烯侧翅高，m。

$$b=\frac{6.5+9.5+4.7}{2}=10.35\times 10^{-3}(\text{m})$$

查双曲函数表可知：$\tanh(pb)=0.9640$。

氮气-甲烷侧翅片一次面传热效率：

$$\eta_\text{f}=\frac{\tanh(pb)}{pb}=0.482$$

氮气-甲烷侧翅片总传热效率：

$$\eta_0=1-\frac{F_2}{F_0}(1-\eta_\text{f})=0.536$$

式中 F_2——氮气-甲烷侧二次传热面积，m；

F_0——氮气-甲烷侧总传热面积，m。

5.1.8.3 乙烯侧板翅之间的一系列常数的计算

各股流体流道的质量流速：

$$G_i=\frac{W}{nf_iL_\text{w}}$$

式中 G_i——流体的质量流速，kg/(m^2·s)；

W——各股流体的质量流量，kg/s；

f_i——单层通道一米宽度上的截面积，m^2；

n——通道层数；

L_w——翅片有效宽度，m。

$$G_i=\frac{1.34}{0.00374\times 2\times 5}=35.8[\text{kg}/(\text{m}^2\cdot\text{s})]$$

雷诺数：

$$Re=\frac{G_i d_e}{\mu}$$

式中　G_i——流体的质量流速，kg/(m^2 • s)；

d_e——当量直径，m；

μ——流体的黏度，kg/(m • s)。

$$Re=\frac{35.8\times2.45\times10^{-3}}{143\times10^{-6}}=613.4$$

普朗特数：$Pr=2.2974$。

斯坦顿数：

$$St=\frac{j}{Pr^{2/3}}$$

式中　j——传热因子，查王松汉著《板翅式换热器》得传热因子为 0.008。

$$St=\frac{0.008}{2.2974^{2/3}}=0.0046$$

$$\alpha=3600St\times C\times G_i$$

$$\alpha=\frac{3600\times0.0046\times0.072\times35.8}{4.184}=99.8[\text{kcal/(m}^2\cdot\text{h}\cdot℃)]$$

乙烯侧的 p 值：

$$p=\sqrt{\frac{2\alpha}{\lambda\delta}}$$

式中　α——乙烯侧流体给热系数，kcal/(m^2 • h • ℃)；

λ——翅片材料热导率，W/(m • K)；

δ——翅厚，m。

$$p=\sqrt{\frac{2\times99.8}{155\times3\times10^{-4}}}=65.52$$

乙烯侧：

$$b=\frac{h_1}{2}$$

式中　h_1——乙烯侧翅高，m。

$$b=4.7\times10^{-3}\text{m}$$

查双曲函数表可知：$\tanh(pb)=0.2913$。

乙烯侧翅片一次面传热效率：

$$\eta_f=\frac{\tanh(pb)}{pb}=0.946$$

乙烯侧翅片总传热效率：

$$\eta_0=1-\frac{F_2}{F_0}(1-\eta_f)=0.963$$

式中　F_2——乙烯侧二次传热面积，m^2；

　　F_0——乙烯侧总传热面积，m^2。

5.1.8.4　氮气-甲烷-乙烯侧板翅之间的一系列常数的计算

各股流体流道的质量流速：

$$G_i = \frac{W}{nf_i L_w}$$

式中　G_i——流体的质量流速，$kg/(m^2 \cdot s)$；

　　W——各股流体的质量流量，kg/s；

　　f_i——单层通道一米宽度上的截面积，m^2；

　　n——通道层数；

　　L_w——翅片有效宽度，m。

$$G_i = \frac{12.836}{0.01058 \times 2 \times 40} = 15.17[kg/(m^2 \cdot s)]$$

雷诺数：

$$Re = \frac{G_i d_e}{\mu}$$

式中　G_i——流体的质量流速，$kg/(m^2 \cdot s)$；

　　d_e——当量直径，m；

　　μ——流体的黏度，$kg/(m \cdot s)$。

$$Re = \frac{15.17 \times 2.26 \times 10^{-3}}{7.9157 \times 10^{-6}} = 4331.17$$

普朗特数：$Pr = 0.728$。

斯坦顿数：

$$St = \frac{j}{Pr^{2/3}}$$

式中　j——传热因子，查王松汉著《板翅式换热器》得传热因子为 0.0046。

$$St = \frac{0.0046}{0.728^{2/3}} = 0.00568$$

$$\alpha = 3600 St \times C \times G_i$$

$$\alpha = \frac{3600 \times 0.00568 \times 5.6848 \times 15.17}{4.184} = 421.46[kcal/(m^2 \cdot h \cdot ℃)]$$

氮气-甲烷-乙烯侧的 p 值：

$$p = \sqrt{\frac{2\alpha}{\lambda\delta}}$$

式中　α——氮气-甲烷-乙烯侧流体给热系数，$kcal/(m^2 \cdot h \cdot ℃)$；

　　λ——翅片材料热导率，$W/(m \cdot K)$；

　　δ——翅厚，m。

$$p=\sqrt{\frac{2\times 421.46}{155\times 1.5\times 10^{-4}}}=190.41$$

氮气-甲烷-乙烯侧：

$$b=\frac{h_1}{2}$$

式中　h_1——氮气-甲烷-乙烯侧板侧翅高，m。

$$b=6\times 10^{-3}\mathrm{m}$$

查双曲函数表可知：$\tanh(pb)=0.8148$。

氮气-甲烷-乙烯侧翅片一次面传热效率：

$$\eta_\mathrm{f}=\frac{\tanh(pb)}{pb}=0.715$$

氮气-甲烷-乙烯侧翅片总传热效率：

$$\eta_0=1-\frac{F_2}{F_0}(1-\eta_\mathrm{f})=0.745$$

式中　F_2——氮气-甲烷-乙烯侧二次传热面积，m^2；

F_0——氮气-甲烷-乙烯侧总传热面积，m^2。

5.1.8.5　二级板翅式换热器传热面积计算

（1）混合制冷剂侧与天然气侧换热面积的计算

以混合制冷剂侧传热面积为基准的总传热系数：

$$K_\mathrm{c}=\frac{1}{\dfrac{1}{\alpha_\mathrm{h}\eta_{0\mathrm{h}}}\times\dfrac{F_\mathrm{oc}}{F_\mathrm{oh}}+\dfrac{1}{\alpha_\mathrm{c}\eta_{0\mathrm{c}}}}$$

式中　α_h——天然气侧给热系数，kcal/(m^2 • h • ℃)；

$\eta_{0\mathrm{h}}$——天然气侧总传热效率；

$\eta_{0\mathrm{c}}$——混合制冷剂侧总传热效率；

F_oc——混合制冷剂侧单位面积翅片的总传热面积，m^2；

F_oh——天然气侧单位面积翅片的总传热面积，m^2；

α_c——混合制冷剂侧给热系数，kcal/(m^2 • h • ℃)。

$$K_\mathrm{c}=\frac{1}{\dfrac{1}{142.27\times 0.94}\times\dfrac{18.7}{8.94}+\dfrac{1}{421.46\times 0.745}}=53.12[\mathrm{kcal/(m^2\cdot h\cdot ℃)}]$$

以天然气侧传热面积为基准的总传热系数：

$$K_\mathrm{h}=\frac{1}{\dfrac{1}{\alpha_\mathrm{h}\eta_{0\mathrm{h}}}+\dfrac{F_\mathrm{oh}}{F_\mathrm{oc}}\times\dfrac{1}{\alpha_\mathrm{c}\eta_{0\mathrm{c}}}}=\frac{1}{\dfrac{1}{142.27\times 0.94}+\dfrac{8.94}{18.7}\times\dfrac{1}{421.46\times 0.745}}=111.11[\mathrm{kcal/(m^2\cdot h\cdot ℃)}]$$

（2）混合制冷剂侧与天然气侧对数平均温差的计算

$$\Delta t_{\mathrm{m}}=\frac{\Delta t_1-\Delta t_2}{\ln\dfrac{\Delta t_1}{\Delta t_2}}$$

式中　Δt_1 ——换热器进、出口温差中数值大的温差，$\Delta t_1=6$ ℃；

Δt_2 ——换热器进、出口温差中数值小的温差，$\Delta t_2=4$ ℃。

$$\Delta t_{\mathrm{m}}=\frac{-84-(-90)-(-120)-(-124)}{\ln\dfrac{-84-(-90)}{-120-(-124)}}=4.93(℃)$$

（3）混合制冷剂侧与天然气侧传热面积计算

混合制冷剂侧传热面积：

$$A=\frac{Q}{K\Delta t}=\frac{\dfrac{304.24}{4.184}\times 3600}{53.12\times 4.93}=999.6(\mathrm{m}^2)$$

经过初步计算，确定板翅式换热器的宽度为 3m，则混合制冷剂侧板束长度：

$$l=\frac{A}{fnb}$$

式中　f ——混合制冷剂侧单位面积翅片的总传热面积，m^2；

n ——流道数，根据初步计算，每组流道数为 10；

b ——板翅式换热器宽度，m。

$$l=\frac{999.6}{18.7\times 10\times 3}=1.78(\mathrm{m})$$

天然气侧传热面积：

$$A=\frac{Q}{K\Delta t}=\frac{\dfrac{304.24}{4.184}\times 3600}{111.11\times 4.93}=477.89(\mathrm{m}^2)$$

天然气侧板束长度：

$$l=\frac{A}{fnb}=\frac{477.89}{8.94\times 10\times 3}=1.78(\mathrm{m})$$

5.1.8.6　混合制冷剂侧与氮气-甲烷侧换热面积的计算

（1）以混合制冷剂侧传热面积为基准的总传热系数

$$K_{\mathrm{c}}=\frac{1}{\dfrac{1}{\alpha_{\mathrm{h}}\eta_{0\mathrm{h}}}\times\dfrac{F_{\mathrm{oc}}}{F_{\mathrm{oh}}}+\dfrac{1}{\alpha_{\mathrm{c}}\eta_{0\mathrm{c}}}}$$

式中　α_{h} ——氮气-甲烷侧给热系数，$\mathrm{kcal/(m^2 \cdot h \cdot ℃)}$；

η_{0h} ——氮气-甲烷侧总传热效率；

η_{0c} ——混合制冷剂侧总传热效率；

F_{oc} ——混合制冷剂侧单位面积翅片的总传热面积，m^2；

F_{oh} ——氮气-甲烷侧单位面积翅片的总传热面积，m^2；

α_c ——混合制冷剂侧给热系数，kcal/(m² • h • ℃)。

$$K_c = \frac{1}{\dfrac{1}{580.93\times0.536}\times\dfrac{18.7}{12.7}+\dfrac{1}{421.46\times0.745}} = 126.36[\text{kcal}/(\text{m}^2\cdot\text{h}\cdot{}^\circ\text{C})]$$

以氮气-甲烷侧传热面积为基准的总传热系数：

$$K_h = \frac{1}{\dfrac{1}{\alpha_h\eta_{0h}}+\dfrac{F_{oh}}{F_{oc}}\times\dfrac{1}{\alpha_c\eta_{0c}}} = \frac{1}{\dfrac{1}{580.93\times0.536}+\dfrac{12.7}{18.7}\times\dfrac{1}{421.46\times0.745}} = 186.06[\text{kcal}/(\text{m}^2\cdot\text{h}\cdot{}^\circ\text{C})]$$

（2）混合制冷剂侧与氮气-甲烷侧对数平均温差的计算

$$\Delta t_m = \frac{\Delta t_1 - \Delta t_2}{\ln\dfrac{\Delta t_1}{\Delta t_2}}$$

式中　Δt_1 ——换热器进、出口温差中数值大的温差，$\Delta t_1 = 5$ ℃；

Δt_2 ——换热器进、出口温差中数值小的温差，$\Delta t_2 = 4$ ℃。

$$\Delta t_m = \frac{-84-(-90)-(-120)-(-124)}{\ln\dfrac{-84-(-90)}{-120-(-124)}} = 4.93(^\circ\text{C})$$

（3）混合制冷剂侧与氮气-甲烷侧传热面积计算

混合制冷剂侧传热面积：

$$A = \frac{Q}{K\Delta t} = \frac{\dfrac{80.01}{4.184}\times3600}{126.36\times4.93} = 110.51(\text{m}^2)$$

经过初步计算，确定板翅式换热器的宽度为 3m，则混合制冷剂侧板束长度：

$$l = \frac{A}{fnb}$$

式中　f ——混合制冷剂侧单位面积翅片的总传热面积，m^2；

n ——流道数，根据初步计算，每组流道数为 5；

b ——板翅式换热器宽度，m。

$$l = \frac{110.51}{18.7\times5\times3} = 0.39(\text{m})$$

氮气-甲烷侧传热面积：

$$A = \frac{Q}{K\Delta t} = \frac{\dfrac{80.01}{4.184}\times3600}{186.06\times4.93} = 75.05(\text{m}^2)$$

氮气-甲烷侧板束长度：

$$l=\frac{A}{fnb}=\frac{75.05}{12.7\times 5\times 3}=0.39(\mathrm{m})$$

5.1.8.7　混合制冷剂侧与乙烯侧换热面积的计算

（1）混合制冷剂侧与乙烯侧总传热系数的计算

以混合制冷剂侧传热面积为基准的总传热系数：

$$K_{\mathrm{c}}=\frac{1}{\frac{1}{\alpha_{\mathrm{h}}\eta_{0\mathrm{h}}}\times\frac{F_{\mathrm{oc}}}{F_{\mathrm{oh}}}+\frac{1}{\alpha_{\mathrm{c}}\eta_{0\mathrm{c}}}}$$

式中　α_{h} ——乙烯侧给热系数，kcal/(m² • h • ℃)；

$\eta_{0\mathrm{h}}$ ——乙烯侧总传热效率；

$\eta_{0\mathrm{c}}$ ——混合制冷剂侧总传热效率；

F_{oc} ——混合制冷剂侧单位面积翅片的总传热面积，m²；

F_{oh} ——乙烯侧单位面积翅片的总传热面积，m²；

α_{c} ——混合制冷剂侧给热系数，kcal/(m² • h • ℃)。

$$K_{\mathrm{c}}=\frac{1}{\frac{1}{142.27\times 0.94}\times\frac{18.7}{6.1}+\frac{1}{99.8\times 0.963}}=30[\mathrm{kcal/(m^2\cdot h\cdot ^\circ C)}]$$

以乙烯侧传热面积为基准的总传热系数：

$$K_{\mathrm{h}}=\frac{1}{\frac{1}{\alpha_{\mathrm{h}}\eta_{0\mathrm{h}}}+\frac{F_{\mathrm{oh}}}{F_{\mathrm{oc}}}\times\frac{1}{\alpha_{\mathrm{c}}\eta_{0\mathrm{c}}}}=\frac{1}{\frac{1}{142.27\times 0.94}+\frac{6.1}{18.7}\times\frac{1}{99.8\times 0.963}}=91.98[\mathrm{kcal/(m^2\cdot h\cdot ^\circ C)}]$$

（2）混合制冷剂侧与乙烯侧对数平均温差的计算

$$\Delta t_{\mathrm{m}}=\frac{\Delta t_1-\Delta t_2}{\ln\frac{\Delta t_1}{\Delta t_2}}$$

式中　Δt_1 ——换热器进、出口温差中数值大的温差，$\Delta t_1=5$ ℃；

Δt_2 ——换热器进、出口温差中数值小的温差，$\Delta t_2=4$ ℃。

$$\Delta t_{\mathrm{m}}=\frac{-84-(-90)-(-120)-(-124)}{\ln\frac{-84-(-90)}{-120-(-124)}}=4.93(^\circ\mathrm{C})$$

（3）传热面积计算

混合制冷剂侧传热面积：

$$A=\frac{Q}{K\Delta t}=\frac{\frac{87.049}{4.184}\times 3600}{30\times 4.93}=506.41(\mathrm{m^2})$$

经过初步计算，确定板翅式换热器的宽度为 3m，则混合制冷剂侧板束长度：

$$l = \frac{A}{fnb}$$

式中　f ——混合制冷剂侧单位面积翅片的总传热面积，m^2；

n ——流道数，根据初步计算，每组流道数为 5；

b ——板翅式换热器宽度，m。

$$l = \frac{506.41}{18.7 \times 5 \times 3} = 1.81(\mathrm{m})$$

乙烯侧传热面积：

$$A = \frac{Q}{K\Delta t} = \frac{\frac{87.049}{4.184} \times 3600}{91.98 \times 4.93} = 165.17(\mathrm{m}^2)$$

乙烯侧板束长度：

$$l = \frac{A}{fnb} = \frac{165.17}{6.1 \times 5 \times 3} = 1.81(\mathrm{m})$$

综上所述，二级换热器板束长度为 7.2m。

5.1.8.8　二级换热器板侧的排列及组数

二级换热器每组板侧排列如图 5-4 所示，共包括 50 组，每组之间采用钎焊连接。

混合制冷剂
天然气
N_2-CH_4-C_2H_4
N_2-CH_4
C_2H_4

图 5-4　二级换热器每组板侧排列

5.1.8.9　二级换热器压力损失的计算

（1）天然气侧压力损失的计算

$$\Delta p = \frac{G^2}{2g_c\rho_1}\left[\left(K_c + 1 - \sigma^2\right) + 2\left(\frac{\rho_1}{\rho_2} - 1\right) + \frac{4fl}{D_e} \times \frac{\rho_1}{\rho_{av}} - \left(1 - \sigma^2 - K_e\right)\frac{\rho_1}{\rho_2}\right]$$

$$f_a = \frac{x(L-\delta)L_w n}{x+\delta} = \frac{(1.7-0.3)\times 10^{-3} \times (6.5-0.3)\times 10^{-3} \times 2 \times 10}{1.7 \times 10^{-3}} = 0.102(\mathrm{m}^2)$$

$$A_{fa} = (L + \delta_s)L_w N_t = (6.5+2)\times 10^{-3} \times 2 \times 15 = 0.255(\mathrm{m}^2)$$

$$\sigma = \frac{f_a}{A_{fa}} = 0.4\text{；}\quad K_c = 1.13\text{；}\quad K_e = 0.05$$

$$\Delta p = \frac{(2.37 \times 3600)^2}{2 \times 1.27 \times 10^8 \times 274.35} \times \left[(1.13 + 1 - 0.4^2) + 2 \times \left(\frac{274.35}{373.02} - 1\right) + \right.$$

$$\left.\frac{4\times0.015\times7.2}{2.28\times10^{-3}}\times\frac{274.35}{373.02}-(1-0.4^2-0.05)\times\frac{274.35}{373.02}\right]=0.1464(\text{Pa})$$

经过校核计算，压力降在允许压力降范围之内。

（2）乙烯侧压力损失的计算

$$\Delta p=\frac{G^2}{2g_c\rho_1}\left[\left(K_c+1-\sigma^2\right)+2\left(\frac{\rho_1}{\rho_2}-1\right)+\frac{4fl}{D_e}\times\frac{\rho_1}{\rho_{av}}-(1-\sigma^2-K_e)\frac{\rho_1}{\rho_2}\right]$$

$$f_a=\frac{x(L-\delta)L_w n}{x+\delta}=\frac{(2-0.3)\times10^{-3}\times(4.7-0.3)\times10^{-3}\times2\times5}{2.0\times10^{-3}}=0.037(\text{m}^2)$$

$$A_{fa}=(L+\delta_s)L_w N_t=(4.7+2)\times10^{-3}\times2\times10=0.134(\text{m}^2)$$

$$\sigma=\frac{f_a}{A_{fa}}=0.276;\quad K_c=1.15;\quad K_e=0.3$$

$$\Delta p=\frac{(1.34\times3600)^2}{2\times1.27\times10^8\times540.01}\times\left[(1.15+1-0.276^2)+2\times\left(\frac{540.01}{291.49}-1\right)+\right.$$

$$\left.\frac{4\times0.04\times7.2}{2.45\times10^{-3}}\times\frac{540.01}{291.49}-(1-0.276^2-0.3)\times\frac{540.01}{291.49}\right]=0.1482(\text{Pa})$$

经过校核计算，压力降在允许压力降范围之内。

（3）混合制冷剂侧压力损失的计算

$$\Delta p=\frac{G^2}{2g_c\rho_1}\left[\left(K_c+1-\sigma^2\right)+2\left(\frac{\rho_1}{\rho_2}-1\right)+\frac{4fl}{D_e}\times\frac{\rho_1}{\rho_{av}}-(1-\sigma^2-K_e)\frac{\rho_1}{\rho_2}\right]$$

$$f_a=\frac{x(L-\delta)L_w n}{x+\delta}=\frac{(1.4-0.15)\times10^{-3}\times(12-0.15)\times10^{-3}\times2\times10}{1.4\times10^{-3}}=0.212(\text{m}^2)$$

$$A_{fa}=(L+\delta_s)L_w N_t=(12+2)\times10^{-3}\times2\times10=0.28(\text{m}^2)$$

$$\sigma=\frac{f_a}{A_{fa}}=0.757;\quad K_c=0.46;\quad K_e=0.31$$

$$\Delta p=\frac{(12.836\times3600)^2}{2\times1.27\times10^8\times1.5646}\times\left[(0.46+1-0.757^2)+2\times\left(\frac{1.5646}{1.2657}-1\right)+\right.$$

$$\left.\frac{4\times0.0098\times7.2}{2.26\times10^{-3}}\times\frac{1.5646}{1.2657}-(1-0.757^2-0.31)\times\frac{1.5646}{1.2657}\right]=836.0146(\text{Pa})$$

经过校核计算，压力降在允许压力降范围之内。

（4）氮气-甲烷侧压力损失的计算

$$\Delta p=\frac{G^2}{2g_c\rho_1}\left[\left(K_c+1-\sigma^2\right)+2\left(\frac{\rho_1}{\rho_2}-1\right)+\frac{4fl}{D_e}\times\frac{\rho_1}{\rho_{av}}-(1-\sigma^2-K_e)\frac{\rho_1}{\rho_2}\right]$$

$$f_a=\frac{x(L-\delta)L_w n}{x+\delta}=\frac{(1.7-0.2)\times10^{-3}\times(9.5-0.2)\times10^{-3}\times2\times10}{1.7\times10^{-3}}=0.164(\mathrm{m}^2)$$

$$A_{fa}=(L+\delta_s)L_w N_t=(9.5+2)\times10^{-3}\times2\times10=0.23(\mathrm{m}^2)$$

$$\sigma=\frac{f_a}{A_{fa}}=0.71;\quad K_c=0.49;\quad K_e=0.36$$

$$\Delta p=\frac{(11.496\times3600)^2}{2\times1.27\times10^8\times19.251}\times\left[(0.49+1-0.71^2)+2\times\left(\frac{19.251}{26.644}-1\right)+\frac{4\times0.012\times7.2}{2.58\times10^{-3}}\times\frac{19.251}{26.644}-(1-0.71^2-0.36)\times\frac{19.251}{26.644}\right]=34.02(\mathrm{Pa})$$

经过校核计算，压力降在允许压力降范围之内。

5.1.9　三级换热器流体参数计算（单层通道）

5.1.9.1　天然气侧板翅之间的一系列常数的计算

各股流体流道的质量流速：

$$G_i=\frac{W}{nf_iL_w}$$

式中　G_i——流体的质量流速，kg/(m^2·s)；

W——各股流体的质量流量，kg/s；

f_i——单层通道一米宽度上的截面积，m^2；

n——通道层数；

L_w——翅片有效宽度，m。

$$G_i=\frac{2.37}{5.11\times10^{-3}\times2\times5}=46.38[\mathrm{kg/(m^2\cdot s)}]$$

雷诺数：

$$Re=\frac{G_i d_e}{\mu}$$

式中　G_i——流体的质量流速，kg/(m^2·s)；

d_e——当量直径，m；

μ——流体的黏度，kg/(m·s)。

$$Re=\frac{46.38\times2.28\times10^{-3}}{89.54\times10^{-6}}=1181$$

普朗特数：$Pr=2.039$。

斯坦顿数：

$$St=\frac{j}{Pr^{2/3}}$$

式中　j——传热因子，查王松汉著《板翅式换热器》得传热因子为0.0048。

$$St=\frac{0.0048}{2.039^{2/3}}=0.00298$$

$$\alpha=3600St\times C\times G_i$$

$$\alpha=\frac{3600\times0.00298\times0.5152\times46.38}{4.184}=61.27[\text{kcal}/(\text{m}^2\cdot\text{h}\cdot^\circ\text{C})]$$

天然气侧的 p 值：

$$p=\sqrt{\frac{2\alpha}{\lambda\delta}}$$

式中　α——天然气侧流体给热系数，kcal/(m^2·h·℃)；

λ——翅片材料热导率，W/(m·K)；

δ——翅厚，m。

$$p=\sqrt{\frac{2\times61.27}{155\times3\times10^{-4}}}=51.33$$

天然气侧：

$$b=\frac{h_1}{2}$$

式中　h_1——天然气板侧翅高，m。

$$b=6.5\times10^{-3}\,\text{m}$$

查双曲函数表可知：$\tanh(pb)=0.3264$。

天然气侧翅片一次面传热效率：

$$\eta_\text{f}=\frac{\tanh(pb)}{pb}=0.98$$

天然气侧翅片总传热效率：

$$\eta_0=1-\frac{F_2}{F_0}(1-\eta_\text{f})=0.984$$

式中　F_2——天然气侧二次传热面积，m^2；

F_0——天然气侧总传热面积，m^2。

5.1.9.2　氮气-甲烷侧板翅之间的一系列常数的计算

各股流体流道的质量流速：

$$G_i=\frac{W}{nf_iL_\text{w}}$$

式中　G_i——流体的质量流速，kg/(m^2·s)；

W——各股流体的质量流量，kg/s；

f_i——单层通道一米宽度上的截面积，m^2；

n——通道层数；

L_w——翅片有效宽度，m。

$$G_i=\frac{11.496}{0.00821\times2\times20}=35[\text{kg}/(\text{m}^2\cdot\text{s})]$$

雷诺数：

$$Re=\frac{G_i d_e}{\mu}$$

式中　G_i——流体的质量流速，kg/(m^2 • s)；

d_e——当量直径，m；

μ——流体的黏度，kg/(m • s)。

$$Re=\frac{35\times2.58\times10^{-3}}{47.1\times10^{-6}}=1917$$

普朗特数：$Pr=1.475$。

斯坦顿数：

$$St=\frac{j}{Pr^{2/3}}$$

式中　j——传热因子，查王松汉著《板翅式换热器》得传热因子为 0.0034。

$$St=\frac{0.0034}{1.475^{2/3}}=0.0026$$

$$\alpha=3600St\times C\times G_i$$

$$\alpha=\frac{3600\times0.0026\times2.72\times35}{4.184}=212.97[\text{kcal}/(\text{m}^2\cdot\text{h}\cdot℃)]$$

氮气-甲烷侧的 p 值：

$$p=\sqrt{\frac{2\alpha}{\lambda\delta}}$$

式中　α——氮气-甲烷侧流体给热系数，kcal/(m^2 • h • ℃)；

λ——翅片材料热导率，W/(m • K)；

δ——翅厚，m。

$$p=\sqrt{\frac{2\times212.97}{155\times2\times10^{-4}}}=117.22$$

氮气-甲烷侧：

$$b=\frac{h_1}{2}$$

式中　h_1——氮气-甲烷侧翅高，m。

$$b=9.5\times10^{-3}\text{m}$$

查双曲函数表可知：$\tanh(pb)=0.8041$。

氮气-甲烷侧翅片一次面传热效率：

$$\eta_f=\frac{\tanh(pb)}{pb}=0.722$$

氮气-甲烷侧翅片总传热效率：

$$\eta_0=1-\frac{F_2}{F_0}(1-\eta_f)=0.7654$$

式中 F_2——氮气-甲烷侧二次传热面积，m^2；

F_0——氮气-甲烷侧总传热面积，m^2。

5.1.9.3 混合制冷剂侧板翅之间的一系列常数的计算

各股流体流道的质量流速：

$$G_i = \frac{W}{nf_i L_w}$$

式中 G_i——流体的质量流速，$kg/(m^2 \cdot s)$；

W——各股流体的质量流量，kg/s；

f_i——单层通道一米宽度上的截面积，m^2；

n——通道层数；

L_w——翅片有效宽度，m。

$$G_i = \frac{11.496}{0.01058 \times 2 \times 20} = 27.16[kg/(m^2 \cdot s)]$$

雷诺数：

$$Re = \frac{G_i d_e}{\mu}$$

式中 G_i——流体的质量流速，$kg/(m^2 \cdot s)$；

d_e——当量直径，m；

μ——流体的黏度，$kg/(m \cdot s)$。

雷诺数：

$$Re = \frac{27.16 \times 2.26 \times 10^{-3}}{47.1 \times 10^{-6}} = 1303$$

普朗特数：$Pr = 1.475$。

斯坦顿数：

$$St = \frac{j}{Pr^{2/3}}$$

式中 j——传热因子，查王松汉著《板翅式换热器》得传热因子为 0.055。

$$St = \frac{0.055}{1.475^{2/3}} = 0.0424$$

$$\alpha = 3600 St \times C \times G_i$$

$$\alpha = 3600 \times 0.0424 \times 0.65 \times 27.16 = 2695[kcal/(m^2 \cdot h \cdot ℃)]$$

混合制冷剂侧的 p 值：

$$p = \sqrt{\frac{2\alpha}{\lambda\delta}}$$

式中 α——混合制冷剂侧流体给热系数，$kcal/(m^2 \cdot h \cdot ℃)$；

λ——翅片材料热导率，$W/(m \cdot K)$；

δ——翅厚，m。

$$p=\sqrt{\frac{2\times 2695}{155\times 1.5\times 10^{-4}}}=481.49$$

混合制冷剂侧：

$$b=\frac{h_1}{2}$$

式中　h_1——混合制冷剂板侧翅高，m。

$$b=6\times 10^{-3}\mathrm{m}$$

查双曲函数表可知：$\tanh(pb)=0.9930$。

混合制冷剂侧翅片一次面传热效率：

$$\eta_{\mathrm{f}}=\frac{\tanh(pb)}{pb}=0.344$$

混合制冷剂侧翅片总传热效率：

$$\eta_0=1-\frac{F_2}{F_0}(1-\eta_{\mathrm{f}})=0.413$$

式中　F_2——混合制冷剂侧二次传热面积，m^2。

F_0——混合制冷剂侧总传热面积，m^2。

5.1.9.4　三级板翅式换热器传热面积计算

（1）混合制冷剂侧与天然气侧总传热系数的计算

以混合制冷剂侧传热面积为基准的总传热系数：

$$K_{\mathrm{c}}=\frac{1}{\dfrac{1}{\alpha_{\mathrm{h}}\eta_{0\mathrm{h}}}\times\dfrac{F_{\mathrm{oc}}}{F_{\mathrm{oh}}}+\dfrac{1}{\alpha_{\mathrm{c}}\eta_{0\mathrm{c}}}}$$

式中　α_{h}——天然气侧给热系数，$\mathrm{kcal/(m^2\cdot h\cdot ℃)}$；

$\eta_{0\mathrm{h}}$——天然气侧总传热效率；

$\eta_{0\mathrm{c}}$——混合制冷剂侧总传热效率；

F_{oc}——混合制冷剂侧单位面积翅片的总传热面积，m^2；

F_{oh}——天然气侧单位面积翅片的总传热面积，m^2；

α_{c}——混合制冷剂侧给热系数，$\mathrm{kcal/(m^2\cdot h\cdot ℃)}$。

$$K_{\mathrm{c}}=\frac{1}{\dfrac{1}{61.27\times 0.984}\times\dfrac{18.7}{8.94}+\dfrac{1}{2695\times 0.413}}=28.095[\mathrm{kcal/(m^2\cdot h\cdot ℃)}]$$

以天然气侧传热面积为基准的总传热系数：

$$K_{\mathrm{h}}=\frac{1}{\dfrac{1}{\alpha_{\mathrm{h}}\eta_{0\mathrm{h}}}+\dfrac{F_{\mathrm{oh}}}{F_{\mathrm{oc}}}\times\dfrac{1}{\alpha_{\mathrm{c}}\eta_{0\mathrm{c}}}}=\frac{1}{\dfrac{1}{61.27\times 0.984}+\dfrac{8.94}{18.7}\times\dfrac{1}{2695\times 0.413}}=58.77[\mathrm{kcal/(m^2\cdot h\cdot ℃)}]$$

（2）混合制冷剂侧与天然气侧对数平均温差的计算

$$\Delta t_{\mathrm{m}}=\frac{\Delta t_1-\Delta t_2}{\ln\dfrac{\Delta t_1}{\Delta t_2}}$$

式中 Δt_1 ——换热器进、出口温差中数值大的温差，$\Delta t_1=16℃$；

Δt_2 ——换热器进、出口温差中数值小的温差，$\Delta t_2=6℃$。

$$\Delta t_{\mathrm{m}}=\frac{(178-162)-(126-120)}{\ln\dfrac{-178-162}{126-120}}=10.2(℃)$$

（3）混合制冷剂侧与天然气侧传热面积计算

混合制冷剂侧传热面积：

$$A=\frac{Q}{K\Delta t}=\frac{\dfrac{347.65}{4.184}\times 3600}{28.095\times 10.2}=1043.8(\mathrm{m}^2)$$

经过初步计算，确定板翅式换热器的宽度为 3m，则混合制冷剂侧板束长度：

$$l=\frac{A}{fnb}$$

式中 f ——混合制冷剂侧单位面积翅片的总传热面积，m^2；

n ——流道数，根据初步计算，每组流道数为 10；

b ——板翅式换热器宽度，m。

$$l=\frac{1043.8}{18.7\times 10\times 3}=1.86(\mathrm{m})$$

天然气侧传热面积：

$$A=\frac{Q}{K\Delta t}=\frac{\dfrac{347.65}{4.184}\times 3600}{58.77\times 10.2}=499(\mathrm{m}^2)$$

天然气侧板束长度：

$$l=\frac{A}{fnb}=\frac{499}{8.94\times 5\times 3}=3.72(\mathrm{m})$$

经过优化设计，取每组流道数为 5。

5.1.9.5　混合制冷剂侧与氮气-甲烷侧换热面积的计算

（1）混合制冷剂侧与氮气-甲烷侧总传热系数的计算

以混合制冷剂侧传热面积为基准的总传热系数：

$$K_{\mathrm{c}}=\frac{1}{\dfrac{1}{\alpha_{\mathrm{h}}\eta_{0\mathrm{h}}}\times\dfrac{F_{\mathrm{oc}}}{F_{\mathrm{oh}}}+\dfrac{1}{\alpha_{\mathrm{c}}\eta_{0\mathrm{c}}}}$$

式中　α_h ——氮气-甲烷侧给热系数，$kcal/(m^2 \cdot h \cdot ℃)$；

η_{0h} ——氮气-甲烷侧总传热效率；

η_{0c} ——混合制冷剂侧总传热效率；

F_{oc} ——混合制冷剂侧单位面积翅片的总传热面积，m^2；

F_{oh} ——氮气-甲烷侧单位面积翅片的总传热面积，m^2；

α_c ——混合制冷剂侧给热系数，$kcal/(m^2 \cdot h \cdot ℃)$。

$$K_c = \frac{1}{\frac{1}{212.59 \times 0.7654} \times \frac{18.7}{12.7} + \frac{1}{2695 \times 0.413}} = 100.53[kcal/(m^2 \cdot h \cdot ℃)]$$

以氮气-甲烷侧传热面积为基准的总传热系数：

$$K_h = \frac{1}{\frac{1}{\alpha_h \eta_{0h}} + \frac{F_{oh}}{F_{oc}} \times \frac{1}{\alpha_c \eta_{0c}}} = \frac{1}{\frac{1}{212.59 \times 0.7654} + \frac{12.7}{18.7} \times \frac{1}{2695 \times 0.413}} = 148.02[kcal/(m^2 \cdot h \cdot ℃)]$$

（2）混合制冷剂侧与氮气-甲烷侧对数平均温差的计算

$$\Delta t_m = \frac{\Delta t_1 - \Delta t_2}{\ln \frac{\Delta t_1}{\Delta t_2}}$$

式中　Δt_1 ——换热器进、出口温差中数值大的温差，$\Delta t_1 = 16℃$；

Δt_2 ——换热器进、出口温差中数值小的温差，$\Delta t_2 = 6℃$。

$$\Delta t_m = \frac{(178-162)-(126-120)}{\ln \frac{178-162}{126-120}} = 10.2(℃)$$

（3）混合制冷剂侧与氮气-甲烷侧传热面积计算

混合制冷剂侧传热面积：

$$A = \frac{Q}{K\Delta t} = \frac{\frac{4996.93}{4.184} \times 3600}{100.53 \times 10.2} = 4192.9(m^2)$$

经过初步计算，确定板翅式换热器的宽度为 3m，则混合制冷剂侧板束长度：

$$l = \frac{A}{fnb}$$

式中　f ——混合制冷剂侧单位面积翅片的总传热面积，m^2；

n ——流道数，根据初步计算，每组流道数为 10；

b ——板翅式换热器宽度，m。

$$l = \frac{4192.9}{18.7 \times 10 \times 3} = 7.47(m)$$

氮气-甲烷侧传热面积：

$$A=\frac{Q}{K\Delta t}=\frac{\dfrac{4996.93}{4.184}\times 3600}{148.02\times 10.2}=2847.7(\mathrm{m}^2)$$

氮气-甲烷侧板束长度：

$$l=\frac{A}{fnb}=\frac{2847.7}{12.7\times 10\times 3}=7.47(\mathrm{m})$$

综上所述，三级换热器板束长度为 8.26m。

5.1.9.6　三级换热器板侧的排列及组数

三级换热器每组板侧排列如图 5-5 所示，共包括 50 组，每组之间采用钎焊连接。

混合制冷剂
天然气
混合制冷剂
N_2-CH_4
混合制冷剂

图 5-5　三级换热器每组板侧排列

5.1.9.7　三级换热器压力损失的计算

（1）天然气侧压力损失的计算

$$\Delta p=\frac{G^2}{2g_c\rho_1}\left[\left(K_c+1-\sigma^2\right)+2\left(\frac{\rho_1}{\rho_2}-1\right)+\frac{4fl}{D_e}\times\frac{\rho_1}{\rho_{av}}-(1-\sigma^2-K_e)\frac{\rho_1}{\rho_2}\right]$$

$$f_a=\frac{x(L-\delta)L_w n}{x+\delta}=\frac{(1.7-0.3)\times 10^{-3}\times(6.5-0.3)\times 10^{-3}\times 2\times 5}{1.7\times 10^{-3}}=0.0511(\mathrm{m}^2)$$

$$A_{fa}=(L+\delta_s)L_w N_t=(6.5+2)\times 10^{-3}\times 2\times 10=0.17(\mathrm{m}^2)$$

$$\sigma=\frac{f_a}{A_{fa}}=0.301；\quad K_c=1.15；\quad K_e=0.25$$

$$\Delta p=\frac{(27.16\times 3600)^2}{2\times 1.27\times 10^8\times 373.02}\times\left[(1.15+1-0.301^2)+2\times\left(\frac{373.02}{438.2}-1\right)+\right.$$

$$\left.\frac{4\times 0.04\times 4.6}{2.28\times 10^{-3}}\times\frac{373.02}{438.2}-(1-0.301^2-0.25)\times\frac{373.02}{438.2}\right]=27.848(\mathrm{Pa})$$

经过校核计算，压力降在允许压力降范围之内。

（2）氮气-甲烷侧压力损失的计算

$$\Delta p=\frac{G^2}{2g_c\rho_1}\left[(K_c+1-\sigma^2)+2\left(\frac{\rho_1}{\rho_2}-1\right)+\frac{4fl}{D_e}\times\frac{\rho_1}{\rho_{av}}-(1-\sigma^2-K_e)\frac{\rho_1}{\rho_2}\right]$$

$$f_a=\frac{x(L-\delta)L_w n}{x+\delta}=\frac{(1.7-0.2)\times 10^{-3}\times(9.5-0.2)\times 10^{-3}\times 2\times 10}{1.7\times 10^{-3}}=0.164(\mathrm{m}^2)$$

$$A_{\mathrm{fa}}=(L+\delta_{\mathrm{s}})L_{\mathrm{w}}N_{\mathrm{t}}=(9.5+2)\times10^{-3}\times2\times20=0.46(\mathrm{m}^2)$$

$$\sigma=\frac{f_{\mathrm{a}}}{A_{\mathrm{fa}}}=0.3565\text{；}\quad K_{\mathrm{c}}=1.13\text{；}\quad K_{\mathrm{e}}=0.13$$

$$\Delta p=\frac{(35\times3600)^2}{2\times1.27\times10^8\times26.644}\times\left[(1.13+1-0.3565^2)+2\times\left(\frac{26.644}{478.89}-1\right)+\frac{4\times0.05\times4.6}{2.58\times10^{-3}}\times\frac{26.644}{478.89}-(1-0.3565^2-0.13)\times\frac{26.644}{478.89}\right]=46.7(\mathrm{Pa})$$

经过校核计算，压力降在允许压力降范围之内。

（3）混合制冷剂侧压力损失的计算

$$\Delta p=\frac{G^2}{2g_{\mathrm{c}}\rho_1}\left[(K_{\mathrm{c}}+1-\sigma^2)+2\left(\frac{\rho_1}{\rho_2}-1\right)+\frac{4fl}{D_{\mathrm{e}}}\times\frac{\rho_1}{\rho_{\mathrm{av}}}-(1-\sigma^2-K_{\mathrm{e}})\frac{\rho_1}{\rho_2}\right]$$

$$f_{\mathrm{a}}=\frac{x(L-\delta)L_{\mathrm{w}}n}{x+\delta}=\frac{(1.4-0.15)\times10^{-3}\times(12-0.15)\times10^{-3}\times2\times10}{1.4\times10^{-3}}=0.212(\mathrm{m}^2)$$

$$A_{\mathrm{fa}}=(L+\delta_{\mathrm{s}})L_{\mathrm{w}}N_{\mathrm{t}}=(12+2)\times10^{-3}\times2\times20=0.56(\mathrm{m}^2)$$

$$\sigma=\frac{f_{\mathrm{a}}}{A_{\mathrm{fa}}}=0.379\text{；}\quad K_{\mathrm{c}}=0.47\text{；}\quad K_{\mathrm{e}}=0.4$$

$$\Delta p=\frac{(27.16\times3600)^2}{2\times1.27\times10^8\times14.131}\times\left[(0.47+1-0.377^2)+2\times\left(\frac{14.131}{15.4613}-1\right)+\frac{4\times0.033\times4.6}{2.26\times10^{-3}}\times\frac{14.131}{15.4613}-(1-0.377^2-0.4)\times\frac{14.131}{15.4613}\right]=655.94(\mathrm{Pa})$$

经过校核计算，压力降在允许压力降范围之内。

通过前面的计算可以看出，各制冷剂和天然气在翅片内流动时，如果不考虑相变，则通过板翅式换热器时压力损失很少，对于高压板侧的流动，这些压力降可看作是流体静压的波动减少量，对流体的动压没影响，所以流体在板束中的流动速度不需要校正。但是，如果考虑相变的话，流体压力损失比较大，这部分压力损失还得考虑，否则这部分压力损失将对板侧的流动速度产生较大影响，所以还得重新校核流速，使其符合流体相变的速度变化规律。

5.2 板翅式换热器结构设计

5.2.1 封头选择

封头也叫作端盖，是筒体（芯体）与接管的过渡段。封头主要分为三类：凸形封头、平板形封头、锥形封头。凸形封头又分为：半球形封头、椭圆形封头、碟形封头、球冠形封头。这些封头在不同设计中的选择是不同的，根据各自的需求进行选择。

本次设计选择的封头为平板形封头，主要进行封头内径的选择，封头壁厚、端板壁厚的计算与选择。

（1）封头壁厚

当$\dfrac{d_i}{D_i} \leqslant 0.5$时，可由下式计算出封头的厚度：

$$\delta = \frac{pR_i}{[\sigma]'\varphi - 0.6p} + C \tag{5-21}$$

式中 R_i——弧形端面端板内半径，mm；

p——流体压力，MPa；

$[\sigma]'$——试验温度下许用应力，MPa；

φ——焊接接头系数，φ=0.6；

C——壁厚附加量，mm。

（2）端板壁厚

半圆形平板最小厚度计算：

$$\delta_p = R_p\sqrt{\frac{0.44p}{[\sigma]^t \sin\alpha}} + C \tag{5-22}$$

其中，$45° \leqslant \alpha \leqslant 90°$；$[\sigma]^t$——设计温度下许用应力，MPa。

本设计根据各制冷剂的质量流量和换热器尺寸大小按照比例选取封头直径。封头内径型号见表 5-9。

表 5-9　封头内径型号

封头代号	1	2	3	4	5
封头内径/mm	1070	350	875	100	100

5.2.2　一级换热器各个板侧封头壁厚计算

（1）混合制冷剂侧封头壁厚

根据规定内径 $D_i = 1070\text{mm}$ 得内径 $R_i = 535\text{mm}$，则封头壁厚：

$$\delta = \frac{pR_i}{[\sigma]'\varphi - 0.6p} + C = \frac{0.2 \times 535}{51 \times 0.6 + 0.6 \times 0.2} + 2 = 5.48(\text{mm})$$

圆整壁厚[δ]=10mm。

端板壁厚：

$$\delta_p = R_p\sqrt{\frac{0.44p}{[\sigma]^t \sin\alpha}} + C = 535\sqrt{\frac{0.44 \times 0.1}{51}} + 0.68 = 16.39(\text{mm})$$

圆整壁厚[δ_p]=25mm。因为端板厚度应大于等于封头厚度，则端板厚度为 25mm。

（2）天然气侧封头壁厚

根据规定内径 D_i=350mm 得内径 R_i=175mm，则封头壁厚：

$$\delta = \frac{pR_i}{[\sigma]^t\varphi - 0.6p} + C = \frac{4.7\times175}{51\times0.6+0.6\times4.7} + 2 = 26.6(\text{mm})$$

圆整壁厚[δ]=30mm。

端板壁厚：

$$\delta_p = R_p\sqrt{\frac{0.44p}{[\sigma]^t\sin\alpha}} + C = 175\sqrt{\frac{0.44\times4.7}{51}} + 0.6 = 35.84(\text{mm})$$

圆整壁厚[δ_p]=40mm。因为端板厚度应大于等于封头厚度，则端板厚度为 40mm。

（3）氮气-甲烷-乙烯制冷剂侧封头壁厚

根据规定内径 D_i=875mm 得内径 R_i=437.5mm，则封头壁厚：

$$\delta = \frac{pR_i}{[\sigma]^t\varphi - 0.6p} + C = \frac{1.44\times437.5}{51\times0.6+0.6\times1.44} + 2 = 22.02(\text{mm})$$

圆整壁厚[δ]=25mm。

端板壁厚：

$$\delta_p = R_p\sqrt{\frac{0.44p}{[\sigma]^t\sin\alpha}} + C = 437.5\sqrt{\frac{0.44\times1.44}{51}} + 0.83 = 49.59(\text{mm})$$

圆整壁厚[δ_p]=50mm。因为端板厚度应大于等于封头厚度，则端板厚度为 50mm。

（4）丙烷制冷剂侧封头壁厚

根据规定内径 D_i=100mm 得内径 R_i=50mm，则封头壁厚：

$$\delta = \frac{pR_i}{[\sigma]^t\varphi - 0.6p} + C = \frac{4.76\times50}{51\times0.6+0.6\times4.76} + 2 = 9.11(\text{mm})$$

圆整壁厚[δ]=10mm。

端板壁厚：

$$\delta_p = R_p\sqrt{\frac{0.44p}{[\sigma]^t\sin\alpha}} + C = 50\sqrt{\frac{0.44\times4.76}{51}} + 0.3 = 10.43(\text{mm})$$

圆整壁厚[δ_p]=15mm。因为端板厚度应大于等于封头厚度，则端板厚度为 15mm。

5.2.3　二级换热器各个板侧封头壁厚计算

（1）混合制冷剂侧封头壁厚

根据规定内径 D_i=1070mm 得内径 R_i=535mm，则封头壁厚：

$$\delta = \frac{pR_i}{[\sigma]^t\varphi - 0.6p} + C = \frac{0.2\times535}{51\times0.6+0.6\times0.2} + 2 = 5.48(\text{mm})$$

圆整壁厚[δ]=10mm。

端板壁厚：

$$\delta_{\mathrm{p}} = R_{\mathrm{p}}\sqrt{\frac{0.44p}{[\sigma]^{\mathrm{t}}\sin\alpha}} + C = 535\sqrt{\frac{0.44\times 0.2}{51}} + 0.68 = 22.90(\mathrm{mm})$$

圆整壁厚$[\delta_{\mathrm{p}}]$=25 mm。因为端板厚度应大于等于封头厚度，则端板厚度为 25mm。

（2）天然气侧封头壁厚

根据规定内径 D_i=350mm 得内径 R_i=175mm，则封头壁厚：

$$\delta = \frac{pR_i}{[\sigma]^t\varphi - 0.6p} + C = \frac{4.72\times 175}{51\times 0.6 + 0.6\times 4.72} + 2 = 26.71(\mathrm{mm})$$

圆整壁厚$[\delta]$=30mm。

端板壁厚：

$$\delta_{\mathrm{p}} = R_{\mathrm{p}}\sqrt{\frac{0.44p}{[\sigma]^{\mathrm{t}}\sin\alpha}} + C = 175\sqrt{\frac{0.44\times 4.72}{51}} + 0.75 = 36.06(\mathrm{mm})$$

圆整壁厚$[\delta_{\mathrm{p}}]$=40mm。因为端板厚度应大于等于封头厚度，则端板厚度为 40mm。

（3）氮气-甲烷制冷剂侧封头壁厚

根据规定内径 D_i=875mm 得内径 R_i=437.5mm，则封头壁厚：

$$\delta = \frac{pR_i}{[\sigma]^t\varphi - 0.6p} + C = \frac{1.46\times 437.5}{51\times 0.6 + 0.6\times 1.46} + 2 = 22.29(\mathrm{mm})$$

圆整壁厚$[\delta]$=25mm。

端板壁厚：

$$\delta_{\mathrm{p}} = R_{\mathrm{p}}\sqrt{\frac{0.44p}{[\sigma]^{\mathrm{t}}\sin\alpha}} + C = 437.5\sqrt{\frac{0.44\times 1.46}{51}} + 0.83 = 49.93(\mathrm{mm})$$

圆整壁厚$[\delta_{\mathrm{p}}]$=50mm。因为端板厚度应大于等于封头厚度，则端板厚度为 50mm。

（4）乙烯制冷剂侧封头壁厚

根据规定内径 D_i=350mm 得内径 R_i=175mm，则封头壁厚：

$$\delta = \frac{pR_i}{[\sigma]^t\varphi - 0.6p} + C = \frac{1.48\times 175}{51\times 0.6 + 0.6\times 1.48} + 2 = 10.23(\mathrm{mm})$$

圆整壁厚$[\delta]$=15mm。

端板壁厚：

$$\delta_{\mathrm{p}} = R_{\mathrm{p}}\sqrt{\frac{0.44p}{[\sigma]^{\mathrm{t}}\sin\alpha}} + C = 175\sqrt{\frac{0.44\times 1.48}{51}} + 0.68 = 20.45(\mathrm{mm})$$

圆整壁厚$[\delta_{\mathrm{p}}]$=25mm。因为端板厚度应大于等于封头厚度，则端板厚度为 25mm。

5.2.4 三级换热器各个板侧封头壁厚计算

（1）混合制冷剂侧封头壁厚

根据规定内径 D_i=1070mm 得内径 R_i=535mm，则封头壁厚：

$$\delta=\frac{pR_i}{[\sigma]'\varphi-0.6p}+C=\frac{0.2\times535}{51\times0.6+0.6\times0.2}+2=5.48(\text{mm})$$

圆整壁厚[δ]=10mm。

端板壁厚：

$$\delta_{\text{p}}=R_{\text{p}}\sqrt{\frac{0.44p}{[\sigma]^{\text{t}}\sin\alpha}}+C=535\sqrt{\frac{0.44\times0.2}{51}}+0.68=22.90(\text{mm})$$

圆整壁厚[δ_{p}]=25mm。因为端板厚度应大于等于封头厚度，则端板厚度为25mm。

（2）天然气侧封头壁厚

根据规定内径 D_i=350mm 得内径 R_i=175mm，则封头壁厚：

$$\delta=\frac{pR_i}{[\sigma]'\varphi-0.6p}+C=\frac{4.7\times175}{51\times0.6+0.6\times4.7}+2=26.61(\text{mm})$$

圆整壁厚[δ]=30mm。

端板壁厚：

$$\delta_{\text{p}}=R_{\text{p}}\sqrt{\frac{0.44p}{[\sigma]^{\text{t}}\sin\alpha}}+C=175\sqrt{\frac{0.44\times4.7}{51}}+0.75=35.98(\text{mm})$$

圆整壁厚[δ_{p}]=40mm。因为端板厚度应大于等于封头厚度，则端板厚度为40mm。

（3）氮气-甲烷制冷剂侧封头壁厚

根据规定内径 D_i=875mm 得内径 R_i=437.5mm，则封头壁厚：

$$\delta=\frac{pR_i}{[\sigma]'\varphi-0.6p}+C=\frac{1.44\times437.5}{51\times0.6+0.6\times1.44}+2=22.02(\text{mm})$$

圆整壁厚[δ]=25mm。

端板壁厚：

$$\delta_{\text{p}}=R_{\text{p}}\sqrt{\frac{0.44p}{[\sigma]^{\text{t}}\sin\alpha}}+C=437.5\sqrt{\frac{0.44\times1.44}{51}}+0.83=49.59(\text{mm})$$

圆整壁厚[δ_{p}]=50mm。因为端板厚度应大于等于封头厚度，则端板厚度为50mm。

各级换热器封头与端板壁厚见表5-10～表5-12。

表5-10　一级换热器封头与端板的壁厚

项目	混合制冷剂	天然气	氮气-甲烷-乙烯	丙烷
封头内径/mm	1070	350	875	100
封头计算壁厚/mm	5.48	26.6	22.02	9.11
封头实际壁厚/mm	10	30	25	10
端板计算壁厚/mm	16.39	35.84	49.59	10.43
端板实际壁厚/mm	25	40	50	15

表 5-11　二级换热器封头与端板的壁厚

项目	混合制冷剂	天然气	氮气-甲烷	乙烯
封头内径/mm	1070	350	875	350
封头计算壁厚/mm	5.48	26.71	22.29	10.23
封头实际壁厚/mm	10	30	25	15
端板计算壁厚/mm	22.9	36.06	49.93	20.45
端板实际壁厚/mm	25	40	50	25

表 5-12　三级换热器封头与端板的壁厚

项目	混合制冷剂	天然气	氮气-甲烷
封头内径/mm	1070	350	875
封头计算壁厚/mm	5.48	26.61	22.02
封头实际壁厚/mm	10	30	25
端板计算壁厚/mm	22.9	35.98	49.59
端板实际壁厚/mm	25	40	50

5.3　液压试验

5.3.1　液压试验目的

本设计板翅式换热器中压力较高，压力最高为 6.1MPa。为了能够安全合理地进行设计，进行压力测试是进行其他步骤的前提条件，液压试验则是压力测试中的一种。除了液压测试外，还有气压测试以及气密性测试。

本章计算是对液压测试前封头壁厚的校核计算。

5.3.2　内压通道

5.3.2.1　液压试验压力

$$p_{\mathrm{T}}=1.3p\times\frac{[\sigma]}{[\sigma]^{\mathrm{t}}} \tag{5-23}$$

式中　p_{T}——试验压力，MPa；

p——设计压力，MPa；

$[\sigma]$——试验温度下的许用应力，MPa；

$[\sigma]^{\mathrm{t}}$——设计温度下的许用应力，MPa。

5.3.2.2　封头的应力校核

$$\sigma_{\mathrm{T}}=\frac{p_{\mathrm{T}}(R_i+0.5\delta_{\mathrm{e}})}{\delta_{\mathrm{e}}} \tag{5-24}$$

式中　σ_{T}——试验压力下封头的应力，MPa；

R_i——封头的内半径，mm；

p_T——试验压力，MPa；

δ_e——封头的有效厚度，mm。

当满足 $\sigma_T \leqslant 0.9\varphi\sigma_{p0.2}$ 时校核正确，否则需重新选取尺寸计算。其中，φ为焊接系数；$\sigma_{p0.2}$为试验温度下的规定残余延伸应力，MPa，170MPa。

$$0.9\varphi\sigma_{p0.2} = 0.9 \times 0.6 \times 170 = 91.8(\text{MPa})$$

将表 5-13～表 5-15 尺寸进行封头壁厚校核。

表 5-13　一级封头壁厚校核

项目	混合制冷剂	天然气	氮气-甲烷-乙烯	丙烷
封头内径/mm	1070	350	875	100
设计压力/MPa	0.2	4.7	1.44	4.76
封头实际壁厚/mm	10	30	25	10
厚度附加量/mm	2	2	2	2

表 5-14　二级封头壁厚校核

项目	混合制冷剂	天然气	氮气-甲烷	乙烯
封头内径/mm	1070	350	875	350
设计压力/MPa	0.2	4.72	1.46	1.48
封头实际壁厚/mm	10	30	25	15
厚度附加量/mm	2	2	2	2

表 5-15　三级封头壁厚校核

项目	混合制冷剂	天然气	氮气-甲烷
封头内径/mm	1070	350	875
设计压力/MPa	0.2	4.7	1.44
封头实际壁厚/mm	10	30	25
厚度附加量/mm	2	2	2

5.3.2.3　尺寸校核计算

（1）一级封头壁厚校核

$$p_T = 1.3 \times 0.2 \times \frac{51}{51} = 0.26(\text{MPa})；\quad \sigma_T = \frac{0.26 \times (535 + 0.5 \times 9.7)}{9.7} = 14.47(\text{MPa})$$

校核值小于允许值，则尺寸合适。

$$p_T = 1.3 \times 4.7 \times \frac{51}{51} = 6.11(\text{MPa})；\quad \sigma_T = \frac{6.11 \times (175 + 0.5 \times 34.32)}{34.32} = 34.21(\text{MPa})$$

校核值小于允许值，则尺寸合适。

$$p_T = 1.3 \times 1.44 \times \frac{51}{51} = 1.872(\text{MPa})；\quad \sigma_T = \frac{1.872 \times (437.5 + 0.5 \times 24.4)}{24.4} = 34.5(\text{MPa})$$

校核值小于允许值，则尺寸合适。

$$p_{\mathrm{T}}=1.3\times4.76\times\frac{51}{51}=6.188(\mathrm{MPa})\text{；}\quad \sigma_{\mathrm{T}}=\frac{6.188\times(50+0.5\times9.7)}{9.7}=34.99(\mathrm{MPa})$$

校核值小于允许值，则尺寸合适。

（2）二级封头壁厚校核

$$p_{\mathrm{T}}=1.3\times0.2\times\frac{51}{51}=0.26(\mathrm{MPa})\text{；}\quad \sigma_{\mathrm{T}}=\frac{0.26\times(50+0.5\times9.7)}{9.7}=1.47(\mathrm{MPa})$$

校核值小于允许值，则尺寸合适。

$$p_{\mathrm{T}}=1.3\times4.72\times\frac{51}{51}=6.136(\mathrm{MPa})\text{；}\quad \sigma_{\mathrm{T}}=\frac{6.136\times(173+0.5\times34.32)}{34.32}=34.0(\mathrm{MPa})$$

校核值小于允许值，则尺寸合适。

$$p_{\mathrm{T}}=1.3\times1.46\times\frac{51}{51}=1.898(\mathrm{MPa})\text{；}\quad \sigma_{\mathrm{T}}=\frac{1.898\times(173+0.5\times19.43)}{19.43}=17.844(\mathrm{MPa})$$

校核值小于允许值，则尺寸合适。

$$p_{\mathrm{T}}=1.3\times1.48\times\frac{51}{51}=1.924(\mathrm{MPa})\text{；}\quad \sigma_{\mathrm{T}}=\frac{1.924\times(173+0.5\times34.32)}{34.32}=10.66(\mathrm{MPa})$$

校核值小于允许值，则尺寸合适。

$$p_{\mathrm{T}}=1.3\times0.2\times\frac{51}{51}=0.26(\mathrm{MPa})\text{；}\quad \sigma_{\mathrm{T}}=\frac{0.26\times(535+0.5\times9.7)}{9.7}=14.47(\mathrm{MPa})$$

校核值小于允许值，则尺寸合适。

$$p_{\mathrm{T}}=1.3\times4.7\times\frac{51}{51}=6.11(\mathrm{MPa})\text{；}\quad \sigma_{\mathrm{T}}=\frac{6.11\times(175+0.5\times34.32)}{34.32}=34.21(\mathrm{MPa})$$

校核值小于允许值，则尺寸合适。

$$p_{\mathrm{T}}=1.3\times1.44\times\frac{51}{51}=1.872(\mathrm{MPa})\text{；}\quad \sigma_{\mathrm{T}}=\frac{1.872\times(437.5+0.5\times24.4)}{24.4}=34.5(\mathrm{MPa})$$

校核值小于允许值，则尺寸合适。

5.4 接管

5.4.1 接管确定

接管为物料进出通道，它的尺寸大小与进出物料的流量有关，壁厚的取值则需要知道物料进出接管的压力状况，进行压力校核选取合适的壁厚。常见接管规格见表 5-16。

表 5-16 常见接管规格

ϕ508×8	ϕ155×30	ϕ355×10	ϕ45×6	ϕ45×6

本设计采用标准接管，只需进行接管壁厚的校核计算，满足设计需求压力即可。

$$\delta = \frac{p_c D_i}{2[\sigma]^t \varphi - p_c} + C \tag{5-25}$$

设计可根据标准管径选取管径大小，只需进行校核确定尺寸。

5.4.2　一级换热器接管壁厚

混合制冷剂侧接管壁厚：

$$\delta = \frac{p_c D_i}{2[\sigma]^t \varphi - p_c} + C = \frac{0.2 \times 492}{2 \times 51 \times 0.6 - 0.2} + 2 = 3.613(\text{mm})$$

天然气侧接管壁厚：

$$\delta = \frac{p_c D_i}{2[\sigma]^t \varphi - p_c} + C = \frac{4.7 \times 95}{2 \times 51 \times 0.6 - 4.7} + 2 = 9.903(\text{mm})$$

氮气-甲烷-乙烯制冷剂侧接管壁厚：

$$\delta = \frac{p_c D_i}{2[\sigma]^t \varphi - p_c} + C = \frac{1.44 \times 335}{2 \times 51 \times 0.6 - 1.44} + 2 = 10.072(\text{mm})$$

丙烷制冷剂侧接管壁厚：

$$\delta = \frac{p_c D_i}{2[\sigma]^t \varphi - p_c} + C = \frac{4.76 \times 33}{2 \times 51 \times 0.6 - 4.76} + 2 = 4.783(\text{mm})$$

5.4.3　二级换热器接管壁厚

混合制冷剂侧接管壁厚：

$$\delta = \frac{p_c D_i}{2[\sigma]^t \varphi - p_c} + C = \frac{0.2 \times 492}{2 \times 51 \times 0.6 - 0.2} + 2 = 3.613(\text{mm})$$

天然气侧接管壁厚：

$$\delta = \frac{p_c D_i}{2[\sigma]^t \varphi - p_c} + C = \frac{4.72 \times 95}{2 \times 51 \times 0.6 - 4.72} + 2 = 9.94(\text{mm})$$

氮气-甲烷制冷剂侧接管壁厚：

$$\delta = \frac{p_c D_i}{2[\sigma]^t \varphi - p_c} + C = \frac{1.46 \times 335}{2 \times 51 \times 0.6 - 1.46} + 2 = 10.187(\text{mm})$$

乙烯制冷剂侧接管壁厚：

$$\delta = \frac{p_c D_i}{2[\sigma]^t \varphi - p_c} + C = \frac{1.48 \times 95}{2 \times 51 \times 0.6 - 1.48} + 2 = 4.354(\text{mm})$$

5.4.4　三级换热器接管壁厚

混合制冷剂侧接管壁厚：

$$\delta = \frac{p_c D_i}{2[\sigma]^t \varphi - p_c} + C = \frac{0.2 \times 492}{2 \times 51 \times 0.6 - 0.2} + 2 = 3.613(\text{mm})$$

天然气侧接管壁厚：

$$\delta = \frac{p_c D_i}{2[\sigma]^t \varphi - p_c} + C = \frac{4.7 \times 95}{2 \times 51 \times 0.6 - 4.7} + 2 = 9.903(\text{mm})$$

氮气-甲烷制冷剂侧接管壁厚：

$$\delta = \frac{p_c D_i}{2[\sigma]^t \varphi - p_c} + C = \frac{1.44 \times 335}{2 \times 51 \times 0.6 - 1.44} + 2 = 10.072(\text{mm})$$

5.4.5 接管尺寸

各级换热器接管壁厚统计于表 5-17～表 5-19。

表 5-17 一级换热器接管壁厚

项目	混合制冷剂	天然气	氮气-甲烷-乙烯	丙烷
接管规格/mm	ϕ508×8	ϕ155×30	ϕ355×10	ϕ45×6
接管计算壁厚/mm	3.613	9.903	10.072	4.783
接管实际壁厚/mm	8	15	15	8

表 5-18 二级换热器接管壁厚

项目	混合制冷剂	天然气	氮气-甲烷	乙烯
接管规格/mm	ϕ508×8	ϕ155×30	ϕ355×10	ϕ155×30
接管计算壁厚/mm	3.613	9.94	10.187	4.354
接管实际壁厚/mm	8	15	15	8

表 5-19 三级换热器接管壁厚

项目	混合制冷剂	天然气	氮气-甲烷
接管规格/mm	ϕ508×8	ϕ155×30	ϕ355×10
接管计算壁厚/mm	3.613	9.903	10.072
接管实际壁厚/mm	8	15	15

5.4.6 接管补强

5.4.6.1 补强方式

封头的补强方式应根据具体的情况进行选择，补强方式可分为：加强圈补强、接管全焊透补强、翻边或凸颈补强以及整体补强等。

本设计封头尺寸大小各异，补强方式也不同，但条件允许的情况下尽量以接管全焊透方式代替补强圈补强，尤其是封头尺寸较小的情况下。在选择补强方式前要进行补强面积的计算，确定补强面积的大小以及是否需要补强。

5.4.6.2 接管补强计算

以全焊透方法将接管与壳体相焊，主要补强方式有补强圈补强与接管补强，在条件许可的情况下尽量使用接管补强方式，尤其是在筒体半径较小的时候。首先要进行开孔所需补强面积的计算，确定封头是否需要进行补强。

（1）封头开孔所需补强面积

封头开孔所需补强面积按下式计算：

$$A = d\delta \tag{5-26}$$

（2）有效补强范围

有效宽度 B 按下式计算，取两者中较大值：

$$B = \max\begin{cases} 2d \\ d + 2\delta_n + 2\delta_{nt} \end{cases} \tag{5-27}$$

有效高度按下式计算，分别取两式中较小值。
外侧有效补强高度：

$$h_1 = \min\begin{cases} \sqrt{d\delta_{nt}} \\ \text{接管实际外伸长度} \end{cases} \tag{5-28}$$

内侧有效补强高度：

$$h_2 = \min\begin{cases} \sqrt{d\delta_{nt}} \\ \text{接管实际内伸长度} \end{cases} \tag{5-29}$$

（3）补强面积

在有效补强范围内，可作为补强的截面积计算如下：

$$A_e = A_1 + A_2 + A_3 \tag{5-30}$$

$$A_1 = (B-d)(\delta_e - \delta) - 2\delta_t(\delta_e - \delta) \tag{5-31}$$

$$A_2 = 2h_1(\delta_{et} - \delta_t) + 2h_2(\delta_{et} - \delta_t) \tag{5-32}$$

本设计焊接长度取 6mm。若 $A_e \geqslant A$，则开孔不需要另加补强；若 $A_e < A$，则开孔需要另加补强，按下式计算：

$$A_4 \geqslant A - A_e \tag{5-33}$$

$$d = D_i + 2C \tag{5-34}$$

$$\delta_e = \delta_n - C \tag{5-35}$$

式中 A_1——壳体有效厚度减去计算厚度之外的多余面积，mm^2；
A_2——接管有效厚度减去计算厚度之外的多余面积，mm^2；
A_3——焊接金属截面积，mm^2；
A_4——有效补强范围内另加补强面积，mm^2；
δ ——壳体开孔处的计算厚度，mm；
δ_n——壳体名义厚度，mm；
δ_{et}——接管有效厚度，mm；
δ_t——接管计算厚度，mm；
δ_{nt}——接管名义厚度，mm。

5.4.6.3 补强面积的计算

（1）一级换热器补强面积计算

① 混合制冷剂侧补强面积计算所需参数见表 5-20。

表 5-20 一级换热器封头、接管尺寸（混合制冷剂侧）

项目	封头	接管
内径/mm	1070	492
计算厚度/mm	5.48	2.56
名义厚度/mm	10	8
厚度附加量/mm	2	2

封头开孔所需补强面积：

$$A = d\delta = 496 \times 5.48 = 2718.08(\text{mm}^2)$$

有效宽度 B 按下式计算，取两者中较大值：

$$B = \max\begin{cases} 2\times 496 = 992(\text{mm}) \\ 496 + 2\times 10 + 2\times 8 = 532(\text{mm}) \end{cases}$$

$$B(\max) = 992\,\text{mm}$$

有效高度按下式计算，分别取两式中较小值。

外侧有效补强高度：

$$h_1 = \min\begin{cases} \sqrt{496\times 8} = 62.99(\text{mm}) \\ 150\text{mm} \end{cases}$$

$$h_1(\min) = 62.99\text{mm}$$

内侧有效补强高度：

$$h_2 = \min\begin{cases} \sqrt{496\times 8} = 62.99(\text{mm}) \\ 0 \end{cases}$$

$$h_2(\min) = 0$$

$$\begin{aligned} A_1 &= (B-d)(\delta_e - \delta) - 2\delta_t(\delta_e - \delta) \\ &= (992-496)\times(8-5.48) - 2\times 2.56\times(8-5.48) \\ &= 1237.02(\text{mm}^2) \end{aligned}$$

$$A_2 = 2h_1(\delta_{et} - \delta_t) + 2h_2(\delta_{et} - \delta_t) = 2\times 62.99\times(6-2.56) = 433.37(\text{mm}^2)$$

本设计焊接长度取 6mm：

$$A_3 = \frac{1}{2}\times 2\times 6\times 6 = 36(\text{mm}^2)$$

$$A_e = A_1 + A_2 + A_3 = 1237.02 + 433.37 + 36 = 1706.39(\text{mm}^2)$$

$A_e < A$，开孔需要另加补强：

$$A_4 \geqslant A - A_e$$

$$A_4 \geqslant 2718.08 - 1706.39 = 1011.69(\text{mm}^2)$$

② 天然气侧补强面积计算所需参数见表 5-21。

表 5-21　一级换热器封头、接管尺寸（天然气侧）

项目	封头	接管
内径/mm	350	95
计算厚度/mm	26.61	11
名义厚度/mm	35	30
厚度附加量/mm	2	2

封头开孔所需补强面积：

$$A = d\delta = 99 \times 26.61 = 2634.39(\text{mm}^2)$$

有效宽度 B 按下式计算，取两者中较大值：

$$B = \max\begin{cases} 2 \times 99 = 198(\text{mm}) \\ 99 + 2 \times 35 + 2 \times 30 = 229(\text{mm}) \end{cases}$$

$$B(\max) = 229\text{mm}$$

有效高度按下式计算，分别取两式中较小值。

外侧有效补强高度：

$$h_1 = \min\begin{cases} \sqrt{99 \times 30} = 54.5(\text{mm}) \\ 150\text{mm} \end{cases}$$

$$h_1(\min) = 54.5\text{mm}$$

内侧有效补强高度：

$$h_2 = \min\begin{cases} \sqrt{99 \times 30} = 54.5(\text{mm}) \\ 0 \end{cases}$$

$$h_2(\min) = 0$$

$$\begin{aligned} A_1 &= (B - d)(\delta_e - \delta) - 2\delta_t(\delta_e - \delta) \\ &= (229 - 99) \times (33 - 26.61) - 2 \times 11 \times (33 - 26.61) \\ &= 690.12(\text{mm}^2) \end{aligned}$$

$$A_2 = 2h_1(\delta_{et} - \delta_t) + 2h_2(\delta_{et} - \delta_t) = 2 \times 54.5 \times (28 - 11) = 1853(\text{mm}^2)$$

本设计焊接长度为 6mm：

$$A_3 = \frac{1}{2} \times 2 \times 6 \times 6 = 36(\text{mm}^2)$$

$$A_e = A_1 + A_2 + A_3 = 690.12 + 1853 + 36 = 2579.12(\text{mm}^2)$$

$A_e < A$，开孔需要另加补强：

$$A_4 \geqslant A - A_e$$

$$A_4 \geqslant 3073.884 - 2817.33 = 256.554(\text{mm}^2)$$

③ 氮气-甲烷-乙烯侧补强面积计算所需参数见表 5-22。

表 5-22　一级换热器封头、接管尺寸（氮气-甲烷-乙烯侧）

项目	封头	接管
内径/mm	875	335
计算厚度/mm	22.02	8.02
名义厚度/mm	25	10
厚度附加量/mm	2	2

封头开孔所需补强面积：

$$A = d\delta = 339 \times 22.02 = 7464.78(\text{mm}^2)$$

有效宽度 B 按下式计算，取两者中较大值：

$$B = \max\begin{cases} 2 \times 339 = 678(\text{mm}) \\ 339 + 2 \times 25 + 2 \times 10 = 409(\text{mm}) \end{cases}$$

$$B(\max) = 678\,\text{mm}$$

有效高度按下式计算，分别取两式中较小值。

外侧有效补强高度：

$$h_1 = \min\begin{cases} \sqrt{339 \times 10} = 58.22(\text{mm}) \\ 150\text{mm} \end{cases}$$

$$h_1(\min) = 58.22\,\text{mm}$$

内侧有效补强高度：

$$h_2 = \min\begin{cases} \sqrt{339 \times 10} = 58.22(\text{mm}) \\ 0 \end{cases}$$

$$h_2(\min) = 0$$

$$\begin{aligned} A_1 &= (B-d)(\delta_e - \delta) - 2\delta_t(\delta_e - \delta) \\ &= (678 - 339) \times (23 - 22.02) - 2 \times 8.02 \times (23 - 22.02) \\ &= 316.5008(\text{mm}^2) \end{aligned}$$

$$A_2 = 2h_1(\delta_{et} - \delta_t) + 2h_2(\delta_{et} - \delta_t) = 2 \times 58.22 \times (10 - 8.02) = 230.5512(\text{mm}^2)$$

本设计焊接长度取 6mm：

$$A_3 = \frac{1}{2} \times 2 \times 6 \times 6 = 36(\text{mm}^2)$$

$$A_e = A_1 + A_2 + A_3 = 316.5008 + 230.5512 + 36 = 583.052(\text{mm}^2)$$

$A_e < A$，开孔需要另加补强：

$$A_4 \geqslant A - A_e$$

$$A_4 \geqslant 7464.78 - 583.052 = 6881.728(\text{mm}^2)$$

④ 丙烷侧补强面积计算所需参数见表 5-23。

表 5-23　一级换热器封头、接管尺寸（丙烷侧）

项目	封头	接管
内径/mm	100	33
计算厚度/mm	9.11	2.138
名义厚度/mm	10	6
厚度附加量/mm	0.48	0.25

封头开孔所需补强面积：

$$A = d\delta = 33.5 \times 9.11 = 305.185(\text{mm}^2)$$

有效宽度 B 按下式计算，取两者中较大值：

$$B = \max\begin{cases} 2 \times 33.5 = 67(\text{mm}) \\ 33.5 + 2 \times 10 + 2 \times 6 = 65.5(\text{mm}) \end{cases}$$

$$B(\max) = 67\text{mm}$$

有效高度按下式计算，分别取两式中较小值。

外侧有效补强高度：

$$h_1 = \min\begin{cases} \sqrt{33.5 \times 6} = 14.18(\text{mm}) \\ 150\text{mm} \end{cases}$$

$$h_1(\min) = 14.18\text{mm}$$

内侧有效补强高度：

$$h_2 = \min\begin{cases} \sqrt{33.5 \times 6} = 14.18(\text{mm}) \\ 0 \end{cases}$$

$$h_2(\min) = 0$$

$$\begin{aligned} A_1 &= (B - d)(\delta_e - \delta) - 2\delta_t(\delta_e - \delta) \\ &= (67 - 33.5) \times (9.52 - 9.11) - 2 \times 2.138 \times (9.52 - 9.11) \\ &= 11.98(\text{mm}^2) \end{aligned}$$

$$A_2 = 2h_1(\delta_{et} - \delta_t) + 2h_2(\delta_{et} - \delta_t) = 2 \times 14.18 \times (5.75 - 2.138) = 102.4(\text{mm}^2)$$

本设计焊接长度取 6mm：

$$A_3 = \frac{1}{2} \times 2 \times 6 \times 6 = 36(\text{mm}^2)$$

$$A_e = A_1 + A_2 + A_3 = 11.98 + 102.4 + 36 = 150.38(\text{mm}^2)$$

$A_e < A$，开孔需要另加补强：

$$A_4 \geqslant A - A_e$$

$$A_4 \geqslant 305.185 - 150.38 = 154.805(\text{mm}^2)$$

（2）二级换热器补强面积计算

① 混合制冷剂侧补强面积计算所需参数见表 5-24。

表 5-24 二级换热器封头、接管尺寸（混合制冷剂侧）

项目	封头	接管
内径/mm	1070	492
计算厚度/mm	5.48	2.56
名义厚度/mm	10	8
厚度附加量/mm	0.48	0.28

封头开孔所需补强面积：

$$A = d\delta = 492.56 \times 5.48 = 2699.2288(\text{mm}^2)$$

有效宽度 B 按下式计算，取两者中较大值：

$$B = \max\begin{cases} 2 \times 492.56 = 985.12(\text{mm}) \\ 492.56 + 2 \times 10 + 2 \times 8 = 528.56(\text{mm}) \end{cases}$$

$$B(\max) = 985.12\text{mm}$$

有效高度按下式计算，分别取两式中较小值。

外侧有效补强高度：

$$h_1 = \min\begin{cases} \sqrt{492.56 \times 8} = 62.77(\text{mm}) \\ 150\text{mm} \end{cases}$$

$$h_1(\min) = 62.77\text{mm}$$

内侧有效补强高度：

$$h_2 = \min\begin{cases} \sqrt{492.56 \times 8} = 62.77(\text{mm}) \\ 0 \end{cases}$$

$$h_2(\min) = 0$$

$$\begin{aligned} A_1 &= (B-d)(\delta_e - \delta) - 2\delta_t(\delta_e - \delta) \\ &= (985.12 - 492.56) \times (9.52 - 5.48) - 2 \times 2.56 \times (9.52 - 5.48) \\ &= 1969.257(\text{mm}^2) \end{aligned}$$

$$A_2 = 2h_1(\delta_{et} - \delta_t) + 2h_2(\delta_{et} - \delta_t) = 2 \times 62.77 \times (7.72 - 2.56) = 647.79(\text{mm}^2)$$

本设计焊接长度取 6mm：

$$A_3 = \frac{1}{2} \times 2 \times 6 \times 6 = 36(\text{mm}^2)$$

$$A_e = A_1 + A_2 + A_3 = 1969.257 + 647.79 + 36 = 2653.047(\text{mm}^2)$$

$A_e < A$，开孔需要另加补强：

$$A_4 \geqslant A - A_e$$

$$A_4 \geqslant 2689.37 - 2653.047 = 36.323(\text{mm}^2)$$

② 天然气侧补强面积计算所需参数见表 5-25。

表 5-25　二级换热器封头、接管尺寸（天然气侧）

项目	封头	接管
内径/mm	350	95
计算厚度/mm	26.71	4.65
名义厚度/mm	30	30
厚度附加量/mm	0.72	0.68

封头开孔所需补强面积：

$$A = d\delta = 96.36 \times 26.71 = 2573.7756(\text{mm}^2)$$

有效宽度 B 按下式计算，取两者中较大值：

$$B = \max\begin{cases} 2 \times 96.36 = 192.72(\text{mm}) \\ 96.36 + 2 \times 20 + 2 \times 30 = 196.36(\text{mm}) \end{cases}$$

$$B(\max) = 196.36\text{mm}$$

有效高度按下式计算，分别取两式中较小值。

外侧有效补强高度：

$$h_1 = \min\begin{cases} \sqrt{96.36 \times 30} = 53.39(\text{mm}) \\ 150\text{mm} \end{cases}$$

$$h_1(\min) = 53.39\text{mm}$$

内侧有效补强高度：

$$h_2 = \min\begin{cases} \sqrt{96.36 \times 30} = 53.39(\text{mm}) \\ 0 \end{cases}$$

$$h_2(\min) = 0$$

$$\begin{aligned} A_1 &= (B - d)(\delta_e - \delta) - 2\delta_t(\delta_e - \delta) \\ &= (196.36 - 96.36) \times (29.28 - 26.71) - 2 \times 4.65 \times (29.28 - 26.71) \\ &= 233.099(\text{mm}^2) \end{aligned}$$

$$A_2 = 2h_1(\delta_{et} - \delta_t) + 2h_2(\delta_{et} - \delta_t) = 2 \times 53.39 \times (29.32 - 4.65) = 2634.27(\text{mm}^2)$$

本设计焊接长度取 6mm：

$$A_3 = \frac{1}{2} \times 2 \times 6 \times 6 = 36(\text{mm}^2)$$

$$A_e = A_1 + A_2 + A_3 = 233.099 + 2634.27 + 36 = 2903.369(\text{mm}^2)$$

$A_e > A$，开孔不需要另加补强。

③ 氮气-甲烷侧补强面积计算所需参数见表 5-26。

表 5-26 二级换热器封头、接管尺寸（氮气-甲烷侧）

项目	封头	接管
内径/mm	875	335
计算厚度/mm	22.29	8.02
名义厚度/mm	25	10
厚度附加量/mm	0.6	0.3

封头开孔所需补强面积：

$$A = d\delta = 335.6 \times 22.29 = 7840.524(\mathrm{mm}^2)$$

有效宽度 B 按下式计算，取两者中较大值：

$$B = \max\begin{cases} 2 \times 335.6 = 671.2(\mathrm{mm}) \\ 335.6 + 2 \times 25 + 2 \times 10 = 405.6(\mathrm{mm}) \end{cases}$$

$$B(\max) = 671.2\mathrm{mm}$$

有效高度按下式计算，分别取两式中较小值。

外侧有效补强高度：

$$h_1 = \min\begin{cases} \sqrt{335.6 \times 10} = 57.93(\mathrm{mm}) \\ 150\mathrm{mm} \end{cases}$$

$$h_1(\min) = 57.93\mathrm{mm}$$

内侧有效补强高度：

$$h_2 = \min\begin{cases} \sqrt{335.6 \times 10} = 57.93(\mathrm{mm}) \\ 0 \end{cases}$$

$$h_2(\min) = 0$$

$$\begin{aligned} A_1 &= (B - d)(\delta_e - \delta) - 2\delta_t(\delta_e - \delta) \\ &= (671.2 - 335.6) \times (24.4 - 22.29) - 2 \times 8.02 \times (24.4 - 22.29) \\ &= 674.27(\mathrm{mm}^2) \end{aligned}$$

$$A_2 = 2h_1(\delta_{et} - \delta_t) + 2h_2(\delta_{et} - \delta_t) = 2 \times 57.93 \times (9.7 - 8.02) = 194.65(\mathrm{mm}^2)$$

本设计焊接长度取 6mm：

$$A_3 = \frac{1}{2} \times 2 \times 6 \times 6 = 36(\mathrm{mm}^2)$$

$$A_e = A_1 + A_2 + A_3 = 674.27 + 194.65 + 36 = 904.92(\mathrm{mm}^2)$$

$A_e < A$，开孔需要另加补强：

$$A_4 \geqslant A - A_e$$

$$A_4 \geqslant 6460.3 - 904.92 = 5555.38(\mathrm{mm}^2)$$

④ 乙烯侧补强面积计算所需参数见表 5-27。

表 5-27　二级换热器封头、接管尺寸（乙烯侧）

项目	封头	接管
内径/mm	350	95
计算厚度/mm	28.14	9.46
名义厚度/mm	35	30
厚度附加量/mm	0.75	0.68

封头开孔所需补强面积：

$$A = d\delta = 96.36 \times 28.14 = 2711.57(\text{mm}^2)$$

有效宽度 B 按下式计算，取两者中较大值：

$$B = \begin{cases} 2 \times 96.36 = 192.72(\text{mm}) \\ 96.36 + 2 \times 35 + 2 \times 30 = 226.36(\text{mm}) \end{cases}$$

$$B(\max) = 226.36\text{mm}$$

有效高度按下式计算，分别取两式中较小值。

外侧有效补强高度：

$$h_1 = \min \begin{cases} \sqrt{96.36 \times 30} = 53.39(\text{mm}) \\ 150\text{mm} \end{cases}$$

$$h_1(\min) = 53.39\text{mm}$$

内侧有效补强高度：

$$h_2 = \min \begin{cases} \sqrt{96.36 \times 30} = 53.39(\text{mm}) \\ 0 \end{cases}$$

$$h_2(\min) = 0$$

$$\begin{aligned} A_1 &= (B - d)(\delta_e - \delta) - 2\delta_t(\delta_e - \delta) \\ &= (226.36 - 96.36) \times (34.25 - 28.14) - 2 \times 9.46 \times (34.25 - 28.14) \\ &= 678.70(\text{mm}^2) \end{aligned}$$

$$A_2 = 2h_1(\delta_{et} - \delta_t) + 2h_2(\delta_{et} - \delta_t) = 2 \times 53.39 \times (29.32 - 9.46) = 2120.65(\text{mm}^2)$$

本设计焊接长度取 6mm：

$$A_3 = \frac{1}{2} \times 2 \times 6 \times 6 = 36(\text{mm}^2)$$

$$A_e = A_1 + A_2 + A_3 = 678.70 + 2120.65 + 36 = 2835.35(\text{mm}^2)$$

$A_e > A$，开孔不需要另加补强。

本章小结

通过研究开发 30 万立方米每天 C3/MR 闭式 LNG 三级板翅式换热器设计计算方法，并根据级联式混合制冷剂 LNG 液化工艺流程及三级多股流板翅式换热器（PFHE）特点进行设备设计计算，就可突破-162℃ LNG 工艺设计计算方法及主设备 PFHE 设计计算方法。设计过程中采用三级 PFHE 换热，其具有结构紧凑、换热效率高等特点，能有效解决液化工艺系统庞大、占地面积大等问题，并克服传统的 LNG 液化工艺缺陷，通过多级连续制冷，可最终实现 LNG 液化工艺整合计算过程。PFHE 结构紧凑，便于多股流大温差换热，也是 LNG 液化过程中可选用的高效制冷设备之一。本章采用 PFHE 主液化装备由三段制冷系统及三个连贯的板束组成，包括一次预冷板束、二次预冷板束、深冷板束，结构简洁，层次分明，易于设计计算，该工艺装备也是 LNG 液化工艺系统的主要选择之一。

参考文献

[1] 王松汉. 板翅式换热器 [M]. 北京：化学工业出版社，1984.

[2] 余建祖. 换热器原理与设计 [M]. 北京：北京航空航天大学出版社，2006.

[3] 吴业正，朱瑞琪. 制冷与低温技术原理 [M]. 北京：高等教育出版社，2004.

[4] 苏斯君，张周卫，汪雅红. LNG 系列板翅式换热器的研究与开发 [J]. 化工机械，2018，45（6）：662-667.

[5] 张周卫. LNG 混合制冷剂多股流板翅式换热器 [P]. 中国：201510051091. 6，2015. 02.

[6] 张周卫. LNG 低温液化一级制冷五股流板翅式换热器 [P]. 中国：201510040244. 7，2015. 01.

[7] 张周卫. LNG 低温液化二级制冷四股流板翅式换热器 [P]. 中国：201510042630. X，2015. 01.

[8] 张周卫. LNG 低温液化三级制冷三股流板翅式换热器 [P]. 中国：201510040244. 7，2015. 01.

[9] 张周卫，郭舜之，汪雅红，赵丽. 液化天然气装备设计技术：液化换热卷 [M]. 北京：化学工业出版社，2018.

[10] 张周卫，苏斯君，张梓洲，田源. 液化天然气装备设计技术：通用换热器卷 [M]. 北京：化学工业出版社，2018.

[11] 张周卫，汪雅红，郭舜之，赵丽. 低温制冷装备与技术 [M]. 北京：化学工业出版社，2018.

[12] Zhang Zhouwei，Wang Yahong，Li Yue，Xue Jiaxing. Research and development on series of LNG plate-fin heat exchanger [C]. 3rd International Conference on Mechatronics，Robotics and Automation（ICMRA 2015），2015（4）：1299-1304.

第6章 60万立方米每天级联式PFHE型LNG三级三组板翅式换热器设计计算

级联式天然气液化工艺是利用低温制冷剂在常压下沸点不同，逐级降低制冷温度达到天然气液化目的，一般采用三级制冷，液化流程中各级所用制冷剂分别为丙烷（大气压下沸点-42.3℃）、乙烯（大气压下沸点-104℃）、甲烷（大气压下沸点-162℃），每个制冷循环设置三个换热器。该液化流程由三级独立的制冷循环组成：第一级丙烷制冷循环为天然气、乙烯和甲烷提供冷量；第二级乙烯制冷循环为天然气和甲烷提供冷量；第三级甲烷制冷循环为天然气提供冷量。本设计主要针对60万立方米每天级联式PFHE型LNG三级三组板翅式换热器进行设计计算，其中每一级又分为三组板翅式换热器，整体共三级三组即九个PFHE进行级联式换热。图6-1为60万立方米每天级联式PFHE型LNG三级三组板翅式换热器工艺流程。

6.1 板翅式换热器的工艺计算及过程

6.1.1 一级设备预冷制冷过程

6.1.1.1 第一级换热器

（1）天然气预冷过程

初态：$T_1 = 35℃$　　$p_1 = 4.76\text{MPa}$

焓值：$H_1 = 879.70\text{kJ/kg}$

终态：$T_2 = 6℃$　　$p_2 = 4.75\text{MPa}$

焓值：$H_2 = 805.62\text{kJ/kg}$

单位质量流量的预冷量：

$$H = H_2 - H_1 = 805.62 - 879.70 = -74.08(\text{kJ/kg})$$

天然气的质量流量：$Q = 4.5586\text{kg/s}$

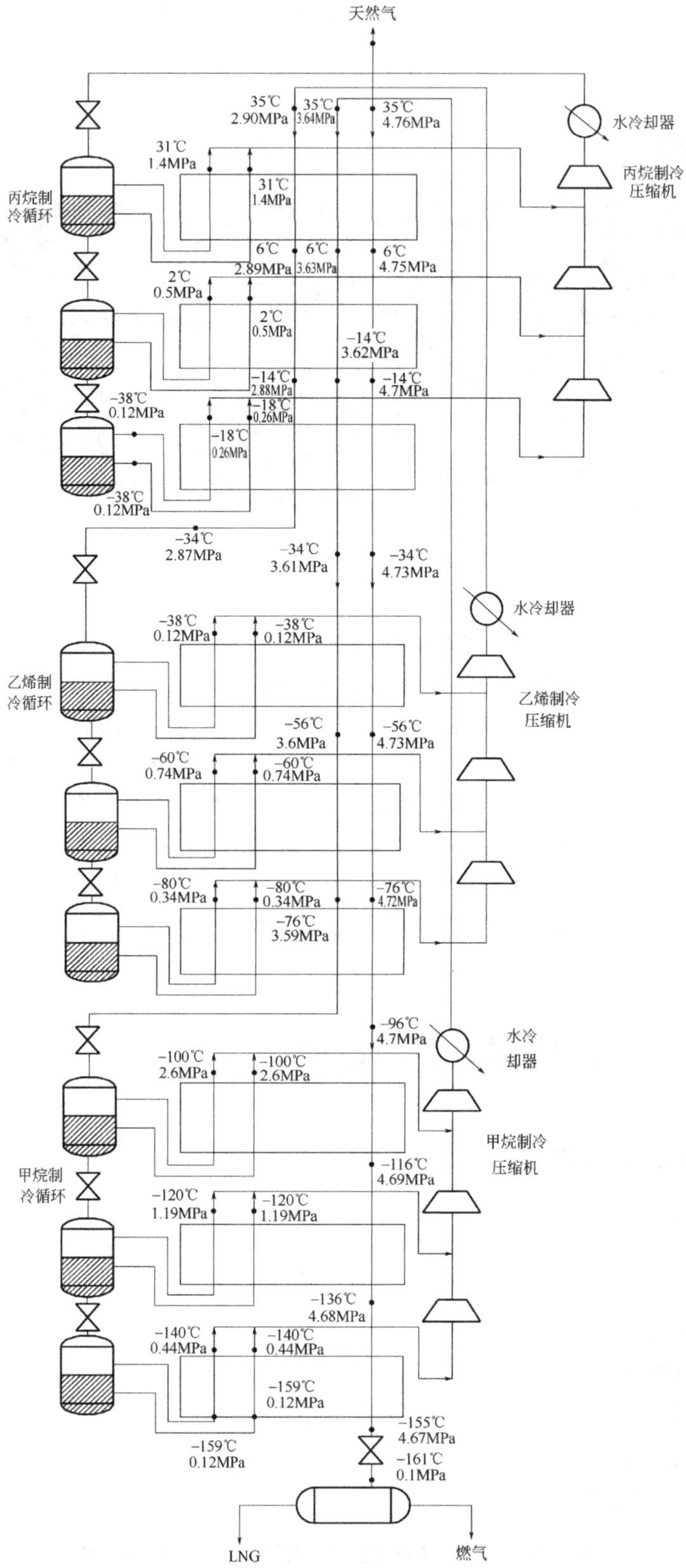

图 6-1　60 万立方米每天级联式 PFHE 型 LNG 三级三组板翅式换热器工艺流程

天然气的总预冷量：$Q=-337.7\text{kJ/s}$

（2）丙烷制冷过程

初态：$T_1=2℃$　　$p_1=0.3\text{MPa}$

焓值：$H_{气1}=577.06\text{kJ/kg}$　　$H_{液1}=205.05\text{kJ/kg}$

终态：$T_2=31℃$　　$p_2=1.1\text{MPa}$

焓值：$H_{气2}=606.45\text{kJ/kg}$　　$H_{液2}=606.45\text{kJ/kg}$

$H_{气}=29.39\text{kJ/kg}$　　$H_{液}=76.59\text{kJ/kg}$

$2.6m_{气}=m_{液}$　　$29.39m_{气}+2.6m_{汽}\times 76.59=1252$

$m_{气}=5.48\text{kg/s}$　　$m_{液}=14.25\text{kg/s}$

6.1.1.2　第二级换热器

（1）天然气预冷过程

初态：$T_1=6℃$　　$p_1=4.75\text{MPa}$

焓值：$H_1=805.62\text{kJ/kg}$

终态：$T_2=-14℃$　　$p_2=4.74\text{MPa}$

焓值：$H_2=752.87\text{kJ/kg}$

单位质量流量的预冷量：

$$H=H_2-H_1=-52.75\text{kJ/kg}$$

天然气的质量流量：$Q=4.5586\text{kg/s}$

天然气的总预冷量：$Q=-240.466\text{kJ/s}$

（2）丙烷制冷过程

初态：$T_1=-18℃$　　$p_1=0.26\text{MPa}$

焓值：$H_{气1}=554.46\text{kJ/kg}$　　$H_{液1}=156.11\text{kJ/kg}$

终态：$T_2=2℃$　　$p_2=0.5\text{MPa}$

焓值：$H_{气2}=577.06\text{kJ/kg}$　　$H_{液2}=205.02\text{kJ/kg}$

$H_{气}=22.6\text{kJ/kg}$　　$H_{液}=48.91\text{kJ/kg}$

$2.16m_{气}=m_{液}$　　$m_{汽}H_{汽}+m_{液}H_{液}=Q_{天}+Q_{乙}+Q_{甲}$

$m_{液}=19.44\text{kg/s}$　　$m_{气}=9\text{kg/s}$

6.1.1.3　第三级换热器

（1）天然气预冷过程

初态：$T_1=-14℃$　　$p_1=4.74\text{MPa}$

焓值：$H_1=752.87\text{kJ/kg}$

终态：$T_2=-34℃$　　$p_2=4.73\text{MPa}$

焓值：$H_2 = 696.80\text{kJ/kg}$

单位质量流量的预冷量：

$$H = H_2 - H_1 = -56.07\text{kJ/kg}$$

天然气的质量流量：$Q = 4.5586\text{kg/s}$

天然气的总预冷量：$Q = -255.6\text{kJ/s}$

（2）丙烷制冷过程

初态：$T_1 = -38℃$　　$p_1 = 0.12\text{MPa}$

焓值：$H_{气1} = 530.87\text{kJ/kg}$　　$H_{液1} = 109.65\text{kJ/kg}$

终态：$T_2 = -18℃$　　$p_2 = 0.26\text{MPa}$

焓值：$H_{气2} = 577.06\text{kJ/kg}$　　$H_{液2} = 156.11\text{kJ/kg}$

$H_{气} = 23.59\text{kJ/kg}$　　$H_{液} = 76.59\text{kJ/kg}$

$1.97m_{气} = m_{液}$　　$m_{汽}H_{汽} + m_{液}H_{液} = Q_{天} + Q_{乙} + Q_{甲}$

$m_{气} = 10.16\text{kg/s}$　　$m_{液} = 20.02\text{kg/s}$

6.1.2 二级设备预冷制冷过程

6.1.2.1 第一级换热器

（1）天然气预冷过程

初态：$T_1 = -34℃$，$p_1 = 4.73\text{MPa}$，$H_1 = 696.80\text{kJ/kg}$

终态：$T_2 = -56℃$，$p_2 = 4.72\text{MPa}$，$H_2 = 625.72\text{kJ/kg}$

$$\Delta H = H_2 - H_1 = -71.08\text{kJ/kg}$$

$$Q = -71.08 \times 4.5586 = -324.03(\text{kJ/s})$$

（2）乙烯（气）制冷过程

初态：$T_1 = -60℃$，$p_1 = 0.74\text{MPa}$，$H_1 = 515.91\text{kJ/kg}$

终态：$T_2 = -38℃$，$p_2 = 1.53\text{MPa}$，$H_2 = 522.71\text{kJ/kg}$

$$\Delta H = H_2 - H_1 = 6.8\text{kJ/kg}$$

（3）乙烯（液）制冷过程

初态：$T_1 = -60℃$，$p_1 = 0.74\text{MPa}$，$H_1 = 109.32\text{kJ/kg}$

终态：$T_2 = -38℃$，$p_2 = 1.53\text{MPa}$，$H_2 = 170.09\text{kJ/kg}$

$$\Delta H = H_2 - H_1 = 60.77\text{kJ/kg}$$

$$\frac{M_1}{M_2} = \frac{\Delta H_1}{\Delta H_2} = \frac{6.8}{60.77} = 0.112 \qquad M_1H_1 + M_2H_2 = Q_1 + Q_2$$

$$0.112M_2 \times 6.8 + M_2 \times 60.77 = 323.9 + 391.4 = 715.3$$

$$M_1 = 1.30\text{kg/s} \qquad M_2 = 17.625\text{kg/s}$$

6.1.2.2　第二级换热器

（1）天然气预冷过程

初态：$T_1 = -56℃$，$p_1 = 4.72\text{MPa}$，$H_1 = 625.75\text{kJ/kg}$

终态：$T_2 = -76℃$，$p_2 = 4.71\text{MPa}$，$H_2 = 522.44\text{kJ/kg}$

$$\Delta H = H_2 - H_1 = -103.31\text{kJ/kg}$$

$$Q = -103.31 \times 4.5586 = -470.95(\text{kJ/s})$$

（2）乙烯（气）制冷过程

初态：$T_1 = -56℃$，$p_1 = 0.34\text{MPa}$，$H_1 = 503.07\text{kJ/kg}$

终态：$T_2 = -60℃$，$p_2 = 0.74\text{MPa}$，$H_2 = 515.91\text{kJ/kg}$

$$\Delta H = H_2 - H_1 = 12.83\text{kJ/kg}$$

（3）乙烯（液）制冷过程

初态：$T_1 = -80℃$，$p_1 = 0.34\text{MPa}$，$H_1 = 58.035\text{kJ/kg}$

终态：$T_2 = -60℃$，$p_2 = 0.74\text{MPa}$，$H_2 = 109.32\text{kJ/kg}$

$$\Delta H = H_2 - H_1 = 51.285\text{kJ/kg}$$

$$\frac{M_1}{M_2} = \frac{\Delta H_1}{\Delta H_2} = \frac{12.84}{51.285} = 0.25 \qquad M_1 H_1 + M_2 H_2 = Q_1 + Q_2$$

$$0.25M_2 \times 12.84 + M_2 \times 51.285 = 470.95 + 391.4 = 862.35$$

$$M_1 = 3.95\text{kg/s} \qquad M_2 = 15.82\text{kg/s}$$

6.1.2.3　第三级换热器

（1）天然气预冷过程

初态：$T_1 = -76℃$，$p_1 = 4.71\text{MPa}$，$H_1 = 522.44\text{kJ/kg}$

终态：$T_2 = -96℃$，$p_2 = 4.70\text{MPa}$，$H_2 = 250.48\text{kJ/kg}$

$$\Delta H = H_2 - H_1 = -271.96\text{kJ/kg}$$

$$Q = -271.96 \times 4.5586 = -1239.76(\text{kJ/s})$$

（2）乙烯（气）制冷过程

初态：$T_1 = -100℃$，$p_1 = 0.125\text{MPa}$，$H_1 = 485.88\text{kJ/kg}$

终态：$T_2 = 80℃$，$p_2 = 0.34\text{MPa}$，$H_2 = 503.07\text{kJ/kg}$

$$\Delta H = H_2 - H_1 = 17.19\text{kJ/kg}$$

（3）乙烯（液）制冷过程

初态：$T_1 = -100℃$，$p_1 = 0.125\text{MPa}$，$H_1 = 8.79\text{kJ/kg}$

终态：$T_2 = 80℃$，$p_2 = 0.34\text{MPa}$，$H_2 = 58.025\text{kJ/kg}$

$$\Delta H = H_2 - H_1 = 49.235\text{kJ/kg}$$

$$\frac{M_1}{M_2} = \frac{\Delta H_1}{\Delta H_2} = \frac{17.19}{49.235} = 0.35 \qquad M_1H_1 + M_2H_2 = Q_1 + Q_2$$

$$0.35M_2 \times 17.19 + M_2 \times 49.245 = 1239.76 + 391.4 = 1631.16$$

$$M_1 = 10.33\text{kg/s} \qquad M_2 = 29.52\text{kg/s}$$

6.1.3 三级设备预冷制冷过程

6.1.3.1 甲烷（气）制冷过程

初态：$T_1 = -120℃$　　$p_1 = 1.19\text{MPa}$

焓值：$H_1 = 556.40\text{kJ/kg}$

终态：$T_2 = -100℃$　　$p_2 = 2.6\text{MPa}$

焓值：$H_2 = 547.62\text{kJ/kg}$

单位质量流量的预冷量：$\Delta H = H_2 - H_1 = -8.78\text{kJ/kg}$

天然气的质量流量：$Q = 4.5586\text{kg/s}$

甲烷（液）制冷过程：

初态：$T_1 = -120℃$　　$p_1 = 1.19\text{MPa}$

焓值：$H_1 = 155.10\text{kJ/kg}$

终态：$T_2 = -100℃$　　$p_2 = 2.6\text{MPa}$

焓值：$H_2 = 247.02\text{kJ/kg}$

$$\Delta H = H_2 - H_1 = 91.92\text{kJ/kg}$$

天然气预冷过程：

初态：$T_1 = 96℃$　　$p_1 = 4.70\text{MPa}$

焓值：$H_1 = 251.21\text{kJ/kg}$

终态：$T_2 = 76℃$　　$p_2 = 4.69\text{MPa}$

焓值：$H_2 = 165.35\text{kJ/kg}$

单位质量流量的预冷量：　$\Delta H = H_2 - H_1 = -85.86\text{kJ/kg}$

天然气的质量流量：　$Q = 4.5586\text{kg/s}$

天然气的总预冷量：　$Q = -85.86 \times 4.5586 = -391.4(\text{kJ/s})$

$$\frac{m_1}{m_2} = 0.096$$

$$m_1 = 0.41\text{kg/s} \qquad m_2 = 4.3\text{kg/s}$$

6.1.3.2 甲烷制冷过程

初态：$T_1 = -140℃$　　$p_1 = 0.44\text{MPa}$

焓值：$H_1 = 541.48\text{kJ/kg}$

终态：$T_2 = -120℃$　　$p_2 = 1.19\text{MPa}$

焓值：$H_2 = 556.74\text{kJ/kg}$

单位质量流量的预冷量：$\Delta H = H_2 - H_1 = 15.26\text{kJ/kg}$

液相：

焓值：$H_1 = 77.30\text{kJ/kg}$　　　　$H_2 = 155.58\text{kJ/kg}$

单位质量流量的预冷量：$\Delta H = H_2 - H_1 = 78.28\text{kJ/kg}$

$$\frac{m_1}{m_2} = 0.195$$

天然气预冷过程：

初态：$T_1 = -116℃$　　　　$p_1 = 4.69\text{MPa}$

焓值：$H_1 = 105.35\text{kJ/kg}$

终态：$T_2 = -136℃$　　　　$p_2 = 3.68\text{MPa}$

焓值：$H_2 = 90.822\text{kJ/kg}$

单位质量流量的焓差：$\Delta H = H_2 - H_1 = -14.53\text{kJ/kg}$

天然气的总预冷量：$Q = -339.75\text{kJ/s}$

得：　m_1=0.82kg/s　　m_2=4.18kg/s

6.1.3.3　甲烷制冷过程

初态：$T_1 = -136℃$　　　　$p_1 = 0.12\text{MPa}$

焓值：$H_{汽} = 515.15\text{kJ/kg}$　　　　$H_{液} = 8.7\text{kJ/kg}$

终态：$T_2 = 140℃$　　　　$p_2 = 0.44\text{MPa}$

焓值：$H_{汽} = 541.48\text{kJ/kg}$　　　　$H_{液} = 77.30\text{kJ/kg}$

$$\frac{m_1}{m_2} = 0.384$$

天然气预冷过程：

初态：$T_1 = -136℃$　　　　$p_1 = 4.68\text{MPa}$

焓值：$H_1 = 90.822\text{kJ/kg}$

终态：$T_2 = 155℃$　　　　$p_2 = 4.67\text{MPa}$

焓值：$H_2 = 157.321\text{kJ/kg}$

$$\Delta H = H_2 - H_1 = 66.449\text{kJ/kg}$$

天然气的总预冷量：

$$Q = 302.9\text{kJ/s}$$

得：m_1=1.48kg/s　　　m_2=3.85kg/s

6.2　板翅式换热器翅片的计算

本设计所需翅片基本参数见表 6-1。

表 6-1　本设计所需翅片的基本参数

翅片型号	翅片高度 L/mm	翅片厚度 Δ/mm	翅片间距 /mm	通道截面积/m²	总传热面积/m²	当量直径 /mm	二次传热面积和总传热面积之比	翅片类型
64ST1805	6.4	0.5	1.8	0.00426	8.0	2.13	0.819	平直翅片

6.2.1 一级换热器流体参数计算（单层通道）

6.2.1.1 天然气侧板翅之间的一系列常数的计算

天然气侧流道的质量流速：

$$G_i = \frac{W}{nf_iL_\mathrm{w}} \tag{6-1}$$

式中 G_i——天然气侧流道的质量流速，kg/(m^2·s)；

W——各股流体的质量流量，kg/s；

f_i——单层通道一米宽度上的截面积，m^2；

n——翅片组数；

L_w——翅片有效宽度，m。

$$G_i = \frac{4.5586}{60\times4.26\times10^{-3}} = 17.8\ [\mathrm{kg/(m^2\cdot s)}]$$

雷诺数：

$$Re = \frac{G_id_\mathrm{e}}{\mu} \tag{6-2}$$

式中 G_i——天然气侧流道的质量流速，kg/(m^2·s)；

d_e——天然气侧翅片当量直径，m；

μ——天然气的黏度，Pa·s。

$$Re = \frac{17.8\times2.13\times10^{-3}}{37.36\times10^{-6}} = 1014.8$$

普朗特数：$Pr = 0.80663$。

斯坦顿数：

$$St = \frac{j}{Pr^{2/3}} \tag{6-3}$$

$$St = \frac{0.0051}{0.80663^{2/3}} = 0.0059$$

式中 j——传热因子，查王松汉著《板翅式换热器》得传热因子为 0.0051。

给热系数：

$$\alpha = 3600St\times C\times G_i = 3600\times0.0059\times2.357\times4.184\times17.8 = 3728.43[\mathrm{kcal/(m^2\cdot h\cdot ℃)}] \tag{6-4}$$

天然气侧的 p 值：

$$p = \sqrt{\frac{2\alpha}{\lambda\delta}} \tag{6-5}$$

式中 α——天然气侧流体给热系数，kcal/(m^2·h·℃)；

λ——翅片材料热导率，W/(m·K)；

δ——翅厚，m。

$$p = \sqrt{\frac{2\times3728.43}{165\times4.184\times5\times10^{-4}}} = 146.98$$

天然气侧：

$$b=\frac{h_1}{2} \tag{6-6}$$

式中　h_1——天然气板侧翅高，m。

$$b=3.2\times10^{-3}\,\text{m}$$
$$pb=0.47$$

查双曲函数表可知：$\tanh(pb)=0.376$。

天然气侧翅片一次面传热效率：

$$\eta_\text{f}=\frac{\tanh(pb)}{pb}=\frac{0.376}{0.47}=0.8 \tag{6-7}$$

天然气侧翅片总传热效率：

$$\eta_0=1-\frac{F_2}{F_0}(1-\eta_\text{f})=1-0.819\times(1-0.8)=0.836 \tag{6-8}$$

式中　F_2——天然气侧翅片二次传热面积，m^2；

F_0——天然气侧翅片总传热面积，m^2。

6.2.1.2　液态丙烷侧板翅之间的一系列常数的计算

液态丙烷侧流道的质量流速：

$$G_i=\frac{W}{nf_iL_\text{w}}$$

式中　G_i——液态丙烷侧流道的质量流速，$\text{kg/(m}^2\cdot\text{s)}$；

W——各股流体的质量流量，kg/s；

f_i——单层通道一米宽度上的截面积，m^2；

n——翅片组数；

L_w——翅片有效宽度，m。

$$G_i=\frac{14.25}{60\times4.26\times10^{-3}}=55.75\ [\text{kg/(m}^2\cdot\text{s)}]$$

雷诺数：

$$Re=\frac{G_id_\text{e}}{\mu}$$

式中　G_i——液态丙烷侧流道的质量流速，$\text{kg/(m}^2\cdot\text{s)}$；

d_e——液态丙烷侧翅片当量直径，m；

μ——液态丙烷的黏度，Pa·s。

$$Re=\frac{55.75\times2.13\times10^{-3}}{52.8\times10^{-6}}=2249.01$$

普朗特数：Pr=0.82482。

斯坦顿数 St：

$$St=\frac{j}{Pr^{2/3}}$$

式中　j——传热因子，查王松汉著《板翅式换热器》得传热因子为 0.006。

给热系数：

$$St=\frac{0.006}{0.82482^{2/3}}=0.0068$$

$$\alpha = 3600St \times C \times G_i = 3600 \times 0.0068 \times 1.7546 \times 4.184 \times 55.75 = 10019.04[\text{kcal}/(\text{m}^2 \cdot \text{h} \cdot ℃)]$$

液态丙烷侧的 p 值：

$$p = \sqrt{\frac{2 \times 10019.04}{165 \times 4.184 \times 5 \times 10^{-4}}} = 240.94$$

液态丙烷侧：

$$b = \frac{h_1}{2}$$

式中　h_1——液态丙烷板侧翅高。

$$b = 3.2 \times 10^{-3}\,\text{m}$$

$$pb = 0.771$$

查双曲函数表可知：$\tanh(pb) = 0.2449$。

液态丙烷侧翅片一次面传热效率：

$$\eta_f = \frac{\tanh(pb)}{pb} = 0.32$$

液态丙烷侧翅片总传热效率：

$$\eta_0 = 1 - \frac{F_2}{F_0}(1-\eta_f) = 1 - 0.819 \times (1 - 0.32) = 0.443$$

6.2.1.3　气态丙烷侧板翅之间的一系列常数的计算

气态丙烷侧流道的质量流速：

$$G_i = \frac{W}{nf_iL_w}$$

式中　G_i——气态丙烷侧流道的质量流速，$\text{kg}/(\text{m}^2 \cdot \text{s})$；

W——各股流体的质量流量，kg/s；

f_i——单层通道一米宽度上的截面积，m^2；

n——翅片组数；

L_w——翅片有效宽度，m。

$$G_i = \frac{5.48}{20 \times 4.26 \times 10^{-3}} = 64.32\ [\text{kg}/(\text{m}^2 \cdot \text{s})]$$

雷诺数：

$$Re = \frac{G_i d_e}{\mu}$$

式中　G_i——气态丙烷侧流道的质量流速，$\text{kg}/(\text{m}^2 \cdot \text{s})$；

d_e——气态丙烷侧翅片当量直径，m；

μ——气态丙烷的黏度，Pa·s。

$$Re = \frac{64.32 \times 2.13 \times 10^{-3}}{5.97 \times 10^{-6}} = 22948.34$$

普朗特数：Pr=0.82245。

斯坦顿数：

$$St = \frac{j}{Pr^{2/3}}$$

式中　j——传热因子，查王松汉著《板翅式换热器》得传热因子为 0.0043。

$$St = \frac{0.0043}{0.82245^{2/3}} = 0.0049$$

给热系数：

$$\alpha = 3600St \times C \times G_i = 3600 \times 0.0049 \times 1.7546 \times 4.184 \times 64.32 = 8317.76[\text{kcal/(m}^2 \cdot \text{h} \cdot ℃)]$$

气态丙烷侧的 p 值：

$$p = \sqrt{\frac{2\alpha}{\lambda\delta}}$$

式中　α——气态丙烷侧流体的给热系数，kcal/(m^2 • h • ℃)；

λ——翅片材料热导率，W/(m • K)；

δ——翅厚，m。

$$p = \sqrt{\frac{2 \times 8317.76}{165 \times 4.184 \times 5 \times 10^{-4}}} = 219.53$$

气态丙烷侧：

$$b = \frac{h_1}{2} = 3.2 \times 10^{-3}\,\text{m}$$

式中　h_1——气态丙烷板侧翅高。

$$pb = 0.702$$

查双曲函数表可知：$\tanh(pb) = 0.2449$。

气态丙烷侧翅片一次面传热效率：

$$\eta_f = \frac{\tanh(pb)}{pb} = 0.349$$

气态丙烷侧翅片总传热效率：

$$\eta_0 = 1 - \frac{F_2}{F_0}(1 - \eta_f) = 1 - 0.819 \times (1 - 0.349) = 0.467$$

6.2.1.4　一级板翅式换热器传热面积计算

（1）丙烷制冷剂侧与天然气侧总传热系数的计算

以丙烷制冷剂侧传热面积为基准的总传热系数：

$$K_c = \frac{1}{\dfrac{1}{\alpha_h \eta_{0h}} \times \dfrac{F_{oc}}{F_{oh}} + \dfrac{1}{\alpha_c \eta_{0c}}} \tag{6-9}$$

式中　α_h——天然气侧给热系数，kcal/(m^2 • h • ℃)；

η_{0h}——天然气侧总传热效率；

η_{0c}——丙烷制冷剂侧总传热效率；

F_{oc}——丙烷制冷剂侧单位面积翅片的总传热面积，m^2；

F_{oh}——天然气侧单位面积翅片的总传热面积，m^2；

α_c——丙烷制冷剂侧给热系数，kcal/(m^2 • h • ℃)。

$$K_c = \frac{1}{\dfrac{1}{29173 \times 0.95} \times \dfrac{12.7}{8.94} + \dfrac{1}{28989 \times 0.435}} = 7659[\text{kcal/(m}^2 \cdot \text{h} \cdot ℃)]$$

以天然气侧传热面积为基准的总传热系数：

$$K_{\mathrm{h}}=\frac{1}{\frac{1}{29173\times0.95}+\frac{8.94}{12.7}\times\frac{1}{28989\times0.435}}=10880.8[\mathrm{kcal/(m^2\cdot h\cdot ℃)}]$$

（2）丙烷制冷剂侧与天然气侧对数平均温差的计算

$$\Delta t_{\mathrm{m}}=\frac{\Delta t_1-\Delta t_2}{\ln\frac{\Delta t_1}{\Delta t_2}} \tag{6-10}$$

式中　Δt_1——换热器进、出口温差中数值大的温差，$\Delta t_1=4℃$；

Δt_2——换热器进、出口温差中数值小的温差，$\Delta t_2=-1℃$。

$$\Delta t_{\mathrm{m}}=\frac{-116-(-120)-[120-(-119)]}{\ln\frac{-120-(-116)}{-120-(-119)}}=2.16(℃)$$

（3）丙烷制冷剂侧与天然气侧传热面积的计算

丙烷制冷剂侧传热面积：

$$A=\frac{Q}{K\Delta t}=\frac{1252\times3600}{7659\times2.16}=272(\mathrm{m^2}) \tag{6-11}$$

经过初步计算，确定板翅式换热器的宽度为3m，则丙烷制冷剂侧板束长度为：

$$l=\frac{A}{fnb} \tag{6-12}$$

式中　f——丙烷制冷剂侧单位面积翅片的总传热面积，$\mathrm{m^2}$；

n——流道数，根据初步计算，每组流道数为3；

b——板翅式换热器宽度，m。

$$l=\frac{272}{12.7\times3\times3}=2.38(\mathrm{m})$$

天然气侧传热面积：

$$A=\frac{Q}{K\Delta t}=\frac{337.7\times3600}{10880.8\times2.16}=51.7(\mathrm{m^2})$$

天然气侧板束长度：

$$l=\frac{A}{fnb}=\frac{51.7}{8.94\times3\times3}=0.64(\mathrm{m})$$

6.2.1.5　一级板翅式换热器压力损失计算

为了简化板翅式换热器的阻力计算，可以把板翅式换热器分成三部分，分别为入口管、出口管和换热器中心部分，分别计算各项阻力。

（1）换热器中心入口的压力损失

换热器中心入口的压力损失即导流片的出口到换热器中心的截面积变化而引起的压力降。计算公式如下：

$$\Delta p_1 = \frac{G^2}{2g_c\rho_1}(1-\sigma^2) + K_c\frac{G^2}{2g_c\rho_1} \tag{6-13}$$

式中　Δp_1——入口处压力降，Pa；

G——流体在板束中的质量流量，kg/(m^2·s)；

g_c——重力换算系数，为 1.27×10^8；

ρ_1——流体入口密度，kg/m^3；

σ——板束通道截面积与集气管最大截面积之比；

K_c——收缩阻力系数（由王松汉《板翅式换热器》中图 2-2～图 2-5 查得）。

（2）换热器中心部分出口的压力降

换热器中心部分出口的压力降即由换热器中心部分到导流片入口截面积发生变化引起的压力降。计算公式如下：

$$\Delta p_2 = \frac{G^2}{2g_c\rho_2}(1-\sigma^2) - K_e\frac{G^2}{2g_c\rho_2} \tag{6-14}$$

式中　Δp_2——出口处压升，Pa；

ρ_2——流体出口密度，kg/m^3；

K_e——扩大阻力系数（由王松汉《板翅式换热器》中图 4-2～图 4-5 查得）。

（3）换热器中心部分的压力降

换热器中心部分的压力降主要由传热面形状改变产生的阻力和摩擦阻力组成，将这两部分阻力综合考虑，可以看作是作用于总摩擦面积 A 上的等效剪切力。即换热器中心部分压力降可用以下公式计算：

$$\Delta p_3 = \frac{4fl}{D_e}\times\frac{G^2}{2g_c\rho_{av}} \tag{6-15}$$

式中　Δp_3——换热器中心部分压力降，Pa；

f——摩擦系数（由王松汉《板翅式换热器》中图 2-22 查得）；

l——换热器中心部分长度，m；

D_e——翅片当量直径，m；

ρ_{av}——进出口流体平均密度，kg/m^3。

所以流体经过板翅式换热器的总压力降可表示为：

$$\Delta p = \frac{G^2}{2g_c\rho_1}\left[(K_c+1-\sigma^2)+2\left(\frac{\rho_1}{\rho_2}-1\right)+\frac{4fl}{D_e}\times\frac{\rho_1}{\rho_{av}}-(1-\sigma^2-K_e)\frac{\rho_1}{\rho_2}\right] \tag{6-16}$$

$$\sigma = \frac{f_a}{A_{fa}} \tag{6-17}$$

$$f_a = \frac{x(L-\delta)L_w n}{x+\delta} \tag{6-18}$$

$$A_{fa} = (L+\delta_s)L_w N_t \tag{6-19}$$

式中　δ_s——板翅式换热器翅片隔板厚度，m；

L ——翅片高度，m；

n ——冷热交换总层数；

L_w ——有效宽度，m。

（4）天然气板侧压力损失的计算

$$f_a = \frac{(1.8-0.5)\times10^{-3}\times(6.5-0.5)\times10^{-3}\times60}{1.8\times10^{-3}} = 0.26(\mathrm{m}^2)$$

$$A_{fa} = (6.5+1.8)\times10^{-3}\times140 = 1.162(\mathrm{m}^2)$$

$$\sigma = \frac{f_a}{A_{fa}} = \frac{0.26}{1.162} = 0.224 \qquad K_c = 0.7 \qquad K_e = 0.05$$

$$\Delta p = \frac{G^2}{2g_c\rho_1}\left[(K_c+1-\sigma^2)+2\left(\frac{\rho_1}{\rho_2}-1\right)+\frac{4fl}{D_e}\times\frac{\rho_1}{\rho_{av}}-(1-\sigma^2-K_e)\frac{\rho_1}{\rho_2}\right]$$

$$= \frac{(17.8\times60\times3600)^2}{2\times1.27\times10^8\times310.06}\times\left[(0.7+1-0.224^2)+2\times\left(\frac{310.06}{358.35}-1\right)+\right.$$

$$\left.\frac{4\times0.019\times4.3}{2.13\times10^{-3}}\times\frac{310.06}{334.205}-(1-0.224^2-0.05)\times\frac{310.06}{358.35}\right] = 26843.3(\mathrm{Pa})$$

经过校核计算，压力降在允许压力降范围之内。

（5）液态丙烷侧压力损失的计算

$$f_a = \frac{(1.8-0.5)\times10^{-3}\times(6.5-0.5)\times10^{-3}\times60}{1.8\times10^{-3}} = 0.26(\mathrm{m}^2)$$

$$A_{fa} = (6.5+1.8)\times10^{-3}\times140 = 1.162(\mathrm{m}^2)$$

$$\sigma = \frac{f_a}{A_{fa}} = 0.224 \qquad K_c = 0.7 \qquad K_e = 0.05$$

$$\Delta p = \frac{G^2}{2g_c\rho_1}\left[(K_c+1-\sigma^2)+2\left(\frac{\rho_1}{\rho_2}-1\right)+\frac{4fl}{D_e}\times\frac{\rho_1}{\rho_{av}}-(1-\sigma^2-K_e)\frac{\rho_1}{\rho_2}\right]$$

$$= \frac{(55.75\times60\times3600)^2}{2\times1.27\times10^8\times351.44}\times\left[(0.7+1-0.224^2)+2\times\left(\frac{351.44}{300.98}-1\right)+\right.$$

$$\left.\frac{4\times0.025\times4.6}{2.13\times10^{-3}}\times\frac{351.44}{326.21}-(1-0.224^2-0.05)\times\frac{351.44}{300.98}\right] = 379476.8(\mathrm{Pa})$$

经过校核计算，压力降在允许压力降范围之内。

（6）气态丙烷侧压力损失的计算

$$f_a = \frac{(1.8-0.5)\times10^{-3}\times(6.5-0.5)\times10^{-3}\times20}{1.8\times10^{-3}} = 0.087(\mathrm{m}^2)$$

$$A_{fa}=(6.5+1.8)\times10^{-3}\times140=1.162(m^2)$$

$$K_c=0.074\quad K_e=0.05\quad \sigma=\frac{f_a}{A_{fa}}=0.075$$

$$\Delta p=\frac{G^2}{2g_c\rho_1}\left[(K_c+1-\sigma^2)+2\left(\frac{\rho_1}{\rho_2}-1\right)+\frac{4fl}{D_e}\times\frac{\rho_1}{\rho_{av}}-(1-\sigma^2-K_e)\frac{\rho_1}{\rho_2}\right]$$

$$=\frac{(64.32\times20\times3600)^2}{2\times1.27\times10^8\times18.813}\times\left[(0.074+1-0.075^2)+2\times\left(\frac{18.813}{44.717}-1\right)+\right.$$

$$\left.\frac{4\times0.013\times4.6}{2.13\times10^{-3}}\times\frac{18.813}{31.765}-(1-0.075^2-0.05)\times\frac{18.813}{44.717}\right]=296320(Pa)$$

经过校核计算，压力降在允许压力降范围之内。

通过前面的计算可以看出，各制冷剂和天然气在翅片内流动时，如果不考虑相变，则通过板翅式换热器时压力损失很少，对于高压板侧的流动，这些压力降可看作是流体静压的波动减少量，对流体的动压没影响，所以流体在板束中的流动速度不需要校正。但是，如果考虑相变的话，流体压力损失比较大，这部分压力损失还得考虑，否则这部分压力损失将对板侧的流动速度产生较大影响，所以还得重新校核流速，使其符合流体相变的速度变化规律。

6.2.2　二级换热器流体参数计算（单层通道）

6.2.2.1　天然气侧板翅之间的一系列常数的计算

天然气侧流道的质量流速：

$$G_i=\frac{W}{nf_iL_w}$$

式中　G_i——天然气侧流道的质量流速，kg/(m^2·s)；

W——各股流体的质量流量，kg/s；

f_i——单层通道一米宽度上的截面积，m^2；

n——翅片组数；

L_w——翅片有效宽度，m。

$$G_i=\frac{4.5586}{60\times4.26\times10^{-3}}=17.8\,[kg/(m^2\cdot s)]$$

雷诺数：

$$Re=\frac{G_id_e}{\mu}$$

式中　G_i——天然气侧流道的质量流速，kg/(m^2·s)；

d_e——天然气侧翅片当量直径，m；

μ——天然气的黏度，Pa·s。

$$Re=\frac{17.8\times2.13\times10^{-3}}{30.47\times10^{-6}}=1244$$

普朗特数：$Pr=0.8434$。

斯坦顿数：

$$St = \frac{j}{Pr^{2/3}}$$

式中　j——传热因子，查王松汉著《板翅式换热器》得传热因子为 0.006。

$$St = \frac{0.006}{0.8434^{2/3}} = 0.0067$$

给热系数：

$$\alpha = 3600St \times C \times G_i = 3600 \times 0.0067 \times 2.5945 \times 4.184 \times 17.8 = 4660.61[\text{kcal/(m}^2 \cdot \text{h} \cdot ℃)]$$

天然气侧的 p 值：

$$p = \sqrt{\frac{2\alpha}{\lambda\delta}}$$

式中　α——天然气侧流体给热系数，kcal/(m^2・h・℃)；

λ——翅片材料热导率，W/(m・K)；

δ——翅厚，m。

$$p = \sqrt{\frac{2 \times 4660.61}{165 \times 5 \times 10^{-4}}} = 336.13$$

天然气侧：

$$b = \frac{h_1}{2}$$

式中　h_1——天然气板侧翅高，m。

$$b = 3.2 \times 10^{-3}\text{m}$$
$$pb = 1.076$$

查双曲函数表可知：$\tanh(pb) = 0.9678$。

天然气侧翅片一次面传热效率：

$$\eta_f = \frac{\tanh(pb)}{pb} = 0.899$$

天然气侧翅片总传热效率：

$$\eta_0 = 1 - \frac{F_2}{F_0}(1 - \eta_f) = 1 - 0.819 \times (1 - 0.899) = 0.917$$

式中　F_2——天然气侧翅片二次传热面积，m^2；

F_0——天然气侧翅片总传热面积，m^2。

6.2.2.2　液态丙烷侧板翅之间的一系列常数的计算

液态丙烷侧流道的质量流速：

$$G_i = \frac{W}{nf_iL_w}$$

式中　G_i——液态丙烷侧流道的质量流速，kg/(m^2・s)；

W——各股流体的质量流量，kg/s；

f_i——单层通道一米宽度上的截面积，m^2；

n——翅片组数；

L_w——翅片有效宽度，m。

$$G_i = \frac{19.44}{60 \times 4.26 \times 10^{-3}} = 76.06\ [\text{kg/(m}^2 \cdot \text{s)}]$$

雷诺数：

$$Re = \frac{G_i d_e}{\mu}$$

式中　G_i——液态丙烷侧流道的质量流速，kg/(m² • s)；

d_e——液态丙烷侧翅片当量直径，m；

μ——液态丙烷的黏度，Pa • s。

$$Re = \frac{76.06 \times 2.13 \times 10^{-3}}{119.17 \times 10^{-6}} = 1359.5$$

普朗特数：Pr=0.79959。

斯坦顿数：

$$St = \frac{j}{Pr^{2/3}}$$

式中　j——传热因子，查王松汉著《板翅式换热器》得传热因子为 0.006。

$$St = \frac{0.006}{0.79959^{2/3}} = 0.007$$

给热系数：

$$\alpha = 3600 St \times C \times G_i = 3600 \times 0.007 \times 1.5931 \times 4.184 \times 76.06 = 12775.9[\text{kcal/(m}^2 \cdot \text{h} \cdot ℃)]$$

液态丙烷侧的 p 值：

$$p = \sqrt{\frac{2\alpha}{\lambda\delta}}$$

式中　α——液态丙烷侧流体给热系数，kcal/(m² • h • ℃)；

λ——翅片材料热导率，W/(m • K)；

δ——翅厚，m。

$$p = \sqrt{\frac{2 \times 12775.9}{165 \times 5 \times 10^{-4}}} = 556.52$$

液态丙烷侧：

$$b = \frac{h_1}{2}$$

式中　h_1——液态丙烷板侧翅高，m。

$$b = 3.2 \times 10^{-3}\,\text{m}$$
$$pb = 1.78$$

查双曲函数表可知：$\tanh(pb) = 0.9984$。

液态丙烷侧翅片一次面传热效率：

$$\eta_f = \frac{\tanh(pb)}{pb} = 0.56$$

液态丙烷侧翅片总传热效率：

$$\eta_0 = 1 - \frac{F_2}{F_0}(1 - \eta_f) = 1 - 0.819 \times (1 - 0.56) = 0.64$$

6.2.2.3　气态丙烷侧板翅之间的一系列常数的计算

气态丙烷侧流道的质量流速：

$$G_i = \frac{W}{nf_i L_w}$$

式中　G_i——气态丙烷侧流道的质量流速，kg/(m^2 • s)；

W——各股流体的质量流量，kg/s；

f_i ——单层通道一米宽度上的截面积，m^2；

n ——翅片组数；

L_w——翅片有效宽度，m。

$$G_i = \frac{9}{20 \times 4.26 \times 10^{-3}} = 105.63\ [\text{kg}/(\text{m}^2 \cdot \text{s})]$$

雷诺数：

$$Re = \frac{G_i d_e}{\mu}$$

式中　G_i——气态丙烷侧流道的质量流速，kg/(m^2 • s)；

d_e ——气态丙烷侧翅片当量直径，m；

μ ——气态丙烷的黏度，Pa • s。

$$Re = \frac{105.63 \times 2.13 \times 10^{-3}}{124.37 \times 10^{-6}} = 1809.05$$

普朗特数：Pr =0.79708。

斯坦顿数：

$$St = \frac{j}{Pr^{2/3}}$$

式中　j——传热因子，查王松汉著《板翅式换热器》得传热因子为 0.0044。

$$St = \frac{0.0044}{0.79708^{2/3}} = 0.0051$$

给热系数：

$$\alpha = 3600 St \times C \times G_i = 3600 \times 0.0051 \times 1.5877 \times 4.184 \times 105.63 = 12883.09[\text{kcal}/(\text{m}^2 \cdot \text{h} \cdot ℃)]$$

气态丙烷侧的 p 值：

$$p = \sqrt{\frac{2\alpha}{\lambda\delta}}$$

式中　α——气态丙烷流体给热系数，kcal/(m^2 • h • ℃)；

λ ——翅片材料热导率，W/(m • K)；

δ ——翅厚，m。

$$p = \sqrt{\frac{2 \times 12883.09}{165 \times 5 \times 10^{-4}}} = 558.85$$

气态丙烷侧：

$$b = \frac{h_1}{2}$$

式中　h_1——气态丙烷板侧翅高，m。

$$b = 3.2 \times 10^{-3}\,\text{m}$$

$$pb = 1.788$$

查双曲函数表可知：$\tanh(pb) = 0.9985$。

气态丙烷侧翅片一次面传热效率：

$$\eta_f = \frac{\tanh(pb)}{pb} = 0.55$$

气态丙烷侧翅片总传热效率：

$$\eta_0 = 1 - \frac{F_2}{F_0}(1 - \eta_f) = 1 - 0.819 \times (1 - 0.55) = 0.63$$

6.2.2.4 二级板翅式换热器传热面积计算

（1）丙烷制冷剂侧与天然气侧总传热系数的计算

以丙烷制冷剂侧传热面积为基准的总传热系数：

$$K_c = \frac{1}{\dfrac{1}{\alpha_h \eta_{0h}} \times \dfrac{F_{oc}}{F_{oh}} + \dfrac{1}{\alpha_c \eta_{0c}}}$$

式中 α_h——天然气侧给热系数，kcal/(m^2·h·℃)；

η_{0h}——天然气侧总传热效率；

η_{0c}——丙烷制冷剂侧总传热效率；

F_{oc}——丙烷制冷剂侧单位面积翅片的总传热面积，m^2；

F_{oh}——天然气侧单位面积翅片的总传热面积，m^2；

α_c——丙烷制冷剂侧给热系数，kcal/(m^2·h·℃)。

$$K_c = \frac{1}{\dfrac{1}{51103.61 \times 0.28} \times \dfrac{12.7}{8.94} + \dfrac{1}{52483.16 \times 0.28}} = 5976.3[\text{kcal/(m}^2 \cdot \text{h} \cdot ℃)]$$

以天然气测传热面积为基准的总传热系数：

$$K_h = \frac{1}{\dfrac{1}{51103.61 \times 0.28} + \dfrac{8.94}{12.7} \times \dfrac{1}{52483.16 \times 0.28}} = 8489.81[\text{kcal/(m}^2 \cdot \text{h} \cdot ℃)]$$

（2）丙烷制冷剂侧与天然气侧对数平均温差的计算

$$\Delta t_m = \frac{\Delta t_1 - \Delta t_2}{\ln \dfrac{\Delta t_1}{\Delta t_2}} = \frac{-136 - (-140) - [-139 - (-140)]}{\ln \dfrac{-136 - (-140)}{-139 - (-140)}} = 2.16(℃)$$

式中 Δt_1——换热器进、出口温差中数值大的温差，$\Delta t_1 = 4℃$；

Δt_2——换热器进、出口温差中数值小的温差，$\Delta t_2 = 1℃$。

（3）丙烷制冷剂侧与天然气侧传热面积的计算

丙烷制冷剂侧传热面积：

$$A=\frac{Q}{K\Delta t}=\frac{1154.21\times3600}{5976.3\times2.16}=321.89(\mathrm{m}^2)$$

经过初步计算，确定板翅式换热器的宽度为3m，则丙烷制冷剂侧板束长度为：

$$l=\frac{A}{fnb}$$

式中 f ——丙烷制冷剂侧单位面积翅片的总传热面积，m^2；

n ——流道数，根据初步计算，每组流道数为3；

b ——板翅式换热器宽度，m。

$$l=\frac{321.89}{12.7\times3\times3}=2.81(\mathrm{m})$$

天然气侧传热面积：

$$A=\frac{Q}{K\Delta t}=\frac{240.466\times3600}{8489.81\times2.16}=47.21(\mathrm{m}^2)$$

天然气侧板束长度：

$$l=\frac{A}{fnb}=\frac{47.21}{8.94\times3\times3}=0.59(\mathrm{m})$$

6.2.2.5 二级板翅式换热器压力损失的计算

（1）天然气侧压力损失

$$f_{\mathrm{a}}=\frac{(1.8-0.5)\times10^{-3}\times(6.5-0.5)\times10^{-3}\times60}{1.8\times10^{-3}}=0.26(\mathrm{m}^2)$$

$$A_{\mathrm{fa}}=(6.5+1.8)\times10^{-3}\times128=1.062(\mathrm{m}^2)$$

$$\sigma=\frac{f_{\mathrm{a}}}{A_{\mathrm{fa}}}=0.245$$

$$K_{\mathrm{c}}=0.7\qquad K_{\mathrm{e}}=0.05$$

$$\Delta p=\frac{(17.8\times60\times3600)^2}{2\times1.27\times10^8\times358.35}\times\left[(0.7+1-0.245^2)+2\times\left(\frac{358.35}{393.85}-1\right)+\frac{4\times0.025\times3.4}{2.13\times10^{-3}}\times\frac{358.35}{376.1}-(1-0.245^2-0.05)\times\frac{358.35}{393.85}\right]=24806(\mathrm{Pa})$$

经过校核计算，压力降在允许压力降范围之内。

（2）液态丙烷侧压力损失

$$f_{\mathrm{a}}=\frac{(1.8-0.5)\times10^{-3}\times(6.5-0.5)\times10^{-3}\times60}{1.8\times10^{-3}}=0.26(\mathrm{m}^2)$$

$$A_{\mathrm{fa}}=(6.5+1.8)\times10^{-3}\times128=1.062(\mathrm{m}^2)$$

$$\sigma=\frac{f_{\mathrm{a}}}{A_{\mathrm{fa}}}=0.245$$

$$K_{\mathrm{c}}=0.7\qquad K_{\mathrm{e}}=0.05$$

$$\Delta p=\frac{(76.06\times 60\times 3600)^2}{2\times 1.27\times 10^8\times 388.79}\times\left[(0.7+1-0.245^2)+2\times\left(\frac{388.79}{351.44}-1\right)+\right.$$

$$\left.\frac{4\times 0.035\times 1.6}{2.13\times 10^{-3}}\times\frac{388.79}{370.115}-(1-0.245^2-0.05)\times\frac{388.79}{351.44}\right]=2263(\mathrm{Pa})$$

经过校核计算，压力降在允许压力降范围之内。

（3）气态丙烷侧压力损失

$$f_{\mathrm{a}}=\frac{(1.8-0.5)\times 10^{-3}\times(6.5-0.5)\times 10^{-3}\times 8}{1.8\times 10^{-3}}=0.035(\mathrm{m}^2)$$

$$A_{\mathrm{fa}}=(6.5+1.8)\times 10^{-3}\times 128=1.062(\mathrm{m}^2)$$

$$\sigma=\frac{f_{\mathrm{a}}}{A_{\mathrm{fa}}}=0.033$$

$$K_{\mathrm{c}}=0.38\qquad K_{\mathrm{e}}=0.25$$

$$\Delta p=\frac{G^2}{2g_{\mathrm{c}}\rho_1}\left[(K_{\mathrm{c}}+1-\sigma^2)+2\left(\frac{\rho_1}{\rho_2}-1\right)+\frac{4fl}{D_{\mathrm{e}}}\times\frac{\rho_1}{\rho_{\mathrm{av}}}-(1-\sigma^2-K_{\mathrm{e}})\frac{\rho_1}{\rho_2}\right]$$

$$\Delta p=\frac{(105.63\times 8\times 3600)^2}{2\times 1.27\times 10^8\times 18.813}\times\left[(0.38+1-0.033^2)+2\times\left(\frac{18.813}{44.717}-1\right)+\right.$$

$$\left.\frac{4\times 0.018\times 1.6}{2.13\times 10^{-3}}\times\frac{18.813}{31.765}-(1-0.033^2-0.25)\times\frac{18.813}{44.717}\right]=61853(\mathrm{Pa})$$

经过校核计算，压力降在允许压力降范围之内。

通过前面的计算可以看出，各制冷剂和天然气在翅片内流动时，如果不考虑相变，则通过板翅式换热器时压力损失很少，对于高压板侧的流动，这些压力降可看作是流体静压的波动减少量，对流体的动压没影响，所以流体在板束中的流动速度不需要校正。但是，如果考虑相变的话，流体压力损失比较大，这部分压力损失还得考虑，否则这部分压力损失将对板侧的流动速度产生较大影响，所以还得重新校核流速，使其符合流体相变的速度变化规律。

6.2.3　三级换热器流体参数计算（单层通道）

6.2.3.1　天然气侧板翅之间的一系列常数的计算

天然气侧流道的质量流速：

$$G_i=\frac{W}{nf_iL_{\mathrm{w}}}$$

式中　G_i——天然气侧流道的质量流速，kg/(m^2 • s)；

W——各股流体的质量流量，kg/s；

f_i——单层通道一米宽度上的截面积，m^2；

n——翅片组数；

L_{w}——翅片有效宽度，m。

$$G_i=\frac{4.5586}{60\times 4.26\times 10^{-3}}=17.8\ [\mathrm{kg/(m^2\cdot s)}]$$

雷诺数：

$$Re=\frac{G_i d_{\mathrm{e}}}{\mu}$$

式中 G_i——天然气侧流道的质量流速，kg/(m^2 • s)；

d_{e}——天然气侧翅片当量直径，m；

μ——天然气的黏度，Pa • s。

$$Re=\frac{17.8\times 2.13\times 10^{-3}}{25.926\times 10^{-6}}=1462.39$$

普朗特数：$Pr=0.88597$。

斯坦顿数：

$$St=\frac{j}{Pr^{2/3}}$$

式中 j——传热因子，查王松汉著《板翅式换热器》得传热因子为 0.0046。

$$St=\frac{0.0046}{0.88597^{2/3}}=0.005$$

给热系数：

$$\alpha=3600St\times C\times G_i=3600\times 0.005\times 2.7067\times 4.184\times 17.8=3628.48[\mathrm{kcal/(m^2\cdot h\cdot ℃)}]$$

天然气侧的 p 值：

$$p=\sqrt{\frac{2\times 3628.48}{165\times 5\times 10^{-4}}}=296.59$$

天然气侧：

$$b=\frac{h_1}{2}$$

式中 h_1——天然气板侧翅高，m。

$$b=3.2\times 10^{-3}\,\mathrm{m}$$

$$pb=0.83$$

查双曲函数表可知：$\tanh(pb)=0.645$。

天然气侧翅片一次面传热效率：

$$\eta_{\mathrm{f}}=\frac{\tanh(pb)}{pb}=0.777$$

天然气侧翅片总传热效率：

$$\eta_0=1-\frac{F_2}{F_0}(1-\eta_{\mathrm{f}})=1-0.819\times(1-0.777)=0.817$$

式中 F_2——天然气侧翅片二次传热面积，m^2；

F_0——天然气侧翅片总传热面积，m^2。

6.2.3.2 液态丙烷侧板翅之间的一系列常数的计算

液态丙烷侧流道的质量流速：

$$G_i=\frac{W}{nf_i L_{\mathrm{w}}}$$

式中 G_i——液态丙烷侧流道的质量流速，kg/(m^2 • s)；

W——各股流体的质量流量，kg/s；

f_i——单层通道一米宽度上的截面积，m^2；

n——翅片组数；

L_w——翅片有效宽度，m。

$$G_i=\frac{20.02}{60\times4.26\times10^{-3}}=78.33\,[\mathrm{kg/(m^2\cdot s)}]$$

雷诺数：

$$Re=\frac{G_i d_e}{\mu}$$

式中　G_i——液态丙烷侧流道的质量流速，kg/(m^2 • s)；

d_e——液态丙烷侧翅片当量直径，m；

μ——液态丙烷的黏度，Pa • s。

$$Re=\frac{78.33\times2.13\times10^{-3}}{227.08\times10^{-6}}=734.73$$

普朗特数：Pr=0.78660。

斯坦顿数：

$$St=\frac{j}{Pr^{2/3}}$$

式中　j——传热因子，查王松汉著《板翅式换热器》得传热因子为 0.0068。

$$St=\frac{0.0068}{0.78660^{2/3}}=0.008$$

给热系数：

$$\alpha=3600St\times C\times G_i=3600\times0.008\times1.4636\times4.184\times78.33=13814.48[\mathrm{kcal/(m^2\cdot h\cdot ℃)}]$$

液态丙烷侧的 p 值：

$$p=\sqrt{\frac{2\alpha}{\lambda\delta}}$$

式中　α——液态丙烷侧流体给热系数，kcal/(m^2 • h • ℃)；

λ——翅片材料热导率，W/(m • K)；

δ——翅厚，m。

$$p=\sqrt{\frac{2\times13814.48}{165\times5\times10^{-4}}}=578.7$$

液态丙烷侧：

$$b=\frac{h_1}{2}$$

式中　h_1——液态丙烷板侧翅高，m。

$$b=3.2\times10^{-3}$$

$$pb=1.85$$

查双曲函数表可知：$\tanh(pb)=0.9989$。

液态丙烷侧翅片一次面传热效率：

$$\eta_f=\frac{\tanh(pb)}{pb}=0.54$$

液态丙烷侧翅片总传热效率：

$$\eta_0 = 1 - \frac{F_2}{F_0}(1 - \eta_f) = 1 - 0.819 \times (1 - 0.54) = 0.62$$

6.2.3.3 气态丙烷侧板翅之间的一系列常数的计算

气态丙烷侧流道的质量流速：

$$G_i = \frac{W}{nf_i L_w}$$

式中 G_i——气态丙烷侧流道的质量流速，kg/(m^2·s)；

W——各股流体的质量流量，kg/s；

f_i——单层通道一米宽度上的截面积，m^2；

n——翅片组数；

L_w——翅片有效宽度，m。

$$G_i = \frac{10.16}{60 \times 4.26 \times 10^{-3}} = 39.75\ [\text{kg/(m}^2 \cdot \text{s)}]$$

雷诺数：

$$Re = \frac{G_i d_e}{\mu}$$

式中 G_i——气态丙烷侧流道的质量流速，kg/(m^2·s)；

d_e——气态丙烷侧翅片当量直径，m；

μ——气态丙烷的黏度，Pa·s。

$$Re = \frac{39.75 \times 2.13 \times 10^{-3}}{248.84 \times 10^{-6}} = 340.25$$

普朗特数：Pr=0.78361。

斯坦顿数：

$$St = \frac{j}{Pr^{2/3}}$$

式中 j——传热因子，查王松汉著《板翅式换热器》得传热因子为 0.0087。

$$St = \frac{0.0087}{0.78361^{2/3}} = 0.01$$

给热系数：

$$\alpha = 3600St \times C \times G_i = 3600 \times 0.01 \times 1.4576 \times 4.184 \times 39.75 = 8727.09[\text{kcal/(m}^2 \cdot \text{h} \cdot ℃)]$$

气态丙烷侧的 p 值：

$$p = \sqrt{\frac{2 \times 8727.09}{165 \times 5 \times 10^{-4}}} = 459.96$$

气态丙烷侧：

$$b = \frac{h_1}{2}$$

式中 h_1——气态丙烷板侧翅高，m。

$$b = 3.2 \times 10^{-3}\,\text{m}$$

$$pb = 1.47$$

查双曲函数表可知：$\tanh(pb) = 0.9955$。

气态丙烷侧翅片一次面传热效率：

$$\eta_f = \frac{\tanh(pb)}{pb} = 0.677$$

气态丙烷侧翅片总传热效率：

$$\eta_0 = 1 - \frac{F_2}{F_0}(1-\eta_f) = 1 - 0.819 \times (1 - 0.677) = 0.74$$

6.2.3.4　三级板翅式换热器传热面积计算

（1）丙烷制冷剂侧与天然气侧总传热系数的计算

以丙烷制冷剂侧传热面积为基准的总传热系数：

$$K_c = \frac{1}{\dfrac{1}{\alpha_h \eta_{0h}} \times \dfrac{F_{oc}}{F_{oh}} + \dfrac{1}{\alpha_c \eta_{0c}}}$$

式中　α_h ——天然气侧给热系数，kcal/(m^2 • h • ℃)；

η_{0h} ——天然气侧总传热效率；

η_{0c} ——丙烷制冷剂侧总传热效率；

F_{oc} ——丙烷制冷剂侧单位面积翅片的总传热面积，m^2；

F_{oh} ——天然气侧单位面积翅片的总传热面积，m^2；

α_c ——丙烷制冷剂侧给热系数，kcal/(m^2 • h • ℃)。

$$K_c = \frac{1}{\dfrac{1}{12772.24 \times 0.53} \times \dfrac{12.7}{8.94} + \dfrac{1}{37526.51 \times 0.326}} = 3429.37[\text{kcal}/(\text{m}^2 \cdot \text{h} \cdot ℃)]$$

以天然气侧传热面积为基准的总传热系数：

$$K_h = \frac{1}{\dfrac{1}{\alpha_h \eta_{0h}} + \dfrac{F_{oh}}{F_{oc}} \times \dfrac{1}{\alpha_c \eta_{0c}}} = \frac{1}{\dfrac{1}{12772.24 \times 0.53} + \dfrac{8.94}{12.7} \times \dfrac{1}{37526.51 \times 0.326}} = 4871.7[\text{kcal}/(\text{m}^2 \cdot \text{h} \cdot ℃)]$$

（2）丙烷制冷剂侧与天然气侧对数平均温差的计算

$$\Delta t = \frac{\Delta t_1 - \Delta t_2}{\ln \dfrac{\Delta t_1}{\Delta t_2}} = \frac{-155-(-159)-\left[-158-(-159)\right]}{\ln \dfrac{-155-(-159)}{-158-(-159)}} = 2.16(℃)$$

式中　Δt_1 ——换热器进、出口温差中数值大的温差，$\Delta t_1 = 4℃$；

Δt_2 ——换热器进、出口温差中数值小的温差，$\Delta t_2 = 1℃$。

（3）丙烷制冷剂侧与天然气侧传热面积计算

丙烷制冷剂侧传热面积：

$$A = \frac{Q}{K\Delta t} = \frac{1169.81 \times 3600}{3429.37 \times 2.16} = 568.52(\text{m}^2)$$

经过初步计算，确定板翅式换热器的宽度为 3m，则丙烷制冷剂侧板束长度：

$$l=\frac{A}{fnb}$$

式中 f ——丙烷制冷剂侧单位面积翅片的总传热面积，m^2；

n ——流道数，根据初步计算，每组流道数为 3；

b ——板翅式换热器宽度，m。

$$l=\frac{568.52}{12.7\times3\times3}=4.97(\text{m})$$

天然气侧传热面积：

$$A=\frac{Q}{K\Delta t}=\frac{255.6\times3600}{4871.7\times2.16}=87.44(\text{m}^2)$$

天然气侧板束长度：

$$l=\frac{A}{fnb}=\frac{87.44}{8.94\times3\times3}=1.09(\text{m})$$

6.2.3.5　三级板翅式换热器压力损失计算

（1）天然气侧压力损失

$$f_{\text{a}}=\frac{(1.8-0.5)\times10^{-3}\times(6.5-0.5)\times10^{-3}\times60}{1.8\times10^{-3}}=0.26(\text{m}^2)$$

$$A_{\text{fa}}=(6.5+1.8)\times10^{-3}\times100=0.83(\text{m}^2)$$

$$\sigma=\frac{f_{\text{a}}}{A_{\text{fa}}}=0.313$$

$$K_{\text{c}}=0.7\qquad K_{\text{e}}=0.05$$

$$\Delta p=\frac{G^2}{2g_{\text{c}}\rho_1}\left[(K_{\text{c}}+1-\sigma^2)+2\left(\frac{\rho_1}{\rho_2}-1\right)+\frac{4fl}{D_{\text{e}}}\times\frac{\rho_1}{\rho_{\text{av}}}-(1-\sigma^2-K_{\text{e}})\frac{\rho_1}{\rho_2}\right]$$

$$=\frac{(17.8\times60\times3600)^2}{2\times1.27\times10^8\times393.85}\times\left[(0.7+1-0.313^2)+2\times\left(\frac{393.85}{422.50}-1\right)+\right.$$

$$\left.\frac{4\times0.0079\times3.4}{2.13\times10^{-3}}\times\frac{393.85}{408.18}-(1-0.313^2-0.05)\times\frac{393.85}{422.50}\right]=7291(\text{Pa})$$

经过校核计算，压力降在允许压力降范围之内。

（2）液态丙烷侧压力损失

$$f_{\text{a}}=\frac{(1.8-0.5)\times10^{-3}\times(6.5-0.5)\times10^{-3}\times20}{1.8\times10^{-3}}=0.087(\text{m}^2)$$

$$A_{\text{fa}}=(6.5+1.8)\times10^{-3}\times100=0.83(\text{m}^2)$$

$$\sigma=\frac{f_{\text{a}}}{A_{\text{fa}}}=0.105\qquad K_{\text{c}}=0.7\qquad K_{\text{e}}=0.05$$

$$\Delta p=\frac{G^2}{2g_{\text{c}}\rho_1}\left[(K_{\text{c}}+1-\sigma^2)+2\left(\frac{\rho_1}{\rho_2}-1\right)+\frac{4fl}{D_{\text{e}}}\times\frac{\rho_1}{\rho_{\text{av}}}-(1-\sigma^2-K_{\text{e}})\frac{\rho_1}{\rho_2}\right]$$

$$=\frac{(78.33\times60\times3600)^2}{2\times1.27\times10^8\times418.71}\times\left[(0.7+1-0.105^2)+2\times\left(\frac{418.71}{388.79}-1\right)+\frac{4\times0.0055\times3.4}{2.13\times10^{-3}}\times\right.$$

$$\left.\frac{418.71}{403.75}-(1-0.105^2-0.05)\times\frac{418.71}{388.79}\right]=4763(\text{Pa})$$

经过校核计算，压力降在允许压力降范围之内。

（3）气态丙烷侧压力损失

$$f_a=\frac{(1.8-0.5)\times10^{-3}\times(6.5-0.5)\times10^{-3}\times20}{1.8\times10^{-3}}=0.087(\text{m}^2)$$

$$A_{fa}=(6.5+1.8)\times10^{-3}\times100=0.83(\text{m}^2)$$

$$\sigma=\frac{f_a}{A_{fa}}=0.105\qquad K_c=0.38\qquad K_e=0.25$$

$$\Delta p=\frac{(39.75\times60\times3600)^2}{2\times1.27\times10^8\times2.1822}\times\left[(0.38+1-0.105^2)+2\times\left(\frac{2.1822}{7.1156}-1\right)+\frac{4\times0.0092\times3.4}{2.13\times10^{-3}}\times\right.$$

$$\left.\frac{2.1822}{4.6489}-(1-0.105^2-0.25)\times\frac{2.1822}{7.1156}\right]=3634796(\text{Pa})$$

经过校核计算，压力降在允许压力降范围之内。

通过前面的计算可以看出，各制冷剂和天然气在翅片内流动时，如果不考虑相变，则通过板翅式换热器时压力损失很少，对于高压板侧的流动，这些压力降可看作是流体静压的波动减少量，对流体的动压没影响，所以流体在板束中的流动速度不需要校正。但是，如果考虑相变的话，流体压力损失比较大，这部分压力损失还得考虑，否则这部分压力损失将对板侧的流动速度产生较大影响，所以还得重新校核流速，使其符合流体相变的速度变化规律。

6.2.4　四级换热器流体参数计算（单层通道）

6.2.4.1　天然气侧板翅之间的一系列常数的计算

$$G_i=\frac{W}{nf_iL_w}$$

式中　G_i——天然气侧流道的质量流速，kg/(m^2·s)；

W——各股流体的质量流量，kg/s；

f_i——单层通道一米宽度上的截面积，m^2；

n——翅片组数；

L_w——翅片有效宽度，m。

$$G_i=\frac{4.5586}{60\times0.00821}=9.25[\text{kg}/(\text{m}^2\cdot\text{s})]$$

雷诺数：

$$Re=\frac{G_id_e}{\mu}$$

式中　G_i——天然气侧流道的质量流速，$kg/(m^2 \cdot s)$；

d_e——天然气侧翅片当量直径，m；

μ——天然气的黏度，Pa·s。

$$Re = \frac{9.25 \times 2.59 \times 0.001}{0.00003825} = 626$$

普朗特数：Pr=1.424。

斯坦顿数：

$$St = \frac{j}{Pr^{2/3}}$$

式中　j——传热因子，查王松汉著《板翅式换热器》得传热因子为0.0051。

$$St = \frac{0.0051}{1.424^{2/3}} = 0.00403$$

给热系数：

$$\alpha = 3600 St \times C \times G_i$$

$$\alpha = 3600 St \times C \times G_i = 3600 \times 0.00403 \times 4.8961 \times 4.184 \times 9.25 = 2749.1[\mathrm{kcal/(m^2 \cdot h \cdot ℃)}]$$

天然气侧的 p 值：

$$p = \sqrt{\frac{2\alpha}{\lambda\delta}}$$

式中　α——天然气侧流体给热系数，$kcal/(m^2 \cdot h \cdot ℃)$；

λ——翅片材料热导率，$W/(m \cdot K)$；

δ——翅厚，m。

$$p = \sqrt{\frac{2 \times 2749.1}{165 \times 4.184 \times 2 \times 10^{-4}}} = 199.55$$

天然气侧：

$$b = \frac{h_1}{2}$$

式中　h_1——天然气板侧翅高，m。

$$b = 4.75 \times 10^{-3}\,\mathrm{m}$$
$$pb = 0.51$$

查双曲函数表可知：$\tanh(pb) = 0.4$。

天然气侧翅片一次面传热效率：

$$\eta_f = \frac{\tanh(pb)}{pb} = 0.8$$

天然气侧翅片总传热效率：

$$\eta_0 = 1 - \frac{F_2}{F_0}(1 - \eta_f) = 1 - 0.861 \times (1 - 0.8) = 0.828$$

6.2.4.2　气态乙烯侧板翅之间的一系列常数的计算

气态乙烯侧流道的质量流速：

$$G_i = \frac{W}{n f_i L_w}$$

式中　G_i——气态乙烯侧流道的质量流速，kg/(m^2·s)；

W——各股流体的质量流量，kg/s；

f_i——单层通道一米宽度上的截面积，m^2；

n——翅片组数；

L_w——翅片有效宽度，m。

$$G_i=\frac{0.41}{20\times8.21\times10^{-3}}=2.50[\text{kg/(m}^2\cdot\text{s)}]$$

雷诺数：

$$Re=\frac{G_i d_e}{\mu}$$

式中　G_i——气态乙烯侧流道的质量流速，kg/(m^2·s)；

d_e——气态乙烯侧翅片当量直径，m；

μ——气态乙烯的黏度，Pa·s。

$$Re=\frac{2.50\times2.59\times10^{-3}}{5.97\times10^{-6}}=1085$$

普朗特数：Pr=0.6752。

斯坦顿数：

$$St=\frac{j}{Pr^{2/3}}$$

式中　j——传热因子，查王松汉著《板翅式换热器》得传热因子为 0.0043。

$$St=\frac{0.0043}{0.6752^{2/3}}=0.0056$$

给热系数：

$$\alpha=3600St\times C\times G_i=3600\times0.0056\times3.308\times4.184\times2.5=697.57[\text{kcal/(m}^2\cdot\text{h}\cdot℃)]$$

气态乙烯侧的 p 值：

$$p=\sqrt{\frac{2\alpha}{\lambda\delta}}$$

式中　α——气态乙烯流体给热系数，kcal/(m^2·h·℃)；

λ——翅片材料热导率，W/(m·K)；

δ——翅厚，m。

$$p=\sqrt{\frac{2\times697.57}{165\times4.184\times2\times10^{-4}}}=100.52$$

气态乙烯侧：

$$b=\frac{h_1}{2}$$

式中　h_1——气态乙烯板侧翅高，m。

$$b=4.75\times10^{-3}\text{m}$$

查双曲函数表可知：$\tanh(pb)=0.15$。

气态乙烯侧翅片一次面传热效率：

$$\eta_f=\frac{\tanh(pb)}{pb}=0.5$$

气态乙烯侧翅片总传热效率：

$$\eta_0 = 1 - \frac{F_2}{F_0}(1-\eta_f) = 1 - 0.861\times(1-0.5) = 0.57$$

6.2.4.3　四级板翅式换热器传热面积计算

（1）乙烯制冷剂侧和天然气侧总传热系数的计算

以乙烯制冷剂侧传热面积为基准的总传热系数的计算

$$K_c = \frac{1}{\dfrac{1}{\alpha_h\eta_{0h}}\times\dfrac{F_{oc}}{F_{oh}}+\dfrac{1}{\alpha_c\eta_{0c}}}$$

式中　α_h ——天然气侧给热系数，kcal/(m^2·h·℃)；

η_{0h} ——天然气侧总传热效率；

η_{0c} ——乙烯制冷剂侧总传热效率；

F_{oc} ——乙烯制冷剂侧单位面积翅片的总传热面积，m^2；

F_{oh} ——天然气侧单位面积翅片的总传热面积，m^2；

α_c ——乙烯制冷剂侧给热系数，kcal/(m^2·h·℃)。

$$K_c = \frac{1}{\dfrac{1}{\alpha_h\eta_{0h}}\times\dfrac{F_{oc}}{F_{oh}}+\dfrac{1}{\alpha_c\eta_{0c}}} = \frac{1}{\dfrac{1}{4569\times0.67}\times1.32+\dfrac{1}{2548\times0.416}} = 727.47[\text{kcal/(m}^2\cdot\text{h}\cdot{^\circ\text{C}})]$$

以天然气侧传热面积为基准的总传热系数：

$$K_h = \frac{1}{\dfrac{1}{\alpha_h\eta_{0h}}+\dfrac{F_{oh}}{F_{oc}}\times\dfrac{1}{\alpha_c\eta_{0c}}}$$

$$K_h = \frac{1}{\dfrac{1}{4569\times0.67}+\dfrac{1}{1.32}\times\dfrac{1}{2548\times0.416}} = 960.3[\text{kcal/(m}^2\cdot\text{h}\cdot{^\circ\text{C}})]$$

（2）乙烯制冷剂侧与天然气侧对数平均温差的计算

$$\Delta t = \frac{\Delta t_1-\Delta t_2}{\ln\dfrac{\Delta t_1}{\Delta t_2}} = \frac{-56-(-60)-[-59-(-60)]}{\ln\dfrac{-60-(-56)}{-59-(-60)}} = 2.16(^\circ\text{C})$$

式中　Δt_1 ——换热器进、出口温差中数值大的温差，$\Delta t_1 = 4^\circ\text{C}$；

Δt_2 ——换热器进、出口温差中数值小的温差，$\Delta t_2 = 1^\circ\text{C}$。

（3）乙烯制冷剂侧与天然气侧传热面积的计算

乙烯制冷剂侧传热面积：

$$A = \frac{Q}{K\Delta t} = \frac{391.66\times3600}{727.47\times2.16} = 897.31(\text{m}^2)$$

经过初步计算，确定板翅式换热器的宽度为 3m，则乙烯制冷剂侧板束长度为：

$$l=\frac{A}{fnb}$$

式中　f ——乙烯制冷剂侧单位面积翅片的总传热面积，m^2；

n ——流道数，根据初步计算，每组流道数为 5；

b ——板翅式换热器宽度，m。

$$l=\frac{A}{fnb}=\frac{897.31}{4.5\times12.7\times5}=3.14(\text{m})$$

天然气侧传热面积：

$$A=\frac{Q}{K\Delta t}=\frac{336.5\times3600}{960.3\times2.16}=584(\text{m}^2)$$

天然气侧板束长度：

$$l=\frac{A}{fnb}$$

式中　f ——天然气侧单位面积翅片的总传热面积，m^2；

n ——流道数，根据初步计算，每组流道数为 5；

b ——板翅式换热器宽度，m。

$$l=\frac{A}{fnb}=\frac{584}{4.5\times12.7\times5}=2.04(\text{m})$$

6.2.4.4　四级板翅式换热器压力损失计算

为了简化板翅式换热器阻力计算，可以把板翅式换热器分成三部分，分别为入口管、出口管和换热器中心部分，各项阻力分别用以下公式计算。

（1）换热器中心入口的压力降

换热器中心入口的压力损失，即导流片的出口到换热器中心的截面积变化而引起的压力降，计算公式如下：

$$\Delta p_1=\frac{G^2}{2g_c\rho_1}(1-\sigma^2)+K_c\frac{G^2}{2g_c\rho_1}$$

式中　Δp_1 ——入口处压力降，Pa；

G ——流体在板束中的质量流量，kg/（m^2 • s）；

g_c ——重力换算系数，为 1.27×10^8；

ρ_1 ——流体入口密度，kg/m^3；

σ ——板束通道截面积与集气管最大截面积之比；

K_c ——收缩阻力系数。

（2）换热器中心出口的压力降

换热器中心出口的压力降，即由换热器中心部分到导流片入口截面积发生变化而引起的压力降，计算公式如下：

$$\Delta p_2=\frac{G^2}{2g_c\rho_2}(1-\sigma^2)-K_e\frac{G^2}{2g_c\rho_2}$$

式中　Δp_2——出口处压升，Pa；
　　ρ_2——流体出口密度，kg/m^3；
　　K_e——扩大阻力系数。

（3）换热器中心部分的压力降

换热器中心部分的压力降主要由传热面形状改变产生的阻力和摩擦阻力组成，将这两部分阻力综合考虑，可以看作是作用于总摩擦面积 A 上的等效剪切力。即换热器中心部分压力降可用以下公式计算：

$$\Delta p_3 = \frac{4fl}{D_e} \times \frac{G^2}{2g_c\rho_{av}}$$

式中　Δp_3——换热器中心部分压力降，Pa；
　　f——摩擦系数；
　　l——换热器中心部分长度，m；
　　D_e——翅片当量直径，m；
　　ρ_{av}——进出口流体平均密度，kg/m^3。

（4）流体经过板翅式换热器的总压力降

$$\Delta p = \frac{G^2}{2g_c\rho_1}\left[(K_c + 1 - \sigma^2) + 2\left(\frac{\rho_1}{\rho_2} - 1\right) + \frac{4fl}{D_e} \times \frac{\rho_1}{\rho_{av}} - (1 - \sigma^2 - K_e)\frac{\rho_1}{\rho_2}\right]$$

$$\sigma = \frac{f_a}{A_{fa}}$$

$$f_a = \frac{x(L-\delta)L_w n}{x+\delta}$$

$$A_{fa} = (L+\delta_s)L_w N_t$$

式中　δ_s——板翅式换热器翅片隔板厚度，m；
　　L——翅片高度，m；
　　L_w——有效宽度，m。

$$f_a = \frac{(1.8-0.5)\times10^{-3}\times(6.5-0.5)\times10^{-3}\times60}{1.8\times10^{-3}} = 0.26(\text{m}^2)$$

$$A_{fa} = (6.5+1.8)\times10^{-3}\times140 = 1.162(\text{m}^2)$$

$$\sigma = \frac{f_a}{A_{fa}} = \frac{0.26}{1.162} = 0.224 \qquad K_c = 0.7 \qquad K_e = 0.05$$

$$\Delta p = \frac{(17.8\times60\times3600)^2}{2\times1.27\times10^8\times310.06}\times\left[(0.7+1-0.224^2) + 2\times\left(\frac{310.06}{358.35} - 1\right) + \frac{4\times0.019\times4.3}{2.13\times10^{-3}}\times\right.$$
$$\left.\frac{310.06}{334.205} - (1-0.224^2-0.05)\times\frac{310.06}{358.35}\right] = 26831(\text{Pa})$$

经过校核计算，压力降在允许压力降范围之内。

（5）液态乙烯侧压力损失的计算

$$f_{\mathrm{a}}=\frac{(1.8-0.5)\times10^{-3}\times(6.5-0.5)\times10^{-3}\times60}{1.8\times10^{-3}}=0.26(\mathrm{m}^2)$$

$$A_{\mathrm{fa}}=(6.5+1.8)\times10^{-3}\times140=1.162(\mathrm{m}^2)$$

$$\sigma=\frac{f_{\mathrm{a}}}{A_{\mathrm{fa}}}=0.224\qquad K_{\mathrm{c}}=0.7\qquad K_{\mathrm{e}}=0.05$$

$$\Delta p=\frac{G^2}{2g_{\mathrm{c}}\rho_1}\left[(K_{\mathrm{c}}+1-\sigma^2)+2\left(\frac{\rho_1}{\rho_2}-1\right)+\frac{4fl}{D_{\mathrm{e}}}\times\frac{\rho_1}{\rho_{\mathrm{av}}}-(1-\sigma^2-K_{\mathrm{e}})\frac{\rho_1}{\rho_2}\right]$$

$$=\frac{(16.8\times60\times3600)^2}{2\times1.27\times10^8\times351.44}\times\left[(0.7+1-0.224^2)+2\times\left(\frac{351.44}{300.98}-1\right)+\right.$$

$$\left.\frac{4\times0.025\times4.6}{2.13\times10^{-3}}\times\frac{351.44}{326.21}-(1-0.224^2-0.05)\times\frac{351.44}{300.98}\right]=34460(\mathrm{Pa})$$

经过校核计算，压力降在允许压力降范围之内。

（6）气态乙烯侧压力损失的计算

$$\Delta p=\frac{G^2}{2g_{\mathrm{c}}\rho_1}\left[(K_{\mathrm{c}}+1-\sigma^2)+2\left(\frac{\rho_1}{\rho_2}-1\right)+\frac{4fl}{D_{\mathrm{e}}}\times\frac{\rho_1}{\rho_{\mathrm{av}}}-(1-\sigma^2-K_{\mathrm{e}})\frac{\rho_1}{\rho_2}\right]$$

$$f_{\mathrm{a}}=\frac{(1.8-0.5)\times10^{-3}\times(6.5-0.5)\times10^{-3}\times20}{1.8\times10^{-3}}=0.086(\mathrm{m}^2)$$

$$A_{\mathrm{fa}}=(6.5+1.8)\times10^{-3}\times140=1.162(\mathrm{m}^2)$$

$$\sigma=\frac{f_{\mathrm{a}}}{A_{\mathrm{fa}}}=0.074\qquad K_{\mathrm{c}}=0.8\qquad K_{\mathrm{e}}=0.03$$

$$\Delta p=\frac{(4.81\times20\times3600)^2}{2\times1.27\times10^8\times18.813}\times\left[(0.8+1-0.074^2)+2\times\left(\frac{18.813}{44.717}-1\right)+\right.$$

$$\left.\frac{4\times0.013\times4.6}{2.13\times10^{-3}}\times\frac{18.813}{31.765}-(1-0.074^2-0.03)\times\frac{18.813}{44.717}\right]=1675(\mathrm{Pa})$$

经过校核计算，压力降在允许压力降范围之内。

通过前面的计算可以看出，各制冷剂和天然气在翅片内流动时，如果不考虑相变，则通过板翅式换热器时压力损失很少，对于高压板侧的流动，这些压力降可看作是流体静压的波动减少量，对流体的动压没影响，所以流体在板束中的流动速度不需要校正。但是，如果考虑相变的话，流体压力损失比较大，这部分压力损失还得考虑，否则这部分压力损失将对板侧的流动速度产生较大影响，所以还得重新校核流速，使其符合流体相变的速度变化规律。

6.2.5 五级换热器流体参数计算（单层通道）

6.2.5.1 天然气侧板翅之间的一系列常数的计算

天然气侧流道的质量流速

$$G_i = \frac{W}{nf_i L_w}$$

式中 G_i——天然气侧流道的质量流速，kg/(m^2·s)；

W——各股流体的质量流量，kg/s；

f_i——单层通道一米宽度上的截面积，m^2；

n——翅片组数；

L_w——翅片有效宽度，m。

$$G_i = \frac{4.557}{60\times 8.21\times 10^{-3}} = 9.25[\text{kg/(m}^2\cdot\text{s)}]$$

雷诺数：

$$Re = \frac{G_i d_e}{\mu}$$

式中 G_i——天然气侧流道的质量流速，kg/(m^2·s)；

d_e——天然气侧翅片当量直径，m；

μ——天然气的黏度，Pa·s。

$$Re = \frac{9.25\times 2.13\times 10^{-3}}{44.21\times 10^{-6}} 445.66$$

普朗特数：Pr=1.3286。

斯坦顿数 St：

$$St = \frac{j}{Pr^{2/3}}$$

式中 j——传热因子，查王松汉著《板翅式换热器》得传热因子为 0.006。

$$St = \frac{0.006}{1.3286^{2/3}} = 0.00496$$

给热系数：

$$\alpha = 3600St\times C\times G_i = 3600\times 0.00496\times 3.9137\times 4.184\times 9.25 = 2704.6[\text{kcal/(m}^2\cdot\text{h}\cdot℃)]$$

天然气侧的 p 值：

$$p = \sqrt{\frac{2\alpha}{\lambda\delta}}$$

式中 α——天然气侧流体给热系数，kcal/(m^2·h·℃)；

λ——翅片材料热导率，W/(m·K)；

δ——翅厚，m。

$$p = \sqrt{\frac{2\times 2704.6}{165\times 2\times 10^{-4}}} = 405$$

天然气侧：

$$b=\frac{h_1}{2}$$

式中　h_1——天然气板侧翅高。

$$b=4.75\times10^{-3}\,\text{m}$$
$$pb=1.92$$

查双曲函数表可知：$\tanh(pb)=0.74$。

天然气侧翅片一次面传热效率：

$$\eta_\text{f}=\frac{\tanh(pb)}{pb}=0.79$$

天然气侧翅片总传热效率：

$$\eta_0=1-\frac{F_2}{F_0}(1-\eta_\text{f})=1-0.877\times(1-0.79)=0.815$$

式中　F_2——天然气侧翅片二次传热面积，m^2；

F_0——天然气侧翅片总传热面积，m^2。

6.2.5.2　液态乙烯侧板翅之间的一系列常数的计算

液态乙烯侧流道的质量流速：

$$G_i=\frac{W}{nf_iL_\text{w}}$$

式中　G_i——液态乙烯侧流道的质量流速，$\text{kg/(m}^2\cdot\text{s)}$；

W——各股流体的质量流量，kg/s；

f_i——单层通道一米宽度上的截面积，m^2；

n——翅片组数；

L_w——翅片有效宽度，m。

$$G_i=\frac{4.18}{60\times8.21\times10^{-3}}=8.49[\text{kg/(m}^2\cdot\text{s)}]$$

雷诺数：

$$Re=\frac{G_id_\text{e}}{\mu}$$

式中　G_i——液态乙烯侧流道的质量流速，$\text{kg/(m}^2\cdot\text{s)}$；

d_e——液态乙烯侧翅片当量直径，m；

μ——液态乙烯的黏度，Pa·s。

$$Re=\frac{8.49\times2.59\times10^{-3}}{58.27\times10^{-6}}=377.37$$

普朗特数：$Pr=1.47$。

斯坦顿数：

$$St=\frac{j}{Pr^{2/3}}$$

式中　j——传热因子，查王松汉著《板翅式换热器》得传热因子为 0.0085。

$$St=\frac{0.0085}{1.47^{2/3}}=0.0066$$

给热系数：

$$\alpha = 3600St \times C \times G_i = 3600 \times 0.0066 \times 3.7006 \times 4.184 \times 8.49 = 3123.3[\text{kcal/(m}^2 \cdot \text{h} \cdot ℃)]$$

液态乙烯侧的 p 值：

$$p = \sqrt{\frac{2\alpha}{\lambda\delta}}$$

式中 α——液态乙烯侧流体给热系数，kcal/(m^2 • h • ℃)；

λ——翅片材料热导率，W/(m • K)；

δ——翅厚，m。

$$p = \sqrt{\frac{3123.3 \times 2}{165 \times 2 \times 10^{-4}}} = 435.1$$

液态乙烯侧：

$$b = \frac{h_1}{2}$$

式中 h_1——液态乙烯板侧翅高，m。

$$b = 4.75 \times 10^{-3}\,\text{m}$$

$$pb = 2.07$$

查双曲函数表可知：$\tanh(pb) = 0.87$。

液态乙烯侧翅片一次面传热效率：

$$\eta_f = \frac{\tanh(pb)}{pb} = 0.3$$

液态乙烯侧翅片总传热效率：

$$\eta_0 = 1 - \frac{F_2}{F_0}(1 - \eta_f) = 1 - 0.877 \times (1 - 0.3) = 0.386$$

6.2.5.3 气态乙烯侧板翅之间的一系列常数的计算

气态乙烯侧流道的质量流速：

$$G_i = \frac{W}{nf_iL_w}$$

式中 G_i——气态乙烯侧流道的质量流速，kg/(m^2 • s)；

W——各股流体的质量流量，kg/s；

f_i——单层通道一米宽度上的截面积，m^2；

n——翅片组数；

L_w——翅片有效宽度，m。

$$G_i = \frac{0.82}{8 \times 8.21 \times 10^{-3}} = 12.48[\text{kg/(m}^2 \cdot \text{s)}]$$

雷诺数：

$$Re = \frac{G_i d_e}{\mu}$$

式中 G_i——气态乙烯侧流道的质量流速，kg/(m^2 • s)；

d_e——气态乙烯侧翅片当量直径，m；

μ——气态乙烯的黏度，Pa • s。

$$Re = \frac{12.48 \times 2.59 \times 10^{-3}}{4.86 \times 10^{-6}} = 6650$$

普朗特数：Pr=1.172。

斯坦顿数：

$$St = \frac{j}{Pr^{2/3}}$$

式中 j——传热因子，查王松汉著《板翅式换热器》得传热因子为0.003。

$$St = \frac{0.003}{1.172^{2/3}} = 0.00269$$

给热系数：

$$\alpha = 3600 St \times C \times G_i = 3600 \times 0.00269 \times 2.4724 \times 4.184 \times 12.48 = 1250.2[\text{kcal/(m}^2 \cdot \text{h} \cdot ℃)]$$

气态乙烯侧的 p 值：

$$p = \sqrt{\frac{2\alpha}{\lambda\delta}}$$

式中 α——气态乙烯流体给热系数，kcal/(m² • h • ℃)；

λ——翅片材料热导率，W/(m • K)；

δ——翅厚，m。

$$p = \sqrt{\frac{1250.2 \times 2}{165 \times 2 \times 10^{-4}}} = 275$$

气态乙烯侧：

$$b = \frac{h_1}{2}$$

式中 h_1——气态乙烯板侧翅高。

$$b = 4.75 \times 10^{-3}\,\text{m}$$

$$pb = 1.31$$

查双曲函数表可知：$\tanh(pb) = 0.68$。

气态乙烯侧翅片一次面传热效率：

$$\eta_f = \frac{\tanh(pb)}{pb} = 0.37$$

气态乙烯侧翅片总传热效率：

$$\eta_0 = 1 - \frac{F_2}{F_0}(1 - \eta_f) = 1 - 0.863 \times (1 - 0.37) = 0.456$$

6.2.5.4 五级板翅式换热器传热面积计算

（1）乙烯制冷剂侧与天然气侧总传热系数的计算

以乙烯制冷剂侧传热面积为基准的总传热系数：

$$K_c = \frac{1}{\dfrac{1}{\alpha_h \eta_{0h}} \times \dfrac{F_{oc}}{F_{oh}} + \dfrac{1}{\alpha_c \eta_{0c}}}$$

式中 α_h ——天然气侧给热系数，kcal/(m^2·h·℃)；

η_{0h} ——天然气侧总传热效率；

η_{0c} ——乙烯制冷剂侧总传热效率；

F_{oc} ——乙烯制冷剂侧单位面积翅片的总传热面积，m^2；

F_{oh} ——天然气侧单位面积翅片的总传热面积，m^2；

α_c ——乙烯制冷剂侧给热系数，kcal/(m^2·h·℃)。

$$K_c=\frac{1}{\dfrac{1}{\alpha_h\eta_{0h}}\times\dfrac{F_{oc}}{F_{oh}}+\dfrac{1}{\alpha_c\eta_{0c}}}=\frac{1}{\dfrac{1}{4569\times0.67}\times1.32+\dfrac{1}{2548\times0.416}}=727.47[\text{kcal/(m}^2\cdot\text{h}\cdot℃)]$$

以天然气侧传热面积为基准的总传热系数：

$$K_h=\frac{1}{\dfrac{1}{\alpha_c\eta_{0c}}+\dfrac{F_{oh}}{F_{oc}}\times\dfrac{1}{\alpha_h\eta_{0h}}}=\frac{1}{\dfrac{1}{4569\times0.67}+\dfrac{1}{1.32}\times\dfrac{1}{2548\times0.416}}=960.26[\text{kcal/(m}^2\cdot\text{h}\cdot℃)]$$

（2）乙烯制冷剂侧与天然气侧对数平均温差的计算

$$\Delta t_m=\frac{\Delta t_1-\Delta t_2}{\ln\dfrac{\Delta t_1}{\Delta t_2}}=\frac{-76-(-80)-[-79-(-80)]}{\ln\dfrac{-76-(-80)}{-79-(-80)}}=2.16(℃)$$

式中 Δt_1 ——换热器进、出口温差中数值大的温差，$\Delta t_1=4℃$；

Δt_2 ——换热器进、出口温差中数值小的温差，$\Delta t_2=1℃$。

（3）乙烯制冷剂侧与天然气侧传热面积的计算

乙烯制冷剂侧传热面积：

$$A=\frac{Q}{K\Delta t}=\frac{424.56\times3600}{727.47\times2.16}=972.68(\text{m}^2)$$

经过初步计算，确定板翅式换热器的宽度为 3m，则乙烯制冷剂侧板束长度为：

$$l=\frac{A}{fnb}$$

式中 f ——乙烯制冷剂侧单位面积翅片的总传热面积，m^2；

n ——流道数，根据初步计算，每组流道数为 5；

b ——板翅式换热器宽度，m。

$$l=\frac{972.68}{12.7\times5\times3}=5.1(\text{m})$$

天然气侧传热面积：

$$A=\frac{Q}{K\Delta t}=\frac{421.75\times3600}{960.26\times2.16}=732(\text{m}^2)$$

天然气侧板束长度：

$$l=\frac{A}{fnb}=\frac{732}{11.5\times5\times3}=4.2(\text{m})$$

6.2.5.5　五级板翅式换热器压力损失计算

（1）天然气板侧压力损失

$$f_a = \frac{(1.8-0.5)\times10^{-3}\times(6.5-0.5)\times10^{-3}\times60}{1.8\times10^{-3}} = 0.26(\text{m}^2)$$

$$A_{fa} = (6.5+1.8)\times10^{-3}\times128 = 1.062(\text{m}^2)$$

$$\sigma = \frac{f_a}{A_{fa}} = 0.245$$

$$K_c = 0.7 \qquad K_e = 0.05$$

$$\Delta p = \frac{(17.8\times60\times3600)^2}{2\times1.27\times10^8\times358.35}\times\left[(0.7+1-0.245^2)+2\times\left(\frac{358.35}{393.85}-1\right)+\right.$$

$$\left.\frac{4\times0.025\times3.4}{2.13\times10^{-3}}\times\frac{358.35}{376.1}-(1-0.245^2-0.05)\times\frac{358.35}{393.85}\right] = 24806(\text{Pa})$$

经过校核计算，压力降在允许压力降范围之内。

（2）液态乙烯侧压力损失

$$f_a = \frac{(1.8-0.5)\times10^{-3}\times(6.5-0.5)\times10^{-3}\times60}{1.8\times10^{-3}} = 0.26(\text{m}^2)$$

$$A_{fa} = (6.5+1.8)\times10^{-3}\times128 = 1.062(\text{m}^2)$$

$$\sigma = \frac{f_a}{A_{fa}} = 0.245 \qquad K_c = 0.7 \qquad K_e = 0.05$$

$$\Delta p = \frac{G^2}{2g_c\rho_1}\left[(K_c+1-\sigma^2)+2\left(\frac{\rho_1}{\rho_2}-1\right)+\frac{4fl}{D_e}\times\frac{\rho_1}{\rho_{av}}-(1-\sigma^2-K_e)\frac{\rho_1}{\rho_2}\right]$$

$$= \frac{(16.4\times60\times3600)^2}{2\times1.27\times10^8\times388.79}\times\left[(0.7+1-0.245^2)+2\times\left(\frac{388.79}{351.44}-1\right)+\right.$$

$$\left.\frac{4\times0.035\times1.6}{2.13\times10^{-3}}\times\frac{388.79}{370.115}-(1-0.245^2-0.05)\times\frac{388.79}{351.44}\right] = 14148(\text{Pa})$$

经过校核计算，压力降在允许压力降范围之内。

（3）气态乙烯侧压力损失

$$f_a = \frac{(1.8-0.5)\times10^{-3}\times(6.5-0.5)\times10^{-3}\times8}{1.8\times10^{-3}} = 0.035(\text{m}^2)$$

$$A_{fa} = (6.5+1.8)\times10^{-3}\times128 = 1.062(\text{m}^2)$$

$$\sigma = \frac{f_a}{A_{fa}} = 0.033 \qquad K_c = 0.38 \qquad K_e = 0.25$$

$$\Delta p = \frac{(24.1\times8\times3600)^2}{2\times1.27\times10^8\times18.813}\times\left[(0.38+1-0.033^2)+2\times\left(\frac{18.813}{44.717}-1\right)\right.$$

$$+\frac{4\times0.018\times1.6}{2.13\times10^{-3}}\times\frac{18.813}{31.765}-(1-0.033^2-0.25)\times\frac{18.813}{44.717}\Bigg]=3219.8(\text{Pa})$$

经过校核计算，压力降在允许压力降范围之内。

通过前面的计算可以看出，各制冷剂和天然气在翅片内流动时，如果不考虑相变，则通过板翅式换热器时压力损失很少，对于高压板侧的流动，这些压力降可看作是流体静压的波动减少量，对流体的动压没影响，所以流体在板束中的流动速度不需要校正。但是，如果考虑相变的话，流体压力损失比较大，这部分压力损失还得考虑，否则这部分压力损失将对板侧的流动速度产生较大影响，所以还得重新校核流速，使其符合流体相变的速度变化规律。

6.2.6 六级换热器流体参数计算（单层通道）

6.2.6.1 天然气侧板翅之间的一系列常数的计算

天然气侧流道的质量流速：

$$G_i=\frac{W}{nf_iL_w}$$

式中 G_i——天然气侧流道的质量流速，kg/(m^2 • s)；

W——各股流体的质量流量，kg/s；

f_i——单层通道一米宽度上的截面积，m^2；

n——翅片组数；

L_w——翅片有效宽度，m。

$$G_i=\frac{W}{nf_iL_w}=\frac{4.5586}{60\times0.00821}=9.25[\text{kg/(m}^2\cdot\text{s)}]$$

雷诺数：

$$Re=\frac{G_id_e}{\mu}$$

式中 G_i——天然气侧流道的质量流速，kg/(m^2 • s)；

d_e——天然气侧翅片当量直径，m；

μ——天然气的黏度，Pa • s。

$$Re=\frac{9.25\times2.59\times10^{-3}}{67.5\times10^{-6}}=354.93$$

普朗特数：$Pr=1.575$。

斯坦顿数：

$$St=\frac{j}{Pr^{2/3}}$$

式中 j——传热因子，查王松汉著《板翅式换热器》得传热因子为 0.0082。

$$St=\frac{0.0082}{1.575^{2/3}}=0.0061$$

给热系数：

$$\alpha=3600St\times C\times G_i=3600\times0.0061\times3.5827\times4.184\times9.25=3044.9[\text{kcal/(m}^2\cdot\text{h}\cdot℃)]$$

天然气侧的 p 值：

$$p=\sqrt{\frac{2\alpha}{\lambda\delta}}$$

式中　α——天然气侧流体给热系数，kcal/(m^2 • h • ℃)；

λ ——翅片材料热导率，W/(m • K)；

δ ——翅厚，m。

$$p=\sqrt{\frac{2\times3044.9}{165\times2\times10^{-4}}}=429.58$$

天然气侧：

$$b=\frac{h_1}{2}$$

式中　h_1——天然气板侧翅高，m。

$$b=4.75\times10^{-3}\,\text{m}$$
$$pb=2.04$$

查双曲函数表可知：$\tanh(pb)=0.8$。

天然气侧翅片一次面传热效率：

$$\eta_\text{f}=\frac{\tanh(pb)}{pb}=0.72$$

天然气侧翅片总传热效率：

$$\eta_0=1-\frac{F_2}{F_0}(1-\eta_\text{f})=1-0.877\times(1-0.72)=0.754$$

式中　F_2——天然气侧翅片二次传热面积，m^2；

F_0——天然气侧翅片总传热面积，m^2。

6.2.6.2　液态乙烯侧板翅之间的一系列常数的计算

液态乙烯侧流道的质量流速：

$$G_i=\frac{W}{nf_iL_\text{w}}$$

式中　G_i——液态乙烯侧流道的质量流速，kg/(m^2 • s)；

W——各股流体的质量流量，kg/s；

f_i ——单层通道一米宽度上的截面积，m^2；

n ——翅片组数；

L_w——翅片有效宽度，m。

$$G_i=\frac{W}{nf_iL_\text{w}}=\frac{3.57}{20\times8.21\times10^{-3}}=21.74[\text{kg}/(\text{m}^2\cdot\text{s})]$$

雷诺数：

$$Re=\frac{G_id_\text{e}}{\mu}$$

式中　G_i——液态乙烯侧流道的质量流速，kg/(m^2 • s)；

d_e——液态乙烯侧翅片当量直径，m；

μ ——液态乙烯的黏度，Pa • s。

$$Re=\frac{G_i d_e}{\mu}=\frac{21.74\times 2.57\times 10^{-3}}{95.598}=584.44$$

普朗特数：$Pr=2.245$。

斯坦顿数：

$$St=\frac{j}{Pr^{2/3}}$$

式中　j——传热因子，查王松汉著《板翅式换热器》得传热因子为 0.0051。

$$St=\frac{0.0051}{2.245^{2/3}}=0.00297$$

给热系数：

$$\alpha=3600St\times C\times G_i=3600\times 0.00297\times 3.4997\times 4.184\times 21.74=3403.6[\text{kcal/(m}^2\cdot\text{h}\cdot℃)]$$

液态乙烯侧的 p 值：

$$p=\sqrt{\frac{2\alpha}{\lambda\delta}}$$

式中　α——液态乙烯侧流体给热系数，kcal/(m^2·h·℃)；

λ——翅片材料热导率，W/(m·K)；

δ——翅厚，m。

$$p=\sqrt{\frac{2\times 3403.6}{165\times 5\times 10^{-4}}}=287.2$$

液态乙烯侧：

$$b=\frac{h_1}{2}$$

式中　h_1——液态乙烯板侧翅高，m。

$$b=3.2\times 10^{-3}\text{m}$$
$$pb=0.92$$

查双曲函数表可知：$\tanh(pb)=1.0$。

液态乙烯侧翅片一次面传热效率：

$$\eta_f=\frac{\tanh(pb)}{pb}=0.74$$

液态乙烯侧翅片总传热效率：

$$\eta_0=1-\frac{F_2}{F_0}(1-\eta_f)=1-0.877\times(1-0.74)=0.79$$

6.2.6.3　气态乙烯侧板翅之间的一系列常数的计算

气态乙烯侧流道的质量流速：

$$G_i=\frac{W}{nf_iL_w}$$

式中　G_i——液态乙烯侧流道的质量流速，kg/(m^2·s)；

W——各股流体的质量流量，kg/s；

f_i——单层通道一米宽度上的截面积，m^2；

n——翅片组数；

L_w——翅片有效宽度，m。

$$G_i=\frac{3.59}{20\times8.21\times10^{-3}}=21.86[\mathrm{kg/(m^2\cdot s)}]$$

雷诺数：

$$Re=\frac{G_i d_e}{\mu}$$

式中 G_i——气态乙烯侧流道的质量流速，kg/(m^2 • s)；

d_e——气态乙烯侧翅片当量直径，m；

μ——气态乙烯的黏度，Pa • s。

$$Re=\frac{21.86\times2.57\times10^{-3}}{4.11\times10^{-6}}=13669.1$$

普朗特数：$Pr=0.7458$。

斯坦顿数：

$$St=\frac{j}{Pr^{2/3}}$$

式中 j——传热因子，查王松汉著《板翅式换热器》得传热因子为 0.0034。

$$St=\frac{0.0034}{0.7458^{2/3}}=0.00413$$

给热系数：

$$\alpha=3600St\times C\times G_i=3600\times0.00413\times2.2377\times4.184\times21.86=3042.96[\mathrm{kcal/(m^2\cdot h\cdot ℃)}]$$

气态乙烯侧的 p 值：

$$p=\sqrt{\frac{2\alpha}{\lambda\delta}}$$

式中 α——气态乙烯流体给热系数，kcal/(m^2 • h • ℃)；

λ——翅片材料热导率，W/(m • K)；

δ——翅厚，m。

$$p=\sqrt{\frac{3042.96\times2}{165\times2\times10^{-4}}}=429.4$$

气态乙烯侧：

$$b=\frac{h_1}{2}$$

式中 h_1——气态乙烯板侧翅高，m。

$$b=4.75\times10^{-3}\mathrm{m}$$

$$pb=2.04$$

查双曲函数表可知：$\tanh(pb)=0.62$。

气态乙烯侧翅片一次面传热效率：

$$\eta_f=\frac{\tanh(pb)}{pb}=0.84$$

气态乙烯侧翅片总传热效率：

$$\eta_0 = 1 - \frac{F_2}{F_0}(1-\eta_f) = 1 - 0.877 \times (1-0.84) = 0.86$$

6.2.6.4　六级板翅式换热器传热面积计算

（1）乙烯制冷剂侧与天然气侧总传热系数的计算

以乙烯制冷剂侧传热面积为基准的总传热系数：

$$K_c = \frac{1}{\frac{1}{\alpha_h \eta_{0h}} \times \frac{F_{oc}}{F_{oh}} + \frac{1}{\alpha_c \eta_{0c}}}$$

式中　α_h ——天然气侧给热系数，kcal/(m^2 • h • ℃)；

η_{0h} ——天然气侧总传热效率；

η_{0c} ——乙烯制冷剂侧总传热效率；

F_{oc} ——乙烯制冷剂侧单位面积翅片的总传热面积，m^2；

F_{oh} ——天然气侧单位面积翅片的总传热面积，m^2；

α_c ——乙烯制冷剂侧给热系数，kcal/(m^2 • h • ℃)。

$$K_c = \frac{1}{\frac{1}{8954 \times 0.54} \times 1.42 + \frac{1}{3025 \times 0.41}} = 909.11[\text{kcal/(m}^2 \cdot \text{h} \cdot ℃)]$$

以天然气侧传热面积为基准的总传热系数：

$$K_h = \frac{1}{\frac{1}{\alpha_c \eta_{0c}} + \frac{F_{oh}}{F_{oc}} \times \frac{1}{\alpha_h \eta_{0h}}} = \frac{1}{\frac{1}{8954 \times 0.54} + \frac{1}{1.42} \times \frac{1}{3025 \times 0.41}} = 1290.94[\text{kcal/(m}^2 \cdot \text{h} \cdot ℃)]$$

（2）乙烯制冷剂侧与天然气侧对数平均温差的计算

$$\Delta t_m = \frac{\Delta t_1 - \Delta t_2}{\ln \frac{\Delta t_1}{\Delta t_2}} = \frac{-96-(-100)-[-99-(-100)]}{\ln \frac{-96-(-100)}{-99-(-100)}} = 2.16(℃)$$

式中　Δt_1 ——换热器进、出口温差中数值大的温差，$\Delta t_1 = 4℃$；

Δt_2 ——换热器进、出口温差中数值小的温差，$\Delta t_2 = 1℃$。

（3）乙烯制冷剂侧与天然气侧传热面积的计算

乙烯制冷剂侧传热面积：

$$A = \frac{Q}{K\Delta t} = \frac{374.77 \times 3600}{909.11 \times 2.16} = 687.06(\text{m}^2)$$

经过初步计算，确定板翅式换热器的宽度为3m，则乙烯制冷剂侧板束长度：

$$l = \frac{A}{fnb}$$

式中　f ——乙烯制冷剂侧单位面积翅片的总传热面积，m^2；

n ——流道数，根据初步计算，每组流道数为5；

b ——板翅式换热器宽度，m。

$$l=\frac{687.06}{12.7\times5\times3}=3.60(\mathrm{m})$$

天然气侧传热面积：

$$A=\frac{Q}{K\Delta t}=\frac{367.54\times3600}{1290.94\times2.16}=474.5(\mathrm{m^2})$$

天然气侧板束长度：

$$l=\frac{474.5}{8.94\times5\times3}=3.54(\mathrm{m})$$

6.2.6.5　六级板翅式换热器压力损失计算

（1）天然气板侧压力损失

$$f_{\mathrm{a}}=\frac{(1.8-0.5)\times10^{-3}\times(6.5-0.5)\times10^{-3}\times60}{1.8\times10^{-3}}=0.26(\mathrm{m^2})$$

$$A_{\mathrm{fa}}=(6.5+1.8)\times10^{-3}\times100=0.83(\mathrm{m^2})$$

$$\sigma=\frac{f_{\mathrm{a}}}{A_{\mathrm{fa}}}=0.313\qquad K_{\mathrm{c}}=0.7\qquad K_{\mathrm{e}}=0.05$$

$$\Delta p=\frac{(17.8\times60\times3600)^2}{2\times1.27\times10^8\times393.85}\times\left[(0.7+1-0.313^2)+2\times\left(\frac{393.85}{422.50}-1\right)+\right.$$

$$\left.\frac{4\times0.0079\times3.4}{2.13\times10^{-3}}\times\frac{393.85}{408.18}-(1-0.313^2-0.05)\times\frac{393.85}{422.50}\right]=7291(\mathrm{Pa})$$

经过校核计算，压力降在允许压力降范围之内。

（2）液态乙烯侧压力损失

$$f_{\mathrm{a}}=\frac{(1.8-0.5)\times10^{-3}\times(6.5-0.5)\times10^{-3}\times20}{1.8\times10^{-3}}=0.087(\mathrm{m^2})$$

$$A_{\mathrm{fa}}=(6.5+1.8)\times10^{-3}\times100=0.83(\mathrm{m^2})$$

$$\sigma=\frac{f_{\mathrm{a}}}{A_{\mathrm{fa}}}=0.105\qquad K_{\mathrm{c}}=0.7\qquad K_{\mathrm{e}}=0.05$$

$$\Delta p=\frac{G^2}{2g_{\mathrm{c}}\rho_1}\left[(K_{\mathrm{c}}+1-\sigma^2)+2\left(\frac{\rho_1}{\rho_2}-1\right)+\frac{4fl}{D_{\mathrm{e}}}\times\frac{\rho_1}{\rho_{\mathrm{av}}}-(1-\sigma^2-K_{\mathrm{e}})\frac{\rho_1}{\rho_2}\right]$$

$$=\frac{(45.2\times20\times3600)^2}{2\times1.27\times10^8\times418.71}\times\left[(0.7+1-0.105^2)+2\times\left(\frac{418.71}{388.79}-1\right)+\right.$$

$$\left.\frac{4\times0.0055\times3.4}{2.13\times10^{-3}}\times\frac{418.71}{403.75}-(1-0.105^2-0.05)\times\frac{418.71}{388.79}\right]=3625(\mathrm{Pa})$$

经过校核计算，压力降在允许压力降范围之内。

（3）气态乙烯侧压力损失

$$f_a = \frac{(1.8-0.5)\times10^{-3}\times(6.5-0.5)\times10^{-3}\times20}{1.8\times10^{-3}} = 0.087(\mathrm{m}^2)$$

$$A_{fa} = (6.5+1.8)\times10^{-3}\times100 = 0.83(\mathrm{m}^2)$$

$$\sigma = \frac{f_a}{A_{fa}} = 0.105 \qquad K_c = 0.38 \qquad K_e = 0.25$$

$$\Delta p = \frac{(17.4\times20\times3600)^2}{2\times1.27\times10^8\times2.1822}\times\left[(0.38+1-0.105^2)+2\times\left(\frac{2.1822}{7.1156}-1\right)+\right.$$

$$\left.\frac{4\times0.0092\times3.4}{2.13\times10^{-3}}\times\frac{2.1822}{4.6489}-(1-0.105^2-0.25)\times\frac{2.1822}{7.1156}\right] = 77385.9(\mathrm{Pa})$$

经过校核计算，压力降在允许压力降范围之内。

通过前面的计算可以看出，各制冷剂和天然气在翅片内流动时，如果不考虑相变，则通过板翅式换热器时压力损失很少，对于高压板侧的流动，这些压力降可看作是流体静压的波动减少量，对流体的动压没影响，所以流体在板束中的流动速度不需要校正。但是，如果考虑相变的话，流体压力损失比较大，这部分压力损失还得考虑，否则这部分压力损失将对板侧的流动速度产生较大影响，所以还得重新校核流速，使其符合流体相变的速度变化规律。

6.2.7 七级换热器流体参数计算（单层通道）

6.2.7.1 天然气侧板翅之间的一系列常数的计算

天然气侧流道的质量流速：

$$G_i = \frac{W}{nf_iL_w}$$

式中 G_i——天然气侧流道的质量流速，kg/(m^2·s)；

W——各股流体的质量流量，kg/s；

f_i——单层通道一米宽度上的截面积，m^2；

n——翅片组数；

L_w——翅片有效宽度，m。

$$G_i = \frac{4.5586}{60\times4.26\times10^{-3}} = 17.8[\mathrm{kg/(m^2\cdot s)}]$$

雷诺数：

$$Re = \frac{G_id_e}{\mu}$$

式中 G_i——天然气侧流道的质量流速，kg/(m^2·s)；

d_e——天然气侧翅片当量直径，m；

μ——天然气的黏度，Pa·s。

$$Re = \frac{17.8\times2.13\times10^{-3}}{38.25\times10^{-6}} = 991$$

普朗特数：$Pr=1.8626$。

斯坦顿数：

$$St = \frac{j}{Pr^{2/3}}$$

式中 j——传热因子，查王松汉著《板翅式换热器》得传热因子为 0.0051。

$$St = \frac{0.0051}{1.8626^{2/3}} = 0.0034$$

给热系数：

$$\alpha = 3600 St \times C \times G_i = 3600 \times 0.0034 \times 4.8961 \times 4.184 \times 17.8 = 4463[\text{kcal/(m}^2 \cdot \text{h} \cdot ℃)]$$

天然气侧的 p 值：

$$p = \sqrt{\frac{2\alpha}{\lambda\delta}}$$

式中 α——天然气侧流体给热系数，kcal/(m^2 • h • ℃)；

λ——翅片材料热导率，W/(m • K)；

δ——翅厚，m。

$$p = \sqrt{\frac{2 \times 4463}{165 \times 4.184 \times 5 \times 10^{-4}}} = 160.8$$

天然气侧：

$$b = \frac{h_1}{2}$$

式中 h_1——天然气板侧翅高，m。

$$b = 3.2 \times 10^{-3}\,\text{m}$$

$$pb = 0.51$$

查双曲函数表可知：$\tanh(pb) = 0.4$。

天然气侧翅片一次面传热效率：

$$\eta_f = \frac{\tanh(pb)}{pb} = 0.78$$

天然气侧翅片总传热效率：

$$\eta_0 = 1 - \frac{F_2}{F_0}(1 - \eta_f) = 1 - 0.819 \times (1 - 0.78) = 0.82$$

式中 F_2——天然气侧翅片二次传热面积，m^2；

F_0——天然气侧翅片总传热面积，m^2。

6.2.7.2 液态甲烷侧板翅之间的一系列常数的计算

液态甲烷侧流道的质量流速：

$$G_i = \frac{W}{n f_i L_w}$$

式中 G_i——液态甲烷侧流道的质量流速，kg/(m^2 • s)；

W——各股流体的质量流量，kg/s；

f_i——单层通道一米宽度上的截面积，m^2；

n——翅片组数；

L_w——翅片有效宽度，m。

$$G_i = \frac{4.30}{60 \times 4.26 \times 10^{-3}} = 16.8[kg/(m^2 \cdot s)]$$

雷诺数：

$$Re = \frac{G_i d_e}{\mu}$$

式中 G_i——液态甲烷侧流道的质量流速，$kg/(m^2 \cdot s)$；

d_e——液态甲烷侧翅片当量直径，m；

μ——液态甲烷的黏度，$Pa \cdot s$。

$$Re = \frac{16.8 \times 2.13 \times 10^{-3}}{52.8 \times 10^{-3}} = 678$$

普朗特数：$Pr = 1.7571$。

斯坦顿数：

$$St = \frac{j}{Pr^{2/3}}$$

式中 j——传热因子，查王松汉著《板翅式换热器》得传热因子为 0.006。

$$St = \frac{0.006}{1.7571^{2/3}} = 0.0041$$

给热系数：

$$\alpha = 3600 St \times C \times G_i = 3600 \times 0.0041 \times 4.1475 \times 4.184 \times 16.8 = 4303[kcal/(m^2 \cdot h \cdot ℃)]$$

液态甲烷侧的 p 值：

$$p = \sqrt{\frac{2\alpha}{\lambda\delta}}$$

式中 α——液态甲烷侧流体给热系数，$kcal/(m^2 \cdot h \cdot ℃)$；

λ——翅片材料热导率，$W/(m \cdot K)$；

δ——翅厚，m。

$$p = \sqrt{\frac{2 \times 4303}{165 \times 4.184 \times 5 \times 10^{-4}}} = 158$$

液态甲烷侧：

$$b = \frac{h_1}{2}$$

式中 h_1——液态甲烷板侧翅高，m。

$$b = 3.2 \times 10^{-3} m$$

$$pb = 0.688$$

查双曲函数表可知：$\tanh(pb) = 0.4$。

液态甲烷侧翅片一次面传热效率：

$$\eta_f = \frac{\tanh(pb)}{pb} = 0.8$$

液态甲烷侧翅片总传热效率：

$$\eta_0 = 1 - \frac{F_2}{F_0}(1 - \eta_f) = 1 - 0.819 \times (1 - 0.8) = 0.84$$

6.2.7.3　气态甲烷侧板翅之间的一系列常数的计算

气态甲烷侧流道的质量流速：

$$G_i = \frac{W}{nf_i L_w}$$

式中　G_i——气态甲烷侧流道的质量流速，kg/(m^2 • s)；

W——各股流体的质量流量，kg/s；

f_i——单层通道一米宽度上的截面积，m^2；

n——翅片组数；

L_w——翅片有效宽度，m。

$$G_i = \frac{0.41}{20 \times 4.26 \times 10^{-3}} = 4.81[\text{kg/(m}^2 \cdot \text{s)}]$$

雷诺数：

$$Re = \frac{G_i d_e}{\mu}$$

式中　G_i——气态甲烷侧流道的质量流速，kg/(m^2 • s)；

d_e——气态甲烷侧翅片当量直径，m；

μ——气态甲烷的黏度，Pa • s。

$$Re = \frac{4.81 \times 2.13 \times 10^{-3}}{5.97 \times 10^{-6}} = 1716$$

普朗特数：$Pr = 0.9472$。

斯坦顿数：

$$St = \frac{j}{Pr^{2/3}}$$

式中　j——传热因子，查王松汉著《板翅式换热器》得传热因子为 0.0043。

$$St = \frac{0.0043}{0.9472^{2/3}} = 0.0045$$

给热系数：

$$\alpha = 3600 St \times C \times G_i = 3600 \times 0.0045 \times 3.308 \times 4.184 \times 4.81 = 1078[\text{kcal/(m}^2 \cdot \text{h} \cdot ℃)]$$

气态甲烷侧的 p 值：

$$p=\sqrt{\frac{2\alpha}{\lambda\delta}}$$

式中　α——气态甲烷流体给热系数，kcal/(m^2 • h • ℃)；

λ——翅片材料热导率，W/(m • K)；

δ——翅厚，m。

$$p=\sqrt{\frac{2\times1078}{165\times4.184\times5\times10^{-4}}}=79$$

气态甲烷侧：

$$b=\frac{h_1}{2}$$

式中　h_1——气态甲烷板侧翅高，m。

$$b=3.2\times10^{-3}\,\text{m}$$

$$pb=0.3$$

查双曲函数表可知：$\tanh(pb)=0.15$。

气态甲烷侧翅片一次面传热效率：

$$\eta_{\text{f}}=\frac{\tanh(pb)}{pb}=0.5$$

气态甲烷侧翅片总传热效率：

$$\eta_0=1-\frac{F_2}{F_0}(1-\eta_{\text{f}})=1-0.819\times(1-0.5)=0.6$$

6.2.7.4　甲烷制冷剂侧与天然气侧传热面积计算

甲烷制冷剂侧传热面积：

$$A=\frac{Q}{K\Delta t}=\frac{391.66\times3600}{788\times2.16}=828(\text{m}^2)$$

经过初步计算，确定板翅式换热器的宽度为 3m，则甲烷制冷剂侧板束长度：

$$l=\frac{A}{fnb}$$

式中　f——甲烷制冷剂侧单位面积翅片的总传热面积，m^2；

n——流道数，根据初步计算，每组流道数为 5；

b——板翅式换热器宽度，m。

$$l=\frac{A}{fnb}=\frac{828}{12.7\times5\times3}=4.3(\text{m})$$

天然气侧传热面积：

$$A=\frac{Q}{K\Delta t}=\frac{391.4\times3600}{1119\times2.16}=583(\text{m}^2)$$

天然气侧板束长度：

$$l=\frac{A}{fnb}=\frac{583}{8.94\times5\times3}=4.3(\mathrm{m})$$

6.2.7.5　七级板翅式换热器传热面积计算

以甲烷制冷剂侧传热面积为基准的总传热系数：

$$K_{\mathrm{c}}=\frac{1}{\dfrac{1}{\alpha_{\mathrm{h}}\eta_{0\mathrm{h}}}\times\dfrac{F_{\mathrm{oc}}}{F_{\mathrm{oh}}}+\dfrac{1}{\alpha_{\mathrm{c}}\eta_{0\mathrm{c}}}}$$

式中　α_{h}——天然气侧给热系数，kcal/(m^2·h·℃)；

$\eta_{0\mathrm{h}}$——天然气侧总传热效率；

$\eta_{0\mathrm{c}}$——甲烷制冷剂侧总传热效率；

F_{oc}——甲烷制冷剂侧单位面积翅片的总传热面积，m^2；

F_{oh}——天然气侧单位面积翅片的总传热面积，m^2；

α_{c}——甲烷制冷剂侧给热系数，kcal/(m^2·h·℃)。

$$K_{\mathrm{c}}=\frac{1}{\dfrac{1}{4303\times0.82}\times\dfrac{12.7}{8.94}+\dfrac{1}{2607\times0.435}}=778.57[\mathrm{kcal/(m^2\cdot h\cdot ℃)}]$$

以天然气侧传热面积为基准的总传热系数：

$$K_{\mathrm{h}}=\frac{1}{\dfrac{1}{\alpha_{\mathrm{c}}\eta_{\mathrm{oc}}}+\dfrac{F_{\mathrm{oh}}}{F_{\mathrm{oc}}}\times\dfrac{1}{\alpha_{\mathrm{h}}\eta_{\mathrm{oh}}}}$$

$$K_{\mathrm{h}}=\frac{1}{\dfrac{1}{4303\times0.82}+\dfrac{8.94}{12.7}\times\dfrac{1}{2607\times0.435}}=1106.02[\mathrm{kcal/(m^2\cdot h\cdot ℃)}]$$

甲烷制冷剂侧与天然气侧对数平均温差：

$$\Delta t_{\mathrm{m}}=\frac{\Delta t_1-\Delta t_2}{\ln\dfrac{\Delta t_1}{\Delta t_2}}=\frac{-116-(-120)-[-119-(-120)]}{\ln\dfrac{-116-(-120)}{-119-(-120)}}=2.16(℃)$$

式中　Δt_1——换热器进、出口温差中数值大的温差，$\Delta t_1=4℃$；

Δt_2——换热器进、出口温差中数值小的温差，$\Delta t_2=1℃$。

甲烷侧传热面积：

$$A=\frac{Q}{K\Delta t}=\frac{374.77\times3600}{778.57\times2.16}=802.3(\mathrm{m^2})$$

经过初步计算，确定板翅式换热器的宽度为 3m。

甲烷侧板束长度：

$$l=\frac{A}{fnb}$$

式中　f——甲烷制冷剂侧单位面积翅片的总传热面积，m^2；

n——流道数，根据初步计算，每组流道数为 5；

b ——板翅式换热器宽度，m。

$$l=\frac{802.3}{12.7\times5\times3}=4.2(\mathrm{m})$$

天然气侧传热面积：

$$A=\frac{Q}{K\Delta t}=\frac{367.54\times3600}{1106.02\times2.16}=553.8(\mathrm{m}^2)$$

天然气侧板束长度：

$$l=\frac{553.8}{8.94\times5\times3}=4.13(\mathrm{m})$$

6.2.7.6　七级板翅式换热器压力损失计算

为了简化板翅式换热器的阻力计算，可以把板翅式换热器分成三部分，分别为入口管、出口管和换热器中心部分，各项阻力分别用以下公式计算。

（1）换热器中心入口的压力损失

换热器中心入口的压力损失，即导流片的出口到换热器中心的截面积变化引起的压力降，计算公式如下：

$$\Delta p_1=\frac{G^2}{2g_c\rho_1}(1-\sigma^2)+K_c\frac{G^2}{2g_c\rho_1}$$

式中　Δp_1 ——入口处压力降，Pa；

G ——流体在板束中的质量流量，kg/(m^2 • s)；

g_c ——重力换算系数，为 1.27×10^8；

ρ_1 ——流体入口密度，kg/m^3；

σ ——板束通道截面积与集气管最大截面积之比；

K_c ——收缩阻力系数。

（2）换热器中心出口的压力损失

换热器中心部分出口的压力损失，即由换热器中心部分到导流片入口截面积发生变化引起的压力降，计算公式如下：

$$\Delta p_2=\frac{G^2}{2g_c\rho_2}(1-\sigma^2)-K_e\frac{G^2}{2g_c\rho_2}$$

式中　Δp_2 ——出口处压升，Pa；

ρ_2 ——流体出口密度，kg/m^3；

K_e ——扩大阻力系数。

（3）换热器中心部分的压力损失

换热器中心部分的压力损失主要由传热面形状改变产生的阻力和摩擦阻力组成，将这两部分阻力综合考虑，可以看作是作用于总摩擦面积 A 上的等效剪切力。即换热器中心部分压力降可用以下公式计算：

$$\Delta p_3 = \frac{4fl}{D_e} \times \frac{G^2}{2g_c\rho_{av}}$$

式中 Δp_3 ——换热器中心部分压力降，Pa；

f ——摩擦系数。

l ——换热器中心部分长度，m；

D_e ——翅片当量直径，m。

ρ_{av} ——进出口流体平均密度，kg/m³。

流体经过板翅式换热器的总压力降可表示为：

$$\Delta p = \frac{G^2}{2g_c\rho_1}\left[(K_c + 1 - \sigma^2) + 2\left(\frac{\rho_1}{\rho_2} - 1\right) + \frac{4fl}{D_e} \times \frac{\rho_1}{\rho_{av}} - (1 - \sigma^2 - K_e)\frac{\rho_1}{\rho_2}\right]$$

$$\sigma = \frac{f_a}{A_{fa}}$$

$$f_a = \frac{x(L-\delta)L_w n}{x+\delta}$$

$$A_{fa} = (L+\delta_s)L_w N_t$$

式中 δ_s ——板翅式换热器翅片隔板厚度，m；

L ——翅片高度，m；

n ——冷热交换总层数；

L_w ——有效宽度，m。

（4）天然气板侧压力损失的计算

$$f_a = \frac{(1.8-0.5)\times10^{-3}\times(6.5-0.5)\times10^{-3}\times60}{1.8\times10^{-3}} = 0.26(\text{m}^2)$$

$$A_{fa} = (6.5+1.8)\times10^{-3}\times140 = 1.162(\text{m}^2)$$

$$\sigma = \frac{f_a}{A_{fa}} = \frac{0.26}{1.162} = 0.224 \qquad K_c = 0.7 \qquad K_e = 0.05$$

$$\Delta p = \frac{(17.8\times60\times3600)^2}{2\times1.27\times10^8\times310.06}\times\left[(0.7+1-0.224^2)+2\times\left(\frac{310.06}{358.35}-1\right)+\right.$$

$$\left.\frac{4\times0.019\times4.3}{2.13\times10^{-3}}\times\frac{310.06}{334.205}-(1-0.224^2-0.05)\times\frac{310.06}{358.35}\right] = 26831(\text{Pa})$$

经过校核计算，压力降在允许压力降范围之内。

（5）液态甲烷侧压力损失的计算

$$f_a = \frac{(1.8-0.5)\times10^{-3}\times(6.5-0.5)\times10^{-3}\times60}{1.8\times10^{-3}} = 0.26(\text{m}^2)$$

$$A_{fa} = (6.5+1.8)\times10^{-3}\times140 = 1.162(\text{m}^2)$$

$$\sigma = \frac{f_a}{A_{fa}} = 0.224 \quad K_c = 0.7 \quad K_e = 0.05$$

$$\Delta p = \frac{G^2}{2g_c\rho_1}\left[(K_c + 1 - \sigma^2) + 2\left(\frac{\rho_1}{\rho_2} - 1\right) + \frac{4fl}{D_e} \times \frac{\rho_1}{\rho_{av}} - \left(1 - \sigma^2 - K_e\right)\frac{\rho_1}{\rho_2}\right]$$

$$= \frac{(16.8 \times 60 \times 3600)^2}{2 \times 1.27 \times 10^8 \times 351.44} \times \left[(0.7 + 1 - 0.224^2) + 2 \times \left(\frac{351.44}{300.98} - 1\right) + \right.$$

$$\left. \frac{4 \times 0.025 \times 4.6}{2.13 \times 10^{-3}} \times \frac{351.44}{326.21} - (1 - 0.224^2 - 0.05) \times \frac{351.44}{300.98}\right] = 34459.9(\text{Pa})$$

经过校核计算，压力降在允许压力降范围之内。

（6）气态甲烷侧压力损失的计算

$$f_a = \frac{(1.8 - 0.5) \times 10^{-3} \times (6.5 - 0.5) \times 10^{-3} \times 20}{1.8 \times 10^{-3}} = 0.086(\text{m}^2)$$

$$A_{fa} = (6.5 + 1.8) \times 10^{-3} \times 140 = 1.162(\text{m}^2)$$

$$\sigma = \frac{f_a}{A_{fa}} = 0.074 \quad K_c = 0.7 \quad K_e = 0.05$$

$$\Delta p = \frac{(4.81 \times 20 \times 3600)^2}{2 \times 1.27 \times 10^8 \times 18.813} \times \left[(0.7 + 1 - 0.074^2) + 2 \times \left(\frac{18.813}{44.717} - 1\right) + \right.$$

$$\left. \frac{4 \times 0.013 \times 4.6}{2.13 \times 10^{-3}} \times \frac{18.813}{31.765} - (1 - 0.074^2 - 0.05) \times \frac{18.813}{44.717}\right] = 731(\text{Pa})$$

经过校核计算，压力降在允许压力降范围之内。

通过前面的计算可以看出，各制冷剂和天然气在翅片内流动时，如果不考虑相变，则通过板翅式换热器时压力损失很少，对于高压板侧的流动，这些压力降可看作是流体静压的波动减少量，对流体的动压没影响，所以流体在板束中的流动速度不需要校正。但是，如果考虑相变的话，流体压力损失比较大，这部分压力损失还得考虑，否则这部分压力损失将对板侧的流动速度产生较大影响，所以还得重新校核流速，使其符合流体相变的速度变化规律。

6.2.8 八级换热器流体参数计算（单层通道）

6.2.8.1 天然气侧板翅之间的一系列常数的计算

天然气侧流道的质量流速：

$$G_i = \frac{W}{nf_iL_w}$$

式中 G_i——天然气侧流道的质量流速，kg/(m^2·s)；

W——各股流体的质量流量，kg/s；

f_i——单层通道一米宽度上的截面积，m^2；

n——翅片组数；

L_w——翅片有效宽度，m。

$$G_i=\frac{W}{nf_iL_w}=\frac{4.5586}{60\times4.26\times10^{-3}}=17.8[\mathrm{kg/(m^2\cdot s)}]$$

雷诺数：

$$Re=\frac{G_id_e}{\mu}$$

式中　G_i——天然气侧流道的质量流速，kg/(m^2 • s)；

d_e——天然气侧翅片当量直径，m；

μ——天然气的黏度，Pa • s。

$$Re=\frac{17.8\times2.13\times10^{-3}}{55.59\times10^{-6}}=682.03$$

普朗特数：$Pr=1.6931$。

斯坦顿数：

$$St=\frac{j}{Pr^{2/3}}$$

式中　j——传热因子，查王松汉著《板翅式换热器》得传热因子为 0.006。

$$St=\frac{0.006}{1.6931^{2/3}}=0.0042$$

给热系数：

$$\alpha=3600St\times C\times G_i=3600\times0.0042\times3.9137\times4.184\times17.8=4407.08[\mathrm{kcal/(m^2\cdot h\cdot ℃)}]$$

天然气侧的 p 值：

$$p=\sqrt{\frac{2\alpha}{\lambda\delta}}$$

式中　α——天然气侧流体给热系数，kcal/(m^2 • h • ℃)；

λ——翅片材料热导率，W/(m • K)；

δ——翅厚，m。

$$p=\sqrt{\frac{2\times4407.08}{165\times5\times10^{-4}}}=326.86$$

天然气侧：

$$b=\frac{h_1}{2}$$

式中　h_1——天然气板侧翅高，m。

$$b=3.2\times10^{-3}\mathrm{m}$$

$$pb=1.046$$

查双曲函数表可知：$\tanh(pb)=0.74$。

天然气侧翅片一次面传热效率：

$$\eta_f = \frac{\tanh(pb)}{pb} = 0.71$$

天然气侧翅片总传热效率：

$$\eta_0 = 1 - \frac{F_2}{F_0}(1-\eta_f) = 1 - 0.819 \times (1-0.71) = 0.76$$

式中 F_2——天然气侧翅片二次传热面积，m^2；

F_0——天然气侧翅片总传热面积，m^2。

6.2.8.2 液态甲烷侧板翅之间的一系列常数的计算

液态甲烷侧流道的质量流速：

$$G_i = \frac{W}{nf_iL_w}$$

式中 G_i——液态甲烷侧流道的质量流速，$kg/(m^2 \cdot s)$；

W——各股流体的质量流量，kg/s；

f_i——单层通道一米宽度上的截面积，m^2；

n——翅片组数；

L_w——翅片有效宽度，m。

$$G_i = \frac{4.18}{60 \times 4.26 \times 10^{-3}} = 16.4[kg/(m^2 \cdot s)]$$

雷诺数：

$$Re = \frac{G_i d_e}{\mu} = \frac{16.4 \times 2.13 \times 10^{-3}}{76.58 \times 10^{-6}} = 456$$

普朗特数：Pr=1.85。

斯坦顿数：

$$St = \frac{j}{Pr^{2/3}}$$

式中 j——传热因子，查王松汉著《板翅式换热器》得传热因子为 0.0085。

$$St = \frac{0.0085}{1.85^{2/3}} = 0.0056$$

给热系数 α：

$$\alpha = 3600St \times C \times G_i = 3600 \times 0.0056 \times 3.7006 \times 4.184 \times 16.4 = 5119[kcal/(m^2 \cdot h \cdot ℃)]$$

液态甲烷侧的 p 值：

$$p = \sqrt{\frac{2\alpha}{\lambda\delta}} = \sqrt{\frac{2 \times 5119}{165 \times 5 \times 10^{-4}}} = 352$$

液态甲烷侧：

$$b = \frac{h_1}{2}$$

式中 h_1——液态甲烷板侧翅高，m。

$$b = 3.2\times10^{-3}\,\text{m}$$

$$pb = 0.688$$

查双曲函数表可知：$\tanh(pb) = 0.87$。

液态甲烷侧翅片一次面传热效率：

$$\eta_f = \frac{\tanh(pb)}{pb} = 0.77$$

液态甲烷侧翅片总传热效率：

$$\eta_0 = 1 - \frac{F_2}{F_0}(1-\eta_f) = 1 - 0.819\times(1-0.77) = 0.81$$

6.2.8.3　气态甲烷侧板翅之间的一系列常数的计算

气态甲烷侧流道的质量流速：

$$G_i = \frac{W}{nf_i L_w}$$

式中　G_i——气态甲烷侧流道的质量流速，kg/(m^2 • s)；

W——各股流体的质量流量，kg/s；

f_i ——单层通道一米宽度上的截面积，m^2；

n ——翅片组数；

L_w——翅片有效宽度，m。

$$G_i = \frac{0.82}{8\times4.26\times10^{-3}} = 24.1[\text{kg/(m}^2\cdot\text{s)}]$$

雷诺数：

$$Re = \frac{G_i d_e}{\mu} = \frac{24.1\times2.13\times10^{-3}}{5.12\times10^{-6}} = 10026$$

普朗特数：Pr=0.8557。

斯坦顿数：

$$St = \frac{j}{Pr^{2/3}}$$

式中　j——传热因子，查王松汉著《板翅式换热器》得传热因子为 0.003。

$$St = \frac{0.003}{0.8557^{2/3}} = 0.0033$$

给热系数：

$$\alpha = 3600St\times C\times G_i = 3600\times0.0033\times2.4724\times4.184\times24.1 = 2962[\text{kcal/(m}^2\cdot\text{h}\cdot\text{℃)}]$$

气态甲烷侧的 p 值：

$$p = \sqrt{\frac{2\alpha}{\lambda\delta}} = \sqrt{\frac{2\times2962}{165\times5\times10^{-4}}} = 268$$

气态甲烷侧：

$$b = \frac{h_1}{2}$$

式中　h_1——气态甲烷板侧翅高，m。

$$b = 3.2 \times 10^{-3}$$
$$pb = 0.86$$

查双曲函数表可知： $\tanh(pb) = 0.68$。

气态甲烷侧翅片一次面传热效率：

$$\eta_f = \frac{\tanh(pb)}{pb} = 0.79$$

气态甲烷侧翅片总传热效率：

$$\eta_0 = 1 - \frac{F_2}{F_0}(1 - \eta_f) = 1 - 0.819 \times (1 - 0.79) = 0.83$$

6.2.8.4　八级板翅式换热器传热面积计算

（1）甲烷制冷剂侧与天然气侧总传热系数的计算

以甲烷制冷剂侧传热面积为基准的总传热系数：

$$K_c = \frac{1}{\dfrac{1}{\alpha_h \eta_{0h}} \times \dfrac{F_{oc}}{F_{oh}} + \dfrac{1}{\alpha_c \eta_{0c}}}$$

式中　α_h ——天然气侧给热系数， $\mathrm{kcal/(m^2 \cdot h \cdot ℃)}$；

η_{0h} ——天然气侧总传热效率；

η_{0c} ——甲烷制冷剂侧总传热效率；

F_{oc} ——甲烷制冷剂侧单位面积翅片的总传热面积， $\mathrm{m^2}$；

F_{oh} ——天然气侧单位面积翅片的总传热面积， $\mathrm{m^2}$；

α_c ——甲烷制冷剂侧给热系数， $\mathrm{kcal/(m^2 \cdot h \cdot ℃)}$；

$$K_c = \frac{1}{\dfrac{1}{5119 \times 0.77} \times \dfrac{12.7}{8.94} + \dfrac{1}{2962 \times 0.435}} = 879.88[\mathrm{kcal/(m^2 \cdot h \cdot ℃)}]$$

以天然气侧传热面积为基准的总传热系数：

$$K_h = \frac{1}{\dfrac{1}{\alpha_c \eta_{0c}} + \dfrac{F_{oh}}{F_{oc}} \times \dfrac{1}{\alpha_h \eta_{0h}}} = \frac{1}{\dfrac{1}{5119 \times 0.77} + \dfrac{8.94}{12.7} \times \dfrac{1}{2962 \times 0.435}} = 1250[\mathrm{kcal/(m^2 \cdot h \cdot ℃)}]$$

（2）甲烷制冷剂侧与天然气侧对数平均温差的计算

$$\Delta t_m = \frac{\Delta t_1 - \Delta t_2}{\ln \dfrac{\Delta t_1}{\Delta t_2}} = \frac{-136 - (-140) - [-139 - (-140)]}{\ln \dfrac{-136 - (-140)}{-139 - (-140)}} = 2.16(℃)$$

式中　Δt_1 ——换热器进、出口温差中数值大的温差， $\Delta t_1 = 4℃$；

Δt_2 ——换热器进、出口温差中数值小的温差， $\Delta t_2 = -1℃$。

（3）甲烷制冷剂侧与天然气侧传热面积的计算

甲烷制冷剂侧传热面积：

$$A=\frac{Q}{K\Delta t}=\frac{339.72\times 3600}{879.88\times 2.16}=643.5(\mathrm{m}^2)$$

经过初步计算，确定板翅式换热器的宽度为 3m，则甲烷制冷剂侧板束长度：

$$l=\frac{A}{fnb}$$

式中 f ——天然气侧单位面积翅片的总传热面积，m^2；

n ——流道数，根据初步计算，每组流道数为 5；

b ——板翅式换热器宽度，m。

$$l=\frac{643.5}{12.7\times 5\times 3}=3.38(\mathrm{m})$$

天然气侧传热面积：

$$A=\frac{Q}{K\Delta t}=\frac{339.75\times 3600}{1250\times 2.16}=453(\mathrm{m}^2)$$

天然气侧板束长度：

$$l=\frac{A}{fnb}=\frac{453}{8.94\times 5\times 3}=3.4(\mathrm{m})$$

6.2.8.5 八级板翅式换热器压力损失计算

（1）天然气侧压力损失

$$f_{\mathrm{a}}=\frac{x(L-\delta)L_{\mathrm{w}}n}{x+\delta}=\frac{(1.8-0.5)\times 10^{-3}\times(6.5-0.5)\times 10^{-3}\times 60}{1.8\times 10^{-3}}=0.26(\mathrm{m}^2)$$

$$A_{\mathrm{fa}}=(L+\delta_{\mathrm{s}})L_{\mathrm{w}}N_{\mathrm{t}}=(6.5+1.8)\times 10^{-3}\times 128=1.062(\mathrm{m}^2)$$

$$\sigma=\frac{f_{\mathrm{a}}}{A_{\mathrm{fa}}}=0.245$$

$$K_{\mathrm{c}}=0.7\qquad K_{\mathrm{e}}=0.05$$

$$\Delta p=\frac{(17.8\times 60\times 3600)^2}{2\times 1.27\times 10^8\times 358.35}\times\left[(0.7+1-0.245^2)+2\times\left(\frac{358.35}{393.85}-1\right)+\right.$$

$$\left.\frac{4\times 0.025\times 3.4}{2.13\times 10^{-3}}\times\frac{358.35}{376.1}-(1-0.245^2-0.05)\times\frac{358.35}{393.85}\right]=24806(\mathrm{Pa})$$

经过校核计算，压力降在允许压力降范围之内。

（2）液态甲烷侧压力损失

$$f_{\mathrm{a}}=\frac{(1.8-0.5)\times 10^{-3}\times(6.5-0.5)\times 10^{-3}\times 60}{1.8\times 10^{-3}}=0.26(\mathrm{m}^2)$$

$$A_{\mathrm{fa}}=(6.5+1.8)\times 10^{-3}\times 128=1.062(\mathrm{m}^2)$$

$$\sigma=\frac{f_{\mathrm{a}}}{A_{\mathrm{fa}}}=0.245\qquad K_{\mathrm{c}}=0.7\qquad K_{\mathrm{e}}=0.05$$

$$\Delta p=\frac{(16.4\times 60\times 3600)^2}{2\times 1.27\times 10^8\times 388.79}\times\left[(0.7+1-0.245^2)+2\times\left(\frac{388.79}{351.44}-1\right)+\frac{4\times 0.035\times 1.6}{2.13\times 10^{-3}}\times\frac{388.79}{370.115}-(1-0.245^2-0.05)\times\frac{388.79}{351.44}\right]=14148(\text{Pa})$$

经过校核计算，压力降在允许压力降范围之内。

（3）气态甲烷侧压力损失

$$f_{\text{a}}=\frac{(1.8-0.5)\times 10^{-3}\times(6.5-0.5)\times 10^{-3}\times 8}{1.8\times 10^{-3}}=0.035(\text{m}^2)$$

$$A_{\text{fa}}=(6.5+1.8)\times 10^{-3}\times 128=1.062(\text{m}^2)$$

$$\sigma=\frac{f_{\text{a}}}{A_{\text{fa}}}=0.033\qquad K_{\text{c}}=0.38\qquad K_{\text{e}}=0.25$$

$$\Delta p=\frac{(24.1\times 8\times 3600)^2}{2\times 1.27\times 10^8\times 18.813}\times\left[(0.38+1-0.033^2)+2\times\left(\frac{18.813}{44.717}-1\right)+\frac{4\times 0.018\times 1.6}{2.13\times 10^{-3}}\times\frac{18.813}{31.765}-(1-0.033^2-0.25)\times\frac{18.813}{44.717}\right]=3219.76(\text{Pa})$$

经过校核计算，压力降在允许压力降范围之内。

通过前面的计算可以看出，各制冷剂和天然气在翅片内流动时，如果不考虑相变，则通过板翅式换热器时压力损失很少，对于高压板侧的流动，这些压力降可看作是流体静压的波动减少量，对流体的动压没影响，所以流体在板束中的流动速度不需要校正。但是，如果考虑相变的话，流体压力损失比较大，这部分压力损失还得考虑，否则这部分压力损失将对板侧的流动速度产生较大影响，所以还得重新校核流速，使其符合流体相变的速度变化规律。

6.2.9 九级换热器流体参数计算（单层通道）

6.2.9.1 天然气侧板翅之间的一系列常数的计算

天然气侧流道的质量流速：

$$G_i=\frac{W}{nf_iL_{\text{w}}}$$

式中 G_i——天然气侧流道的质量流速，kg/(m^2 • s)；

W——各股流体的质量流量，kg/s；

f_i——单层通道一米宽度上的截面积，m^2；

n——翅片组数；

L_{w}——翅片有效厚度，m。

$$G_i=\frac{4.5586}{60\times 4.26\times 10^{-3}}=17.8[\text{kg}/(\text{m}^2\cdot\text{s})]$$

雷诺数：

$$Re=\frac{17.8\times 2.13\times 10^{-3}}{79.15\times 10^{-6}}=479$$

普朗特数：$Pr=1.8227$。

斯坦顿数：

$$St = \frac{j}{Pr^{2/3}}$$

式中　j——传热因子，查王松汉著《板翅式换热器》得传热因子为 0.0082。

$$St = \frac{0.0082}{1.8227^{2/3}} = 0.0055$$

给热系数：

$$\alpha = 3600St \times C \times G_i = 3600 \times 0.0055 \times 3.5827 \times 4.184 \times 17.8 = 5283.08[\text{kcal/(m}^2 \cdot \text{h} \cdot ℃)]$$

天然气侧的 p 值：

$$p = \sqrt{\frac{2\alpha}{\lambda\delta}}$$

式中　α——天然气侧流体给热系数，kcal/(m^2 • h • ℃)；

λ——翅片材料热导率，W/(m • K)；

δ——翅厚，m。

$$p = \sqrt{\frac{2 \times 5283.08}{165 \times 5 \times 10^{-4}}} = 357.88$$

天然气侧：

$$b = \frac{h_1}{2}$$

式中　h_1——天然气板侧翅高，m。

$$b = 3.2 \times 10^{-3}\text{m}$$

$$pb = 1.15$$

查双曲函数表可知：$\tanh(pb) = 0.8$。

天然气侧翅片一次面传热效率：

$$\eta_f = \frac{\tanh(pb)}{pb} = 0.7$$

天然气侧翅片总传热效率：

$$\eta_0 = 1 - \frac{F_2}{F_0}(1 - \eta_f) = 1 - 0.819 \times (1 - 0.7) = 0.75$$

式中　F_2——天然气侧翅片二次传热面积，m^2；

F_0——天然气侧翅片总传热面积，m^2。

6.2.9.2　液态甲烷侧板翅之间的一系列常数的计算

液态甲烷侧流道的质量流速：

$$G_i = \frac{W}{nf_iL_w}$$

式中　G_i——液态甲烷侧流道的质量流速，kg/(m^2 • s)；

W——各股流体的质量流量，kg/s；

f_i——单层通道一米宽度上的截面积，m^2；

n——翅片组数；

L_w——翅片有效宽度，m。

$$G_i = \frac{3.85}{20 \times 4.26 \times 10^{-3}} = 45.2[\text{kg/(m}^2 \cdot \text{s)}]$$

雷诺数：

$$Re = \frac{G_i d_e}{\mu}$$

式中 G_i——液态甲烷侧流道的质量流速，kg/(m² • s)；

d_e——液态甲烷侧翅片当量直径，m；

μ——液态甲烷的黏度，Pa • s。

$$Re = \frac{45.2 \times 2.13 \times 10^{-3}}{110.96 \times 10^{-6}} = 868$$

普朗特数：$Pr = 2.1547$。

斯坦顿数：

$$St = \frac{j}{Pr^{2/3}}$$

式中 j——传热因子，查王松汉著《板翅式换热器》得传热因子为 0.0051。

$$St = \frac{0.0051}{2.1547^{2/3}} = 0.0031$$

给热系数：

$$\alpha = 3600 St \times C \times G_i = 3600 \times 0.0031 \times 3.4997 \times 4.184 \times 45.2 = 7386[\text{kcal/(m}^2 \cdot \text{h} \cdot ℃)]$$

液态甲烷侧的 p 值：

$$p = \sqrt{\frac{2\alpha}{\lambda\delta}}$$

式中 α——液态甲烷侧流体给热系数，kcal/(m² • h • ℃)；

λ——翅片材料热导率，W/(m • K)；

δ——翅厚，m。

$$p = \sqrt{\frac{2\alpha}{\lambda\delta}} = \sqrt{\frac{2 \times 7386}{165 \times 5 \times 10^{-4}}} = 423$$

液态甲烷侧：

$$b = \frac{h_1}{2}$$

式中 h_1——液态甲烷板侧翅高。

$$b = 3.2 \times 10^{-3}\,\text{m}$$

$$pb = 1.35$$

查双曲函数表可知：$\tanh(pb) = 1.0$。

液态甲烷侧翅片一次面传热效率：

$$\eta_f = \frac{\tanh(pb)}{pb} = 0.74$$

液态甲烷侧翅片总传热效率：

$$\eta_0 = 1 - \frac{F_2}{F_0}(1 - \eta_f) = 1 - 0.819 \times (1 - 0.74) = 0.79$$

6.2.9.3 气态甲烷侧板翅之间的一系列常数的计算

气态甲烷侧流道的质量流速：

$$G_i = \frac{W}{nf_iL_w}$$

式中 G_i——气态甲烷侧流道的质量流速，kg/(m^2 • s)；

W——各股流体的质量流量，kg/s；

f_i ——单层通道一米宽度上的截面积，m^2；

n——翅片组数；

L_w——翅片有效宽度，m。

$$G_i = \frac{W}{nf_iL_w} = \frac{1.48}{20\times4.26\times10^{-3}} = 17.4[\text{kg/(m}^2\cdot\text{s)}]$$

雷诺数：

$$Re = \frac{G_id_e}{\mu}$$

式中 G_i——气态甲烷侧流道的质量流速，kg/(m^2 • s)；

d_e ——气态甲烷侧翅片当量直径，m；

μ ——气态甲烷的黏度，Pa • s。

$$Re = \frac{G_id_e}{\mu} = \frac{17.4\times2.13\times10^{-3}}{4.41\times10^{-6}} = 8404$$

普朗特数：$Pr = 0.8396$。

斯坦顿数：

$$St = \frac{j}{Pr^{2/3}}$$

式中 j——传热因子，查王松汉著《板翅式换热器》得传热因子为 0.0034。

$$St = \frac{0.0034}{0.8396^{2/3}} = 0.0038$$

给热系数：

$$\alpha = 3600St\times C\times G_i = 3600\times0.0038\times2.2377\times4.184\times17.4 = 2229[\text{kcal/(m}^2\cdot\text{h}\cdot℃)]$$

气态甲烷侧的 p 值：

$$p = \sqrt{\frac{2\alpha}{\lambda\delta}}$$

式中 α——气态甲烷流体给热系数，kcal/(m^2 • h • ℃)；

λ ——翅片材料热导率，W/(m • K)；

δ ——翅厚，m。

$$p = \sqrt{\frac{2\alpha}{\lambda\delta}} = \sqrt{\frac{2\times2229}{165\times5\times10^{-4}}} = 232$$

气态甲烷侧：

$$b = \frac{h_1}{2}$$

式中 h_1——气态甲烷板侧翅高，m。

$$b = 3.2 \times 10^{-3}\,\text{m}$$

$$pb = 0.74$$

查双曲函数表可知：$\tanh(pb) = 0.62$。

气态甲烷侧翅片一次面传热效率：

$$\eta_f = \frac{\tanh(pb)}{pb} = 0.84$$

气态甲烷侧翅片总传热效率：

$$\eta_0 = 1 - \frac{F_2}{F_0}(1 - \eta_f) = 1 - 0.819 \times (1 - 0.84) = 0.87$$

6.2.9.4 九级板翅式换热器传热面积计算

（1）甲烷制冷剂侧与天然气侧总传热系数的计算

以甲烷制冷剂侧传热面积为基准的总传热系数：

$$K_c = \frac{1}{\dfrac{1}{\alpha_h \eta_{0h}} \times \dfrac{F_{oc}}{F_{oh}} + \dfrac{1}{\alpha_c \eta_{0c}}}$$

式中 α_h ——天然气侧给热系数，$\text{kcal/(m}^2 \cdot \text{h} \cdot ℃)$；

η_{0h} ——天然气侧总传热效率；

η_{0c} ——甲烷制冷剂侧总传热效率；

F_{oc} ——甲烷制冷剂侧单位面积翅片的总传热面积，m^2；

F_{oh} ——天然气侧单位面积翅片的总传热面积，m^2；

α_c ——甲烷制冷剂侧给热系数，$\text{kcal/(m}^2 \cdot \text{h} \cdot ℃)$。

$$K_c = \frac{1}{\dfrac{1}{\alpha_h \eta_{0h}} \times \dfrac{F_{oc}}{F_{oh}} + \dfrac{1}{\alpha_c \eta_{0c}}} = \frac{1}{\dfrac{1}{7386 \times 0.79} \times \dfrac{12.7}{8.94} + \dfrac{1}{2229 \times 0.435}} = 784.44[\text{kcal/(m}^2 \cdot \text{h} \cdot ℃)]$$

以天然气侧传热面积为基准的总传热系数：

$$K_h = \frac{1}{\dfrac{1}{\alpha_c \eta_{0c}} + \dfrac{F_{oh}}{F_{oc}} \times \dfrac{1}{\alpha_h \eta_{0h}}} = \frac{1}{\dfrac{1}{7386 \times 0.79} + \dfrac{8.94}{12.7} \times \dfrac{1}{2229 \times 0.435}} = 1114[\text{kcal/(m}^2 \cdot \text{h} \cdot ℃)]$$

（2）甲烷制冷剂侧与天然气侧对数平均温差的计算

$$\Delta t_m = \frac{\Delta t_1 - \Delta t_2}{\ln \dfrac{\Delta t_1}{\Delta t_2}} = \frac{-155 - (-159) - [-158 - (-159)]}{\ln \dfrac{-155 - (-159)}{-158 - (-159)}} = 2.16(℃)$$

式中 Δt_1 ——换热器进、出口温差中数值大的温差，$\Delta t_1 = 4℃$；

Δt_2 ——换热器进、出口温差中数值小的温差，$\Delta t_2 = 1℃$。

（3）甲烷制冷剂侧与天然气侧传热面积的计算

甲烷制冷剂侧传热面积：

$$A = \frac{Q}{K\Delta t} = \frac{303.1 \times 3600}{784.44 \times 2.16} = 643.98(\text{m}^2)$$

经过初步计算，确定板翅式换热器的宽度为 3m，则甲烷制冷剂侧板束长度为：

$$l = \frac{A}{fnb}$$

式中　f ——甲烷制冷剂侧单位面积翅片的总传热面积，m^2；

n ——流道数，根据初步计算，每组流道数为 5；

b ——板翅式换热器宽度，m。

$$l = \frac{A}{fnb} = \frac{643.98}{12.7 \times 5 \times 3} = 3.4(\text{m})$$

天然气侧传热面积：

$$A = \frac{Q}{K\Delta t} = \frac{302.9 \times 3600}{1114 \times 2.16} = 453(\text{m}^2)$$

天然气侧板束长度：

$$l = \frac{A}{fnb} = \frac{453}{8.94 \times 5 \times 3} = 3.4(\text{m})$$

6.2.9.5　九级板翅式换热器压力损失计算

（1）天然气侧压力损失

$$f_\text{a} = \frac{x(L-\delta)L_\text{w}n}{x+\delta} = \frac{(1.8-0.5)\times 10^{-3} \times (6.5-0.5)\times 10^{-3} \times 60}{1.8 \times 10^{-3}} = 0.26(\text{m}^2)$$

$$A_\text{fa} = (L+\delta_\text{s})L_\text{w}N_\text{t} = (6.5+1.8)\times 10^{-3} \times 100 = 0.83(\text{m}^2)$$

$$\sigma = \frac{f_\text{a}}{A_\text{fa}} = 0.313$$

$$K_\text{c} = 0.7 \quad K_\text{e} = 0.05$$

$$\Delta p = \frac{G^2}{2g_\text{c}\rho_1}\left[(K_\text{c}+1-\sigma^2) + 2\left(\frac{\rho_1}{\rho_2}-1\right) + \frac{4fl}{D_\text{e}} \times \frac{\rho_1}{\rho_\text{av}} - (1-\sigma^2-K_\text{e})\frac{\rho_1}{\rho_2}\right]$$

$$= \frac{(17.8 \times 60 \times 3600)^2}{2 \times 1.27 \times 10^8 \times 393.85} \times \left[(0.7+1-0.313^2) + 2 \times \left(\frac{393.85}{422.50}-1\right) + \right.$$

$$\left. \frac{4 \times 0.0079 \times 3.4}{2.13 \times 10^{-3}} \times \frac{393.85}{408.18} - (1-0.313^2-0.05) \times \frac{393.85}{422.50}\right] = 7291(\text{Pa})$$

经过校核计算，压力降在允许压力降范围之内。

（2）液态甲烷侧压力损失

$$f_\text{a} = \frac{x(L-\delta)L_\text{w}n}{x+\delta} = \frac{(1.8-0.5)\times 10^{-3} \times (6.5-0.5)\times 10^{-3} \times 20}{1.8 \times 10^{-3}} = 0.087(\text{m}^2)$$

$$A_\text{fa} = (L+\delta_\text{s})L_\text{w}N_\text{t} = (6.5+1.8)\times 10^{-3} \times 100 = 0.83(\text{m}^2)$$

$$\sigma=\frac{f_{\mathrm{a}}}{A_{\mathrm{fa}}}=0.105 \qquad K_{\mathrm{c}}=0.7 \qquad K_{\mathrm{e}}=0.05$$

$$\Delta p=\frac{G^2}{2g_{\mathrm{c}}\rho_1}\left[(K_{\mathrm{c}}+1-\sigma^2)+2\left(\frac{\rho_1}{\rho_2}-1\right)+\frac{4fl}{D_{\mathrm{e}}}\times\frac{\rho_1}{\rho_{\mathrm{av}}}-(1-\sigma^2-K_{\mathrm{e}})\frac{\rho_1}{\rho_2}\right]$$

$$=\frac{(45.2\times20\times3600)^2}{2\times1.27\times10^8\times418.71}\times\left[(0.7+1-0.105^2)+2\times\left(\frac{418.71}{388.79}-1\right)+\right.$$

$$\left.\frac{4\times0.0055\times3.4}{2.13\times10^{-3}}\times\frac{418.71}{403.75}-(1-0.105^2-0.05)\times\frac{418.71}{388.79}\right]=3625(\mathrm{Pa})$$

经过校核计算，压力降在允许压力降范围之内。

（3）气态甲烷侧压力损失

$$f_{\mathrm{a}}=\frac{x(L-\delta)L_{\mathrm{w}}n}{x+\delta}=\frac{(1.8-0.5)\times10^{-3}\times(6.5-0.5)\times10^{-3}\times20}{1.8\times10^{-3}}=0.087(\mathrm{m}^2)$$

$$A_{\mathrm{fa}}=(L+\delta_{\mathrm{s}})L_{\mathrm{w}}N_{\mathrm{t}}=(6.5+1.8)\times10^{-3}\times100=0.83(\mathrm{m}^2)$$

$$\sigma=\frac{f_{\mathrm{a}}}{A_{\mathrm{fa}}}=0.105 \qquad K_{\mathrm{c}}=0.38 \qquad K_{\mathrm{e}}=0.25$$

$$\Delta p=\frac{G^2}{2g_{\mathrm{c}}\rho_1}\left[(K_{\mathrm{c}}+1-\sigma^2)+2\left(\frac{\rho_1}{\rho_2}-1\right)+\frac{4fl}{D_{\mathrm{e}}}\times\frac{\rho_1}{\rho_{\mathrm{av}}}-(1-\sigma^2-K_{\mathrm{e}})\frac{\rho_1}{\rho_2}\right]$$

$$=\frac{(17.4\times20\times3600)^2}{2\times1.27\times10^8\times2.1822}\times\left[(0.38+1-0.105^2)+2\times\left(\frac{2.1822}{7.1156}-1\right)+\right.$$

$$\left.\frac{4\times0.0092\times3.4}{2.13\times10^{-3}}\times\frac{2.1822}{4.6489}-(1-0.105^2-0.25)\times\frac{2.1822}{7.1156}\right]=77385.9(\mathrm{Pa})$$

经过校核计算，压力降在允许压力降范围之内。

通过前面的计算可以看出，各制冷剂和天然气在翅片内流动时，如果不考虑相变，则通过板翅式换热器时压力损失很少，对于高压板侧的流动，这些压力降可看作是流体静压的波动减少量，对流体的动压没影响，所以流体在板束中的流动速度不需要校正。但是，如果考虑相变的话，流体压力损失比较大，这部分压力损失还得考虑，否则这部分压力损失将对板侧的流动速度产生较大影响，所以还得重新校核流速，使其符合流体相变的速度变化规律。

6.3 板翅式换热器结构设计

6.3.1 封头设计

封头也叫作端盖，是筒体（芯体）与接管的过渡段。封头主要分为三类：凸形封头、平板形封头、锥形封头。凸形封头又分为：半球形封头、椭圆形封头、碟形封头、球冠形封头。这些封头在不同设计中的选择是不同的，根据各自的需求进行选择。

本次设计选择的封头为平板形封头，主要进行封头内径的选择，封头壁厚、端板壁厚的计算与选择。

（1）封头壁厚

当 $d_i / D_i \leqslant 0.5$ 时，可由下式计算出封头的厚度：

$$\delta = \frac{pR_i}{[\sigma]'\varphi - 0.6p} + C \tag{6-20}$$

式中 R_i——弧形端面端板内半径，mm；

p——流体压力，MPa；

$[\sigma]'$——试验温度下许用应力，MPa；

φ——焊接接头系数，此处 φ=0.6；

C——壁厚附加量，mm。

（2）端板壁厚

半圆形平板最小厚度计算：

$$\delta_p = R_p\sqrt{\frac{0.44p}{[\sigma]^t \sin\alpha}} + C \tag{6-21}$$

其中，$45° \leqslant \alpha \leqslant 90°$；$[\sigma]^t$——设计温度下许用应力，MPa。

本设计根据各制冷剂的质量流量和换热器尺寸大小按照比例选取封头直径。常见封头内径见表 6-2。

表 6-2 常见封头内径

封头代号	1	2	3	4	5
封头内径/mm	1070	875	350	100	100

6.3.2 一级换热器各个板侧封头壁厚计算

6.3.2.1 液态甲烷制冷剂侧封头壁厚

根据规定内径 D_i=350mm 得内径 R_i=175mm，则封头壁厚：

$$\delta = \frac{pR_i}{[\sigma]'\varphi - 0.6p} + C = \frac{1.19 \times 175}{51 \times 0.6 + 0.6 \times 1.19} + 0.75 = 7.4(\text{mm})$$

圆整壁厚[δ]=10mm。

端板壁厚：

$$\delta_p = R_p\sqrt{\frac{0.44p}{[\sigma]^t \sin\alpha}} + C = 175 \times \sqrt{\frac{0.44 \times 1.19}{51}} + 0.6 = 18.3(\text{mm})$$

圆整壁厚[δ_p]=20mm。因为端板厚度应大于等于封头厚度，则端板厚度为 20mm。

6.3.2.2 天然气侧封头壁厚

根据规定内径 $D_i = 350$mm 得内径 $R_i = 175$mm，则封头壁厚：

$$\delta = \frac{pR_i}{[\sigma]'\varphi - 0.6p} + C = \frac{4.7 \times 175}{51 \times 0.6 + 0.6 \times 4.7} + 0.75 = 25.36(\text{mm})$$

圆整壁厚$[\delta]=30\text{mm}$。

端板壁厚：

$$\delta_{\text{p}}=R_{\text{p}}\sqrt{\frac{0.44p}{[\sigma]^{\text{t}}\sin\alpha}}+C=175\times\sqrt{\frac{0.44\times4.7}{51}}+0.6=35.84(\text{mm})$$

圆整壁厚$[\delta_{\text{p}}]=40\text{mm}$。因为端板厚度应大于等于封头厚度，则端板厚度为 40mm。

6.3.2.3　气态甲烷制冷剂侧封头壁厚

根据规定内径$D_i=100\text{mm}$得内径$R_i=50\text{mm}$，则封头壁厚：

$$\delta=\frac{pR_i}{[\sigma]'\varphi-0.6p}+C=\frac{1.19\times50}{51\times0.6+0.6\times1.19}+0.12=2.02(\text{mm})$$

圆整壁厚$[\delta]=10\text{mm}$。

端板壁厚：

$$\delta_{\text{p}}=R_{\text{p}}\sqrt{\frac{0.44p}{[\sigma]^{\text{t}}\sin\alpha}}+C=50\times\sqrt{\frac{0.44\times1.19}{51}}+0.25=5.32(\text{mm})$$

圆整壁厚$[\delta_{\text{p}}]=10\text{mm}$。因为端板厚度应大于等于封头厚度，则端板厚度为 10mm。

6.3.3　二级换热器各个板侧封头壁厚计算

6.3.3.1　液态甲烷制冷剂侧封头壁厚

根据规定内径$D_i=1070\text{mm}$得内径$R_i=535\text{mm}$，则封头壁厚：

$$\delta=\frac{pR_i}{[\sigma]'\varphi-0.6p}+C=\frac{0.44\times535}{51\times0.6+0.6\times0.44}+0.25=7.9(\text{mm})$$

圆整壁厚$[\delta]=10\text{mm}$。

端板壁厚：

$$\delta_{\text{p}}=R_{\text{p}}\sqrt{\frac{0.44p}{[\sigma]^{\text{t}}\sin\alpha}}+C=535\times\sqrt{\frac{0.44\times0.44}{51}}+0.68=34.0(\text{mm})$$

圆整壁厚$[\delta_{\text{p}}]=40\text{mm}$。因为端板厚度应大于等于封头厚度，则端板厚度为 40mm。

6.3.3.2　天然气侧封头壁厚

根据规定内径$D_i=350\text{mm}$得内径$R_i=175\text{mm}$，则封头壁厚：

$$\delta=\frac{pR_i}{[\sigma]'\varphi-0.6p}+C=\frac{4.69\times175}{51\times0.6+0.6\times4.69}+0.75=25.3(\text{mm})$$

圆整壁厚$[\delta]=30\text{mm}$。

端板壁厚：

$$\delta_{\text{p}}=R_{\text{p}}\sqrt{\frac{0.44p}{[\sigma]^{\text{t}}\sin\alpha}}+C=175\times\sqrt{\frac{0.44\times4.69}{51}}+0.6=35.8(\text{mm})$$

圆整壁厚$[\delta_{\text{p}}]=40\text{mm}$。因为端板厚度应大于等于封头厚度，则端板厚度为 40mm。

6.3.3.3　气态甲烷制冷剂侧封头壁厚

根据规定内径$D_i=350\text{mm}$得内径$R_i=175\text{mm}$，则封头壁厚：

$$\delta = \frac{pR_i}{[\sigma]^t\varphi - 0.6p} + C = \frac{0.44 \times 175}{51 \times 0.6 + 0.6 \times 0.44} + 0.75 = 3.2(\text{mm})$$

圆整壁厚 $[\delta] = 10\text{mm}$ 。

端板壁厚：

$$\delta_p = R_p\sqrt{\frac{0.44p}{[\sigma]^t \sin\alpha}} + C = 175 \times \sqrt{\frac{0.44 \times 0.44}{51}} + 0.6 = 11.4(\text{mm})$$

圆整壁厚 $[\delta_p] = 20\text{mm}$ 。因为端板厚度应大于等于封头厚度，则端板厚度为 20mm。

6.3.4　三级换热器各个板侧封头壁厚计算

6.3.4.1　液态甲烷制冷剂侧封头壁厚

根据规定内径 $D_i = 1070\text{mm}$ 得内径 $R_i = 535\text{mm}$ ，则封头壁厚：

$$\delta = \frac{pR_i}{[\sigma]^t\varphi - 0.6p} + C = \frac{0.12 \times 535}{51 \times 0.6 + 0.6 \times 0.12} + 0.25 = 2.34(\text{mm})$$

圆整壁厚 $[\delta] = 10\text{mm}$ 。

端板壁厚：

$$\delta_p = R_p\sqrt{\frac{0.44p}{[\sigma]^t \sin\alpha}} + C = 535 \times \sqrt{\frac{0.44 \times 0.12}{51}} + 0.68 = 17.9(\text{mm})$$

圆整壁厚 $[\delta_p] = 20\text{mm}$ 。因为端板厚度应大于等于封头厚度，则端板厚度为 20mm。

6.3.4.2　天然气侧封头壁厚

根据规定内径 $D_i = 350\text{mm}$ 得内径 $R_i = 175\text{mm}$ ，则封头壁厚：

$$\delta = \frac{pR_i}{[\sigma]^t\varphi - 0.6p} + C = \frac{4.68 \times 175}{51 \times 0.6 + 0.6 \times 4.68} + 0.75 = 25.3(\text{mm})$$

圆整壁厚 $[\delta] = 30\text{mm}$ 。

端板壁厚：

$$\delta_p = R_p\sqrt{\frac{0.44p}{[\sigma]^t \sin\alpha}} + C = 175 \times \sqrt{\frac{0.44 \times 4.68}{51}} + 0.6 = 35.8(\text{mm})$$

圆整壁厚 $[\delta_p] = 40\text{mm}$ 。因为端板厚度应大于等于封头厚度，则端板厚度为 40mm。

6.3.4.3　气态甲烷制冷剂侧封头壁厚

根据规定内径 $D_i = 350\text{mm}$ 得内径 $R_i = 175\text{mm}$ ，则封头壁厚：

$$\delta = \frac{pR_i}{[\sigma]^t\varphi - 0.6p} + C = \frac{0.12 \times 175}{51 \times 0.6 + 0.6 \times 0.12} + 0.75 = 1.43(\text{mm})$$

圆整壁厚 $[\delta] = 10\text{mm}$ 。

端板壁厚：

$$\delta_p = R_p\sqrt{\frac{0.44p}{[\sigma]^t \sin\alpha}} + C = 175 \times \sqrt{\frac{0.44 \times 0.12}{51}} + 0.6 = 6.2(\text{mm})$$

圆整壁厚 $[\delta_p] = 10\text{mm}$ 。因为端板厚度应大于等于封头厚度，则端板厚度为 10mm。

各级换热器封头与端板壁厚统计见表 6-3～表 6-5。

表 6-3　一级换热器封头与端板的壁厚

项目	液态甲烷制冷剂	天然气	液态甲烷制冷剂	天然气	气态甲烷制冷剂
封头内径/mm	350	350	350	350	100
封头计算壁厚/mm	7.4	25.36	7.4	25.36	2.02
封头实际壁厚/mm	10	30	10	30	10
端板计算壁厚/mm	18.3	35.84	18.3	35.83	5.32
端板实际壁厚/mm	20	40	20	40	10

表 6-4　二级换热器封头与端板的壁厚

项目	液态甲烷制冷剂	天然气	液态甲烷制冷剂	天然气	气态甲烷制冷剂
封头内径/mm	1070	350	1070	350	350
封头计算壁厚/mm	7.9	25.3	7.9	25.3	3.2
封头实际壁厚/mm	10	30	10	30	10
端板计算壁厚/mm	34.0	35.8	34.0	35.8	11.4
端板实际壁厚/mm	40	40	35	40	20

表 6-5　三级换热器封头与端板的壁厚

项目	液态甲烷制冷剂	天然气	液态甲烷制冷剂	天然气	气态甲烷制冷剂
封头内径/mm	1070	350	1070	350	350
封头计算壁厚/mm	2.34	25.3	2.34	25.7	1.43
封头实际壁厚/mm	10	30	10	30	10
端板计算壁厚/mm	17.9	35.8	17.9	35.8	6.2
端板实际壁厚/mm	20	40	20	40	10

6.4 液压试验

本设计板翅式换热器中压力较高，压力最高为 4.7MPa。为了能够安全合理地进行设计，进行压力测试是进行其他步骤的前提条件，液压试验则是压力测试中的一种。除了液压测试外，还有气压测试以及气密性测试。

本章计算是对液压测试前封头壁厚的校核计算。

6.4.1 液压试验压力

$$p_T = 1.3p \times \frac{[\sigma]}{[\sigma]^t} \tag{6-22}$$

式中　p_T ——试验压力，MPa；

p ——设计压力，MPa；

$[\sigma]$ ——试验温度下的许用应力，MPa；

$[\sigma]^t$ ——设计温度下的许用应力，MPa。

6.4.2 封头的应力校核

$$\sigma_{\mathrm{T}}=\frac{p_{\mathrm{T}}(R_i+0.5\delta_{\mathrm{e}})}{\delta_{\mathrm{e}}} \tag{6-23}$$

式中 σ_{T}——试验压力下封头的应力，MPa；

R_i——封头的内半径，mm；

p_{T}——试验压力，MPa；

δ_{e}——封头的有效厚度，mm。

当满足 $\sigma_{\mathrm{T}} \leqslant 0.9\varphi\sigma_{\mathrm{p0.2}}$ 时校核正确，否则需重新选取尺寸计算。其中，φ为焊接系数；$\sigma_{\mathrm{p0.2}}$ 为试验温度下的规定残余延伸应力，MPa，取 170MPa。

$$0.9\varphi\sigma_{\mathrm{p0.2}}=0.9\times0.6\times170=91.8(\mathrm{MPa})$$

对表 6-6～表 6-8 所示封头壁厚尺寸进行校核。

表 6-6 一级换热器封头壁厚校核

项目	液态甲烷制冷剂	天然气	液态甲烷制冷剂	天然气	气态甲烷制冷剂
封头内径/mm	350	350	350	350	100
设计压力/MPa	2.6	4.7	2.6	4.7	2.6
封头实际壁厚/mm	10	30	10	30	10
厚度附加量/mm	0.75	0.75	0.75	0.75	0.3

表 6-7 二级换热器封头壁厚校核

项目	液态甲烷制冷剂	天然气	液态甲烷制冷剂	天然气	气态甲烷制冷剂
封头内径/mm	1070	350	1070	350	100
设计压力/MPa	0.44	4.69	0.44	4.69	0.44
封头实际壁厚/mm	10	30	10	30	10
厚度附加量/mm	0.57	0.75	0.57	0.75	0.3

表 6-8 三级换热器封头壁厚校核

项目	液态甲烷制冷剂	天然气	液态甲烷制冷剂	天然气	气态甲烷制冷剂
封头内径/mm	1070	350	1070	350	350
设计压力/MPa	0.12	4.68	0.12	4.68	0.12
封头实际壁厚/mm	10	30	10	30	10
厚度附加量/mm	0.57	0.75	0.57	0.75	0.75

6.4.3 尺寸校核计算

（1）一级换热器封头壁厚校核计算

$$p_{\mathrm{T}}=1.3p\times\frac{[\sigma]}{[\sigma]^{\mathrm{t}}}=1.3\times2.6\times\frac{51}{51}=3.38(\mathrm{MPa})$$

$$\sigma_{\mathrm{T}}=\frac{p_{\mathrm{T}}(R_i+0.5\delta_{\mathrm{e}})}{\delta_{\mathrm{e}}}=\frac{3.38\times(175+0.5\times9.25)}{9.25}=65.6(\mathrm{MPa})$$

校核值小于允许值，则尺寸合适。

$$p_{\mathrm{T}}=1.3p\times\frac{[\sigma]}{[\sigma]^{\mathrm{t}}}=1.3\times4.7\times\frac{51}{51}=6.11(\mathrm{MPa})$$

$$\sigma_{\mathrm{T}}=\frac{p_{\mathrm{T}}(R_i+0.5\delta_{\mathrm{e}})}{\delta_{\mathrm{e}}}=\frac{6.11\times(175+0.5\times29.25)}{29.25}=39.6(\mathrm{MPa})$$

校核值小于允许值，则尺寸合适。

$$p_{\mathrm{T}}=1.3p\times\frac{[\sigma]}{[\sigma]^{\mathrm{t}}}=1.3\times2.6\times\frac{51}{51}=3.38(\mathrm{MPa})$$

$$\sigma_{\mathrm{T}}=\frac{p_{\mathrm{T}}(R_i+0.5\delta_{\mathrm{e}})}{\delta_{\mathrm{e}}}=\frac{3.38\times(50+0.5\times9.7)}{9.7}=19.11(\mathrm{MPa})$$

校核值小于允许值，则尺寸合适。

（2）二级换热器封头壁厚校核计算

$$p_{\mathrm{T}}=1.3p\times\frac{[\sigma]}{[\sigma]^{\mathrm{t}}}=1.3\times0.44\times\frac{51}{51}=0.572(\mathrm{MPa})$$

$$\sigma_{\mathrm{T}}=\frac{p_{\mathrm{T}}(R_i+0.5\delta_{\mathrm{e}})}{\delta_{\mathrm{e}}}=\frac{0.572\times(535+0.5\times9.43)}{9.43}=32.73(\mathrm{MPa})$$

校核值小于允许值，则尺寸合适。

$$p_{\mathrm{T}}=1.3p\times\frac{[\sigma]}{[\sigma]^{\mathrm{t}}}=1.3\times4.69\times\frac{51}{51}=6.097(\mathrm{MPa})$$

$$\sigma_{\mathrm{T}}=\frac{p_{\mathrm{T}}(R_i+0.5\delta_{\mathrm{e}})}{\delta_{\mathrm{e}}}=\frac{6.097\times(175+0.5\times29.25)}{29.25}=39.53(\mathrm{MPa})$$

校核值小于允许值，则尺寸合适。

$$p_{\mathrm{T}}=1.3p\times\frac{[\sigma]}{[\sigma]^{\mathrm{t}}}=1.3\times0.44\times\frac{51}{51}=0.572(\mathrm{MPa})$$

$$\sigma_{\mathrm{T}}=\frac{p_{\mathrm{T}}(R_i+0.5\delta_{\mathrm{e}})}{\delta_{\mathrm{e}}}=\frac{0.572\times(50+0.5\times9.7)}{9.7}=3.23(\mathrm{MPa})$$

校核值小于允许值，则尺寸合适。

（3）三级换热器封头壁厚校核计算

$$p_{\mathrm{T}}=1.3p\times\frac{[\sigma]}{[\sigma]^{\mathrm{t}}}=1.3\times0.12\times\frac{51}{51}=0.156(\mathrm{MPa})$$

$$\sigma_{\mathrm{T}}=\frac{p_{\mathrm{T}}(R_i+0.5\delta_{\mathrm{e}})}{\delta_{\mathrm{e}}}=\frac{0.156\times(535+0.5\times9.43)}{9.43}=8.93(\mathrm{MPa})$$

校核值小于允许值，则尺寸合适。

$$p_{\mathrm{T}}=1.3p\times\frac{[\sigma]}{[\sigma]^{\mathrm{t}}}=1.3\times4.68\times\frac{51}{51}=6.084(\mathrm{MPa})$$

$$\sigma_{\mathrm{T}}=\frac{p_{\mathrm{T}}(R_i+0.5\delta_{\mathrm{e}})}{\delta_{\mathrm{e}}}=\frac{6.084\times(175+0.5\times29.25)}{29.25}=39.44(\mathrm{MPa})$$

校核值小于允许值，则尺寸合适。

$$p_{\mathrm{T}}=1.3p\times\frac{[\sigma]}{[\sigma]^{\mathrm{t}}}=1.3\times0.12\times\frac{51}{51}=0.156(\mathrm{MPa})$$

$$\sigma_{\mathrm{T}}=\frac{p_{\mathrm{T}}(R_i+0.5\delta_{\mathrm{e}})}{\delta_{\mathrm{e}}}=\frac{0.156\times(175+0.5\times9.25)}{9.25}=3.03(\mathrm{MPa})$$

校核值小于允许值，则尺寸合适。

6.5　接管确定

接管为物料进出通道，它的尺寸大小与进出物料的流量有关，壁厚的取值则需要知道物料进出接管的压力状况，进行压力校核选取合适的壁厚。

本设计采用标准接管，只需进行接管壁厚的校核计算，满足设计需求压力即可。

6.5.1　接管尺寸确定

当为圆筒或球壳开孔时，开孔处的计算厚度按照壳体计算厚度取值。

6.5.1.1　接管厚度计算

$$\delta=\frac{p_{\mathrm{c}}D_i}{2[\sigma]^{\mathrm{t}}\varphi-p_{\mathrm{c}}}+C \tag{6-24}$$

设计可根据标准管径选取管径大小，只需进行校核确定尺寸。

6.5.1.2　一级换热器接管壁厚

液态甲烷制冷剂侧接管壁厚：

$$\delta=\frac{p_{\mathrm{c}}D_i}{2[\sigma]^{\mathrm{t}}\varphi-p_{\mathrm{c}}}+C=\frac{2.6\times75}{2\times51\times0.6-2.6}+0.28=3.6(\mathrm{mm})$$

天然气侧接管壁厚：

$$\delta=\frac{p_{\mathrm{c}}D_i}{2[\sigma]^{\mathrm{t}}\varphi-p_{\mathrm{c}}}+C=\frac{4.7\times95}{2\times51\times0.6-4.7}+0.48=8.38(\mathrm{mm})$$

气态甲烷制冷剂侧接管壁厚：

$$\delta=\frac{p_{\mathrm{c}}D_i}{2[\sigma]^{\mathrm{t}}\varphi-p_{\mathrm{c}}}+C=\frac{2.6\times45}{2\times51\times0.6-2.6}+0.28=2.28(\mathrm{mm})$$

6.5.1.3　二级换热器接管壁厚

液态甲烷制冷剂侧接管壁厚：

$$\delta=\frac{p_{\mathrm{c}}D_i}{2[\sigma]^{\mathrm{t}}\varphi-p_{\mathrm{c}}}+C=\frac{0.44\times492}{2\times51\times0.6-0.44}+0.13=3.69(\mathrm{mm})$$

天然气侧接管壁厚：

$$\delta=\frac{p_{\mathrm{c}}D_i}{2[\sigma]^{\mathrm{t}}\varphi-p_{\mathrm{c}}}+C=\frac{4.69\times95}{2\times51\times0.6-4.69}+0.48=8.36(\mathrm{mm})$$

气态甲烷制冷剂侧接管壁厚：

$$\delta=\frac{p_cD_i}{2[\sigma]^t\varphi-p_c}+C=\frac{0.44\times335}{2\times51\times0.6-0.44}+0.28=2.71(mm)$$

6.5.1.4　三级换热器接管壁厚

液态甲烷制冷剂侧接管壁厚：

$$\delta=\frac{p_cD_i}{2[\sigma]^t\varphi-p_c}+C=\frac{0.12\times492}{2\times51\times0.6-0.12}+0.48=1.45(mm)$$

天然气侧接管壁厚：

$$\delta=\frac{p_cD_i}{2[\sigma]^t\varphi-p_c}+C=\frac{4.68\times95}{2\times51\times0.6-4.68}+0.48=8.35(mm)$$

气态甲烷制冷剂侧接管壁厚：

$$\delta=\frac{p_cD_i}{2[\sigma]^t\varphi-p_c}+C=\frac{0.12\times492}{2\times51\times0.6-0.12}+0.48=1.45(mm)$$

6.5.2　接管尺寸汇总

各级换热器接管壁厚统计见表 6-9～表 6-11。

表 6-9　一级换热器接管壁厚

项目	液态甲烷制冷剂	天然气	液态甲烷制冷剂	天然气	气态甲烷制冷剂
接管规格/mm	ϕ85×10	ϕ160×20	ϕ85×10	ϕ160×20	ϕ45×6
接管计算壁厚/mm	3.6	8.38	3.6	8.38	2.28
接管实际壁厚/mm	10	20	10	20	6

表 6-10　二级换热器接管壁厚

项目	液态甲烷制冷剂	天然气	液态甲烷制冷剂	天然气	气态甲烷制冷剂
接管规格/mm	ϕ535×10	ϕ160×20	ϕ535×10	ϕ160×20	ϕ356×10
接管计算壁厚/mm	3.69	8.36	3.69	8.38	2.71
接管实际壁厚/mm	10	20	10	20	10

表 6-11　三级换热器接管壁厚

项目	液态甲烷制冷剂	天然气	液态甲烷制冷剂	天然气	气态甲烷制冷剂
接管规格/mm	ϕ535×10	ϕ160×20	ϕ85×10	ϕ160×20	ϕ535×10
接管计算壁厚/mm	1.45	8.35	3.6	8.38	1.45
接管实际壁厚/mm	10	20	10	20	10

6.5.3　接管补强

封头的补强方式应根据具体的情况进行选择，补强方式可分为：加强圈补强、接管全焊透补强、翻边或凸颈补强以及整体补强等。

本设计封头尺寸大小各异补强方式也不同，但条件允许的情况下尽量以接管全焊透方式代替补强圈补强，尤其是封头尺寸较小的情况下。在选择补强方式前要进行补强面积的计算，确定补强面积的大小以及是否需要补强。

6.5.3.1　接管补强方法

以全焊透方法将接管与壳体相焊，主要补强方式有补强圈补强与接管补强，在条件许可的情况下尽量使用接管补强方式，尤其是在筒体半径较小的时候。首先要进行开孔所需补强面积的计算，确定封头是否需要进行补强。

（1）封头开孔所需补强面积

封头开孔所需补强面积按下式计算：

$$A = d\delta \tag{6-25}$$

（2）有效补强范围

① 有效宽度 B 按下式计算，取两者中较大值：

$$B = \max\begin{cases} 2d \\ d + 2\delta_{\mathrm{n}} + 2\delta_{\mathrm{nt}} \end{cases} \tag{6-26}$$

② 有效高度按下式计算，分别取两式中较小值。

外侧有效补强高度：

$$h_1 = \min\begin{cases} \sqrt{d\delta_{\mathrm{nt}}} \\ \text{接管实际外伸长度} \end{cases} \tag{6-27}$$

内侧有效补强高度：

$$h_2 = \min\begin{cases} \sqrt{d\delta_{\mathrm{nt}}} \\ \text{接管实际内伸长度} \end{cases} \tag{6-28}$$

（3）补强面积

在有效补强范围内，可作为补强的截面积计算如下：

$$A_{\mathrm{e}} = A_1 + A_2 + A_3 \tag{6-29}$$

$$A_1 = (B-d)(\delta_{\mathrm{e}} - \delta) - 2\delta_{\mathrm{t}}(\delta_{\mathrm{e}} - \delta) \tag{6-30}$$

$$A_2 = 2h_1(\delta_{\mathrm{et}} - \delta_{\mathrm{t}}) + 2h_2(\delta_{\mathrm{et}} - \delta_{\mathrm{t}}) \tag{6-31}$$

若 $A_{\mathrm{e}} \geqslant A$，则开孔不需要另加补强；若 $A_{\mathrm{e}} < A$，则开孔需要另加补强，按下式计算：

$$A_4 \geqslant A - A_{\mathrm{e}} \tag{6-32}$$

$$d = D_i + 2C \tag{6-33}$$

$$\delta_{\mathrm{e}} = \delta_{\mathrm{n}} - C \tag{6-34}$$

式中　A_1——壳体有效厚度减去计算厚度之外的多余面积，mm^2；
A_2——接管有效厚度减去计算厚度之外的多余面积，mm^2；
A_3——焊接金属截面积，mm^2；
A_4——有效补强范围内另加补强面积，mm^2；
δ——壳体开孔处的计算厚度，mm；
δ_{n}——接管有效厚度，mm；
δ_{et}——接管有效厚度，mm；

δ_t ——接管计算厚度，mm；

δ_{nt}——接管名义厚度，mm。

6.5.3.2 补强面积的计算

① 一级换热器液态甲烷侧补强面积计算所需参数见表 6-12。

表 6-12 一级换热器封头、接管尺寸（液态甲烷侧）

项目	封头	接管
内径/mm	350	75
计算厚度/mm	7.4	3.6
名义厚度/mm	10	10
厚度附加量/mm	0.75	0.28

封头开孔所需补强面积：

$$A = d\delta = 75.56 \times 7.4 = 559.1(\text{mm}^2)$$

有效宽度 B 按下式计算，取两者中较大值：

$$B = \max\begin{cases} 2\times 75.56 = 151.12(\text{mm}) \\ 75.56 + 2\times 10 + 2\times 10 = 115.56(\text{mm}) \end{cases}$$

$$B(\max) = 151.12\text{mm}$$

有效高度按下式计算，分别取两式中较小值。

外侧有效补强高度：

$$h_1 = \min\begin{cases} \sqrt{75.56\times 10} = 27.49(\text{mm}) \\ 100\text{mm} \end{cases}$$

$$h_1(\min) = 27.49\text{mm}$$

内侧有效补强高度：

$$h_2 = \min\begin{cases} \sqrt{75.56\times 10} = 27.49(\text{mm}) \\ 0 \end{cases}$$

$$h_2(\min) = 0$$

$$\begin{aligned} A_1 &= (B-d)(\delta_e - \delta) - 2\delta_t(\delta_e - \delta) \\ &= (151.12 - 75.56)\times(9.25 - 7.4) - 2\times 3.6\times(9.25 - 3.6) \\ &= 99.11(\text{mm}^2) \end{aligned}$$

$$A_2 = 2h_1\left(\delta_{et} - \delta_t\right) + 2h_2\left(\delta_{et} - \delta_t\right) = 2\times 27.49\times(9.72 - 3.6) = 336.48(\text{mm}^2)$$

本设计焊接长度取 6mm：

$$A_3 = \frac{1}{2}\times 2\times 6\times 6 = 36(\text{mm}^2)$$

$$A_e = A_1 + A_2 + A_3 = 99.11 + 336.48 + 36 = 471.59(\text{mm}^2)$$

$A_e < A$，开孔需要另加补强：

$$A_4 \geqslant A - A_e$$

$$A_4 \geqslant 559.1 - 471.59 = 87.51(\text{mm}^2)$$

② 一级换热器天然气侧补强面积计算所需参数见表 6-13。

表 6-13　一级换热器封头、接管尺寸（天然气侧）

项目	封头	接管
内径/mm	350	95
计算厚度/mm	25.36	8.38
名义厚度/mm	30	20
厚度附加量/mm	0.75	0.48

封头开孔所需补强面积：

$$A = d\delta = 95.96 \times 25.36 = 2433.5(\text{mm}^2)$$

有效宽度 B 按下式计算，取两者中较大值：

$$B = \max\begin{cases} 2 \times 95.96 = 191.9(\text{mm}) \\ 95.96 + 2 \times 30 + 2 \times 20 = 195.96(\text{mm}) \end{cases}$$

$$B(\max) = 195.96\text{mm}$$

有效高度按下式计算，分别取两式中较小值。

外侧有效补强高度：

$$h_1 = \min\begin{cases} \sqrt{95.96 \times 20} = 43.8(\text{mm}) \\ 100\text{mm} \end{cases}$$

$$h_1(\min) = 43.8\text{mm}$$

内侧有效补强高度：

$$h_2 = \min\begin{cases} \sqrt{95.96 \times 20} = 43.8(\text{mm}) \\ 0 \end{cases}$$

$$h_2(\min) = 0$$

$$\begin{aligned} A_1 &= (B-d)(\delta_e - \delta) - 2\delta_t(\delta_e - \delta) \\ &= (195.96 - 95.96) \times (29.25 - 25.36) - 2 \times 8.38 \times (29.25 - 25.36) \\ &= 323.8(\text{mm}^2) \end{aligned}$$

$$A_2 = 2h_1(\delta_{et} - \delta_t) + 2h_2(\delta_{et} - \delta_t) = 2 \times 43.8 \times (19.52 - 8.38) = 975.86(\text{mm}^2)$$

本设计焊接长度取 6mm：

$$A_3 = \frac{1}{2} \times 2 \times 6 \times 6 = 36(\text{mm}^2)$$

$$A_e = A_1 + A_2 + A_3 = 323.8 + 975.86 + 36 = 1335.66(\text{mm}^2)$$

$A_e < A$，开孔需要另加补强：

$$A_4 \geqslant A - A_e$$

$$A_4 \geqslant 2433.5 - 1335.86 = 1097.64(\text{mm}^2)$$

③ 一级换热器气态甲烷侧补强面积计算所需参数见表 6-14。

表 6-14　一级换热器封头、接管尺寸（气态甲烷侧）

项目	封头	接管
内径/mm	100	45
计算厚度/mm	2.02	2.28
名义厚度/mm	10	6
厚度附加量/mm	0.48	0.28

封头开孔所需补强面积：

$$A = d\delta = 45.56 \times 2.02 = 92.03(\mathrm{mm}^2)$$

有效宽度 B 按下式计算，取两者中较大值：

$$B = \max\begin{cases} 2\times 45.56 = 91.12(\mathrm{mm}) \\ 45.56 + 2\times 10 + 2\times 6 = 77.56(\mathrm{mm}) \end{cases}$$

$$B(\max) = 91.12\mathrm{mm}$$

有效高度按下式计算，分别取两式中较小值。

外侧有效补强高度：

$$h_1 = \min\begin{cases} \sqrt{45.6\times 6} = 16.54(\mathrm{mm}) \\ 100\mathrm{mm} \end{cases}$$

$$h_1(\min) = 16.54\mathrm{mm}$$

内侧有效补强高度：

$$h_2 = \min\begin{cases} \sqrt{45.56\times 6} = 16.54(\mathrm{mm}) \\ 0 \end{cases}$$

$$h_2(\min) = 0$$

$$\begin{aligned} A_1 &= (B-d)(\delta_e - \delta) - 2\delta_t(\delta_e - \delta) \\ &= (91.12 - 45.56)\times(9.52 - 2.02) - 2\times 2.28\times(9.52 - 2.02) \\ &= 307.5(\mathrm{mm}^2) \end{aligned}$$

$$A_2 = 2h_1(\delta_{et} - \delta_t) + 2h_2(\delta_{et} - \delta_t) = 2\times 16.54\times(5.72 - 2.28) = 113.8(\mathrm{mm}^2)$$

本设计焊接长度取 6mm：

$$A_3 = \frac{1}{2}\times 2\times 6\times 6 = 36(\mathrm{mm}^2)$$

$$A_e = A_1 + A_2 + A_3 = 307.5 + 113.8 + 36 = 457.3(\mathrm{mm}^2)$$

$A_e > A$，开孔不需要另加补强。

④ 二级换热器液态甲烷侧补强面积计算所需参数见表 6-15。

表 6-15　二级换热器封头、接管尺寸（液态甲烷侧）

项目	封头	接管
内径/mm	1070	492
计算厚度/mm	7.9	3.69
名义厚度/mm	10	10
厚度附加量/mm	0.48	0.48

封头开孔所需补强面积：

$$A = d\delta = 492.96 \times 7.9 = 3894.38(\text{mm}^2)$$

有效宽度 B 按下式计算，取两者中较大值：

$$B = \max\begin{cases} 2 \times 492.96 = 985.92(\text{mm}) \\ 492.96 + 2 \times 10 + 2 \times 10 = 532.96(\text{mm}) \end{cases}$$

$$B(\max) = 985.92\text{mm}$$

有效高度按下式计算，分别取两式中较小值。

外侧有效补强高度：

$$h_1 = \min\begin{cases} \sqrt{492.96 \times 10} = 70.2(\text{mm}) \\ 100\text{mm} \end{cases}$$

$$h_1(\min) = 70.2\text{mm}$$

内侧有效补强高度：

$$h_2 = \min\begin{cases} \sqrt{492.96 \times 10} = 70.2(\text{mm}) \\ 0 \end{cases}$$

$$h_2(\min) = 0$$

$$\begin{aligned} A_1 &= (B - d)(\delta_e - \delta) - 2\delta_t(\delta_e - \delta) \\ &= (985.92 - 492.96) \times (9.52 - 7.9) - 2 \times 3.69 \times (9.52 - 7.9) \\ &= 2265.52(\text{mm}^2) \end{aligned}$$

$$A_2 = 2h_1(\delta_{et} - \delta_t) + 2h_2(\delta_{et} - \delta_t) = 2 \times 70.2 \times (9.52 - 3.69) = 818.53(\text{mm}^2)$$

本设计焊接长度取 6mm：

$$A_3 = \frac{1}{2} \times 2 \times 6 \times 6 = 36(\text{mm}^2)$$

$$A_e = A_1 + A_2 + A_3 = 2265.52 + 818.53 + 36 = 3120.05(\text{mm}^2)$$

$A_e < A$，开孔需要另加补强：

$$A_4 \geqslant A - A_e$$

$$A_4 \geqslant 3894.38 - 3120.05 = 774.33(\text{mm}^2)$$

⑤ 二级换热器天然气侧补强面积计算所需参数见表 6-16。

表 6-16　二级换热器封头、接管尺寸（天然气侧）

项目	封头	接管
内径/mm	350	95
计算厚度/mm	25.3	8.36
名义厚度/mm	30	20
厚度附加量/mm	0.75	0.48

封头开孔所需补强面积：

$$A = d\delta = 95.96 \times 25.3 = 2427.79(\text{mm}^2)$$

有效宽度 B 按下式计算，取两者中较大值。

$$B=\max\begin{cases}2\times 95.96=191.92(\text{mm})\\95.65+2\times 30+2\times 20=195.65(\text{mm})\end{cases}$$

$$B(\max)=195.65\text{mm}$$

有效高度按下式计算，分别取两式中较小值。

外侧有效补强高度：

$$h_1=\min\begin{cases}\sqrt{95.65\times 20}=43.74(\text{mm})\\150\text{mm}\end{cases}$$

$$h_1(\min)=43.74\text{mm}$$

内侧有效补强高度：

$$h_2=\min\begin{cases}\sqrt{96.65\times 20}=43.74(\text{mm})\\0\end{cases}$$

$$h_2(\min)=0$$

$$\begin{aligned}A_1&=(B-d)(\delta_e-\delta)-2\delta_t(\delta_e-\delta)\\&=(195.65-95.65)\times(29.25-25.3)-2\times 8.36\times(29.25-25.3)\\&=328.36(\text{mm}^2)\end{aligned}$$

$$A_2=2h_1(\delta_{et}-\delta_t)+2h_2(\delta_{et}-\delta_t)=2\times 43.74\times(19.52-8.36)=976.28(\text{mm}^2)$$

本设计焊接长度取 6mm：

$$A_3=\frac{1}{2}\times 2\times 6\times 6=36(\text{mm}^2)$$

$$A_e=A_1+A_2+A_3=328.36+976.28+36=1340.64(\text{mm}^2)$$

$A_e<A$，开孔需要另加补强：

$$A_4\geqslant A-A_e$$

$$A_4\geqslant 2427.79-1340.64=1087.15(\text{mm}^2)$$

⑥ 二级换热器气态甲烷侧补强面积计算所需参数见表 6-17。

表 6-17 二级换热器封头、接管尺寸（气态甲烷侧）

项目	封头	接管
内径/mm	100	335
计算厚度/mm	3.2	2.71
名义厚度/mm	10	10
厚度附加量/mm	0.48	0.28

封头开孔所需补强面积：

$$A=d\delta=335.56\times 3.2=1073.79(\text{mm}^2)$$

有效宽度 B 按下式计算，取两者中较大值：

$$B=\max\begin{cases}2\times 335.56=671.12(\text{mm})\\335.56+2\times 10+2\times 10=375.56(\text{mm})\end{cases}$$

$$B(\max) = 671.12\text{mm}$$

有效高度按下式计算，分别取两式中较小值。

外侧有效补强高度：

$$h_1 = \min\begin{cases}\sqrt{335.56\times10} = 57.93(\text{mm})\\ 100\text{mm}\end{cases}$$

$$h_1(\min) = 57.93\text{mm}$$

内侧有效补强高度：

$$h_2 = \min\begin{cases}\sqrt{335.56\times10} = 57.93(\text{mm})\\ 0\end{cases}$$

$$h_2(\min) = 0$$

$$\begin{aligned}A_1 &= (B-d)(\delta_e-\delta)-2\delta_t(\delta_e-\delta)\\ &= (671.12-335.56)\times(9.52-3.2)-2\times2.71\times(9.52-3.2)\\ &= 2086.48(\text{mm}^2)\end{aligned}$$

$$A_2 = 2h_1(\delta_{et}-\delta_t)+2h_2(\delta_{et}-\delta_t) = 2\times57.93\times(9.72-2.71) = 812.18(\text{mm}^2)$$

本设计焊接长度取 6mm：

$$A_3 = \frac{1}{2}\times2\times6\times6=36(\text{mm}^2)$$

$$A_e = A_1+A_2+A_3 = 2086.48+812.18+36 = 2934.66(\text{mm}^2)$$

$A_e > A$，开孔不需要另加补强。

⑦　三级换热器液态甲烷侧补强面积计算所需参数见表 6-18。

表 6-18　三级换热器封头、接管尺寸（液态甲烷侧）

项目	封头	接管
内径/mm	1070	492
计算厚度/mm	2.34	1.45
名义厚度/mm	10	10
厚度附加量/mm	0.57	0.48

封头开孔所需补强面积：

$$A = d\delta = 492.96\times2.34 = 1153.53(\text{mm}^2)$$

有效宽度 B 按下式计算，取两者中较大值：

$$B = \max\begin{cases}2\times492.96 = 985.92(\text{mm})\\ 492.96+2\times10+2\times10 = 532.96(\text{mm})\end{cases}$$

$$B(\max) = 985.92\text{mm}$$

有效高度按下式计算，分别取两式中较小值。

外侧有效补强高度：

$$h_1 = \begin{cases}\sqrt{492.96\times10} = 70.21(\text{mm})\\ 100\text{mm}\end{cases}$$

$$h_1(\min) = 70.21\text{mm}$$

内侧有效补强高度：

$$h_2 = \min\begin{cases}\sqrt{492.96\times 10} = 70.21(\text{mm}) \\ 0\end{cases}$$

$$h_2(\min) = 0$$

$$\begin{aligned}A_1 &= (B-d)(\delta_e - \delta) - 2\delta_t(\delta_e - \delta)\\ &= (985.92 - 492.96)\times(9.43-2.34) - 2\times 1.45\times(9.43-2.34)\\ &= 3474.53(\text{mm}^2)\end{aligned}$$

$$A_2 = 2h_1(\delta_{et} - \delta_t) + 2h_2(\delta_{et} - \delta_t) = 2\times 70.21\times(9.52-1.45) = 1133.19(\text{mm}^2)$$

本设计焊接长度取 6mm：

$$A_3 = \frac{1}{2}\times 2\times 6\times 6 = 36(\text{mm}^2)$$

$$A_e = A_1 + A_2 + A_3 = 3474.53 + 1133.19 + 36 = 4643.72(\text{mm}^2)$$

$A_e > A$，开孔不需要另加补强。

⑧ 三级换热器天然气侧补强面积计算所需参数见表 6-19。

表 6-19　三级换热器封头、接管尺寸（天然气侧）

项目	封头	接管
内径/mm	350	95
计算厚度/mm	4.68	8.35
名义厚度/mm	10	10
厚度附加量/mm	0.75	0.48

封头开孔所需补强面积：

$$A = d\delta = 95.96\times 9.52 = 913.54(\text{mm}^2)$$

有效宽度 B 按下式计算，取两者中较大值：

$$B = \max\begin{cases}2\times 95.96 = 191.92(\text{mm}) \\ 95.56 + 2\times 10 + 2\times 10 = 135.56(\text{mm})\end{cases}$$

$$B(\max) = 191.92\text{mm}$$

有效高度按下式计算，分别取两式中较小值。

外侧有效补强高度：

$$h_1 = \min\begin{cases}\sqrt{95.96\times 10} = 31.0(\text{mm}) \\ 100\text{mm}\end{cases}$$

$$h_1(\min) = 31\text{mm}$$

内侧有效补强高度：

$$h_2 = \min\begin{cases}\sqrt{95.96\times 10} = 31.0(\text{mm}) \\ 0\end{cases}$$

$$h_2(\min) = 0$$

$$A_1=(B-d)(\delta_e-\delta)-2\delta_t(\delta_e-\delta)$$
$$=(191.92-95.96)\times(9.25-4.68)-2\times8.35\times(9.52-4.68)$$
$$=357.71(mm^2)$$

$$A_2=2h_1(\delta_{et}-\delta_t)+2h_2(\delta_{et}-\delta_t)=2\times31.4\times(9.52-8.35)=73.48(mm^2)$$

本设计焊接长度取 6mm：

$$A_3=\frac{1}{2}\times2\times6\times6=36(mm^2)$$

$$A_e=A_1+A_2+A_3=357.71+73.48+36=467.19(mm^2)$$

$A_e<A$，开孔需要另加补强：

$$A_4\geqslant A-A_e$$

$$A_4\geqslant 913.54-467.19=446.35(mm^2)$$

⑨ 三级换热器气态甲烷侧补强面积计算所需参数见表 6-20。

表 6-20　三级换热器封头、接管尺寸（气态甲烷侧）

项目	封头	接管
内径/mm	350	492
计算厚度/mm	1.43	1.45
名义厚度/mm	10	10
厚度附加量/mm	0.75	0.48

封头开孔所需补强面积：

$$A=d\delta=492.96\times1.43=704.93(mm^2)$$

有效宽度 B 按下式计算，取两者中较大值：

$$B=\max\begin{cases}2\times492.96=985.92(mm)\\492.96+2\times10+2\times10=532.96(mm)\end{cases}$$

$$B(\max)=985.92mm$$

有效高度按下式计算，分别取两式中较小值。

外侧有效补强高度：

$$h_1=\min\begin{cases}\sqrt{492.96\times10}=70.21(mm)\\100mm\end{cases}$$

$$h_1(\min)=70.21mm$$

内侧有效补强高度：

$$h_2=\min\begin{cases}\sqrt{492.96\times10}=70.21(mm)\\0\end{cases}$$

$$h_2(\min)=0$$

$$A_1 = (B-d)(\delta_e-\delta)-2\delta_t(\delta_e-\delta)$$
$$=(985.92-492.96)\times(9.25-1.43)-2\times1.45\times(9.25-1.43)$$
$$=3832.27(\text{mm}^2)$$

$$A_2 = 2h_1(\delta_{et}-\delta_t)+2h_2(\delta_{et}-\delta_t) = 2\times70.21\times(9.25-1.43) = 1098.08(\text{mm}^2)$$

本设计焊接长度取 6mm：

$$A_3 = \frac{1}{2}\times2\times6\times6=36(\text{mm}^2)$$

$$A_e = A_1 + A_2 + A_3 = 3832.27+1098.08+36 = 4966.35(\text{mm}^2)$$

$A_e > A$，开孔不需要另加补强。

本章小结

通过研究开发 60 万立方米每天级联式 PFHE 型 LNG 三级三组板翅式换热器设计计算方法，并根据级联式混合制冷剂 LNG 液化工艺流程及九级多股流板翅式换热器（PFHE）特点进行设备设计计算，就可突破三级三组 PFHE 型-162℃ LNG 工艺设计计算方法及主设备 PFHE 设计计算方法。设计过程中采用三级三组 PFHE 换热，其具有结构紧凑、流程清晰、易于大型化等特点，可最终实现 LNG 液化过程。三级三组 PFHE 层次分明，易于计算，便于多股流大温差换热，也是早期 LNG 液化过程中选用的制冷工艺设备之一。三级三组 PFHE 型 LNG 液化系统，由三段制冷系统及九个连贯的板束组成，包括一次预冷三级板束、二次预冷三级板束、三次深冷三级板束等设备，涉及三种制冷剂独立制冷计算过程，相较其他 LNG 工艺工程，易于理解，易于掌握。

参考文献

[1] 王松汉．板翅式换热器［M］．北京：化学工业出版社，1984．

[2] 苏斯君，张周卫，汪雅红． LNG 系列板翅式换热器的研究与开发［J］．化工机械，2018，45（6）：662-667．

[3] 张周卫．LNG 混合制冷剂多股流板翅式换热器［P］．中国：201510051091．6，2015．02．

[4] 张周卫．LNG 低温液化一级制冷五股流板翅式换热器［P］．中国：201510040244．7，2015．01．

[5] 张周卫．LNG 低温液化二级制冷四股流板翅式换热器［P］．中国：201510042630．X，2015．01．

[6] 张周卫．LNG 低温液化三级制冷三股流板翅式换热器［P］．中国：201510040244．7，2015．01．

[7] 张周卫，郭舜之，汪雅红，赵丽．液化天然气装备设计技术：液化换热卷［M］．北京：化学工业出版社，2018．

[8] 张周卫，苏斯君，张梓洲，田源．液化天然气装备设计技术：通用换热器卷［M］．北京：化学工业出版社，2018．

[9] 张周卫，汪雅红，郭舜之，赵丽．低温制冷装备与技术［M］．北京：化学工业出版社，2018．

[10] Zhang Zhouwei，Wang Yahong，Li Yue，Xue Jiaxing．Research and development on series of LNG plate-fin heat exchanger［C］．3rd International Conference on Mechatronics，Robotics and Automation（ICMRA 2015），2015（4）：1299-1304．

第 7 章

100 万立方米每天开式 LNG 液化系统及板翅式换热器设计计算

在开式 LNG 液化流程中，天然气既是制冷剂又是需要液化的对象。天然气经压缩机压缩再水冷后，可逐级分离重质成分并经各级 PFHE 预冷再节流回冷各级 PFHE。末级节流后的气相部分再返回预冷，从而逐级冷却三级 PFHE 并将天然气预冷，最后节流至两相区，气液相分离后将饱和蒸汽回冷前三级 PFHE，饱和液化 LNG 由分离器分离。本章重点研究 100 万立方米每天开式 LNG 液化系统及板翅式换热器设计计算方法，构建开式制冷系统并应用三级 PFHE 来降低天然气温度，并根据级联式混合制冷剂 LNG 液化工艺流程及三级多股流板翅式换热器（PFHE），将天然气液化为-162℃ LNG。传统的 LNG 液化工艺一般运用氮气、甲烷、乙烯、丙烷、丁烷等制冷剂通过多级换热制冷，最终将天然气冷却至-162℃液体状态。开式 LNG 液化系统则采用天然气作为制冷剂液化自身天然气，较传统的 LNG 液化系统省去了独立运行的制冷剂系统，所以具有重要的借鉴意义及实践优势，所以本章采用开式三级 PFHE 主液化设备，内含 LNG 自液化工艺，其结构紧凑，制冷系统简洁，能有效解决液化工艺系统庞大、制冷剂运算复杂等问题。图 7-1 为开式 LNG 液化系统及板翅式换热器流程图。

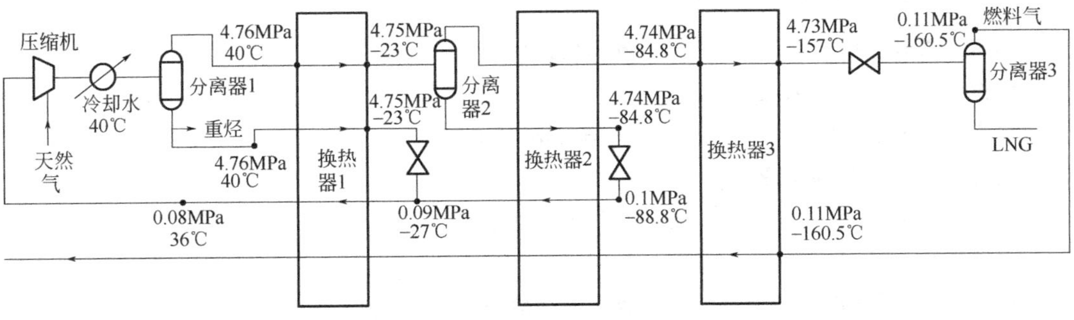

图 7-1　开式 LNG 液化系统及板翅式换热器流程图

7.1 板翅式换热器的工艺计算

7.1.1 混合制冷剂参数确定

通过查阅相关资料和国内外对板翅式换热器的设计，确定出本设计所需的制冷剂分别为：氮气（N_2）、甲烷（CH_4）、乙烯（C_2H_4）、丙烷（C_3H_8）、正丁烷（n-C_4H_{10}）、异丁烷（iso-C_4H_{10}）。各制冷剂的参数都由 REFPROP 8.0 软件查得，具体见表 7-1。

表 7-1 各制冷剂参数

名称	临界压力/MPa	临界温度/K	饱和压力/MPa	饱和温度/K
氮气	3.3958	126.19	1.3826	109
乙烯	5.0418	282.35	0.95662	220
甲烷	4.5992	190.56	1.188	153
丙烷	4.2512	369.89	1.2472	309
正丁烷	4.0051	419.29	0.40786	309
异丁烷	4.0098	418.09	0.41836	309

7.1.2 设备预冷制冷过程

（1）正丁烷-异丁烷-丙烷的制冷过程

初态：$T_1 = 313\text{K}$　　$p_1 = 4.76\text{MPa}$

查得：$H_1 = 301.96\text{kJ/kg}$

终态：$T_2 = 250\text{K}$　　$p_2 = 4.75\text{MPa}$

查得：$H_2 = 150.63\text{kJ/kg}$

所以单位质量流量的制冷量：

$$H = H_2 - H_1 = 150.63 - 301.96 = -151.33(\text{kJ/kg})$$

（2）正丁烷-异丁烷-丙烷的预冷过程

初态：$T_1 = 246\text{K}$　　$p_1 = 0.09\text{MPa}$

查得：$H_1 = 377.25\text{kJ/kg}$

终态：$T_2 = 237\text{K}$　　$p_2 = 0.08\text{MPa}$

查得：$H_2 = 174.68\text{kJ/kg}$

预冷量：$H = H_2 - H_1 = 174.68 - 377.25 = -202.57\text{kJ/kg}$

节流过程：

初态：$T_1 = 250\text{K}$　　$p_1 = 4.75\text{MPa}$

查得：$H_1 = 150.63\text{kJ/kg}$

终态：$T_2 = 237\text{K}$　　$p_2 = 0.09\text{MPa}$

查得：$H_2 = 377.25\text{kJ/kg}$

$$H = H_2 - H_1 = 377.25 - 150.63 = 226.62(\text{kJ/kg})$$

（3）乙烷的制冷过程

初态：$T_1 = 250\text{K}$　　$p_1 = 4.75\text{MPa}$

查得：$H_1 = 174.70\text{kJ/kg}$

终态：$T_2 = 188.2\text{K}$　　$p_2 = 4.74\text{MPa}$

查得：$H_2 = 14.114\text{kJ/kg}$

所以单位质量流量的预冷量：

$$H = H_2 - H_1 = 14.114 - 174.70 = -160.59(\text{kJ/kg})$$

（4）乙烷的预冷过程

初态：$T_1 = 184.2\text{K}$　　$p_1 = 0.1\text{MPa}$

查得：$H_1 = 489.16\text{kJ/kg}$

终态：$T_2 = 246\text{K}$　　$p_2 = 0.09\text{MPa}$

查得：$H_2 = 581.70\text{kJ/kg}$

所以单位质量流量的制冷量：

$$H = H_2 - H_1 = 581.70 - 489.16 = 92.54(\text{kJ/kg})$$

节流过程：

初态：$T_1 = 188.2\text{K}$　　$p_1 = 4.74\text{MPa}$

查得：$H_1 = 14.114\text{kJ/kg}$

终态：$T_2 = 184.2\text{K}$　　$p_2 = 0.1\text{MPa}$

查得：$H_2 = 489.16\text{kJ/kg}$

$$H = H_2 - H_1 = 489.16 - 14.114 = 475.046(\text{kJ/kg})$$

（5）甲烷的制冷过程

初态：$T_1 = 188.2\text{K}$　　$p_1 = 4.74\text{MPa}$

查得：$H_1 = 334.41\text{kJ/kg}$

终态：$T_2 = 116\text{K}$　　$p_2 = 4.73\text{MPa}$

查得：$H_2 = 22.253\text{kJ/kg}$

所以单位质量流量的预冷量：

$$H = H_2 - H_1 = 22.253 - 334.41 = -312.157(\text{kJ/kg})$$

（6）甲烷的预冷过程

初态：$T_1 = 112.5\text{K}$　　$p_1 = 0.11\text{MPa}$

查得：$H_1 = 3.4372\text{kJ/kg}$

终态：$T_2 = 184.2\text{K}$　　$p_2 = 0.1\text{MPa}$

查得：$H_2 = 665.79\text{kJ/kg}$

所以单位质量流量的制冷量：

$$H = H_2 - H_1 = 665.79 - 3.4372 = 662.3528(\text{kJ/kg})$$

节流过程：

初态：$T_1 = 116\text{K}$　　$p_1 = 4.73\text{MPa}$

查得：$H_1 = 22.253\text{kJ/kg}$

终态：$T_2 = 112.5\text{K}$　　$p_2 = 0.11\text{MPa}$

查得：$H_2 = 3.4372\text{kJ/kg}$

$$H = H_2 - H_1 = 3.4372 - 22.253 = -18.8158(\text{kJ/kg})$$

7.1.3 制冷剂各组分的质量流量

（1）三级换热器

设甲烷的质量流量为 $x_2$kg/s，LNG 质量流量为 $x_1$kg/s，节流前流量为 $x$kg/s。

根据三级制冷装置吸热量等于放热量：

$$662.3528x_2 = 312.157x \qquad x = 6.898\text{kg / s}$$

解得：$x = 2.12x_2$。所以甲烷的质量流量为 3.254kg/s；LNG 的质量流量为 3.644 kg/s；总的制冷量为 2154.548kJ/s。

（2）二级换热器

设乙烷的质量流量为 $x$kg/s。

根据二级制冷装置中吸热量等于放热量得：

$$3.254 \times (796.67 - 665.56) = 475.046x$$

解得：$x = 1.0347\text{kg/s}$。所以乙烷的质量流量为 1.0347kg/s；总的制冷量为 592.857kJ/s。

（3）一级换热器

设乙烷的质量流量为 $x$kg/s。

$$3.254 \times (934.84 - 796.67) = 226.62x$$

解得：$x = 3.173\text{kg/s}$。所以乙烷的质量流量为 3.173kg/s；总的制冷量为 1092.359kJ/s。

表 7-2 为各制冷剂质量流量，表 7-3 为各级设备预冷量或制冷量。

表 7-2　各制冷剂质量流量

项目	甲烷	乙烷	重烃	天然气
质量流量/(kg/s)	3.254	1.034	3.173	11.106

表 7-3 各级设备预冷量或制冷量

设备	预冷量或制冷量/(kJ/s)
一级	1092.359
二级	592.875
三级	2154.548

7.2 板翅式换热器翅片的计算

7.2.1 一级换热器流体参数计算（单层通道）

（1）天然气侧板翅之间的一系列常数的计算

天然气侧流道的质量流速：

$$G_i = \frac{W}{f_i nb} \tag{7-1}$$

式中 G_i——天然气侧流道的质量流速，kg/(m² • s)；

W——各股流体的质量流量，kg/s；

f_i——单层通道一米宽度上的截面积，m²；

n——翅片组数；

b——翅片有效宽度，m。

$$G_i = \frac{7.9327}{3.86 \times 10^{-3} \times 60 \times 1.2} = 28.54[\text{kg/(m}^2 \cdot \text{s)}]$$

雷诺数：

$$Re = \frac{G_i d_e}{\mu} \tag{7-2}$$

式中 G_i——天然气侧流道的质量流速，kg/(m² • s)；

d_e——天然气侧翅片当量直径，m；

μ——天然气的黏度，Pa • s。

$$Re = \frac{28.54 \times 1.56 \times 10^{-3}}{8.4 \times 10^{-5}} = 530.02$$

普朗特数：

$$Pr = \frac{C\mu}{\lambda} \tag{7-3}$$

式中 μ——流体的黏度，kg/(m • s)；

C——流体的比热容，J/(kg • ℃)；

λ——流体的热导率，W/(m • K)。

$$Pr = \frac{2.83 \times 10^3 \times 8.4 \times 10^{-5}}{8.9 \times 10^{-2}} = 2.67$$

斯坦顿数：

$$St = \frac{j}{Pr^{2/3}} \tag{7-4}$$

式中　j——传热因子，查王松汉著《板翅式换热器》得传热因子为 0.008。

$$St = \frac{0.008}{2.67^{2/3}} = 0.0042$$

给热系数：

$$\alpha = 3600St \times C \times G_i \tag{7-5}$$

$$\alpha = \frac{3600 \times 0.0042 \times 2.83 \times 28.54}{4.184} = 291.88[\text{kcal}/(\text{m}^2 \cdot \text{h} \cdot ℃)]$$

天然气侧的 p 值：

$$p = \sqrt{\frac{2\alpha}{\lambda\delta}} \tag{7-6}$$

式中　α——天然气侧流体给热系数，kcal/(m^2·h·℃)；

λ——翅片材料热导率，W/(m·K)；

δ——翅厚，m。

$$p = \sqrt{\frac{2 \times 291.88}{165 \times 5 \times 10^{-4}}} = 84.1$$

天然气侧：

$$b = h_1 / 2$$

式中　h_1——天然气板侧翅高，m。

$$b = 3.25 \times 10^{-3}\text{m}$$

查双曲函数表可知：$\tanh(pb) = 0.6527$。

天然气侧翅片一次面传热效率：

$$\eta_f = \frac{\tanh(pb)}{pb} = 0.82 \tag{7-7}$$

天然气侧翅片总传热效率：

$$\eta_0 = 1 - \frac{F_2}{F_0}(1 - \eta_f) = 0.744 \tag{7-8}$$

式中　F_2——天然气侧翅片二次传热面积，m^2；

F_0——天然气侧翅片总传热面积，m^2。

（2）重烃侧板翅之间的一系列常数的计算

重烃流道的质量流速：

$$G_i = \frac{W}{f_i nb}$$

式中　G_i——流体的质量流速，kg/(m²·s)；

W——重烃质量流量，kg/s；

f_i——单层通道一米宽度上的截面积，m²；

n——翅片组数；

b——翅片有效宽度，m。

$$G_i=\frac{3.173}{3.8\times10^{-3}\times60\times1.2}=11.6[\mathrm{kg/(m^2\cdot s)}]$$

雷诺数：

$$Re=\frac{G_i d_e}{\mu}$$

式中　G_i——重烃侧流道的质量流速，kg/(m²·s)；

d_e——重烃侧翅片当量直径，m；

μ——重烃的黏度，Pa·s。

$$Re=\frac{11.6\times1.56\times10^{-3}}{24.49\times10^{-6}}=738.9$$

普朗特数：

$$Pr=\frac{C\mu}{\lambda}$$

式中　μ——流体的黏度，kg/(m·s)；

C——流体的比热容，J/(kg·℃)；

λ——流体的热导率，W/(m·K)。

$$Pr=\frac{1.84\times10^{3}\times24.49\times10^{-6}}{51.55\times10^{-3}}=0.87$$

斯坦顿数：

$$St=\frac{j}{Pr^{2/3}}$$

式中　j——传热因子，查王松汉著《板翅式换热器》得传热因子为 0.007。

$$St=\frac{0.007}{0.87^{2/3}}=0.0077$$

给热系数：

$$\alpha=3600St\times C\times G_i$$

$$\alpha=\frac{3600\times0.0077\times1.84\times11.6}{4.184}=141.41[\mathrm{kcal/(m^2\cdot h\cdot ^\circ C)}]$$

重烃侧的 p 值：

$$p=\sqrt{\frac{2\alpha}{\lambda\delta}}$$

式中　α——重烃侧流体给热系数，kcal/(m²·h·℃)；

λ——翅片材料热导率，W/(m·K)；

δ——翅厚，m。

$$p=\sqrt{\frac{2\times141.41}{165\times5\times10^{-4}}}=58.55$$

重烃侧：

$$b=h_1/2$$

式中　h_1——重烃板侧翅高，m。

$$b=3.25\times10^{-3}\,\text{m}$$

查双曲函数表可知：$\tanh(pb)=0.145$。

重烃侧翅片一次面传热效率：

$$\eta_f=\frac{\tanh(pb)}{pb}=0.76$$

重烃侧翅片总传热效率：

$$\eta_0=1-\frac{F_2}{F_0}(1-\eta_f)=0.91$$

式中　F_2——重烃侧翅片二次传热面积，m^2；

F_0——重烃侧翅片总传热面积，m^2。

（3）重烃节流侧板翅之间的一系列常数的计算

重烃流道的质量流速：

$$G_i=\frac{W}{f_i nb}$$

式中　G_i——流体的质量流速，kg/(m^2·s)；

W——重烃质量流量，kg/s；

f_i——单层通道一米宽度上的截面积，m^2；

n——翅片组数；

b——翅片有效宽度，m。

$$G_i=\frac{3.173}{0.0038\times60\times1.2}=11.6[\text{kg}/(\text{m}^2\cdot\text{s})]$$

雷诺数：

$$Re=\frac{G_i d_e}{\mu}$$

式中　G_i——重烃侧流道的质量流速，kg/(m^2·s)；

d_e——重烃侧翅片当量直径，m；

μ——重烃的黏度，Pa·s。

$$Re=\frac{11.6\times1.56\times10^{-3}}{24.49\times10^{-6}}=738.9$$

普朗特数：

$$Pr = \frac{C\mu}{\lambda}$$

式中　μ ——流体的黏度，kg/(m·s)；

C ——流体的比热容，J/(kg·℃)；

λ ——流体的热导率，W/(m·K)。

$$Pr = \frac{1.84 \times 10^3 \times 24.49 \times 10^{-6}}{51.55 \times 10^{-3}} = 0.88$$

斯坦顿数：

$$St = \frac{j}{Pr^{2/3}}$$

式中　j——传热因子，查王松汉著《板翅式换热器》得传热因子为 0.007。

$$St = \frac{0.007}{0.88^{2/3}} = 0.0076$$

给热系数：

$$\alpha = 3600 St \times C \times G_i$$

$$\alpha = \frac{3600 \times 0.0076 \times 1.84 \times 11.6}{4.184} = 139.57[\text{kcal/(m}^2 \cdot \text{h} \cdot ℃)]$$

重烃侧的 p 值：

$$p = \sqrt{\frac{2\alpha}{\lambda\delta}}$$

式中　α ——重烃侧流体给热系数，kcal/(m² · h · ℃)；

λ ——翅片材料热导率，W/(m·K)；

δ ——翅厚，m。

$$p = \sqrt{\frac{2 \times 139.57}{165 \times 5 \times 10^{-4}}} = 58.17$$

重烃侧：

$$b = h/2$$

式中　h——重烃板侧翅高，m。

$$b = 3.25 \times 10^{-3}\,\text{m}$$

查双曲函数表可知：$\tanh(pb) = 0.145$。

重烃侧翅片一次面传热效率：

$$\eta_f = \frac{\tanh(pb)}{pb} = 0.77$$

重烃侧翅片总传热效率：

$$\eta_0 = 1 - \frac{F_2}{F_0}(1 - \eta_f) = 0.91$$

式中 F_2——天然气侧翅片二次传热面积，m^2；

F_0——天然气侧翅片总传热面积，m^2。

（4）甲烷侧板翅之间的一系列常数的计算

甲烷流道的质量流速：

$$G_i = \frac{W}{f_i nb}$$

式中 G_i——流体的质量流速，$kg/(m^2 \cdot s)$；

W——甲烷质量流量，kg/s；

f_i——单层通道一米宽度上的截面积，m^2；

n——翅片组数；

b——翅片有效宽度，m。

$$G_i = \frac{3.254}{0.00386 \times 1.2 \times 60} = 11.7[kg/(m^2 \cdot s)]$$

雷诺数：

$$Re = \frac{G_i d_e}{\mu}$$

式中 G_i——甲烷侧流道的质量流速，$kg/(m^2 \cdot s)$；

d_e——甲烷侧翅片当量直径，m；

μ——甲烷的黏度，$Pa \cdot s$。

$$Re = \frac{11.7 \times 1.56 \times 10^{-3}}{40.55 \times 10^{-6}} = 456.3$$

普朗特数：

$$Pr = \frac{C\mu}{\lambda}$$

式中 μ——流体的黏度，$kg/(m \cdot s)$；

C——流体的比热容，$J/(kg \cdot ℃)$；

λ——流体的热导率，$W/(m \cdot K)$。

$$Pr = \frac{2.2103 \times 10^3 \times 80.55 \times 10^{-6}}{113.35 \times 10^{-3}} = 1.57$$

斯坦顿数：

$$St = \frac{j}{Pr^{2/3}}$$

式中 j——传热因子，查王松汉著《板翅式换热器》得传热因子为 0.125。

$$St = \frac{0.125}{1.57^{2/3}} = 0.0925$$

给热系数：

$$\alpha = 3600 St \times C \times G_i$$

$$\alpha=\frac{3600\times0.0925\times2.2103\times11.7}{4.184}=2058.2[\text{kcal/(m}^2\cdot\text{h}\cdot℃)]$$

甲烷侧的 p 值：

$$p=\sqrt{\frac{2\alpha}{\lambda\delta}}$$

式中　α ——重烃侧流体给热系数，kcal/(m^2 • h • ℃)；

λ ——翅片材料热导率，W/(m • K)；

δ ——翅厚，m。

$$p=\sqrt{\frac{2\times2058.2}{165\times5\times10^{-4}}}=223.37$$

甲烷侧：

$$b=h_1/2$$

式中　h_1——丙烷板侧翅高，m。

$$b=3.25\times10^{-3}\text{m}$$

查双曲函数表可知：$\tanh(pb)=0.726$。

甲烷侧翅片一次面传热效率：

$$\eta_f=\frac{\tanh(pb)}{pb}=1$$

甲烷侧翅片总传热效率：

$$\eta_0=1-\frac{F_2}{F_0}(1-\eta_f)=0.92$$

7.2.2　一级板翅式换热器传热面积计算

（1）混合制冷剂侧与天然气侧换热面积的计算

以混合制冷剂侧传热面积为基准的总传热系数：

$$K_c=\frac{1}{\frac{1}{\alpha_h\eta_{0h}}\times\frac{F_{oc}}{F_{oh}}+\frac{1}{\alpha_c\eta_{0c}}}\tag{7-9}$$

式中　α_h ——天然气侧给热系数，kcal/(m^2 • h • ℃)；

η_{0h} ——天然气侧总传热效率；

η_{0c} ——混合制冷剂侧总传热效率；

F_{oc} ——混合制冷剂侧单位面积翅片的总传热面积，m^2；

F_{oh} ——天然气侧单位面积翅片的总传热面积，m^2；

α_c ——混合制冷剂侧给热系数，kcal/(m^2 • h • ℃)。

$$K_c=\frac{1}{\frac{1}{2432.32\times0.774}\times0.869+\frac{1}{1506\times0.91}}=839[\text{kcal/(m}^2\cdot\text{h}\cdot℃)]$$

以天然气侧传热面积为基准的总传热系数：

$$K_h=\frac{1}{\dfrac{1}{\alpha_h\eta_{0h}}+\dfrac{F_{oh}}{F_{oc}}\times\dfrac{1}{\alpha_c\eta_{0c}}}=\frac{1}{\dfrac{1}{2432.32\times0.774}+1.15\times\dfrac{1}{1506\times0.91}} \tag{7-10}$$

$$=730[\text{kcal/(m}^2\cdot\text{h}\cdot{}^\circ\text{C)}]$$

对数平均温差：

$$\Delta t_m=4^\circ\text{C}$$

混合制冷剂侧传热面积：

$$A=\frac{Q}{K\Delta t}=\frac{\dfrac{1092}{4.184}\times3600}{839\times4}=280(\text{m}^2)$$

经过初步计算，确定板翅式换热器的宽度为 1.5m，则混合制冷剂侧板束长度：

$$l=\frac{A}{fnb} \tag{7-11}$$

式中 f——混合制冷剂侧单位面积翅片的总传热面积，m²；

n——流道数，根据初步计算，每组流道数为 5；

b——板翅式换热器宽度，m。

$$l=\frac{280}{9.86\times5\times1.5}=3.8(\text{m})$$

天然气侧传热面积：

$$A=\frac{Q}{K\Delta t}=\frac{\dfrac{1092}{4.184}\times3600}{730\times4}=322(\text{m}^2)$$

天然气侧板束长度：

$$l=\frac{A}{fnb}=\frac{322}{9.86\times5\times1.5}=4.35(\text{m})$$

（2）混合制冷剂侧与甲烷侧换热面积的计算

以混合制冷剂侧传热面积为基准的总传热系数：

$$K_c=\frac{1}{\dfrac{1}{\alpha_h\eta_{0h}}\times\dfrac{F_{oc}}{F_{oh}}+\dfrac{1}{\alpha_c\eta_{0c}}}$$

式中 α_h——甲烷侧给热系数，kcal/(m²·h·℃)；

η_{0h}——甲烷侧总传热效率；

η_{0c}——混合制冷剂侧总传热效率；

F_{oc}——混合制冷剂侧单位面积翅片的总传热面积，m²；

F_{oh}——甲烷侧单位面积翅片的总传热面积，m²；

α_c——混合制冷剂侧给热系数，kcal/(m²·h·℃)。

$$K_c=\frac{1}{\frac{1}{1506\times0.9}\times1.15+\frac{1}{2060\times0.92}}=726.7[\mathrm{kcal/(m^2\cdot h\cdot ℃)}]$$

以甲烷侧传热面积为基准的总传热系数：

$$K_h=\frac{1}{\frac{1}{\alpha_h\eta_{0h}}+\frac{F_{oh}}{F_{oc}}\times\frac{1}{\alpha_c\eta_{0c}}}=\frac{1}{\frac{1}{1506\times0.9}+\frac{1}{1.15}\times\frac{1}{2060\times0.92}}=835.69[\mathrm{kcal/(m^2\cdot h\cdot ℃)}]$$

对数平均温差：

$$\Delta t_m=4℃$$

混合制冷剂侧传热面积：

$$A=\frac{Q}{K\Delta t}=\frac{\frac{1092}{4.184}\times3600}{726.7\times4}=323.23(\mathrm{m^2})$$

经过初步计算，确定板翅式换热器的宽度为 1.5m，则混合制冷剂侧板束长度：

$$l=\frac{A}{fnb}$$

式中 f——混合制冷剂侧单位面积翅片的总传热面积，$\mathrm{m^2}$；

n——流道数，根据初步计算，每组流道数为 5；

b——板翅式换热器宽度，m。

$$l=\frac{323.23}{9.86\times5\times1.5}=4.37(\mathrm{m})$$

甲烷侧传热面积：

$$A=\frac{Q}{K\Delta t}=\frac{\frac{1092}{4.184}\times3600}{835.69\times4}=281.08(\mathrm{m^2})$$

甲烷侧板束长度：

$$l=\frac{A}{fnb}=\frac{281.08}{9.86\times5\times1.5}=3.8(\mathrm{m})$$

（3）混合制冷剂侧与节流侧（丁烷-异丁烷侧）换热面积的计算

以混合制冷剂侧传热面积为基准的总传热系数：

$$K_c=\frac{1}{\frac{1}{\alpha_h\eta_{0h}}\times\frac{F_{oc}}{F_{oh}}+\frac{1}{\alpha_c\eta_{0c}}}$$

式中 α_h——丁烷-异丁烷侧给热系数，$\mathrm{kcal/(m^2\cdot h\cdot ℃)}$；

η_{0h}——丁烷-异丁烷侧总传热效率；

η_{0c}——混合制冷剂侧总传热效率；

F_{oc}——混合制冷剂侧单位面积翅片的总传热面积，$\mathrm{m^2}$；

F_{oh} ——丁烷-异丁烷侧单位面积翅片的总传热面积，m²；

α_c ——混合制冷剂侧给热系数，kcal/(m² • h • ℃)；

$$K_c = \frac{1}{\frac{1}{1506\times0.91}\times1.15+\frac{1}{2060\times0.92}} = 731.64[\text{kcal/(m}^2\cdot\text{h}\cdot{}^\circ\text{C)}]$$

以丁烷-异丁烷侧传热面积为基准的总传热系数：

$$K_h = \frac{1}{\frac{1}{\alpha_h\eta_{0h}}+\frac{F_{oh}}{F_{oc}}\times\frac{1}{\alpha_c\eta_{0c}}} = \frac{1}{\frac{1}{1506\times0.91}+\frac{1}{1.15}\times\frac{1}{2060\times0.92}} = 841.4[\text{kcal/(m}^2\cdot\text{h}\cdot{}^\circ\text{C)}]$$

对数平均温差：

$$\Delta t_m = 4^\circ\text{C}$$

混合制冷剂侧传热面积：

$$A = \frac{Q}{K\Delta t} = \frac{\frac{1092}{4.184}\times3600}{731.64\times4} = 321.05(\text{m}^2)$$

经过初步计算，确定板翅式换热器的宽度为 1.5m，则混合制冷剂侧板束长度：

$$l = \frac{A}{fnb}$$

式中 f——混合制冷剂侧单位面积翅片的总传热面积，m²；

n——流道数，根据初步计算，每组流道数为 5；

b——板翅式换热器宽度，m。

$$l = \frac{321.05}{9.86\times5\times1.5} = 4.34(\text{m})$$

丁烷-异丁烷侧传热面积：

$$A = \frac{Q}{K\Delta t} = \frac{\frac{1092}{4.184}\times3600}{841.4\times4} = 279.2(\text{m}^2)$$

丁烷-异丁烷侧板束长度：

$$l = \frac{A}{fnb} = \frac{279.2}{9.86\times5\times1.5} = 3.78(\text{m})$$

（4）混合制冷剂侧与丙烷侧换热面积的计算

以混合制冷剂侧传热面积为基准的总传热系数：

$$K_c = \frac{1}{\frac{1}{\alpha_h\eta_{0h}}\times\frac{F_{oc}}{F_{oh}}+\frac{1}{\alpha_c\eta_{0c}}}$$

式中 α_h ——丙烷侧给热系数，kcal/(m² • h • ℃)；

η_{0h} ——丙烷侧总传热效率；

η_{0c} ——混合制冷剂侧总传热效率；

F_{oc} ——混合制冷剂侧单位面积翅片的总传热面积，m^2；

F_{oh} ——丙烷侧单位面积翅片的总传热面积，m^2；

α_c ——混合制冷剂侧给热系数，kcal/(m^2 • h • ℃)。

$$K_c = \frac{1}{\frac{1}{1506 \times 0.91} \times 1.15 + \frac{1}{2060 \times 0.92}} = 731.64[\text{kcal/(m}^2 \cdot \text{h} \cdot ℃)]$$

以丙烷侧传热面积为基准的总传热系数：

$$K_h = \frac{1}{\frac{1}{\alpha_h \eta_{0h}} + \frac{F_{oh}}{F_{oc}} \times \frac{1}{\alpha_c \eta_{0c}}} = \frac{1}{\frac{1}{1506 \times 0.91} + \frac{1}{1.15} \times \frac{1}{2060 \times 0.92}} = 841.4[\text{kcal/(m}^2 \cdot \text{h} \cdot ℃)]$$

对数平均温差：

$$\Delta t_m = 4℃$$

混合制冷剂侧传热面积：

$$A = \frac{Q}{K\Delta t} = \frac{\frac{1092}{4.184} \times 3600}{731.64 \times 4} = 321.05(\text{m}^2)$$

经过初步计算，确定板翅式换热器的宽度为 1.5m，则混合制冷剂侧板束长度为：

$$l = \frac{A}{fnb}$$

式中　f ——混合制冷剂侧单位面积翅片的总传热面积，m^2；

n ——流道数，根据初步计算，每组流道数为 5；

b ——板翅式换热器宽度，m。

$$l = \frac{321.05}{9.86 \times 5 \times 1.5} = 4.34(\text{m})$$

丙烷侧传热面积：

$$A = \frac{Q}{K\Delta t} = \frac{\frac{1092}{4.184} \times 3600}{841.4 \times 4} = 279.2(\text{m}^2)$$

丙烷侧板束长度：

$$l = \frac{A}{fnb} = \frac{279.2}{9.86 \times 5 \times 1.5} = 3.78(\text{m})$$

综上所述，一级换热器板束长度为 4.5m。

7.2.3　一级换热器压力损失计算

（1）换热器中心入口的压力损失

换热器中心入口的压力损失即导流片的出口到换热器中心的截面积变化引起的压力降。

计算公式如下：

$$\Delta p_1=\frac{G^2}{2g_c\rho_1}(1-\sigma^2)+K_c\frac{G^2}{2g_c\rho_1} \tag{7-12}$$

式中 Δp_1 ——入口处压力降，Pa；

G ——流体在板束中的质量流量，kg/(m^2 • s)；

g_c ——重力换算系数，为 1.27×10^8；

ρ_1 ——流体入口密度，kg/m^3；

σ ——板束通道截面积与集气管最大截面积之比；

K_c ——收缩阻力系数。

（2）换热器中心出口的压力损失

换热器中心出口的压力损失即由换热器中心部分到导流片入口截面积发生变化引起的压力降。计算公式如下：

$$\Delta p_2=\frac{G^2}{2g_c\rho_2}(1-\sigma^2)-K_e\frac{G^2}{2g_c\rho_2} \tag{7-13}$$

式中 Δp_2 ——出口处压升，Pa；

ρ_2 ——流体出口密度，kg/m^3；

K_e ——扩大阻力系数。

（3）换热器中心部分的压力损失

换热器中心部分的压力降主要由传热面形状改变产生的阻力和摩擦阻力组成，将这两部分阻力综合考虑，可以看作是作用于总摩擦面积 A 上的等效剪切力。即换热器中心部分压力降可用以下公式计算：

$$\Delta p_3=\frac{4fl}{D_e}\times\frac{G^2}{2g_c\rho_{av}} \tag{7-14}$$

式中 Δp_3 ——换热器中心部分压力降，Pa；

f——摩擦系数；

l——换热器中心部分长度，m；

D_e ——翅片当量直径，m；

ρ_{av} ——进出口流体平均密度，kg/m^3。

流体经过板翅式换热器的总压力降：

$$\Delta p=\frac{G^2}{2g_c\rho_1}\left[(K_c+1-\sigma^2)+2\left(\frac{\rho_1}{\rho_2}-1\right)+\frac{4fl}{D_e}\times\frac{\rho_1}{\rho_{av}}-(1-\sigma^2-K_e)\frac{\rho_1}{\rho_2}\right] \tag{7-15}$$

$$\sigma=\frac{f_a}{A_{fa}}$$

$$f_a=\frac{x(L-\delta)L_w n}{x+\delta}$$

$$A_{fa}=(L+\delta_s)L_w N_t$$

式中 δ_s ——板翅式换热器翅片隔板厚度，m；

L ——翅片高度，m；

L_w ——有效宽度，m；

N_t ——冷热交换总层数。

（4）天然气侧压力损失的计算

$$\Delta p=\frac{G^2}{2g_c\rho_1}\left[(K_c+1-\sigma^2)+2\left(\frac{\rho_1}{\rho_2}-1\right)+\frac{4fl}{D_e}\times\frac{\rho_1}{\rho_{av}}-(1-\sigma^2-K_e)\frac{\rho_1}{\rho_2}\right]$$

$$f_a=\frac{x(L-\delta)L_w n}{x+\delta}=\frac{(1.7-0.3)\times10^{-3}\times(6.5-0.3)\times10^{-3}\times3\times5}{1.7\times10^{-3}}=0.077(\text{m}^2)$$

$$A_{fa}=(L-\delta_s)L_w N_t=(6.5+1.7)\times10^{-3}\times3\times10=0.246(\text{m}^2)$$

$$\sigma=\frac{f_a}{A_{fa}}=0.313\text{；}\ K_c=0.49\text{；}\ K_e=0.44$$

$$\Delta p=\frac{(28.54\times3600)^2}{2\times1.27\times10^8\times25.985}\times\left[(0.49+1-0.313^2)+2\times\left(\frac{25.985}{36.524}-1\right)+\frac{4\times0.012\times5.1}{2.28\times10^{-3}}\times\frac{25.985}{47.064}-\right.$$

$$\left.(1-0.313^2-0.44)\times\frac{41.64}{36.524}\right]=95.25(\text{Pa})$$

（5）节流侧压力损失的计算

$$\Delta p=\frac{G^2}{2g_c\rho_1}\left[(K_c+1-\sigma^2)+2\left(\frac{\rho_1}{\rho_2}-1\right)+\frac{4fl}{D_e}\times\frac{\rho_1}{\rho_{av}}-(1-\sigma^2-K_e)\frac{\rho_1}{\rho_2}\right]$$

$$f_a=\frac{x(L-\delta)L_w n}{x+\delta}=\frac{(4.2-0.6)\times10^{-3}\times(12-0.6)\times10^{-3}\times3\times5}{4.2\times10^{-3}}=0.146(\text{m}^2)$$

$$A_{fa}=(L+\delta_s)L_w N_t=(12+2)\times10^{-3}\times3\times10=0.42(\text{m}^2)$$

$$\sigma=\frac{f_a}{A_{fa}}=0.35\text{；}\ K_c=1.14\text{；}\ K_e=0.14$$

$$\Delta p=\frac{(11.59\times3600)^2}{2\times1.27\times10^8\times597.03}\times\left[(1.14+1-0.35^2)+2\times\left(\frac{597.03}{299.63}-1\right)+\frac{4\times0.019\times5.1}{5.47\times10^{-3}}\times\frac{597.03}{1.5838}-\right.$$

$$\left.(1-0.35^2-0.14)\times\frac{597.03}{1.5938}\right]=2731.6(\text{Pa})$$

（6）重烃侧压力损失的计算

$$\Delta p=\frac{G^2}{2g_c\rho_1}\left[(K_c+1-\sigma^2)+2\left(\frac{\rho_1}{\rho_2}-1\right)+\frac{4fl}{D_e}\times\frac{\rho_1}{\rho_{av}}-(1-\sigma^2-K_e)\frac{\rho_1}{\rho_2}\right]$$

$$f_a=\frac{x(L-\delta)L_w n}{x+\delta}=\frac{(2-0.3)\times10^{-3}\times(4.7-0.3)\times10^{-3}\times3\times5}{2\times10^{-3}}=0.0561(\text{m}^2)$$

$$A_{fa}=(L+\delta_s)L_w N_t=(4.7+2)\times10^{-3}\times3\times10=0.201(\text{m}^2)$$

$$\sigma=\frac{f_a}{A_{fa}}=0.279;\quad K_c=1.12;\quad K_e=0.07$$

$$\Delta p=\frac{(11.59\times3600)^2}{2\times1.27\times10^8\times517.66}\times\left[(1.12+1-0.279^2)+2\times\left(\frac{517.66}{550.23}-1\right)+\frac{4\times0.027\times5.1}{2.45\times10^{-3}}\times\frac{517.66}{596.98}-(1-0.279^2-0.07)\times\frac{517.66}{592.74}\right]=2.6(\text{Pa})$$

（7）甲烷侧压力损失的计算

$$\Delta p=\frac{G^2}{2g_c\rho_1}\left[(K_c+1-\sigma^2)+2\left(\frac{\rho_1}{\rho_2}-1\right)+\frac{4fl}{D_e}\times\frac{\rho_1}{\rho_{av}}-(1-\sigma^2-K_e)\frac{\rho_1}{\rho_2}\right]$$

$$f_a=\frac{x(L-\delta)L_w n}{x+\delta}=\frac{(1.7-0.2)\times10^{-3}\times(9.5-0.2)\times10^{-3}\times3\times5}{1.7\times10^{-3}}=0.123(\text{m}^2)$$

$$A_{fa}=(L+\delta_s)L_w N_t=(9.5+2)\times10^{-3}\times3\times10=0.345(\text{m}^2)$$

$$\sigma=\frac{f_a}{A_{fa}}=0.357;\quad K_c=0.46;\quad K_e=0.41$$

$$\Delta p=\frac{(11.7\times3600)^2}{2\times1.27\times10^8\times0.708}\times\left[(0.46+1-0.357^2)+2\times\left(\frac{0.708}{0.622}-1\right)+\frac{4\times0.09\times5.1}{2.58\times10^{-3}}\times\frac{0.708}{0.499}-(1-0.357^2-0.41)\times\frac{0.708}{0.499}\right]=9931(\text{Pa})$$

通过前面的计算可以看出，各制冷剂和天然气在翅片内流动时，如果不考虑相变，则通过板翅式换热器时压力损失很少，对于高压板侧的流动，这些压力降可看作是流体静压的波动减少量，对流体的动压没影响，所以流体在板束中的流动速度不需要校正。但是，如果考虑相变的话，流体压力损失比较大，这部分压力损失还得考虑，否则这部分压力损失将对板侧的流动速度产生较大影响，所以还得重新校核流速，使其符合流体相变的速度变化规律。

7.2.4 二级换热器流体参数计算（单层通道)

（1）天然气侧板翅之间的一系列常数的计算

各股流道的质量流速：

$$G_i=\frac{W}{f_i nb}$$

式中 G_i ——天然气侧流道的质量流速，kg/(m^2 · s)；

W ——各股流体的质量流量，kg/s；

f_i ——单层通道一米宽度上的截面积，m^2；

n ——翅片组数；

b ——翅片有效宽度，m。

$$G_i = \frac{6.898}{3.86 \times 10^{-3} \times 30 \times 1.2} = 49.6[\text{kg}/(\text{m}^2 \cdot \text{s})]$$

雷诺数：

$$Re = \frac{G_i d_e}{\mu}$$

式中 G_i ——流体的质量流速，kg/(m^2 • s)；

d_e ——当量直径，m；

μ ——流体的黏度，kg/(m • s)。

$$Re = \frac{49.6 \times 1.56 \times 10^{-3}}{1.9 \times 10^{-6}} = 40724.2$$

普朗特数：

$$Pr = \frac{C\mu}{\lambda}$$

式中 μ ——流体的黏度，kg/(m • s)；

C ——流体的比热容，J/(kg • s)；

λ ——流体的热导率，W/(m • K)。

$$Pr = \frac{6.36 \times 10^3 \times 1.9 \times 10^{-6}}{55.61 \times 10^{-3}} = 0.217$$

斯坦顿数：

$$St = \frac{j}{Pr^{2/3}}$$

式中 j——传热因子，查王松汉著《板翅式换热器》得传热因子为0.006。

$$St = \frac{0.006}{0.217^{2/3}} = 0.017$$

给热系数：

$$\alpha = 3600 St \times C \times G_i$$

$$\alpha = \frac{3600 \times 0.017 \times 6.36 \times 49.6}{4.184} = 4614.22[\text{kcal}/(\text{m}^2 \cdot \text{h} \cdot ℃)]$$

天然气侧的 p 值：

$$p = \sqrt{\frac{2\alpha}{\lambda\delta}}$$

式中 α——天然气侧流体给热系数，kcal/(m^2 • h • ℃)；

λ——翅片材料热导率，W/(m • K)；

δ——翅厚，m。

$$p = \sqrt{\frac{2 \times 4614.22}{165 \times 5 \times 10^{-4}}} = 334.45$$

天然气侧：

$$b = h/2$$

式中　h——天然气板侧翅高，m。

$$b = 3.25 \times 10^{-3}\,\text{m}$$

查双曲函数表可知：$\tanh(pb) = 0.5784$。

天然气侧翅片一次面传热效率：

$$\eta_f = \frac{\tanh(pb)}{pb} = 0.53$$

天然气侧翅片总传热效率：

$$\eta_0 = 1 - \frac{F_2}{F_0}(1 - \eta_f) = 0.9$$

式中　F_2——天然气侧翅片二次传热面积，m^2；

　　F_0——天然气侧翅片总传热面积，m^2。

（2）乙烷侧板翅之间的一系列常数的计算

各股流道的质量流速：

$$G_i = \frac{W}{f_i n b}$$

式中　G_i——乙烷侧流道的质量流速，$\text{kg}/(\text{m}^2 \cdot \text{s})$；

　　W——各股流体的质量流量，kg/s；

　　f_i——单层通道一米宽度上的截面积，m^2；

　　n——翅片组数；

　　b——翅片有效宽度，m。

$$G_i = \frac{1.0347}{0.004505 \times 30 \times 1.2} = 6.38[\text{kg}/(\text{m}^2 \cdot \text{s})]$$

雷诺数：

$$Re = \frac{G_i d_e}{\mu}$$

式中　G_i——乙烷侧流道的质量流速，$\text{kg}/(\text{m}^2 \cdot \text{s})$；

　　d_e——乙烷侧翅片当量直径，m；

　　μ——乙烷的黏度，$\text{kg}/(\text{m} \cdot \text{s})$。

$$Re = \frac{6.38 \times 1.56 \times 10^{-3}}{12.4 \times 10^{-6}} = 802.65$$

普朗特数：

$$Pr = \frac{C\mu}{\lambda}$$

式中　μ——流体的黏度，$\text{kg}/(\text{m} \cdot \text{s})$；

C——流体的比热容，J/(kg • s)；

λ——流体的热导率，W/(m • K)。

$$Pr = \frac{2.64\times10^3 \times 12.4\times10^{-6}}{14.77\times10^{-3}} = 2.22$$

斯坦顿数：

$$St = \frac{j}{Pr^{2/3}}$$

式中　j——传热因子，查王松汉著《板翅式换热器》得传热因子为 0.006。

$$St = \frac{0.006}{2.22^{2/3}} = 0.0035$$

给热系数：

$$\alpha = 3600St \times C \times G_i$$

$$\alpha = \frac{3600\times0.0035\times2.64\times6.38}{4.184} = 50.72[\text{kcal/(m}^2 \cdot \text{h} \cdot ℃)]$$

乙烷侧的 p 值：

$$p = \sqrt{\frac{2\alpha}{\lambda\delta}}$$

式中　α——乙烷侧流体给热系数，kcal/(m^2 • h • ℃)；

λ——翅片材料热导率，W/(m • K)；

δ——翅厚，m。

$$p = \sqrt{\frac{2\times50.72}{155\times1.56\times10^{-4}}} = 64.77$$

乙烷侧：

$$b = h/2$$

$$b = 3.25\times10^{-3}\text{m}$$

查双曲函数表可知：$\tanh(pb) = 0.178$。

乙烷侧翅片一次面传热效率：

$$\eta_{\text{f}} = \frac{\tanh(pb)}{pb} = 0.85$$

乙烷侧翅片总传热效率：

$$\eta_0 = 1 - \frac{F_2}{F_0}(1-\eta_{\text{f}}) = 0.98$$

式中　F_2——乙烷侧二次传热面积，m^2；

F_0——乙烷侧总传热面积，m^2。

（3）节流侧板翅之间的一系列常数的计算

各股流道的质量流速：

$$G_i = \frac{W}{f_i nb}$$

式中　G_i——节流侧流道的质量流速，kg/(m^2·s)；

W——各股流体的质量流量，kg/s；

f_i——单层通道一米宽度上的截面积，m^2；

n——翅片组数；

b——翅片有效宽度，m。

$$G_i=\frac{1.0347}{0.00437\times 30\times 1.2}=6.58[\text{kg/(m}^2\cdot\text{s)}]$$

雷诺数：

$$Re=\frac{G_i d_e}{\mu}$$

式中　G_i——流道的质量流速，kg/(m^2·s)；

d_e——当量直径，m；

μ——流体的黏度，kg/(m·s)。

$$Re=\frac{6.58\times 1.56\times 10^{-3}}{69\times 10^{-6}}=148.77$$

普朗特数：

$$Pr=\frac{C\mu}{\lambda}$$

式中　μ——流体的黏度，kg/(m·s)；

C——流体的比热容，J/(kg·s)；

λ——流体的热导率，W/(m·K)。

$$Pr=\frac{1.5088\times 10^3\times 69\times 10^{-6}}{124\times 10^{-3}}=0.84$$

斯坦顿数：

$$St=\frac{j}{Pr^{2/3}}$$

式中　j——传热因子，查王松汉著《板翅式换热器》得传热因子为 0.008。

$$St=\frac{0.008}{0.84^{2/3}}=0.009$$

给热系数：

$$\alpha=3600St\times C\times G_i$$

$$\alpha=\frac{3600\times 0.009\times 1.5088\times 6.58}{4.184}=76.88[\text{kcal/(m}^2\cdot\text{h}\cdot℃)]$$

节流侧的 p 值：

$$p=\sqrt{\frac{2\alpha}{\lambda\delta}}$$

式中　α——节流侧流体给热系数，kcal/(m^2·h·℃)；

λ——翅片材料热导率，W/(m·K)；

δ——翅厚，m。

$$p=\sqrt{\frac{2\times76.88}{155\times1.56\times10^{-4}}}=79.74$$

节流侧：

$$b=h/2$$

式中　h——节流侧翅高，m。

$$b=3.25\times10^{-3}\,\text{m}$$

查双曲函数表可知：$\tanh(pb)=0.6696$。

节流侧翅片一次面传热效率：

$$\eta_\text{f}=\frac{\tanh(pb)}{pb}=0.26$$

节流侧翅片总传热效率：

$$\eta_0=1-\frac{F_2}{F_0}(1-\eta_\text{f})=0.85$$

式中　F_2——节流侧二次传热面积，m^2；

F_0——节流侧总传热面积，m^2。

(4) 甲烷侧板翅之间的一系列常数的计算

各股流道的质量流速：

$$G_i=\frac{W}{f_i nb}$$

式中　G_i——甲烷侧流道的质量流速，kg/(m^2·s)；

W——各股流体的质量流量，kg/s；

f_i——单层通道一米宽度上的截面积，m^2；

n——翅片组数；

b——翅片有效宽度，m。

$$G_i=\frac{3.254}{0.00386\times30\times1.2}=23.42[\text{kg}/(\text{m}^2\cdot\text{s})]$$

$$Re=\frac{G_i d_\text{e}}{\mu}$$

式中　G_i——甲烷侧流道的质量流速，kg/(m^2·s)；

d_e——甲烷侧翅片当量直径，m；

μ——甲烷的黏度，kg/(m·s)。

$$Re=\frac{23.42\times1.56\times10^{-3}}{8.315\times10^{-6}}=4393.89$$

普朗特数：

$$Pr=\frac{C\mu}{\lambda}$$

式中　μ ——流体的黏度，kg/(m・s)；

C ——流体的比热容，J/(kg・s)；

λ ——流体的热导率，W/(m・K)。

$$Pr=\frac{2.13\times10^{3}\times8.315\times10^{-6}}{23.8\times10^{-3}}=0.744$$

斯坦顿数：

$$St=\frac{j}{Pr^{2/3}}$$

式中　j——传热因子，查王松汉著《板翅式换热器》得传热因子为 0.0038。

$$St=\frac{0.0038}{0.744^{2/3}}=0.00463$$

给热系数：

$$\alpha=3600St\times C\times G_i$$

$$\alpha=\frac{3600\times0.00463\times2.13\times23.42}{4.184}=199[\mathrm{kcal/(m^2\cdot h\cdot ℃)}]$$

甲烷侧的 p 值：

$$p=\sqrt{\frac{2\alpha}{\lambda\delta}}$$

式中　α——甲烷侧流体给热系数，kcal/(m^2・h・℃)；

λ——翅片材料热导率，W/(m・K)；

δ——翅厚，m。

$$p=\sqrt{\frac{2\times199}{155\times0.5\times10^{-4}}}=113$$

甲烷侧：

$$b=h/2$$

式中　h——甲烷板侧翅高，m。

$$b=3.26\times10^{-3}\,\mathrm{m}$$

查双曲函数表可知：$\tanh(pb)=0.9727$。

$$\eta=\frac{\tanh(pb)}{pb}=2.64$$

7.2.5　二级板翅式换热器传热面积计算

（1）混合制冷剂侧与天然气侧换热面积的计算

以混合制冷剂侧传热面积为基准的总传热系数：

$$K_c=\frac{1}{\frac{1}{\alpha_h\eta_{0h}}\times\frac{F_{oc}}{F_{oh}}+\frac{1}{\alpha_c\eta_{0c}}}$$

式中　α_h——天然气侧给热系数，kcal/(m² • h • ℃)；

η_{0h}——天然气侧总传热效率；

η_{0c}——混合制冷剂侧总传热效率；

F_{oc}——混合制冷剂侧单位面积翅片的总传热面积，m²；

F_{oh}——天然气侧单位面积翅片的总传热面积，m²；

α_c——混合制冷剂侧给热系数，kcal/(m² • h • ℃)。

$$K_c=\frac{1}{\frac{1}{1709\times0.9}\times1.15+\frac{1}{724.6\times0.98}}=464[\text{kcal/(m}^2\cdot\text{h}\cdot℃)]$$

以天然气侧传热面积为基准的总传热系数：

$$K_h=\frac{1}{\frac{1}{\alpha_h\eta_{0h}}+\frac{F_{oh}}{F_{oc}}\times\frac{1}{\alpha_c\eta_{0c}}}=\frac{1}{\frac{1}{1709\times0.9}+\frac{1}{1.15}\times\frac{1}{724.6\times0.98}}=533[\text{kcal/(m}^2\cdot\text{h}\cdot℃)]$$

对数平均温差：

$$\Delta t_m=4℃$$

混合制冷剂侧传热面积：

$$A=\frac{Q}{K\Delta t}=\frac{\frac{592.85}{4.184}\times3600}{464\times4}=275(\text{m}^2)$$

经过初步计算，确定板翅式换热器的宽度为 1.2m，则混合制冷剂侧板束长度：

$$l=\frac{A}{fnb}$$

式中　f——混合制冷剂侧单位面积翅片的总传热面积，m²；

n——流道数，根据初步计算，每组流道数为 3；

b——板翅式换热器宽度，m。

$$l=\frac{275}{9.86\times3\times1.2}=7.7(\text{m})$$

天然气侧传热面积：

$$A=\frac{Q}{K\Delta t}=\frac{\frac{592.85}{4.184}\times3600}{533\times4}=239(\text{m}^2)$$

天然气侧板束长度：

$$l=\frac{A}{fnb}=\frac{239}{9.86\times10\times1.2}=2.02(\text{m})$$

（2）混合制冷剂侧与乙烷侧换热面积的计算

以混合制冷剂侧传热面积为基准的总传热系数：

$$K_c = \frac{1}{\dfrac{1}{\alpha_h \eta_{0h}} \times \dfrac{F_{oc}}{F_{oh}} + \dfrac{1}{\alpha_c \eta_{0c}}}$$

式中 α_h ——天然气侧给热系数，kcal/(m^2 • h • ℃)；

η_{0h} ——天然气侧总传热效率；

F_{oc} ——乙烷制冷剂侧单位面积翅片的总传热面积，m^2；

F_{oh} ——天然气侧单位面积翅片的总传热面积，m^2；

α_c ——乙烷制冷剂侧给热系数，kcal/(m^2 • h • ℃)；

η_{0c} ——乙烷制冷剂侧总传热效率。

$$K_c = \frac{1}{\dfrac{1}{764.3 \times 0.83} \times 1.15 + \dfrac{1}{724.6 \times 0.85}} = 291[\text{kcal/(m}^2 \cdot \text{h} \cdot ℃)]$$

以乙烷侧传热面积为基准的总传热系数：

$$K_h = \frac{1}{\dfrac{1}{\alpha_h \eta_{0h}} + \dfrac{F_{oh}}{F_{oc}} \times \dfrac{1}{\alpha_c \eta_{0c}}} = \frac{1}{\dfrac{1}{764.3 \times 0.83} + \dfrac{1}{1.15} \times \dfrac{1}{724.6 \times 0.85}} = 335[\text{kcal/(m}^2 \cdot \text{h} \cdot ℃)]$$

对数平均温差：

$$\Delta t_m = 4℃$$

混合制冷剂侧传热面积：

$$A = \frac{Q}{K\Delta t} = \frac{\dfrac{592.85}{4.184} \times 3600}{291 \times 4} = 438(\text{m}^2)$$

经过初步计算，确定板翅式换热器的宽度为 1.2m，则混合制冷剂侧板束长度：

$$l = \frac{A}{fnb}$$

式中 f——混合制冷剂侧单位面积翅片的总传热面积，m^2；

n——流道数，根据初步计算，每组流道数为 3；

b——板翅式换热器宽度，m。

$$l = \frac{438}{9.86 \times 3 \times 1.2} = 12.3(\text{m})$$

乙烷侧传热面积：

$$A = \frac{Q}{K\Delta t} = \frac{\dfrac{592.8}{4.184} \times 3600}{335 \times 4} = 380.6(\text{m}^2)$$

乙烷侧板束长度：

$$l = \frac{A}{fnb} = \frac{380.6}{9.86 \times 3 \times 1.2} = 10.7(\text{m})$$

（3）混合制冷剂侧与节流侧换热面积的计算

以混合制冷剂侧传热面积为基准的总传热系数：

$$K_c = \frac{1}{\dfrac{1}{\alpha_h \eta_{0h}} \times \dfrac{F_{oc}}{F_{oh}} + \dfrac{1}{\alpha_c \eta_{0c}}}$$

式中　α_h——天然气侧给热系数，kcal/(m^2·h·℃)；

η_{0h}——天然气侧总传热效率；

F_{oc}——节流侧单位面积翅片的总传热面积，m^2；

F_{oh}——天然气侧单位面积翅片的总传热面积，m^2；

α_c——节流侧给热系数，kcal/(m^2·h·℃)；

η_{0c}——节流侧总传热效率。

$$K_c = \frac{1}{\dfrac{1}{724.6 \times 0.98} \times 1.15 + \dfrac{1}{764.3 \times 0.85}} = 317[\text{kcal/(m}^2 \cdot \text{h} \cdot ℃)]$$

以节流侧传热面积为基准的总传热系数：

$$K_h = \frac{1}{\dfrac{1}{\alpha_h \eta_{0h}} + \dfrac{F_{oh}}{F_{oc}} \times \dfrac{1}{\alpha_c \eta_{0c}}} = \frac{1}{\dfrac{1}{724.6 \times 0.98} + \dfrac{1}{1.15} \times \dfrac{1}{764.3 \times 0.85}} = 364[\text{kcal/(m}^2 \cdot \text{h} \cdot ℃)]$$

对数平均温差：

$$\Delta t_m = 4℃$$

混合制冷剂侧传热面积：

$$A = \frac{Q}{K\Delta t} = \frac{\dfrac{592.8}{4.184} \times 3600}{317 \times 4} = 402(\text{m}^2)$$

经过初步计算，确定板翅式换热器的宽度为 1.2m，则混合制冷剂侧板束长度：

$$l = \frac{A}{fnb}$$

式中　f——混合制冷剂侧单位面积翅片的总传热面积，m^2；

n——流道数，根据初步计算，每组流道数为 5；

b——板翅式换热器宽度，m。

$$l = \frac{402}{9.86 \times 5 \times 1.2} = 6.8(\text{m})$$

节流侧传热面积：

$$A = \frac{Q}{K\Delta t} = \frac{\dfrac{592.8}{4.184} \times 3600}{364 \times 4} = 350(\text{m}^2)$$

节流侧板束长度：

$$l = \frac{A}{fnb} = \frac{350}{6.1 \times 5 \times 1.2} = 9.6(\text{m})$$

综上所述，二级换热器板束长度为 13m。

7.2.6 二级换热器压力损失计算

（1）天然气侧压力损失的计算

$$\Delta p=\frac{G^2}{2g_c\rho_1}\left[(K_c+1-\sigma^2)+2\left(\frac{\rho_1}{\rho_2}-1\right)+\frac{4fl}{D_e}\times\frac{\rho_1}{\rho_{av}}-(1-\sigma^2-K_e)\frac{\rho_1}{\rho_2}\right]$$

$$f_a=\frac{x(L-\delta)L_w n}{x+\delta}=\frac{(6-4)\times10^{-3}\times(6.5-0.5)\times10^{-3}\times3\times10}{1.2\times10^{-3}}=0.3(\mathrm{m}^2)$$

$$A_{fa}=(L+\delta_s)L_w N_t=(6.5+1.2)\times10^{-3}\times3\times15=0.3465(\mathrm{m}^2)$$

$$\sigma=\frac{f_a}{A_{fa}}=0.87\text{；}\quad K_c=1.13\text{；}\quad K_e=0.05$$

$$\Delta p=\frac{(97.8\times3600)^2}{2\times1.27\times10^8\times50.794}\times\left[(1.13+1-0.87^2)+2\times\left(\frac{50.794}{322.4}-1\right)+\frac{4\times0.015\times7.2}{2.28\times10^{-3}}\times\frac{50.794}{322.4}-(1-0.87^2-0.05)\times\frac{50.794}{322.4}\right]=284(\mathrm{Pa})$$

（2）乙烷侧压力损失的计算

$$\Delta p=\frac{G^2}{2g_c\rho_1}\left[(K_c+1-\sigma^2)+2\left(\frac{\rho_1}{\rho_2}-1\right)+\frac{4fl}{D_e}\times\frac{\rho_1}{\rho_{av}}-(1-\sigma^2-K_e)\frac{\rho_1}{\rho_2}\right]$$

$$f_a=\frac{x(L-\delta)L_w n}{x+\delta}=\frac{(3-2.3)\times10^{-3}\times(6.5-0.5)\times10^{-3}\times3\times5}{2.0\times10^{-3}}=0.0315(\mathrm{m}^2)$$

$$A_{fa}=(L+\delta_s)L_w N_t=(6.5+0.5)\times10^{-3}\times3\times10=0.21(\mathrm{m}^2)$$

$$\sigma=\frac{f_a}{A_{fa}}=0.15\text{；}\quad K_c=1.14\text{；}\quad K_e=0.2$$

$$\Delta p=\frac{(302.5\times3600)^2}{2\times1.27\times10^8\times457.51}\times\left[(1.14+1-0.15^2)+2\times\left(\frac{457.51}{592.29}-1\right)+\frac{4\times0.04\times7.2}{2.45\times10^{-3}}\times\frac{457.51}{592.29}-(1-0.15^2-0.2)\times\frac{457.51}{592.29}\right]=3717(\mathrm{Pa})$$

（3）混合制冷剂侧压力损失的计算

$$\Delta p=\frac{G^2}{2g_c\rho_1}\left[(K_c+1-\sigma^2)+2\left(\frac{\rho_1}{\rho_2}-1\right)+\frac{4fl}{D_e}\times\frac{\rho_1}{\rho_{av}}-(1-\sigma^2-K_e)\frac{\rho_1}{\rho_2}\right]$$

$$f_a=\frac{x(L-\delta)L_w n}{x+\delta}=\frac{(6-1.2)\times10^{-3}\times(6.5-0.5)\times10^{-3}\times3\times5}{1.2\times10^{-3}}=0.36(\mathrm{m}^2)$$

$$A_{fa}=(L+\delta_s)L_w N_t=(6.5+1.4)\times10^{-3}\times3\times10=0.237(m^2)$$

$$\sigma=\frac{f_a}{A_{fa}}=1.52；\quad K_c=0.38；\quad K_e=0.29$$

$$\Delta p=\frac{(237.37\times3600)^2}{2\times1.27\times10^8\times2.029}\times\left[(0.38+1-1.52^2)+2\times\left(\frac{2.029}{1.338}-1\right)+\frac{4\times0.0098\times7.2}{2.26\times10^{-3}}\times\frac{2.029}{1.338}-(1-1.52^2-0.29)\times\frac{2.029}{1.338}\right]=271919(Pa)$$

通过前面的计算可以看出，各制冷剂和天然气在翅片内流动时，如果不考虑相变，则通过板翅式换热器时压力损失很少，对于高压板侧的流动，这些压力降可看作是流体静压的波动减少量，对流体的动压没影响，所以流体在板束中的流动速度不需要校正。但是，如果考虑相变的话，流体压力损失比较大，这部分压力损失还得考虑，否则这部分压力损失将对板侧的流动速度产生较大影响，所以还得重新校核流速，使其符合流体相变的速度变化规律。

7.2.7　三级换热器流体参数计算（单层通道）

（1）天然气侧板翅之间的一系列常数的计算

各股流道的质量流速：

$$G_i=\frac{W}{f_i nb}$$

式中　G_i——流体的质量流速，kg/(m^2 • s)；
W——各股流体的质量流量，kg/s；
f_i——单层通道一米宽度上的截面积，m^2；
n——翅片组数；
b——翅片有效宽度，m。

$$G_i=\frac{6.898}{3.85\times10^{-3}\times40\times1.2}=37.33[kg/(m^2\cdot s)]$$

雷诺数：

$$Re=\frac{G_i d_e}{\mu}$$

式中　G_i——流体的质量流速，kg/(m^2 • s)；
d_e——当量直径，m；
μ——流体的黏度，kg/(m • s)。

$$Re=\frac{37.33\times1.56\times10^{-3}}{83.25\times10^{-6}}=699.5$$

普朗特数：

$$Pr=\frac{C\mu}{\lambda}$$

式中　μ ——流体的黏度，kg/(m·s)；

　　　C ——流体的比热容，J/(kg·s)；

　　　λ ——流体的热导率，W/(m·K)。

$$Pr=\frac{2.8539\times10^{3}\times83.25\times10^{-6}}{114.17\times10^{-3}}=2.08$$

斯坦顿数：

$$St=\frac{j}{Pr^{2/3}}$$

式中　j——传热因子，查王松汉著《板翅式换热器》得传热因子为 0.011414。

$$St=\frac{0.011414}{2.08^{2/3}}=0.007005$$

给热系数：

$$\alpha=3600St\times C\times G_i$$

$$\alpha=\frac{3600\times0.007005\times2.8539\times37.33}{4.184}=642.119[\text{kcal/(m}^2\cdot\text{h}\cdot℃)]$$

天然气侧的 p 值：

$$p=\sqrt{\frac{2\alpha}{\lambda\delta}}$$

式中　α ——天然气侧流体给热系数，kcal/(m^2·h·℃)；

　　　λ ——翅片材料热导率，W/(m·K)；

　　　δ ——翅厚，m。

$$p=\sqrt{\frac{2\times642.119}{156\times5\times10^{-4}}}=40.58$$

天然气侧：

$$b=h/2$$

式中　h——天然气板侧翅高，m。

$$b=3.625\times10^{-3}\text{m}$$

查双曲函数表可知：$\tanh(pb)=0.381$。

天然气侧翅片一次面传热效率：

$$\eta_{\text{f}}=\frac{\tanh(pb)}{pb}=0.97$$

天然气侧翅片总传热效率：

$$\eta_0=1-\frac{F_2}{F_0}(1-\eta_{\text{f}})=0.98$$

式中　F_2——天然气侧二次传热面积，m^2；

　　　F_0——天然气侧总传热面积，m^2。

（2）节流侧板翅之间的一系列常数的计算

各股流道的质量流速：

$$G_i = \frac{W}{f_i nb}$$

式中　G_i——节流侧流道的质量流速，kg/(m^2 • s)；

W——各股流体的质量流量，kg/s；

f_i——单层通道一米宽度上的截面积，m^2；

n——翅片组数；

b——翅片有效宽度，m。

$$G_i = \frac{3.4372}{0.00386 \times 40 \times 1.2} = 18.55[\mathrm{kg/(m^2 \cdot s)}]$$

雷诺数：

$$Re = \frac{G_i d_e}{\mu}$$

式中　G_i——流道的质量流速，kg/(m^2 • s)；

d_e——当量直径，m；

μ——流体的黏度，kg/(m • s)。

$$Re = \frac{18.55 \times 2.58 \times 10^{-3}}{15.125 \times 10^{-6}} = 3164$$

普朗特数：

$$Pr = \frac{C\mu}{\lambda}$$

式中　μ——流体的黏度，kg/(m • s)；

C——流体的比热容，J/(kg • s)；

λ——流体的热导率，W/(m • K)。

$$Pr = \frac{1.5 \times 10^3 \times 15.125 \times 10^{-6}}{31.5104 \times 10^{-3}} = 0.72$$

斯坦顿数：

$$St = \frac{j}{Pr^{2/3}}$$

式中　j——传热因子，查王松汉著《板翅式换热器》得传热因子为 0.0161。

$$St = \frac{0.0161}{0.72^{2/3}} = 0.02$$

给热系数：

$$\alpha = 3600 St \times C \times G_i$$

$$\alpha = \frac{3600 \times 0.02 \times 1.5 \times 18.55}{4.184} = 479[\mathrm{kcal/(m^2 \cdot h \cdot ℃)}]$$

节流侧的 p 值：

$$p=\sqrt{\frac{2\alpha}{\lambda\delta}}$$

式中 α ——节流侧流体给热系数，kcal/(m^2 • h • ℃)；

λ ——翅片材料热导率，W/(m • K)；

δ ——翅厚，m。

$$p=\sqrt{\frac{2\times 479}{156\times 5\times 10^{-4}}}=110.8$$

节流侧：

$$b=h/2$$

式中 h——节流侧翅高，m。

$$b=3.25\times 10^{-3}$$

查双曲函数表可知：$\tanh(pb)=0.3364$。

节流侧翅片一次面传热效率：

$$\eta_\mathrm{f}=\frac{\tanh(pb)}{pb}=0.93$$

节流侧翅片总传热效率：

$$\eta_0=1-\frac{F_2}{F_0}(1-\eta_\mathrm{f})=0.98$$

式中 F_2——节流侧二次传热面积，m^2；

F_0——节流侧总传热面积，m^2。

（3）混合制冷剂侧板翅之间的一系列常数的计算

各股流道的质量流速：

$$G_i=\frac{W}{f_i nb}$$

式中 G_i——混合制冷剂侧流道的质量流速，kg/(m^2 • s)；

W——各股流体的质量流量，kg/s；

f_i ——单层通道一米宽度上的截面积，m^2；

n ——翅片组数；

b ——翅片有效宽度，m。

$$G_i=\frac{3.4327}{0.00386\times 40\times 1.2}=18.53[\mathrm{kg/(m^2\cdot s)}]$$

雷诺数：

$$Re=\frac{G_i d_\mathrm{e}}{\mu}$$

式中 G_i——流道的质量流速，kg/(m^2 • s)；

d_e ——当量直径，m；

μ ——流体的黏度，kg/(m・s)。

雷诺数：

$$Re = \frac{18.53 \times 1.56 \times 10^{-3}}{7.1 \times 10^{-6}} = 4071.38$$

普朗特数：

$$Pr = \frac{C\mu}{\lambda}$$

式中　μ ——流体的黏度，kg/(m・s)；

C ——流体的比热容，J/(kg・s)；

λ ——流体的热导率，W/(m・K)。

$$Pr = \frac{2.1 \times 10^3 \times 7.1 \times 10^{-6}}{19.81 \times 10^{-3}} = 0.3$$

斯坦顿数：

$$St = \frac{j}{Pr^{2/3}}$$

式中　j——传热因子，查王松汉著《板翅式换热器》得传热因子为 0.0038。

$$St = \frac{0.0038}{0.3^{2/3}} = 0.0085$$

给热系数：

$$\alpha = 3600 St \times C \times G_i = 618[\text{kcal}/(\text{m}^2 \cdot \text{h} \cdot ℃)]$$

混合制冷剂侧的 p 值：

$$p = \sqrt{\frac{2\alpha}{\lambda\delta}}$$

式中　α ——混合制冷剂侧流体给热系数，kcal/（m^2・h・℃)；

λ ——翅片材料热导率，W/(m・K)；

δ ——翅厚，m。

$$p = \sqrt{\frac{2 \times 618}{156 \times 5 \times 10^{-4}}} = 126$$

混合制冷剂侧：

$$b = h/2$$

式中　h——混合制冷剂板侧翅高，m。

$$b = 3.25 \times 10^{-3}\,\text{m}$$

查双曲函数表可知：$\tanh(pb) = 0.3799$。

$$\eta_f = \frac{\tanh(pb)}{pb} = 0.9475$$

混合制冷剂侧总传热效率：

$$\eta_0 = 1 - \frac{F_2}{F_0}(1 - \eta_f) = 0.94$$

7.2.8 三级板翅式换热器传热面积计算

（1）混合制冷剂侧与天然气侧换热面积的计算

以混合制冷剂侧传热面积为基准的总传热系数：

$$K_c=\frac{1}{\frac{1}{\alpha_h\eta_{0h}}\times\frac{F_{oc}}{F_{oh}}+\frac{1}{\alpha_c\eta_{0c}}}$$

式中 α_h ——天然气侧给热系数，kcal/(m^2 • h • ℃)；

η_{0h} ——天然气侧总传热效率；

η_{0c} ——混合制冷剂侧总传热效率；

F_{oc} ——混合制冷剂侧单位面积翅片的总传热面积，m^2；

F_{oh} ——天然气侧单位面积翅片的总传热面积，m^2；

α_c ——混合制冷剂侧给热系数，kcal/(m^2 • h • ℃)。

$$K_c=\frac{1}{\frac{1}{642.119\times0.98}\times1.15+\frac{1}{479\times0.98}}=253[\text{kcal/(m}^2\cdot\text{h}\cdot℃)]$$

以天然气侧传热面积为基准的总传热系数：

$$K_h=\frac{1}{\frac{1}{\alpha_h\eta_{0h}}+\frac{F_{oh}}{F_{oc}}\times\frac{1}{\alpha_c\eta_{0c}}}=\frac{1}{\frac{1}{642.119\times0.98}+\frac{1}{1.15}\times\frac{1}{479\times0.98}}=291[\text{kcal/(m}^2\cdot\text{h}\cdot℃)]$$

对数平均温差：

$$\Delta t_m=4℃$$

混合制冷剂侧传热面积：

$$A=\frac{Q}{K\Delta t}=\frac{\frac{2154.584}{4.184}\times3600}{253\times4}=1831.87(\text{m}^2)$$

经过初步计算，确定板翅式换热器的宽度为 3m，则混合制冷剂侧板束长度：

$$l=\frac{A}{fnb}$$

式中 f——混合制冷剂侧单位面积翅片的总传热面积，m^2；

n——流道数，根据初步计算，每组流道数为 40；

b——板翅式换热器宽度，m。

$$l=\frac{1831.87}{38.6\times40\times1.2}=0.99(\text{m})$$

天然气侧传热面积：

$$A=\frac{Q}{K\Delta t}=\frac{\frac{2154.584}{4.184}\times3600}{291\times4}=1592.65(\text{m}^2)$$

天然气侧板束长度（经过优化设计，取每组流道数为5）：

$$l=\frac{A}{fnb}=\frac{1592.65}{38.6\times5\times3}=2.75(\text{m})$$

（2）混合制冷剂侧与甲烷侧换热面积的计算

以混合制冷剂侧传热面积为基准的总传热系数：

$$K_{\text{c}}=\frac{1}{\dfrac{1}{\alpha_{\text{h}}\eta_{0\text{h}}}\times\dfrac{F_{\text{oc}}}{F_{\text{oh}}}+\dfrac{1}{\alpha_{\text{c}}\eta_{0\text{c}}}}$$

式中 α_{h} ——甲烷侧给热系数，kcal/(m^2 • h • ℃)；

$\eta_{0\text{h}}$ ——甲烷侧总传热效率；

$\eta_{0\text{c}}$ ——混合制冷剂侧总传热效率；

F_{oc} ——混合制冷剂侧单位面积翅片的总传热面积，m^2；

F_{oh} ——甲烷侧单位面积翅片的总传热面积，m^2；

α_{c} ——混合制冷剂侧给热系数，kcal/(m^2 • h • ℃)。

$$K_{\text{c}}=\frac{1}{\dfrac{1}{618\times0.94}\times1.15+\dfrac{1}{479\times0.98}}=243[\text{kcal/(m}^2\cdot\text{h}\cdot℃)]$$

以甲烷侧传热面积为基准的总传热系数：

$$K_{\text{h}}=\frac{1}{\dfrac{1}{\alpha_{\text{h}}\eta_{0\text{h}}}+\dfrac{F_{\text{oh}}}{F_{\text{oc}}}\times\dfrac{1}{\alpha_{\text{c}}\eta_{0\text{c}}}}=\frac{1}{\dfrac{1}{618\times0.94}+\dfrac{1}{1.15}\times\dfrac{1}{479\times0.98}}=280[\text{kcal/(m}^2\cdot\text{h}\cdot℃)]$$

对数平均温差：

$$\Delta t_{\text{m}}=4℃$$

混合制冷剂侧传热面积：

$$A=\frac{Q}{K\Delta t}=\frac{\dfrac{2158.584}{4.184}\times3600}{243\times4}=1910.79(\text{m}^2)$$

经过初步计算，确定板翅式换热器的宽度为3m，则混合制冷剂侧板束长度：

$$l=\frac{A}{fnb}$$

式中 f ——混合制冷剂侧单位面积翅片的总传热面积，m^2；

n ——流道数，根据初步计算，每组流道数为10；

b ——板翅式换热器宽度，m。

$$l=\frac{1910.79}{38.6\times10\times3.25}=1.52(\text{m})$$

甲烷侧传热面积：

$$A=\frac{Q}{K\Delta t}=\frac{\dfrac{2158.584}{4.184}\times 3600}{280\times 4}=1658.29(\mathrm{m}^2)$$

甲烷侧板束长度：

$$l=\frac{A}{fnb}=\frac{1658.29}{38.6\times 10\times 3.25}=1.32(\mathrm{m})$$

综上所述，三级换热器板束长度为 3m。

7.2.9 三级换热器压力损失计算

（1）天然气侧压力损失的计算

$$\Delta p=\frac{G^2}{2g_c\rho_1}\left[(K_c+1-\sigma^2)+2\left(\frac{\rho_1}{\rho_2}-1\right)+\frac{4fl}{D_e}\times\frac{\rho_1}{\rho_{av}}-(1-\sigma^2-K_e)\frac{\rho_1}{\rho_2}\right]$$

$$f_a=\frac{x(L-\delta)L_w n}{x+\delta}=\frac{(6.8-3)\times 10^{-3}\times(6.5-1.2)\times 10^{-3}\times 3\times 5}{1.2\times 10^{-3}}=0.252(\mathrm{m}^2)$$

$$A_{fa}=(L+\delta_s)L_w N_t=(6.5+5)\times 10^{-3}\times 3\times 10=0.345(\mathrm{m}^2)$$

$$\sigma=\frac{f_a}{A_{fa}}=0.73;\quad K_c=1.05;\quad K_e=0.14$$

$$\Delta p=\frac{(195.7\times 3600)^2}{2\times 1.05\times 10^8\times 247.45}\times\left[(1.05+1-0.73^2)+2\times\left(\frac{21.256}{247.25}-1\right)+\frac{4\times 0.04\times 4.6}{2.28\times 10^{-3}}\times\frac{21.256}{247.45}-(1-0.73^2-0.14)\times\frac{21.256}{247.45}\right]=261.59(\mathrm{Pa})$$

（2）甲烷侧压力损失的计算

$$\Delta p=\frac{G^2}{2g_c\rho_1}\left[(K_c+1-\sigma^2)+2\left(\frac{\rho_1}{\rho_2}-1\right)+\frac{4fl}{D_e}\times\frac{\rho_1}{\rho_{av}}-(1-\sigma^2-K_e)\frac{\rho_1}{\rho_2}\right]$$

$$f_a=\frac{x(L-\delta)L_w n}{x+\delta}=\frac{(6.8-3)\times 10^{-3}\times(6.5-1.2)\times 10^{-3}\times 3\times 5}{1.2\times 10^{-3}}=0.252(\mathrm{m}^2)$$

$$A_{fa}=(L+\delta_s)L_w N_t=(4.8+2)\times 10^{-3}\times 3\times 20=0.408(\mathrm{m}^2)$$

$$\sigma=\frac{f_a}{A_{fa}}=0.62;\quad K_c=1.02;\quad K_e=0.11$$

$$\Delta p=\frac{(84.05\times 3600)^2}{2\times 1.27\times 10^8\times 26.157}\times\left[(1.02+1-0.62^2)+2\times\left(\frac{26.157}{518.59}-1\right)+\frac{4\times 0.05\times 4.6}{2.58\times 10^{-3}}\times\frac{26.157}{272.37}-(1-0.62^2-0.11)\times\frac{26.157}{518.59}\right]=367(\mathrm{Pa})$$

（3）混合制冷剂侧压力损失的计算

$$\Delta p=\frac{G^2}{2g_c\rho_1}\left[(K_c+1-\sigma^2)+2\left(\frac{\rho_1}{\rho_2}-1\right)+\frac{4fl}{D_e}\times\frac{\rho_1}{\rho_{av}}-(1-\sigma^2-K_e)\frac{\rho_1}{\rho_2}\right]$$

$$f_a=\frac{x(L-\delta)L_w n}{x+\delta}=\frac{(1.6-0.15)\times10^{-3}\times(9.5-0.15)\times10^{-3}\times3\times10}{1.4\times10^{-3}}=0.29(\text{m}^2)$$

$$A_{fa}=(L+\delta_s)L_w N_t=(9.5+2)\times10^{-3}\times3\times20=0.69(\text{m}^2)$$

$$\sigma=\frac{f_a}{A_{fa}}=0.42\text{；}\quad K_c=0.45\text{；}\quad K_e=0.38$$

$$\Delta p=\frac{(84.05\times3600)^2}{2\times1.27\times10^8\times17.732}\times\left[(0.45+1-0.42^2)+2\times\left(\frac{17.732}{4.8908}-1\right)+\frac{4\times0.033\times4.6}{2.26\times10^{-3}}\times\frac{17.732}{11.311}-\right.$$

$$\left.(1-0.42^2-0.38)\times\frac{17.732}{4.8908}\right]=8662.82(\text{Pa})$$

通过前面的计算可以看出，各制冷剂和天然气在翅片内流动时，如果不考虑相变，则通过板翅式换热器时压力损失很少，对于高压板侧的流动，这些压力降可看作是流体静压的波动减少量，对流体的动压没影响，所以流体在板束中的流动速度不需要校正。但是，如果考虑相变的话，流体压力损失比较大，这部分压力损失还得考虑，否则这部分压力损失将对板侧的流动速度产生较大影响，所以还得重新校核流速，使其符合流体相变的速度变化规律。

7.3 封头设计

封头也叫作端盖，是筒体（芯体）与接管的过渡段。封头主要分为三类：凸形封头、平板形封头、锥形封头。凸形封头又分为：半球形封头、椭圆形封头、碟形封头、球冠形封头。这些封头在不同设计中的选择是不同的，根据各自的需求进行选择。

本次设计选择的封头为平板形封头，主要进行封头内径的选择，封头壁厚、端板壁厚的计算与选择。

7.3.1 封头选择

（1）封头壁厚

当 $d_i/D_i\leqslant0.5$ 时，可由下式计算出封头的厚度：

$$\delta=\frac{pR_i}{[\sigma]'\varphi-0.6p}+C\qquad(7\text{-}16)$$

式中 R_i ——弧形端面端板内半径，mm；

p ——流体压力，MPa；

$[\sigma]'$ ——试验温度下许用应力，MPa；

φ ——焊接接头系数；此处 $\varphi=0.6$；

C ——壁厚附加量，mm。

（2）端板壁厚

半圆形平板最小厚度计算：

$$\delta_{\mathrm{p}} = R_{\mathrm{p}}\sqrt{\frac{0.44p}{[\sigma]^{\mathrm{t}}\sin\alpha}} + C \tag{7-17}$$

其中，45° ≤α≤90°；$[\sigma]^{\mathrm{t}}$——设计温度下许用应力，MPa。

本设计根据各制冷剂的质量流量和换热器尺寸大小按照比例选取封头直径。常见封头内径见表 7-4。

表 7-4　常见封头内径

封头代号	1	2	3	4	5
封头内径/mm	1070	350	875	100	100

7.3.2　一级换热器各个板侧封头壁厚计算

（1）混合制冷剂侧封头壁厚

根据规定内径 $D_i = 1070\mathrm{mm}$ 得内径 $R_i = 535\mathrm{mm}$，则封头壁厚：

$$\delta = \frac{pR_i}{[\sigma]^t\varphi - 0.6p} + C = \frac{4.76\times535}{51\times0.6+0.6\times4.76} + 0.25 = 76.37(\mathrm{mm})$$

圆整壁厚 $[\delta] = 80\mathrm{mm}$。

端板壁厚：

$$\delta_{\mathrm{p}} = R_{\mathrm{p}}\sqrt{\frac{0.44p}{[\sigma]^{\mathrm{t}}\sin\alpha}} + C = 535\times\sqrt{\frac{0.44\times4.76}{51}} + 0.68 = 109.1(\mathrm{mm})$$

圆整壁厚 $[\delta_{\mathrm{p}}] = 110\mathrm{mm}$。因为端板厚度应大于等于封头厚度，则端板厚度为 110mm。

（2）天然气侧封头壁厚

根据规定内径 $D_i = 350\mathrm{mm}$ 得内径 $R_i = 175\mathrm{mm}$，则封头壁厚：

$$\delta = \frac{pR_i}{[\sigma]^t\varphi - 0.6p} + C = \frac{0.09\times175}{51\times0.6+0.6\times0.09} + 0.68 = 1.2(\mathrm{mm})$$

圆整壁厚 $[\delta] = 5\mathrm{mm}$。

端板壁厚：

$$\delta_{\mathrm{p}} = R_{\mathrm{p}}\sqrt{\frac{0.44p}{[\sigma]^{\mathrm{t}}\sin\alpha}} + C = 175\times\sqrt{\frac{0.44\times0.09}{51}} + 0.75 = 5.63(\mathrm{mm})$$

圆整壁厚 $[\delta_{\mathrm{p}}] = 10\mathrm{mm}$。因为端板厚度应大于等于封头厚度，则端板厚度为 10mm。

（3）丙烷制冷剂侧封头壁厚

根据规定内径 $D_i = 100\mathrm{mm}$ 得内径 $R_i = 50\mathrm{mm}$，则封头壁厚：

$$\delta=\frac{pR_i}{[\sigma]'\varphi-0.6p}+C=\frac{4.75\times 50}{51\times 0.6+0.6\times 4.75}+0.25=7.35(\text{mm})$$

圆整壁厚$[\delta]=10\text{mm}$。

端板壁厚：

$$\delta_{\text{p}}=R_{\text{p}}\sqrt{\frac{0.44p}{[\sigma]^{\text{t}}\sin\alpha}}+C=50\times\sqrt{\frac{0.44\times 4.75}{51}}+0.3=10.42(\text{mm})$$

圆整壁厚$[\delta_{\text{p}}]=15\text{mm}$。因为端板厚度应大于等于封头厚度，则端板厚度为 15mm。

（4）正丁烷-异丁烷制冷剂侧封头壁厚

根据规定内径$D_i=100\text{mm}$得内径$R_i=50\text{mm}$，则封头壁厚：

$$\delta=\frac{pR_i}{[\sigma]'\varphi-0.6p}+C=\frac{4.75\times 50}{51\times 0.6+0.6\times 4.75}+0.25=7.35(\text{mm})$$

圆整壁厚$[\delta]=10\text{mm}$。

端板壁厚：

$$\delta_{\text{p}}=R_{\text{p}}\sqrt{\frac{0.44p}{[\sigma]^{\text{t}}\sin\alpha}}+C=50\times\sqrt{\frac{0.44\times 4.75}{51}}+0.3=10.42(\text{mm})$$

圆整壁厚$[\delta_{\text{p}}]=15\text{mm}$。因为端板厚度应大于等于封头厚度，则端板厚度为 15mm。

7.3.3　二级换热器各个板侧封头壁厚计算

（1）混合制冷剂侧封头壁厚

根据规定内径$D_i=1070\text{mm}$得内径$R_i=535\text{mm}$，则封头壁厚：

$$\delta=\frac{pR_i}{[\sigma]'\varphi-0.6p}+C=\frac{4.75\times 535}{51\times 0.6+0.6\times 4.75}+0.25=76.2(\text{mm})$$

圆整壁厚$[\delta]=80\text{mm}$。

端板壁厚：

$$\delta_{\text{p}}=R_{\text{p}}\sqrt{\frac{0.44p}{[\sigma]^{\text{t}}\sin\alpha}}+C=535\times\sqrt{\frac{0.44\times 4.75}{51}}+0.68=109.0(\text{mm})$$

圆整壁厚$[\delta_{\text{p}}]=110\text{mm}$。因为端板厚度应大于等于封头厚度，则端板厚度为 110mm。

（2）天然气侧封头壁厚

根据规定内径$D_i=350\text{mm}$得内径$R_i=175\text{mm}$，则封头壁厚：

$$\delta=\frac{pR_i}{[\sigma]'\varphi-0.6p}+C=\frac{0.1\times 175}{51\times 0.6+0.6\times 0.1}+0.68=1.25(\text{mm})$$

圆整壁厚$[\delta]$=5mm。

端板壁厚：

$$\delta_p = R_p\sqrt{\frac{0.44p}{[\sigma]^t \sin\alpha}} + C = 175\times\sqrt{\frac{0.44\times 0.1}{51}} + 0.75 = 5.89(\text{mm})$$

圆整壁厚$[\delta_p]=10\text{mm}$。因为端板厚度应大于等于封头厚度，则端板厚度为 10mm。

（3）乙烷制冷剂侧封头壁厚

根据规定内径$D_i = 350\text{mm}$得内径$R_i = 175\text{mm}$，则封头壁厚：

$$\delta = \frac{pR_i}{[\sigma]'\varphi - 0.6p} + C = \frac{4.75\times 175}{51\times 0.6 + 0.6\times 4.75} + 0.5 = 25.35(\text{mm})$$

圆整壁厚$[\delta]=30\text{mm}$。

端板壁厚：

$$\delta_p = R_p\sqrt{\frac{0.44p}{[\sigma]^t \sin\alpha}} + C = 175\times\sqrt{\frac{0.44\times 4.75}{51}} + 0.68 = 36.1(\text{mm})$$

圆整壁厚$[\delta_p]=40\text{mm}$。因为端板厚度应大于等于封头厚度，则端板厚度为 40mm。

7.3.4 三级换热器各个板侧封头壁厚计算

（1）混合制冷剂侧封头壁厚

根据规定内径$D_i = 1070\text{mm}$得内径$R_i = 875\text{mm}$，则封头壁厚：

$$\delta = \frac{pR_i}{[\sigma]'\varphi - 0.6p} + C = \frac{4.74\times 535}{51\times 0.6 + 0.6\times 4.74} + 0.25 = 76.08(\text{mm})$$

圆整壁厚$[\delta]=80\text{mm}$。

端板壁厚：

$$\delta_p = R_p\sqrt{\frac{0.44p}{[\sigma]^t \sin\alpha}} + C = 535\times\sqrt{\frac{0.44\times 4.74}{51}} + 0.68 = 108.87(\text{mm})$$

圆整壁厚$[\delta_p]=110\text{mm}$。因为端板厚度应大于等于封头厚度，则端板厚度为 110mm。

（2）天然气侧封头壁厚

根据规定内径$D_i = 350\text{mm}$得内径$R_i = 175\text{mm}$，则封头壁厚：

$$\delta = \frac{pR_i}{[\sigma]'\varphi - 0.6p} + C = \frac{0.11\times 175}{51\times 0.6 + 0.6\times 0.11} + 0.68 = 1.3(\text{mm})$$

圆整壁厚$[\delta_p]=5\text{mm}$。

端板壁厚：

$$\delta_p = R_p\sqrt{\frac{0.44p}{[\sigma]^t \sin\alpha}} + C = 175\times\sqrt{\frac{0.44\times 0.11}{51}} + 0.75 = 6.14(\text{mm})$$

圆整壁厚$[\delta_p]=10\text{mm}$。因为端板厚度应大于等于封头厚度，则端板厚度为 10mm。

（3）氮气-甲烷制冷剂侧封头壁厚

根据规定内径 $D_i = 875\text{mm}$ 得内径 $R_i = 437.5\text{mm}$，则封头壁厚：

$$\delta = \frac{pR_i}{[\sigma]'\varphi - 0.6p} + C = \frac{4.74 \times 437.5}{51 \times 0.6 + 0.6 \times 4.74} + 0.57 = 62.58(\text{mm})$$

圆整壁厚 $[\delta] = 70\text{mm}$。

端板壁厚：

$$\delta_{\text{p}} = R_{\text{p}}\sqrt{\frac{0.44p}{[\sigma]^{\text{t}} \sin\alpha}} + C = 437.5 \times \sqrt{\frac{0.44 \times 4.74}{51}} + 0.83 = 89.3(\text{mm})$$

圆整壁厚 $[\delta_{\text{p}}] = 100\text{mm}$。因为端板厚度应大于等于封头厚度，则端板厚度为 100mm。

各级换热器封头与端板壁厚见表 7-5～表 7-7。

表 7-5　一级换热器封头与端板的壁厚

项目	混合制冷剂	天然气	丙烷	正丁烷-异丁烷
封头内径/mm	1070	350	100	100
封头计算壁厚/mm	76.36	1.2	7.35	7.35
封头实际壁厚/mm	80	5	10	10
端板计算壁厚/mm	109.1	5.63	10.42	10.42
端板实际壁厚/mm	110	10	15	15

表 7-6　二级换热器封头与端板的壁厚

项目	混合制冷剂	天然气	乙烷
封头内径/mm	1070	350	350
封头计算壁厚/mm	76.2	1.25	25.35
封头实际壁厚/mm	80	5	30
端板计算壁厚/mm	109.0	5.89	36.1
端板实际壁厚/mm	110	10	40

表 7-7　三级换热器封头与端板的壁厚

项目	混合制冷剂	天然气	甲烷
封头内径/mm	1070	350	875
封头计算壁厚/mm	76.08	1.3	62.58
封头实际壁厚/mm	80	5	70
端板计算壁厚/mm	108.87	6.14	89.3
端板实际壁厚/mm	110	10	100

7.4　液压试验

7.4.1　液压试验目的

本设计板翅式换热器中压力较高，压力最高为 6.1MPa。为了能够安全合理地进行设计，进行压力测试是进行其他步骤的前提条件，液压试验则是压力测试中的一种。除了液压测试外，还有气压测试以及气密性测试。

本章计算是对液压测试前封头壁厚的校核计算。

7.4.2 内压通道

（1）液压试验压力

$$p_{\mathrm{T}}=1.3p\times\frac{[\sigma]}{[\sigma]^{\mathrm{t}}} \tag{7-18}$$

式中 p_{T} ——试验压力，MPa；

p ——设计压力，MPa；

$[\sigma]$ ——试验温度下的许用应力，MPa；

$[\sigma]^{\mathrm{t}}$ ——设计温度下的许用应力，MPa。

（2）封头的应力校核

$$\sigma_{\mathrm{T}}=\frac{p_{\mathrm{T}}(R_i+0.5\delta_{\mathrm{e}})}{\delta_{\mathrm{e}}} \tag{7-19}$$

式中 σ_{T} ——试验压力下封头的应力，MPa；

R_i ——封头的内半径，mm；

p_{T} ——试验压力，MPa；

δ_{e} ——封头的有效厚度，mm。

当满足 $\sigma_{\mathrm{T}}\leqslant 0.9\varphi\sigma_{\mathrm{p0.2}}$（$\varphi$为焊接系数；$\sigma_{\mathrm{p0.2}}$ 为试验温度下的规定残余延伸应力，MPa，170MPa）时校核正确，否则需重新选取尺寸计算。

$$0.9\varphi\sigma_{\mathrm{p0.2}}=0.9\times0.6\times170=91.8(\mathrm{MPa})$$

对表 7-8～表 7-10 所列封头壁厚尺寸进行校核。

表 7-8 一级换热器封头壁厚校核

项目	混合制冷剂	天然气	丙烷	正丁烷-异丁烷
封头内径/mm	1070	350	100	100
设计压力/MPa	4.76	0.09	4.76	4.76
封头实际壁厚/mm	80	5	10	10
厚度附加量/mm	0.3	0.75	0.3	0.3

表 7-9 二级换热器封头壁厚校核

项目	混合制冷剂	天然气	乙烷
封头内径 /mm	1070	350	350
设计压力/MPa	4.75	0.1	4.75
封头计算壁厚/mm	80	5	30
厚度附加量/mm	0.3	0.75	0.57

表 7-10　三级换热器封头壁厚校核

项目	混合制冷剂	天然气	甲烷
封头内径/mm	1070	350	875
设计压力/MPa	4.74	0.1	4.74
封头计算壁厚/mm	80	5	70
厚度附加量/mm	0.3	0.75	0.6

（3）尺寸校核计算

① 一级换热器封头壁厚校核

$$p_T = 1.3 \times 4.76 \times \frac{51}{51} = 6.188(\text{MPa})；\quad \sigma_T = \frac{6.188 \times (535 + 0.5 \times 79.7)}{79.7} = 44.63(\text{MPa})$$

校核值小于允许值，则尺寸合适。

$$p_T = 1.3 \times 0.09 \times \frac{51}{51} = 0.117(\text{MPa})；\quad \sigma_T = \frac{0.117 \times (175 + 0.5 \times 4.25)}{4.25} = 4.88(\text{MPa})$$

校核值小于允许值，则尺寸合适。

$$p_T = 1.3 \times 4.76 \times \frac{51}{51} = 6.188(\text{MPa})；\quad \sigma_T = \frac{6.188 \times (535 + 0.5 \times 9.7)}{9.7} = 344.39(\text{MPa})$$

校核值小于允许值，则尺寸合适。

$$p_T = 1.3 \times 4.76 \times \frac{51}{51} = 6.188(\text{MPa})；\quad \sigma_T = \frac{6.188 \times (535 + 0.5 \times 9.7)}{9.7} = 344.39(\text{MPa})$$

校核值小于允许值，则尺寸合适。

② 二级换热器封头壁厚校核

$$p_T = 1.3 \times 4.75 \times \frac{51}{51} = 6.175(\text{MPa})；\quad \sigma_T = \frac{6.175 \times (535 + 0.5 \times 79.7)}{79.7} = 44.54(\text{MPa})$$

校核值小于允许值，则尺寸合适。

$$p_T = 1.3 \times 0.1 \times \frac{51}{51} = 0.13(\text{MPa})；\quad \sigma_T = \frac{0.13 \times (175 + 0.5 \times 4.25)}{4.25} = 5.42(\text{MPa})$$

校核值小于允许值，则尺寸合适。

$$p_T = 1.3 \times 4.75 \times \frac{51}{51} = 6.175(\text{MPa})；\quad \sigma_T = \frac{6.175 \times (175 + 0.5 \times 29.43)}{29.43} = 39.81(\text{MPa})$$

校核值小于允许值，则尺寸合适。

③ 三级换热器封头壁厚校核

$$p_T = 1.3 \times 4.74 \times \frac{51}{51} = 6.162(\text{MPa})；\quad \sigma_T = \frac{6.162 \times (535 + 0.5 \times 79.7)}{79.7} = 44.44(\text{MPa})$$

校核值小于允许值，则尺寸合适。

$$p_T = 1.3 \times 0.1 \times \frac{51}{51} = 0.13(\text{MPa})；\quad \sigma_T = \frac{0.13 \times (175 + 0.5 \times 4.25)}{4.25} = 5.42(\text{MPa})$$

校核值小于允许值，则尺寸合适。

$$p_{\mathrm{T}}=1.3\times4.74\times\frac{51}{51}=6.162(\mathrm{MPa})；\quad \sigma_{\mathrm{T}}=\frac{6.162\times(437.5+0.5\times69.4)}{69.4}=41.93(\mathrm{MPa})$$

校核值小于允许值，则尺寸合适。

7.5 接管确定

接管为物料进出通道，它的尺寸大小与进出物料的流量有关，壁厚的取值则需要知道物料进出接管的压力状况，进行压力校核选取合适的壁厚。

本设计采用标准接管，只需进行接管壁厚的校核计算，满足设计需求压力即可。

7.5.1 接管尺寸确定

当为圆筒或球壳开孔时，开孔处的计算厚度按照壳体计算厚度取值。

接管厚度：

$$\delta=\frac{p_{\mathrm{c}}D_i}{2[\sigma]^{\mathrm{t}}\varphi-p_{\mathrm{c}}}+C \tag{7-20}$$

设计可根据标准管径选取管径大小，只需进行校核确定尺寸，常见接管规格见表 7-11。

表 7-11 常见接管规格

508×8	155×30	355×10	45×6	45×6

7.5.2 一级换热器接管壁厚

混合制冷剂侧接管壁厚：

$$\delta=\frac{p_{\mathrm{c}}D_i}{2[\sigma]^{\mathrm{t}}\varphi-p_{\mathrm{c}}}+C=\frac{4.76\times492}{2\times51\times0.6-4.76}+0.13=41.624(\mathrm{mm})$$

天然气侧接管壁厚：

$$\delta=\frac{p_{\mathrm{c}}D_i}{2[\sigma]^{\mathrm{t}}\varphi-p_{\mathrm{c}}}+C=\frac{0.09\times95}{2\times51\times0.6-0.09}+0.48=0.62(\mathrm{mm})$$

丙烷制冷剂侧接管壁厚：

$$\delta=\frac{p_{\mathrm{c}}D_i}{2[\sigma]^{\mathrm{t}}\varphi-p_{\mathrm{c}}}+C=\frac{4.76\times492}{2\times51\times0.6-4.76}+0.13=41.624(\mathrm{mm})$$

正丁烷-异丁烷侧接管壁厚：

$$\delta=\frac{p_{\mathrm{c}}D_i}{2[\sigma]^{\mathrm{t}}\varphi-p_{\mathrm{c}}}+C=\frac{4.76\times492}{2\times51\times0.6-4.76}+0.13=41.624(\mathrm{mm})$$

7.5.3 二级换热器接管壁厚

混合制冷剂侧接管壁厚：

$$\delta=\frac{p_{\mathrm{c}}D_i}{2[\sigma]^{\mathrm{t}}\varphi-p_{\mathrm{c}}}+C=\frac{4.75\times492}{2\times51\times0.6-4.75}+0.13=41.53(\mathrm{mm})$$

天然气侧接管壁厚：

$$\delta = \frac{p_c D_i}{2[\sigma]^t \varphi - p_c} + C = \frac{0.1 \times 95}{2 \times 51 \times 0.6 - 0.1} + 0.48 = 0.64(\text{mm})$$

乙烷制冷剂侧接管壁厚：

$$\delta = \frac{p_c D_i}{2[\sigma]^t \varphi - p_c} + C = \frac{4.75 \times 492}{2 \times 51 \times 0.6 - 4.75} + 0.13 = 41.53(\text{mm})$$

7.5.4　三级换热器接管壁厚

混合制冷剂侧接管壁厚：

$$\delta = \frac{p_c D_i}{2[\sigma]^t \varphi - p_c} + C = \frac{4.74 \times 492}{2 \times 51 \times 0.6 - 4.74} + 0.13 = 41.43(\text{mm})$$

天然气侧接管壁厚：

$$\delta = \frac{p_c D_i}{2[\sigma]^t \varphi - p_c} + C = \frac{0.11 \times 95}{2 \times 51 \times 0.6 - 0.11} + 0.48 = 0.65(\text{mm})$$

甲烷制冷剂侧接管壁厚：

$$\delta = \frac{p_c D_i}{2[\sigma]^t \varphi - p_c} + C = \frac{4.74 \times 492}{2 \times 51 \times 0.6 - 4.74} + 0.13 = 41.43(\text{mm})$$

7.5.5　接管尺寸总结

各级换热器接管壁厚统计于表 7-12～表 7-14。

表 7-12　一级换热器接管壁厚

项目	混合制冷剂	天然气	丙烷	正丁烷-异丁烷
接管规格/mm	ϕ508×8	ϕ155×30	ϕ45×6	ϕ45×6
接管计算壁厚/mm	41.624	0.62	41.624	41.624
接管实际壁厚/mm	50	8	50	50

表 7-13　二级换热器接管壁厚

项目	混合制冷剂	天然气	乙烷
接管规格/mm	ϕ508×8	ϕ155×30	ϕ155×30
接管计算壁厚/mm	41.53	0.64	41.53
接管实际壁厚/mm	50	8	50

表 7-14　三级换热器接管壁厚

项目	混合制冷剂	天然气	甲烷
接管规格/mm	ϕ508×8	ϕ155×30	ϕ355×10
接管计算壁厚/mm	41.43	0.65	41.43
接管实际壁厚/mm	50	8	50

7.6 接管补强

7.6.1 补强方式

封头的补强方式应根据具体的情况进行选择，补强方式可分为：加强圈补强、接管全焊透补强、翻边或凸颈补强以及整体补强等。

本设计封头尺寸大小各异，补强方式也不同，但条件允许的情况下尽量以接管全焊透方式代替补强圈补强，尤其是封头尺寸较小的情况下。在选择补强方式前要进行补强面积的计算，确定补强面积的大小以及是否需要补强。

7.6.2 补强计算

以全焊透方法将接管与壳体相焊，主要补强方式有补强圈补强与接管补强，在条件许可的情况下尽量使用接管补强方式，尤其是在筒体半径较小的时候。首先要进行开孔所需补强面积的计算，确定封头是否需要进行补强。

（1）封头开孔所需补强面积

封头开孔所需补强面积按下式计算：

$$A = d\delta \tag{7-21}$$

（2）有效补强范围

① 有效宽度 B 按下式计算，取两者中较大值。

$$B = \max\begin{cases} 2d \\ d + 2\delta_{\mathrm{n}} + 2\delta_{\mathrm{nt}} \end{cases} \tag{7-22}$$

② 有效高度按下式计算，分别取两式中较小值。

外侧有效补强高度：

$$h_1 = \min\begin{cases} \sqrt{d\delta_{\mathrm{nt}}} \\ \text{接管实际外伸长度} \end{cases} \tag{7-23}$$

内侧有效补强高度：

$$h_2 = \min\begin{cases} \sqrt{d\delta_{\mathrm{nt}}} \\ \text{接管实际内伸长度} \end{cases} \tag{7-24}$$

（3）补强面积

在有效补强范围内，可作为补强的截面积计算如下：

$$A_{\mathrm{e}} = A_1 + A_2 + A_3 \tag{7-25}$$

$$A_1 = (B - d)(\delta_{\mathrm{e}} - \delta) - 2\delta_{\mathrm{t}}(\delta_{\mathrm{e}} - \delta) \tag{7-26}$$

$$A_2 = 2h_1(\delta_{et} - \delta_t) + 2h_2(\delta_{et} - \delta_t) \tag{7-27}$$

本设计焊接长度取 6mm。若 $A_e \geqslant A$，开孔不需要另加补强；若 $A_e < A$，则开孔需要另加补强，按下式计算：

$$A_4 \geqslant A - A_e$$

$$d\text{=接管内径}+2C$$

$$\delta_e=\delta_n-C$$

式中　A_1——壳体有效厚度减去计算厚度之外的多余面积，mm^2；

A_2——接管有效厚度减去计算厚度之外的多余面积，mm^2；

A_3——焊接金属截面积，mm^2；

A_4——有效补强范围内另加补强面积，mm^2；

δ——壳体开孔处的计算厚度，mm；

δ_n——壳体名义厚度，mm；

δ_{et}——接管有效厚度，mm；

δ_t——接管计算厚度，mm；

δ_{nt}——接管名义厚度，mm。

设备补强面积的计算如下。

① 一级换热器混合制冷剂侧补强面积计算所需参数见表 7-15。

表 7-15　一级换热器封头、接管尺寸（混合制冷剂侧）

项目	封头	接管
内径/mm	1070	492
计算厚度/mm	76.2	41.624
名义厚度/mm	80	50
厚度附加量/mm	0.48	0.28

封头开孔所需补强面积：

$$A = d\delta = 492.56 \times 76.2 = 37533(mm^2)$$

有效宽度 B 按下式计算，取两者中较大值：

$$B = \max\begin{cases} 2 \times 492.56 = 985.12(mm) \\ 492.56 + 2 \times 80 + 2 \times 50 = 752.56(mm) \end{cases}$$

$$B(\max) = 985.12mm$$

有效高度按下式计算，分别取两式中较小值。

外侧有效补强高度：

$$h_1 = \min\begin{cases} \sqrt{492.56 \times 8} = 62.77(mm) \\ 150mm \end{cases}$$

$$h_1(\min) = 62.77mm$$

内侧有效补强高度：

$$h_2 = \min\begin{cases} \sqrt{492.56 \times 8} = 62.77(mm) \\ 0 \end{cases}$$

$$h_2(\min)=0$$

$$\begin{aligned}A_1&=(B-d)(\delta_e-\delta)-2\delta_t(\delta_e-\delta)\\&=(985.12-492.56)\times(9.52-5.46)-2\times2.56\times(9.52-5.46)\\&=1979.01(\text{mm}^2)\end{aligned}$$

$$A_2=2h_1(\delta_{et}-\delta_t)+2h_2(\delta_{et}-\delta_t)=2\times62.77\times(7.72-2.56)=647.79(\text{mm}^2)$$

本设计焊接长度取 6mm：

$$A_3=\frac{1}{2}\times2\times6\times6=36(\text{mm}^2)$$

$$A_e=A_1+A_2+A_3=1979.01+647.79+36=2662.8(\text{mm}^2)$$

$A_e<A$，开孔需要另加补强：

$$A_4\geqslant A-A_e$$

$$A_4\geqslant37533-2662.8=34870.2(\text{mm}^2)$$

② 一级换热器丙烷侧补强面积计算所需参数见表 7-16。

表 7-16 一级换热器封头、接管尺寸（丙烷侧）

项目	封头	接管
内径/mm	350	95
计算厚度/mm	10.42	11
名义厚度/mm	15	30
厚度附加量/mm	0.75	0.68

封头开孔所需补强面积：

$$A=d\delta=96.36\times10.42=1004.1(\text{mm})$$

有效宽度 B 按下式计算，取两者中较大值：

$$B=\max\begin{cases}2\times96.36=192.72(\text{mm})\\96.36+2\times15+2\times30=186(\text{mm})\end{cases}$$

$$B(\max)=192.72\text{mm}$$

有效高度按下式计算，分别取两式中较小值。

外侧有效补强高度：

$$h_1=\min\begin{cases}\sqrt{96.36\times30}=53.77(\text{mm})\\150\text{mm}\end{cases}$$

$$h_1(\min)=53.77\text{mm}$$

内侧有效补强高度：

$$h_2=\min\begin{cases}\sqrt{96.36\times30}=53.77(\text{mm})\\0\end{cases}$$

$$h_2(\min)=0$$

$$\begin{aligned}A_1&=(B-d)(\delta_e-\delta)-2\delta_t(\delta_e-\delta)\\&=(226.36-96.36)\times(34.25-31.9)-2\times11\times(34.25-31.9)\\&=253.8(\text{mm}^2)\end{aligned}$$

$$A_2 = 2h_1(\delta_{et} - \delta_t) + 2h_2(\delta_{et} - \delta_t) = 2\times 53.77\times(29.32-11) = 1970.13(\text{mm}^2)$$

本设计焊接长度取6mm：

$$A_3 = \frac{1}{2}\times 2\times 6\times 6 = 36(\text{mm}^2)$$

$$A_e = A_1 + A_2 + A_3 = 253.8 + 1970.13 + 36 = 2259.93(\text{mm}^2)$$

$A_e > A$，开孔不需要另加补强。

③ 一级换热器正丁烷-异丁烷侧补强面积计算所需参数见表7-17。

表7-17 一级换热器封头、接管尺寸（正丁烷-异丁烷侧）

项目	封头	接管
内径/mm	100	33
计算厚度/mm	5.64	2.138
名义厚度/mm	10	6
厚度附加量/mm	0.48	0.25

封头开孔所需补强面积：

$$A = d\delta = 33.5\times 5.64 = 188.94(\text{mm}^2)$$

有效宽度B按下式计算，取两者中较大值：

$$B = \max\begin{cases} 2\times 33.5 = 67(\text{mm}) \\ 33.5 + 2\times 10 + 2\times 6 = 65.5(\text{mm}) \end{cases}$$

$$B(\max) = 67\text{mm}^2$$

有效高度按下式计算，分别取两式中较小值。

外侧有效补强高度：

$$h_1 = \min\begin{cases} \sqrt{33.5\times 6} = 14.18(\text{mm}) \\ 150\text{mm} \end{cases}$$

$$h_1(\min) = 14.18\text{mm}$$

内侧有效补强高度：

$$h_2 = \min\begin{cases} \sqrt{33.5\times 6} = 14.18(\text{mm}) \\ 0 \end{cases}$$

$$h_2(\min) = 0$$

$$\begin{aligned} A_1 &= (B-d)(\delta_e - \delta) - 2\delta_t(\delta_e - \delta) \\ &= (67-33.5)\times(9.52-5.64) - 2\times 2.138\times(9.52-5.64) \\ &= 121.15(\text{mm}^2) \end{aligned}$$

$$A_2 = 2h_1(\delta_{et} - \delta_t) + 2h_2(\delta_{et} - \delta_t) = 2\times 14.23\times(5.75-2.138) = 102.44(\text{mm}^2)$$

本设计焊接长度取6mm：

$$A_3 = \frac{1}{2}\times 2\times 6\times 6 = 36(\text{mm}^2)$$

$$A_e = A_1 + A_2 + A_3 = 121.15 + 102.44 + 36 = 259.59(\text{mm}^2)$$

$A_e > A$，开孔不需要另加补强。

④ 二级换热器混合制冷剂侧补强面积计算所需参数见表 7-18。

表 7-18　二级换热器封头、接管尺寸（混合制冷剂侧）

项目	封头	接管
内径/mm	875	335
计算厚度/mm	19.25	8.02
名义厚度/mm	110	10
厚度附加量/mm	0.6	0.3

封头开孔所需补强面积：

$$A = d\delta = 335.6 \times 19.25 = 6460.3(\text{mm}^2)$$

有效宽度按下式计算，取两者中较大值：

$$B = \max\begin{cases} 2 \times 335.6 = 671.2(\text{mm}) \\ 335.6 + 2 \times 110 + 2 \times 10 = 575.6(\text{mm}) \end{cases}$$

$$B(\max) = 671.2\text{mm}$$

有效高度按下式计算，分别取两式中较小值。

外侧有效补强高度：

$$h_1 = \min\begin{cases} \sqrt{338.6 \times 10} = 58.19(\text{mm}) \\ 150\text{mm} \end{cases}$$

$$h_1(\min) = 57.93\text{mm}$$

内侧有效补强高度：

$$h_2 = \min\begin{cases} \sqrt{338.6 \times 10} = 58.19(\text{mm}) \\ 0 \end{cases}$$

$$h_2(\min) = 0$$

$$\begin{aligned} A_1 &= (B-d)(\delta_e - \delta) - 2\delta_t(\delta_e - \delta) \\ &= (671.2 - 335.6) \times (24.4 - 19.25) - 2 \times 8.02 \times (24.4 - 19.25) \\ &= 1645.734(\text{mm}^2) \end{aligned}$$

$$A_2 = 2h_1(\delta_{et} - \delta_t) + 2h_2(\delta_{et} - \delta_t) = 2 \times 58.19 \times (9.7 - 8.02) = 195.52(\text{mm}^2)$$

本设计焊接长度取 6mm：

$$A_3 = \frac{1}{2} \times 2 \times 6 \times 6 = 36(\text{mm}^2)$$

$$A_e = A_1 + A_2 + A_3 = 1645.734 + 195.52 + 36 = 1877.254(\text{mm}^2)$$

$A_e < A$，开孔需要另加补强：

$$A_4 \geqslant A - A_e$$

$$A_4 \geqslant 6460.3 - 1877.254 = 4583.046(\text{mm}^2)$$

⑤ 二级换热器天然气侧补强面积计算所需参数见表 7-19。

表 7-19　二级换热器封头、接管尺寸（天然气侧）

项目	封头	接管
内径/mm	100	33
计算厚度/mm	2.19	0.786
名义厚度/mm	5	6
厚度附加量/mm	0.48	0.25

封头开孔所需补强面积：

$$A = d\delta = 33.5 \times 2.19 = 73.365(\text{mm}^2)$$

有效宽度 B 按下式计算，取两者中较大值：

$$B = \max\begin{cases} 2 \times 33.5 = 67(\text{mm}) \\ 33.5 + 2 \times 5 + 2 \times 6 = 55.5(\text{mm}) \end{cases}$$

$$B(\max) = 67\text{mm}$$

有效高度按下式计算，分别取两式中较小值。

外侧有效补强高度：

$$h_1 = \min\begin{cases} \sqrt{33.5 \times 6} = 14.18(\text{mm}) \\ 150\text{mm} \end{cases}$$

$$h_1(\min) = 14.18\text{mm}$$

内侧有效补强高度：

$$h_2 = \min\begin{cases} \sqrt{33.5 \times 6} = 14.18(\text{mm}) \\ 0 \end{cases}$$

$$h_2(\min) = 0$$

$$\begin{aligned} A_1 &= (B-d)(\delta_e - \delta) - 2\delta_t(\delta_e - \delta) \\ &= (67-33.5) \times (9.52-2.19) - 2 \times 0.786 \times (9.52-2.19) \\ &= 234.03(\text{mm}^2) \end{aligned}$$

$$A_2 = 2h_1(\delta_{et} - \delta_t) + 2h_2(\delta_{et} - \delta_t) = 2 \times 14.23 \times (5.75 - 0.786) = 141.28(\text{mm}^2)$$

本设计焊接长度取 6mm：

$$A_3 = \frac{1}{2} \times 2 \times 6 \times 6 = 36(\text{mm}^2)$$

$$A_e = A_1 + A_2 + A_3 = 234.03 + 141.28 + 36 = 411.31(\text{mm}^2)$$

$A_e > A$，开孔不需要另加补强。

⑥ 二级换热器乙烷侧补强面积计算所需参数见表 7-20。

表 7-20　二级换热器封头、接管尺寸（乙烷侧）

项目	封头	接管
内径/mm	350	95
计算厚度/mm	14.49	4.65
名义厚度/mm	20	30
厚度附加量/mm	0.57	0.68

封头开孔所需补强面积：

$$A = d\delta = 96.36 \times 14.49 = 1396.26(\text{mm}^2)$$

有效宽度 B 按下式计算，取两者中较大值。

$$B = \max\begin{cases} 2 \times 96.36 = 192.72(\text{mm}) \\ 96.36 + 2 \times 20 + 2 \times 30 = 196.36(\text{mm}) \end{cases}$$

$$B(\max) = 196.36\text{mm}$$

有效高度按下式计算，分别取两式中较小值。

外侧有效补强高度：

$$h_1 = \min\begin{cases} \sqrt{96.36 \times 30} = 53.77(\text{mm}) \\ 150\text{mm} \end{cases}$$

$$h_1(\min) = 53.39\text{mm}$$

内侧有效补强高度：

$$h_2 = \min\begin{cases} \sqrt{96.36 \times 30} = 53.77(\text{mm}) \\ 0 \end{cases}$$

$$h_2(\min) = 0$$

$$\begin{aligned} A_1 &= (B-d)(\delta_e - \delta) - 2\delta_t(\delta_e - \delta) \\ &= (196.36 - 96.36) \times (19.43 - 14.49) - 2 \times 4.65 \times (19.43 - 14.49) \\ &= 448.06(\text{mm}^2) \end{aligned}$$

$$A_2 = 2h_1(\delta_{et} - \delta_t) + 2h_2(\delta_{et} - \delta_t) = 2 \times 53.77 \times (29.32 - 4.65) = 2653(\text{mm}^2)$$

本设计焊接长度取 6mm：

$$A_3 = \frac{1}{2} \times 2 \times 6 \times 6 = 36(\text{mm}^2)$$

$$A_e = A_1 + A_2 + A_3 = 448.06 + 2653 + 36 = 3137(\text{mm}^2)$$

$A_e > A$，开孔不需要另加补强。

⑦ 三级换热器天然气侧补强面积计算所需参数见表 7-21。

表 7-21 三级换热器封头、接管尺寸（天然气侧）

项目	封头	接管
内径/mm	350	95
计算厚度/mm	30.1	10.23
名义厚度/mm	20	30
厚度附加量/mm	0.75	0.68

封头开孔所需补强面积：

$$A = d\delta = 96.36 \times 30.1 = 2900.436(\text{mm}^2)$$

有效宽度 B 按下式计算，取两者中较大值：

$$B = \max\begin{cases} 2 \times 96.36 = 192.72(\text{mm}) \\ 96.36 + 2 \times 20 + 2 \times 30 = 196.4(\text{mm}) \end{cases}$$

$$B(\max)=196.4\text{mm}$$

有效高度按下式计算，分别取两式中较小值。

外侧有效补强高度：

$$h_1=\min\begin{cases}\sqrt{96.36\times30}=53.77(\text{mm})\\150\text{mm}\end{cases}$$

$$h_1(\min)=53.39\text{mm}$$

内侧有效补强高度：

$$h_2=\min\begin{cases}\sqrt{96.36\times30}=53.77(\text{mm})\\0\end{cases}$$

$$h_2(\min)=0$$

$$\begin{aligned}A_1&=(B-d)(\delta_e-\delta)-2\delta_t(\delta_e-\delta)\\&=(196.4-96.36)\times(34.25-30.1)-2\times11\times(34.25-30.1)\\&=323.87(\text{mm}^2)\end{aligned}$$

$$A_2=2h_1(\delta_{et}-\delta_t)+2h_2(\delta_{et}-\delta_t)=2\times53.77\times(29.32-10.23)=2052.94(\text{mm}^2)$$

本设计焊接长度取 6mm：

$$A_3=\frac{1}{2}\times2\times6\times6=36(\text{mm}^2)$$

$$A_e=A_1+A_2+A_3=323.87+2052.94+36=2412.81(\text{mm}^2)$$

$A_e<A$，开孔需要另加补强：

$$A_4\geqslant A-A_e$$

$$A_4\geqslant2900.436-2412.81=487.626(\text{mm}^2)$$

⑧ 三级换热器甲烷侧补强面积计算所需参数见表 7-22。

表 7-22　三级换热器封头、接管尺寸（甲烷侧）

项目	封头	接管
内径/mm	350	95
计算厚度/mm	28.14	9.46
名义厚度/mm	20	30
厚度附加量/mm	0.75	0.68

封头开孔所需补强面积：

$$A=d\delta=96.36\times28.14=2711.57(\text{mm}^2)$$

有效宽度 B 按下式计算，取两者中较大值：

$$B=\max\begin{cases}2\times96.36=192.72(\text{mm})\\96.36+2\times20+2\times30=196.36(\text{mm})\end{cases}$$

$$B(\max)=196.36\text{mm}$$

有效高度按下式计算，分别取两式中较小值。

外侧有效补强高度：

$$h_1 = \min\begin{cases}\sqrt{96.36\times 30} = 53.77(\text{mm})\\ 150\text{mm}\end{cases}$$

$$h_1(\min) = 53.39\text{mm}$$

内侧有效补强高度：

$$h_2 = \min\begin{cases}\sqrt{96.36\times 30} = 53.77(\text{mm})\\ 0\end{cases}$$

$$h_2(\min) = 0$$

$$\begin{aligned}A_1 &= (B-d)(\delta_e-\delta)-2\delta_t(\delta_e-\delta)\\ &= (196.36-96.36)\times(34.25-28.14)-2\times 9.46\times(34.25-28.14)\\ &= 495.4(\text{mm}^2)\end{aligned}$$

$$A_2 = 2h_1(\delta_{et}-\delta_t)+2h_2(\delta_{et}-\delta_t) = 2\times 53.77\times(29.32-9.46) = 2135.74(\text{mm}^2)$$

本设计焊接长度取 6mm：

$$A_3 = \frac{1}{2}\times 2\times 6\times 6 = 36(\text{mm}^2)$$

$$A_e = A_1+A_2+A_3 = 495.4+2135.74+36 = 2667.14(\text{mm}^2)$$

$A_e > A$，开孔不需要另加补强。

本章小结

通过研究开发 100 万立方米每天开式 LNG 液化系统及板翅式换热器设计计算方法，构建开式制冷系统并应用三级 PFHE 来降低天然气温度，并根据级联式混合制冷剂 LNG 液化工艺流程及三级多股流板翅式换热器（PFHE）特点，就可突破开式-162℃ LNG 液化工艺设计计算方法及主设备 PFHE 设计计算方法。设计过程中采用三级 PFHE 换热，采用天然气作为制冷剂液化自身天然气，较传统的 LNG 液化系统省去了独立运行的制冷剂系统，所以本章采用开式三级 PFHE 主液化设备，内含 LNG 自液化工艺，其结构紧凑，制冷系统简洁，能有效解决液化工艺系统庞大、制冷剂运算复杂等问题。三级 PFHE 结构紧凑，可连接设计，便于多股流大温差换热，也是目前 LNG 液化过程中可选用的经济性较高的 LNG 液化工艺装备之一。

参考文献

[1] 王松汉. 板翅式换热器［M］. 北京：化学工业出版社，1984.

[2] 钱寅国. 文顺清. 板翅式换热器的传热计算［J］. 期刊论文，2011.

[3] 张周卫，汪雅红，李跃，等. LNG 混合制冷剂多股流板翅式换热器［P］. 中国：2015100510916，2016-10-05.

[4] 张周卫，汪雅红，李跃，等. LNG 低温液化一级制冷五股流板翅式换热器［P］. 中国：2015100402447，2016-10-05.

[5] 张周卫，汪雅红，李跃，等. LNG 低温液化二级制冷四股流板翅式换热器［P］. 中国：201510042630X，2016-10-05.

[6] 张周卫，汪雅红，李跃，等. LNG 低温液化三级制冷三股流板翅式换热器［P］. 中国：2015102319726，2016-11-16.

第 8 章

30 万立方米每天天然气膨胀制冷 LNG 液化四级板翅式换热器设计计算

本章重点研究开发 30 万立方米每天天然气膨胀制冷 LNG 液化四级板翅式换热器设计计算方法，并根据天然气膨胀制冷 LNG 液化工艺流程及四级多股流板翅式换热器（PFHE）特点，将天然气液化为-162℃ LNG。在天然气液化为 LNG 过程中会放出大量热，需要构建天然气膨胀制冷系统及辅助节流制冷系统，并应用四级 PFHE 来降低天然气温度。传统的 LNG 液化工艺一般运用氮气、甲烷、乙烯、丙烷、丁烷、异丁烷等制冷剂，通过多级换热制冷，最终将天然气冷却至-162℃液体状态。天然气膨胀制冷较传统的 LNG 液化工艺系统具有结构简洁、工艺流程明晰、无特殊制冷剂等优点，所以本章采用四级 PFHE 型 LNG 主液化设备，内含天然气膨胀液化工艺，能有效解决液化工艺系统复杂、制冷系统庞大等问题。图 8-1 为 30 万立方米每天天然气膨胀制冷 LNG 液化四级板翅式换热器的总装配图。

8.1 板翅式换热器简介

8.1.1 液化工艺流程及原理

在带膨胀机的天然气液化工艺流程中，常采用天然气直接膨胀制冷或氮气膨胀制冷等方式。根据制冷剂的不同，主要可分为氮气膨胀液化流程、氮气-甲烷混合膨胀液化流程和天然气直接膨胀液化流程。天然气膨胀液化工艺主要运用透平膨胀制冷原理，利用天然气在透平膨胀机中等熵膨胀使天然气温度降低，达到低温液化的温度要求。理论上膨胀制冷循环采用逆布雷顿循环，通过压缩机等熵压缩，然后经冷却器冷却，最后在透平膨胀机内等熵膨胀并且对外做功，从而获得低温气流。

图 8-2 为天然气膨胀液化工艺流程图。天然气自膨胀液化流程的基本原理：天然气在膨胀机中膨胀降温的同时输出功并用于压缩机驱动。当进入装置的原料气与离开装置的商品气存在自然压差时，液化过程将无需从外界补充能量，而是靠自然压差通过膨胀机制冷来实现。天然气直接膨胀液化流程可利用气田来的高压天然气，在膨胀机中绝热膨胀，从而为天然气液化流程提供膨胀冷量，特别是对管线压力高，实际使用压力较低，中间又需要压降的场合

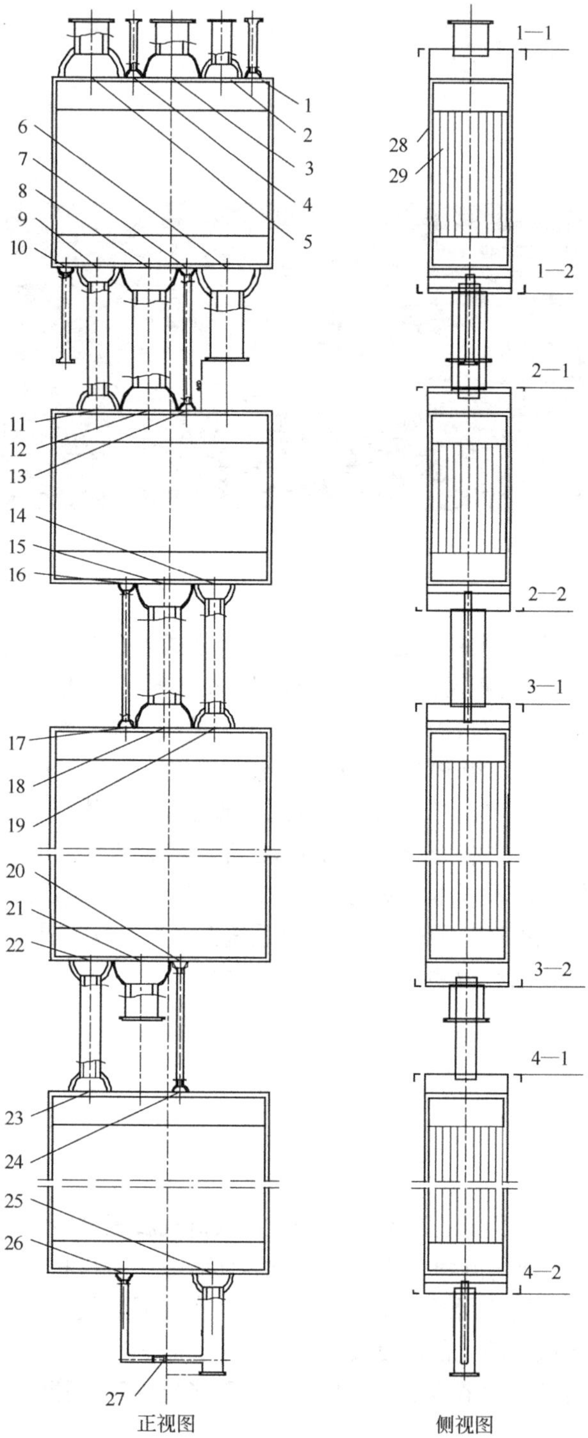

图 8-1 30 万立方米每天天然气膨胀制冷 LNG 液化四级板翅式换热器的总装配图

1—自蒸发天然气流体封头、接管、法兰；2—天然气预冷流体用封头、接管、法兰；3—膨胀机回流制冷流体用封头、接管、法兰；4—过冷器回流制冷流体用封头、接管、法兰；5—流入膨胀机天然气流体用封头、接管、法兰；6—流入膨胀机天然气流体用封头、接管；7—过冷器回流制冷流体用封头、接管；8—膨胀机回流制冷流体用封头、接管；9—天然气预冷流体用封头、接管；10—自蒸发天然气流体、接管；11—天然气预冷用封头、接管；12—膨胀机回流制冷流体用封头、接管；13—过冷器回流制冷流体用封头、接管；14—天然气预冷流体用封头、接管；15—膨胀机回流流体用封头、接管；16—过冷器回流用封头、接管；17—过冷器回流流体用封头、接管；18—膨胀机回流流体用封头、接管；19—天然气预冷流体用封头；20—过冷器回流流体用封头、接管；21—膨胀机回流流体用封头、接管；22—天然气预冷流体用封头、接管；23—天然气预冷流体用封头、接管；24—过冷器回流流体用封头、接管；25—天然气预冷流体用封头、接管；26—过冷器回流流体用封头、接管；27—天然气节流装置；28—侧板；29—封条

很适用，而且对于进入膨胀机中的天然气不需要脱除二氧化碳，仅仅需要对液化部分的原料气进行二氧化碳脱除，那么预处理量将大为减少。在装置正常运转的时候，储罐蒸发的 BOG 经返回气压缩机压缩后，重新回到系统进行液化。天然气自膨胀液化流程具有流程简单、设备紧凑、投资小、工作可靠等优点。但该液化流程不能够像氮气膨胀液化流程那样获得更低的膨胀温度，循环气量大，液化率低，同时膨胀机的工作性能受原料气压力和组分变化影响

较大，所以对系统的安全性要求较高。

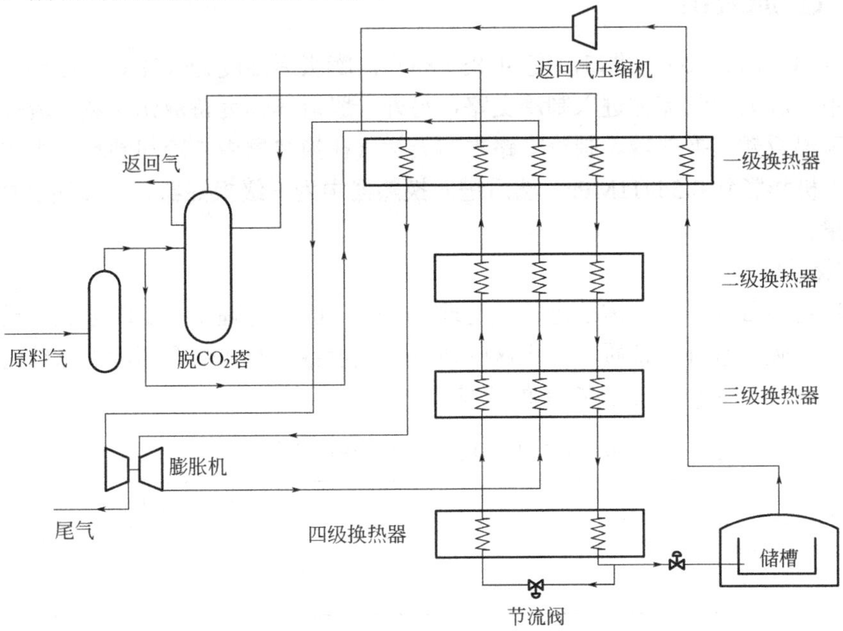

图 8-2　天然气膨胀液化工艺流程图

天然气膨胀制冷液化工艺步骤如下。

首先，原料天然气经过脱水器脱水，部分进入脱 CO_2 塔中脱除 CO_2。

待液化天然气进入脱二氧化碳塔脱除二氧化碳之后，通过前三级的换热器降低温度液化，在过冷器内过冷，一部分天然气减压到 0.08MPa 后进入储槽储存，另一部分天然气节流后为过冷器和前三级换热器提供冷量。

另一股未进入脱 CO_2 塔的天然气流体经过一级换热器预冷后直接进入膨胀机膨胀，为一级换热器、二级换热器、三级换热器提供冷量。

最后，储槽中自蒸发的 BOG 气体，首先为一级换热器提供冷量，再进入返回气压缩机，压缩冷却后与未进入 CO_2 塔的原料气混合，进入一级换热器冷却后，进入膨胀机膨胀产生冷量，为换热器提供冷量。

8.1.2　透平膨胀机工作原理

透平膨胀机是一种高速旋转的热力机械。依据能量转换和守恒定律，气体在透平膨胀机中将进行绝热膨胀时对外做功，其能量将会降低，而且产生一定的焓降，将会使气体本身的温度降低，从而为气体液化创造条件。从某种角度来说透平膨胀机实际上是离心式压缩机的反向作用。离心式压缩机由电动机驱动，从而使气体的压力上升，消耗动力。透平膨胀机就是通过高压气体膨胀时产生的气流，冲击透平膨胀机的工作叶轮，来使叶轮旋转。高速旋转的叶轮可以产生一定的动力，进而对外做功，同时，膨胀后的气体温度和压力均降低，所以可以认为，透平膨胀机就是利用介质流动时的速度变化来进行能量之间的转换，这不仅可以为液化装置提供冷量，同时膨胀产生的功还可用于驱动压缩机，降低 LNG 单位体积的能耗。

8.1.3 天然气膨胀液化

原料气压力为 4.2MPa，对应进口温度为-85.488℃，膨胀后温度为-128℃。原料气脱水后分为两股，其中一股天然气流体进入制冷支路，另外一股流体作为待液化天然气流体经过进一步纯化进入高温板翅式换热器。制冷支路中的天然气在换热器中被冷却到膨胀机进口温度，经过透平膨胀机膨胀到 0.54411MPa，然后进入换热器中为三级换热器、二级换热器、一级换热器提供冷量。

8.1.3.1 液化前原料气处理

天然气进入液化装置前，首先需要进行预处理。天然气的预处理主要是脱去原料天然气中的硫化氢、二氧化碳、水分等杂质，防止这些杂质腐蚀设备以及在低温环境下冻结而堵塞设备和管道。表 8-1 为这些杂质在 LNG 中的含量。

表 8-1 原料气中部分杂质在 LNG 中的含量

组分	在 LNG 中的含量（体积分数）
二氧化碳	4×10^{-5}
硫化氢	7.35×10^{-4}
水	10^{-11}
甲硫醇	4.7×10^{-5}
乙硫醇	1.34×10^{-4}

对于调峰型 LNG 工厂，其原料气大多是已先期净化的管输天然气，所以管输天然气的质量标准比液化前对原料气的气质要求低，从而必须对管输气进行再次净化。表 8-2 为基本负荷 LNG 工厂预处理指标及限制依据。

表 8-2 基本负荷 LNG 工厂预处理指标及限制依据

杂质	预处理指标	限制依据
水	$<0.1\times10^{-6}m^3/m^3$	A
二氧化碳	$(50\sim100)\times10^{-6}m^3/m^3$	B
硫化氢	$4\times10^{-6}m^3/m^3$	C
硫化物总量	$10\sim50mg/m^3$	C
汞	$<0.01\mu g/m^3$	A

注：A 为无限制生产下的累积允许值；B 为溶解度限制；C 为产品规格。

8.1.3.2 脱水

天然气液化前需要进行脱水处理，主要有以下原因：

① 天然气中水汽的存在，将会减小输气管道对其他有效成分的输送能力，降低天然气的热值；

② 在液化装置中，水在低于零摄氏度条件下，将会以冰或霜的形式冻结在换热器的表面和节流阀的工作部分；

③ 天然气和水会形成天然气水合物，它是半稳定的固态化合物，当然也可以在零摄氏度以上形成，这些物质的存在将会增加输气压降，从而减小油气管线通过能力，有时会阻塞

阀门和管线，影响平稳供气。

天然气脱水方法的比较见表 8-3。

表 8-3　天然气脱水方法的比较

类别	方法	脱湿度	大气露点/℃	安装面积	运转维修	分离理论	主要设备	适用范围
冷却脱水	加压、降温、节流等	低	0～20	大	中	凝聚	冷冻机、换热器、节流设备	大量水分的粗分离
溶剂吸收脱水	醇类脱水吸收剂	中	0～30	大	难	吸收	吸收塔、换热器、泵等	大型液化装置中
固体吸附脱水	分子筛、硅胶等	高	−30～50	中	中	吸附	吸收塔、换热器	小流量气脱水
膜分离法脱水	吹扫真空	中	−20～40	小	易	透过	膜换热器、过滤器	净化厂集气站

固体脱水可以提供非常低的露点，同时吸附法对气温、流速、压力变化不敏感，经过比较发现也没有腐蚀、形成泡沫等问题，故选用固体吸附脱水。分子筛是一种天然或者人工合成的沸石型铝硅酸盐，通常我们也称天然分子筛为沸石，人工合成的则多称分子筛。分子筛对于极性分子即使是在低浓度下也具有特别高的吸附容量，特别是对于一些化合物效果非常明显，分子筛可用于脱水、脱硫或同时脱硫脱水。水较各种硫化物有更强烈的吸附性能，从而可达到高净化度。几种常用的分子筛见表 8-4。

表 8-4　几种常用的分子筛

型号	SiO_2/Al_2O_3（摩尔比）	孔径/10^{-10}m
3A(钾 A 型)	2	3～3.3
4A（钠 A 型）	2	4.2～4.7
5A(钙 A 型)	2	4.9～5.6
Y(钠 A 型)	3.3～6	9～10
钠丝光沸石	3.3～6	0～5

从表 8-5 中可以看出，用分子筛脱水，选择 4A 分子筛比较合适，因为 4A 分子筛的孔径为（4.2～4.7）×10^{-10}m，水分子的公称直径为 3.2×10^{-10}m。4A 分子筛也可以吸附 CO_2 和 H_2O 等杂质，故 LNG 工厂选用 4A 型沸石分子筛进行脱水。表 8-6 为分子筛脱天然气中水分的常用操作条件。

表 8-5　在天然气净化过程中常见的几种物质分子的公称直径

分子	公称直径/10^{-10}m
H_2	2.4
CO_2	2.8
N_2	3.0
H_2O	3.2
H_2S	3.6

表 8-6　分子筛脱天然气中水分的常用操作条件

参数	操作条件
天然气流量/(m^3/h)	10^4～1.67×10^6
天然气进口含水量/(m^3/m^3)	150×10^{-6}
天然气压力/MPa	1.5～10.5
吸附循环时间/h	8～24
天然气出口含水量	$<10^{-7}$ m^3/m^3
再生气体	干燥装置尾气，压力等于或低于原料气压力，根据再压缩条件需要确定
再生气体加热温度/℃	230～290（床层进口）

综上所述，分子筛具有以下显著优点：

① 吸附选择性强，只会去吸附那些临界直径比分子筛孔径小的分子，而且对于极性分子也具有良好的选择性，能够牢牢吸住这些分子；

② 脱水用 4A 分子筛，因为不吸附重烃，就会避免因吸附重烃而使吸附剂失效；

③ 吸附水时，能够进一步脱除残余酸性气体；

④ 不易受液态水的损害。

吸附脱水常用于小流量气体脱水。对于那些大流量、高压天然气脱水：一般要求的露点降仅为 22～28℃时，通常情况下采用甘醇吸收脱水比较经济；一般要求的露点降为 28～44℃时，那么甘醇法和吸附法均可考虑。可参照其他影响因素确定。故本方案所设计的液化进口温度为 36℃是合理的。

吸附法天然气脱水流程如下。

在吸附时，通常为了有效地减少气流对吸附剂床层扰动的影响，需干燥的天然气自上而下流过吸收塔。Ⅰ号干燥塔在吸附时，湿天然气将通过阀门进入塔顶，自上而下流过吸附塔，然后经过阀门输出干燥的天然气。当另一个干燥塔吸附时，湿天然气同样经阀门流进塔顶，自上而下流过干燥塔，通过阀门输出干燥的天然气。

一般情况下，一个塔吸附时，另一个塔将会再生。吸附剂再生吸热，那么当一个吸附塔在脱水再生时，可以对再生气体用某种方式进行加热，那么再生气体自下而上流过再生塔，从而对吸附层进行脱水再生。再生气体自下而上流动，就会确保与湿原料气脱水时，相互接触的底部床层得到充分再生，之所以这样是因为底部床层的再生效果，将会影响流出床层天然气的质量。再生加热器通常采用热油、蒸汽或者其他热源的间接加热器。本设计综合各方因素采用热油炉及蒸汽锅炉的形式加热。

当吸附剂再生后，通常经过冷却后才能具有较好的吸附能力。那么在对再生后的床层进行冷却时，通过停止加热器，以冷却再生后的热床。冷却器一般情况下是自上而下流过吸附剂床层，以便使冷却气中的水分被吸附在床层的顶部。而且在脱水操作中，床层顶部的水分将不会对干燥后的天然气露点产生太大影响。

8.1.3.3　脱酸性气体

通过地层采出的天然气除了含有水蒸气外，常常还含有一些酸性气体。这些酸性气体一般是 H_2S、CO_2 等其他气相杂质。H_2S 不但有剧毒而且对金属也具有特别强的腐蚀性。CO_2，众所周知是酸性气体，那么天然气液化装置中，CO_2 比较容易形成固相析出，堵塞管道。而且 CO_2 不燃烧，无热值，运输和液化都是不经济的。

酸性气体除了对人的身体有害外，还对设备管道有腐蚀作用，由于其沸点较高，在降温过程中易呈固体析出，所以必定是要脱除的。脱除酸性气体一般被称为脱硫脱碳，而且净化天然气时，一般考虑同时脱除 H_2S 和 CO_2，若用醇胺法和分子筛吸附净化，那么它们是可以一起被脱除的。

脱硫方法有很多种，比如说化学吸收法、物理吸收法、联合吸收法、直接转化法、非再生性法、膜分离法和低温分离法等。从实际工程及经济条件等出发，大多数选择化学吸收法。

化学吸收法通常是以弱碱性溶液作为吸收溶剂，在与天然气中的酸性气体反应后，形成化合物。一般吸收了酸性气体的溶液（富液）温度升高，同时压力降低，此化合物即分解放出酸性气体。

在化学吸收法中，醇胺法应用最为广泛。醇胺法的优点是成本低，反应率高，稳定性良好和易再生。通常对于 H_2S 和 CO_2，胺吸收法更易吸收 H_2S。通常 CO_2，当胺液的循环流量足够大时，浓度可降低至 $2.5\times10^{-5}m^3/m^3$。

醇胺法脱除酸性气体的流程如下。

原料气从吸收塔的底部进入，在与塔顶喷淋下的胺水溶液相接处后，里面的酸性气体将会被溶剂洗涤吸收然后从塔顶逸出，再经过出口分离器脱去游离水，以便进入下一道预处理工序。一般塔底含有酸性气体的富液，经贫富液换热器被加热，再进入汽提塔（再生塔）的顶部，然后沿再生塔的填料层向下流动，最后被上升的气体加热而解吸，再流入重沸器，同样被加热以后再返回再生塔，我们所说的酸性气体（并带有胺蒸气）便蒸发出来，自塔顶冷却器并通过分离脱去夹带的胺液后，然后去回收装置进行硫回收。通常分离器中的胺液流入再生塔，而再生塔底的贫液再由胺液泵抽出，当经过贫富换热器冷却后，将在吸入吸收塔的顶部供循环使用。

8.1.3.4　天然气液化流程

采用带膨胀机液化流程，就是利用高压制冷剂在透平膨胀机中绝热膨胀的克劳德循环制冷的，从而来实现天然气的液化过程。气体在膨胀机中膨胀降温的过程中，能输出功，从而驱动流程中的压缩机。当进入装置的原料气与离开液化装置的商品气存在压差时，会通过膨胀机制冷，从而将会使进入装置的天然气液化。而且带膨胀机的操作相对比较简单，投资适中，对于液化能力较小的调峰型天然气液化装置很适用。

天然气膨胀液化流程，就是直接通过高压天然气在膨胀机中绝热膨胀然后到输送管道压力从而使天然气液化的流程。该流程的最大特点是功耗小，仅仅对液化的那部分天然气脱除杂质，那么需要预处理的天然气量将大大减少。

原料气经过预处理以后经换热器及过冷器后液化，部分节流后进入储罐储存，另一部分节流后为换热器和过冷器提供冷量。储罐中自蒸发的气体，首先为换热器提供冷量，再进入返回气压缩机，压缩并冷却后，与未脱二氧化碳的原料气混合，经换热器冷却后，进入膨胀机，膨胀降温后，为换热器提供冷量。

对于这类流程，为了能够得到较大的液化效率，在流程中增加一台压缩机，这种流程称为带循环压缩机的天然气膨胀液化流程。这类流程具有调节灵活、工作可靠、易启动、易操作、维修方便等特点。

8.1.3.5　液化生产线

许多因素会对 LNG 生产线的规模产生影响，例如：气田的规模、给 LNG 厂供气管线输送能力、液化工艺的驱动设备尺寸以及终端市场的大小。许多相对规模较小的 LNG 生产线（$<450\times10^4t/a$）备受推崇，这是因为它易于融资，可开发小规模孤立气田，并且可以扩建以

满足市场需求的发展。

液化循环类型 LNG 厂的规模通常是根据其使用设备和液化或冷却循环来确定的。液化循环有三种主要的类型：复叠纯制冷剂循环、混合制冷剂循环、膨胀混合制冷剂循环。这三种有共同特点，例如：在预冷循环中对原料气进行预冷；经常使用丙烷蒸气压缩循环，把丙烷作为制冷剂。由于三种液化循环具有不同的特点，在给定生产能力范围内，可以使用一种或多种制冷循环形式，就本课题采用膨胀混合制冷剂循环的方式来进行天然气的液化。

8.1.3.6 典型中小型液化装置

本课题采用的是中原油田天然气。中原油田天然气有着丰富的天然气储量，天然气远景储量为 $2800\times10^8m^3$，现已探明地质储量为 $947.57\times10^8m^3$，这些天然气能为液化装置提供长期稳定的气源。

该装置生产 LNG 的能力为 $30\times10^4m^3/d$，原料气压力为 12MPa，温度为 36℃，甲烷的摩尔分数为 93.35%～95.83%。在装置中，充分利用了原料天然气的高压力，在合理的温度下进行节流，并对节流产生的气相或液相流体的冷量进行回收利用，减少了装置的能耗。装置中的换热器采用了高效板翅式换热器，增强了换热效果。

液化装置生成的 LNG 进入储罐储存。液化天然气储罐容量达 $1200m^3$，此容量可满足正常生产时四五天的产品储存量。储罐中设置了测量 LNG 温度、压力、液位，以及测量储罐壁温度的传感器，并将测试信号传至中心控制室。当储罐内压力超高或者超低，液位超高或者超低时，中心控制室将有报警信号，并采取相应措施。天然气液化进口前也会采取相应的安全措施，如安装原料气计量设备、压缩机启动系统、导热油系统等。

8.1.4 天然气膨胀低温液化比选优势

目前，市场上用来进行天然气液化深冷的换热技术有很多，主要有以下几种：级联式天然气液化工艺设计、混合制冷剂液化工艺设计、带膨胀机的液化工艺设计。带膨胀机的液化工艺又分为氮气膨胀液化工艺、天然气膨胀液化工艺。本设计为天然气膨胀液化工艺。天然气膨胀工艺具有以下几点优势：

① 由于天然气本身为工质，它几乎不消耗动力，并且只需要对待液化的那部分天然气进行杂质的脱除，所以预处理的气量可以大为减少。

② 天然气膨胀低温液化工艺流程具有流程简单、工作方式可靠、容易启动、容易操作、调节灵活、维修方便、造价低的优势。

8.2 换热器换热工艺设计计算

8.2.1 板翅式换热器的工艺流程图

天然气膨胀低温制冷板翅式换热器工艺流程见图 8-3。

8.2.2 板翅式换热器的工艺设计计算步骤

选择相适应的翅片型号，然后设计流道的排列方式，用对数平均温差法相继计算传热面积、板束长度，最后校核压力降。具体的设计步骤如下：

① 根据设计的要求确定流道布置形式为逆流布置；

② 依据温度、压力、流量计算出每一级换热器各流体制冷量和预冷量；

③ 选择合适的翅片型号，并设计安排流道数，设定流速，算出各流体质量流速；

④ 计算每一股流体在流道内的换热系数、总传热效率；

⑤ 确定对数平均温差，计算传热面积，设定翅片宽度，确定板翅式换热器单元体的理论长度与实际长度；

⑥ 计算压力降，并进行压力降校核，如果超过允许压力降，重新假设流速；

⑦ 重复步骤③～⑥，直到满足允许压力降。

8.2.3　已知参数

天然气物性参数见表 8-7。

表 8-7　天然气物性参数表

名称	临界温度/℃	临界压力/MPa
天然气	-82.586	4.5992

每天处理标准大气压下流体 $300000m^3$，天然气进口温度 36℃，进口压力 0.1MPa。

天然气质量流量：

$$G = \frac{300000}{24 \times 3600} \times 0.62507 = 2.17(kg/s)$$

节流前：

压力 4.05MPa　　$H = 56.29kJ/kg$

节流后：

压力 0.08MPa　　$H = 56.29kJ/kg$

储槽液化天然气每小时蒸发率 0.3%，储罐 $50000m^3$。

储槽自蒸发质量流量：

$$\frac{50000 \times 11.166 \times 0.3\%}{3600} = 0.46525(kg/s)$$

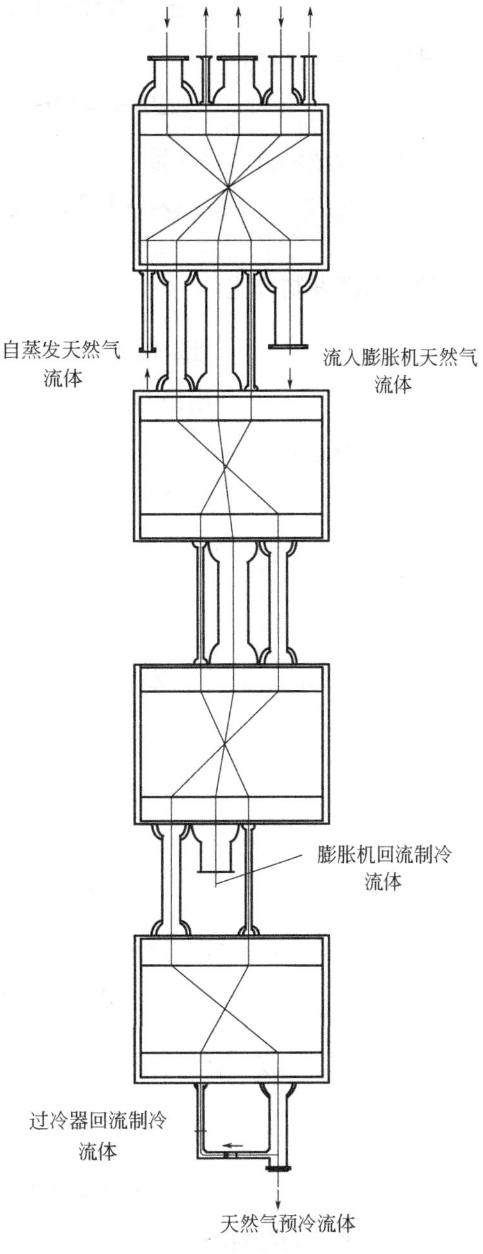

图 8-3　天然气膨胀低温制冷板翅式换热器工艺流程

8.2.4　热负荷及质量流量计算

8.2.4.1　一级换热设备制冷预冷过程

（1）天然气待液化流体

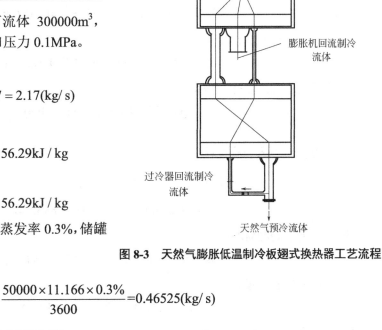

进口温度 36℃　　$H_1 = 896.45kJ/kg$

出口温度-24℃　　$H_2 = 745.93\text{kJ/kg}$

设计压力 4.2MPa：

$$\Delta H = 742.93 - 896.45 = -153.52(\text{kJ/kg})$$

天然气待液化流体预冷量：

$$Q = -153.52 \times (2.17 + 8.2) = -1592(\text{kJ/s})$$

（2）自蒸发制冷流体

进口温度-61.147℃　　$H_1 = 724.376\text{kJ/kg}$

出口温度 21.2℃　　$H_2 = 901.7\text{kJ/kg}$

设计压力 0.08MPa：

$$\Delta H = 901.7 - 724.376 = 177.324(\text{kJ/kg})$$

天然气自蒸发流体制冷量：

$$Q = 177.324 \times 0.46525 = 82.5(\text{kJ/s})$$

（3）过冷器回流制冷流体

进口温度-61℃　　$H_1 = 722.69\text{kJ/kg}$

出口温度 21℃　　$H_2 = 900.13\text{kJ/kg}$

设计压力 0.19262MPa：

$$\Delta H = 900.13 - 722.69 = 177.44(\text{kJ/kg})$$

过冷器回流制冷流体制冷量：

$$Q = 177.44 \times 0.35 = 62.1(\text{kJ/s})$$

（4）膨胀后流体制冷过程

进口温度-59.293℃　　$H_1 = 722.15\text{kJ/kg}$

出口温度 21.4℃　　$H_2 = 898.66\text{kJ/kg}$

设计压力 0.4282MPa：

$$\Delta H = 898.66 - 722.15 = 176.51(\text{kJ/kg})$$

膨胀后流体制冷量：

$$Q = 176.51 \times 8.2 = 1447.4(\text{kJ/s})$$

8.2.4.2　二级换热设备制冷预冷过程

（1）待液化流体

进口温度-24℃　　$H_1 = 743.73\text{kJ/kg}$

出口温度-74℃　　$H_2 = 584.69\text{kJ/kg}$

设计压力 4.15MPa：

$$\Delta H = 584.69 - 743.73 = -159.04(\text{kJ/ kg})$$

天然气待液化流体预冷量：

$$Q = -159.04 \times 2.17 = -345.12(\text{kJ/ s})$$

（2）回流制冷流体

进口温度-78℃　　$H_1 = 886.53\text{kJ/ kg}$

出口温度-61℃　　$H_2 = 722.63\text{kJ/ kg}$

设计压力 0.19634MPa：

$$\Delta H = 722.63 - 886.53 = -163.9(\text{kJ/ kg})$$

过冷器回流制冷流体制冷量：

$$Q = -163.9 \times 0.35 = -57.365(\text{kJ/ s})$$

（3）流体制冷过程

进口温度-78℃　　$H_1 = 681.23\text{kJ/ kg}$

出口温度-59.293℃　　$H_2 = 721.78\text{kJ/ kg}$

设计压力 0.44874MPa：

$$\Delta H = 721.78 - 681.23 = 40.55(\text{kJ/ kg})$$

膨胀后流体制冷量：

$$Q = 40.55 \times 8.2 = 332.48(\text{kJ/ s})$$

8.2.4.3　三级换热设备制冷预冷过程

（1）待液化流体

进口温度-74℃　　$H_1 = 586.86\text{kJ/ kg}$

出口温度-124℃　　$H_2 = 140.8\text{kJ/ kg}$

设计压力 4.1MPa：

$$\Delta H = 140.8 - 586.86 = -446.06(\text{kJ/ kg})$$

天然气待液化流体预冷量：

$$Q = -446.06 \times 2.17 = -968(\text{kJ/ s})$$

（2）回流制冷流体

进口温度-128℃　　$H_1 = 578.91\text{kJ/ kg}$

出口温度-78℃　　$H_2 = 686.14\text{kJ/ kg}$

设计压力 0.21505MPa：

$$\Delta H = 686.14 - 578.91 = 107.24(\text{kJ/kg})$$

过冷器回流制冷流体制冷量：

$$Q = 107.24 \times 0.35 = 37.53(\text{kJ/s})$$

（3）等熵膨胀

膨胀前：

温度-24℃　　压力 4.15MPa

膨胀后：

温度-128℃　　压力 0.54411MPa

膨胀后流体制冷过程：

进口温度-128℃　　$H_1 = 565.77\text{kJ/kg}$

出口温度-78℃　　$H_2 = 679.19\text{kJ/kg}$

设计压力 1MPa：

$$\Delta H = 679.19 - 565.77 = 113.42(\text{kJ/kg})$$

膨胀后流体制冷量：

$$Q = 113.42 \times 8.2 = 930.47(\text{kJ/s})$$

8.2.4.4　过冷器设备制冷预冷过程

（1）待液化天然气

进口温度-124℃　　$H_1 = 140.77\text{kJ/kg}$

出口温度-147℃　　$H_2 = 56.29\text{kJ/kg}$

设计压力 4.05MPa：

$$\Delta H = 56.29 - 140.77 = -84.48(\text{kJ/kg})$$

待液化天然气流体预冷量：

$$Q = -84.48 \times 2.17 = -183.32(\text{kJ/s})$$

（2）等焓节流过程

节流前：

温度-147℃，压力 4.05MPa　　焓 $H_1 = 56.29\text{kJ/kg}$

节流后：

温度-151.15℃，压力 0.22MPa　　焓 $H_2 = 56.29\text{kJ/kg}$

制冷流体制冷过程：

进口温度-151.15℃　　$H_1 = 56.29\text{kJ/kg}$

出口温度-128℃　　　$H_2 = 578.72\text{kJ/kg}$

设计压力 0.22MPa：

$$\Delta H = 578.72 - 56.29 = 522.43(\text{kJ/kg})$$

由过冷器吸热量等于放热量，即：$-Q_1 = Q_2$

$$Q_2 = 183.32\text{kJ/s}$$

制冷流体的质量流量：

$$\frac{183.32}{522.43}=0.35(\text{kg/s})$$

各级换热设备各流体制冷量或预冷量见表 8-8～表 8-11。

表 8-8　一级换热设备各流体制冷量或预冷量

流体	制冷量/(kJ/s)	预冷量/(kJ/s)
待液化天然气		−1592
过冷器用制冷天然气	62.1	
膨胀用制冷天然气	1447.4	
自蒸发制冷用天然气	82.5	

表 8-9　二级换热设备各流体制冷量或预冷量

流体	制冷量/(kJ/s)	预冷量/(kJ/s)
待液化天然气		−345.12
节流用制冷天然气	12.64	
膨胀用制冷天然气	332.48	

表 8-10　三级换热设备各流体制冷量或预冷量

流体	制冷量/(kJ/s)	预冷量/(kJ/s)
待液化天然气		−968
节流用制冷天然气	37.53	
膨胀用制冷天然气	930.47	

表 8-11　过冷器换热设备各流体制冷量或预冷量

流体	制冷量/(kJ/s)	预冷量/(kJ/s)
待液化天然气		−183.32
节流用制冷天然气	183.32	

8.2.5　翅片选择与翅片参数

翅片的选择依据是最高工作压力、传热能力、允许压力降、流体的流动特性、有无相变、流量等。为了让翅片发挥高效的传热能力，当给热系数大的时候，选用高度低、翅片厚的翅片。当给热系数小的时候，选用高度高、翅片薄的翅片，这样可以弥补给热系数小造成的不足。板翅式换热器通过流道不同布置形式可以布置成逆流式、顺流式、混合流式。由于逆流式布置换热效率高，本设计采用逆流式布置。采用翅片参数见表 8-12。

表 8-12　日本神户制钢所制造的常用翅片的特性参数

翅片类型	翅片型号	翅片高度 L/mm	翅片厚度 δ/mm	翅片间距 m/mm	通道截面积 f'/m²	总传热面积 f''/m²	当量直径 D_e/mm	二次传热面积与一次传热面积之比
多孔翅片	95PF1702	9.5	0.2	1.7	0.00821	11.47	2.58	0.764
多孔翅片	32PF3503	3.2	0.3	3.5	0.00265	3.1	3.04	0.442

注：f'即有效宽度 1m 的板束的f值；f''即有效宽度 1m、有效长度 1m 的管束的f值。

8.2.6　翅片的排列设计

合理的流道排列有利于天然气的换热，对于天然气的换热降低温度具有非常重要的作用。当换热器的流道排列方式不合理时，会造成热量内耗，不利于换热器换热，甚至使换热效率降低。

通道布置的原则如下：

① 通道布置尽量避免温度交叉和热量内耗。

② 热通道和冷通道除了要做到总的换热量平衡外，还要做到局部换热平衡，以减少热量内耗。

③ 为了强化传热，各股流体的传热系数应该尽量接近。

④ 由于外部翅片受力情况较差，将流体压力小的流体布置在外侧；为了减少热量损失，将温度接近大气的流体布置在外侧。

8.2.6.1　一级板翅式换热器板侧的排列设计

一级板翅式换热器包括五组，每组包括四个待液化天然气热流体、一个自蒸发冷流体、一个过冷器回流的冷流体、两个膨胀机回流冷流体，冷流体和热流体间隔排列。翅片长 0.87m，各组之间采取钎焊连接。具体排列方式如图 8-4 所示。

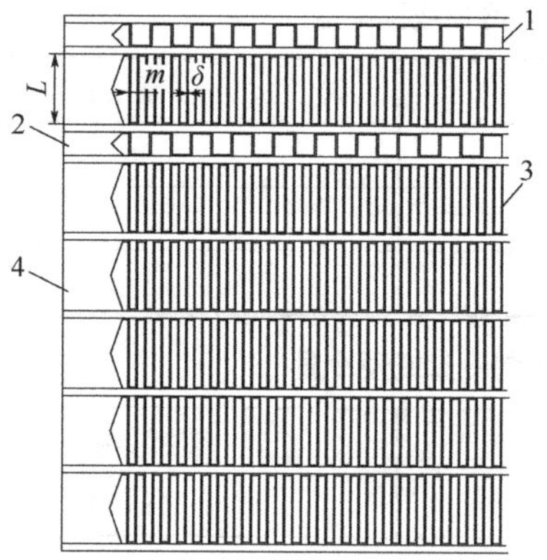

图 8-4　板翅式换热器一级翅片局部放大图

1—自蒸发流体侧翅片；2—过冷器回流侧翅片；3—待液化天然气侧翅片；4—膨胀机回流侧翅片

8.2.6.2　二级板翅式换热器板侧的排列设计

二级板翅式换热器包括五组，每组包括三个待液化天然气热流体、一个过冷器回流的冷流体、两个膨胀机回流冷流体，冷流体和热流体间隔排列。翅片长 0.76m，各组之间采取钎焊连接。具体排列方式如图 8-5 所示。

8.2.6.3　三级板翅式换热器板侧的排列设计

三级板翅式换热器包括五组，每组包括三个待液化天然气热流体、一个过冷器回流的冷流体、两个膨胀机回流冷流体，冷流体和热流体间隔排列。翅片长 6.5m，各组之间采取钎焊连接。具体排列方式如图 8-6 所示。

8.2.6.4　过冷器换热器板侧的排列设计

过冷器包括三组，每组包括一个待液化天然气热流体、一个过冷器回流的冷流体，冷流体和热流体间隔排列。翅片长 3.6m，各组之间采取钎焊连接。具体排列方式如图 8-7 所示。

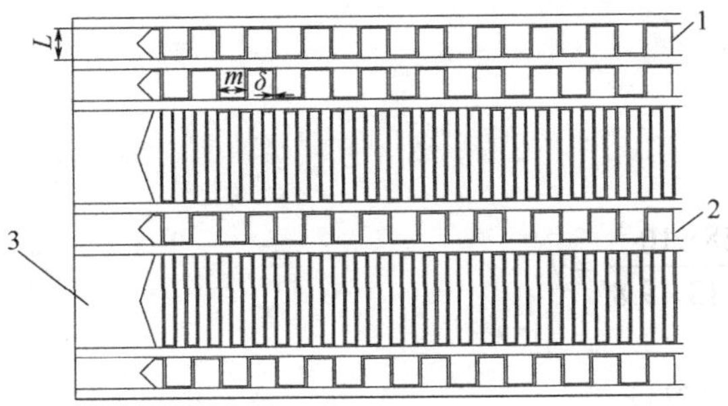

图 8-5　板翅式换热器二级翅片局部放大图

1—过冷器回流侧翅片；2—天然气侧翅片；

3—膨胀机回流侧翅片

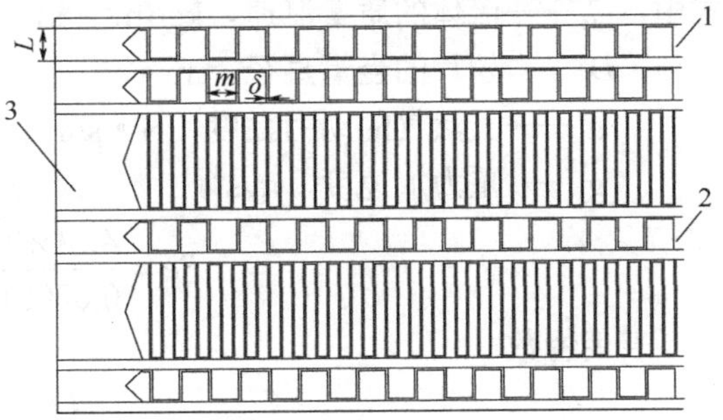

图 8-6　板翅式换热器三级翅片局部放大图

1—过冷器回流侧翅片；2—天然气侧翅片；

3—膨胀机回流侧翅片

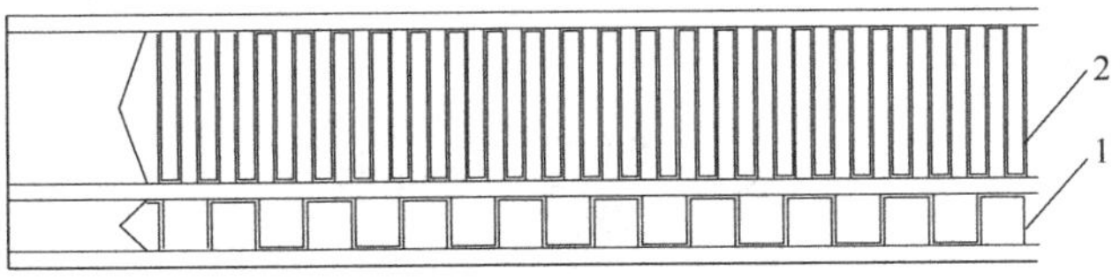

图 8-7　过冷器翅片的局部放大图

1—冷流体侧翅片；2—天然气侧翅片

8.2.7　流体参数计算

8.2.7.1　一级换热器流体参数计算

（1）天然气流体

选用型号 95PF1702 翅片。

翅片内距：

$$x = m - \delta = 1.7 - 0.2 = 1.5(\mathrm{mm}) \tag{8-1}$$

翅片内高：

$$y = L - \delta \tag{8-2}$$

流体质量流速：

$$G_i = \frac{W}{fnl} \tag{8-3}$$

式中　W——流体的质量流速，kg/s；

l——翅片宽度，m，宽度 1.5m；

n——流体的流道数，取 20；

f——单层通道一米宽度上的截面积，m^2。

$$G_i = \frac{10.37}{20 \times 0.00821 \times 1.5} = 42.1[\mathrm{kg/(m^2 \cdot s)}]$$

雷诺数：

$$Re = \frac{G_i D_\mathrm{e}}{g\mu} \tag{8-4}$$

式中　G_i——流体的质量流速，kg/(m^2 • s)；

D_e——翅片的当量直径，m；

μ——天然气的动力黏度，N • s/m^2；

g——重力加速度，m/s^2。

$$Re=\frac{42.1\times 2.58\times 10^{-3}}{0.00001213\times 9.8}=914$$

普朗特数：

$$Pr=0.78933$$

斯坦顿数：

$$St=\frac{j}{Pr^{2/3}} \tag{8-5}$$

传热因子：j=0.007；

摩擦因子：f=0.021。

$$St=\frac{0.007}{0.789^{2/3}}=0.0082$$

给热系数：

$$\alpha=3600St\times C\times G_i \tag{8-6}$$

式中　C——流体的比热容，J/(kg • s)；

G_i——流体的质量流速，kg/(m^2 • s)。

$$\alpha=\frac{0.0082\times 3600\times 42.1\times 2.5064}{4.184}=744.5[\text{kcal/(m}^2\cdot\text{h}\cdot℃)]$$

流体的 p 值：

$$p=\sqrt{\frac{2\alpha}{\lambda\delta}} \tag{8-7}$$

式中　α——流体的给热系数，kcal/(m^2 • h • ℃)；

λ——翅片材料的热导率，铝制翅片的热导率 λ=165W/(m • K)；

δ——翅厚，mm。

$$p=\sqrt{\frac{2\times 744.5}{165\times 2\times 0.0001}}=212.4$$

通道排列方式为冷热通道间隔排列。

流体侧定性尺寸：

$$b=\frac{L}{2} \tag{8-8}$$

$$b=\frac{9.5\times 10^{-3}}{2}=4.75\times 10^{-3}(\text{m})$$

$$pb=212.4\times 4.75\times 10^{-3}=1.01$$

查双曲函数表得：

$$\tanh(pb)=0.7658$$

流体侧翅片的一次面传热效率：

$$\eta_f=\frac{\tanh(pb)}{pb}=\frac{0.7658}{1.01}=0.758 \tag{8-9}$$

流体侧翅片总传热效率：

$$\eta_0 = 1 - \frac{F_2}{F_0}(1-\eta_f) = 1 - 0.764 \times (1-0.758) = 0.815 \tag{8-10}$$

式中　F_2——翅片侧翅片二次传热面积，m^2；

F_0——翅片侧翅片总传热面积，m^2。

（2）回流制冷流体

选用型号 32PF1503 翅片。

翅片内距：

$$x = m - \delta = 3.5 - 0.3 = 3.2(mm)$$

翅片内高：

$$y = L - \delta = 3.2 - 0.3 = 2.9(mm)$$

流体质量流速：

$$G_i = \frac{0.35}{5 \times 0.00265 \times 1.5} = 17.6[kg/(m^2 \cdot s)]$$

雷诺数：

$$Re = \frac{17.6 \times 3.04 \times 10^{-3}}{8.1481 \times 10^{-6} \times 9.81} = 669$$

普朗特数：

$$Pr = 0.74741$$

斯坦顿数：

$$St = \frac{j}{Pr^{2/3}}$$

传热因子：j=0.007。

摩擦因子：f=0.022。

$$St = \frac{0.007}{0.74741^{2/3}} = 0.0085$$

给热系数：

$$\alpha = \frac{0.0085 \times 17.6 \times 3600 \times 2.1243}{4.184} = 273.4[kcal/(m^2 \cdot h \cdot ℃)]$$

流体的 p 值：

$$p = \sqrt{\frac{2 \times 273.4}{165 \times 3 \times 0.0001}} = 105.1$$

通道排列方式为冷热通道间隔排列。

流体侧定性尺寸：

$$b = \frac{L}{2} = \frac{3.2 \times 0.001}{2} = 1.6 \times 10^{-3}(m)$$

查双曲函数表得：

$$\tanh(pb) = 0.1683$$

流体侧翅片的一次面传热效率：

$$\eta_{\mathrm{f}}=\frac{\tanh(pb)}{pb}=\frac{0.1683}{0.17}=0.99$$

流体侧翅片总传热效率：

$$\eta_0=1-\frac{F_2}{F_0}(1-\eta_{\mathrm{f}})=1-0.442\times(1-0.99)=0.996$$

（3）制冷流体

选用型号 95PF1702 翅片。

翅片内距：

$$x=m-\delta=1.7-0.2=1.5(\mathrm{mm})$$

翅片内高：

$$y=L-\delta=9.5-0.2=9.3(\mathrm{mm})$$

流体质量流速：

$$G_i=\frac{8.2}{10\times0.00821\times1.5}=66.6[\mathrm{kg/(m^2\cdot s)}]$$

雷诺数：

$$Re=\frac{66.6\times2.58\times0.001}{0.0000082432\times9.8}=2127$$

普朗特数： $Pr=0.75462$。

斯坦顿数：

$$St=\frac{j}{Pr^{2/3}}$$

传热因子：j=0.0077。

摩擦因子：f=0.017。

$$St=\frac{0.0077}{0.75462^{2/3}}=0.009$$

给热系数：

$$\alpha=\frac{0.009\times2.1603\times3600\times66.6}{4.184}=1114.1[\mathrm{kcal/(m^2\cdot h\cdot ℃)}]$$

液化天然气流体的 p 值：

$$p=\sqrt{\frac{2\alpha}{\lambda\delta}}=\sqrt{\frac{2\times1114.1}{165\times2\times0.0001}}=259.8$$

通道排列方式为冷热通道间隔排列。

液化天然气流体侧定性尺寸：

$$b=\frac{L}{2}=\frac{9.5\times0.001}{2}=4.75\times10^{-3}(\mathrm{m})$$

$$pb=259.8\times4.75\times10^{-3}=1.234$$

查双曲函数表得：

$$\tanh(pb)=0.8434$$

液化天然气流体侧翅片的一次面传热效率：

$$\eta_f = \frac{\tanh(pb)}{pb} = \frac{0.8434}{1.234} = 0.683$$

液化天然气流体侧翅片总传热效率：

$$\eta_0 = 1 - \frac{F_2}{F_0}(1-\eta_f) = 1 - 0.764 \times (1-0.683) = 0.76$$

（4）天然气流体

选用型号 32PF1503 翅片。

翅片内距：

$$x = m - \delta = 3.5 - 0.3 = 3.2(\text{mm})$$

翅片内高：

$$y = L - \delta = 3.2 - 0.3 = 2.9(\text{mm})$$

流体质量流速：

$$G_i = \frac{0.46525}{5 \times 0.00265 \times 1.5} = 23.4[\text{kg}/(\text{m}^2 \cdot \text{s})]$$

雷诺数：

$$Re = \frac{23.4 \times 3.04 \times 10^{-3}}{8.1278 \times 10^{-6} \times 9.8} = 893.1$$

普朗特数： $Pr = 0.728$。

斯坦顿数：

$$St = \frac{j}{Pr^{2/3}}$$

传热因子：j=0.007。

摩擦因子：f=0.021。

$$St = \frac{0.007}{0.728^{2/3}} = 0.0086$$

给热系数：

$$\alpha = \frac{0.0086 \times 23.4 \times 2.1076 \times 3600}{4.184} = 364.9[\text{kcal}/(\text{m}^2 \cdot \text{h} \cdot ℃)]$$

流体的 p 值：

$$p = \sqrt{\frac{2\alpha}{\lambda\delta}} = \sqrt{\frac{2 \times 364.9}{165 \times 0.0001 \times 3}} = 121.4$$

通道排列方式为冷热通道间隔排列。

流体侧定性尺寸：

$$b = \frac{L}{2} = \frac{3.2 \times 0.001}{2} = 1.6 \times 10^{-3}(\text{m})$$

$$pb = 121.4 \times 1.6 \times 10^{-3} = 0.194$$

查双曲函数表得：

$$\tanh(pb) = 0.19158$$

流体侧翅片的一次面传热效率：

$$\eta_f = \frac{\tanh(pb)}{pb} = \frac{0.19158}{0.194} = 0.988$$

流体侧翅片总传热效率：

$$\eta_0 = 1 - \frac{F_2}{F_0}(1 - \eta_f) = 1 - 0.442 \times (1 - 0.988) = 0.99$$

8.2.7.2　二级换热器流体参数计算

（1）天然气流体

翅片内距：

$$x = m - \delta = 3.5 - 0.3 = 3.2(\text{mm})$$

翅片内高：

$$y = L - \delta = 3.2 - 0.3 = 2.9(\text{mm})$$

流体质量流速：

$$G_i = \frac{2.17}{1.5 \times 0.00265 \times 1.5} = 36.4[\text{kg}/(\text{m}^2 \cdot \text{s})]$$

雷诺数：

$$Re = \frac{36.4 \times 3.04 \times 10^{-3}}{10.374 \times 10^{-6} \times 9.8} = 1088$$

普朗特数：$Pr = 0.87128$。

斯坦顿数：

$$St = \frac{j}{Pr^{2/3}}$$

传热因子：j=0.007。

摩擦因子：f=0.022。

$$St = \frac{0.007}{0.78128^{2/3}} = 0.0082$$

给热系数：

$$\alpha = \frac{3600 \times 0.0082 \times 36.4 \times 2.6804}{4.184} = 688.4[\text{kcal}/(\text{m}^2 \cdot \text{h} \cdot ℃)]$$

流体的 p 值：

$$p = \sqrt{\frac{2\alpha}{\lambda\delta}} = \sqrt{\frac{2 \times 688.4}{165 \times 3 \times 0.0001}} = 166.8$$

通道排列方式为冷热通道间隔排列。

流体侧定性尺寸：

$$b = \frac{L}{2} = \frac{3.2 \times 0.001}{2} = 1.6 \times 10^{-3}(\text{m})$$

$$pb = 166.8 \times 1.6 \times 10^{-3} = 0.267$$

查双曲函数表得：

$$\tanh(pb) = 0.26$$

流体侧翅片的一次面传热效率：

$$\eta_f = \frac{\tanh(pb)}{pb} = \frac{0.26}{0.267} = 0.976$$

流体侧翅片总传热效率：

$$\eta_0=1-\frac{F_2}{F_0}(1-\eta_f)=1-0.442\times(1-0.976)=0.99$$

（2）回流制冷流体

选用型号 32PF1503 翅片。

翅片内距：

$$x=m-\delta=3.5-0.3=3.2(\text{mm})$$

翅片内高：

$$y=L-\delta=3.2-0.3=2.9(\text{mm})$$

流体质量流速：

$$G_i=\frac{0.35}{5\times0.00265\times1.5}=17.6[\text{kg/(m}^2\cdot\text{s)}]$$

雷诺数：

$$Re=\frac{17.6\times3.04\times10^{-3}}{7.533\times10^{-6}\times9.8}=725$$

普朗特数：$Pr=0.754$。

斯坦顿数：

$$St=\frac{j}{Pr^{2/3}}$$

传热因子：j=0.007。

摩擦因子：f=0.023。

$$St=\frac{0.007}{0.754^{2/3}}=0.0084$$

给热系数：

$$\alpha=3600St\times C\times G_i$$

式中　C ——流体的比热容，J/(kg・s)；

　　G_i——流体的质量流速，kg/(m²・s)。

$$\alpha=\frac{3600\times0.0084\times17.6\times2.1228}{4.184}=270[\text{kcal/(m}^2\cdot\text{h}\cdot{}^\circ\text{C)}]$$

流体的 p 值：

$$p=\sqrt{\frac{2\alpha}{\lambda\delta}}=\sqrt{\frac{2\times270}{165\times3\times0.0001}}=104.4$$

通道排列方式为冷热通道间隔排列。

流体侧定性尺寸：

$$b=\frac{L}{2}=\frac{3.2\times0.001}{2}=1.6\times10^{-3}(\text{m})$$

$$pb=104.4\times1.6\times10^{-3}=0.167$$

查双曲函数表得：

$$\tanh(pb)=0.16539$$

流体侧翅片的一次面传热效率：

$$\eta_f = \frac{\tanh(pb)}{pb} = \frac{0.16539}{0.167} = 0.99$$

流体侧翅片总传热效率：

$$\eta_0 = 1 - \frac{F_2}{F_0}(1-\eta_f) = 1 - 0.442 \times (1-0.99) = 0.99$$

（3）制冷流体

选用型号 95PF1702 翅片。

翅片内距：

$$x = m - \delta = 1.7 - 0.2 = 1.5(\text{mm})$$

翅片内高：

$$y = L - \delta = 9.5 - 0.2 = 9.3(\text{mm})$$

流体质量流速：

$$G_i = \frac{8.2}{10 \times 0.00821 \times 1.5} = 66.6[\text{kg}/(\text{m}^2 \cdot \text{s})]$$

雷诺数：

$$Re = \frac{66.6 \times 2.58 \times 10^{-3}}{7.5678 \times 10^{-6} \times 9.8} = 2317$$

普朗特数：$Pr = 0.76456$。

斯坦顿数：

$$St = \frac{j}{Pr^{2/3}}$$

传热因子：j=0.0075。

摩擦因子：f=0.017。

$$St = \frac{0.0075}{0.76456^{2/3}} = 0.009$$

给热系数：

$$\alpha = \frac{0.009 \times 3600 \times 66.6 \times 2.1738}{4.184} = 1121.1[\text{kcal}/(\text{m}^2 \cdot \text{h} \cdot ℃)]$$

液化天然气流体的 p 值：

$$p = \sqrt{\frac{2\alpha}{\lambda\delta}} = \sqrt{\frac{1121.1 \times 2}{165 \times 2 \times 0.0001}} = 260.7$$

通道排列方式为冷热通道间隔排列。

液化天然气流体侧定性尺寸：

$$b = \frac{L}{2} = \frac{9.5 \times 0.001}{2} = 4.75 \times 10^{-3}(\text{m})$$

$$pb = 260.7 \times 4.75 \times 10^{-3} = 1.24$$

查双曲函数表得：

$$\tanh(pb) = 0.8455$$

液化天然气流体侧翅片的一次面传热效率：

$$\eta_{\mathrm{f}}=\frac{\tanh(pb)}{pb}=\frac{0.8455}{1.24}=0.68$$

液化天然气流体侧翅片总传热效率：

$$\eta_0=1-\frac{F_2}{F_0}(1-\eta_{\mathrm{f}})=1-0.764\times(1-0.68)=0.76$$

8.2.7.3　三级换热器流体参数计算

（1）天然气流体。

选用型号 32PF1503 翅片。

翅片内距：

$$x=m-\delta=3.5-0.3=3.2(\mathrm{mm})$$

翅片内高：

$$y=L-\delta=3.2-0.3=2.9(\mathrm{mm})$$

流体质量流速：

$$G_i=\frac{2.17}{15\times0.00265\times1.5}=36.4[\mathrm{kg/(m^2\cdot s)}]$$

雷诺数：

$$Re=\frac{36.4\times3.04\times0.001}{0.0000091925}\times\frac{1}{9.8}=1228$$

普朗特数：$Pr=1.2759$。

斯坦顿数：

$$St=\frac{j}{Pr^{2/3}}$$

传热因子：j=0.0075。

摩擦因子：f=0.019。

$$St=\frac{0.0075}{1.2759^{2/3}}=0.0064$$

给热系数：

$$\alpha=\frac{0.0064\times3600\times36.4\times4.4012}{4.184}=882.2[\mathrm{kcal/(m^2\cdot h\cdot ^\circ C)}]$$

流体的 p 值：

$$p=\sqrt{\frac{2\alpha}{\lambda\delta}}=\sqrt{\frac{2\times882.2}{165\times3\times0.0001}}=188.8$$

通道排列方式为冷热通道间隔排列。

流体侧定性尺寸：

$$b=\frac{L}{2}=\frac{3.2\times0.001}{2}=1.6\times10^{-3}(\mathrm{m})$$

$$pb=188.8\times1.6\times10^{-3}=0.3$$

查双曲函数表得：

$$\tanh(pb) = 0.295$$

流体侧翅片的一次面传热效率

$$\eta_f = \frac{\tanh(pb)}{pb} = \frac{0.295}{0.3} = 0.99$$

流体侧翅片总传热效率

$$\eta_0 = 1 - \frac{F_2}{F_0}(1 - \eta_f) = 1 - 0.442 \times (1 - 0.99) = 0.99$$

（2）回流制冷流体。

选用型号 32PF1503 翅片。
翅片内距：

$$x = m - \delta = 3.5 - 0.3 = 3.2(\text{mm})$$

翅片内高：

$$y = L - \delta = 3.2 - 0.3 = 2.9(\text{mm})$$

流体质量流速：

$$G_i = \frac{0.35}{5 \times 0.00256 \times 1.5} = 17.6[\text{kg/(m}^2 \cdot \text{s)}]$$

雷诺数：

$$Re = \frac{17.6 \times 3.04 \times 0.001}{0.0000056472} \times \frac{1}{9.8} = 967$$

普朗特数： $Pr = 0.79841$。
斯坦顿数：

$$St = \frac{j}{Pr^{2/3}}$$

传热因子：j=0.008。
摩擦因子：f=0.021。

$$St = \frac{0.008}{0.78941^{2/3}} = 0.0093$$

给热系数：

$$\alpha = \frac{2.1835 \times 3600 \times 0.0093 \times 17.6}{4.184} = 307.5[\text{kcal/(m}^2 \cdot \text{h} \cdot ℃)]$$

流体的 p 值：

$$p = \sqrt{\frac{2\alpha}{\lambda\delta}} = \sqrt{\frac{2 \times 307.5}{165 \times 3 \times 0.0001}} = 111.5$$

通道排列方式为冷热通道间隔排列。
流体侧定性尺寸：

$$b = \frac{L}{2} = \frac{3.2}{2} \times 0.001 = 1.6 \times 10^{-3}(\text{m})$$

$$pb = 111.5 \times 1.6 \times 10^{-3} = 0.178$$

查双曲函数表得：

$$\tanh(pb) = 0.176$$

流体侧翅片的一次面传热效率：

$$\eta_f = \frac{\tanh(pb)}{pb} = \frac{0.176}{0.178} = 0.99$$

流体侧翅片总传热效率：

$$\eta_0 = 1 - \frac{F_2}{F_0}(1 - \eta_f) = 1 - 0.442 \times (1 - 0.99) = 0.99$$

（3）制冷流体。

选用型号 95PF1702 翅片。

翅片内距：

$$x = m - \delta = 1.7 - 0.2 = 1.5(\text{mm})$$

翅片内高：

$$y = L - \delta = 9.5 - 0.2 = 9.3(\text{mm})$$

流体质量流速：

$$G_i = \frac{8.2}{10 \times 0.00821 \times 1.5} = 66.6[\text{kg}/(\text{m}^2 \cdot \text{s})]$$

雷诺数：

$$Re = \frac{66.6 \times 2.58 \times 10^{-3}}{5.6398 \times 10^{-6} \times 9.8} = 3109$$

普朗特数： $Pr = 0.83897$。

斯坦顿数：

$$St = \frac{j}{Pr^{2/3}}$$

传热因子：j=0.0065。

摩擦因子：f=0.0165。

$$St = \frac{0.0065}{0.83897^{2/3}} = 0.0073$$

给热系数：

$$\alpha = \frac{0.0073 \times 3600 \times 66.6 \times 2.4121}{4.184} = 1009[\text{kcal}/(\text{m}^2 \cdot \text{h} \cdot ℃)]$$

液化天然气流体的 p 值：

$$p = \sqrt{\frac{2\alpha}{\lambda\delta}} = \sqrt{\frac{2 \times 1009}{165 \times 2 \times 0.0001}} = 247.3$$

通道排列方式为冷热通道间隔排列。

液化天然气流体侧定性尺寸：

$$b = \frac{L}{2} = \frac{9.5 \times 10^{-3}}{2} = 4.75 \times 10^{-3}(\text{m})$$

$$pb = 247.3 \times 4.75 \times 10^{-3} = 1.17$$

查双曲函数表得：

$$\tanh(pb) = 0.76$$

液化天然气流体侧翅片的一次面传热效率：

$$\eta_f = \frac{\tanh(pb)}{pb} = \frac{0.76}{1.17} = 0.65$$

液化天然气流体侧翅片总传热效率：

$$\eta_0 = 1 - \frac{F_2}{F_0}(1 - \eta_f) = 1 - 0.764 \times (1 - 0.65) = 0.73$$

8.2.7.4　过冷器流体参数计算

（1）天然气流体

选用型号 95PF1702 翅片。

翅片内距：

$$x = m - \delta = 1.7 - 0.2 = 1.5(\text{mm})$$

翅片内高：

$$y = L - \delta = 9.5 - 0.2 = 9.3(\text{mm})$$

流体质量流速：

$$G_i = \frac{2.17}{3 \times 0.00821 \times 1.5} = 58.7[\text{kg}/(\text{m}^2 \cdot \text{s})]$$

雷诺数：

$$Re = \frac{2.58 \times 58.7 \times 10^{-3}}{60.716 \times 10^{-6} \times 9.8} = 255$$

普朗特数：$Pr = 1.7189$。

斯坦顿数：

$$St = \frac{j}{Pr^{2/3}}$$

传热因子：j=0.0095。

$$St = \frac{0.0095}{1.7189^{2/3}} = 0.0066$$

给热系数：

$$\alpha = \frac{0.0066 \times 3600 \times 58.7 \times 3.8482}{4.184} = 1283.5[\text{kcal}/(\text{m}^2 \cdot \text{h} \cdot ℃)]$$

流体的 p 值：

$$p = \sqrt{\frac{2\alpha}{\lambda\delta}} = \sqrt{\frac{2 \times 1283.5}{2 \times 165 \times 0.0001}} = 278.9$$

通道排列方式为冷热通道间隔排列。

流体侧定性尺寸：

$$b = \frac{L}{2} = \frac{9.5 \times 10^{-3}}{2} = 4.75 \times 10^{-3}(\text{m})$$

$$pb = 278.9 \times 4.75 \times 10^{-3} = 1.32$$

查双曲函数表得：

$$\tanh(pb) = 0.87$$

流体侧翅片的一次面传热效率：

$$\eta_f = \frac{\tanh(pb)}{pb} = \frac{0.87}{1.32} = 0.66$$

流体侧翅片总传热效率：

$$\eta_0 = 1 - \frac{F_2}{F_0}(1 - \eta_f) = 1 - 0.794 \times (1 - 0.66) = 0.73$$

（2）制冷流体

选用型号 32PF1503 翅片。

翅片内距：

$$x = m - \delta = 3.5 - 0.3 = 3.2(\text{mm})$$

翅片内高：

$$y = L - \delta = 3.2 - 0.3 = 2.9(\text{mm})$$

流体质量流速：

$$G_i = \frac{0.35}{3 \times 0.002653 \times 1.5} = 29.3[\text{kg/(m}^2 \cdot \text{s)}]$$

雷诺数：

$$Re = \frac{3.04 \times 0.001 \times 29.3}{0.00009108 \times 9.8} = 100$$

普朗特数：$Pr = 1.921344$。

斯坦顿数：

$$St = \frac{j}{Pr^{2/3}}$$

传热因子：j=0.018。

摩擦因子：f=0.09。

$$St = \frac{0.018}{1.921344^{2/3}} = 0.0116$$

给热系数：

$$\alpha = \frac{0.0116 \times 3600 \times 29.3 \times 3.4256}{4.184} = 1002.9[\text{kcal/(m}^2 \cdot \text{h} \cdot ℃)]$$

流体的 p 值：

$$p = \sqrt{\frac{2\alpha}{\lambda\delta}} = \sqrt{\frac{2 \times 1002.9}{165 \times 3 \times 0.0001}} = 201$$

通道排列方式为冷热通道间隔排列。

流体侧定性尺寸：

$$b = \frac{L}{2} = \frac{3.2 \times 0.001}{2} = 1.6 \times 10^{-3}(\text{m})$$

$$pb = 201.3 \times 1.6 \times 10^{-3} = 0.32$$

查双曲函数表得：

$$\tanh(pb) = 0.318$$

流体侧翅片的一次面传热效率：

$$\eta_f = \frac{\tanh(pb)}{pb} = \frac{0.318}{0.32} = 0.99$$

流体侧翅片总传热效率：

$$\eta_0 = 1 - \frac{F_2}{F_0}(1 - \eta_f) = 1 - 0.442 \times (1 - 0.99) = 0.99$$

8.2.8 板翅式换热器传热面积计算

8.2.8.1 一级板翅式换热器传热面积计算

（1）天然气侧与过冷器制冷流体侧传热面积计算

对数平均温差的计算：

$$\Delta t = \frac{\Delta t_1 - \Delta t_2}{\ln \dfrac{\Delta t_1}{\Delta t_2}} \tag{8-11}$$

式中 Δt_1——换热器进、出口温差中数值大的温差，Δt_1=37℃；

Δt_2——换热器进、出口温差中数值小的温差，Δt_2=15℃。

$$\Delta t = \frac{\Delta t_1 - \Delta t_2}{\ln \dfrac{\Delta t_1}{\Delta t_2}} = \frac{37 - 15}{\ln \dfrac{37}{15}} = 24.37(℃)$$

以制冷剂侧传热面积为基准的总传热系数：

$$K_c = \frac{1}{\dfrac{1}{\alpha_h \eta_{0h}} \times \dfrac{F_{oc}}{F_{oh}} + \dfrac{1}{\alpha_c \eta_{0c}}} \tag{8-12}$$

式中 K_c——对应于冷通道侧的总传热系数，kcal/(m^2·h·℃)；

α_h——热流体给热系数；

η_{0h}——热流体侧总传热效率；

F_{oc}——冷流体翅片总传热效率；

F_{oh}——热流体翅片总传热效率；

α_c——冷流体给热系数；

η_{0c}——冷流体侧总传热效率。

$$K_c = \frac{1}{\dfrac{1}{744.5 \times 0.815} \times \dfrac{3.1}{11.47} + \dfrac{1}{273.4 \times 0.996}} = 242.85[\text{kcal/(m}^2 \cdot \text{h} \cdot ℃)]$$

以热流体侧传热面积为基准的总传热系数：

$$K_h = \frac{1}{\dfrac{1}{\alpha_h \eta_{0h}} + \dfrac{1}{\alpha_c \eta_{0c}} \times \dfrac{F_{oh}}{F_{oc}}} \tag{8-13}$$

$$K_h=\frac{1}{\frac{1}{273.4\times0.996}+\frac{11.47}{3.1}\times\frac{1}{744.5\times0.815}}=65.64[\text{kcal/(m}^2\cdot\text{h}\cdot℃)]$$

天然气侧传热面积：

$$A=\frac{Q}{K_h\Delta t}=\frac{\frac{62.1}{4.184}\times3600}{64.64\times24.37}=32.96(\text{m}^2) \tag{8-14}$$

天然气侧板束长度：

$$l=\frac{A}{fnb} \tag{8-15}$$

式中 f ——单位面积翅片的传热面积，m^2；

n ——总流道数，经过初步计算，流道数取 5；

b ——板翅式换热器宽度，m，经初步计算，宽度取 1.5m。

$$l=\frac{A}{fnb}=\frac{32.96}{11.47\times5\times1.5}=0.38(\text{m})$$

经过校核，计算正确。

（2）天然气流体侧与膨胀机制冷流体侧传热面积计算

对数平均温差的计算：

$$\Delta t=\frac{\Delta t_1-\Delta t_2}{\ln\frac{\Delta t_1}{\Delta t_2}}$$

式中 Δt_1 ——换热器进、出口温差中数值大的温差，Δt_1=35.293℃；

Δt_2 ——换热器进、出口温差中数值小的温差，Δt_2=14.6℃。

$$\Delta t=\frac{\Delta t_1-\Delta t_2}{\ln\frac{\Delta t_1}{\Delta t_2}}=\frac{35.293-14.6}{\ln\frac{35.293}{14.6}}=23.44(℃)$$

以制冷剂侧传热面积为基准的总传热系数：

$$K_c=\frac{1}{\frac{1}{744.5\times0.815}\times\frac{11.47}{11.47}+\frac{1}{1114.1\times0.76}}=353.5[\text{kcal/(m}^2\cdot\text{h}\cdot℃)]$$

以热流体侧传热面积为基准的总传热系数：

$$K_h=\frac{1}{\frac{1}{1114.1\times0.76}\times\frac{11.47}{11.47}+\frac{1}{744.5\times0.815}}=353.5[\text{kcal/(m}^2\cdot\text{h}\cdot℃)]$$

天然气侧传热面积：

$$A=\frac{Q}{K_h\Delta t}=\frac{\frac{1447.4}{4.184}\times3600}{353.5\times23.44}=150.34(\text{m}^2)$$

天然气侧板束长度：

$$l=\frac{A}{fnb}$$

式中　f——单位面积翅片的传热面积，m^2；

n——总流道数，经过初步计算，流道数取 10；

b——板翅式换热器宽度，m，经初步计算，宽度取 1.5m。

$$l=\frac{A}{fnb}=\frac{150.34}{11.47\times10\times1.5}=0.87(\mathrm{m})$$

经过校核，计算正确。

（3）天然气流体侧与自蒸发制冷流体侧传热面积计算

对数平均温差的计算：

$$\Delta t=\frac{\Delta t_1-\Delta t_2}{\ln\dfrac{\Delta t_1}{\Delta t_2}}$$

式中　Δt_1——换热器进、出口温差中数值大的温差，Δt_1=37.147℃；

Δt_2——换热器进、出口温差中数值小的温差，Δt_2=14.8℃。

$$\Delta t=\frac{37.147-14.8}{\ln\dfrac{37.147}{14.8}}=24.28(℃)$$

以制冷剂侧传热面积为基准的总传热系数：

$$K_\mathrm{c}=\frac{1}{\dfrac{1}{744.5\times0.815}\times\dfrac{3.1}{11.47}+\dfrac{1}{364.9\times0.99}}=311.2[\mathrm{kcal/(m^2\cdot h\cdot ℃)}]$$

以热流体侧传热面积为基准的总传热系数：

$$K_\mathrm{h}=\frac{1}{\dfrac{1}{364.9\times0.99}\times\dfrac{11.47}{3.1}+\dfrac{1}{744.5\times0.815}}=84.1[\mathrm{kcal/(m^2\cdot h\cdot ℃)}]$$

天然气侧传热面积：

$$A=\frac{Q}{K_\mathrm{h}\Delta t}=\frac{\dfrac{82.5}{4.184}\times3600}{84.1\times24.28}=34.75(\mathrm{m^2})$$

天然气侧板束长度：

$$l=\frac{A}{fnb}$$

式中　f——单位面积翅片的传热面积，m^2；

n——总流道数，经过初步计算，流道数取 5；

b——板翅式换热器宽度，m，经初步计算，宽度取 1.5m。

$$l=\frac{A}{fnb}=\frac{34.75}{11.47\times5\times1.5}=0.4(\mathrm{m})$$

经过校核，计算正确。

综上所述，取用设计板束长度 0.87m。

8.2.8.2　二级板翅式换热器传热面积计算

（1）天然气侧与过冷器制冷流体侧传热面积计算

对数平均温差的计算：

$$\Delta t=\frac{\Delta t_1-\Delta t_2}{\ln\dfrac{\Delta t_1}{\Delta t_2}}$$

式中　Δt_1——换热器进、出口温差中数值大的温差，Δt_1=37℃；

Δt_2——换热器进、出口温差中数值小的温差，Δt_2=4℃。

$$\Delta t=\frac{\Delta t_1-\Delta t_2}{\ln\dfrac{\Delta t_1}{\Delta t_2}}=\frac{37-4}{\ln\dfrac{37}{4}}=14.8(℃)$$

以制冷剂侧传热面积为基准的总传热系数：

$$K_c=\frac{1}{\dfrac{1}{0.99\times 688.4}\times\dfrac{3.1}{3.1}+\dfrac{1}{0.99\times 270}}=192[\text{kcal}/(\text{m}^2\cdot\text{h}\cdot℃)]$$

以热流体侧传热面积为基准的总传热系数：

$$K_h=\frac{1}{\dfrac{1}{0.99\times 270}\times\dfrac{3.1}{3.1}+\dfrac{1}{0.99\times 688.4}}=192[\text{kcal}/(\text{m}^2\cdot\text{h}\cdot℃)]$$

天然气侧传热面积：

$$A=\frac{Q}{K_h\Delta t}=\frac{\dfrac{12.64}{4.184}\times 3600}{195\times 14.8}=3.83(\text{m}^2)$$

天然气侧板束长度：

$$l=\frac{A}{fnb}$$

式中　f——单位面积翅片的传热面积，m^2；

n——总流道数，经过初步计算，流道数取 5；

b——板翅式换热器宽度，m，经初步计算，宽度取 1.5m。

$$l=\frac{A}{fnb}=\frac{3.83}{3.1\times 1.5\times 5}=0.16(\text{m})$$

经过校核，计算正确。

（2）天然气流体侧与膨胀机制冷流体侧传热面积计算

对数平均温差的计算：

$$\Delta t=\frac{\Delta t_1-\Delta t_2}{\ln\dfrac{\Delta t_1}{\Delta t_2}}$$

式中　Δt_1 ——换热器进、出口温差中数值大的温差，Δt_1=35.293℃；

Δt_2 ——换热器进、出口温差中数值小的温差，Δt_2 =4℃。

$$\Delta t=\frac{\Delta t_1-\Delta t_2}{\ln\dfrac{\Delta t_1}{\Delta t_2}}=\frac{35.293-4}{\ln\dfrac{35.293}{4}}=14.4(℃)$$

以制冷剂侧传热面积为基准的总传热系数：

$$K_c=\frac{1}{\dfrac{1}{688.4\times0.99}\times\dfrac{11.47}{3.1}+\dfrac{1}{1121.1\times0.76}}=151.5[\text{kcal/(m}^2\cdot\text{h}\cdot℃)]$$

以热流体侧传热面积为基准的总传热系数：

$$K_h=\frac{1}{\dfrac{1}{1121.1\times0.76}\times\dfrac{3.1}{11.47}+\dfrac{1}{688.4\times0.99}}=560.4[\text{kcal/(m}^2\cdot\text{h}\cdot℃)]$$

天然气侧传热面积：

$$A=\frac{Q}{K_h\Delta t}=\frac{\dfrac{332.48}{4.184}\times3600}{560.4\times14.4}=35.4(\text{m}^2)$$

天然气侧板束长度：

$$l=\frac{A}{fnb}$$

式中　f ——单位面积翅片的传热面积，m^2；

n ——总流道数，经过初步计算，流道数取 10；

b ——板翅式换热器宽度，m，经初步计算，宽度取 1.5m。

$$l=\frac{A}{fnb}=\frac{35.4}{3.1\times10\times1.5}=0.76(\text{m})$$

经过校核，计算正确。

综上所述，取用设计板束长度 0.76m。

8.2.8.3　三级板翅式换热器传热面积计算

（1）天然气侧与过冷器制冷流体侧传热面积计算

算术平均温差的计算：

$$\Delta t=\frac{\Delta t_1+\Delta t_2}{2}\tag{8-16}$$

式中　Δt_1 ——换热器进、出口温差中数值大的温差，Δt_1=4℃；

Δt_2 ——换热器进、出口温差中数值小的温差，Δt_2 =4℃。

$$\Delta t=4℃$$

以制冷剂侧传热面积为基准的总传热系数：

$$K_c=\frac{1}{\dfrac{1}{882.2\times0.99}\times\dfrac{3.1}{3.1}+\dfrac{1}{307.5\times0.99}}=225.7[\text{kcal/(m}^2\cdot\text{h}\cdot℃)]$$

以热流体侧传热面积为基准的总传热系数：

$$K_{\mathrm{h}}=\frac{1}{\dfrac{1}{307.5\times0.99}\times\dfrac{3.1}{3.1}+\dfrac{1}{882.2\times0.99}}=225.7[\mathrm{kcal/(m^2\cdot h\cdot ℃)}]$$

天然气侧传热面积：

$$A=\frac{Q}{K\Delta t}=\frac{(37.53/4.184)\times3600}{225.7\times4}=35.8(\mathrm{m^2})$$

天然气侧板束长度：

$$l=\frac{A}{fnb}$$

式中　f——单位面积翅片的传热面积，m^2；

n——总流道数，经过初步计算，流道数取 5；

b——板翅式换热器宽度，m，经初步计算，宽度取 1.5m。

$$l=\frac{A}{fnb}=\frac{35.8}{3.1\times5\times1.5}=1.54(\mathrm{m})$$

经过校核，计算正确。

（2）天然气流体侧与膨胀机制冷流体侧传热面积计算

算术平均温差的计算：

$$\Delta t=\frac{\Delta t_1+\Delta t_2}{2}$$

式中　Δt_1——换热器进、出口温差中数值大的温差，Δt_1=4℃；

Δt_2——换热器进、出口温差中数值小的温差，Δt_2=4℃。

$$\Delta t=4℃$$

以制冷剂侧传热面积为基准的总传热系数：

$$K_{\mathrm{c}}=\frac{1}{\dfrac{1}{882.2\times0.99}\times\dfrac{11.47}{3.1}+\dfrac{1}{1009\times0.73}}=178.76[\mathrm{kcal/(m^2\cdot h\cdot ℃)}]$$

以热流体侧传热面积为基准的总传热系数：

$$K_{\mathrm{h}}=\frac{1}{\dfrac{1}{\alpha_{\mathrm{c}}\eta_{0\mathrm{c}}}\times\dfrac{F_{\mathrm{oh}}}{F_{\mathrm{oc}}}+\dfrac{1}{\alpha_{\mathrm{h}}\eta_{0\mathrm{h}}}}=661.4[\mathrm{kcal/(m^2\cdot h\cdot ℃)}]$$

天然气侧传热面积：

$$A=\frac{Q}{K\Delta t}=\frac{(930.47/4.184)\times3600}{661.4\times4}=302.6(\mathrm{m^2})$$

天然气侧板束长度：

$$l=\frac{A}{fnb}$$

式中　f——单位面积翅片的传热面积，m^2；

n ——总流道数，经过初步计算，流道数取 10；

b ——板翅式换热器宽度，m，取 1.5m。

$$l=\frac{A}{fnb}=\frac{302.6}{10\times1.5\times3.1}=6.5(\mathrm{m})$$

经过校核，计算正确。

综上，取用设计板束长度 6.5m。

8.2.8.4　过冷器换热器传热面积计算

对数平均温差的计算：

$$\Delta t=\frac{\Delta t_1-\Delta t_2}{\ln\dfrac{\Delta t_1}{\Delta t_2}}$$

式中　Δt_1 ——换热器进、出口温差中数值大的那一端温差，Δt_1=4.15℃；

Δt_2 ——换热器进、出口温差中数值小的那一端温差，Δt_2 =4℃。

$$\Delta t=\frac{\Delta t_1-\Delta t_2}{\ln\dfrac{\Delta t_1}{\Delta t_2}}=\frac{4.15-4}{\ln\dfrac{4.15}{4}}=4.07(℃)$$

以制冷剂侧传热面积为基准的总传热系数：

$$K_{\mathrm{c}}=\frac{1}{\dfrac{1}{1283.5\times0.73}\times\dfrac{3.1}{11.47}+\dfrac{1}{1002.9\times0.99}}=771.8[\mathrm{kcal/(m^2\cdot h\cdot ℃)}]$$

以热流体侧传热面积为基准的总传热系数：

$$K_{\mathrm{h}}=\frac{1}{\dfrac{1}{1002.9\times0.99}\times\dfrac{11.47}{3.1}+\dfrac{1}{1283.5\times0.73}}=208.6[\mathrm{kcal/(m^2\cdot h\cdot ℃)}]$$

天然气侧传热面积：

$$A=\frac{Q}{K_{\mathrm{h}}\Delta t}=\frac{\dfrac{182.32}{4.184}\times3600}{208.6\times4.07}=184.8(\mathrm{m^2})$$

天然气侧板束长度：

$$l=\frac{A}{fnb}$$

式中　f——单位面积翅片的传热面积，$\mathrm{m^2}$；

n ——总流道数，经过初步计算，流道数取 3；

b ——板翅式换热器宽度，m，取 1.5m。

$$l=\frac{A}{fnb}=\frac{184.8}{11.47\times3\times1.5}=3.6(\mathrm{m})$$

经过校核，计算正确。

8.2.9　压力降计算

对于强制性循环流动的流体，压力降的计算只需要计算流体流入板束和进出板束的压力降即可。为了简化板翅式换热器的压力降计算，可以把板翅式换热器分成三个部分，分别为换热器的入口部分、换热器的中心部分、换热器的出口部分。

（1）换热器入口部分的阻力

换热器入口的阻力，即导流片出口到翅片中心部分入口的流道截面变化引起的压力降：

$$\Delta p_1 = \frac{G^2}{2g_c\rho_1}(1-\sigma^2) + K_c\frac{G^2}{2g_c\rho_1} \tag{8-17}$$

式中 Δp_1——入口处压力降，Pa；
G——流体在板束中的质量流量，kg/(m^2•s)；
g_c——重力换算系数，1.27×10^8；
σ——板束通道截面积与集气管最大截面积之比；
ρ_1——流体入口处密度，kg/m^3；
K_c——收缩阻力系数。

（2）换热器出口部分的阻力

换热器出口部分的阻力，即翅片出口到导流片入口之间由截面面积变化引起的压力降：

$$\Delta p_2 = \frac{G^2}{2g_c\rho_2}(1-\sigma^2) + K_e\frac{G^2}{2g_c\rho_2} \tag{8-18}$$

式中 Δp_2——出口处压力降，Pa；
ρ_2——流体出口密度，kg/m^3；
K_e——扩大阻力系数。

（3）换热器中心部分压力降

换热器中心部分的压力损失，主要由传热面形状变化引起的阻力和流体摩擦阻力组成。在考虑这两种阻力的时候，可以综合考虑成作用在总摩擦面积A上的剪切力，所以，换热器中心部分可看作流道最小面积A_{min}的等效直管道。

压力降：

$$\Delta p_3 = 4f\frac{l}{D_e}\times\frac{G^2}{2g_c\rho_{av}} \tag{8-19}$$

式中 Δp_3——换热器中心压力降，Pa；
f——摩擦系数；
l——换热器中心部分长度，m；
D_e——翅片当量直径，m；
ρ_{av}——进出口流体平均密度，kg/m^3。

所以，流经换热器的总压力：

$$\Delta p = \Delta p_1 + \Delta p_2 + \Delta p_3 = \frac{G^2}{2g_c\rho_1}\left[(K_c+1-\sigma^2)+2\times\left(\frac{\rho_1}{\rho_2}-1\right)+\frac{fF}{f_a}\times\frac{\rho_1}{\rho_{av}}-(1-\sigma_2-K_e)\frac{\rho_1}{\rho_2}\right] \tag{8-20}$$

其中：

$$\sigma = \frac{f_a}{Af_a} = \frac{xyn_1}{bhn} \tag{8-21}$$

$$f_a = \frac{x(L-\delta)L_w n}{x+\delta} \tag{8-22}$$

$$A_{fa} = (L+\delta_s)L_w N_t \tag{8-23}$$

式中 L_w——有效宽度，m；

L——翅片高度，m；

n——通道总数；

n_1——流体的通道总数；

N_t——冷热交换总层数；

δ_s——板翅式换热器隔板厚度，m。

8.2.9.1　一级换热器压力降计算

（1）待液化天然气流体侧与过冷器流体侧压力降计算

制冷剂侧压力降：

$$\sigma = \frac{3.2\times2.9}{3.5\times3.2}\times\frac{5}{10} = 0.414$$

$$f_a = \frac{xywn_1}{m} = \frac{3.2\times2.9\times1.5}{3.5}\times5\times10^{-3} = 0.02(\text{m}^2) \tag{8-24}$$

$$F = \frac{2(x+y)wn_1 l}{m} = \frac{2\times(3.2+2.9)\times1.5}{3.5}\times5\times0.87 = 22.75(\text{m}^2) \tag{8-25}$$

查得：

$$K_c = 0.5 \qquad K_e = 0.29$$

$$\Delta p = \frac{G^2}{2g_c\rho_1}\left[(K_c+1-\sigma^2)+2\times\left(\frac{\rho_1}{\rho_2}-1\right)+\frac{fF}{f_a}\times\frac{\rho_1}{\rho_{av}}-(1-\sigma_2-K_e)\frac{\rho_1}{\rho_2}\right]$$

$$= \frac{(17.6\times3600)^2}{2\times1.37\times10^8\times1.7699}\times\left[(0.5+1-0.414^2)+2\times\left(\frac{1.7699}{1.2679}-1\right)+\frac{22.75\times1.7699}{0.02\times1.52}\times0.022-\right.$$

$$\left.(1-0.414^2-0.29)\times\frac{1.7699}{1.2679}\right] = 253(\text{Pa})$$

经过校核计算，压力降在允许压力降范围之内。

天然气侧压力降计算：

$$\sigma = \frac{5}{10}\times\frac{1.5\times9.3}{1.7\times9.5} = 0.432$$

$$f_a = \frac{xywn}{m} = \frac{1.5\times9.3}{1.7}\times5\times1.5\times10^{-3} = 0.062(\text{m}^2)$$

$$F = \frac{2(x+y)wn_1 l}{m} = 5\times0.87\times\frac{2\times(1.5+9.3)\times1.5}{1.7} = 82.86(\text{m}^2)$$

查得：

$$K_c = 0.41 \qquad K_e = 0.27$$

$$\Delta p = \frac{G^2}{2g_c\rho_1}\left[(K_c+1-\sigma^2)+2\times\left(\frac{\rho_1}{\rho_2}-1\right)+\frac{fF}{f_a}\times\frac{\rho_1}{\rho_{av}}-(1-\sigma_2-K_e)\frac{\rho_1}{\rho_2}\right]$$

$$=\frac{(42.1\times3600)^2}{2\times1.37\times10^8\times27.902}\times\left[(0.41+1-0.432^2)+2\times\left(\frac{27.902}{37.776}-1\right)+\frac{82.86\times27.902}{0.062\times32.839}\times0.021-\right.$$

$$\left.(1-0.432^2-0.27)\times\frac{27.902}{37.776}\right]=73(\text{Pa})$$

经过校核计算，压力降在允许压力降范围之内。

（2）待液化天然气流体侧与膨胀机制冷流体压力降计算

制冷剂侧压力降：

$$\sigma=\frac{10}{20}\times\frac{1.5\times9.3}{1.7\times9.5}=0.432$$

$$f_a=\frac{xywn}{m}=\frac{1.5\times9.3}{1.7}\times10\times1.5\times10^{-3}=0.124(\text{m}^2)$$

$$F=\frac{2(x+y)wn_1l}{m}=10\times0.87\times\frac{2\times(1.5+9.3)\times1.5}{1.7}=165.7(\text{m}^2)$$

查得：

$$K_c = 0.5 \qquad K_e = 0.35$$

$$\Delta p = \frac{G^2}{2g_c\rho_1}\left[(K_c+1-\sigma^2)+2\times\left(\frac{\rho_1}{\rho_2}-1\right)+\frac{fF}{f_a}\times\frac{\rho_1}{\rho_{av}}-(1-\sigma_2-K_e)\frac{\rho_1}{\rho_2}\right]$$

$$=\frac{(66.6\times3600)^2}{2\times1.37\times10^8\times3.9515}\times\left[(0.5+1-0.432^2)+2\times\left(\frac{3.9515}{2.8268}-1\right)+\frac{165.7\times3.9515}{0.124\times3.389}\times0.017-\right.$$

$$\left.(1-0.432^2-0.35)\times\frac{3.9515}{2.8268}\right]=1484(\text{Pa})$$

经过校核计算，压力降在允许压力降范围之内。

（3）待液化天然气流体侧与自蒸发流体侧压力降计算

制冷剂侧压力降：

$$\sigma=\frac{3.2\times2.9}{3.5\times3.2}\times\frac{5}{10}=0.414$$

$$f_a=\frac{xywn_1}{m}=\frac{3.2\times2.9\times1.5}{3.5}\times5\times10^{-3}=0.02(\text{m}^2)$$

$$F=\frac{2(x+y)wn_1l}{m}=\frac{2(3.2+2.9)\times1.5}{3.5}\times5\times0.87=22.7(\text{m}^2)$$

查得：

$$K_c = 0.5 \qquad K_e = 0.32$$

$$\Delta p = \frac{G^2}{2g_c\rho_1}\left[(K_c + 1 - \sigma^2) + 2\times\left(\frac{\rho_1}{\rho_2} - 1\right) + \frac{fF}{f_a}\times\frac{\rho_1}{\rho_{av}} - (1 - \sigma_2 - K_e)\frac{\rho_1}{\rho_2}\right]$$

$$= \frac{(23.4\times3600)^2}{2\times1.37\times10^8\times0.7312}\times\left[(0.5 + 1 - 0.414^2) + 2\times\left(\frac{0.7312}{0.525} - 1\right) + \frac{22.7\times0.7312}{0.02\times0.6282}\times0.021 - (1 - 0.414^2 - 0.32)\times\frac{0.72992}{0.5174}\right] = 1032(\text{Pa})$$

经过校核计算，压力降在允许压力降范围之内。

8.2.9.2　二级换热器压力降计算

（1）待液化天然气流体侧与过冷器流体侧压力降计算

制冷剂侧压力降：

$$\sigma = \frac{3.2\times2.9}{3.5\times3.2}\times\frac{5}{10} = 0.414$$

$$f_a = \frac{xywn_1}{m} = \frac{3.2\times2.9\times1.5}{3.5}\times5\times10^{-3} = 0.02(\text{m}^2)$$

$$F = \frac{2(x+y)wn_1l}{m} = \frac{2\times(3.2+2.9)\times1.5}{3.5}\times5\times0.68 = 19.87(\text{m}^2)$$

查得：

$$K_c = 0.5 \qquad K_e = 0.25$$

$$\Delta p = \frac{G^2}{2g_c\rho_1}\left[(K_c + 1 - \sigma^2) + 2\times\left(\frac{\rho_1}{\rho_2} - 1\right) + \frac{fF}{f_a}\times\frac{\rho_1}{\rho_{av}} - (1 - \sigma_2 - K_e)\frac{\rho_1}{\rho_2}\right]$$

$$= \frac{(17.6\times3600)^2}{2\times1.37\times10^8\times1.9676}\times\left[(0.5 + 1 - 0.414^2) + 2\times\left(\frac{1.9676}{1.8045} - 1\right) + \frac{19.87\times1.9676}{0.02\times1.886}\times0.023 - (1 - 0.414^2 - 0.25)\times\frac{1.9676}{1.8045}\right] = 184(\text{Pa})$$

经过校核计算，压力降在允许压力降范围之内。

天然气侧压力降：

$$\sigma = \frac{3.2\times2.9}{3.5\times3.2}\times\frac{5}{10} = 0.414$$

$$f_a = \frac{xywn_1}{m} = \frac{3.2\times2.9\times1.5}{3.5}\times5\times10^{-3} = 0.02(\text{m}^2)$$

$$F = \frac{2(x+y)wn_1l}{m} = \frac{2\times(3.2+2.9)\times1.5}{3.5}\times5\times0.76 = 19.87(\text{m}^2)$$

查得：

$$K_c = 0.41 \qquad K_e = 0.2$$

$$\Delta p = \frac{G^2}{2g_c\rho_1}\left[(K_c + 1 - \sigma^2) + 2\times\left(\frac{\rho_1}{\rho_2} - 1\right) + \frac{fF}{f_a}\times\frac{\rho_1}{\rho_{av}} - (1 - \sigma_2 - K_e)\frac{\rho_1}{\rho_2}\right]$$

$$= \frac{(36.4\times3600)^2}{2\times1.37\times10^8\times37.253}\times\left[(0.41 + 1 - 0.414^2) + 2\times\left(\frac{37.253}{61.289} - 1\right) + \frac{19.87\times37.259}{0.02\times49.271}\times0.022 - \right.$$

$$\left.(1 - 0.414^2 - 0.2)\times\frac{37.253}{61.289}\right] = 28(\text{Pa})$$

经过校核计算，压力降在允许压力降范围之内。

（2）待液化天然气流体侧与膨胀机制冷流体压力降计算

制冷剂侧压力降：

$$\sigma = \frac{1.5\times9.3\times10}{1.7\times9.5\times20} = 0.432$$

$$f_a = \frac{xywn_1}{m} = \frac{1.5\times9.3\times1.5\times10}{1.7}\times10^{-3} = 0.123(\text{m}^2)$$

$$F = \frac{2(x+y)wn_1 l}{m} = \frac{2\times(1.5+9.3)\times1.5}{1.7}\times10\times0.68 = 144.85(\text{m}^2)$$

查得：

$$K_c = 0.41 \qquad K_e = 0.3$$

$$\Delta p = \frac{G^2}{2g_c\rho_1}\left[(K_c + 1 - \sigma^2) + 2\times\left(\frac{\rho_1}{\rho_2} - 1\right) + \frac{fF}{f_a}\times\frac{\rho_1}{\rho_{av}} - (1 - \sigma_2 - K_e)\frac{\rho_1}{\rho_2}\right]$$

$$= \frac{(66.6\times3600)^2}{2\times1.37\times10^8\times4.5787}\times\left[(0.41 + 1 - 0.432^2) + 2\times\left(\frac{4.5787}{4.1456} - 1\right) + \frac{144.85\times4.5787}{0.123\times4.36215}\times0.017 - \right.$$

$$\left.(1 - 0.432^2 - 0.3)\times\frac{4.5787}{4.1456}\right] = 1003(\text{Pa})$$

经过校核计算，压力降在允许压力降范围之内。

8.2.9.3　三级换热器压力降计算

（1）待液化天然气流体侧与过冷器流体侧压力降计算

制冷剂侧压力降：

$$\sigma = \frac{3.2\times2.9}{3.5\times3.2}\times\frac{5}{10} = 0.414$$

$$f_a = \frac{xywn_1}{m} = \frac{3.2\times2.9\times1.5}{3.5}\times5\times10^{-3} = 0.02(\text{m}^2)$$

$$F=\frac{2(x+y)wn_1l}{m}=\frac{2\times(3.2+2.9)\times1.5}{3.5}\times5\times6.5=169.9(\mathrm{m}^2)$$

查得：

$$K_c=0.6 \qquad K_e=0.25$$

$$\Delta p=\frac{G^2}{2g_c\rho_1}\left[(K_c+1-\sigma^2)+2\times\left(\frac{\rho_1}{\rho_2}-1\right)+\frac{fF}{f_a}\times\frac{\rho_1}{\rho_{av}}-(1-\sigma_2-K_e)\frac{\rho_1}{\rho_2}\right]$$

$$=\frac{(17.6\times3600)^2}{2\times1.37\times10^8\times2.9636}\times\left[(0.6+1-0.414^2)+2\times\left(\frac{2.9636}{2.1579}-1\right)+\frac{169.9\times2.9636}{0.02\times2.56}\times0.02-\right.$$

$$\left.(1-0.414^2-0.25)\times\frac{2.9636}{2.1579}\right]=979(\mathrm{Pa})$$

经过校核计算，压力降在允许压力降范围之内。

天然气侧压力降计算：

$$\sigma=\frac{3.2\times2.9}{3.5\times3.2}\times\frac{5}{10}=0.414$$

$$f_a=\frac{xywn_1}{m}=\frac{3.2\times2.9\times1.5}{3.5}\times5\times10^{-3}=0.02(\mathrm{m}^2)$$

$$F=\frac{2(x+y)wn_1l}{m}=\frac{2\times(3.2+2.9)\times1.5}{3.5}\times5\times6.5=169.9(\mathrm{m}^2)$$

查得：

$$K_c=0.45 \qquad K_e=0.26$$

$$\Delta p=\frac{G^2}{2g_c\rho_1}\left[(K_c+1-\sigma^2)+2\times\left(\frac{\rho_1}{\rho_2}-1\right)+\frac{fF}{f_a}\times\frac{\rho_1}{\rho_{av}}-(1-\sigma_2-K_e)\frac{\rho_1}{\rho_2}\right]$$

$$=\frac{(36.4\times3600)^2}{2\times1.37\times10^8\times60}\times\left[(0.45+1-0.414^2)+2\times\left(\frac{60}{366.44}-1\right)+\frac{169.9\times60}{0.02\times213.255}\times0.019-\right.$$

$$\left.(1-0.414^2-0.26)\times\frac{60}{366.44}\right]=47(\mathrm{Pa})$$

经过校核计算，压力降在允许压力降范围之内。

（2）待液化天然气流体侧与膨胀机制冷流体压力降计算

制冷剂侧压力降：

$$\sigma=\frac{1.5\times9.3\times10}{1.7\times9.5\times20}=0.432$$

$$f_a=\frac{xywn_1}{m}=\frac{1.5\times9.3\times1.5\times10}{1.7}\times10^{-3}=0.123(\mathrm{m}^2)$$

$$F=\frac{2(x+y)wn_1l}{m}=\frac{2\times(1.5+9.3)\times1.5}{1.7}\times10\times55=1238(\mathrm{m}^2)$$

查得：

$$K_c = 0.41 \qquad K_e = 0.26$$

$$\Delta p = \frac{G^2}{2g_c\rho_1}\left[(K_c + 1 - \sigma^2) + 2\times\left(\frac{\rho_1}{\rho_2} - 1\right) + \frac{fF}{f_a}\times\frac{\rho_1}{\rho_{av}} - (1 - \sigma_2 - K_e)\frac{\rho_1}{\rho_2}\right]$$

$$= \frac{(66.6\times 3600)^2}{2\times 1.37\times 10^8\times 7.9931}\times\left[(0.41 + 1 - 0.432^2) + 2\times\left(\frac{7.9931}{5.5908} - 1\right) + \frac{1238\times 7.9931}{0.123\times 6.796}\times 0.016 - \right.$$

$$\left.(1 - 0.432^2 - 0.26)\times\frac{7.9931}{5.5908}\right] = 5005(\text{Pa})$$

经过校核计算，压力降在允许压力降范围之内。

8.2.9.4　过冷器压力降计算

制冷侧流体压力降计算：

$$\sigma = \frac{3.2\times 2.9\times 3}{3.5\times 3.2\times 6} = 0.414$$

$$f_a = \frac{xywn_1}{m} = \frac{3.2\times 2.9\times 1.5}{3.5}\times 3\times 0.001 = 0.012(\text{m}^2)$$

$$F = \frac{2(x+y)wn_1 l}{m} = \frac{2\times(3.2 + 2.9)\times 1.5\times 3\times 3.6}{3.5} = 56.5(\text{m}^2)$$

查得：

$$K_c = 0.67 \qquad K_e = 0.25$$

$$\Delta p = \frac{G^2}{2g_c\rho_1}\left[(K_c + 1 - \sigma^2) + 2\times\left(\frac{\rho_1}{\rho_2} - 1\right) + \frac{fF}{f_a}\times\frac{\rho_1}{\rho_{av}} - (1 - \sigma_2 - K_e)\frac{\rho_1}{\rho_2}\right]$$

$$= \frac{(29.3\times 3600)^2}{2\times 1.37\times 10^8\times 75.721}\times\left[(0.67 + 1 - 0.414^2) + 2\times\left(\frac{75.721}{3.0345} - 1\right) + \frac{56.5\times 75.721}{0.012\times 39.378}\times 0.09 - \right.$$

$$\left.(1 - 0.414^2 - 0.25)\times\frac{75.721}{3.0345}\right] = 456(\text{Pa})$$

经过校核计算，压力降在允许压力降范围之内。

天然气侧压力降：

$$\sigma = \frac{xyn_1}{bhn} = \frac{1.5\times 9.3}{1.7\times 9.5}\times\frac{3}{6} = 0.432$$

$$f_a = \frac{xywn_1}{m} = \frac{1.5\times 9.3}{1.7}\times 1.5\times 3\times 0.001 = 0.037(\text{m}^2)$$

$$F = \frac{2(x+y)wn_1 l}{m} = \frac{2\times(1.5 + 9.3)\times 1.5}{1.7}\times 3\times 3.6 = 205.9(\text{m}^2)$$

查得：

$$K_c = 0.67 \qquad K_e = 0.25$$

$$\Delta p=\frac{G^2}{2g_c\rho_1}\left[(K_c+1-\sigma^2)+2\times\left(\frac{\rho_1}{\rho_2}-1\right)+\frac{fF}{f_a}\times\frac{\rho_1}{\rho_{av}}-(1-\sigma_2-K_e)\frac{\rho_1}{\rho_2}\right]$$

$$=\frac{(58.7\times3600)^2}{2\times1.37\times10^8\times366.34}\times\left[(0.67+1-0.432^2)+2\times\left(\frac{366.34}{404.86}-1\right)+\frac{205.9\times366.34}{0.037\times182.98}\times0.036-\right.$$

$$\left.(1-0.432^2-0.25)\times\frac{366.34}{404.86}\right]=179(\text{Pa})$$

经过校核计算，压力降在允许压力降范围之内。

通过对换热器压力降的设计计算，了解到当流体在翅片内流动时，如果不考虑相变，换热器压力降很小，对于换热器内流体的流动，压力降可以视为静压的减小量，对流体的动压视为没有影响，流体在板束内的流速不需要校正。如果考虑了相变，流体压力损失较大，对流体流动速度有较大影响，需要重新校核流速，使其符合流体相变时速度变化规律。

8.3 板翅式换热器的结构设计

当板翅式换热器在高压条件下工作时，需要考虑机械强度。其中，最重要的两个构件分别是翅片和封头。翅片和封头这两个零件需要承受流体产生的内压，这两个构件在安装的过程中与接管连接处会产生附加载荷。板翅式换热器的内部构造复杂，用下列公式可以对强度进行粗略计算，为板翅式换热器的设计提供依据。强度计算标准可见表 8-13。

表 8-13 强度计算标准

焊缝系数			
X 射线检查	100%	25%	不检查
单面焊接	0.9	0.8	0.6
双面焊接	1.0	0.85	0.7
设计压力	最高压力和常用压力×1.1 之中较大者		
气密试验压力	设计压力×1.1		
耐压试验压力	设计压力×2（可逆式换热器）；设计压力×1.5（稳压换热器）		

8.3.1 隔板厚度计算

8.3.1.1 一级换热器隔板厚度计算

待液化天然气侧采用型号：95PF1702 1.7×9.5×0.2。

过冷器回流制冷流体侧采用型号：32PF3503 3.5×3.2×0.3。

膨胀机回流制冷流体侧采用型号：95PF1702 1.7×9.5×0.2。

自蒸发制冷流体侧采用型号：32PF3503 3.5×3.2×0.3。

换热器设计压力取最高工作压力的较大者，工作压力 4.2MPa，p=4.2kg/cm^2。

翅片材料采用 6030，即：

$$[\sigma_b]=205\,\text{MPa}$$

隔板厚度：

$$t=m\sqrt{\frac{3p}{4[\sigma_b]}}+C \tag{8-26}$$

式中　C——腐蚀余量，mm，取 0.3mm。

$$t = 1.7 \times \sqrt{\frac{3 \times 4.2}{4 \times 205}} + 0.3 = 0.51(\text{mm})$$

8.3.1.2　二级换热器隔板厚度计算

待液化天然气侧采用型号：32PF3503　3.5×3.2×0.3。

过冷器回流制冷流体侧采用型号：32PF3503　3.5×3.2×0.3。

膨胀机回流制冷流体侧采用型号：95PF1702　1.7×9.5×0.2。

换热器设计压力取最高工作压力的较大者，4MPa，p=4kg/cm^2。

翅片材料采用 6030，即：

$$[\sigma_b] = 205\,\text{MPa}$$

隔板厚度：

$$t = m\sqrt{\frac{3p}{4[\sigma_b]}} + C = 3.5 \times \sqrt{\frac{3 \times 4.15}{4 \times 205}} + 0.3 = 0.73(\text{mm})$$

8.3.1.3　三级换热器隔板厚度计算

待液化天然气侧采用型号：32PF3503　3.5×3.2×0.3。

过冷器回流制冷流体侧采用型号：32PF3503　3.5×3.2×0.3。

膨胀机回流制冷流体侧采用型号：95PF1702　1.7×9.5×0.2。

换热器设计压力取最高工作压力的较大者，4.1MPa，p=4.1kg/cm^2。

翅片材料采用 6030，即：

$$[\sigma_b] = 205\,\text{MPa}$$

隔板厚度：

$$t = m\sqrt{\frac{3p}{4[\sigma_b]}} + C = 3.5 \times \sqrt{\frac{3 \times 4.1}{4 \times 205}} + 0.3 = 0.73(\text{mm})$$

8.3.1.4　过冷器隔板厚度计算

待液化天然气侧采用型号：95PF1702　1.7×9.5×0.2。

制冷流体侧采用型号：32PF3503　3.5×3.2×0.3。

换热器设计压力取最高工作压力的较大者，4.05MPa，p=4.05kg/cm^2。

翅片材料采用 6030，即：

$$[\sigma_b] = 205\,\text{MPa}$$

隔板厚度：

$$t = m\sqrt{\frac{3p}{4[\sigma_b]}} + C = 1.7 \times \sqrt{\frac{3 \times 4.05}{4 \times 205}} + 0.3 = 0.5(\text{mm})$$

各级换热器隔板厚度统计于表 8-14。

表 8-14　隔板厚度表

换热器	隔板计算厚度/mm	隔板设计厚度/mm
一级换热器	0.51	1
二级换热器	0.73	
三级换热器	0.73	
过冷器	0.5	

8.3.2 翅片强度计算

本设计所需的翅片特性参数见表 8-15。

表 8-15 日本神户制钢所制造的常用翅片的特性参数

翅片类型	翅片型号	翅片高度 L/mm	翅片厚度 δ/mm	翅片间距 m/mm	通道截面积 f'/m^2	总传热面积 F''/m^2	当量直径 D_e/mm	二次传热面积与一次传热面积之比
多孔翅片	95PF1702	9.5	0.2	1.7	0.00821	11.47	2.58	0.764
多孔翅片	32PF3503	3.2	0.3	3.5	0.00265	3.1	3.04	0.442

注：f'即有效宽度 1m 的板束的f值；F''即有效宽度 1m、有效长度 1m 的管束的 F 值。

$$t=\frac{pm}{[\sigma_b]\varphi} \tag{8-27}$$

式中 t ——翅片的最小厚度，mm；

$[\sigma_b]$ ——材料的许用应力；

p——设计压力，MPa；

φ——削弱系数，0.95。

对于多孔翅片，32PF3503。

换热器设计压力取最高工作压力的较大值，4.15MPa。

翅片材料采用 6030，即：

$$[\sigma_b]=205\text{MPa}$$

$$t=\frac{pm}{[\sigma_b]\varphi}=\frac{4.15\times3.2}{205\times0.95}=0.07(\text{mm})$$

0.07<0.3mm，校核结果符合设计要求。

对于多孔翅片，95PF1702。

换热器设计压力取最高工作压力的较大值，4.2MPa。

翅片材料采用 6030，即：

$$[\sigma_b]=205\text{MPa}$$

0.04<0.2mm，校核结果符合设计要求。

8.3.3 封头设计计算

封头是芯体与接管的过渡段，又称为端盖。根据外形可以分为凸形封头、锥形封头、平板形封头，这些封头根据不同的设计条件进行选择。换热器设计的封头选择平板形端板封头，主要对封头的壁厚进行设计计算。本设计根据各流体的质量流量和换热器的尺寸按照比例选择封头直径。封头内径见表 8-16。

表 8-16 封头内径

项目	进入膨胀机流体	过冷器回流流体	膨胀机流出流体	天然气预冷流体	自蒸发流体
封头内径/mm	400	100	400	200	100

（1）封头厚度

$$\delta=\frac{pR_i}{[\sigma]\varphi-0.6p}+C \tag{8-28}$$

$$C=C_1+C_2 \tag{8-29}$$

式中　R_i ——弧形端面弧形内半径，mm；
p ——流体压力，MPa；
φ ——焊接接头系数，$\varphi=0.6$；
$[\sigma]$——查 GB/T 4746—20021《铝制压力容器》对铝及铝合金规定，许用应力$[\sigma_b]$=45MPa；
C ——壁厚附加量；
C_1 ——腐蚀余量，0.3mm；
C_2 ——铝板材偏差附加量，取法见表 8-17。

表 8-17　铝板材 555 偏差附加量

板厚/mm	C_2/ mm
≤10	0.5
12～20	1.0
22～40	1.5
50～60	2.0

（2）端板厚度

半圆形平板最小厚度：

$$\delta_p=R_p\sqrt{\frac{0.44p}{[\sigma]\sin\alpha}}+C \tag{8-30}$$

其中，45°≤α≤90°。

8.3.3.1　一级换热器各板侧封头壁厚计算

（1）进入膨胀机流体侧封头壁厚计算

根据内径 D=400mm，得内半径 R_i=200mm，则封头壁厚：

$$\delta=\frac{pR_i}{[\sigma]\varphi-0.6p}+C=\frac{4.2\times200}{45\times0.6-0.6\times4.2}+0.3+1.5=36.1(\text{mm})$$

圆整壁厚$[\delta]$=40mm。
端板壁厚：

$$\delta_p=R_p\sqrt{\frac{0.44p}{[\sigma]\sin\alpha}}+C=200\times\sqrt{\frac{0.44\times4.2}{45}}+0.3+2=42.8(\text{mm})$$

圆整壁厚 50mm。

（2）过冷器回流制冷流体侧壁厚计算

根据内径 D=100mm，得内半径 R_i=50mm，则封头壁厚：

$$\delta=\frac{pR_i}{[\sigma]'\varphi-0.6p}+C=\frac{0.19262\times 50}{45\times 0.6-0.6\times 0.19262}+0.3+0.5=1.16(\mathrm{mm})$$

圆整壁厚[δ]=10mm。

端板壁厚：

$$\delta_{\mathrm{p}}=R_{\mathrm{p}}\sqrt{\frac{0.44p}{[\sigma]\sin\alpha}}+C=50\times\sqrt{\frac{0.44\times 0.19262}{45}}+0.3+0.5=2.97(\mathrm{mm})$$

圆整壁厚 10mm。

（3）膨胀机回流制冷流体侧壁厚计算

根据内径 D=400mm，得内半径 R_i=200mm，则封头壁厚：

$$\delta=\frac{pR_i}{[\sigma]\varphi-0.6p}+C=\frac{0.4282\times 200}{45\times 0.6-0.6\times 0.4282}+0.3+0.5=3.9(\mathrm{mm})$$

圆整壁厚[δ]=10mm。

端板壁厚：

$$\delta_{\mathrm{p}}=R_{\mathrm{p}}\sqrt{\frac{0.44p}{[\sigma]\sin\alpha}}+C=200\times\sqrt{\frac{0.44\times 0.4282}{45}}+0.3+0.5=13.7(\mathrm{mm})$$

圆整壁厚 20mm。

（4）天然气预冷流体侧壁厚计算

根据内径 D=250mm，得内半径 R_i=125mm，则封头壁厚：

$$\delta=\frac{pR_i}{[\sigma]\varphi-0.6p}+C=\frac{4.2\times 125}{45\times 0.6-0.6\times 4.2}+0.3+1=22.7(\mathrm{mm})$$

圆整壁厚[δ]=30mm。

端板壁厚：

$$\delta_{\mathrm{p}}=R_{\mathrm{p}}\sqrt{\frac{0.44p}{[\sigma]\sin\alpha}}+C=125\times\sqrt{\frac{0.44\times 4.2}{45}}+0.3+1=26.7(\mathrm{mm})$$

圆整壁厚 30mm。

（5）自蒸发制冷流体侧壁厚计算

根据内径 D=100mm，得内半径 R_i=50mm，则封头壁厚：

$$\delta=\frac{pR_i}{[\sigma]\varphi-0.6p}+C=\frac{0.08\times 50}{45\times 0.6-0.6\times 0.08}+0.3+0.5=0.9(\mathrm{mm})$$

圆整壁厚[δ]=10mm。

端板壁厚：

$$\delta_{\mathrm{p}}=R_{\mathrm{p}}\sqrt{\frac{0.44p}{[\sigma]\sin\alpha}}+C=50\times\sqrt{\frac{0.44\times 0.08}{45}}+0.3+0.5=2.2(\mathrm{mm})$$

圆整壁厚 10mm。

8.3.3.2　二级换热器各板侧封头壁厚计算

（1）过冷器回流制冷流体侧壁厚计算

根据内径 D =100mm，得内半径 R_i=50mm，则封头壁厚：

$$\delta=\frac{pR_i}{[\sigma]\varphi-0.6p}+C=\frac{0.19634\times 50}{45\times 0.6-0.6\times 0.19634}+0.3+0.5=1.162(\text{mm})$$

圆整壁厚[δ]=10mm。

端板壁厚：

$$\delta_{\text{p}}=R_{\text{p}}\sqrt{\frac{0.44p}{[\sigma]\sin\alpha}}+C=50\times\sqrt{\frac{0.44\times 0.19634}{45}}+0.3+0.5=2.99(\text{mm})$$

圆整壁厚 10mm。

（2）膨胀机回流制冷流体侧壁厚计算

根据内径 D=400mm，得内半径 R_i=200mm，则封头壁厚：

$$\delta=\frac{pR_i}{[\sigma]\varphi-0.6p}+C=\frac{0.44874\times 200}{45\times 0.6-0.6\times 0.44874}+0.3+0.5=4.2(\text{mm})$$

圆整壁厚[δ]=10mm。

端板壁厚：

$$\delta_{\text{p}}=R_{\text{p}}\sqrt{\frac{0.44p}{[\sigma]\sin\alpha}}+C=200\times\sqrt{\frac{0.44\times 0.44874}{45}}+0.3+1=14.5(\text{mm})$$

圆整壁厚 20mm。

（3）天然气预冷流体侧壁厚：

根据内径 D =250mm，得内半径 R_i=125mm，则封头壁厚：

$$\delta=\frac{pR_i}{[\sigma]\varphi-0.6p}+C=\frac{415\times 125}{45\times 0.6-0.6\times 4.15}+0.3+1=22.5(\text{mm})$$

圆整壁厚[δ]=30mm。

端板壁厚：

$$\delta_{\text{p}}=R_{\text{p}}\sqrt{\frac{0.44p}{[\sigma]\sin\alpha}}+C=125\times\sqrt{\frac{0.44\times 4.15}{45}}+0.3+1=26.5(\text{mm})$$

圆整壁厚 30mm。

8.3.3.3　三级换热器各板侧封头壁厚计算

（1）过冷器回流制冷流体侧壁厚计算

根据内径 D =100mm，得内半径 R_i=50mm，则封头壁厚：

$$\delta=\frac{pR_i}{[\sigma]\varphi-0.6p}+C=\frac{0.21505\times 50}{45\times 0.6-0.6\times 0.21505}+0.3+0.5=1.2(\text{mm})$$

圆整壁厚[δ]=10mm。

端板壁厚：

$$\delta_{\mathrm{p}}=R_{\mathrm{p}}\sqrt{\frac{0.44p}{[\sigma]\sin\alpha}}+C=50\times\sqrt{\frac{0.44\times0.215}{45}}+0.3+0.5=3.1(\mathrm{mm})$$

圆整壁厚 10mm。

（2）膨胀机回流制冷流体侧壁厚计算

根据内径 D=400mm，得内半径 R_i=200mm，则封头壁厚：

$$\delta=\frac{pR_i}{[\sigma]\varphi-0.6p}+C=\frac{0.54411\times200}{45\times0.6-0.6\times0.54411}+0.3+0.5=4.8(\mathrm{mm})$$

圆整壁厚[δ]=10mm。

端板壁厚：

$$\delta_{\mathrm{p}}=R_{\mathrm{p}}\sqrt{\frac{0.44p}{[\sigma]\sin\alpha}}+C=200\times\sqrt{\frac{0.44\times0.54411}{45}}+0.3+1=15.9(\mathrm{mm})$$

圆整壁厚 20mm。

（3）天然气预冷流体侧壁厚计算

根据内径 D=250mm，得内半径 R_i=125mm，则封头壁厚：

$$\delta=\frac{pR_i}{[\sigma]\varphi-0.6p}+C=\frac{4.1\times125}{45\times0.6-0.6\times4.1}+0.3+1=22.2(\mathrm{mm})$$

圆整壁厚[δ]=30mm。

端板壁厚：

$$\delta_{\mathrm{p}}=R_{\mathrm{p}}\sqrt{\frac{0.44p}{[\sigma]\sin\alpha}}+C=125\times\sqrt{\frac{0.44\times4.1}{45}}+0.3+1=26.3(\mathrm{mm})$$

圆整壁厚 30mm。

8.3.3.4 过冷器各板侧封头壁厚计算

（1）过冷器回流制冷流体侧壁厚计算

根据内径 D=100mm，得内半径 R_i=50mm，则封头壁厚：

$$\delta=\frac{pR_i}{[\sigma]\varphi-0.6p}+C=\frac{0.22\times50}{45\times0.6-0.6\times0.22}+0.3+0.5=1.3(\mathrm{mm})$$

圆整壁厚[δ]=10mm。

端板壁厚：

$$\delta_{\mathrm{p}}=R_{\mathrm{p}}\sqrt{\frac{0.44p}{[\sigma]\sin\alpha}}+C=50\times\sqrt{\frac{0.44\times0.22}{45}}+0.3+0.5=3.2(\mathrm{mm})$$

圆整壁厚 10mm。

（2）天然气预冷流体侧壁厚计算

根据内径 D=250mm，得内半径 R_i=125mm，则封头壁厚：

$$\delta=\frac{pR_i}{[\sigma]\varphi-0.6p}+C=\frac{4.05\times125}{45\times0.6-0.6\times4.05}+0.3+1=21.9(\text{mm})$$

圆整壁厚[δ]=30mm。

端板壁厚：

$$\delta_{\text{p}}=R_{\text{p}}\sqrt{\frac{0.44p}{[\sigma]\sin\alpha}}+C=125\times\sqrt{\frac{0.44\times4.05}{45}}+0.3+1=26.2(\text{mm})$$

圆整壁厚 30mm。

各级换热器封头与端板壁厚总结见表 8-18～表 8-21。

表 8-18　一级换热器封头与端板壁厚

项目	流入膨胀机流体	过冷器回流流体	流出膨胀机流体	天然气预冷流体	自蒸发流体
封头内径/mm	400	100	400	250	100
封头计算壁厚/mm	36.1	1.16	3.9	22.7	0.9
封头实际壁厚/mm	40	10	10	30	10
端板计算壁厚/mm	42.8	2.97	13.7	26.7	2.2
端板实际壁厚/mm	50	10	20	30	10

表 8-19　二级换热器封头与端板壁厚

项目	过冷器回流流体	流出膨胀机流体	天然气预冷流体
封头内径/mm	100	400	250
封头计算壁厚/mm	1.162	4.2	22.5
封头实际壁厚/mm	10	10	30
端板计算壁厚/mm	2.99	14.5	26.5
端板实际壁厚/mm	10	20	30

表 8-20　三级换热器封头与端板壁厚

项目	过冷器回流流体	流出膨胀机流体	天然气预冷流体
封头内径/mm	100	400	250
封头计算壁厚/mm	1.2	4.8	22.2
封头实际壁厚/mm	10	10	30
端板计算壁厚/mm	3.1	15.9	26.3
端板实际壁厚/mm	10	20	30

表 8-21　过冷器封头与端板壁厚

项目	过冷器回流制冷流体	天然气预冷流体
封头内径/mm	100	250
封头计算壁厚/mm	1.3	21.9
封头实际壁厚/mm	10	30
端板计算壁厚/mm	3.2	26.2
端板实际壁厚/mm	10	30

8.3.4 封头壁厚校核

8.3.4.1 液压试验压力

（1）液压试验压力

$$p_T = 1.3p\frac{[\sigma]}{[\sigma]^t} \tag{8-31}$$

式中 p_T——试验压力，MPa；

p——设计压力，MPa；

$[\sigma]$——试验温度下的许用应力，MPa；

$[\sigma]^t$——设计温度下的许用应力，MPa。

（2）封头的应力校核

$$\sigma_T = \frac{p_T(R_i + 0.5\delta_e)}{\delta_e} \tag{8-32}$$

式中 σ_T——试验压力下封头应力，MPa；

R_i——封头的内半径，mm；

p_T——试验压力，MPa；

δ_e——封头的有效厚度，mm。

当满足 $\delta_T \leqslant 0.9\varphi\sigma_{p0.2}$（$\varphi$为焊接系数，0.6；$\sigma_{p0.2}$为试验温度下的规定残余延伸应力，MPa，取 170MPa）。时校核正确，否则重新选取管径计算。

$$0.9\varphi\sigma_{p0.2} = 0.9 \times 0.6 \times 170 = 91.8(\mathrm{MPa})$$

按表 8-22～表 8-25 依次进行校核。

表 8-22 一级换热器封头壁厚校核

项目	流入膨胀机流体	过冷器回流流体	流出膨胀机流体	天然气预冷流体	自蒸发流体
封头内径/mm	400	100	400	250	100
设计压力/MPa	4.2	0.19262	0.4282	4.2	0.08
封头实际壁厚/mm	40	10	10	30	10
厚度附加量/mm	1.8	0.8	0.8	1.3	0.8

表 8-23 二级换热器封头壁厚校核

项目	过冷器回流流体	流出膨胀机流体	天然气预冷流体
封头内径/mm	100	400	250
设计压力/MPa	0.19634	0.44874	4.15
封头实际壁厚/mm	10	10	30
厚度附加量/mm	0.8	0.8	1.3

表 8-24 三级换热器封头壁厚校核

项目	过冷器回流流体	流出膨胀机流体	天然气预冷流体
封头内径/mm	100	400	250
设计压力/MPa	0.21505	0.54411	4.1
封头实际壁厚/mm	10	10	30
厚度附加量/mm	0.8	0.8	1.3

表 8-25　过冷器器封头壁厚校核

项目	过冷器回流流体	天然气预冷流体
封头内径/mm	100	250
设计压力/MPa	0.22	4.05
封头实际壁厚/mm	10	30
厚度附加量/mm	0.8	1.3

8.3.4.2　封头尺寸校核计算

（1）一级换热器校核计算

流入膨胀机流体：

$$p_{\rm T}=1.3p\frac{[\sigma]}{[\sigma]^{\rm t}}=1.3\times4.2\times\frac{45}{45}=5.46({\rm MPa})$$

$$\sigma_{\rm T}=\frac{p_{\rm T}(R_i+0.5\delta_{\rm e})}{\delta_{\rm e}}=\frac{5.46\times(200+0.5\times36.1)}{36.1}=33({\rm MPa})$$

33<91.8，校核值小于允许值，尺寸合适。

过冷器回流流体：

$$p_{\rm T}=1.3p\frac{[\sigma]}{[\sigma]^{\rm t}}=1.3\times0.19262\times\frac{45}{45}=0.25({\rm MPa})$$

$$\sigma_{\rm T}=\frac{p_{\rm T}(R_i+0.5\delta_{\rm e})}{\delta_{\rm e}}=\frac{0.25\times(50+0.5\times1.15)}{1.15}=11({\rm MPa})$$

11<91.8，校核值小于允许值，尺寸合适。

流出膨胀机流体：

$$p_{\rm T}=1.3p\frac{[\sigma]}{[\sigma]^{\rm t}}=1.3\times0.4282\times\frac{45}{45}=0.56({\rm MPa})$$

$$\sigma_{\rm T}=\frac{p_{\rm T}(R_i+0.5\delta_{\rm e})}{\delta_{\rm e}}=\frac{0.56\times(200+0.5\times3.9)}{3.9}=28.998({\rm MPa})$$

28.998 <91.8，校核值小于允许值，尺寸合适。

天然气预冷流体：

$$p_{\rm T}=1.3p\frac{[\sigma]}{[\sigma]^{\rm t}}=1.3\times4.2\times\frac{45}{45}=5.46({\rm MPa})$$

$$\sigma_{\rm T}=\frac{p_{\rm T}(R_i+0.5\delta_{\rm e})}{\delta_{\rm e}}=\frac{5.46\times(125+0.5\times22.7)}{22.7}=32.8({\rm MPa})$$

32.8<91.8，校核值小于允许值，尺寸合适。

自蒸发流体：

$$p_{\rm T}=1.3p\frac{[\sigma]}{[\sigma]^{\rm t}}=1.3\times0.08\times\frac{45}{45}=0.1({\rm MPa})$$

$$\sigma_{\rm T}=\frac{p_{\rm T}(R_i+0.5\delta_{\rm e})}{\delta_{\rm e}}=\frac{0.1\times(50+0.5\times0.9)}{0.9}=5.6({\rm MPa})$$

5.6<91.8，校核值小于允许值，尺寸合适。

（2）二级换热器校核计算

过冷器回流流体：

$$p_{\mathrm{T}}=1.3p\frac{[\sigma]}{[\sigma]^{\mathrm{t}}}=1.3\times0.19634\times\frac{45}{45}=0.25(\mathrm{MPa})$$

$$\sigma_{\mathrm{T}}=\frac{p_{\mathrm{T}}(R_i+0.5\delta_{\mathrm{e}})}{\delta_{\mathrm{e}}}=\frac{0.25\times(50+0.5\times1.162)}{1.162}=10.9(\mathrm{MPa})$$

10.9＜91.8，校核值小于允许值，尺寸合适。

流出膨胀机流体：

$$p_{\mathrm{T}}=1.3p\frac{[\sigma]}{[\sigma]^{\mathrm{t}}}=1.3\times0.44874\times\frac{45}{45}=0.58(\mathrm{MPa})$$

$$\sigma_{\mathrm{T}}=\frac{p_{\mathrm{T}}(R_i+0.5\delta_{\mathrm{e}})}{\delta_{\mathrm{e}}}=\frac{0.58\times(200+0.5\times4.1)}{4.1}=28.6(\mathrm{MPa})$$

28.6＜91.8，校核值小于允许值，尺寸合适。

天然气预冷流体：

$$p_{\mathrm{T}}=1.3p\frac{[\sigma]}{[\sigma]^{\mathrm{t}}}=1.3\times4.15\times\frac{45}{45}=5.4(\mathrm{MPa})$$

$$\sigma_{\mathrm{T}}=\frac{p_{\mathrm{T}}(R_i+0.5\delta_{\mathrm{e}})}{\delta_{\mathrm{e}}}=\frac{5.4\times(125+0.5\times22.5)}{22.5}=32.7(\mathrm{MPa})$$

32.7＜91.8，校核值小于允许值，尺寸合适。

（3）三级换热器校核计算

过冷器回流流体：

$$p_{\mathrm{T}}=1.3p\frac{[\sigma]}{[\sigma]^{\mathrm{t}}}=1.3\times0.215\times\frac{45}{45}=0.28(\mathrm{MPa})$$

$$\sigma_{\mathrm{T}}=\frac{p_{\mathrm{T}}(R_i+0.5\delta_{\mathrm{e}})}{\delta_{\mathrm{e}}}=\frac{0.28\times(50+0.5\times1.2)}{1.2}=7.3(\mathrm{MPa})$$

7.3＜91.8，校核值小于允许值，尺寸合适。

流出膨胀机流体：

$$p_{\mathrm{T}}=1.3p\frac{[\sigma]}{[\sigma]^{\mathrm{t}}}=1.3\times0.54411\times\frac{45}{45}=0.7(\mathrm{MPa})$$

$$\sigma_{\mathrm{T}}=\frac{p_{\mathrm{T}}(R_i+0.5\delta_{\mathrm{e}})}{\delta_{\mathrm{e}}}=\frac{0.7\times(200+0.5\times4.8)}{4.8}=29.5(\mathrm{MPa})$$

29.5＜91.8，校核值小于允许值，尺寸合适。

天然气预冷流体：

$$p_{\mathrm{T}}=1.3p\frac{[\sigma]}{[\sigma]^{\mathrm{t}}}=1.3\times4.1\times\frac{45}{45}=5.33(\mathrm{MPa})$$

$$\sigma_{\mathrm{T}}=\frac{p_{\mathrm{T}}(R_i+0.5\delta_{\mathrm{e}})}{\delta_{\mathrm{e}}}=\frac{5.33\times(125+0.5\times22.2)}{22.2}=32.7(\mathrm{MPa})$$

32.7＜91.8，校核值小于允许值，尺寸合适。

（4）过冷器校核计算

过冷器回流流体：

$$p_{\mathrm{T}}=1.3p\frac{[\sigma]}{[\sigma]^{\mathrm{t}}}=1.3\times0.22\times\frac{45}{45}=0.286(\mathrm{MPa})$$

$$\sigma_{\mathrm{T}}=\frac{p_{\mathrm{T}}(R_i+0.5\delta_{\mathrm{e}})}{\delta_{\mathrm{e}}}=\frac{0.286\times(50+0.5\times1.2)}{1.2}=7.3(\mathrm{MPa})$$

7.3＜91.8，校核值小于允许值，尺寸合适。

天然气预冷流体：

$$p_{\mathrm{T}}=1.3p\frac{[\sigma]}{[\sigma]^{\mathrm{t}}}=1.3\times4.05\times\frac{45}{45}=5.265(\mathrm{MPa})$$

$$\sigma_{\mathrm{T}}=\frac{p_{\mathrm{T}}(R_i+0.5\delta_{\mathrm{e}})}{\delta_{\mathrm{e}}}=\frac{5.265\times(125+0.5\times21.9)}{21.9}=32.7(\mathrm{MPa})$$

32.7＜91.8，校核值小于允许值，尺寸合适。

8.3.5 接管壁厚设计计算

接管是物料进出换热器的通道，接管尺寸根据物料的流量确定，接管壁厚与物料进出换热器的压力有关，根据设计压力选择合适的壁厚。板翅式换热器接管、接头焊接示意图如图 8-8 所示。

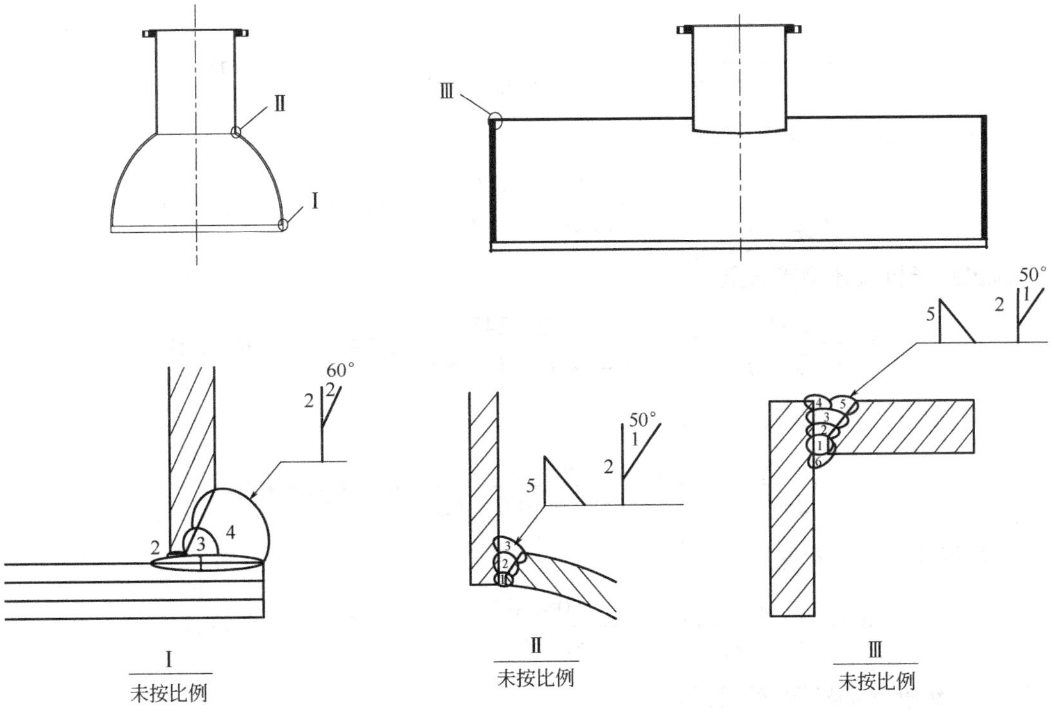

图 8-8　板翅式换热器接管、接头焊接示意图

技术要求：1. 焊接采用电焊，焊条牌号按装配图要求；2. 管箱组焊接完成后进行整体消除应力热处理，法兰及隔板密封面热处理后加工；3. 隔板与封头、法兰之间采用双面连续焊，焊缝腰高等于较薄件厚度；4. 法兰螺栓孔对中布置，其中心圆直径及相邻两孔弦长允许误差为±0.6mm，任意两孔弦长允许误差为±1.0mm。

本设计选用标准接管，只需要壁厚满足压力需求即可。

圆筒或球壳开孔时，开孔处厚度用下式计算：

$$\delta=\frac{p_c D_i}{2[\sigma]\varphi-p_c}+C \tag{8-33}$$

$$C=C_1+C_2$$

式中 p_c ——设计压力，MPa；

φ ——焊接接头系数，φ=0.6；

$[\sigma]$ ——查 GB/T 4746—2002 对铝及铝合金的规定，许用应力$[\sigma]$=45MPa；

C ——壁厚附加量；

C_1——腐蚀余量，0.3mm；

C_2——铝板材偏差附加量。

设计根据标准管径选取，选用的接管尺寸见表 8-26。

表 8-26 接管尺寸

项目	进入膨胀机流体	过冷器回流流体	膨胀机流出流体	天然气预冷流体	自蒸发流体
内径×壁厚/mm	245×40	50×7	245×40	155×30	60×10

8.3.5.1 一级换热器接管壁厚计算

流入膨胀机流体侧接管壁厚：

$$\delta=\frac{p_c D_i}{2[\sigma]\varphi-p_c}+C=\frac{4.2\times245}{2\times45\times0.6-4.2}+0.3+1=22(\text{mm})$$

过冷器回流流体侧接管壁厚：

$$\delta=\frac{p_c D_i}{2[\sigma]\varphi-p_c}+C=\frac{0.19262\times50}{2\times45\times0.6-0.19262}+0.3+0.5=0.98(\text{mm})$$

流出膨胀机流体侧接管壁厚：

$$\delta=\frac{p_c D_i}{2[\sigma]\varphi-p_c}+C=\frac{0.4282\times245}{2\times45\times0.6-0.4282}+0.3+0.5=2.76(\text{mm})$$

天然气预冷流体侧接管壁厚：

$$\delta=\frac{p_c D_i}{2[\sigma]\varphi-p_c}+C=\frac{4.2\times155}{2\times45\times0.6-4.2}+0.3+1=14.4(\text{mm})$$

自蒸发流体侧接管壁厚：

$$\delta=\frac{p_c D_i}{2[\sigma]\varphi-p_c}+C=\frac{0.08\times60}{2\times45\times0.6-0.08}+0.3+0.5=0.89(\text{mm})$$

8.3.5.2 二级换热器接管壁厚计算

过冷器回流流体侧接管壁厚：

$$\delta=\frac{p_c D_i}{2[\sigma]\varphi-p_c}+C=\frac{0.19634\times50}{2\times45\times0.6-0.19634}+0.3+0.5=0.98(\text{mm})$$

流出膨胀机流体侧接管壁厚：

$$\delta=\frac{p_c D_i}{2[\sigma]\varphi-p_c}+C=\frac{0.44874\times245}{2\times45\times0.6-0.44874}+0.3+0.5=2.85(\text{mm})$$

天然气预冷流体侧接管壁厚：

$$\delta=\frac{p_c D_i}{2[\sigma]\varphi-p_c}+C=\frac{4.15\times155}{2\times45\times0.6-4.15}+0.3+1=14.2(\text{mm})$$

8.3.5.3　三级换热器接管壁厚计算

过冷器回流流体侧接管壁厚：

$$\delta=\frac{p_c D_i}{2[\sigma]\varphi-p_c}+C=\frac{0.215\times50}{2\times45\times0.6-0.215}+0.3+0.5=0.99(\text{mm})$$

流出膨胀机流体侧接管壁厚：

$$\delta=\frac{p_c D_i}{2[\sigma]\varphi-p_c}+C=\frac{0.54411\times245}{2\times45\times0.6-0.54411}+0.3+0.5=3.3(\text{mm})$$

天然气预冷流体侧接管壁厚：

$$\delta=\frac{p_c D_i}{2[\sigma]\varphi-p_c}+C=\frac{4.1\times155}{2\times45\times0.6-4.1}+0.3+1=14(\text{mm})$$

8.3.5.4　过冷器接管壁厚计算

过冷器回流流体侧接管壁厚：

$$\delta=\frac{p_c D_i}{2[\sigma]\varphi-p_c}+C=\frac{0.22\times50}{2\times45\times0.6-0.22}+0.3+0.5=1(\text{mm})$$

天然气预冷流体侧接管壁厚：

$$\delta=\frac{p_c D_i}{2[\sigma]\varphi-p_c}+C=\frac{4.05\times155}{2\times45\times0.6-4.05}+0.3+1=13.9(\text{mm})$$

8.3.5.5　接管尺寸总结

各级换热器接管壁厚统计于表 8-27～表 8-30。

表 8-27　一级换热器接管壁厚

项目	流入膨胀机流体	过冷器回流流体	流出膨胀机流体	天然气预冷流体	自蒸发流体
接管规格/mm	245×40	50×7	245×40	155×30	60×10
计算壁厚/mm	22	0.98	2.76	14.4	0.89
实际壁厚/mm	40	7	40	30	10

表 8-28　二级换热器接管壁厚

项目	过冷器回流流体	流出膨胀机流体	天然气预冷流体
接管规格/mm	50×7	245×40	155×30
计算壁厚/mm	0.98	2.85	14.2
实际壁厚/mm	7	40	30

表 8-29　三级换热器接管壁厚

项目	过冷器回流流体	流出膨胀机流体	天然气预冷流体
接管规格/mm	50×7	245×40	155×30
计算壁厚/mm	0.99	3.3	14
实际壁厚/mm	7	40	30

表 8-30 过冷器接管壁厚

项目	过冷器回流流体	天然气预冷流体
接管规格/mm	50×7	155×30
计算壁厚/mm	1	13.9
实际壁厚/mm	7	30

8.3.6 接管补强计算

8.3.6.1 补强方式

补强方式有：加强圈补强、翻边补强、凸颈补强、接管全焊透补强、整体补强等。补强方式根据工况进行选择。由于封头尺寸不同，补强方式也不同。根据经验，应尽量用接管全焊透补强方式补强，在选择补强方式时进行补强面积计算，确定面积大小，判断是否需要补强。

封头开孔补强面积：

$$A=\delta d \tag{8-34}$$

（1）有效补强面积

有效宽度 B 取两式中较大者：

$$B=\max\begin{cases}2d\\ d+2\delta_{\mathrm{n}}+2\delta_{\mathrm{nt}}\end{cases} \tag{8-35}$$

有效高度如下计算，取较小值。

外侧有效补强高度：

$$H_1=\min\begin{cases}\sqrt{d\delta_{\mathrm{nt}}}\\ \text{接管实际外伸长度}\end{cases} \tag{8-36}$$

内侧有效补强高度：

$$H_2=\min\begin{cases}\sqrt{d\delta_{\mathrm{nt}}}\\ \text{接管实际内伸长度}\end{cases} \tag{8-37}$$

（2）补强面积

在有效补强范围内，补强截面积：

$$A_{\mathrm{e}}=A_1+A_2+A_3 \tag{8-38}$$

$$A_1=(\delta_{\mathrm{e}}-\delta)(B-d)-2\delta_{\mathrm{t}}(\delta_{\mathrm{e}}-\delta) \tag{8-39}$$

$$A_2=2H_1(\delta_{\mathrm{et}}-\delta_{\mathrm{t}})+2H_2(\delta_{\mathrm{et}}-\delta_{\mathrm{t}}) \tag{8-40}$$

本设计焊接长度取 6mm。若 $A_{\mathrm{e}}\geqslant A$，则开孔不需要补强；若 $A_{\mathrm{e}}<A$，开孔需要另加补强，补强公式如下：

$$A_4=A-A_{\mathrm{e}} \tag{8-41}$$

$$d=D_i+2C \tag{8-42}$$

$$\delta_e=\delta_n-C \tag{8-43}$$

式中　A_1——壳体有效厚度减去计算厚度之外的多余面积，mm^2；

A_2——接管有效厚度减去计算厚度之外的多余面积，mm^2；

A_3——焊接金属截面积，mm^2；

A_4——有效补强范围内另加补强面积，mm^2；

δ——壳体开孔处的计算厚度，mm；

δ_{et}——接管有效厚度，mm；

δ_t——接管计算厚度，mm；

δ_n——壳体名义厚度，mm；

δ_{nt}——接管名义厚度；mm。

8.3.6.2　补强面积计算

① 流入膨胀机流体侧补强面积计算所需参数见表 8-31。

表 8-31　封头、接管尺寸（流入膨胀机流体侧）

项目	封头	接管
内径/mm	400	245
计算厚度/mm	36.1	22
名义厚度/mm	40	40
厚度附加量/mm	1.8	1.3

封头开孔补强面积：

$$d=245+2\times1.3=247.6(\text{mm})$$

$$A=\delta d=36.1\times247.6=8938.36(\text{mm}^2)$$

有效宽度 B 取两式中较大值：

$$B=\max\begin{cases}2d=2\times247.6=495.2(\text{mm})\\ d+2\delta_n+2\delta_{nt}=247.6+2\times40+2\times40=407.6(\text{mm})\end{cases}$$

$$B(\max)=495.2\text{mm}$$

有效高度按下式计算，取两者中较小值。

外侧有效补强高度：

$$H_1=\min\begin{cases}\sqrt{d\delta_{nt}}=\sqrt{247.6\times40}=99.5(\text{mm})\\ 150\text{mm}\end{cases}$$

$$H_1(\min)=99.5\text{mm}$$

内侧有效补强高度：

$$H_2=\min\begin{cases}\sqrt{d\delta_{nt}}=\sqrt{247.6\times40}=99.5(\text{mm})\\ 0\end{cases}$$

$$H_2(\min)=0$$

在有效补强范围内，补强截面积：

$$\begin{aligned}A_1 &= (\delta_e - \delta)(B-d) - 2\delta_t(\delta_e - \delta)\\ &= (38.2-36.1)\times(495.2-247.6) - 2\times 22\times(38.2-36.1)\\ &= 427.56(\text{mm}^2)\end{aligned}$$

$$A_2 = 2H_1(\delta_{et} - \delta_t) + 2H_2(\delta_{et} - \delta_t) = 2\times 99.5\times(38.7-20) = 3721.3(\text{mm}^2)$$

$$A_3 = \frac{1}{2}\times 2\times 6\times 6 = 36(\text{mm}^2)$$

$$A_e = A_1 + A_2 + A_3 = 427.56 + 3721.3 + 36 = 4184.86(\text{mm}^2)$$

$A_e < A$，需要补强。

$$A_4 = 8938.36 - 4184.86 = 4753.5(\text{mm}^2)$$

② 过冷器回流流体侧补强面积计算所需参数见表 8-32。

表 8-32　封头、接管尺寸（过冷器回流流体侧）

项目	封头	接管
内径/mm	100	50
计算厚度/mm	1.15	0.98
名义厚度/mm	10	7
厚度附加量/mm	0.8	0.8

封头开孔补强面积：

$$d = 50 + 2\times 0.8 = 51.6(\text{mm})$$

$$A = \delta d = 1.15\times 51.6 = 59.34(\text{mm}^2)$$

有效宽度 B 取两式中较大值：

$$B = \max\begin{cases} 2d = 2\times 51.6 = 103.2(\text{mm}) \\ d + 2\delta_n + 2\delta_{nt} = 51.6 + 2\times 10 + 2\times 7 = 85.6(\text{mm})\end{cases}$$

$$B(\max) = 103.2\text{mm}$$

有效高度按下式计算，取较小值。

外侧有效补强高度：

$$H_1 = \min\begin{cases}\sqrt{d\delta_{nt}} = \sqrt{51.6\times 50} = 50.8(\text{mm}) \\ 150\text{mm}\end{cases}$$

$$H_1(\min) = 50.8\text{mm}$$

内侧有效补强高度：

$$H_2 = \min\begin{cases}\sqrt{51.6\times 50} = 50.8(\text{mm}) \\ 0\end{cases}$$

$$H_2(\min) = 0$$

在有效补强范围内，补强截面积：

$$A_1=(\delta_e-\delta)(B-d)-2\delta_t(\delta_e-\delta)$$
$$=(9.2-1.15)\times(103.2-51.6)-2\times0.98\times(9.2-1.15)$$
$$=399.6(mm^2)$$

$$A_2=2H_1(\delta_{et}-\delta_t)+2H_2(\delta_{et}-\delta_t)=2\times50.8\times(6.2-0.98)=530.4(mm^2)$$

$$A_3=\frac{1}{2}\times2\times6\times6=36(mm^2)$$

$$A_e=A_1+A_2+A_3=399.6+530.4+36=966(mm^2)$$

$A_e>A$，不需要补强。

③ 天然气预冷流体侧补强面积计算所需参数见表 8-33。

表 8-33　封头、接管尺寸（天然气预冷流体侧）

项目	封头	接管
内径/mm	250	155
计算厚度/mm	22.7	14.4
名义厚度/mm	30	30
厚度附加量/mm	1.3	1.3

封头开孔补强面积：

$$d=155+2\times1.3=157.6(mm)$$
$$A=\delta d=22.7\times157.6=3577.52(mm^2)$$

有效宽度 B 取两式中较大值：

$$B=\max\begin{cases}2d=2\times157.6=315.2(mm)\\d+2\delta_n+2\delta_{nt}=157.6+2\times20+2\times30=257.6(mm)\end{cases}$$
$$B(\max)=315.2mm$$

有效高度按下式计算，取较小值。

外侧有效补强高度：

$$H_1=\min\begin{cases}\sqrt{d\delta_{nt}}=\sqrt{157.6\times30}=68.8(mm)\\150mm\end{cases}$$
$$H_1(\min)=68.8mm$$

内侧有效补强高度：

$$H_2=\min\begin{cases}\sqrt{157.6\times30}=68.8(mm)\\0\end{cases}$$
$$H_2(\min)=0$$

在有效补强范围内，补强截面积：

$$A_1=(\delta_e-\delta)(B-d)-2\delta_t(\delta_e-\delta)$$
$$=(30-1.3-22.7)\times(315.2-157.6)-2\times14.4\times(30-1.3-22.7)$$
$$=772.8(mm^2)$$

$$A_2 = 2H_1(\delta_{et} - \delta_t) + 2H_2(\delta_{et} - \delta_t) = 2 \times 68.8 \times (28.7 - 14.4) = 1967.68(\text{mm}^2)$$

$$A_3 = \frac{1}{2} \times 2 \times 6 \times 6 = 36(\text{mm}^2)$$

$$A_e = A_1 + A_2 + A_3 = 772.8 + 1967.68 + 36 = 2776.48(\text{mm}^2)$$

$A_e < A$，需要补强。

$$A_4 = 3577.52 - 2776.48 = 801.04(\text{mm}^2)$$

④ 自蒸发流体侧补强面积计算所需参数见表 8-34。

表 8-34　封头、接管尺寸（自蒸发流体侧）

项目	封头	接管
内径/mm	100	60
计算厚度/mm	0.9	0.89
名义厚度/mm	10	10
厚度附加量/mm	0.8	0.8

封头开孔补强面积：

$$d = 60 + 2 \times 0.8 = 61.6(\text{mm})$$

$$A = \delta d = 0.8 \times 61.6 = 49.28(\text{mm}^2)$$

有效宽度 B 取两式中较大值：

$$B = \max\begin{cases} 2d = 2 \times 61.6 = 123.2(\text{mm}) \\ d + 2\delta_n + 2\delta_{nt} = 61.6 + 2 \times 10 + 2 \times 10 = 101.6(\text{mm}) \end{cases}$$

$$B(\max) = 123.2\text{mm}$$

有效高度按下式计算，取较小值：
外侧有效补强高度：

$$H_1 = \min\begin{cases} \sqrt{d\delta_{nt}} = \sqrt{61.6 \times 10} = 24.8(\text{mm}) \\ 150\text{mm} \end{cases}$$

$$H_1(\min) = 24.8\text{mm}$$

内侧有效补强高度：

$$H_2 = \min\begin{cases} \sqrt{61.6 \times 10} = 24.8(\text{mm}) \\ 0 \end{cases}$$

$$H_2(\min) = 0$$

在有效补强范围内，补强截面积：

$$\begin{aligned} A_1 &= (\delta_e - \delta)(B - d) - 2\delta_t(\delta_e - \delta) \\ &= (8.98 - 0.08) \times 61.6 - 2 \times 0.89 \times (8.98 - 0.08) \\ &= 532.4(\text{mm}^2) \end{aligned}$$

$$A_2 = 2H_1(\delta_{et} - \delta_t) + 2H_2(\delta_{et} - \delta_t) = 2 \times 24.8 \times (9.2 - 0.89) = 412.2(\mathrm{mm}^2)$$

$$A_3 = \frac{1}{2} \times 2 \times 6 \times 6 = 36(\mathrm{mm}^2)$$

$$A_e = A_1 + A_2 + A_3 = 532.4 + 412.2 + 36 = 980.6(\mathrm{mm}^2)$$

$A_e > A$，不需要补强。

此连接方式的适用范围：壳体直径 $DN \leqslant 800\mathrm{mm}$，$L \geqslant 15\mathrm{mm}$。

本章小结

通过研究开发 30 万立方米每天天然气膨胀制冷 LNG 液化四级板翅式换热器设计计算方法，并根据天然气膨胀制冷 LNG 液化工艺流程及四级多股流板翅式换热器（PFHE）特点进行主设备设计计算，就可突破-162℃ LNG 工艺设计计算方法及主液化装备 PFHE 设计计算方法。设计过程中采用天然气膨胀制冷及四级 PFHE 换热过程，其具有结构紧凑、换热效率高等特点，能有效解决液化工艺系统庞大、占地面积大等问题，并克服传统的 LNG 液化工艺缺陷，通过四级连续制冷，可最终实现 LNG 液化过程。PFHE 结构紧凑，便于多股流大温差换热，也是 LNG 液化过程中可选用的高效制冷设备之一。本章采用天然气膨胀四级 PFHE 型天然气液化系统，由四个连贯的板束组成，包括一次预冷板束、二次预冷板束、三次预冷板束及深冷板束，其结构简洁，层次分明，易于设计计算，该工艺也是以天然气作为制冷剂的 LNG 液化工艺系统的主要选择之一。

参考文献

[1] 张周卫，汪雅红，郭舜之，赵丽．低温制冷装备与技术［M］．北京：化学工业出版社．2018.

[2] 顾安忠，等．液化天然气技术［M］．2 版．机械工业出版社．2015.

[3] 史美中．热交换器原理与设计［M］．5 版．南京：东南大学出版社．2014.

[4] 吴业正，朱瑞琪．制冷与低温技术原理［M］．北京：高等教育出版社．2005.

[5] 苏斯君，张周卫，汪雅红． LNG 系列板翅式换热器的研究与开发［J］．化工机械，2018，45（6）：662-667.

[6] 张周卫．LNG 混合制冷剂多股流板翅式换热器［P］．中国: 201510051091.6，2015.02.

[7] 张周卫．LNG 低温液化一级制冷五股流板翅式换热器［P］．中国: 201510040244.7，2015.01.

[8] 张周卫．LNG 低温液化二级制冷四股流板翅式换热器［P］．中国: 201510042630.X，2015.01.

[9] 张周卫．LNG 低温液化三级制冷三股流板翅式换热器［P］．中国: 201510040244.7，2015.01.

[10] 张周卫，郭舜之，汪雅红，赵丽．液化天然气装备设计技术：液化换热卷［M］．北京:化学工业出版社，2018.

[11] 张周卫，苏斯君，张梓洲，田源．液化天然气装备设计技术：通用换热器卷［M］．北京:化学工业出版社，2018.

[12] Zhang Zhouwei，Wang Yahong，Li Yue，Xue Jiaxing．Research and development on series of LNG plate-fin heat exchanger［C］．3rd International Conference on Mechatronics，Robotics and Automation（ICMRA 2015），2015（4）：1299-1304.

附　　录

附表 1　乙烯的物性参数

温度/K	压力/MPa	液体密度/(kg/m³)	气体密度/(kg/m³)	液体焓/(kJ/kg)	气体焓/(kJ/kg)	液体熵/[kJ/(kg·K)]	气体熵/[kJ/(kg·K)]
110	0.00033171	646.98	0.010179	−143.47	416.53	−1.0422	4.0487
115	0.00069745	640.59	0.020479	−131.31	422.42	−0.93413	3.8809
120	0.0013683	634.17	0.038524	−119.17	428.29	−0.83075	3.7314
125	0.0025267	627.71	0.068348	−107.04	434.12	−0.73177	3.5976
130	0.0044241	621.2	0.11521	−94.942	439.92	−0.63688	3.4774
135	0.0073921	614.64	0.18565	−82.866	445.65	−0.54577	3.3692
140	0.01185	608.02	0.28758	−70.811	451.32	−0.45814	3.2714
145	0.018309	601.35	0.43016	−58.771	456.91	−0.37371	3.1827
150	0.027377	594.6	0.62385	−46.739	462.39	−0.29224	3.102
155	0.039755	587.78	0.88029	−34.706	467.76	−0.21346	3.0282
160	0.056235	580.87	1.2123	−22.662	473	−0.13716	2.9607
165	0.077693	573.87	1.6336	−10.595	478.09	−0.06313	2.8986
170	0.10509	566.77	2.1593	1.5062	483.01	0.0088373	2.8412
175	0.13944	559.55	2.8053	13.656	487.76	0.078924	2.7881
180	0.18184	552.2	3.5889	25.87	492.31	0.1473	2.7386
185	0.23344	544.71	4.5285	38.161	496.64	0.21414	2.6924
190	0.29541	537.06	5.6442	50.549	500.73	0.2796	2.649
195	0.36901	529.24	6.9579	63.05	504.57	0.34383	2.608
200	0.45548	521.22	8.4936	75.684	508.13	0.40697	2.5692
205	0.55614	512.99	10.278	88.474	511.39	0.46917	2.5322
210	0.67231	504.5	12.342	101.44	514.32	0.53057	2.4967
215	0.80534	495.74	14.72	114.62	516.89	0.59133	2.4624
220	0.95662	486.67	17.452	128.03	519.07	0.65158	2.429
225	1.1276	477.23	20.587	141.72	520.8	0.7115	2.3963
230	1.3196	467.38	24.183	155.72	522.03	0.77125	2.3639

续表

温度/K	压力/MPa	液体密度/(kg/m³)	气体密度/(kg/m³)	液体焓/(kJ/kg)	气体焓/(kJ/kg)	液体熵/[kJ/(kg·K)]	气体熵/[kJ/(kg·K)]
235	1.5342	457.03	28.313	170.09	522.71	0.83104	2.3316
240	1.773	446.11	33.066	184.88	522.74	0.8911	2.2989
245	2.0376	434.49	38.565	200.18	522.02	0.95171	2.2653
250	2.3295	422.02	44.97	216.09	520.38	1.0132	2.2304
255	2.6509	408.46	52.514	232.76	517.64	1.0762	2.1934
260	3.0035	393.47	61.542	250.4	513.45	1.1413	2.153
265	3.3898	376.46	72.621	269.37	507.32	1.2097	2.1077
270	3.8125	356.39	86.795	290.3	498.31	1.2836	2.0541
275	4.2752	330.84	106.46	314.62	484.31	1.3679	1.985
280	4.7835	290.7	140.7	347.75	457.49	1.4814	1.8733

附表 2　丙烷的物性参数

温度/K	压力/MPa	液体密度/(kg/m³)	气体密度/(kg/m³)	液体焓/(kJ/kg)	气体焓/(kJ/kg)	液体熵/[kJ/(kg·K)]	气体熵/[kJ/(kg·K)]
90	1.597×10^{-9}	765.89	8.98×10^{-8}	−195.99	387.93	−1.3803	5.1077
95	8.903×10^{-9}	759.97	4.74×10^{-7}	−184.8	392.47	−1.2593	4.8173
100	4.108×10^{-8}	754.12	2.08×10^{-6}	−173.8	397.09	−1.1464	4.5624
105	1.614×10^{-7}	748.34	7.78×10^{-6}	−162.95	401.76	−1.0406	4.3376
110	5.527×10^{-7}	742.6	2.54×10^{-5}	−152.23	406.5	−0.94078	4.1385
115	1.68×10^{-6}	736.91	7.4×10^{-5}	−141.61	411.3	−0.84635	3.9615
120	4.608×10^{-6}	731.25	0.000194	−131.07	416.16	−0.75665	3.8035
125	1.155×10^{-5}	725.62	0.000467	−120.6	421.08	−0.67117	3.6622
130	2.673×10^{-5}	720	0.001041	−110.18	426.06	−0.58947	3.5355
135	5.769×10^{-5}	714.41	0.002163	−99.808	431.1	−0.51117	3.4215
140	0.000117	708.82	0.004232	−89.467	436.2	−0.43595	3.3188
145	0.0002247	703.23	0.007846	−79.147	441.36	−0.36352	3.2262
150	0.0004107	697.65	0.013863	−68.84	446.57	−0.29364	3.1424
155	0.000718	692.06	0.023463	−58.539	451.84	−0.22609	3.0666
160	0.0012062	686.46	0.038204	−48.235	457.15	−0.16066	2.998
165	0.0019549	680.84	0.060077	−37.921	462.52	−0.097197	2.9358
170	0.003067	675.21	0.091551	−27.591	467.92	−0.035528	2.8793
175	0.0046716	669.55	0.1356	−17.237	473.37	0.024484	2.828
180	0.0069273	663.87	0.19575	−6.8535	478.85	0.082968	2.7813
185	0.010024	658.15	0.27603	3.5662	484.35	0.14004	2.7389
190	0.014184	652.4	0.38106	14.028	489.88	0.1958	2.7003
195	0.019664	646.61	0.51596	24.538	495.42	0.25036	2.6651

续表

温度/K	压力/MPa	液体密度/(kg/m³)	气体密度/(kg/m³)	液体焓/(kJ/kg)	气体焓/(kJ/kg)	液体熵/[kJ/(kg・K)]	气体熵/[kJ/(kg・K)]
200	0.026756	640.77	0.68641	35.103	500.96	0.3038	2.6331
205	0.035784	634.88	0.89859	45.728	506.5	0.3562	2.6039
210	0.047107	628.94	1.1592	56.419	512.04	0.40764	2.5772
215	0.061115	622.93	1.4754	67.184	517.55	0.45819	2.5529
220	0.07823	616.86	1.8548	78.027	523.04	0.50792	2.5307
225	0.098903	610.71	2.3058	88.956	528.5	0.55689	2.5104
230	0.12361	604.49	2.8369	99.976	533.92	0.60515	2.4919
235	0.15285	598.17	3.4576	111.1	539.29	0.65277	2.4749
240	0.18715	591.76	4.1776	122.32	544.59	0.6998	2.4593
245	0.22706	585.25	5.0075	133.66	549.84	0.74627	2.445
250	0.27314	578.62	5.9588	145.12	555	0.79225	2.4318
255	0.32597	571.87	7.0437	156.71	560.08	0.83778	2.4196
260	0.38615	564.98	8.2754	168.43	565.07	0.88291	2.4084
265	0.4543	557.95	9.6686	180.31	569.94	0.92768	2.398
270	0.53103	550.75	11.239	192.34	574.7	0.97213	2.3883
275	0.61699	543.38	13.005	204.53	579.33	1.0163	2.3792
280	0.71284	535.81	14.986	216.91	583.81	1.0603	2.3706
285	0.81923	528.02	17.205	229.48	588.12	1.1041	2.3625
290	0.93686	519.99	19.688	242.26	592.26	1.1478	2.3546
295	1.0664	511.68	22.465	255.27	596.18	1.1914	2.347
300	1.2086	503.07	25.573	268.52	599.85	1.235	2.3394
305	1.3642	494.1	29.055	282.05	603.23	1.2786	2.3317
310	1.534	484.74	32.96	295.87	606.3	1.3225	2.3239
315	1.7186	474.9	37.353	310.03	609.01	1.3666	2.3157
320	1.9191	464.52	42.315	324.57	611.32	1.411	2.3071
325	2.1361	453.48	47.952	339.53	613.13	1.4559	2.2978
330	2.3708	441.66	54.407	355.01	614.32	1.5016	2.2874
335	2.6241	428.85	61.882	371.09	614.74	1.5482	2.2755
340	2.8972	414.75	70.675	387.95	614.14	1.5962	2.2615
345	3.1913	398.88	81.259	405.8	612.16	1.6462	2.2444
350	3.5081	380.4	94.468	425.08	608.17	1.6994	2.2225
355	3.8495	357.58	112.05	446.6	600.87	1.7578	2.1924
360	4.2185	325.35	139.15	472.79	586.57	1.828	2.1441

附表 3　正丁烷的物性参数

温度/K	压力/MPa	液体密度/(kg/m³)	气体密度/(kg/m³)	液体焓/(kJ/kg)	气体焓/(kJ/kg)	液体熵/[kJ/(kg・K)]	气体熵/[kJ/(kg・K)]
90	1.689×10^{-12}	815.7	1.27×10^{-10}	−347.78	206.58	−2.1166	4.0431

续表

温度/K	压力/MPa	液体密度/(kg/m^3)	气体密度/(kg/m^3)	液体焓/(kJ/kg)	气体焓/(kJ/kg)	液体熵/[kJ/(kg·K)]	气体熵/[kJ/(kg·K)]
95	1.489×10^{-11}	810.15	1.06×10^{-9}	−338.12	210.6	−2.0121	3.764
100	1.035×10^{-10}	804.62	6.99×10^{-9}	−328.51	214.71	−1.9134	3.5187
105	5.88×10^{-10}	799.11	3.78×10^{-8}	−318.94	218.89	−1.82	3.3021
110	2.808×10^{-9}	793.62	1.72×10^{-7}	−309.4	223.15	−1.7313	3.1101
115	1.154×10^{-8}	788.15	6.77×10^{-7}	−299.89	227.49	−1.6468	2.9391
120	4.165×10^{-8}	782.71	2.34×10^{-6}	−290.4	231.9	−1.566	2.7865
125	1.341×10^{-7}	777.3	7.24×10^{-6}	−280.93	236.39	−1.4887	2.6499
130	3.907×10^{-7}	771.92	2.03×10^{-5}	−271.47	240.95	−1.4145	2.5273
135	1.041×10^{-6}	766.56	5.21×10^{-5}	−262.02	245.59	−1.3431	2.417
140	2.567×10^{-6}	761.23	0.000124	−252.56	250.31	−1.2743	2.3176
145	5.898×10^{-6}	755.92	0.000274	−243.1	255.1	−1.208	2.2279
150	1.273×10^{-5}	750.63	0.000573	−233.64	259.97	−1.1438	2.1469
155	2.597×10^{-5}	745.36	0.001131	−224.15	264.92	−1.0816	2.0737
160	5.038×10^{-5}	740.1	0.002125	−214.65	269.94	−1.0213	2.0075
165	9.334×10^{-5}	734.85	0.003818	−205.13	275.05	−0.96266	1.9475
170	0.0001659	729.61	0.006588	−195.58	280.23	−0.90564	1.8932
175	0.000284	724.38	0.010957	−186	285.49	−0.85009	1.8441
180	0.0004697	719.16	0.017624	−176.38	290.82	−0.7959	1.7996
185	0.0007528	713.93	0.027496	−166.72	296.22	−0.74299	1.7594
190	0.0011725	708.7	0.04172	−157.02	301.7	−0.69126	1.7231
195	0.0017787	703.47	0.061709	−147.28	307.24	−0.64063	1.6902
200	0.002634	698.23	0.089169	−137.48	312.85	−0.59103	1.6606
205	0.0038147	692.97	0.12612	−127.63	318.52	−0.54239	1.6339
210	0.0054125	687.71	0.1749	−117.72	324.24	−0.49465	1.61
215	0.0075354	682.42	0.23819	−107.75	330.03	−0.44775	1.5884
220	0.010309	677.11	0.31901	−97.722	335.86	−0.40165	1.5692
225	0.013876	671.78	0.42072	−87.623	341.74	−0.35628	1.552
230	0.018399	666.42	0.54702	−77.453	347.66	−0.31161	1.5367
235	0.024058	661.02	0.70195	−67.209	353.62	−0.26758	1.5232
240	0.031052	655.59	0.88989	−56.888	359.61	−0.22417	1.5113
245	0.039598	650.12	1.1155	−46.486	365.64	−0.18132	1.5008
250	0.04993	644.6	1.3839	−35.999	371.69	−0.13902	1.4917
255	0.062301	639.04	1.7003	−25.424	377.77	−0.097212	1.4839
260	0.076978	633.42	2.0704	−14.757	383.86	−0.055876	1.4773

续表

温度/K	压力/MPa	液体密度/(kg/m³)	气体密度/(kg/m³)	液体焓/(kJ/kg)	气体焓/(kJ/kg)	液体熵/[kJ/(kg·K)]	气体熵/[kJ/(kg·K)]
265	0.094244	627.74	2.5003	−3.9943	389.97	−0.014978	1.4717
270	0.1144	622	2.9963	6.8682	396.08	0.02551	1.4671
275	0.13775	616.18	3.5651	17.835	402.21	0.065616	1.4633
280	0.16463	610.3	4.214	28.91	408.33	0.10537	1.4604
285	0.19537	604.33	4.9504	40.098	414.45	0.14479	1.4583
290	0.23031	598.27	5.7825	51.403	420.56	0.18391	1.4569
295	0.26981	592.11	6.719	62.831	426.65	0.22276	1.4561
300	0.31425	585.85	7.7693	74.387	432.73	0.26135	1.4558
305	0.36399	579.48	8.9433	86.076	438.77	0.29971	1.4561
310	0.41942	572.98	10.252	97.905	444.78	0.33786	1.4568
315	0.48093	566.35	11.708	109.88	450.75	0.37584	1.458
320	0.54893	559.56	13.325	122.01	456.66	0.41366	1.4594
325	0.62382	552.62	15.116	134.3	462.51	0.45134	1.4612
330	0.70602	545.5	17.1	146.76	468.28	0.48893	1.4633
335	0.79596	538.19	19.295	159.39	473.97	0.52643	1.4655
340	0.89409	530.66	21.723	172.22	479.55	0.56389	1.4678
345	1.0009	522.9	24.409	185.24	485.01	0.60133	1.4702
350	1.1167	514.86	27.384	198.48	490.33	0.63879	1.4726
355	1.2422	506.53	30.682	211.95	495.48	0.67631	1.475
360	1.3777	497.86	34.346	225.67	500.44	0.71393	1.4772
365	1.5239	488.81	38.428	239.67	505.16	0.75171	1.4791
370	1.6813	479.3	42.994	253.96	509.6	0.78971	1.4807
375	1.8505	469.28	48.127	268.58	513.72	0.82801	1.4817
380	2.0321	458.63	53.935	283.58	517.42	0.8667	1.4821
385	2.2269	447.24	60.565	299.01	520.62	0.90593	1.4815
390	2.4356	434.9	68.223	314.97	523.19	0.94588	1.4798
395	2.6592	421.34	77.213	331.56	524.92	0.98682	1.4763
400	2.8988	406.12	88.015	348.98	525.51	1.0292	1.4705
405	3.1556	388.45	101.47	367.56	524.45	1.0737	1.4611
410	3.4315	366.64	119.33	388.01	520.67	1.1221	1.4457

附表 4 异丁烷的物性参数

温度/K	压力/MPa	液体密度/(kg/m³)	气体密度/(kg/m³)	液体焓/(kJ/kg)	气体焓/(kJ/kg)	液体熵/[kJ/(kg·K)]	气体熵/[kJ/(kg·K)]
120	1.063×10^{-7}	734.42	6.19×10^{-6}	−101.73	373.93	−0.58869	3.3751
125	3.206×10^{-7}	729.7	1.79×10^{-5}	−93.143	378.53	−0.51862	3.2547
130	8.806×10^{-7}	724.98	4.74×10^{-5}	−84.48	383.24	−0.45066	3.1472

续表

温度/K	压力/MPa	液体密度/(kg/m³)	气体密度/(kg/m³)	液体焓/(kJ/kg)	气体焓/(kJ/kg)	液体熵/[kJ/(kg・K)]	气体熵/[kJ/(kg・K)]
135	2.227×10^{-6}	720.25	0.000115	−75.735	388.06	−0.38466	3.0508
140	5.231×10^{-6}	715.52	0.000261	−66.91	392.98	−0.32047	2.9645
145	1.151×10^{-5}	710.78	0.000555	−58.006	398.01	−0.25798	2.887
150	2.388×10^{-5}	706.04	0.001113	−49.022	403.15	−0.19707	2.8174
155	4.699×10^{-5}	701.28	0.00212	−39.959	408.38	−0.13763	2.7549
160	8.818×10^{-5}	696.51	0.003853	−30.817	413.71	−0.079585	2.6987
165	0.0001585	691.73	0.006716	−21.596	419.14	−0.022837	2.6483
170	0.0002739	686.93	0.011266	−12.295	424.66	0.03269	2.603
175	0.0004567	682.12	0.018257	−2.9149	430.28	0.087071	2.5625
180	0.0007374	677.28	0.028666	6.5463	435.98	0.14037	2.5261
185	0.0011557	672.42	0.043734	16.089	441.77	0.19266	2.4937
190	0.0017628	667.54	0.064989	25.715	447.65	0.244	2.4647
195	0.0026227	662.64	0.094278	35.425	453.6	0.29444	2.4389
200	0.0038135	657.71	0.13378	45.222	459.64	0.34403	2.4161
205	0.0054294	652.74	0.18603	55.107	465.75	0.39283	2.396
210	0.0075808	647.75	0.25392	65.082	471.93	0.44089	2.3783
215	0.010396	642.72	0.34069	75.149	478.17	0.48825	2.3628
220	0.014023	637.65	0.44997	85.311	484.48	0.53495	2.3494
225	0.018625	632.54	0.58573	95.571	490.85	0.58103	2.3378
230	0.024387	627.39	0.75229	105.93	497.28	0.62653	2.328
235	0.031511	622.19	0.95433	116.4	503.75	0.67149	2.3198
240	0.040218	616.95	1.1969	126.97	510.27	0.71593	2.313
245	0.050746	611.64	1.4853	137.65	516.83	0.75991	2.3076
250	0.06335	606.28	1.8253	148.44	523.43	0.80344	2.3034
255	0.078301	600.86	2.223	159.35	530.06	0.84655	2.3003
260	0.095885	595.37	2.6848	170.38	536.72	0.88927	2.2983
265	0.1164	589.81	3.2175	181.54	543.41	0.93164	2.2972
270	0.14017	584.17	3.8285	192.82	550.11	0.97368	2.297
275	0.16751	578.45	4.5253	204.24	556.82	1.0154	2.2975
280	0.19876	572.64	5.3164	215.8	563.54	1.0569	2.2988
285	0.23427	566.72	6.2104	227.49	570.26	1.098	2.3007
290	0.2744	560.71	7.217	239.34	576.98	1.139	2.3033
295	0.31952	554.58	8.3463	251.34	583.69	1.1797	2.3063
300	0.37	548.32	9.6096	263.5	590.37	1.2203	2.3099
305	0.42622	541.93	11.019	275.82	597.03	1.2607	2.3138
310	0.48858	535.39	12.589	288.32	603.65	1.301	2.3182

续表

温度/K	压力/MPa	液体密度/(kg/m³)	气体密度/(kg/m³)	液体焓/(kJ/kg)	气体焓/(kJ/kg)	液体熵/[kJ/(kg·K)]	气体熵/[kJ/(kg·K)]
315	0.55749	528.69	14.333	300.99	610.23	1.3411	2.3228
320	0.63335	521.81	16.269	313.86	616.75	1.3812	2.3277
325	0.71658	514.73	18.416	326.92	623.2	1.4212	2.3328
330	0.80761	507.43	20.795	340.19	629.57	1.4611	2.3381
335	0.90688	499.89	23.434	353.67	635.83	1.5011	2.3434
340	1.0148	492.07	26.361	367.4	641.97	1.5411	2.3487
345	1.132	483.95	29.612	381.37	647.96	1.5812	2.354
350	1.2587	475.47	33.23	395.61	653.77	1.6214	2.359
355	1.3957	466.58	37.268	410.15	659.35	1.6619	2.3638
360	1.5433	457.23	41.791	425	664.67	1.7025	2.3683
365	1.7021	447.31	46.883	440.21	669.66	1.7435	2.3721
370	1.8727	436.72	52.652	455.83	674.27	1.785	2.3753
375	2.0557	425.31	59.244	471.92	678.4	1.827	2.3776
380	2.2519	412.85	66.867	488.56	681.92	1.8698	2.3787
385	2.462	399.01	75.829	505.9	684.64	1.9138	2.3781
390	2.6869	383.26	86.625	524.14	686.25	1.9594	2.3751
395	2.9276	364.64	100.15	543.68	686.19	2.0075	2.3683
400	3.1856	341.03	118.39	565.39	683.25	2.0603	2.355

附表 5　甲烷的物性参数

温度/K	压力/MPa	液体密度/(kg/m³)	气体密度/(kg/m³)	液体焓/(kJ/kg)	气体焓/(kJ/kg)	液体熵/[kJ/(kg·K)]	气体熵/[kJ/(kg·K)]
100	0.034376	438.89	0.67457	-40.269	490.21	-0.37933	4.9255
105	0.056377	431.92	1.0613	-23.124	499.31	-0.21253	4.7631
110	0.08813	424.78	1.5982	-5.813	508.02	-0.052168	4.6191
115	0.13221	417.45	2.3193	11.687	516.28	0.10248	4.4902
120	0.19143	409.9	3.2619	29.405	524.02	0.25207	4.3738
125	0.26876	402.11	4.4669	47.373	531.17	0.3972	4.2676
130	0.36732	394.04	5.9804	65.629	537.67	0.53846	4.1695
135	0.49035	385.64	7.8549	84.22	543.42	0.67639	4.0779
140	0.64118	376.87	10.152	103.2	548.34	0.81158	3.9912
145	0.82322	367.65	12.945	122.65	552.32	0.94461	3.9079
150	1.04	357.9	16.328	142.64	555.23	1.0761	3.8267
155	1.295	347.51	20.419	163.31	556.89	1.2069	3.7461
160	1.5921	336.31	25.382	184.8	557.07	1.3378	3.6645
165	1.9351	324.1	31.448	207.33	555.45	1.4701	3.5799
170	2.3283	310.5	38.974	231.24	551.54	1.6054	3.4895
175	2.7765	294.94	48.559	257.09	544.52	1.7466	3.3891
180	3.2852	276.23	61.375	285.94	532.83	1.8991	3.2707
185	3.8617	251.36	80.435	320.51	512.49	2.0765	3.1142
190	4.5186	200.78	125.18	378.27	459.03	2.3687	2.7937

附表 6 氮气的物性参数

温度/K	压力/MPa	液体密度/(kg/m^3)	气体密度/(kg/m^3)	液体焓/(kJ/kg)	气体焓/(kJ/kg)	液体熵/[kJ/(K・kg)]	气体熵/[kJ/(K・kg)]
70	0.03855	838.51	1.896	−136.97	71.098	2.6321	5.6045
75	0.07604	816.67	3.5404	−126.83	75.316	2.7714	5.4667
80	0.13687	793.94	6.0894	−116.58	79.099	2.9028	5.3487
85	0.22886	770.13	9.8241	−106.16	82.352	3.0277	5.2454
90	0.36046	745.02	15.079	−95.517	84.97	3.1473	5.1527
95	0.54052	718.26	22.272	−84.571	86.828	3.263	5.0672
100	0.77827	689.35	31.961	−73.209	87.766	3.3761	4.9858
105	1.0833	657.52	44.959	−61.268	87.557	3.4882	4.9055
110	1.4658	621.45	62.579	−48.486	85.835	3.6015	4.8226
115	1.937	578.7	87.294	−34.389	81.911	3.7198	4.7311
120	2.5106	523.36	125.09	−17.87	74.173	3.8514	4.6185

附表 7 甲烷-氮气的物性参数（第 2 章）

温度/℃	压力/MPa	液体密度/(kg/m^3)	气体密度/(kg/m^3)	液体焓/(kJ/kg)	气体焓/(kJ/kg)	液体熵/[kJ/(kg・K)]	气体熵/[kJ/(kg・K)]
−180.00	0.062021	463.99	0.36350	−63.538	444.68	−0.19668	5.3378
−175.00	0.090544	456.73	0.61579	−47.211	453.73	−0.026598	5.1493
−170.00	0.12857	449.32	0.98687	−30.732	462.48	0.13632	4.9841
−165.00	0.17820	441.73	1.5096	−14.080	470.89	0.29290	4.8382
−160.00	0.24177	433.93	2.2201	2.7649	478.90	0.44385	4.7080
−155.00	0.32179	425.90	3.1582	19.829	486.43	0.58981	4.5908
−150.00	0.42095	417.60	4.3680	37.144	493.42	0.73138	4.4842
−145.00	0.54203	409.00	5.8986	54.744	499.80	0.86913	4.3861
−140.00	0.68795	400.05	7.8062	72.677	505.49	1.0036	4.2948
−135.00	0.86169	390.69	10.157	90.997	510.40	1.1355	4.2086
−130.00	1.0663	380.84	13.029	109.78	514.41	1.2652	4.1261
−125.00	1.3049	370.41	16.523	129.10	517.41	1.3935	4.0458
−120.00	1.5807	359.27	20.766	149.09	519.21	1.5212	3.9663
−115.00	1.8969	347.23	25.935	169.91	519.60	1.6492	3.8859
−110.00	2.2566	334.03	32.278	191.79	518.25	1.7788	3.8027
−105.00	2.6633	319.26	40.184	215.08	514.69	1.9119	3.7138
−100.00	3.1200	302.16	50.311	240.39	508.08	2.0516	3.6148
−95.000	3.6293	281.24	63.971	268.98	496.85	2.2044	3.4975
−90.000	4.1904	252.19	84.686	304.32	476.78	2.3883	3.3401
−85.000	4.7193	158.64	145.51	397.14	411.13	2.8732	2.9483

附表 8　甲烷-乙烯的物性参数

温度/℃	压力/MPa	液体密度/(kg/m³)	气体密度/(kg/m³)	液体焓/(kJ/kg)	气体焓/(kJ/kg)	液体熵/[kJ/(kg·K)]	气体熵/[kJ/(kg·K)]
-170.00	0.0084185	642.35	0.0036070	-96.972	465.99	-0.79385	4.8092
-165.00	0.012617	635.98	0.0080936	-84.865	472.11	-0.67930	4.6047
-160.00	0.018273	629.57	0.016735	-72.695	478.22	-0.56937	4.4233
-155.00	0.025694	623.11	0.032236	-60.488	484.31	-0.46391	4.2618
-150.00	0.035222	616.61	0.058387	-48.263	490.37	-0.36269	4.1175
-145.00	0.047234	610.06	0.10021	-36.030	496.38	-0.26548	3.9881
-140.00	0.062155	603.45	0.16408	-23.794	502.35	-0.17201	3.8717
-135.00	0.080459	596.79	0.25775	-11.557	508.25	-0.082008	3.7666
-130.00	0.10268	590.06	0.39035	0.68425	514.06	0.0047686	3.6714
-125.00	0.12941	583.26	0.57238	12.935	519.78	0.088572	3.5849
-120.00	0.16132	576.37	0.81560	25.201	525.39	0.16964	3.5060
-115.00	0.19912	569.40	1.1330	37.492	530.86	0.24819	3.4338
-110.00	0.24361	562.33	1.5388	49.818	536.18	0.32443	3.3674
-105.00	0.29565	555.15	2.0484	62.191	541.34	0.39856	3.3062
-100.00	0.35613	547.85	2.6782	74.624	546.32	0.47078	3.2495
-95.000	0.42604	540.41	3.4462	87.131	551.09	0.54126	3.1968
-90.000	0.50637	532.82	4.3715	99.728	555.63	0.61017	3.1476
-85.000	0.59819	525.06	5.4749	112.43	559.94	0.67766	3.1014
-80.000	0.70258	517.11	6.7795	125.26	563.97	0.74391	3.0578
-75.000	0.82068	508.96	8.3103	138.24	567.72	0.80907	3.0165
-70.000	0.95362	500.57	10.096	151.39	571.16	0.87329	2.9771
-65.000	1.1026	491.92	12.167	164.73	574.25	0.93671	2.9393
-60.000	1.2687	482.96	14.563	178.30	576.96	0.99951	2.9028
-55.000	1.4533	473.66	17.324	192.13	579.25	1.0619	2.8672
-50.000	1.6575	463.97	20.504	206.26	581.07	1.1239	2.8323
-45.000	1.8826	453.81	24.165	220.73	582.38	1.1859	2.7978
-40.000	2.1297	443.12	28.385	235.61	583.08	1.2480	2.7632
-35.000	2.4002	431.77	33.265	250.97	583.10	1.3106	2.7281
-30.000	2.6952	419.64	38.938	266.90	582.30	1.3739	2.6921
-25.000	3.0159	406.52	45.586	283.54	580.52	1.4384	2.6544
-20.000	3.3635	392.12	53.474	301.06	577.52	1.5049	2.6142
-15.000	3.7388	375.99	63.008	319.76	572.92	1.5742	2.5702
-10.000	4.1424	357.34	74.876	340.12	566.12	1.6481	2.5202
-5.0000	4.5736	334.64	90.415	363.11	555.92	1.7299	2.4599
0.00000	5.0268	303.83	113.00	391.24	539.41	1.8285	2.3792
5.0000	5.4598	243.45	160.79	438.77	501.71	1.9951	2.2248

附表 9 丙烷-异丁烷的物性参数

温度/K	压力/MPa	液体密度 /(kg/m³)	气体密度 /(kg/m³)	液体焓 /(kJ/kg)	气体焓 /(kJ/kg)	液体熵 /[kJ/(kg·K)]	气体熵 /[kJ/(kg·K)]
−165.00	0.00000017688	719.31	0.000001164	−149.87	381.54	−0.93695	4.2426
−160.00	0.00000056889	714.15	0.000004362	−139.39	386.29	−0.84221	4.0432
−155.00	0.0000016417	709.03	0.000014384	−129.12	391.13	−0.75336	3.8659
−150.00	0.0000043101	703.95	0.000042401	−118.99	396.06	−0.66937	3.7078
−145.00	0.000010414	698.90	0.00011328	−108.95	401.09	−0.58947	3.5666
−140.00	0.000023382	693.86	0.00027749	−98.972	406.21	−0.51310	3.4401
−135.00	0.000049195	688.83	0.00062939	−89.029	411.41	−0.43980	3.3268
−130.00	0.000097689	683.81	0.0013332	−79.101	416.70	−0.36920	3.2251
−125.00	0.00018421	678.79	0.0026569	−69.171	422.07	−0.30102	3.1336
−120.00	0.00033160	673.76	0.0050139	−59.229	427.53	−0.23502	3.0514
−115.00	0.00057251	668.72	0.0090105	−49.264	433.07	−0.17100	2.9774
−110.00	0.00095185	663.67	0.015497	−39.267	438.68	−0.10877	2.9108
−105.00	0.0015294	658.60	0.025618	−29.232	444.36	−0.048192	2.8508
−100.00	0.0023824	653.50	0.040865	−19.153	450.12	0.010869	2.7967
−95.000	0.0036080	648.39	0.063114	−9.0234	455.94	0.068530	2.7480
−90.000	0.0053251	643.24	0.094667	1.1617	461.83	0.12490	2.7041
−85.000	0.0076769	638.07	0.13827	11.407	467.77	0.18007	2.6645
−80.000	0.010831	632.85	0.19715	21.719	473.76	0.23413	2.6289
−75.000	0.014983	627.61	0.27500	32.101	479.81	0.28717	2.5969
−70.000	0.020354	622.32	0.37598	42.559	485.89	0.33924	2.5681
−65.000	0.027191	616.98	0.50474	53.097	492.02	0.39044	2.5423
−60.000	0.035769	611.60	0.66638	63.722	498.17	0.44081	2.5191
−55.000	0.046389	606.16	0.86646	74.437	504.35	0.49042	2.4984
−50.000	0.059375	600.67	1.1110	85.250	510.55	0.53933	2.4799
−45.000	0.075076	595.11	1.4064	96.165	516.77	0.58758	2.4634
−40.000	0.093862	589.49	1.7596	107.19	522.99	0.63523	2.4487
−35.000	0.11612	583.79	2.1778	118.32	529.22	0.68233	2.4357
−30.000	0.14227	578.02	2.6690	129.58	535.44	0.72892	2.4242
−25.000	0.17273	572.15	3.2414	140.96	541.65	0.77504	2.4141
−20.000	0.20795	566.20	3.9039	152.48	547.84	0.82074	2.4053
−15.000	0.24837	560.15	4.6658	164.13	554.00	0.86604	2.3975
−10.000	0.29448	553.99	5.5374	175.93	560.14	0.91100	2.3908
−5.0000	0.34675	547.71	6.5294	187.89	566.23	0.95564	2.3851
0.00000	0.40566	541.30	7.6538	200.00	572.27	1.0000	2.3801

续表

温度/K	压力/MPa	液体密度/(kg/m³)	气体密度/(kg/m³)	液体焓/(kJ/kg)	气体焓/(kJ/kg)	液体熵/[kJ/(kg·K)]	气体熵/[kJ/(kg·K)]
5.0000	0.47173	534.75	8.9234	212.28	578.24	1.0441	2.3759
10.000	0.54545	528.04	10.352	224.75	584.15	1.0880	2.3724
15.000	0.62735	521.17	11.956	237.40	589.98	1.1318	2.3694
20.000	0.71794	514.12	13.752	250.25	595.70	1.1754	2.3669
25.000	0.81776	506.86	15.761	263.31	601.32	1.2189	2.3647
30.000	0.92734	499.38	18.004	276.59	606.81	1.2623	2.3629
35.000	1.0472	491.64	20.508	290.11	612.15	1.3058	2.3613
40.000	1.1780	483.62	23.303	303.89	617.32	1.3493	2.3599
45.000	1.3202	475.29	26.425	317.94	622.29	1.3929	2.3584
50.000	1.4744	466.59	29.917	332.29	627.03	1.4366	2.3569
55.000	1.6413	457.47	33.833	346.98	631.49	1.4806	2.3552
60.000	1.8213	447.86	38.237	362.02	635.63	1.5249	2.3531
65.000	2.0152	437.67	43.216	377.47	639.38	1.5696	2.3504
70.000	2.2237	426.79	48.878	393.39	642.66	1.6149	2.3470
75.000	2.4473	415.05	55.375	409.86	645.35	1.6610	2.3425
80.000	2.6868	402.22	62.920	426.99	647.30	1.7082	2.3366
85.000	2.9430	387.94	71.829	444.96	648.28	1.7569	2.3286
90.000	3.2165	371.64	82.614	464.03	647.93	1.8078	2.3176
95.000	3.5081	352.26	96.196	484.73	645.59	1.8622	2.3019
100.00	3.8180	327.43	114.59	508.20	639.89	1.9230	2.2781

致　谢

在本书即将完成之际，深深感谢在项目研究开发及专利技术开发方面给予关心和帮助的老师、同学及同事们。

（1）感谢胡竞帆、王松涛、刘成才、康小龙在第 2 章 30 万立方米每天 DMR 双混合制冷剂 LNG 三级板翅式换热器设计计算方面所做的大量试算工作，最终完成了 LNG 板翅式主换热装备的设计计算过程，并掌握了基于 PFHE 型 LNG 混合制冷剂液化工艺设计计算技术及大型 LNG 板翅式主换热装备的设计计算技术。

（2）感谢余敏、耿悦、曹松、张嘉城等在第 3 章 30 万立方米每天三元混合制冷剂预冷 LNG 四级板翅式换热器设计计算方面所做的大量试算工作，最终完成了对 LNG 混合制冷剂五级液化工艺技术及 MCHE 型 LNG 系列缠绕管式主换热装备的设计计算过程，并掌握了 MCHE 型五级液化工艺设计计算技术及大型 LNG 缠绕管式主换热装备的设计计算技术。

（3）感谢郑涛、唐浩天、王鹏飞、张立国等在第 4 章 7 万立方米每天天然气膨胀预冷 LNG 两级板翅式换热器设计计算方面所做的大量试算工作，最终完成了对低压丙烷预冷两级 MCHE 型 LNG 液化工艺设计计算过程及两级 MCHE 型 LNG 缠绕管式主换热装备的设计计算过程，并系统地掌握了丙烷预冷与 MCHE 型制冷结合的 LNG 液化工艺及主设备的设计计算方法。

（4）感谢周帅、陈旭文、谈海兴、严金荣栋等在第 5 章 30 万立方米每天 C3/MR 闭式 LNG 三级板翅式换热器设计计算方面所做的大量试算工作，最终完成了对 C3/MR 氮两级膨胀 LNG 液化工艺及三级 PFHE 设计计算过程，并系统地掌握了丙烷膨胀预冷与 PFHE 型制冷结合的 LNG 液化工艺及主设备的设计计算方法。

（5）感谢孙小虎、景铁、史志伟、高涨港等在第 6 章 60 万立方米每天级联式 PFHE 型 LNG 三级三组板翅式换热器设计计算技术方面所做的大量试算工作，最终完成了对 Shell-DMR 两级双混合制冷剂 MCHE 型 LNG 液化工艺转换为 PFHE 型双混合两级 PFHE 型液化工艺的设计计算过程，并掌握了 DMR 两级 MCHE 型及 PFHE 型双混合制冷剂液化工艺设计计算技术及两级双混缠绕管式换热器及板翅式换热器的设计计算方法。

（6）感谢丁锐、张多才、蔡鹏、贾磊等在第 7 章 100 万立方米每天开式 LNG 液化系统及板翅式换热器设计计算方面所做的大量试算工作，最终完成了对 APCI-C3/MR 丙烷预冷混合制冷剂 MCHE 型 LNG 液化工艺流程及 MCHE 工艺的设计计算过程，并掌握了 C3/MR 工艺设计计算技术及两级 MCHE 型 LNG 缠绕管式主换热器的设计计算方法。

（7）感谢蔺志雄、马彦彪、赵贵龙、李荣等在第 8 章 30 万立方米每天天然气膨胀制冷

LNG 液化四级板翅式换热器设计计算方面所做的大量试算工作，最终完成了对更名为丙烷预冷混合制冷剂五级 PFHE 型 LNG 液化工艺流程的设计计算过程，并掌握了 PFHE 五级板翅式换热器设计计算方法。

（8）感谢郑涛、王松涛、黄煊、贠孝东、唐鹏、景继贤等在本书编写过程中所做的大量编排整理工作。

另外，感谢兰州交通大学众多师生们的热忱帮助，对他们在本书中所做的大量工作表示由衷的感谢，没有他们的辛勤付出，相关设计计算技术及本书也难以完成，这本书也是兰州交通大学广大师生们共同努力的劳动成果。

最后，感谢在本书出版过程中做出大量工作的化学工业出版社各位编辑的耐心修改与宝贵意见，非常感谢。

兰州交通大学

张周卫　王军强　苏斯君　殷　丽